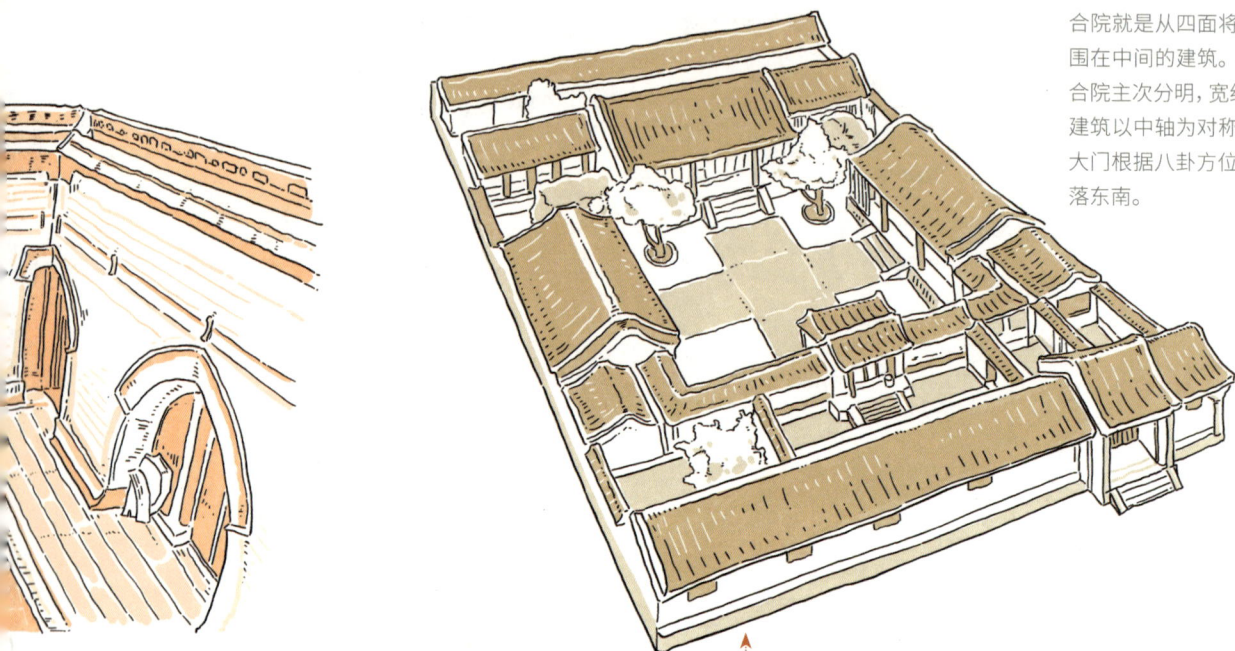

北京四合院

合院就是从四面将庭院合围在中间的建筑。北京四合院主次分明，宽绰疏朗，建筑以中轴为对称，唯独大门根据八卦方位开在院落东南。

江南水乡民居

江南地区河流众多，水网密布。人们临水而居，沿河建造了或朴素或精致的平房、楼房以及合院。白墙青瓦与小桥流水相映，千姿百态的小桥连通河岸，形成了清雅沉静的水乡风景。

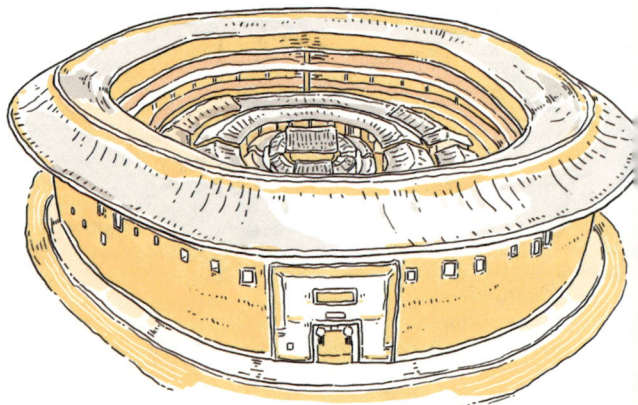

福建土楼

由厚达一两米的夯土墙围合而成，是客家人聚族而居的堡垒式住宅，内部可容纳数百人，也有丰富的公共建筑满足各种生活需求。

欲知南北民居差异，请看后文详解。

陕北窑洞

利用黄土高原深厚土层开凿而成的"绿色建筑"，冬暖夏凉，经济实惠。

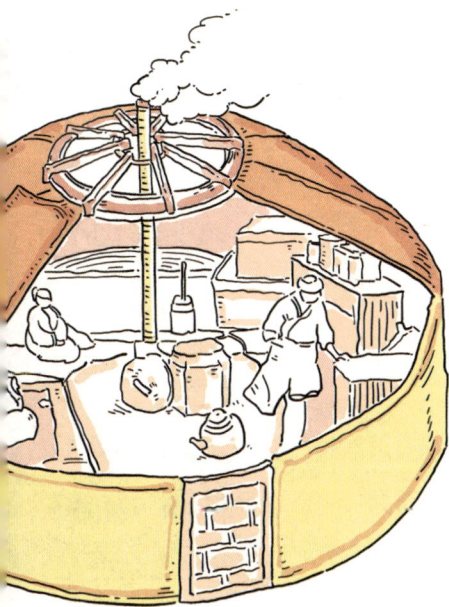

云南白族民居

四合院式建筑南方版，更加紧凑。吸收了北方庭院式建筑与南方楼台式建筑的特点，发展出"三坊一照壁，四合五天井"的特色形式。

云南傣家竹楼

在潮湿多雨的环境中，傣家人用当地盛产的竹子打造了底层架空、轻巧通透的竹楼。宽敞的二层用于生活，底层空间日常可以养养家畜，堆堆杂物，住起来通风又防潮。雨季来临时还能更好地疏通水流。

桑树

鱼塘

中国南北方特色民居

新疆维吾尔族民居

最好的空间是"阿以旺厅",意为"明亮的处所"。人们以浓郁的色彩和丰富的造型悉心装饰厅堂,生活劳作之余,更重要的是载歌载舞。

内蒙古蒙古包

外观简洁,内部温暖,色彩热烈的圆形毡房,完美适应逐水草而居的游牧生活。

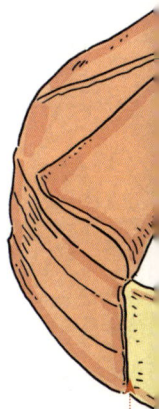

广东开平碉楼

从海外归乡的华人、华侨为防御盗匪而建造了碉楼。在建造中引入了多种设计风格和工程技法,古希腊、古罗马、伊斯兰等来自西方文化的元素在开平碉楼中处处可见,使其成为一种中西合璧的特色民居。

四川羌寨碉楼

就地取材,垒石为屋,厚重坚固,最高的可达 30 多米,是集住房、防御、储藏、传递信息等于一体的多功能建筑。

水稻

桑基鱼塘示意图

烟火人间

图解古人的衣食住行

刘庆天 / 罗克劳 / 张兮 / 刘瑕　编著

杜田 / 朝沨　绘

电子工业出版社·

Publishing House of Electronics Industry

北京·BEIJING

《华夏奇技》这个系列包含了三本书：《烟火人间：图解古人的衣食住行》《千年奥秘：图解中国古代自然科学》《天工奇巧：图解中国古代器械》，是一套不可多得的好书，人类社会总是在传承中进步和发展，中国古代科技是古人智慧的集中展现，也是需要我们学习和传承的。我们不但要了解中国古代科技知识，更要对古人的智慧进行发扬与创新。

《华夏奇技》系列的亮点有二：一是精当的内容取舍，在不大的篇幅中容纳了足够多的知识内容，简直就是高度浓缩的中国古代科技史。我觉得这就是一部《十万个为什么》和李约瑟的《中国科学技术史》的再现。二是精美的手绘插图，书中大量的手绘插图能体现古代科技发展的神与魂。许多插画都是对文物的再现，这些手绘插画比博物馆中的文物更灵动、更传神。

《华夏奇技》不仅仅是针对青少年的读物，更是每个家庭的必备图书。无论是谁，如果能打开《华夏奇技》系列，你就会立刻放下杂念，开始静心地阅读。阅读这套书，你会获得智慧的启迪，震撼的美感，从而产生无穷的力量。

当你计划去逛博物馆，当你准备进行一次研学旅行，《华夏奇技》系列可以随时给你一个智慧的起点。

从我们的生活出发，让我们了解生存的智慧。种植五谷，圈养六畜，蚕桑纺织，建筑房屋，舟车出行，即使是我们生活中的最不起眼的事情，里面都可能拥有无穷的智慧与哲理。

最震撼人心的发现常常是对细节的追求。你曾注意过古代建筑中的"五脊六兽"吗？这不仅仅是一个知识点，中国古代建筑的形制、装饰、审美、力学原理，都包含在这里。

这是生活的宝库，也是知识的殿堂。活着，需要智慧和力量。更好地活着，需要人生命价值的爆发。古代的纺织业中的缂丝工艺，建筑中的榫卯工艺，古代园林设计中的"借景"艺术，这些都需要今天的我们去传承。

《烟火人间：图解古人的衣食住行》以现代视角解读传统智慧，在探寻古人的衣食住行的过程中，展现了中华文明的魅力和内涵。

北京市第七中学历史教师，历史学博士，北京市西城区第五届历史学科带头人　王宗琦

前言

PREFACE

敲完最后一个字，我仰躺在椅子上长吁了一口气：终于完稿了！从确定目录大纲到码字结束，仿佛经历了多次日月轮转、潮汐往复，手起手落间3年已经过去了。这套书体量庞大、涉及类别众多，一百个字里或许就包含着复杂的知识点和幽微的历史，每写下一个字都必须千分小心、万分笃定，对于此类科普图书，稍有失误必定"祸害万年"。因此，漫长的写作岁月不仅说明了这套图书的来之不易，也说明了我们对这套图书的重视与把握。

中国科技发展历史根植于传统文化之中，博大精深、源远流长，如大江大河般宽广厚重，如满天星斗般璀璨绚烂，其间承载了无数前人的智慧和心血。它不仅是一部关于科技的发展史，还是一部关于中国人如何奋发图强、不断拼搏创新的自强史。在接到编辑约稿时，我内心颇为忐忑，没有底气将如此丰富多彩的中国科技成就铺陈开来细细讲述。恰好我身边有志同道合的两位同事，她们正好都对大纲中的某一领域进行过深入研究，于是我们一拍即合，决定共同撰写这套图书。后来又有天哥（刘庆天）加入，天哥深耕策展行业多年，有着丰富的撰稿经验与深厚的文字组织能力，眼界宽阔，能够触类旁通，对于我们的编撰工作而言无疑是一大助力。

悠悠数千年的中华科技文明区区几笔怎能揽其全貌？代表着中华民族从古至今拥有着先进思维和创新精神的科技发明创造又怎是我们几位仅窥其门径的后生能够全面讲述的呢？因此，这套图书的定位并不在于广博，而在于精细，在于以典型见时代、以具体见整体。我们将古代科技分为农业、纺织、建筑、交通、冶金、天文等多个方面，选取其中最具代表性的科技成就深入浅出地进行介绍，希望能让千姿百态的古代科技融汇为流动着的字符图文，让读者的整体阅读体验舒适而有趣。

我们深知，四两拨千斤式的文章手法知易行难，我们也只是4个初出茅庐的文字工作者。或许我们最初的愿景并未能完全实现，或许我们对古代科技的介绍依然留有漏缺。但人生就是一个不断向上生长的过程，有遗憾才能有进步，世间万物不可能有真正的圆满。大成若缺，能与读者们一起进步就是作为文字工作者的我们最大的心愿。

刘瑕

2023年9月

　　距离我画完这套图书的部分画稿已经有一年多了吧？或许是两年，我难以分辨出确切的时间，因为这段时间的琐事过于繁杂。我几乎遗忘了它，直到动笔写这篇前言。回忆就像一个深不见底的旋涡，我深陷其中，眼前不断地浮现着过去的画面。过去的我，过去的情绪，风一般尖啸。

　　接到委托时我刚读完大一，那是一个躁动、真实但不成熟的时期。我相当有干劲，接了就画，一拿到文稿就画，不舍昼夜，无惧前路。后来，我生活中的变数层出不穷，一切变得模糊而又锋利，让我现在来评价就是"在不适宜的时期揽下了无法胜任之事"。我只绘制了一部分，其余部分无力完成，很感谢编辑的体谅和下一位插画师杜田的接手。我长久以来难以面对此书，感到愧疚又无奈，也许现在是最后也是最好的时机再次面对它。

　　当时有一句流行的话是这样说的："到底是怎样的结局才能配得上这一路的颠沛流离？"画得特别累的时候我便会想起这句话，比起事件，情绪抢先一步在回忆中涌现，痛苦如烈火缠身，在缝隙中我憧憬着应得的结局。后来有结局吗？似乎没有。没有结局的。它成为我的一部分，融进了我的生活中。我原本痴迷于繁复的线稿和赛博朋克风格的绘画风格，如改造人、机械及帮派斗争，而如今我主要创作与中国传统文化及壁画相关的作品，如《西游记》《水浒传》、敦煌飞天和佛教文化等。我相信参与这本图书的绘制是我风格转变的众多原因之一，是冥冥之中埋下的念想。凡事难看透结局，因果交替。每一次决定，每一次成功或失败，每一次坚持或放弃，都可以是另一件事的因或果。人生如旷野，冒险者难免感到迷茫。当我回首看向来时的方向，却发现已经走出了很远。我难以预料未来会发生什么，也难以知晓过去的哪个决定会影响现在的我。但是，我只希望能够不枉坎坷，去往想去的地方。

　　话说回来，这是我见过的最全面的关于中国传统文化的科普读物，它拥有无数插图，真的是"无数"。我为它的完成感到由衷的敬佩，所有人都带着无穷的勇气，为之付出了相当多的心血。谢谢编辑、作者、插画师，以及所有参与此书制作的工作人员，也谢谢读者。愿大家都能在旷野中平安，寻得快乐。

朝沨

2023 年 9 月

科技是科学和技术的统称，发展科学的目的是认识、了解世界，而发展技术的目的是改造自然，二者相辅相成推动着历史的发展和文明的进步。早在千百年前，中国人就已经有了自己的科技，古代天工巧匠们的伟大发明和技术成就深刻地影响着人类文明的进步。这套图书图文并茂，展现了农业、纺织、建筑、交通等多个方面的古代科技，让大家在阅读的过程中可以清晰、直观、通俗易懂地了解到古人在各个领域的科技发明。

我从事绘画图解的工作已有四五年了，最初在创作第一本图解书《华夏衣橱 图解中国传统服饰》时，就曾想有没有一本书以图解的方式讲述古代的纺织技术呢？因此我在接到绘制这套图书的插图工作时十分激动。能用插图描绘千百年前的古代科技，能让现代人感受到古人在探索、改造自然的过程中无尽的创造力和智慧是一件非常有意义的事。

杜田

2023 年 9 月

编委会名单：

刘庆天　刘　瑕　杜　田

张　兮　罗克劳　朝　汛

目
录

衣 食 住 行
C O N T E N T S

华　夏

天文·地理学·数学·物理·文明交流　农业·纺织·建筑·交通　陶瓷·冶金·书画·兵器·机械

衣食住行

奇技

第 1 章

把酒话桑麻：农业

图 — 解 — 古 — 人 — 的 — 衣 — 食 — 住 — 行

1.1 "天"：民以食为天

科技是推动人类文明发展的主要动力，也是人类文明不可或缺的基石。中国古代科技绚烂多彩、硕果累累，体现了中国先民令人惊艳的智慧与开拓创新的精神。俗话说，"民以食为天"，粮食是人类赖以生存的重要物质基础。中国是一个农业大国，距今一万年左右就出现了原始农业。人们为了吃得饱、吃得好，可谓是殚精竭虑、勇于创新，创造出了许多至今仍然让人拍案叫绝的农业科技。

1.1.1 食物获取

早期人类主要通过渔猎和采集等方式来获取食物，后来又发展出农耕和动物饲养。因为食物的获取方式很容易受到生态环境和季节的影响，来源很不稳定。为了获得更稳定的动物食品来源，人类开始尝试发展畜牧业，也就是圈养动物。此外，他们还尝试播种，从而开启了农耕畜牧文明。

什么是五谷

根据考古发现，大约一万年以前人类就开始了植物的种植，通过对耕种作物的反复试验、观察，人们越来越倾向于几种作物的种植，最终，"五谷"成为人们的主要食物来源。

"五谷"一词最早出现于《论语·微子》。子路跟随孔子出游，途中与众人走散了，遇到一位正在劳作的老人，就上前去询问他有没有看到夫子。老人回答："四体不勤，五谷不分，孰为夫子？"

● 稻

稻可加工成人们日常所见的大米，为全世界一半以上的人口提供食物。水稻是中国产量最大的粮食作物，中国的水稻栽培史可以上溯到一万多年以前。

米粉，大米制成的食物

● 麦

麦，包括大麦和小麦。小麦是五谷中唯一起源地并非中国的谷物品种。目前的研究认为小麦是在距今 9600 ～ 9000 年间被西亚地区的先民驯化出来的。

麦在商周时期的播种面积不大，在粮食作物中的地位不高。在春秋战国时期，麦的种植发展得较快，在秦汉时期得到了进一步推广。到了隋唐时期，麦的地位继续上升，与稷（jì）处于等同地位。到了明代，小麦成为仅次于稻的粮食作物并延续至今。

麦

● 黍（shǔ）

黍可以加工成黄米，黄米的体积比小米稍微大一点。黍原产于中国，在原始农业时期已经被驯化栽培，由于其生产期短、耐干旱、种植最早，是古代黄河流域主要的粮食作物之一。但由于黍的单位面积产量小，从春秋战国时期起其地位便开始下降，在今天许多人的餐桌上已经不常出现了。

用黍面制作而成的黍糕

● 稷

稷即"粟"，可加工成人们日常所见的黄色的小米。小米原产于中国，其祖先是一种狗尾巴草。在原始农耕时期，由于稷抗旱耐热、生长周期短、产量高，因此是当时人们非常普遍的食物，直到隋唐时期，它的首要地位才被稻所取代。

稷

● 豆

豆即大豆，起源于中国，除了被直接使用，中国人还用它创造出了豆浆、豆腐、酱油等食物或调味品，可谓是千百年来最重要的豆类作物之一。大豆自身的蛋白质含量高，为中国人的身体发育提供了一种重要的蛋白质来源。

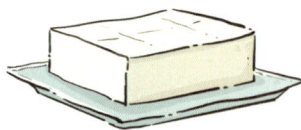

豆　　用豆制作而成的豆腐

什么是六畜

　　农业的起源以圈养、驯化动物为一个重要标志，这代表着早期人类已经脱离了"靠天吃饭"的阶段，能够提供基础食物的来源，并且利用动物习性让生活更加方便。驯养动物重新定义了人类和动物的共存关系，对人类的发展产生了巨大影响。"六畜"就是中国先民将野生动物驯化为家养动物的典型代表，是指与中国先民生活最息息相关的 6 种家养动物。

狗

猪

鸡

羊

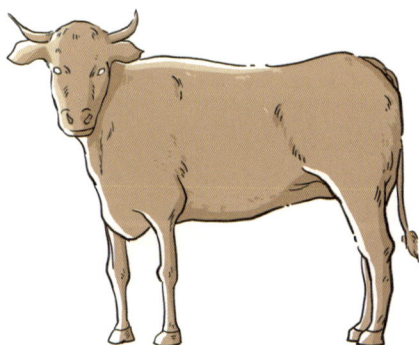

牛

马

● 狗

狗是最早被中国先民驯化的动物，河北省南部发现的距今约一万年的家犬遗存被认为是迄今为止最早的动物驯化遗存。众所周知，狗是由狼驯化而来的，最早可能是人偶然捕获了狼的幼崽，将其作为玩要的宠物饲养，使其在较短时间内与人建立了亲密的关系。而后古人逐渐发现了它们的一些特殊功能，开始有意识地进行开发、利用。

● 猪

猪也是被中国先民驯养的一种重要的家养动物，最早在新石器时代中期由野猪驯化而来。据专家推测，人类从野猪幼崽开始进行圈养，像喂养狗崽那样将野猪幼崽作为宠物喂养，让野猪幼崽逐渐适应人类的生存环境，慢慢进化改变。

● 鸡

中国先民对家鸡的驯化大概从新石器时代早期就开始了，在先秦时期的中国北方地区，作为六畜之一的鸡已经出现在人们日常生活中，成为人类可靠的肉食资源。

● 羊

不同于狗、猪、鸡的本土驯化，家养羊、马、牛被认为起源于其他国家，在新石器时代晚期被引入中国北方地区。六畜里面的羊包括绵羊和山羊，约一万年前在现在的伊朗、土耳其、叙利亚等地区被驯化，然后一直向东北方向扩散，在大约5600年前传入中国的西北地区。大约4000年前，家养羊已经在中国大部分地区出现了。

● 牛

牛的传入历程和羊相似，都是在大约一万年前从西亚地区逐渐传入中国的。有意思的是，牛作为一种绘画题材在遗存的汉代画像中十分常见，展现了当时人们对"牛"的重视。

牛不仅能作为肉食资源，还能在人类社会构建中发挥重要作用。例如，牛可以作为畜力进行耕作，促进了古代农业的发展，有利于古代社会的持续发展。

● 马

马作为游牧文化的代表，最早传入中国北方地区。经过专家研究，家马在大约5500年前起源于哈萨克斯坦地区，并且在大约4000年前传入中国西北地区。经过考古发掘，至少在3300年前，家马就已经是中原地区重要的运输工具了。驯化马，也推动了社会历史进程和时代发展，马作为速度和力量的象征，为中国社会的发展做出了不可磨灭的贡献。

总之，可以确定的是，从新石器时代起，先民们就逐渐开始了和六畜共同生产生活的历史。

1.1.2　食物加工技术

水稻制品

水稻栽培耕种距今已有约一万年的历史，考古学家在距今大约一万年的江西仙人洞、吊桶环遗址中找到了人工栽培稻植遗存。人工驯化野生稻的发现，说明在旧石器时代末期到新石器时代早中期，人们已经开始进行水稻生产、加工、食用，以及贮藏。

在魏晋南北朝时期，水稻产量还很低，并没有成为主流粮食。到了北宋时期，水稻开始担当起哺育中华民族的重任。而从水稻种植到食用，中间还需要经过一系列繁复的加工流程。勤劳、智慧的中国先民利用不同的工具和技术，使得水稻成功在千年间养育了代代中国人。

稻

我是水稻，我喜欢水、高温和阳光。我的外表是金黄色的，虽然表面粗糙，但只要去掉我的外壳，我就能变成你们离不开的东西——大米。

● 稻谷的规范化加工流程

第一步：脱粒。

手工击打或用牛拉石磙来回碾压稻谷。

第二步：去秕（bǐ）。

去秕即"簸（bǒ）扬"。用竹簸（bò）盛上稻谷，先将其举过头顶，然后大力将稻谷扬出，饱满的稻谷因为比较重，会落到地上；而秕谷，也就是那些不饱满的稻谷，会被风吹走，这样就实现秕谷分离了。

木砻

第三步：去壳。

去壳要用到一种叫作"砻"（lóng）的工具，其功能构造和石磨类似。人们用砻来回碾磨稻粒达到去壳的目的。

土砻

第四步：扬壳。

用风扇车将稻壳扬出去。

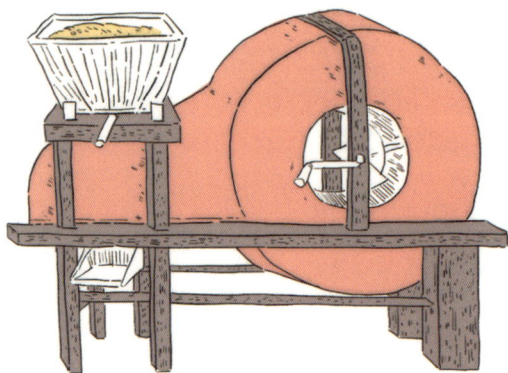

第五步：去皮。

去皮需要用"舂"（chōng）的方法，意思是将东西放在石臼、乳钵里捣去皮壳或捣碎，或者用一种叫作"碓"（duì）的工具来实现半机械化加工。

全手工用杵臼（chǔ jiù）舂米

● 水稻如何变成米饭

水稻去壳、去皮后变成大米，之后需要用蒸、煮等一系列烹饪方法，才能变成香喷喷的米饭。

烹饪水稻的记载最早可以追溯到神农氏。东汉班固所著的《白虎通》记载，上古时期因为人口越来越多，肉食不够吃了，于是神农根据天象气候、土地环境等教人们耕耘等农务。谷物粒食不能直接放在火上烧烤，于是先民就发明了"石上燔（fán）谷"法，也就是把谷物放在石头上烤。魏晋谯周所著的《古史考》也有相关记载："及神农时民食谷，释米加于烧石之上而食。"

早在陶器时代，人们就开始用甑（zèng）等食器蒸饭，取来活水，舀了稻米倒进去，就能蒸出粒粒分明的米饭了。

谁能拒绝香喷喷的米饭？

神农

姐姐，什么时候能吃？我好饿呀。

随后出现了许多种米饭做法，现代人吃的各种做法的米饭，在魏晋时期已经基本都出现了。例如，在饭里加上蔬菜一起烹饪，这就是菜饭。古人还喜欢把其他食材加进米里面一起煮，成为形形色色的米饭样式，如青精石饭、蟠桃饭、金饭、玉井饭、盘游饭、二红饭、大骨饭和淅米饭等。

蟠桃饭
顾名思义，把桃子和米饭一起煮。

金饭
在米饭里加入菊花、紫菜等，据说金饭有明目延年、强筋健骨的功效。

玉井饭
先将莲藕切块、莲子去掉莲心，然后加入煮好的饭里慢慢蒸煮，据说玉井饭可以养心安神、解暑热、安眠。

● **属于中国的传奇——袁隆平爷爷与杂交水稻**

水稻长期以来都是中国人离不开的主食之一。20 世纪我国人口增多，对粮食的需求加大，农业技术却很落后，许多人都填不饱肚子。要知道，水稻在先秦时期的最高亩产大约为 33 公斤、在唐代太湖流域的亩产大约为 138 公斤、在明清时期的亩产大约为 300 公斤，但对于 20 世纪爆发的人口数量而言，这个产量显然是不够的。

20 世纪 60 年代，袁隆平培育杂交水稻，利用水稻杂种优势，成功选育出世界上第一个实用高产杂交水稻品种。该研究成果从 1976 年起被大面积推广应用，之后袁隆平依然潜心钻研，带领团队连连攻破超级杂交稻难关，实现了单季亩产稻谷 1200 公斤的攻关目标。

我们比你高。

水稻也有不同的种类。

杂交
即让不同品种之间的水稻进行结合，取长补短，使它们强强联合。例如，让穗大的、粒粗的水稻杂交，下一代就有可能穗大且粒粗。

水稻是"自花授粉"，同时拥有雄蕊和雌蕊，能够"自己繁衍"。在经过一番研究后，科学家们决定寻找"天然雄性不育株"（雄蕊自然坏掉的水稻植株）来进行杂交。袁隆平曾带领团队检查了 14 000 多个稻穗，总共找到 6 株天然雄性不育的植株，可见这种植株确实稀少。后来袁隆平等科学家们终于找到人工繁育水稻雄性不育植株的方法，杂交水稻的研究迈入正轨。

谢谢您，袁爷爷。

小麦制品

水稻适合生长在潮湿、温暖、多水田的地区，而小麦适合生长在温差大、光照充足、多旱地的地区。中国有关小麦的种植历史同样悠久，在新疆、云南、青海这些地方都发现过距今4000多年的小麦遗存。到了秦汉时期，小麦的种植已经推广到中原广大地区。在西汉时期，小麦已经成为中国人的主食之一。

麦

我是小麦，我喜欢肥沃的土地和充足的阳光。我的外表颜色较暗，表面很光滑，经过加工后，我就会变成你们最熟悉的朋友——面粉。

● **小麦变成馒头、包子、面条的步骤**

石磨棒

第一步：磨面粉。

在小麦刚开始被种植食用的时候，磨面粉的工具主要是石磨棒、石磨盘，以及杵臼等。这些工具都是纯人工手动使用的，效率很低，面粉也磨得非常粗糙。

随着社会生产力的发展，石磨棒、石磨盘这种效率低、耗力气的工具被逐渐舍弃，战国晚期出现了一种新型半自动磨粉工具——石转磨。它的出现让小麦正式成为中国人的主食，并且诞生了真正的古代面食。

不想上班，我让谁帮我上班呢？

所以你让我来上班？

水磨

随着技术的发展，我国古代劳动人民开始利用水利磨面粉。汉代以后，水磨得到了蓬勃发展，大大提高了粮食加工的效率，减轻了人们的劳动强度，对于农业的发展和人类文明的进步起到了积极的推动作用。

第二步：发酵面粉。

最早的酵面是天然酵母菌寄生在面团上产生的，后来人们开始用酒母起面发酵。最早用酒做酵母的酵面在周代的时候就出现了。

汉代正在和面的厨夫俑

后来人们用酸浆发面，到了宋代，酵面发面法开始流行起来。明代又出现了碱子发面法和酵汁发面法。汉代郑司农注《周礼》："酏（yǐ）食以酒为饼。"

包子

馒头

面

元代王祯在《农书》中说："大麦可作粥饭，甚为出息；小麦磨面，可作饼饵，饱而有力；若用厨工造之，尤为珍味。"

第三步：蒸面食。

小麦磨粉发酵后蒸煮做出来的饼，有弹性且松软，在春秋战国时期就已经成为普通的点心和日常食品，在各个朝代都非常流行。到了三国时期，最出名的面食——馒头就出现了。到了宋代，馒头、包子等经典面食正式开始流行。

豆腐

豆腐是一种由大豆制成的豆制品，嫩滑爽口，做法多样，千百年来深受中国人喜爱。传说西汉淮南王刘安是豆腐的最初发明者，但目前这一说法并没有任何历史学证据。不过，在河南密县打虎亭东汉画像石中，有一块制豆腐流程图，可见豆腐的历史悠久。

河南密县打虎亭东汉画像石中的制豆腐流程图

● **豆腐的加工制作流程**

目前发现，最早在北宋寇宗奭（shì）撰写的《本草衍义》里描写了制作豆腐的流程。记载里说将生大豆磨碎，变成豆腐，就可以吃了。这个流程略显粗糙，也并没有将完整的制作细节写出来。到了明代，著名医药学家李时珍在《本草纲目》里完整、详细地记录了传统豆腐的生产过程。《本草纲目》写道："凡黑豆、黄豆及白豆、泥豆、豌豆、绿豆之类，皆可为之。水浸，硙碎，滤去渣，煎成。以盐卤汁或山叶（山矾叶）或酸浆、醋淀，就釜收之。"

经过千年的发展，传统豆腐生产已经形成一套标准制作流程。

李时珍

做豆腐的大豆应该以色泽光亮、籽粒饱满的新大豆为优先选择。

第一步：选豆子。

豆腐原料十分丰富，李时珍认为黑豆、黄豆、白豆、泥豆、豌豆、绿豆等都可当作豆腐原料进行加工，但他首选的还是黑豆、黄豆。虽然白豆、泥豆、豌豆、绿豆等都可以用来做豆腐，但这几种豆子的蛋白质含量没有黑豆和黄豆的高，做出来的豆腐的营养价值也不同。

第二步：泡豆。

浸泡大豆是豆腐制作流程中重要的一环。大豆浸泡的好坏直接影响到后期豆腐的品质。为什么要浸泡大豆呢？因为要让豆粒吸水膨胀，这有利于在大豆粉碎后充分提取其中的蛋白质。

一般浸泡大豆的用水量为大豆的 2.0~2.3 倍，浸泡时间为 5~15 小时（水温不同使得浸泡时间有差异：水温15℃时约浸泡 7 小时，水温 25℃时只需浸泡5 小时）。

第三步：磨豆。

泡完后的大豆需要进行粉碎。古代用石磨来粉碎大豆，大豆破碎得越彻底，蛋白质就越容易溶出。磨豆子的时候，还必须随时定量加水，这样能更好地使蛋白质溶离出来。

第五步：煮浆。

过滤后的豆浆需要煮沸，这样里面的一些有害物质，如胰蛋白酶抑制素、皂角素等就可以被破坏。通过加热，可以使豆浆里面的蛋白质发生热变性，为接下来的"点浆"做准备。

传统豆腐生产过程中用到的凝固剂有很多种，如石膏、酸浆、盐卤等。用不同凝固剂点出来的豆腐口感有很大的区别。

第六步：点浆。

点浆，也就是常说的"点豆腐"，即一边在豆浆里加入凝固剂，一边沿同一方向不停搅拌，直到浆液里出现芝麻大的颗粒时停止搅拌，加上盖子保温沉淀，半个小时后就可以进行镇压了。

第四步：滤浆。

滤浆是为了除去豆渣，让得到的豆浆更加清醇。传统过滤豆浆用的是土布或绵绸，只要豆糊磨得适当，多过滤几遍基本可以制作出较为完好的豆腐。

第七步：镇压（成形）。

豆浆凝固后，还需要将它用布包好放入豆腐箱内加以镇压，榨出多余的浆水，使颗粒密集地集合在一起，成为具有一定含水量和弹性、韧性的豆腐。到了这里，完整的豆腐就被制作出来了。

酒

"且乐生前一杯酒，何须身后千载名"，酒历来在中国饮食文化中占据一大主流地位，催生了无数诗词艺术，千百年来与中华传统文化有着千丝万缕的联系。酒在中国的酿造历史源远流长，在新石器时代的考古遗址中便已发现了大量的陶制酒器，殷商时期的甲骨文中还出现了最早的"酒"字。

我国的酒究竟起源于什么时候目前并没有定论，但酿酒技术却在几千年的创新及实践中形成了一套固有的流程，体现了中国劳动人民的高超智慧。

酿酒过程中最重要的东西是酒曲。酒曲，就是用淀粉质作为原料，采取固体培养方法制成的菌种。酿酒的最终目的是利用酵母菌产生的酒化酶进行酒精发酵，从而制成酒，这就必须事先培养微生物制成酒曲。不同的酒曲用来制作不同的酒。

用酒曲造酒是中国古代在酿酒技术上的一项重要发明。

大曲　　　小曲　　　麸曲

● 酿酒的流程

第一步：润料。

把酿酒的粮食放在水里浸润。

第二步：拌料。

将浸润的原粮进行搅拌。

第四步：摊晾、拌曲。

将熟透的原粮摊晾在干净的地上，翻料冷却，大约冷却到28℃~32℃之后加入酒曲。

第七步：起窖。

酒醅在窖池内达到发酵周期后就要被从窖池中取出，这就是起窖。

第八步：蒸馏。

经过完全发酵的酒醅，需要经过蒸馏来提取酒液。

第三步：蒸煮。

使原粮蒸煮后糊化，要确保原粮熟透，不能有夹生。

五步：堆积。

粮食中拌入曲之后，把们堆成小丘进行发酵。

粮醅要堆成小丘形，冬季堆高，夏季堆低，时间一般为 4~5 天。

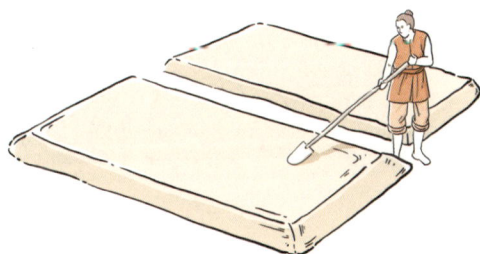

第六步：入窖。

粮醅完成堆积发酵后，还需要放入窖池发酵。

第九步：装坛。

将提取出来的酒液装入酒坛，醇香浓郁的古代白酒就这样酿成啦！

酒　酒

茶

  茶，另一种源远流长的中华饮食文化，是中华民族的举国之饮，代表着中华优秀传统文化中的优雅与恬淡。

  相传在神农时代，人们就已经懂得摘取野生植物简单制作饮品。到了唐宋时期，制茶方法已经初步规范，茶叶开始流行起来。制茶也成为中国古代重大科技发明之一。

南宋·刘松年《撵茶图》局部

第一步：采茶。

采茶多在清晨进行，这时茶叶上的朝露还没干，用拇指和食指夹住茶芽摘下。

第三步：拣茶。

把茶叶里面黄片、老叶或者茶梗等剔除。

第二步：筛茶。

采摘后的茶叶要经过验收，不可夹带其他杂物，通过细筛筛出所需要的精细茶末，残留于筛中的茶梗等杂物要去除。

第四步：洗茶。

挑拣好后的茶叶一般需要进行清洗，以去掉附着于其上的灰尘。

第五步：晒茶。

清洗后的茶叶须晾干，以保证茶叶后期的制作。晒茶时，一般使用竹制器具。

第六步：炒茶。

炒茶也称杀青，即把茶叶放在锅里面翻炒。

第七步：踩茶。

经过翻炒的茶叶叶片变叶面自然卷皱，趁热将搬运到敞口器物中，铺踩板，人立其上蹬踩促使茶芽紧卷成条。

第八步：搓茶。

进行过踩茶工序的茶芽须再回锅翻炒，以便通过高温蒸尽可能去除茶叶的青涩味，之后要重新经过踩茶、揉捻，使粗细茶叶分开。

第九步：舂茶。

有的茶叶在经过上面的工序后，还需舂成粉状。

接下来只需要压制、包装，茶叶就这么被做出来了。

茶叶

盐

盐是维系人类生存的必需品，以多种形态存在于我们的生活中，从地壳深处到广袤的海洋，盐以其独特的方式展现着自然的神奇与奥秘。按产地区分，盐可分为海盐、井盐、池盐等。制盐在中国的历史至少可以追溯到 5000 年前，几乎与华夏文明史同步。每一种盐都有不同的生产制作工艺。

● 海盐

顾名思义，海盐就是从海水中提取出来的盐。中国最早食用的盐就是海盐，据《淮南子·修务训》记载，盐的发明可以追溯到上古时期，是由一个叫宿沙氏的诸侯从海水中煮出来的。

海盐的制作较为简单，在滨海地区用海水注满盐田，然后晒干，或者用铁锅煮海水，海盐就被提取出来了。

● 池盐

池盐的制作方法和海盐类似，用铁锅煎煮或摊晒从盐池中取出来的卤水。

● 井盐

在所有古代制盐工艺中，井盐的生产工艺最复杂，也最能体现中国古人的智慧。井盐的生产最早可以追溯到战国末期的巴蜀地区，蜀郡太守李冰无意间发现了土地里有自然流出的盐泉，开始在成都平原开凿盐井进行提取。

到了宋代，浅层盐卤资源已经枯竭，人们需要开采更深层的盐卤，得益于当时科技的发展，一种新的开采方式应运而生，那就是"卓筒井"。

卓筒井是利用川南地区特有的楠竹汲取盐卤的盐井。利用古人舂米时的杠杆原理，通过足踏带动一个钻头上下运动，从而达到打井的目的。

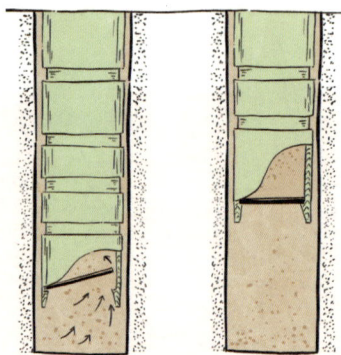

卓筒井的原理

邛崃（qióng lái）汉代盐井画像砖中的盐井

最早的井盐提取法与普通的水井提水法一样，即在地表开凿出一口井大小的盐井，然后往外汲取卤水。但因为井壁容易坍塌，深度较浅，只能汲取浅层的盐卤。

值得一提的是，这种开采技术被称作中国第五大发明，是世界钻井技术的先驱，领先欧洲400年。

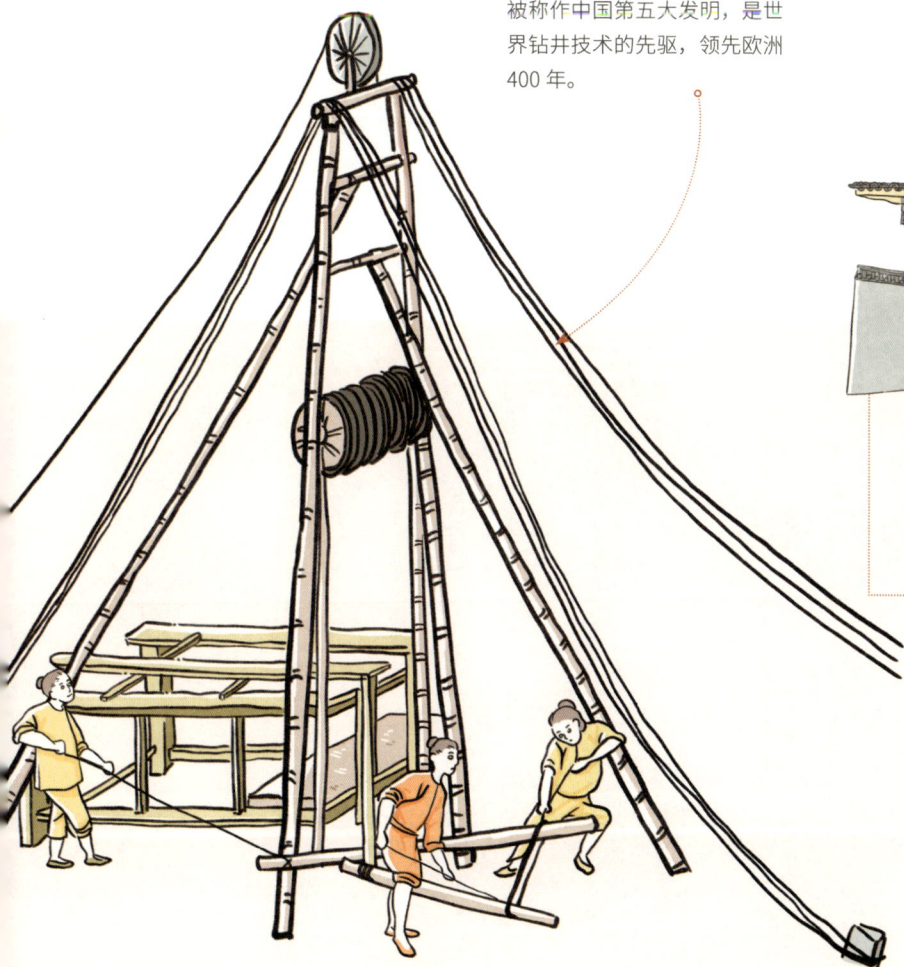

清代道光十五年（公元1835年），四川自贡盐区钻出了人类历史上第一口千米深井——燊（shēn）海井。

1.1.3 古代食器

从新石器时代开始，中国先民开始加工食物，进行烹调煮食，饮食器具从此时诞生。勤劳勇敢的中国人民自古以来就对吃这件事特别有钻研精神，千百年来在饮食器具上不断开发创新，由此诞生了五花八门的饮食器具。

炊器

炊器就是通过烹、煮、蒸、炒等手段来将食物原料加工成可食用物品的器具。

● 鼎

鼎是最早的炊器，一开始是用黏土烧制的陶鼎，后来变成用青铜铸造的铜鼎。铜鼎是最重要的青铜器种类之一。鼎的意义由最初的烹煮肉，以及盛贮肉类逐渐延伸到国家和权力的象征，是最常见、最神秘的食器。

最出名的鼎应该是中国国家博物馆收藏的司母戊鼎，又叫后母戊鼎。它是商代后期铸造的青铜礼器，也是目前已知中国古代最重的青铜器，堪称国之大器。

鼎

● 鬲（lì）

鬲也是由陶鬲发展到青铜鬲的，在商代及春秋时期十分流行。和鼎相比，它在加热的时候能够吸收更多的热量，更高效地烹煮食物。

● 釜（fǔ）

釜是一种圆底无足的炊器，必须放在炉灶上或悬挂起来使用。釜口也是圆形的，可以直接用来对食物进行煮、炖、煎、炒等加工，十分方便。

● 鍪（móu）

鍪是类似于釜的一种炊器,但和釜相比，它的口更小，更方便把煮好的食物倒出来。

鬲

釜

鍪

● 甗（yǎn）

甗可以说是最早的蒸锅，它的下半部分是鬲，在 3 个足之间烧火能将鬲里的水加热，上半部分是甑，用来盛放食物。

在河南安阳殷墟妇好墓里出土的三联甗应该是目前最出名的一个甗，也是造型最奇特的一个甗。它的 3 个甑共用一个长方形鬲，体形巨大，代表了发达的商代青铜文明。

甗

盛食器

食物做好之后需要盛到容器里端出来食用，智慧的古人们便发明了下面一系列盛食器具。

● 簋（guǐ）

簋既是古代祭祀和宴会放饭食的器具，也是一种重要的礼器，一般和鼎配合使用。据记载，天子用九鼎八簋，诸侯用七鼎六簋，卿大夫用五鼎四簋，士用三鼎二簋。

● 敦

敦是古代在祭祀和宴会时盛放黍、稷、稻等饭食的器具，其功能和簋相似，在簋之后流行起来。

● 盨（xǔ）

盨从簋演化而来，也是盛放饭食的礼器或器具，在西周中晚期开始流行。

● 豆

豆也是一种先秦时期的食器和礼器，开始时被用来盛放黍、稷等饭食，后来渐渐被用来盛放腌菜、肉酱等调味品。

簋

敦

盨

豆

酒器

中国的酒文化源远流长、博大精深，由酒文化而衍生出来的酒器同样丰富多彩，为现代人揭示了绘声绘色的古人生活。

● 尊

尊是商周时期流行的一种盛酒器，体形较大，器型多变，有的还被铸造成牛、羊、虎、象等各种动物形象，显示出中国古代高超的青铜铸造工艺。

● 爵

爵也是一种常见的用于盛放、斟倒，以及加热酒的容器，在商代和西周时期十分流行，可以说是中国最早的酒器。其功能和现代的分酒器或温酒壶类似。

● 觥（gōng）

觥也是一种盛酒器，一般是椭圆形或长方形器身，也有的觥全器被做成动物形状，在商周时期流行。成语"觥筹交错"里的"觥"就是指它。

● 觚（gū）

觚是一种喇叭形口、细腰、高圈足的盛酒器，一共有8个棱角。

● 罍（léi）

罍是中国古代大型的盛酒器和礼器，有方形和圆形两种形状，其中方形见于商代晚期，圆形见于商代和周代初期。从商代到周代，罍的形式逐渐由瘦高转为矮粗，繁缛的图案渐少，变得素雅。

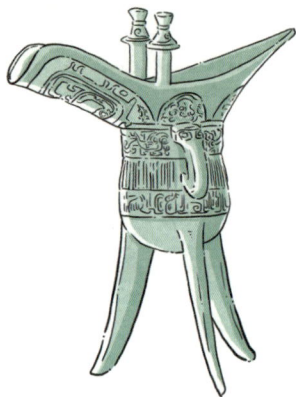 

妇好墓出土的青铜鸮（xiāo）尊　　　　商代的四羊方尊

爵　　　　　　　　　　觥

觚　　　　　　　　　　罍

● 盉（hé）

盉是中国古代的一种调酒器，古人用它来调和酒和水，控制酒的浓淡程度。

● 觯（zhì）

觯是中国古代盛酒的一种礼器。

● 斝（jiā）

斝是中国古代温酒的一种酒器，有3个足、1个耳、两个柱子，圆口呈喇叭的形状。

● 卣（yǒu）

卣是中国古代盛酒的一种器具，考古发现了大量的卣。

● 觞（shāng）

《兰亭集序》里提到一个词语叫"流觞曲水"，觞就是指这种盛酒器。觞从战国时期开始出现，一直延续使用到汉晋时期，后来便逐渐消失了。

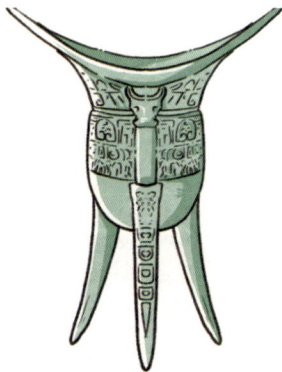

这些就是较为重要的食器代表了，你记住几个啦？

盉

觯

斝

卣

觞

1.2 "地"：耕作技术

　　在新石器时代，原始农业的耕作方法主要是"刀耕火种"。顾名思义，把地上生长的草木砍烧成灰用作肥料，然后直接在烧后的地面上挖坑下种。

　　商周时期出现青铜农具，春秋后期牛耕出现，从此以犁耕技术为代表的农业耕作方式日臻成熟，铁犁牛耕这种中国古代农业的传统耕作方式在数千年中不断被创新精进。为了灌溉方便，人们又修筑了许多闻名于世的水利工程，它们无一不体现着古人在那个时代里超前的智慧和高效的实践精神。

1.2.1 耕作技术

　　作为传统农业大国，农业的发展促进了中华文明的进步，而耕作技术的进步也推动着农业的发展。耕作技术是指采取各种手段，投入大量的人力、物力以取得最大产出的耕作方式。我国耕作技术一直走在世界前沿，在各个时代都有划时代的创新性技术出现。

畎亩法

　　畎（quǎn）亩法是代田法的前身，最早出现在战国时期的北方地区，是当时世界上最先进的耕作技术。

　　　　　　畎 = 沟 = 田间水道
　　　　　　亩 = 垄 = 田埂

　　畎亩法的耕作方式是"上田弃亩，下田弃畎"，意思是在高田里，将作物种在沟内，而不种在垄上；在低田里，将作物种在垄上，而不种在沟内。这样可以保证高田内抗旱保墒（shāng），低田里排水防涝。

畎亩法示意图一

○垄

由于水往低处流，若把农作物种在沟里，可以起到抗旱作用，故此土壤干旱的北方农田常使用此法。

畎亩法示意图二

○沟

由于水往低处流，若把农作物种在垄上，可以起到排涝的作用，故此种植法适用于降雨较多的地区及低洼地带。

代田法

西汉时期为了大力推广农业技术、增加农作物产量，汉朝廷开始重视农业生产，在这种环境下，西汉"搜粟都尉"赵过在北方推行了一种适应干旱地区的耕种技术，这就是代田法。

代田法和畎亩法很像，都是通过在"垄"和"沟"之间不断变换耕种而达到土地利用最优化，提高农作物产量的目的。第一年把农作物种在沟里，等幼苗长起来后，逐渐把垄上的土铲下来培在禾苗根部，等到了夏季垄上的土已经被全部移除到禾苗根部了，于是农作物的根很深，能抗风、抗旱。

第二年，由于垄上的土已经被移除干净，垄就变成了沟，而之前种植作物的沟变成了垄，这时就可以把作物种在沟里，像第一年那样。于是，垄变成沟，沟又变成垄，这样循环往复，庄稼也就生生不息、苗壮成长了。

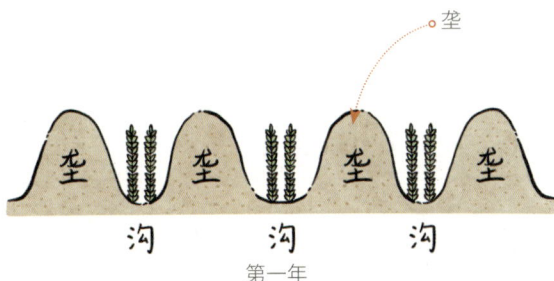

○垄

垄　垄　垄　垄

沟　沟　沟

第一年

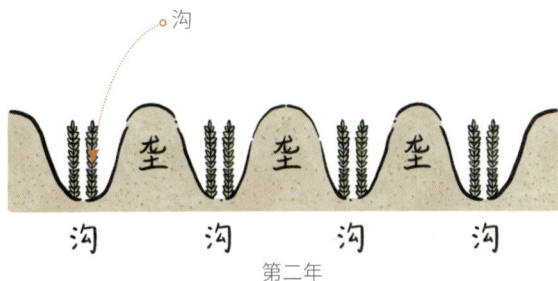

○沟

垄　垄　垄

沟　沟　沟　沟

第二年

汉武帝时期代田法的推行使得农作物产量明显提高、垦田增多，对社会经济的发展起到了重要作用。同时，由于具有"深耕、保墒、灌溉、用地养地、抗旱、防倒伏、光能利用"等精耕细作的特点，代田法的出现标志着我国古代耕种方式走向精耕细作型，此后，中国农业耕种技术在此基础上不断发展，农业生产力不断迈上新的台阶。

圩田

圩（wéi）田也叫围田，是一种适用于沿江、沿湖或滨海地区的造田方法，起源于唐代以前。到了唐代，圩田的筑造技术已经比较成熟，在全国得到普及、推广。

圩田的基本营造方法是在浅水沼泽或河湖淤滩地带围筑堤坝，将田修建在堤围里面，把水挡在外面，并且在堤围中使用灌溉系统，凿沟渠、设涵闸，形成一整套循环的农业生产生态系统。在旱季开涵闸引江水灌溉，在发生洪涝时紧闭涵闸，将洪水抵御在圩田外面，这样就能取得"旱涝不及，为农美利"的功效。这是我国古代人民利用地势与自然做斗争的一大重要创造，也是农业发展史上的一大进步。

桑基鱼塘

桑基鱼塘，顾名思义，是将种桑养蚕与池塘养鱼结合起来的一种复合型农业生产模式，距今已经有2500多年的历史。

我国有许多地方实行基塘生产，如桑基鱼塘。鱼塘中养鱼；塘泥培基，给桑树提供养料；落入池塘的蚕粪又成为鱼的食料。

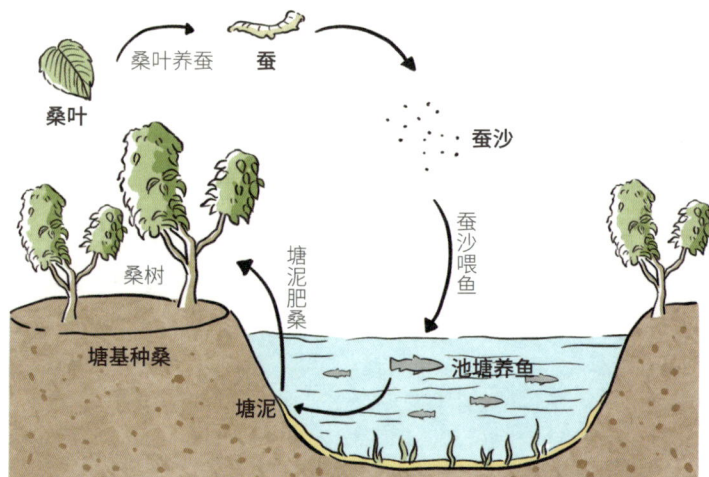

桑叶养蚕　蚕
桑叶
蚕沙
桑树
塘泥肥桑
蚕沙喂鱼
塘基种桑
池塘养鱼
塘泥

桑基鱼塘主要出现在我国东部、南部水网密布的地区，那里地势低洼，每到雨季容易出现洪涝灾害。将水网洼地挖深成池塘，用挖出的泥在池塘的四周堆成高高的基台，在基台上种植桑树，在池塘里养鱼，桑叶用来养蚕，蚕的排泄物又可以用来喂鱼，最后鱼塘里的淤泥又能用作种植桑树的肥料。通过这样的循环，桑基鱼塘以最小的投入得到了最高的经济效益，同时维护了整个系统中的生态平衡，减少了环境污染。

1.2.2　水利工程

作为农业大国，农业自古在我国经济发展中起到决定性作用，而水利工程则是农业发展的关键，集中体现了古代人民认识自然、利用自然的卓越智慧，是我国灿烂辉煌的古代科学史中不可忽视的重要篇幅。

都江堰

都江堰水利工程位于都江堰市北部，是岷江干流由峡谷进入成都平原的起点，始建于秦昭王末年（约公元前 256 年—前 251 年），由当时的蜀郡太守李冰父子主持修建。

在都江堰水利工程被修筑之前，成都平原饱受岷江洪涝灾害之苦，这深深影响着古蜀国的发展。秦国统一巴蜀之后，李冰被任命为蜀郡太守。他上任后下决心根治岷江水患，让蜀地从此免除水患困扰，稳步发展民生，为秦国统一中国打好经济基础。

都江堰水利工程由鱼嘴、宝瓶口、飞沙堰等部分组成，它们彼此配合，相辅相成，发挥了分流、排沙、滞洪、引灌的作用，使得成都平原从秦汉时期开始成为"水旱从人、不知饥馑"的天府之国。

李冰

鱼嘴是都江堰的分水工程，因形状很像鱼的嘴巴而得名。鱼嘴将岷江一分为二：右为外江，左为内江。在枯水季节（秋季和冬季），六成的江水流入河床较低的内江，保证成都平原的生产生活用水；在洪水泛滥的季节（夏季），六成的江水从河床较宽的外江排走，保证成都平原不受洪涝之灾。

飞沙堰泄洪道是在鱼嘴的尾部、宝瓶口的右侧偏北建造的一个低矮堤堰，又名减水河。飞沙堰在枯水季节是宝瓶口与鱼嘴之间的坦途行道，起到壅（yōng，堵塞之意）江导水的作用；在洪水泛滥的季节就变成内江的泄洪排沙道，使进入宝瓶口的沙石量减到最少。

宝瓶口是内江的进水口，形状很像瓶颈。除了引水，宝瓶口还有控制进水流量的作用。江水经宝瓶口后顺应西北高、东南低的地势，沿各引水渠不断分流，形成自流灌溉渠系。

鉴湖

鉴湖，又称镜湖、长湖、大湖，位于东汉会稽郡山阴县境内（今属绍兴市），始建于东汉永和五年（公元140年），由当时的会稽太守马臻主持修建，是我国长江以南最早的大型塘堰工程。

什么是塘堰？塘堰就是在山区或丘陵地区修建的一种小型蓄积雨水和泉水的工程，作用是灌溉农田。

鉴湖所在的绍兴地区拥有2000多年的建城史，也是我国著名的"水城"，从建城开始就以水利兴盛著称。绍兴地区地处我国东部沿海，水土资源丰富，有着许多天然河道与湖泊，沼泽遍布整个平原地区。为了实现防洪、拒潮、提供淡水、水路航运等目的，绍兴地区不断地实施系列都城水利工程。

到了东汉时期，绍兴地区迎来水利工程的新一轮巅峰——鉴湖。鉴湖南靠会稽山脉，北边是宽阔的山会平原，再北则是杭州湾。鉴湖的修筑巧妙地利用了这"山—原—海"高程上的变化，依山筑塘成湖，积蓄会稽山脉诸溪之水，顺着自然地势启放湖水灌田。

作为我国古代南方最大的蓄水工程，鉴湖总面积达190平方公里，差不多相当于我国一个中型城市的大小。东西堤总长56.5公里，普通人需要10个小时才能走完。正常库容为2.68亿立方米，总库容超过4.4亿立方米，它的面积、堤长、蓄水量等都处于我国古代蓄水工程的榜首，可见它给绍兴地区的经济发展带来了巨大的综合效益，并产生了深远的影响。

● 鉴湖如何防洪

鉴湖因为有着长达56.5公里的围堤和1.7亿立方米以上的防洪库容，足以把从北边会稽山倾泻而下的洪水全部拦蓄进湖泄洪，经过斗门、闸、堰、阴沟等69座水门一层一层地泄洪，分别把洪水导入潮汐河流东小江、西小江，以及从北边的平原河道排泄入海，消除了山洪对绍兴地区的威胁。从鉴湖修建开始，绍兴地区就不再受洪水威胁，城市防洪一跃达到国内先进水平。

然而经历了几百年的河流汇入，鉴湖内淤积了许多泥沙，水生植物茂盛，到了宋代，鉴湖淤积逐渐显著，湖中个别地带枯水期已经出现干涸的地面，于是开始了鉴湖被围垦的过程，最迟到南宋时期，古鉴湖的绝大部分被豪强瓜分。鉴湖作为大型水利工程的使命到此终结。现在的鉴湖，则是作为江南水乡型风景名胜区供人们游览、观赏。

它(tuō)山堰

它山堰位于浙江省宁波市鄞州区的它山旁，唐大和七年（公元833年）由县令王元暐（wěi）修建，是我国古代伟大的水利灌溉工程。

它山堰是中国水利史上首次出现的块石砌筑的重力型拦河滚水坝。现存它山堰全长113.7米，堰面顶级宽3.2米，第二级宽4.8米，总高5米，既具有拦水蓄洪灌溉作用，又能阻止潮水倒灌，对当地农业的发展起到了重要作用。

在它山堰建成以前，每次到了旱季，江河的水位下降，海潮便会沿着甬江上溯到樟溪河。由于海水倒灌使耕田卤化，老百姓没有能喝的水，庄稼也无法进行灌溉。而到了雨季，江河的水位又会大幅度上涨，决堤泛滥之后造成洪涝灾害。因此在它山堰出现之前，古代鄞江两岸的民众饱受自然灾害之苦。

王元暐上任后，在鄞江上游出山处的四明山与它山之间，用条石砌筑了一座上下各36级的拦河溢流坝。据记载，坝的设计高度要求如下："涝则七分水入于江（奉化江），三分入于溪（南塘河），以泄暴流；旱则七分入溪，三分入江，以供灌溉。"

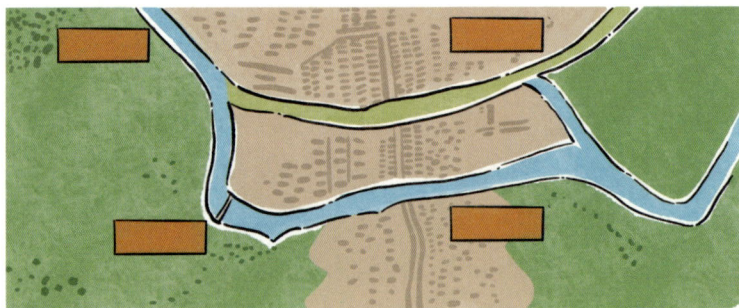

在河流枯水季节，随着海水的潮汐变化，海水就会倒灌进入江河。它山堰使河流一分为二，从根本上解决了咸潮的问题。由于它山堰的阻挡，上游的水位升高蓄积，珍贵的淡水在北边汇入南塘河滋润了整片流域，为这片肥沃的土地提供了持续、稳定而优质的水源补给。

● 它山堰为什么能够名垂科技史

首先是它的选址。

王元玮经过多次勘探、仔
细研究，将堰坝的选址定
在了它山和纱帽山之间，
这个地方是鄞江古河道瓶
口的位置，宽 100 多米，
在此地建堰坝的工程量较
小，两座小山之间山脚下
的基岩可以增强堰体的抗
冲击力。

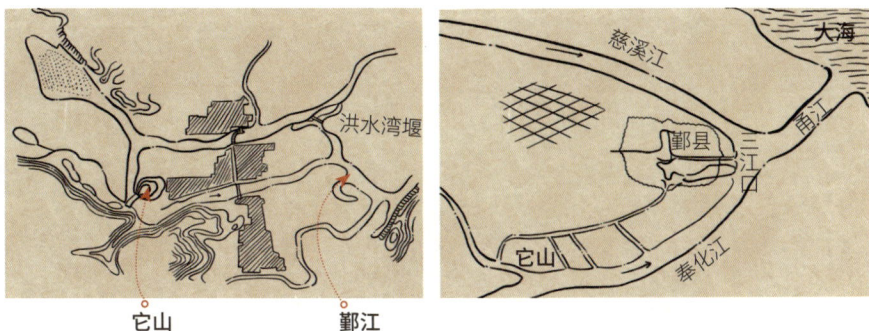

它山　　　　　　鄞江

其次是堰体的构造。

它山堰的堰面全部用条石砌筑而成，堰身为木石结构，大梅木枕卧堰中，历经千余年不腐，被称为"它山堰梅梁"。

堰底向上游倾斜 5°，这个特点可以增加堰体的抗滑
稳定性。

组成堰体的条石附有黏土夹碎石层，可以减少河床的渗漏。黏
土夹碎石层有点类似于今天的混凝土，这在当时绝对是超越时
代的技术。在黏土中混入碎石后，土的抗剪强度和固结度大大
地提高了。同时，这厚厚的"古代混凝土"还可以防止涨潮时
下游海水通过堰体渗透到上游去，是它山堰最具创新力的部分。

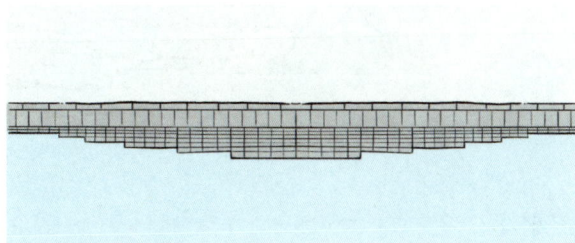

堰体平面略向上游鼓出，这样上游下来的洪水，漫过
堰体冲到下游时会产生向心力，两侧的水会流向中
央，于是就减少了对两岸河床的冲刷。

堰体采用变厚布置，从而增强河床中央堰体的刚度。

　　它山堰作为抗咸蓄淡引水灌溉枢纽工程，为宁波地区的繁荣做出了不可估量的巨大贡献。现在的它山
堰则作为世界性的灌溉工程遗产，举世闻名。

吴越捍海塘

钱塘江大潮自古以来就是闻名遐迩的"奇景"，每年都有无数游人慕名而来，感受江潮雄浑的气势和壮观的景象。但在古时候，钱塘江大潮威胁着百姓的生命和农业生产，让人们苦不堪言。

为此历代官员想了许多办法，然而钱塘江潮的潮头很高，冲击力又强，接连修筑的许多防潮工程都相继坍塌。直到五代十国时期，吴越王钱镠下决心稳定民生、解决潮患，主持修建了捍海塘这一伟大的水利工程。

● 钱王射潮

相传吴越王钱镠修筑捍海塘时，总是这边修好，那边又被潮水摧毁，这让钱镠十分头疼。当时有传言说这是因为江里有潮神在和他们作对，钱镠知道后十分生气，便在农历八月十八潮神生日这一天，带领一万名弓箭手来到江边，等到浪潮高猛地席卷过来时，万箭齐发，直射潮头，逼得潮水不敢过来。从那之后，捍海塘的修建便顺利多了。

其实捍海塘不会被浪潮摧毁的原因是它采用了创新性的修筑技术。

钱王改进了传统的"水来土掩"的版筑法，创造了"竹笼石塘"的筑塘结构。竹笼石塘就是用竹片编织成笼，在中间放入巨石，层层叠置成海塘。

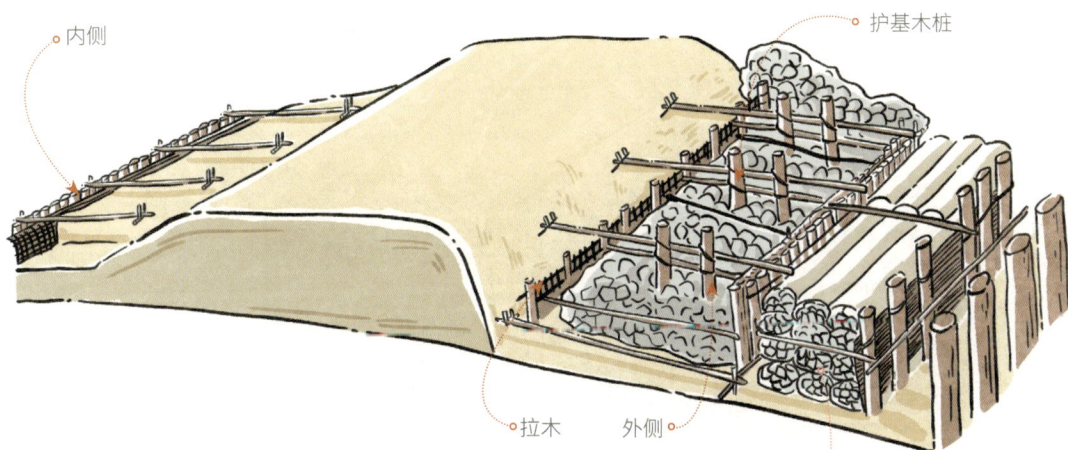

捍海塘的结构示意图

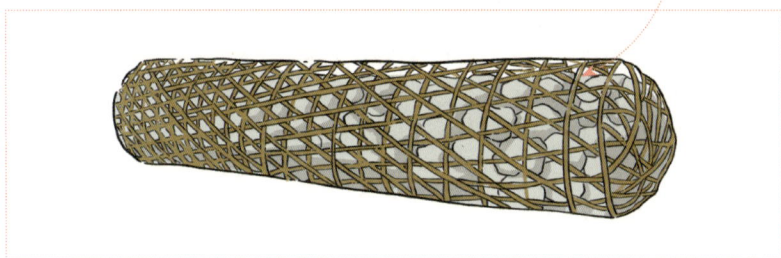

海塘的基础部分由护基木桩、竹笼沉石等设施组成，内侧是一排用拉木套接加固的护基木桩。护基木桩排列密集，每隔两米左右就用一根长约 3 米的拉木加固。基础部分的外侧由 4 排护基木桩和竹笼沉石组成。4 排护基木桩之间是一只只盛满巨石的竹筐，第四排护基木桩外面就是累叠的竹笼沉石。

同时，在石塘前面打入交错排列的挡浪木桩，当大潮涌上岸时，潮水就会直接撞击在木桩上，整个大潮的势头就会分解，这也是吴越捍海塘比之前修建的捍海塘更坚固的原因。

这一石海塘的创筑，在海塘工程技术史上是一次重大的突破。吴越捍海塘修筑成功过后，基本解决了潮患，保护了杭州百姓生命财产的安全，以致杭州城基始定。此工程不仅保护了海岸，还有效地保护了海岸附近的良田，有利于农业的发展。从此杭州开始成为"天堂之城"，百姓安居乐业，歌舞升平。

束水攻沙

　　黄河是我国的母亲河,从它流淌的路径中诞生了璀璨的华夏文明。但是黄河也因为泥沙含量多,使下游河床抬升,容易发生洪水,导致洪涝灾害。为了解决黄河水患,水利学家们先后提出了许多治水方法,其中明代治河专家潘季驯提出的"束水攻沙"成就显著,对后世影响深远。

　　在明代之前,治理黄河的主要方法是分水,就是把黄河的下游河道拓宽,或者开辟更多的河道,这样治标不治本的方法并没有经受住时间的考验,等到河床再次被泥沙淤积之后,洪水又会席卷而来。

　　潘季驯在沿黄河一路考察后,想到了一种与前人治水反其道而行之的方法,那就是修筑堤防工程缩紧黄河河道,使黄河水加速流动,湍急的水势便会带走淤积的泥沙。这就是"束水攻沙"理论。

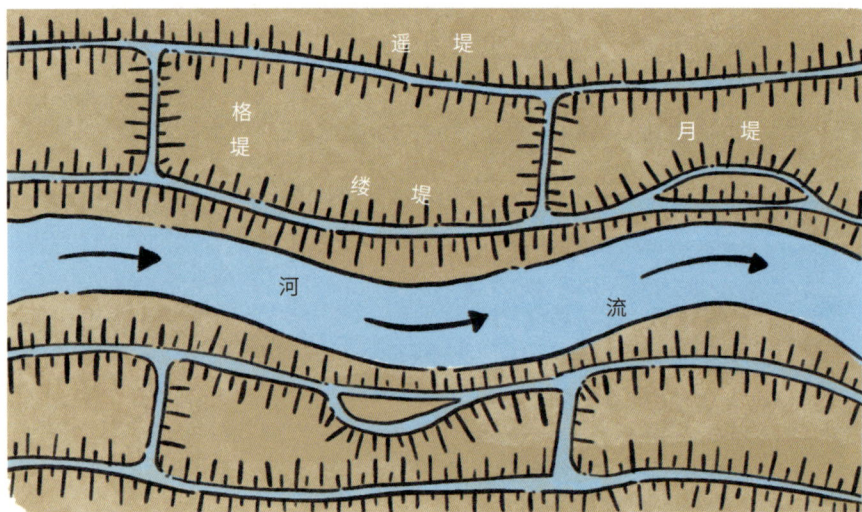

潘季驯创造性地把堤防工作分为遥堤、缕堤、格堤、月堤4种。缕堤用来固定住主河道的河床主槽,使水流速度加快,利用水的流速,将淤积的泥沙冲走,从而达到治沙的目的。为防止缕堤溃泄引发洪水,他又在缕堤之外一定距离处加筑了一道遥堤。

　　后来潘季驯发现湍急的河水往往会把泥沙冲击到两岸的河滩上,他干脆在堤坝前形成一道河滩,这样就可以让泥沙堆积在河堤的底部,自动加固河堤。因此,"束水攻沙"又被称为"淤滩固堤"。

　　在河患十分严重、河道变迁频繁的明代,潘季驯能针对当时的乱流情况,提出"束水攻沙"理论,并大力付诸实践,是一种超越前人的创举。而他的这套理论也成为如今人们治理泥沙河的一套核心思想,造福着无数炎黄子孙。

1.3 "人"：农业机械

中国传统农业历史悠久，农业机械同样有着深远的历史沿革。农业机械在整地、播种、中耕除草、收获贮藏、农产品加工、灌溉和运输等方面都发挥了巨大的作用，大大提高了生产效率，降低了人力成本。而农业机械在不断的创新和改良中，也形成了中国独有的特点与传统。有很多农业机械甚至一直沿用至今。

1.3.1 神农制耒耜

在原始的刀耕火种时期，人们务农也就是简单地把种子播撒在土地的表面，很多种子在发芽以前就被日晒风干，还有的被鸟鼠虫蚁啃噬，导致农作物产量低下。

相传炎帝神农氏为了提高农作物产量，让大家都能吃饱饭，发明了早期的耕地工具——"耒耜"（lěi sì）。人们用耒耜翻松土地，把种子埋进土里，不仅改善了地力，还将种植由穴播变为条播，使农作物产量大大提高。

虽然传说不等于史实，但确实在我国的一些新石器遗址中发现了耒耜的踪影。

先秦时期，耒耜是主要的农耕工具。

耒耜其实是象形字，耒就是一根尖头木棍加上一段短横梁，耜就是下端的起土部分。使用时将尖头插入土壤，然后用脚踩横梁使木棍深入再翻出。

有了耒耜，才有了真正意义的"耕播农业"，此后原始的天文、历法、气象、水利、土壤、肥料、种子等知识和技术相应产生，中国源远流长的农业文明由此拉开序幕。

1.3.2　直辕犁与曲辕犁

犁是从耒耜发展而来的一种农业工具，通常系在牛等牲畜身上，也有用人力来驱动的，用来进行土壤耕翻和深松，有助于播种及农作物的生长。

早期的犁，形制简陋。西周晚期至春秋时期出现了铁犁，并且人们开始用牛拉犁耕作。到了西汉时期出现了"直辕犁"，这种犁只有犁头和扶手，是犁耕技术的一大改革创新。

犁在使用过程中被勤劳、智慧的中国先民不断改良，到了唐代，出现了"曲辕犁"。曲辕犁将直辕、长辕改为曲辕、短辕，并在辕头安装可以自由转动的犁槃，这样不仅使犁架变小、变轻，而且便于调头和转弯，操作灵活，可节省人力和畜力。

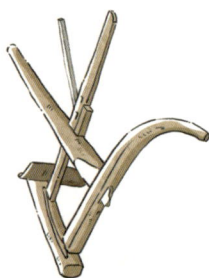

辕又直又长，耕地时回头、转弯不够灵活，起土费力，效率不太高。

直辕犁

直辕犁与曲辕犁的对比

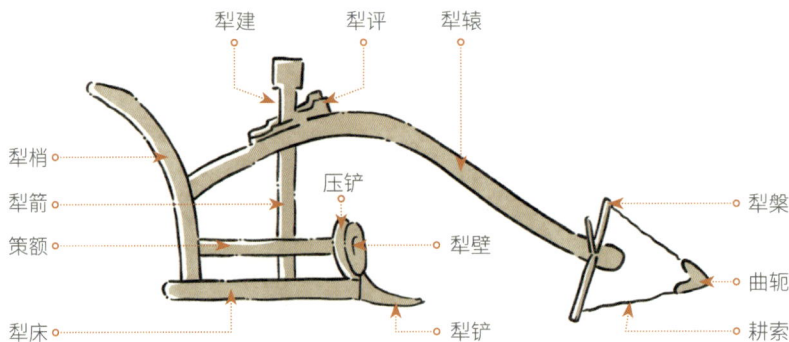

犁建　犁评　犁辕

犁梢

犁箭

策额

犁床

压铲

犁壁

犁铲

犁槃

曲轭

耕索

曲辕犁的构造

048

曲辕犁是唐代犁耕发展的重大成就，具有里程碑式的意义。它的出现标志着我国耕作工具的成熟。曲辕犁是唐代最先进的农业工具之一，且历经宋元明清，其基本结构都没有明显的变化。

1.3.3 耧车

耧（lóu）车是一种古代播种时用的农具，由西汉赵过在先秦时期的一脚耧、二脚耧的基础上改造而来，可以说是现代播种机的"祖师爷"。

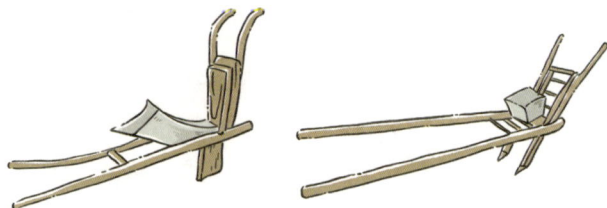

古代耧车由3只耧脚组成，下部有3个开沟器，播种时，用一头牛拉着耧车，耧脚在平整好的土地上开沟播种，同时进行覆盖和镇压作业。

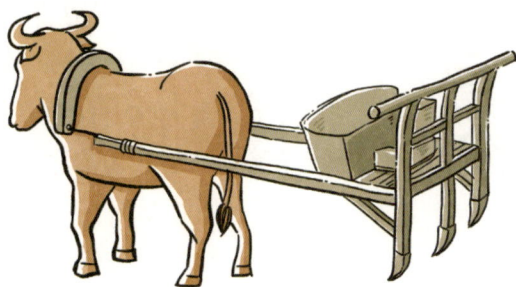

播种时，一个人在前面牵牛拉着耧车，一个人在后面用手扶着耧车播种，一天就能播种一大片地，大大提高了播种效率。

1.3.4 筒车

筒车又叫水轮、竹车等，是一种以水流为动力，取水灌溉田地的工具。根据史料记载，筒车最早在隋代被发明出来，在唐代已经逐渐开始普及并被推广到了全国各地。

在许多人构思的古代田园风光中，除了小桥、流水和郁郁葱葱的山林草木，还会有几个随着水流缓缓转动的筒车，构成了一幅静谧安详的田园画卷。

筒车由立式水轮、竹筒、支撑架及水槽等组成，立于河边水中。河水先冲击水轮，带动竹筒取水倒入水槽，再去灌溉农田。

由于筒车造价低廉、结构简单，目前在云南、广西、四川、甘肃等地区仍然在使用。

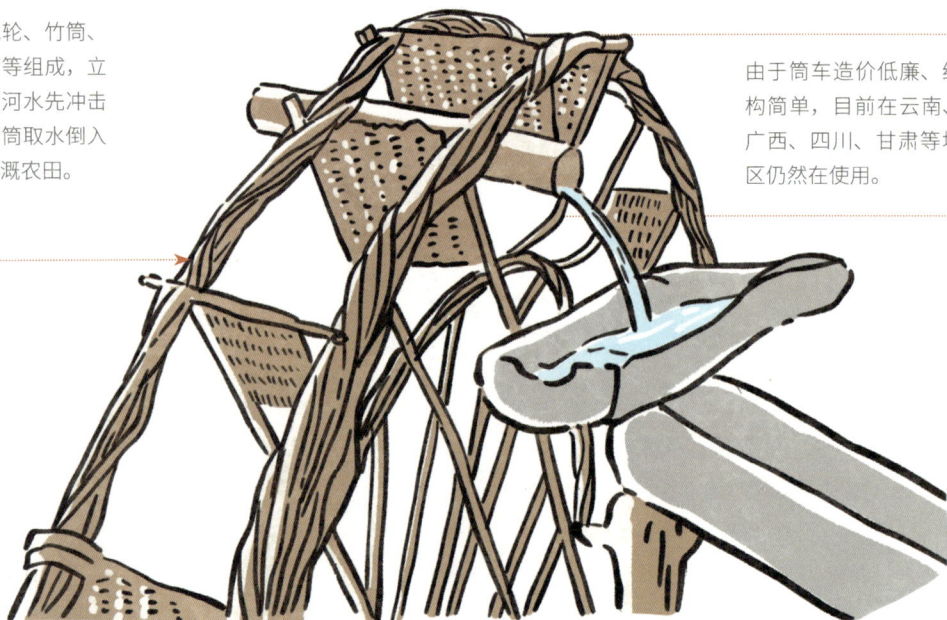

筒车的原理其实很简单，竹筒承受水的冲力，获得的能量使筒车旋转起来。当筒车转过一定角度，原先浸在水里的已灌满了水的竹筒将被提升离开水面。筒底所在的外环半径大于筒口所在的内环半径，由于两者为同心圆，所以在低处时，竹筒盛水（筒口高于筒底），在高处时，竹筒泄水（筒口低于筒底）。可以通过调整水槽的位置和长度，使水槽能够接到更多的水。只要水流不息，筒车就可以一直运转，给农田提供灌溉用水。

第 2 章

锦绣衣裳：纺织

图 一 解 一 古 一 人 一 的 一 衣 一 食 一 住 一 行

2.1 华夏衣裳

"中国有礼仪之大，故称夏；有服章之美，谓之华。"

—《左传注疏》

中国桑蚕丝织业及丝绸文化历史悠久，距今 7000 年的河姆渡人已经掌握了原始的纺织技术；在浙江省吴兴县钱山漾的良渚文化遗址中发现了丝线，这些丝线距今 4000 多年。随着汉代丝绸之路的开通，东西文化交流日益频繁，魏晋南北朝时期呈现出多元融合的现象，纺织技术及产品，尤其是丝绸业逐渐注入了新的内容，到唐代达到了历史的一个高峰。

宋代，棉花种植业广泛，棉纤维开始被大量使用。明清时期，缎、纱罗等织物得到发展，同时妆花技术诞生。在灿烂悠久的中华文明中，勤劳智慧的华夏民族用巧手匠心编织了一幅幅锦绣画卷，为祖国的文化繁荣锦上添花。

河姆渡文化——黑陶纺轮

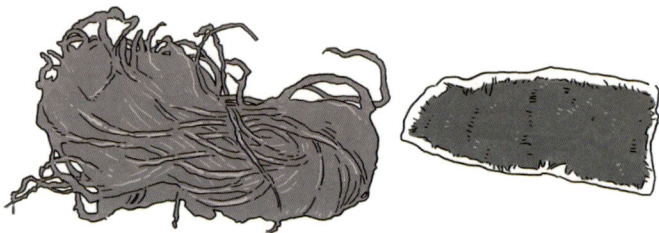

浙江吴兴县钱山漾良渚文化
遗址中发现的丝线及丝织物

2.1.1　纺织原料

皮毛

明代以前，皮毛材料的地位仅次于丝、麻，当时主要用于纺织的毛纤维有羊毛、山羊绒、骆驼绒毛、牦牛毛、兔毛等，其中羊毛是主要的毛纤维。

羊毛的主要来源有绵羊和山羊两种，以绵羊为主。清代杨屾（shēn）所著的《豳（bīn）风广义》中记录了8种羊的名称，其中大多数属于绵羊。不同品种的羊产出的毛纤维有不同的用处。

大尾羊

产自西藏的羊毛弹性、强度都很好，可以用来织造精细毛织物。产自内蒙古的羊毛比较粗硬，适合用来制作毛毯。

牦牛毛的使用历史比较悠久，古称氆氌（máo jì），可以被织成精细的显花毛织物。

骆驼毛多产于内蒙古、新疆、青海和甘肃等地。汉代以前，因为技术有限，骆驼毛的质量很差，一般与羊毛混合使用，在新疆阿拉沟地区战国墓葬中就发现了含骆驼毛的织物。汉代以后，随着技术的发展，纯骆驼毛织物逐渐变多，在唐代还被当作地方特产进献给朝廷。

牦牛

骆驼

麻葛

我国葛、麻纤维的品种很多，很受人们的青睐，在利用、制作上有着悠久的历史。其中，大麻和苎麻的原产地就是中国，在国外同样享受美誉，分别被称为"汉麻"和"中国草"。

葛，是最早用于纺织的植物纤维之一。在旧石器时代，葛被用作食物充饥，后来人们用葛藤捆绑东西。在长期的生活实践中，人们发现葛藤经过水煮过后会变得柔软，可以分离出白色的纤维，用手或工具搓动加工，可以编织成纺织品，葛布就是用葛纤维制成的。

周代还曾专门设立"掌葛"的官吏来管理葛的种植和纺织。在西汉时期，随着技术水平的提升，葛纤维织成的葛布可以分成粗、细两种。在隋唐时期，纺织技术和工具比以前更加完善，生产能力也越来越强。葛藤因生长期长、加工较困难，在纺织工业中的主要原材料地位逐渐被麻所取代。

麻纤维种类多，主要有大麻、苎（zhù）麻两个品种。

苎麻是我国特有的草本植物，其生长在比较温暖和雨量充沛的山坡、阴湿地、山沟和路边等。在新石器时代，人们利用微生物对野生苎麻进行脱胶处理，取得苎麻纤维。到了春秋战国时期，生产力提升，苎麻布逐渐普及，甚至被作为礼物用于交换、馈赠。在西汉时期，苎麻从中原地区逐渐向西南边疆等地区传播。在隋唐时期，江南地区的苎麻布年生产能力达一百多万匹。苎麻布吸湿、透气性好，是制作夏衣的上等选择。

大麻对土壤和气候的适应性很强，分布范围广泛。早在三四千年前，我们的祖先就已掌握了沤制大麻、剥取纤维的方法，并且开始人工种植大麻。

到了汉代，人们发现大麻可分雌、雄异株。雄株被称为"枲"（xǐ），其所含麻纤维虽少，但强度高，可以用于纺织。雌株被称为"萱"（yí），其所含麻纤维粗硬、色黑，不能用于纺织，但萱麻籽可榨油。麻布具有挺实、易于生产的特点，是制作军队服装的原料之一。与苎麻相比，大麻的纺纱性能差。魏晋以后，大麻在北方地区仍占主要地位，南方地区则更重视苎麻的利用。此后，随着棉花在北方地区的推广，大麻在北方地区也开始渐渐淡出了纺织品原料的行列。

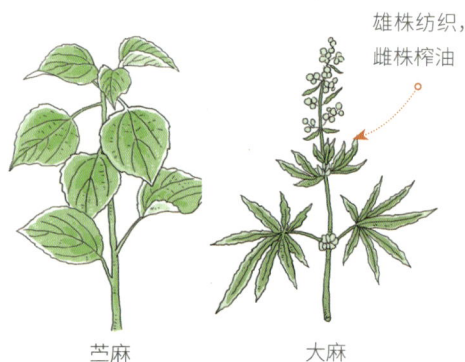

葛的用处

充饥　　绑东西　　煮

白色纤维

搓动

纺织品

葛

雄株纺织，雌株榨油

苎麻　　　　大麻

丝

蚕丝是十分优良的纺织原料，具有弹性高和强韧、纤细、光滑、有光泽、耐酸等特点。人们在生活中逐渐学会了蚕种繁殖，利用桑树进行人工养蚕。

在殷商时期，养蚕已很普遍，在甲骨文里刻写的蚕形和蚕儿食桑叶的图案也多了起来。

在春秋战国时期，生产力和社会经济得到发展，养蚕、缫（sāo）丝、织绸技术也得到相应发展，许多妇女参加了"治丝茧"的生产活动。在西汉时期，丝绸之路开通，大量的丝织物源源不断地向外输出，这种盛况一直持续到唐代中期。宋代丝织业的重心从北方移到了南方，尤以江南最盛行。当时，定州（今河北省定州市）的缂（kè）丝最为出名，是我国丝织工艺中最受人珍爱的品种之一。自明代中叶以后，由于丝织业有了进一步发展，苏州、杭州、嘉定、湖州等地成了丝织业中心，特别是苏州，在明初就设有织染局。

甲骨文中的丝、桑、蚕字

铜戈上的蚕纹

棉

棉纤维大体可以分成陆地棉和海岛棉两种，其中我国主要种植的是陆地棉。海岛棉也称长绒棉，除新疆有种植外，主要从埃及、苏丹等地进口。棉花制成的棉纤维，吸湿、透气性好，柔软又保暖，深受人们喜爱。

据记载，棉花约在南北朝时期传入，当时多在边疆地区种植。棉花的大量种植大约在宋末元初。明代初年，棉花逐渐推广，渐渐取代了大麻、苎麻作为人们的日常衣着原料。后来，棉花逐步在纺织业占据主流位置，在数量上甚至超过了蚕丝。

棉花

黄道婆

黄道婆对促进长江流域棉纺织业和棉花种植业的迅速发展起到了重要作用，被后人誉为"衣被天下"的"女纺织技术家"。

2.1.2 纺织技术与工具

新石器时代早期，人们就已经开始使用纺轮作为纺织工具。把捻杆插入纺轮中间的圆孔中，利用其自身的重量连续旋转，加捻成纱，这种纺织技术在现在的怒族、佤族等少数民族中仍然在使用。不过用这种纺轮纺织吃力又缓慢，因此后来人们发明了纺车。

捻杆

手摇／脚踏纺车

纺车主要有手摇和脚踏两种，最初的手摇纺车没有绳轮，而是用竹片或木片制成轮辐，轮辐固定在轮轴上，将绳索（皮带）绕在轮辐顶端的凹槽里，在最上面和最下面两处与锭子相连，用手拨动轮辐纺纱。一直到北宋时期，这种形制的纺车还可以看到，只是多了手摇柄。现在常见的车轮状手摇纺车，在元代才开始出现。

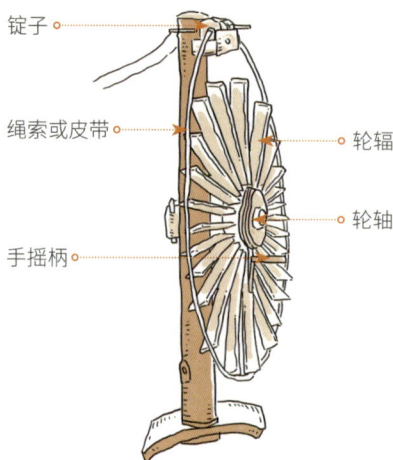

锭子

绳索或皮带

手摇柄

轮辐

轮轴

手摇纺车

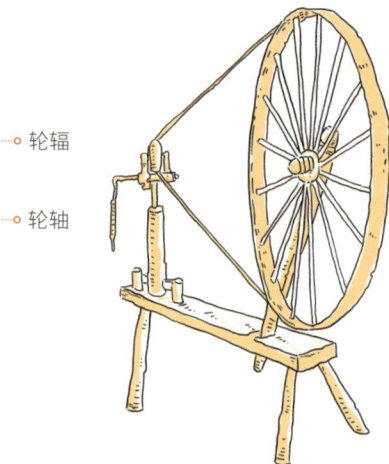

小纺车比木棉纺车大一些，可以装五锭，木棉纺车最多可以装三锭。

木棉纺车

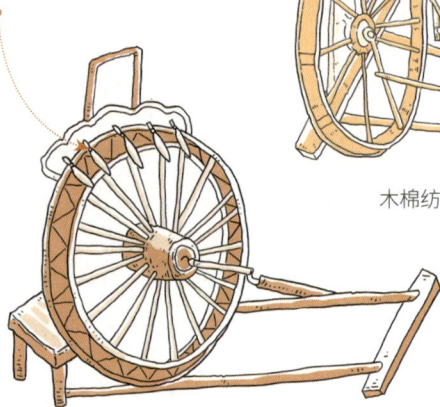

小纺车

脚踏纺车是在手摇纺车的基础上发展而来的，纺织时踩动脚踏板，带动绳轮转动，绳轮连接锭子旋转运动。这样就可以解放双手操纵纱线，效率得到了很大的提高。目前，最早的脚踏纺车资料是东晋顾恺之为刘向所著的《列女传·鲁寡陶婴》画的配图。

到了元代，脚踏纺车有了多种用途，用于纺麻纺丝的脚踏纺车叫作"木棉纺车"，用于纺棉的脚踏纺车叫作"小纺车"。

水转大纺车

水转大纺车发明于南宋后期，在元代流行，是当时先进的纺织机器，主要用于加工麻纱和蚕丝。根据《农书》记载，大纺车长二丈余（约为 6.6 米），阔约五尺（约为 1.6 米），高达五尺（约为 1.6 米），从早到晚可以织造百斤。

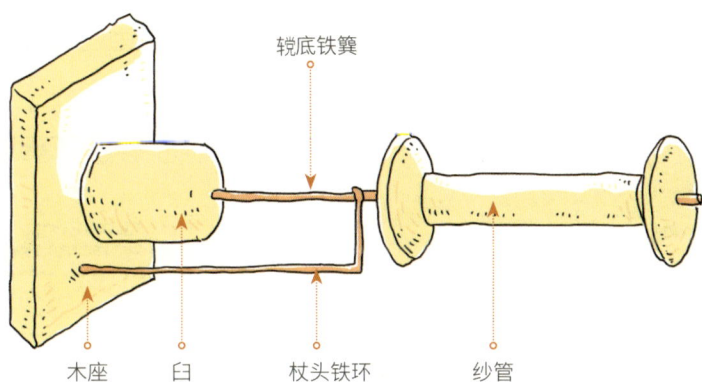

轨底铁簨

木座　臼　杖头铁环　纱管

水转大纺车锭子的结构图

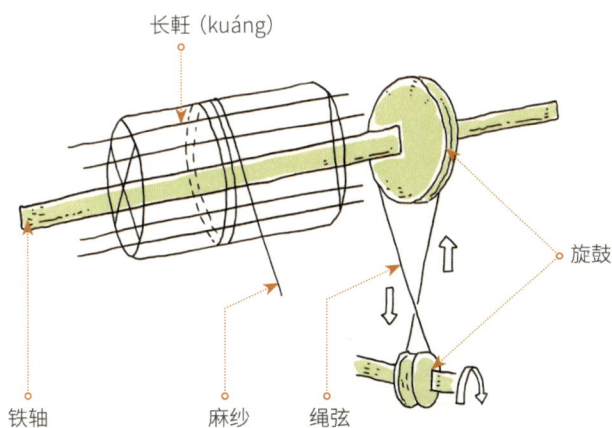

长軠（kuáng）

铁轴　麻纱　绳弦　旋鼓

水轮顺时针旋转纱线卷绕示意图

腰机

中国的织机种类多样，约 7000 年前就已经出现了原始织机，到战国、秦汉时期出现了踏板织机和多综式提花机，当时已经达到世界最高水平。后来随着丝绸之路的开通，中外织造技术进行了交流，唐代出现了束综提花机，并一直沿用到清代。

早期的织机叫作原始腰机，织工坐在地上，将织轴用腰带绑在腰上，用身体作为架子，两脚蹬踩经轴，手拿综杆作为梭口进行织造。目前发现的最早的原始腰机部件出土于距今约 7000 年的浙江河姆渡、田螺山遗址，最为完整的原始腰机组合是距今 4000 余年的浙江反山墓地出土的织机玉饰件。这种腰机直到现在在一些少数民族地区仍可看到。

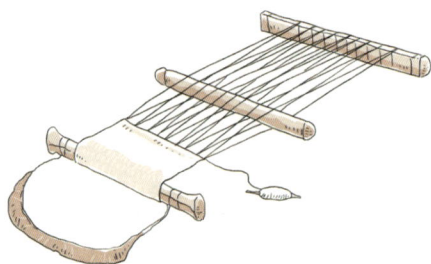

良渚出土的原始腰机复原图

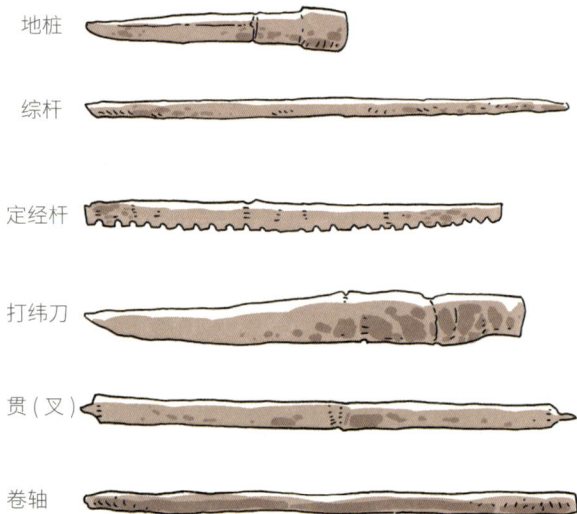

地桩

综杆

定经杆

打纬刀

贯（叉）

卷轴

田螺山腰机部件

踏板织机

用脚踏提综的织机统称踏板织机。用脚踏的方式，可以使织工腾出手专门打纬线，提高了生产效率。据传，踏板织机最早在春秋战国时期出现，但到了东汉时期才有了图像资料，主要有踏板斜织机、踏板立机、踏板卧机等。

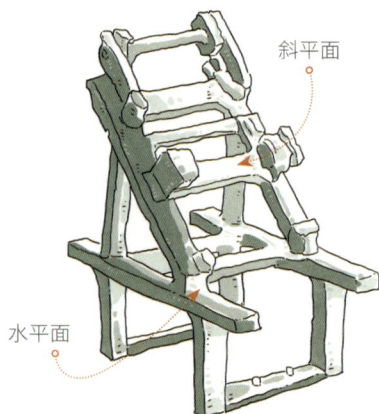

斜平面

水平面

斜织机模型

为什么叫斜织机？因为织机有两个平面，包括由水平横机身组成的水平面和由斜机身组成的斜平面，织工坐在水平机身上面对斜面纺织。

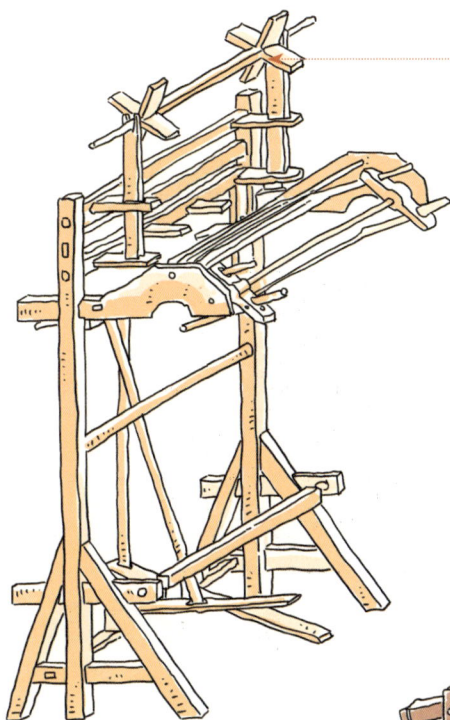

踏板立机

踏板立机的经纱平面垂直于地面，织物是竖起来的，所以又称竖机。踏板立机在五代时期的敦煌石窟中就有出现，在元代薛景石所著的《梓人遗制》中也有详细记载。

卧机

卧机由原始腰机演变而来，其机身倾斜，依靠腰部来控制张力。卧机在汉代已经开始使用，到元明时期已推广于全国各地。卧机在汉魏时期传入东亚地区，对周边国家的纺织业发展做出了较大的贡献。

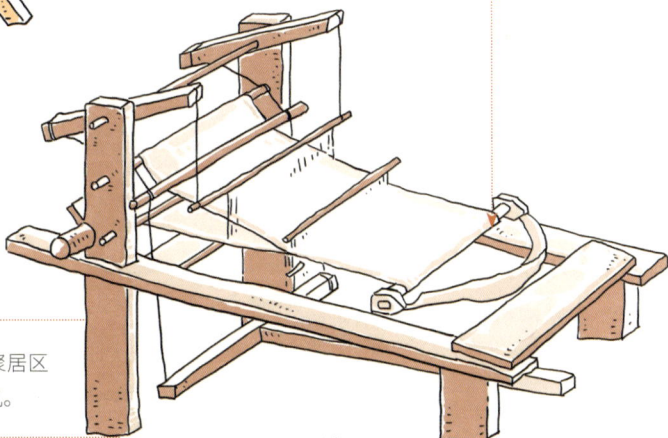

踏板立机

现在在湖南瑶族聚居区仍然可以见到卧机。

卧机

单动式双综双蹑织机

单动式双综双蹑织机有两个踏板和两个综片，综片之间独立工作。其最早出现在南宋梁楷所著的《蚕织图》，一直沿用至今。现在的缂丝机就是这类织机。

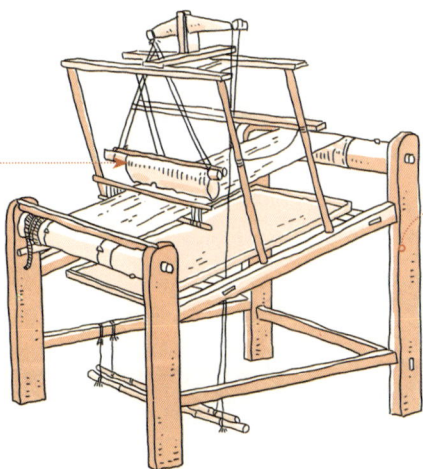

用两块踏板通过互动提综的方式控制两个综片，这种互动式双综双蹑机主要用来织造绢类物，因此也叫作绢织机，在清代十分盛行。

单动式双综双蹑织机

提花织机

为了使织机能反复有规律地织造复杂花纹，人们先后发明了以综片和花本贮存纹样信息，并形成多综式织机及花本式织机。

一般认为多综式提花机在汉代已经出现，《三国志·魏书·方技传》中有提到。2013年，在成都天回镇老官山汉墓出土了4部织机模型，年代约为西汉时期（公元前187~前87年），证明在当时确实有多综式提花机，其是迄今世界上最早的提花织机模型。根据结构的不同，多综式提花机被分为滑框型多综式提花机和连杆型多综式提花机两种。

滑框型多综式提花机的结构示意图

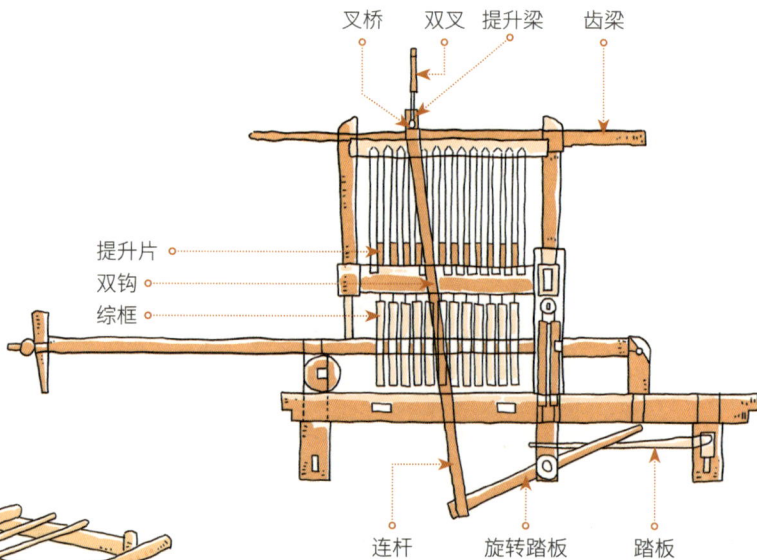

多综式提花机模型

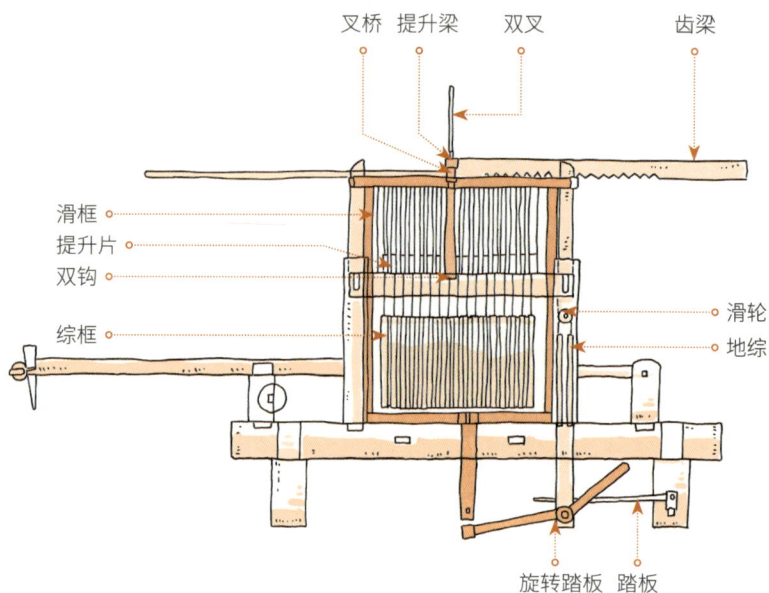

连杆型多综式提花机的结构示意图

060

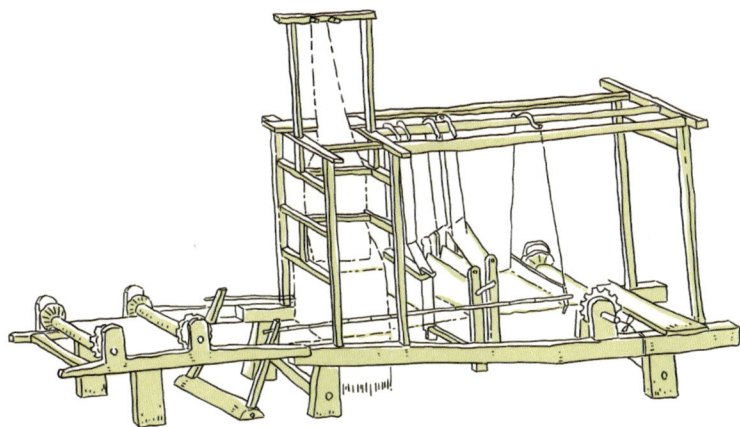

小花楼织机

绫绢织机，是一种束综提花机，也称水平式小花楼织机，在唐代开始使用，主要用于织造绫罗、纱绸等轻薄型织物，是江南地区常见的提花机型。

束综提花机发展的顶峰是大花楼织机，约出现于唐末五代时期。其代表机型是南京妆花机，可用于织造龙袍一类的袍料。

2.2 绫罗绸缎

中国古代织物品类繁多，通常用织物内经纱和纬纱的相互交叠来确定纱线间的关系，这种规律性的交叠也称"组织"。常见的组织分为3种，包括平纹组织、斜纹组织、缎纹组织。它们又被称为三元组织，要想了解绫罗绸缎，就需要先认识三元组织。

平纹组织：由经纱和纬纱一上一下相间交织而成。这种组织的织物轻薄、坚固耐磨、耐用性好，缺点是质地较硬、弹性小、光泽度较差，但仍是古人的首选。

斜纹组织：其经纱和纬纱的交点会连成斜线，与平纹组织的区别是浮线较长。什么是浮线？就是一根经纱浮在相邻的几根纬纱上，当然纬纱也可以浮在经纱上。这种组织的织物弹性好、光泽度较好、手感偏软，但耐磨度差。

缎纹组织：浮线很长，形成的交织点是单独且不连续的，间隔距离有规律而均匀，可以分为经面缎纹和纬面缎纹。这种组织的织物非常柔软，表面平滑，富有光泽，但容易起毛、钩丝。

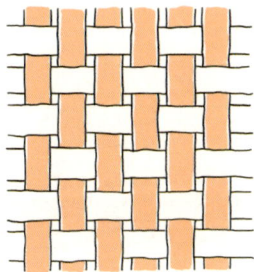

平纹

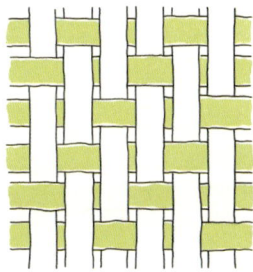

斜纹

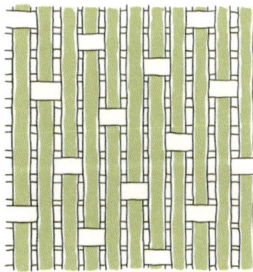

经面缎纹

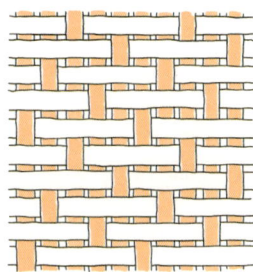

纬面缎纹

另外，还有其他一些复杂的组织。例如，由纬线平行排列，而经线互相扭绞地与纬线交织的绞经组织；由附加绒经产生直立的绒圈，这些绒圈通常会被割断，从而形成断而密集的绒毛的起绒组织。

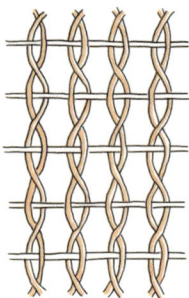

两种绞经组织

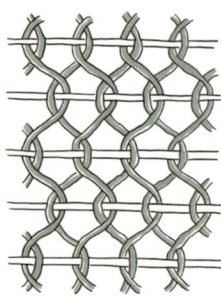

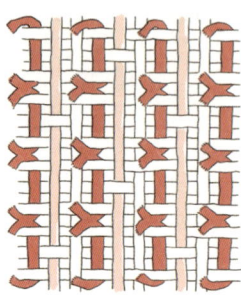

起绒组织

2.2.1 绮与绫

一般斜纹组织的织物叫作绫，早期也有平纹绫，后逐渐统一成斜纹绫。平纹绫，在战国、秦汉时期叫作"绮"。到了魏晋时期，"绫"的称呼逐渐增加，也逐渐转变为斜纹，唐代是绫发展的全盛时期，官方对绫纹衣也有了规定，当时河北的定州、河南的蔡州及中唐后的江浙一带，都是绫的重点产区。到了宋代，绫的品种仍然很多，但与唐代时期无法相比，在元明之后更是不再流行。

唐代大窠宝花纹绫

南宋花卉纹绫

2.2.2 纱与縠

早期的纱是平纹组织，特点是密度低且相对轻薄。到了后期出现了一种绞经组织的纱，这种纱在明清时期比较常见。

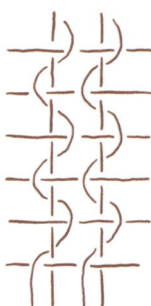

绞经组织的纱

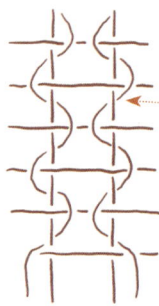

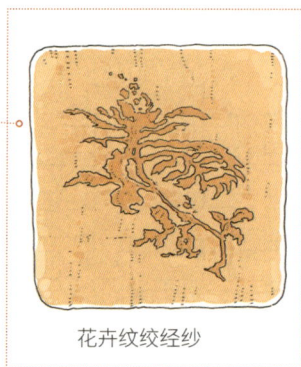

花卉纹绞经纱

縠（hú）也是一种平纹组织，通过加捻丝线，使织物收缩，表面形成皱纹。《周礼》疏："轻者为纱，绉者为縠。"马王堆汉墓出土的素纱禅衣其实也是縠。

素纱禅衣

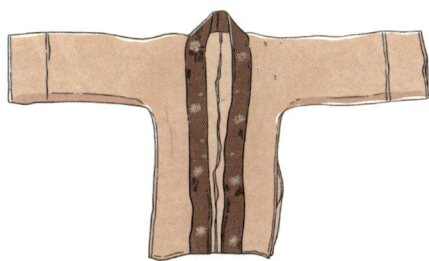

南宋印金山茶梅花边对襟
合领烟色绉纱单衣

2.2.3　罗与绢

罗是一种绞经组织，特点是轻薄、透气，深受当时的人们喜爱，尤其是在湿热的南方地区。在秦汉时期，罗是贵族间较为流行的织物之一；在隋唐时期，罗织物更加精美且富有新意；至宋代，罗织物更是盛极一时，需求量大增。那么，罗与纱都是轻薄的纺织品，应如何区分呢？

其实很简单，纱无明显横条纹，而罗具有明显横条纹。

罗组织图

元代棕色罗花鸟绣夹衫

绢是一种平纹织物，因为它平整、纤薄，日常除用于制作衣服外，也用于书画、裱糊扇面、扎制彩灯。

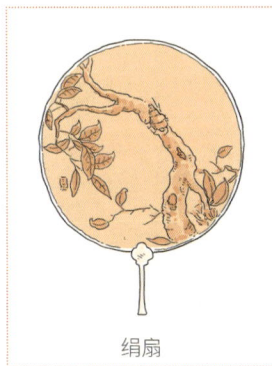

绢扇

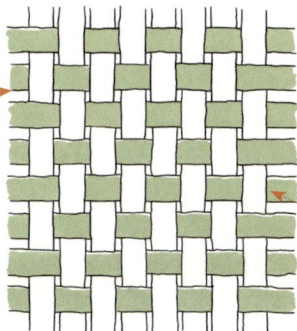

绢结构

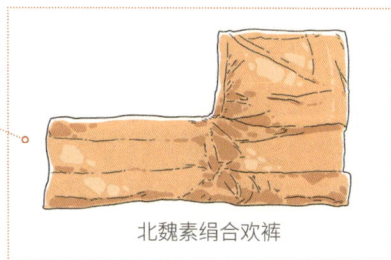

北魏素绢合欢裤

2.2.4 缎与缂丝

缎其实就是缎纹组织织造的丝织品，出现得较晚，迄今未有宋代以前的缎的实物出现，主要流行在明清时期，深受当时贵族们的喜爱。

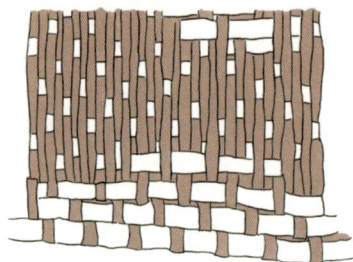
缎结构

清绿缎绣蝶女衣

缂丝是一种平纹组织，但是在织造过程中会根据图案将纬线在局部挖梭，也正因为这样，缂丝的织造方法也被称为"通经断纬"。缂丝被认为起源于北方的游牧民族，开始的时候使用的是毛纤维，传入中原后，通过改良，逐渐使用了丝。缂丝织物本身和图案融为一体，线条细腻，没有明显的图案突起和反光部位。

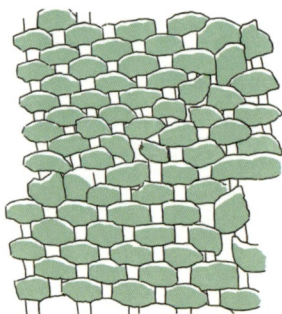
缂丝

清康熙年间缂丝蝉莲图团扇面

2.3 丝路锦程

中国桑蚕丝织业及丝绸文化历史悠久，而织锦则是中国丝绸史上重要的里程碑。锦的生产工艺要求高，织造难度大，是古代贵重的织物。

2.3.1　织锦发展史

马头娘

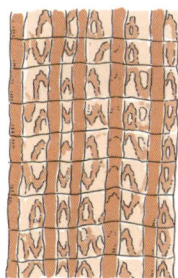

战国塔形
纹锦

黄帝：
相传，元妃嫘祖发明了"养蚕取丝"的方法。民间神话中出现了蚕神"马头娘"。

西周：
出现了简单的经锦。

东周：
齐国临淄和陈留郡的襄邑是著名的织锦产地。

战国中期：
出现了经线密度很高的经锦。

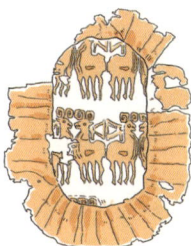

北朝对羊纹
锦覆面

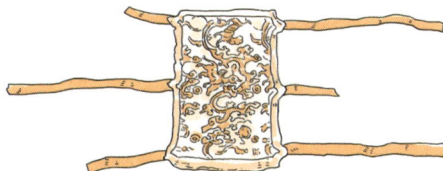

汉代"五星
出东方利中
国"锦护臂

隋、唐、五代：
出现了纺织工艺有重大突破的纬锦。织锦纹样出现变化，窦师纶受波斯萨珊王朝风格的影响创制出"陵阳公样"；开元年间，益州司马皇甫创制出以花鸟、团花为题材，以对称环绕和团簇为表现形式的"新样"。

三国、魏晋、南北朝：
蜀汉在成都建立了"锦官城"，蜀锦已成为其主要财源；东吴的建康设立专门管理织锦的"斗场锦署"。

东汉：
从新疆尼雅遗址发掘出大量东汉织锦。

西汉：
织锦品种结构、图案色彩、制作工艺达到相当高的水平。

唐黄地联珠团
窠鹿纹锦

隋唐宝相花
琵琶锦袋

清代云锦
龙袍

宋、元：
除蜀锦外，这个时期又相继形成了风格各异的宋锦、云锦和壮锦。人们在织锦中配置金银线制成织金锦（又称纳石矢）。

明、清：
苏州、杭州、南京设"织造署（局）"，并称"江南三织造"，这是宋锦、云锦的鼎盛时期。

2.3.2　织锦工序

　　黑龙江省博物馆馆藏南宋《蚕织图》所绘内容，是江浙一带的蚕织户自"腊月浴蚕"开始，到"下机入箱"为止的养蚕、织帛生产过程。

　　画卷前半部为"腊月浴蚕"到"盐茧瓮藏"，画的是养蚕过程，后半部除"蚕蛾出种"和"谢神供丝"两段外，其余7段画的都是缲丝、织帛的过程。

❶ 腊月浴蚕

⓰ 蚕蛾出种

在唐太宗时期，窦师纶在成都任大行台、检校修造时，为蜀锦设计了新的纹样，后世称其为"陵阳公样"，成为唐代织锦的标准。

"陵阳公样"在传统蜀锦织造艺术的基础上，融合了波斯、粟特等纹饰特点，是中外文化交流的产物。这种纹样的蜀锦通过遣唐使流入日本，至今日本奈良正仓院、京都法隆寺仍藏有传世品。

新疆吐鲁番阿斯塔那221号墓出土的联珠对龙纹绫

陵阳公样

宋代官方在成都设置"茶马司锦院"和"转运司锦院"，蜀锦生产规模扩大，花样突破唐代的固定模式。由于丝织生产和桑蚕交易的发达，成都的蚕市（3月）、锦市（4月）也发展了起来。

成都博物馆十二月市场景

② 清明日暖种

③ 摘叶、体喂

④ 谷雨前第一眠

⑮ 生缫

⑭ 称茧、盐茧瓮藏

⑬ 剥茧

⑰ 谢神供丝

⑱ 络垛、纺绩

⑲ 经靷（yǐn

❼ 大眠

❽ 忙采叶

蔟装山

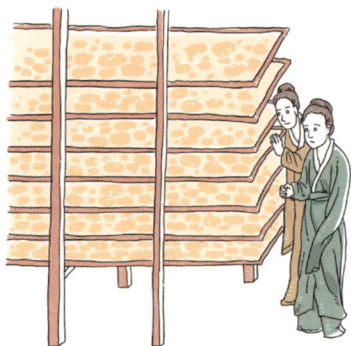

❾ 拾巧上山

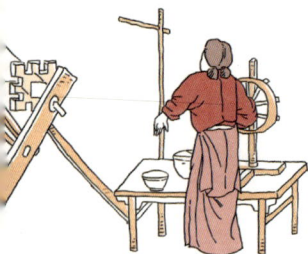

⑫ 下机、入箱

明代宋应星所著的《天工开物》中同样记载了从蚕种到上机织造的全部过程，内容与《蚕织图》中的大致一样，蚕丝上机织造过程则比《蚕织图》中的更具体。那么上机后的蚕丝如何成为精美绝伦的锦呢？

第一步：治丝。

治丝时要先烧一锅热水，将蚕茧放入水中后，支架横架在锅上，两人面对面站在锅旁寻找丝绪，一次牵引上四五缕丝上纺车。

第二步：调丝。

生丝运回来之后，需要经过整理，让丝线的张力达到一致，并绕在丝籆（yuè）上。

第三步：纺纬。

纺纬是准备纬线的过程，汉式经锦的纬线远粗于经线，常用的工具有纺轮、手摇纺车、脚踏纺车及大纺车。

第四步：整经。

整经是汉锦织造前非常重要的工序，其作用是将多个丝籆上的丝，按需要的长度和幅宽，平行排列、卷绕在经轴上，以便上浆、就织。

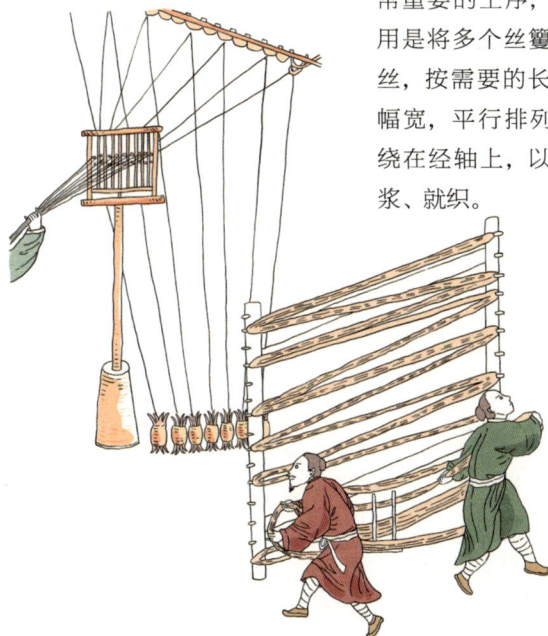

第五步：上机。

将经过整理的经线，最后均匀地绕在经轴上，然后在织机上织造。

第六步：熟练。

丝织品织成以后还是生丝，要经过熟练才能成为熟丝。熟练过之后的丝织品还要用磨光滑的大蚌壳用力、全面地刮过，使它显出光泽来。

通过以上六步，就能够得到一张花色美艳的锦了。

❺ 第二眠、第三眠

❻ 暖蚕

⑫ 下茧、约茧

⑯ 炝（xié）茧

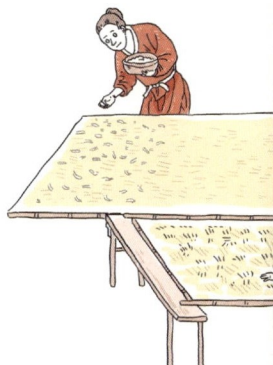

、籰（yuè）子

⑳ 挽花

㉑ 做纬

2.3.3 四大名锦

蜀锦

蜀锦织造对中国丝织业的发展和繁荣产生了巨大影响，在传统锦缎工艺中是历史最悠久、影响最深远的种类。古蜀是桑蚕养殖和丝绸文化丝绸业起源地之一，而蜀锦因蜀地而得名，在丝绸之路上广为传播，架起了成都与世界沟通的桥梁，是中国织锦发展史上的第一座里程碑。

蜀锦兴起于汉代，是汉至三国时蜀郡所产特色锦的通称。秦灭六国后"移秦民万户入蜀"，大批从事织锦生产的工奴相随而至，中原地区先进的丝织技艺被带到蜀郡，从而促进了蜀锦的蓬勃发展。汉王朝在成都设置"锦官"，主管官营丝绸作坊生产，成都因此也被称为"锦官城"。

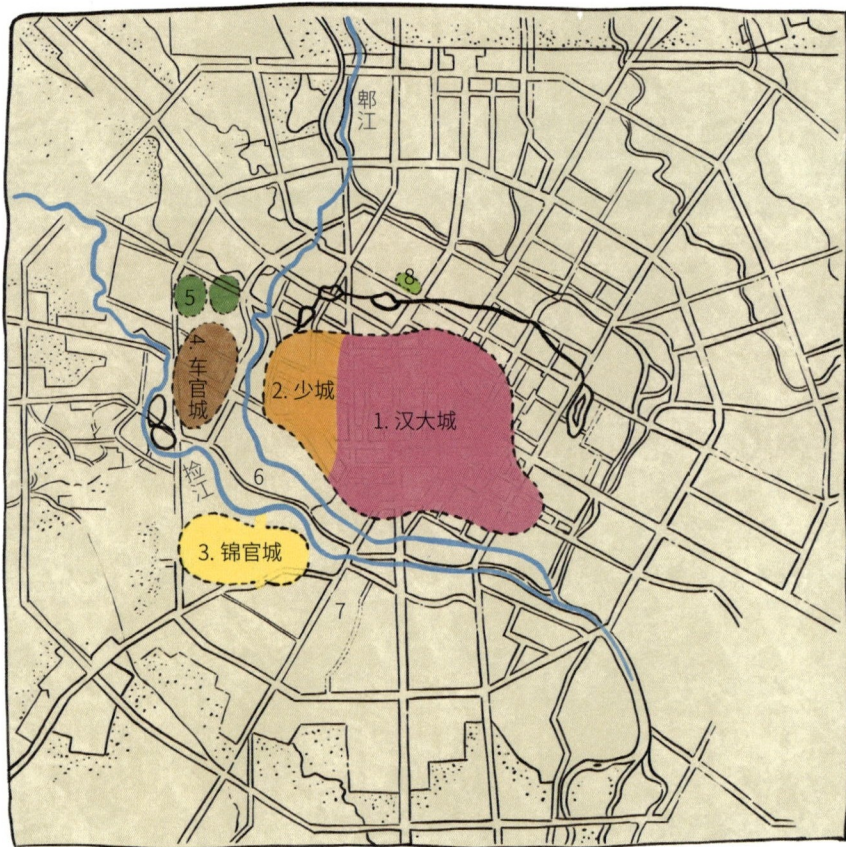

1. 汉大城
2. 少城
3. 锦官城
4. 车官城
5. 军官城
6. 南市
7. 万里桥
8. 武担山

汉代锦官城

在蜀汉时期，诸葛亮大力发展蜀锦产业，蜀锦成为蜀汉政权财政收入和军费开支的来源之一。据记载，诸葛亮曾用蜀锦与魏国换取马匹，与吴国换取粮食。

在南北朝时期，丝绸之路河南道兴起，成都作为河南道的起点，蜀锦大量外销，使成都成为国际性商贸中心城市。

在隋唐时期，四川蚕丝业达到鼎盛。成都的蜀锦走向辉煌，代表着古代丝织技艺的最高水平。

元代产生了用金线显示花纹的织金锦。明代成都的锦织造由蜀王府垄断，府织造规模不小，蜀锦品种壮观。但明末清初，成都失了丝织中心的辉煌地位。清代康熙年间，清初外逃的锦工人陆续回到成都重操旧业。成都织锦业在雍正年恢复。

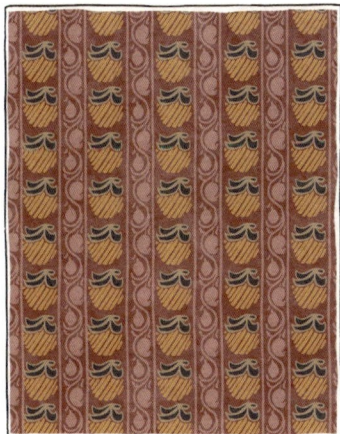

元代红地万年青织金锦

蜀锦织成后，织工须在城南的江中对其进行濯洗。濯洗之后，蜀锦会更加鲜艳、明丽。这条被织锦工用来濯锦的城南流江，被人们称为"濯锦江"。

在锦官城附近，织锦工人集中居住的地方被称为"锦里"。

宋锦

宋锦，指在宋代发展起来的织锦，源自唐代的纬锦（即蜀锦），在元明清时期被称为"宋式锦""仿古宋锦"，因主要产地在苏州，故又称"苏州宋锦"。宋锦以细腻典雅、纤巧秀美为特征，古往今来深受世人青睐，是中国织锦发展史上的第二座里程碑。

宋锦的加工一般经过4个阶段：原料加工、纹制、装造设计、织造等。

北宋球路双鸟纹锦夹袍

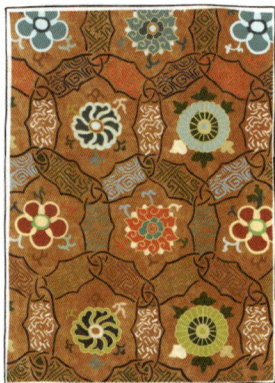
明橙地盘绦四季花卉纹宋锦

小贴士：

从出土的古画中可以看到宋代的皇后着翟衣，它是古代中国、朝鲜后妃命妇的最高礼服。宋代服制翟衣是深青质，织成五彩翟纹，以朱色罗縠缘袖、边，蔽膝色随裳，大带色随衣，外侧加滚边，上用朱锦，下用绿锦滚之。带结用素组，革带用青色，系以白玉双佩。

①原料加工：

经纬线主要加工工序有调丝、并丝、捻丝、牵经、整经、过糊和摇纤。

调丝

并丝

捻丝

牵经

整经

②纹制:

根据已绘制好的意匠图，先在挑花板上挑出祖本，再采用倒花工艺将祖本的花传输到一个白本上，成为供上机织造的行本。

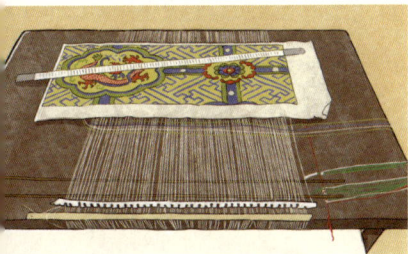

③装造设计:

宋锦织机的装造工艺包括打综、引牵和穿综工艺。

④织造:

宋锦织机由织花工和挽花工共同操作，一上一下默契配合完成织造。宋锦不仅继承了纬锦的多重纬线显花的特点，而且发展出抛道分段换色工艺，在不增加纬线重数的前提下，使织物表面色彩丰富、变化无穷。这种抛道分段换色工艺俗称"活色"。

过糊

摇纤

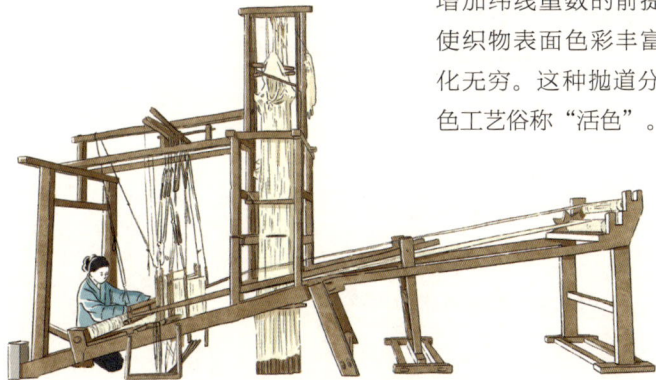

小花楼宋锦织机

大花楼宋锦织机

云锦

云锦是对南京生产的以锦缎为主的各种提花丝织物的总称，因其纹样绚丽如天上的云霞而得名"云锦"。南京云锦将我国彩织锦缎的配色技巧和织造技术发展到了极致，被称为中国古代丝织工艺的最后一座里程碑。

南京织锦业的源头可以追溯到大约1600年前的东晋。东晋末年，刘裕灭后秦，之后将后秦的百工迁到南京，建立"斗场锦署"。南朝时期，文献中首次出现"云锦"一词。元世祖忽必烈在南京设立专为元皇室和百官织造缎帛的"东、西织染局"，大量生产织金锦。这种用金装饰织物的技艺，对南京云锦的风格形成产生了重要影响。

明王朝在南京设立了多处官办织造机构，南京云锦业处于繁荣时期。云锦艺人发展创造了通经断纬的"妆花"织造技法，在大花楼木质提花织机上织造出加金妆彩的"妆花"织物，成为南京云锦最具地方特色的代表品种。

在清代，南京云锦业发展到了鼎盛时期。清王朝在南京设立了官办织局"江宁织造"，江宁织造采取"买丝招匠"的办法，集中于织局生产，以便于管理。织局分为供应机房、倭缎机房、诰帛机房3个生产部分。

要织造出美丽的云锦，需要经过4道工序：纹样设计、意匠挑花、机台装造、织造。

①纹样设计：

进行纹样设计时要根据实用要求、物质材料、制作条件和织成效果，进行配色及意匠安排。

②意匠挑花：

这是把纹样艺术形态转化为织物组织形态的一个重要过程，是一项细致、繁复的工艺。

③机台装造：

在云锦织造中，用丝线（俗称"脚子线"）做经线，用棉线（俗称"耳子线"）做纬线，对照绘制好的意匠图，挑制成花纹样板。

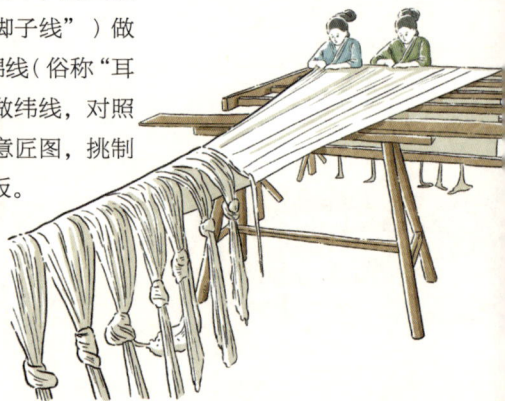

明定陵出土的"织金孔雀羽妆花纱龙袍"局部图

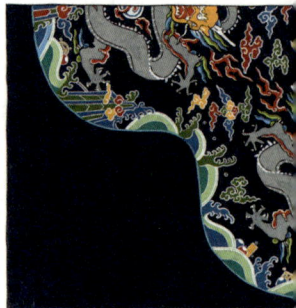

清"江宁织造臣高晋"素

织造抛梭

织造拽花

织造过管

④织造：

根据所织云锦的品种、规格，把所需的经线按地部组织、纹部组织的不同要求分别安装到云锦木织机上。织造时，又有拽花、盘织、打纬、送经与卷取等操作。

大花楼木织机现场织造图

花缎袍料

从织造工艺来说，南京云锦的种类很多，主要有库缎、织金、妆花、库锦四大类。

①库缎：

库缎包括起本色花库缎、地花两色库缎、妆金库缎、金银点库缎和妆彩库缎几种。

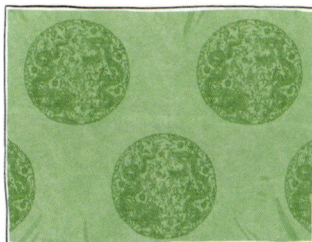
起本色花库缎（绿色二则团龙袍料）

石青地织金库缎

②织金：

织料上的花纹全部用金线织出的，称为库金；织料上的花纹全部用银线织的，称为库银。库金、库银属同一个品种，在分类上统称织金。

红地织金龙襕妆花缎

清光绪"金陵涂东元玉记库金"青地串菊织金缎

③妆花：

妆花是云锦中织造工艺最为复杂的品种，也是最具南京地方特色和代表性的提花丝织品种。"逐花异色"是妆花织物最大的特点，即织物幅面横向上每个花纹单位的图案一样，配色却完全不同。

壮锦

壮锦，是壮族织锦的简称。它以五彩丝线和棉纱为原料，采用通经断纬的工艺织造而成。壮锦是壮族人民的日常生活用品，在壮族所在地区广泛使用。如今壮锦作为一种历史遗存，是壮族文化的代表之一。

壮锦历史悠久，在罗泊湾汉墓出土的橘色回纹锦及唐代的"桂布"、宋代的"綀（tǎn）布""花綀（shū）"里都有可能有壮锦前身留下的痕迹。元代的《蜀锦谱》明确记载了"广西锦"，根据明清时期的史料，壮锦不仅是地方献给中央的"贡品"，更是壮家生活中不可或缺的一部分。

出土于广西贵县罗泊湾一号墓之奴婢殉葬棺内，用麻线与橘红色丝绒交织而成，是广西至今发现的最早的织锦。

《皇清职贡图》中贺县壮人手捧壮锦

"壮族织锦技艺"在广西壮族居区从北到南都有分布。现代壮锦主要分布在广西壮族自治区的西、环江、忻城、宾阳、宜山、龙大新、田阳等县，它们在织机构造技法上的特点大同小异。

宾阳、忻城的竹笼机

④**库锦：**

库锦采用不同颜色的彩梭通梭织彩，色彩用分段换色的办法配置。织料上每一段最多只能配四五种颜色。

妆花缎

库锦

大型壮锦排子机

壮族织锦机

壮锦常见的纹饰有几何纹、艺术字纹样、植物纹样和动物纹样几种。几何纹在壮锦图案中占据重要位置。寿字纹、囍字纹、卐字纹则是较常用的艺术字纹饰。

蝶纹长寿花隔断福锦（局部）

八角星纹锦（局部）

吉祥字纹锦（局部）

壮族桂花纹织锦被面（局部）

第 3 章

营造中华：建筑

图 / 解 / 古 / 人 / 的 / 衣 / 食 / 住 / 行

3.1 建筑结构

从原始质朴的穴居、巢居，到华丽恢宏的木结构建筑，中国传统建筑走过了数千年的发展历程，形成了独树一帜的建筑工程体系与建筑艺术体系。这既是宝贵的文化遗产，也是中国传统文化和民族精神的重要载体。

山西省五台山佛光寺东大殿古朴而壮观，修建于 857 年，是中国现存最早的木结构建筑之一。它完整地反映了唐代建筑的面貌与特点，在我国乃至世界建筑史上都占有重要地位。

与西方建筑多采用石料不同，中国传统建筑始终以木材作为最主要的材料，用木构的梁柱组成承重的框架结构，以独创的斗拱结构承担屋顶的重量并加大屋顶的体量。中国传统建筑中的大多数单体建筑，无论大小，都由屋基、屋身和屋顶三大部分组成。

3.1.1 一屋三分

"凡屋有三分，自梁以上为上分，地以上为中分，阶为下分。"

——北宋·喻皓《木经》

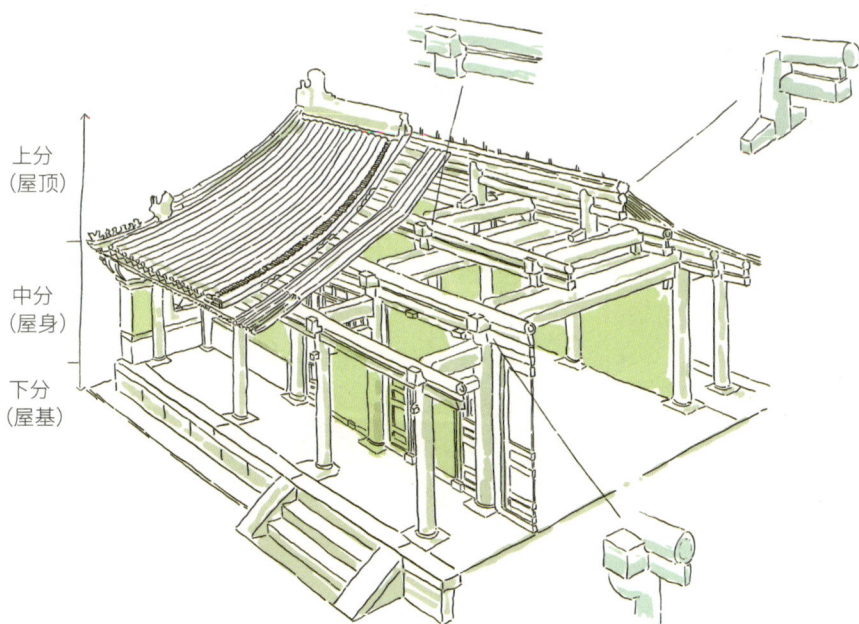

上分（屋顶）

中分（屋身）

下分（屋基）

下分为屋基，包括建筑的基础、台基、地面等。中国传统建筑一般都有台基，用砖石结构砌成，是用来承托整个房屋荷载的基座。

中分为屋身，包括墙体、木构架、斗拱等。木构架是房屋的骨架，中国传统建筑主要用木结构框架承担荷载，而墙体主要起围护和遮蔽的作用，斗拱则有着装饰与承重的双重功能。

上分为屋顶，用于遮风挡雨。底层为木架构，上层铺满瓦片的大屋顶是中国传统建筑最具辨识度的构造之一。

"雕梁画栋"就是指建筑上的装饰。"雕梁"为木装修，通过雕刻的方式对建筑中的各种木构件进行美化加工，使建筑更加美观。

　　"画栋"是指在建筑上绘制彩画，即在建筑上用油漆彩绘，既可以保护建筑，减少风吹日晒的影响，也可以起到装饰效果。在清代，彩画高度发展，形成和玺彩画、旋子彩画和苏式彩画三大类。

雕梁

清式和玺彩画

　　由4根圆柱形木头围成的空间称为"间"。

　　开间越多，等级越高。

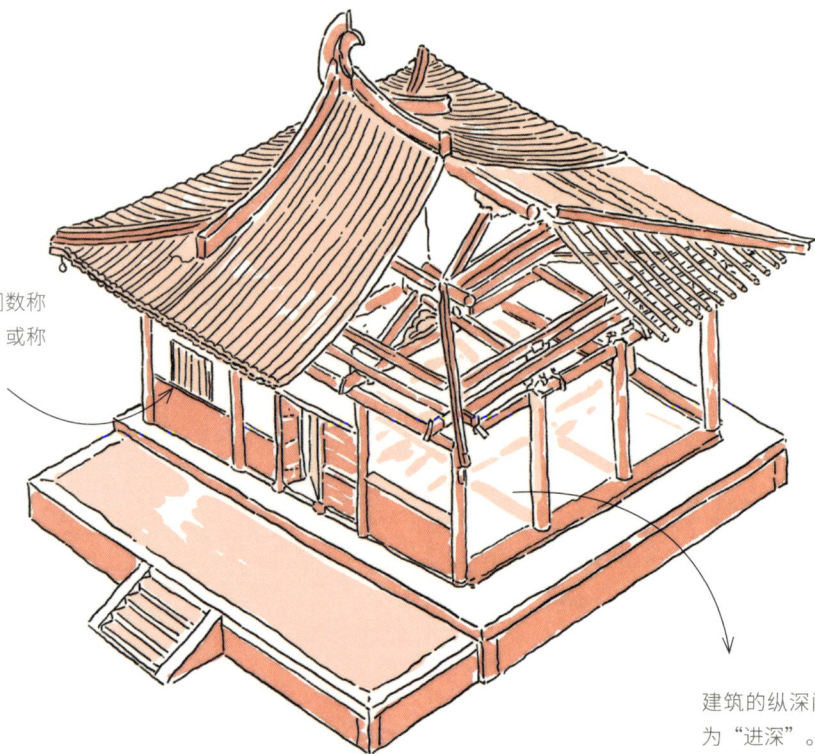

建筑的迎面间数称为"开间"，或称"面阔"。

建筑的纵深间数称为"进深"。

3.1.2 榫卯

常言道："榫（sǔn）卯万年牢。"榫卯是在两个构件上将凹凸部位相结合的一种连接方式。

榫与卯互相咬合、连接，即使不使用钉子，也能把两个甚至多个构件牢牢地连接在一起。

营造建筑和制作家具是榫卯使用最普遍的两个领域。

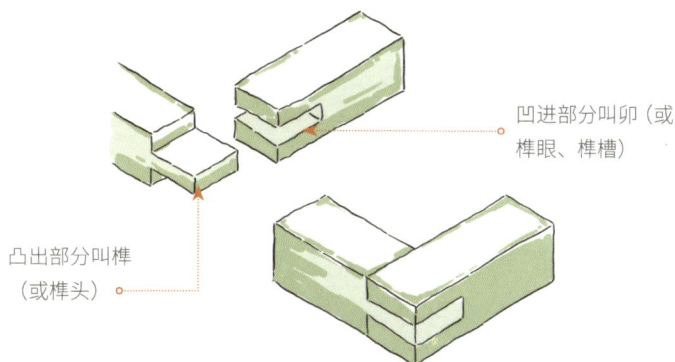

凹进部分叫卯（或榫眼、榫槽）

凸出部分叫榫（或榫头）

虽然榫卯并非我国独有，但由于我国传统建筑与家具以木材为主，可以说，少有比我国古代的能工巧匠更懂得创造榫卯和运用榫卯的人。

在长期的实践中，工匠们创造了类型众多的榫卯，可以满足各种各样的木料连接需求，其构造之精巧、工艺之精湛，令人叹为观止。

没有人比我更懂榫卯。

中国木匠

榫卯巧妙在何处

◎避弱就强

木质材料由纵向纤维构成，只在纵向上具备强度和韧性，横向容易折断。榫卯通过变换其受力方式，可以使受力点作用于纵向，增加结构强度。

◎刚柔并济

木质材料受温度、湿度影响较大，榫卯是同种材质的连接构造，可以形成整体结构，一起膨胀或收缩，使得整体结构更加牢固且富有弹性。

小小的榫卯凝聚着中国劳动人民的智慧与巧思，可谓木质材料在形式构造方面的典范。

最古老的榫卯

人们在距今约 7000 年的河姆渡遗址中发现了不少用于建筑的木榫卯构件，说明那时古人就已经开始利用榫卯技术修筑房屋了。

平身柱榫卯

企口板

河姆渡遗址干栏式房屋复原示意图

榫卯结构的建筑典范

始建于辽清宁二年（公元 1056 年）的山西应县木塔高达 65.838 米，是世界上现存最高的纯木结构楼阁式建筑，全塔由 50 余种榫卯咬合垒叠而成，不仅挺拔壮美，而且历经数次大地震仍安然无恙，堪称世界建筑史上的奇迹。

应县木塔

建筑中的榫卯

馒头榫

这是一种将柱顶做成方锥形，与横梁垂直连接的榫。

管脚榫

这是一种将柱脚做成方锥形，用于固定柱脚，连接柱础的榫。

海眼

箍头榫

这是一种枋（fāng）与柱在尽端或转角部位结合时采取的特殊结构，用于"箍住柱头"。箍头榫可以使边柱或角柱有很强的拉结力，同时有箍锁、保护柱头的作用，还可以起到一定的装饰效果。

箍头榫常为霸王拳或三叉头形状。带斗拱的宫殿式建筑一般会采用霸王拳形状的箍头榫。

霸王拳

燕尾榫

这是一种将枋等水平构件的两端做成燕尾形，用于与柱头连接的榫，又称大头榫、银锭榫。

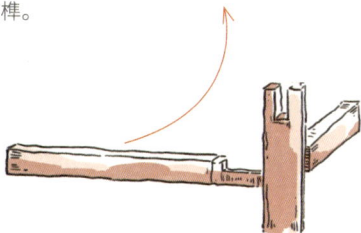

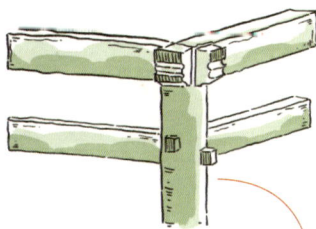

透榫

这是一种用梁、枋等横向构件端头做成的榫，用于与柱身连接。穿过柱身卯口的就是"穿透榫"，没有穿过的就是"半透榫"。

除了这些主要的榫卯，还有大头榫、压掌榫、龙凤榫、十字榫等。

总之，无论木构件是横向的还是竖向的、是大的还是小的、是长的还是短的，工匠们利用这些巧妙的榫卯，就可以像搭积木一样，把木构件稳稳地连接在一起，最后形成牢固的整体建筑框架。

3.1.3 斗拱

斗拱是中国传统木结构建筑中用于承托屋顶的特有结构。

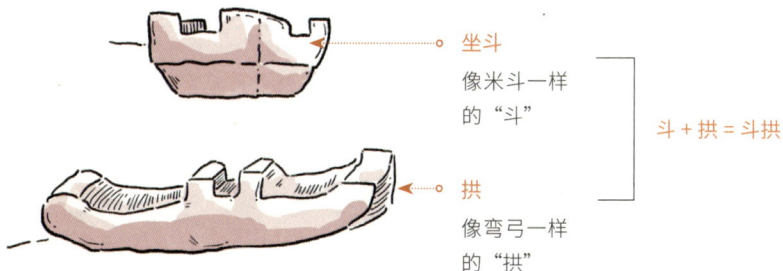

坐斗

像米斗一样的"斗"

拱

像弯弓一样的"拱"

斗 + 拱 = 斗拱

北宋的《营造法式》中将斗拱称为"铺作"。

清代的《工程做法》中将斗拱称为"斗科"。

事实上，除斗、拱外，斗拱中还有翘、昂等若干木质构件，它们逐层纵横交错叠加，构成了上大下小的托架，是屋檐与柱体之间的重要承重构件。

斗拱——完美融合了力学与美学的建筑构件。

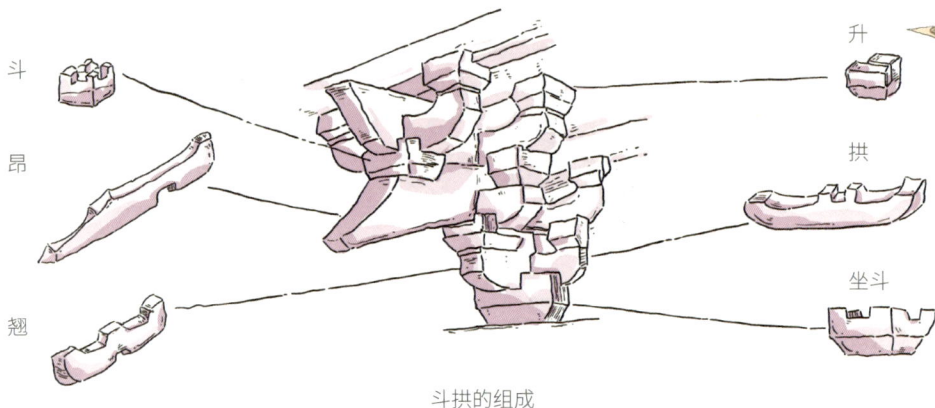

斗

昂

翘

升

拱

坐斗

斗拱的组成

斗拱的作用

◎承上启下

斗拱向上承托屋顶的重量，分散横梁所受的集中剪力，使梁木不易折损；向下将荷载过渡到柱子或枋上，有效减轻了梁、枋的压力，不仅可以使建筑更加稳固，还可以扩大建筑开间。

◎出檐深远

斗与拱互相叠压，就可以层层向外探出，使屋檐出挑得更加深远，既增强了建筑的气势，也能起到保护房屋的作用。

◎减震抗震

交错叠压的斗拱好像一个"弹簧垫"，能够有效分散和传导能量，提高建筑结构的稳定性。

◎装饰标志

斗拱的结构复杂、精巧，本身就具有很强的装饰作用，若辅以金漆彩绘，则更加成为建筑中壮观夺目的存在。因此，斗拱是体现我国传统建筑等级的重要标志。

一般而言，只有规模较大、等级较高的建筑才能使用斗拱。斗拱的层数越多，装饰越华丽，说明建筑的等级越高。

在一座大型建筑中，斗拱数量甚至可达数千朵之多。

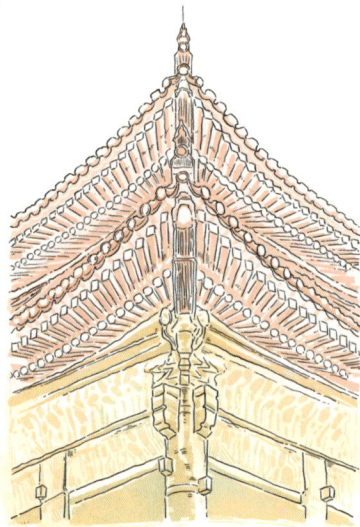

斗拱的演变

斗拱最初孤立地置于柱上或挑梁外端,用于将梁的荷载传递给柱身,以及支撑屋檐。

四川雅安汉代高颐阙上的斗拱

唐代懿德太子墓道三出阙壁画上的斗拱

在唐宋时期,斗拱与梁、枋结合得更加紧密。

在明清时期,斗拱的结构作用逐渐退化,装饰作用逐渐增强。斗拱的结构和比例大小历代以来都不相同,根据其演变规律,通过斗拱可以大致判定建筑物的年代。

故宫太和殿上的斗拱

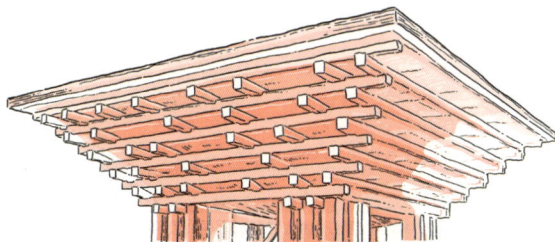

中国 2010 年上海世博会中国国家馆的设计灵感
正是来源于中国传统建筑所独有的斗拱结构

3.1.4 构架

常言道："墙倒屋不塌。"

屋架即房屋的骨架。

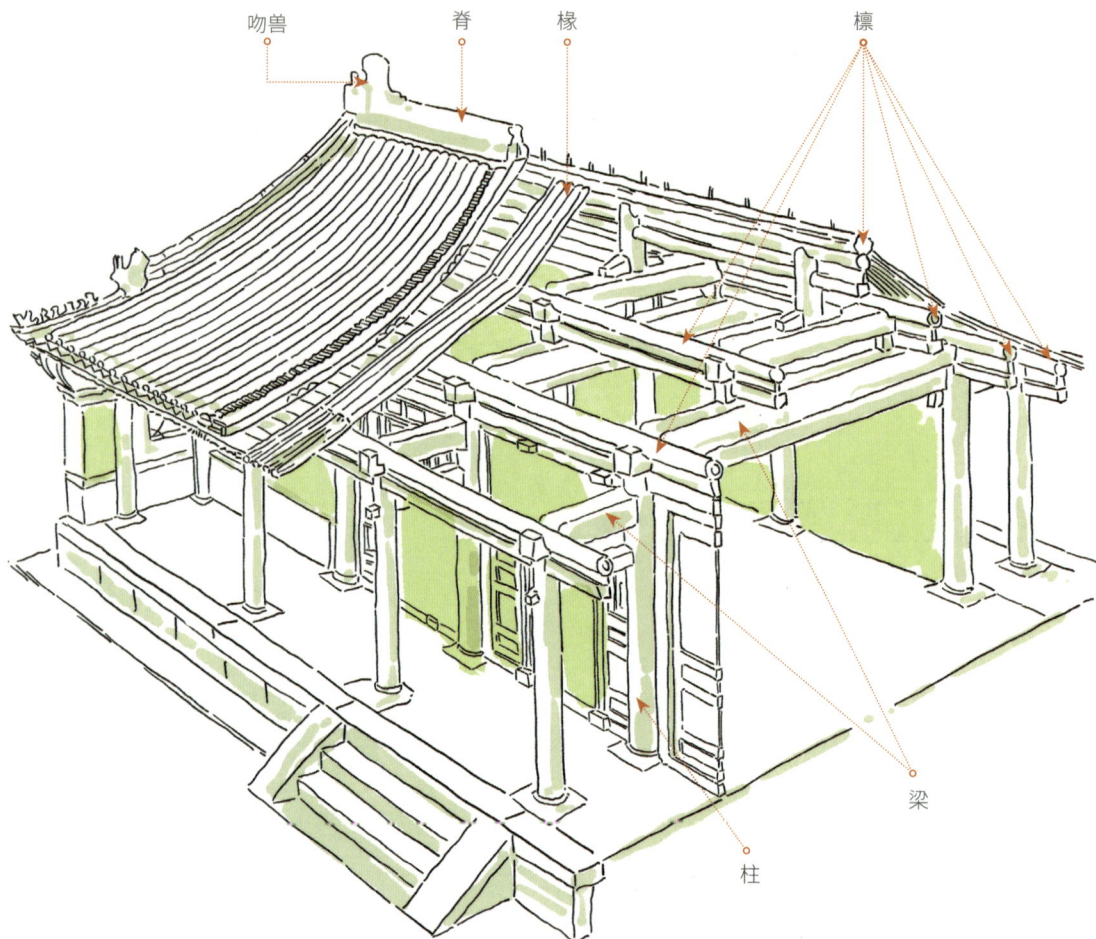

吻兽　　脊　　椽　　檩

梁

柱

椽（chuán）：
椽又称椽子，与檩（lǐn）正交，密排在檩上承受望板及其上屋面的重量的构件。

梁：
梁是沿着建筑进深方向，架设于两个柱之间的构件，是承托着建筑屋顶构架的重要构件之一。

柱：
柱是指圆柱形木头，安装在石质柱础上。多根柱形成柱网，决定了建筑的内部空间大小。

檩或桁（héng）：
檩或桁是沿着建筑面阔方向搭在梁架上的水平构件，其作用是直接固定、承托屋面椽子，并将其荷重传递给梁柱。

木结构框架的主要构件

与西方建筑用砖石墙体承重不同，在中国传统建筑中，主要以梁柱搭成的木结构框架承担荷载，而墙壁并不负重。

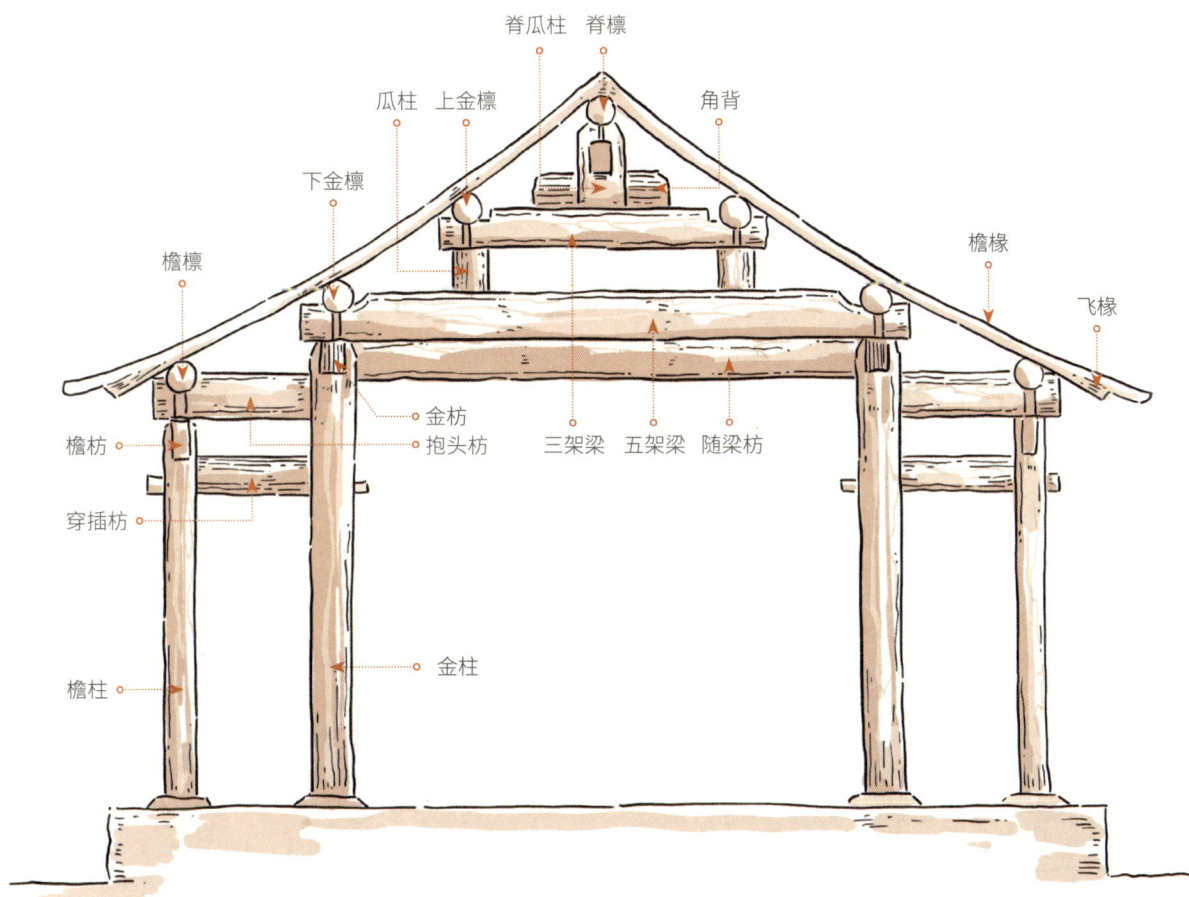

脊瓜柱　脊檩

瓜柱　上金檩

角背

下金檩

檐檩

檐椽

飞椽

金枋

檐枋

抱头枋

三架梁　五架梁　随梁枋

穿插枋

檐柱

金柱

枋：
枋是在柱子之间起连接和稳定作用的穿插构件，它往往随着梁或檩而设置。

栋：
栋也称脊檩，屋架上最高的一根横木。

抬梁式还是穿斗式

抬梁式构架和穿斗式构架是两种最常见的构架形式。

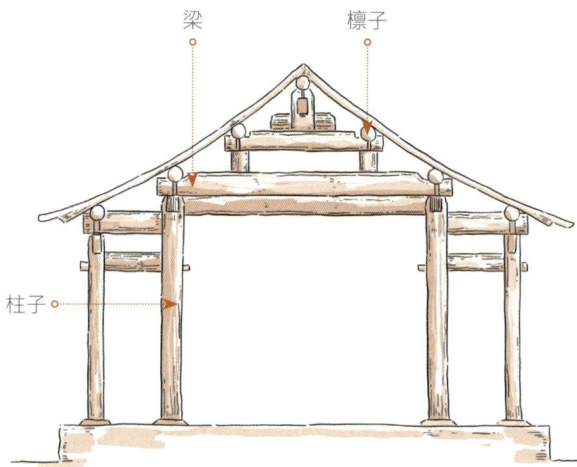

梁　檩子　　　　　　　　　　　　檩子

柱子

抬梁式：
柱子抬梁，梁承托檩，
大气恢宏。

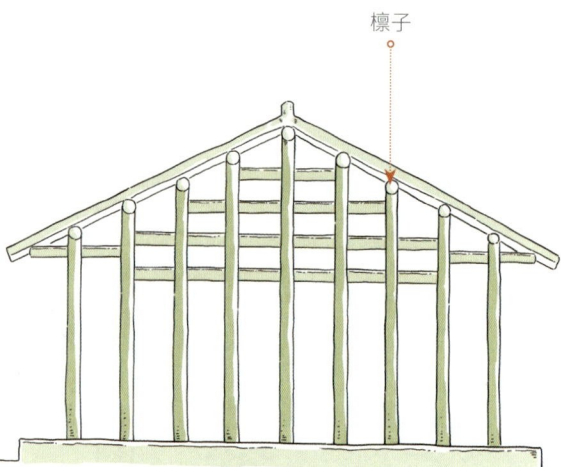

穿斗式：
柱子直接承托檩，
经济实用。

● 抬梁式构架

抬梁式构架又称叠梁式构架，是应用最普遍的木构架形式。

它是在立柱上架梁，梁上再立短柱，短柱上再架短梁，逐层叠加直至屋脊，在各个梁头上放置横向的檩，以承托椽的形式。

抬梁式构架在春秋时期已出现，在唐代发展成熟。采用这种构架，房屋室内少柱甚至无柱，空间更为开阔大气，但工艺要求更高，耗材更多，因此多用于宫殿、庙宇、寺院等大型建筑，以及北方民间建筑。

柱子

上分
（屋顶）

中分
（屋身）

下分
（屋基）

抬梁式建筑的结构示意图

● 穿斗式构架

穿斗式构架最大的特征就是没有房梁，这种构架直接用柱子顶端承托檩条，柱子与柱子之间用穿枋连接。这种木构架在汉代已经相当成熟。

这种构架用料较少，而且可以使用许多小尺寸木材，较抬梁式构架更为经济实惠。

建造时还可以先在地面拼装屋架，再竖起来，便于施工。但屋内柱网密集，室内空间被分割得较小。

由于这种构架省工、省料，所以南方地区的民居大量采用了穿斗式构架。在需要创造更大的空间时，人们也会将穿斗式构架与抬梁式构架相结合。

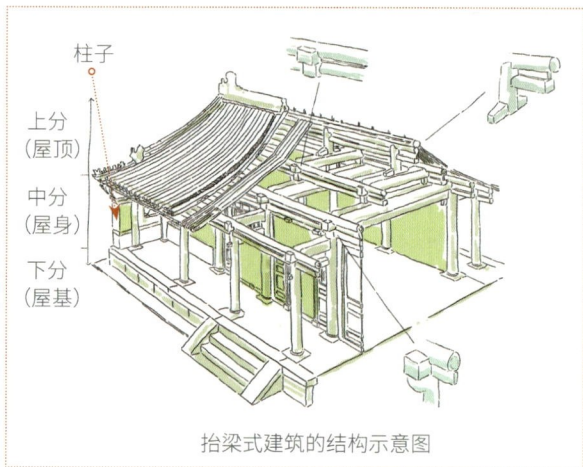

3.1.5 屋顶

"如鸟斯革，如翚（huī）斯飞。"

——《诗经·小雅·斯干》

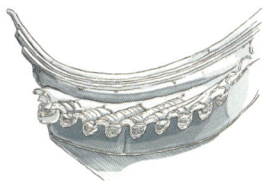

"屋顶为实际必需之一部，其在中国建筑中，至迟自殷代始，已极受注意，历代匠师不惮烦难，集中构造之努力于此。依梁架层叠及举折之法，以及角梁、翼角、椽及飞椽、脊吻等的应用，形成了屋顶坡面、脊端及檐边、转角各种曲线，柔和壮丽，是中国建筑物之冠冕。"

——梁思成《中国建筑的特征》

屋顶形式

大屋顶是中国传统建筑外观上的显著特征之一。建筑中大量使用梁柱和斗拱，就是为了撑起一座大屋顶，因此屋顶往往是一座建筑等级的象征。在欣赏中国传统建筑时，从屋顶形式及其装饰程度就可以看出建筑的等级高低。

第一位：
重檐庑（wǔ）殿顶
用于修建皇宫、寺庙的主殿。

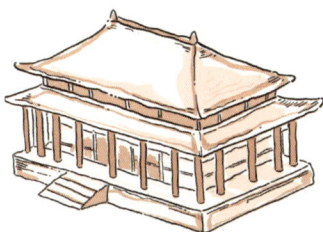

第二位：
重檐歇山顶
用于修建皇宫、寺庙中等级较高的建筑。

第三位：
单檐庑殿顶
用于修建重要的建筑。

第四位：
单檐歇山顶
用于修建重要的建筑。

第五位：
悬山顶
用于修建民居。

第六位：
硬山顶
用于修建民居。

第七位：
卷棚顶
用于修建民居。

无等级
攒尖顶
用于修建亭台楼阁。

脊兽

脊兽是中国传统建筑的屋脊上所安放的瑞兽构件，最初是为了保护脆弱的连接点，后来它的象征和装饰作用逐渐被重视起来。

● 跑兽

跑兽是体现建筑等级的标志。跑兽数量越多，代表建筑的等级越高，最多为 10 只。

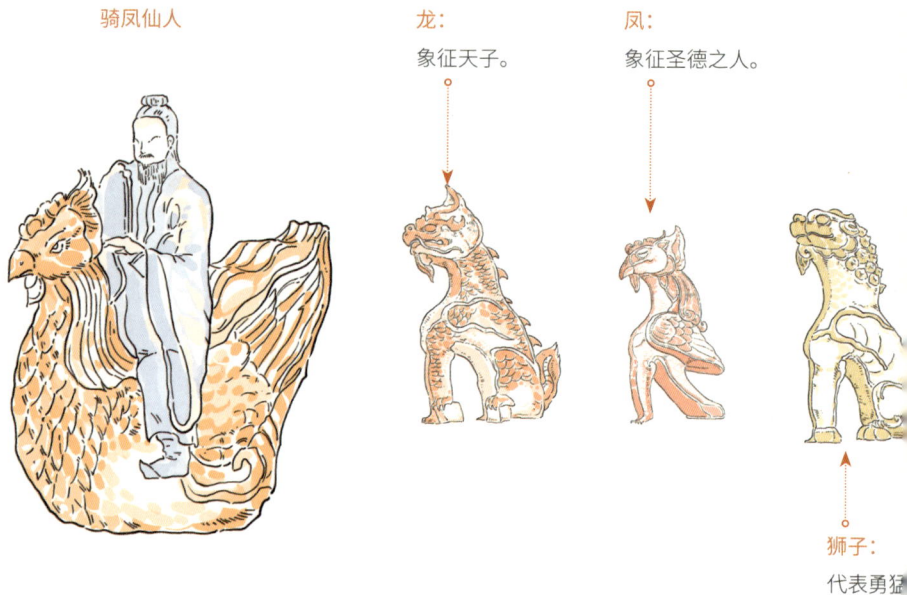

骑凤仙人

龙：
象征天子。

凤：
象征圣德之人。

狮子：
代表勇猛

● 吻兽

"其制设吻者为殿，无吻者不为殿矣。"

——宋·叶梦得《石林燕语》

吻兽是安装在正脊两端的构件，可防止屋顶漏雨，常被塑造为可以兴风降雨的瑞兽形象。由于吻兽是屋顶上最大、最引人注目的构件，因此吻兽也是体现建筑等级的重要标志，历来很受重视。

一起来看看吻兽从鸱（chī）尾到螭（chī）吻的演变。

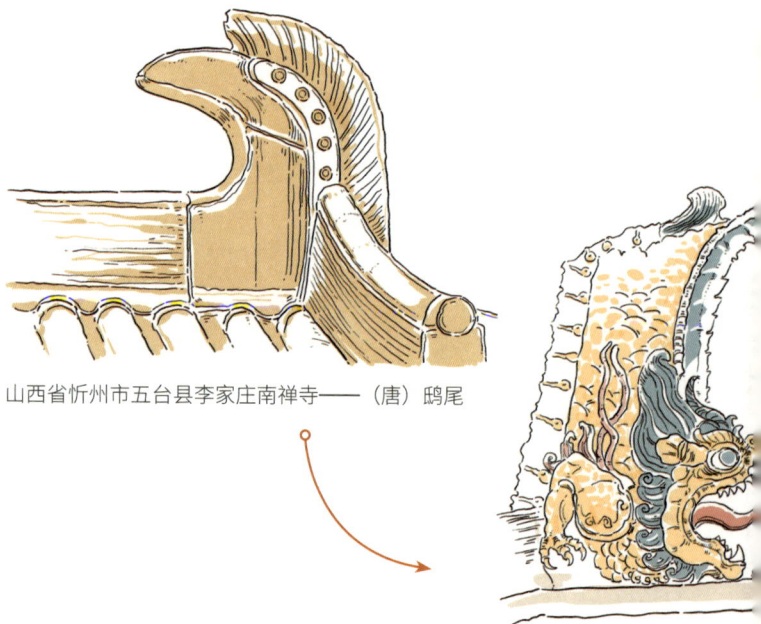

山西省忻州市五台县李家庄南禅寺——（唐）鸱尾

海马：
海中瑞兽，威德入海。

狻猊（suān ní）：
龙的九子之一。

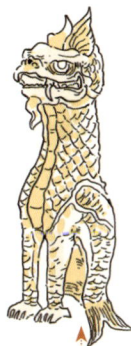

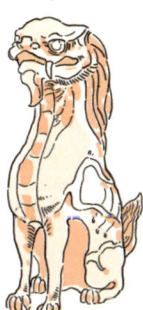

獬豸（xiè zhì）：
传说中的神兽，喜欢居住在水边，代表公正。

千里的骏
德通天。

狎（xiá）鱼：
古代传说中鱼兽混合的吉祥动物，能祈雨，灭火防灾。

斗牛：
能除祸灭灾的神兽。

行什：
带翅膀、猴面孔的人像，因排行第十而被称为行什，一说是雷震子的化身。

太和殿大吻由 13 块琉璃拼成，高 3.4 米、厚 32 厘米、重 4.3 吨，是现存古建筑中最大的一个。

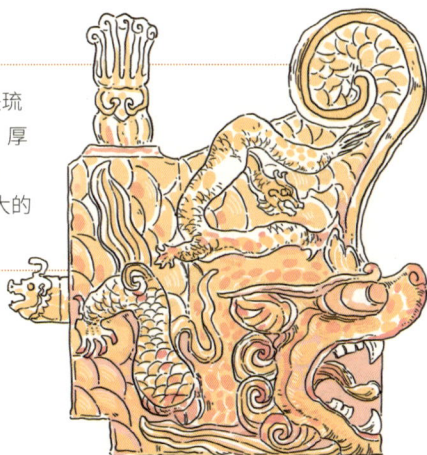

北京太和殿——（清）螭吻

在唐代以前，鸱尾的形象是一只大鸟的尾巴，向内翻卷欲飞。

唐代至宋金时期是鸱尾向螭吻过渡的阶段。鸱尾与摩竭（jié）鱼的形象融合，变成大吻咬住屋脊的样子，但尾部仍然向内卷。

在明清时期，吻兽彻底转变为龙头鱼身的螭吻形象，尾部向外翻卷。

词华严寺——鸱吻

3.2 建筑形制

为了满足居住、办公、祭祀、宗教、游憩等不同的生活需求，人们修建了不同类型的建筑。其中，官方修建的建筑被称为官式建筑，有较为严格的形制规范，地域差异相对较小；而民间百姓自己修建的建筑是民间建筑，地域差异较大，各具特色，多姿多彩。

官式建筑
宫殿、坛庙、衙署、官修寺观、陵墓等。

官式建筑的修筑需要遵循一定的规范，严格体现等级和礼制，规模相对较大，给人以恢宏大气、端庄典雅、华丽壮阔的感觉，代表了建筑的最高技术与工艺水平。

民间建筑
民居、私家园林，民间的寺观、宗祠、会馆、书院等。

为适应不同的地理气候，民间发展出了多样的建筑形制，地域特征明显，体量相对较小，但样式繁多，且造型丰富多彩。

3.2.1 建筑布局

无论是皇家的宫殿，还是民间的私宅，无论是街市里的衙署，还是山野间的寺观，这些中国传统建筑在平面组织上都遵循着一致的规律，有着相似的布局。

● **群体组合**
大大小小的建筑在平面上铺开，组成建筑群。

● **左右对称**
建筑群中往往有一条纵深的轴线，核心建筑物位于轴线之上，其他建筑沿着轴线对称布局。

● **庭院深深**
核心建筑往往和一些附属建筑、廊庑、围墙等环绕成庭院的形式，整体建筑群由一个个庭院组成。

从紫禁城看我国传统建筑的平面布局，有鲜明的南北向中轴线，建筑群的中心是最重要的建筑——三大殿，其他建筑沿着中轴线对称分布，廊庑与建筑围合成多重院落。前面是皇帝办公的工作场所，后面是皇宫内众人起居、游乐的生活空间。

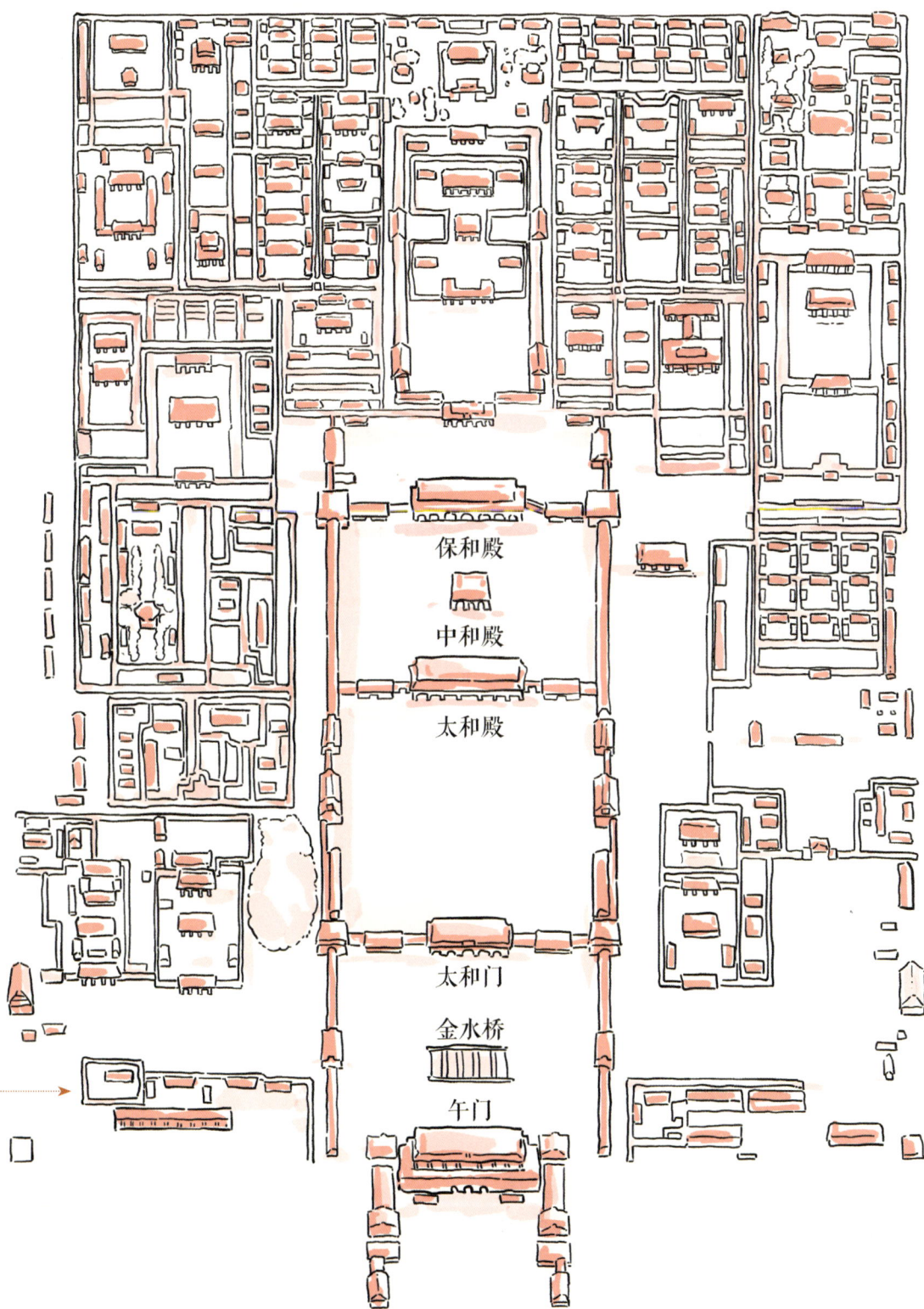

保和殿

中和殿

太和殿

太和门

金水桥

午门

故宫平面图

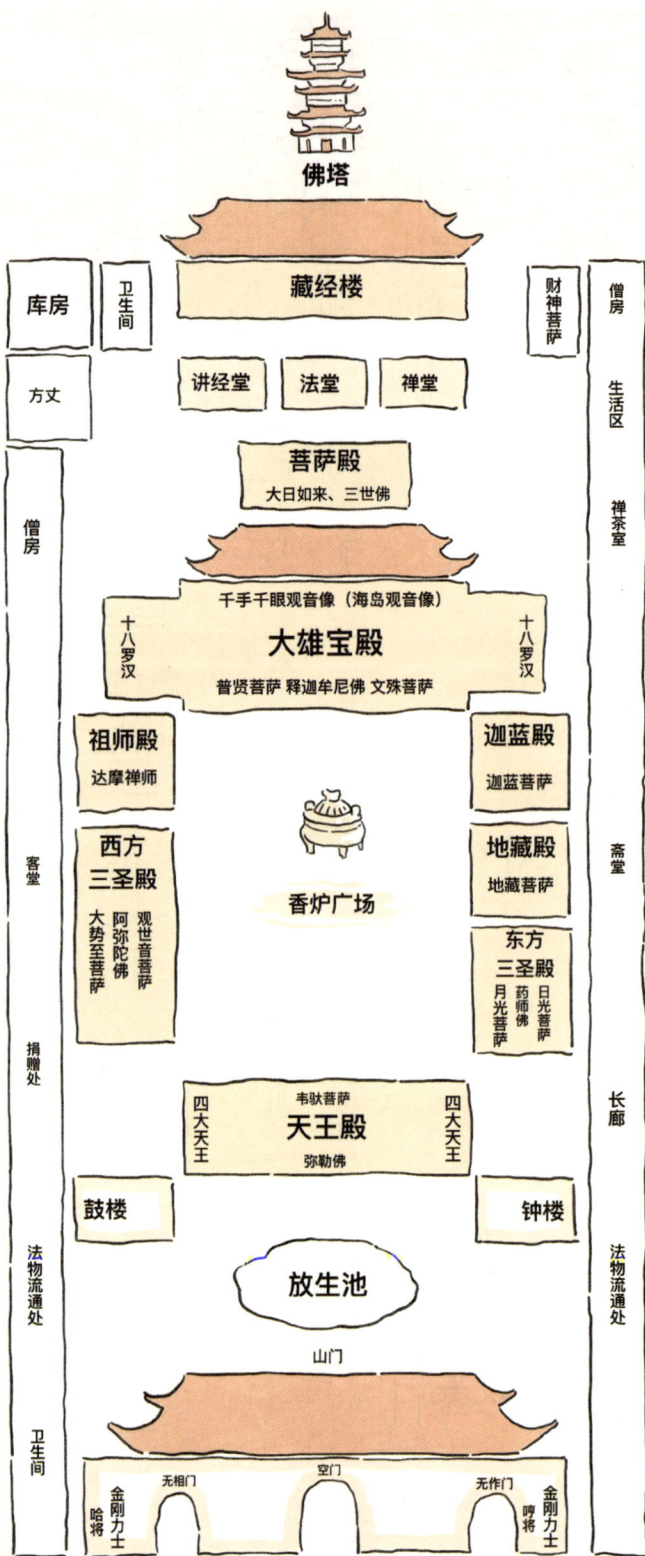

佛塔

藏经楼

| 库房 | 卫生间 | 讲经堂 | 法堂 | 禅堂 | 财神菩萨 | 僧房 |
| 方丈 | | | | | | 生活区 |

菩萨殿

大日如来、三世佛

千手千眼观音像（海岛观音像）

| 僧房 | 十八罗汉 | **大雄宝殿**
普贤菩萨 释迦牟尼佛 文殊菩萨 | 十八罗汉 | 禅茶室 |

| 祖师殿
达摩禅师 | 迦蓝殿
迦蓝菩萨 |

| 客堂 | 西方
三圣殿
大势至菩萨 阿弥陀佛 观世音菩萨 | 香炉广场 | 地藏殿
地藏菩萨 | 斋堂 |

| 捐赠处 | | | 东方
三圣殿
月光菩萨 药师佛 日光菩萨 | |

| 法物流通处 | 四大天王 | **天王殿**
韦驮菩萨
弥勒佛 | 四大天王 | 长廊 |

| 鼓楼 | 钟楼 |

放生池

山门

| 卫生间 | 金刚力士 哈将 | 无相门 | 空门 | 无作门 | 金刚力士 哼将 | 法物流通处 |

佛寺平面图

其他建筑也大多如此。佛寺也有鲜明的南北中轴线，从南到北依次是山门、天王殿、大雄宝殿（核心建筑）、藏经楼、佛塔等建筑，东西两侧为对称分布的配殿，殿堂两侧由廊庑围合成多重院落，前面是礼佛场所，后面为生活空间。

因此，寺庙、宫观的建筑原则和平面布局是相似的，只是规模不等，因主题不同而有不同的殿宇名称，并且在内部陈设与装饰上带有各自的主题色彩。

3.2.2　宫观寺塔

宫殿

宫殿是古代帝王办公与生活的地方，是至高无上的皇权的集中体现，因而是等级最高、规模最为宏大、布局最为严谨、最为奢华壮丽的建筑。

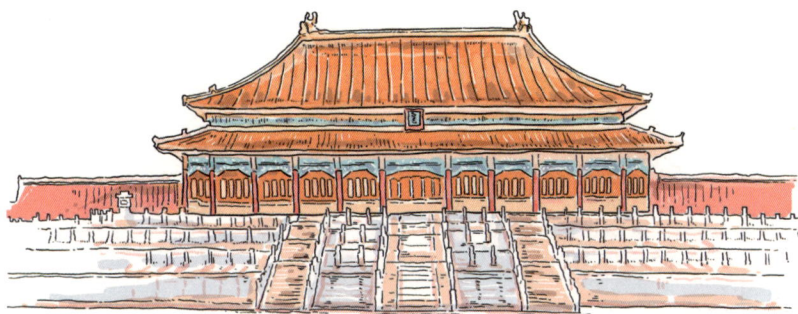

紫禁城太和殿庄严大气的外部立面

为了显示皇权的至高无上，宫殿建筑在用材和规模上也有特殊的规定。例如，清代皇家才能使用黄色琉璃屋顶，以及龙凤纹样的"和玺彩画"。

庙宇

庙宇是祭祀先祖或神灵的场所。

祭祀一直是古代传统生活的重要内容。由于古人对自然的认识不足，认为万物皆有灵，希望通过祭祀神灵祈求安宁。另外，在礼制影响下，古人有慎终追远的传统，通过祭祀祖先寻求庇护，同时可以维系宗族的团结。

清代皇帝在太庙中祭祀他们的先祖
北京太庙

孔庙、文庙的祭拜对象——孔子
山东曲阜孔庙

武庙的祭拜对象——关羽
山西运城解州关帝庙崇宁殿

山东曲阜孔庙是全国最大的文庙（九进院落，地方文庙一般为三进院落），棂星门、泮池、戟门、大成殿、崇圣祠沿中轴线延伸，并在左右辅以乡贤祠、名宦祠等，层层递进，营造出庄重、肃穆的氛围。

山东曲阜孔庙大成殿

文庙平面示意图

道观

最早的"观"是用于观测天象、迎候仙人的高楼，汉武帝时期为供奉仙人修建了"蜚廉观""益延寿观"，道教就沿用了"观"的称谓。有一些敕建的大规模道教庙宇则被称为"宫"。

为了远离尘嚣，专心修行，仰观宇宙，俯察天地，许多道教宫观都修建在山中。

永乐宫壁画总面积超过1000平方米，是我国古代绘画艺术的瑰宝。

始建于唐代，是道教全真龙门派祖庭，享有"全真第一丛林"的美誉。

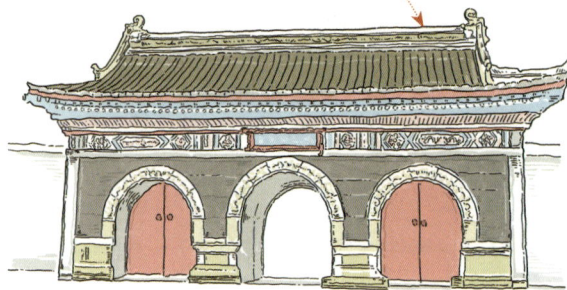

北京白云观

山西芮城永乐宫无极殿

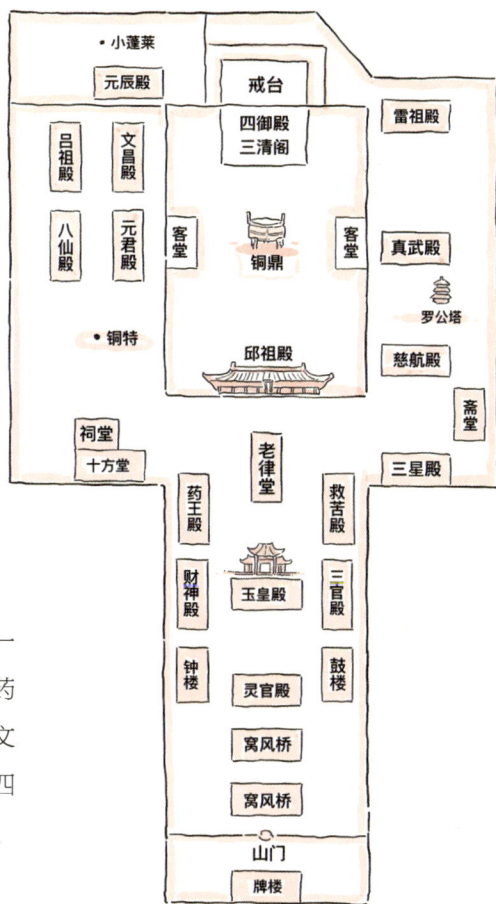

白云观的平面图

道教宫观的专属建筑一般包括灵官殿、财神殿、药王殿、元君殿、八仙殿、文昌殿、玉皇殿、邱祖殿、四御殿、三清殿（三清阁）、真武殿等。

佛寺

佛寺早期以佛塔为中心，在塔周围布局殿宇、僧房，后来形成以殿宇为核心的组合院落式建筑群布局。

寺，本为官署名。东汉明帝时期，天竺僧人用白马驮着佛经到中国弘法，最初住在洛阳的鸿胪寺（外事机构）。后来，明帝又为僧人兴建了专门供其弘法的场所，并沿用了寺的称法，这便是中国历史上第一座佛教寺院"白马寺"，"寺"从此成为僧人礼佛弘法场所的通称。

洛阳白马寺

嵩山少林寺山门

少林寺始建于北魏时期，是汉传佛教的禅宗祖庭，被誉为"天下第一名刹"，同时也因少林功夫而著称于世。

华严寺大雄宝殿

山西大同华严寺始建于辽重熙七年（公元1038年），占地面积达66000平方米，是中国现存年代较早、保存较完整的一座辽金寺庙建筑群。

塔

塔最初是佛教用于供奉或收藏佛教圣物的特殊建筑，后来常常作为中国古代城市、村镇或佛寺的标志性建筑，是中国传统建筑中造型最为丰富多样的建筑类型之一。

根据外观造型，塔可大致分为楼阁式塔、密檐式塔、单层塔、覆钵式塔（喇嘛塔）、金刚宝座塔、楼阁与覆钵混合式塔六大类。

● 楼阁式塔

模仿楼阁造型的塔，内部设有楼梯和楼层，可以攀登。

塔刹

须弥座

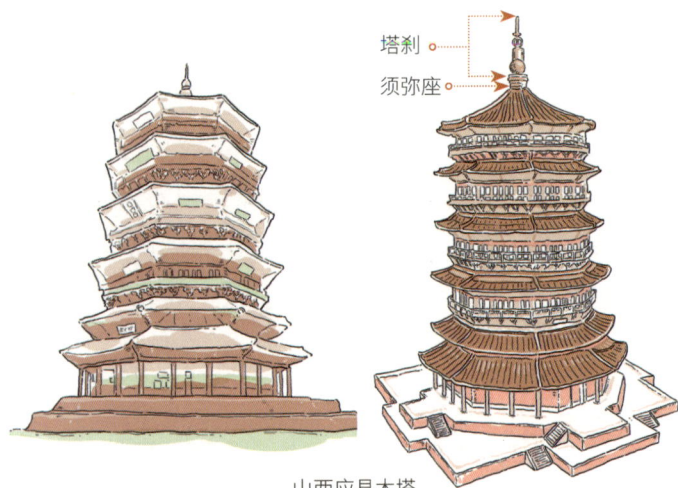

山西应县木塔

陕西西安大雁塔

● **密檐式塔**

这类塔多为砖石结构，塔身底层尺寸较高，其上各层高度缩小，层层塔檐紧密相连，使得塔的整体外形修长、高挺。

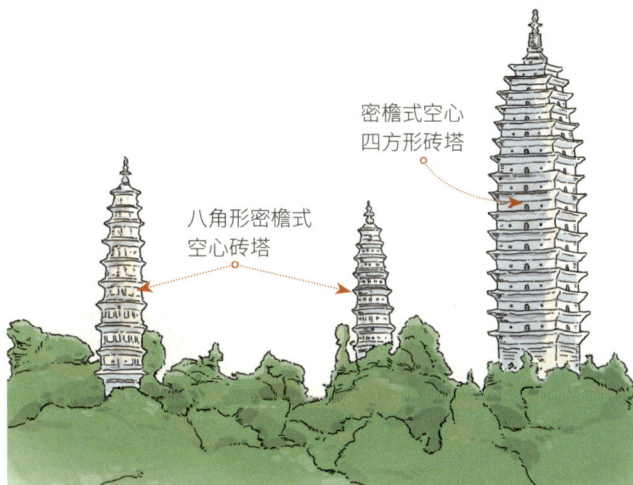

八角形密檐式空心砖塔

密檐式空心四方形砖塔

云南大理崇圣寺三塔

● **覆钵式塔（喇嘛塔）**

这类塔的造型源于古印度的窣（sū）堵坡，塔身形如倒扣的钵盂，称"塔肚"，其上为多层相轮组成的圆锥形"塔脖"，顶端为"塔刹"。

北京北海白塔

河南郑州净藏禅师塔

内蒙古呼和浩特金刚座舍利宝塔

北京房山云居寺北塔

● **单层塔**

这类塔的塔身只有一层，结构简单，多为僧人的墓塔。河南郑州净藏禅师塔是中国现存最早的八角形砖塔，是唐代单层塔中的杰出作品。

● **金刚宝座塔**

这类塔起源于印度，由方形的塔座（金刚宝座）和上部的 5 座塔构成，是佛教密宗的一种佛塔建筑形式。

● **楼阁与覆钵混合式塔**

这类塔的代表有北京房山云居寺北塔，该塔建于辽代。

3.2.3 古典园林

"虽由人作，宛如天开。"

——明·计成《园冶》

《辋川图》是唐代诗人王维晚年隐居辋川时，以辋川归隐生活与山水风景为主题绘制的一幅壁画。虽然原壁画已消逝在历史洪流中，但历代著名画家都有临摹，足以看出文人雅士对这种超脱凡尘的隐居生活的向往。

但并非每个人都可以归隐于自然的山水间，因此人们在城市中造园，正是希望在尘嚣中创造出一片悠然的世外桃源。

如何建造一座园林

筑山 + 叠石 + 理水 + 架桥 + 建筑 +
陈设 + 铺地 + 种花 + 植树 = 园林

通过种种园林要素，再加上各种造景手法，人们在小小的一方天地里就可以创造出有山有水、曲折幽微、移步换景，且可以尽情游赏的园林。

中国古典园林是以人工构筑为手段，将建筑、山水、花木等组合起来的综合艺术，流露出诗情画意的审美意趣，展现了人类与自然和谐共处的最高境界，与欧洲园林、阿拉伯园林并称"世界三大园林体系"。

①筑山：

模仿自然山势，用夯土或石头堆叠为小山，使园林有高低起伏之势，便于造景游赏。

⑤建筑：

在园林中不同的位置布置不同类型的景观建筑。亭、台、楼、阁、轩、榭、廊、舫，是园林景致的重要组成。

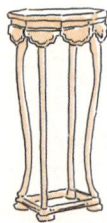

⑥陈设：

园林建筑内的布置陈设既满足实用需求，也格外重视装饰效果，意在营造雅致的文化气息。

框景

透景

②叠石：
小范围地堆叠奇石，使之成为园林中的景观。

⑧种花、植树：
在园林中种植各种观赏性的花草树木，使园林更加接近自然山水、更加美丽宜人。

③理水：
模仿自然的水景，结合园林地形创造湖、泉、池、瀑、汀等水的景观。

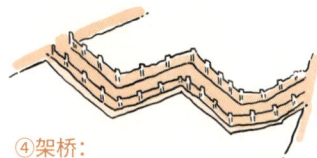

④架桥：
在水面架设桥梁，既有通行的作用，也是一道优美的景观。

⑦铺地：
用砖、瓦、石等材料对地面进行铺设，使地面变得更为美观。

私家园林：苏州环秀山庄

环秀山庄的占地面积约为 3 亩（1 亩 ≈ 666.67 平方米），内部建筑也不多，但布局设计巧妙，在咫尺之间用假山、曲径、建筑、花木创造出层出不穷的佳景。尤其是山庄中的湖石假山，被公认为中国园林现存的假山构建的典范，有"别开生面、独步江南"之誉。

环秀山庄

皇家园林：北京颐和园

颐和园由万寿山、昆明湖组成，占地面积约为 3.009 平方千米，是以杭州西湖为蓝本，借景周围的山水环境，集传统造园艺术之大成而修建的清代皇家园林。颐和园既有江南园林的秀雅精致，也有皇家园林的恢宏壮丽，与苏州拙政园、苏州留园、承德避暑山庄并称中国"四大名园"。

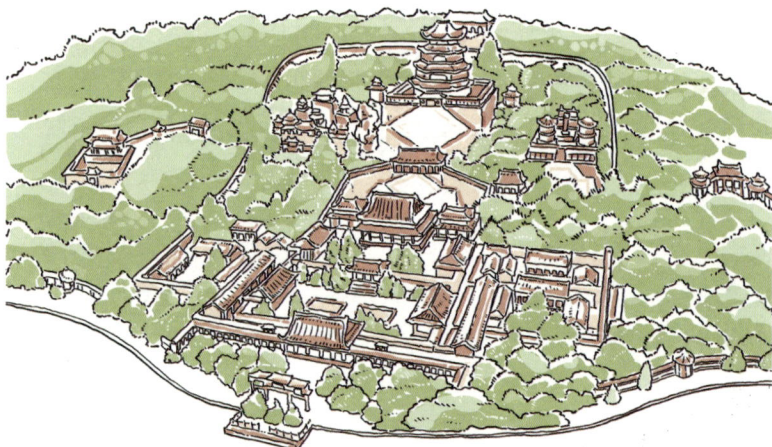

颐和园

城市园林：杭州西湖

如果将西湖看作一个整体，那么它就是杭州最大、最美的一个园林。西湖三面环山，白堤、苏堤、杨公堤、赵公堤将湖面分割成若干块水面，遍植于湖堤的花木和散布于西湖的各种建筑构成了丰富的人文与自然景观，在南宋时期就已经形成了各具特色的"西湖十景"。

杭州西湖

3.2.4　多样民居

　　我国幅员辽阔，各地区的地理和气候差异十分明显，民族众多。各地的居民根据当地的气候条件，选择了不同的建筑材料，结合地方的文化内涵创造出了丰富多彩的民居样式。

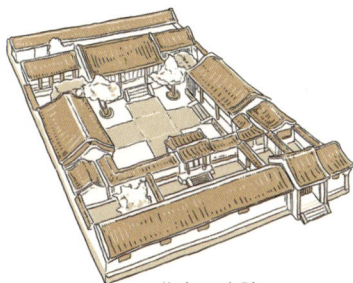
北京四合院

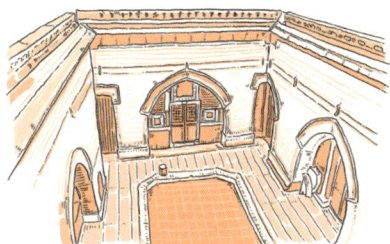
陕北窑洞

四川羌寨碉楼

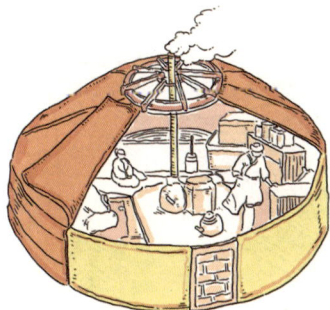
内蒙古蒙古包

新疆维吾尔族民居

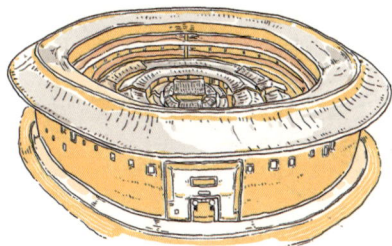
福建土楼

晋中民居

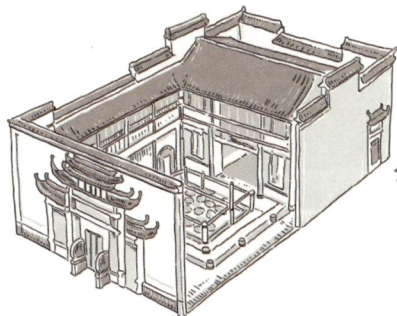
皖南民居

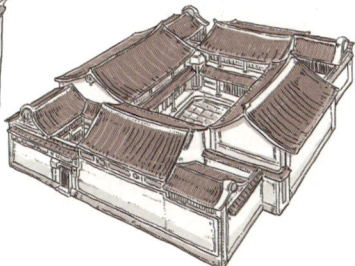
云南白族民居

江南园林

皖南民居

古徽州一带的民居，多是古代徽商经商成功返乡后修建的。高大的马头墙围、合天井形成平面狭长紧凑的合院，大多建有两层楼。黑瓦白墙，从外看仿佛水墨画一般，大门和内部装饰有精妙的木雕、石雕、砖雕，具有浓郁的文化气息。

走马楼：
民居天井左右有狭窄的厢房和走廊，有的甚至可以将房屋二层连成一圈，好像骑马都可以通行无阻，因此被称为走马楼。

马头墙：
为了防火，外墙都修筑得比屋顶要高，高高低低好像马头，因此这样的封火墙也被称为马头墙。

粉墙黛瓦：
按照规定，民居不能使用大红大绿的颜色，屋顶也不能使用彩色的琉璃瓦。在南方地区，一般用白墙搭配小青瓦，虽然没有浓墨重彩，但黑白对比分明，别有一种简洁素雅的韵味。

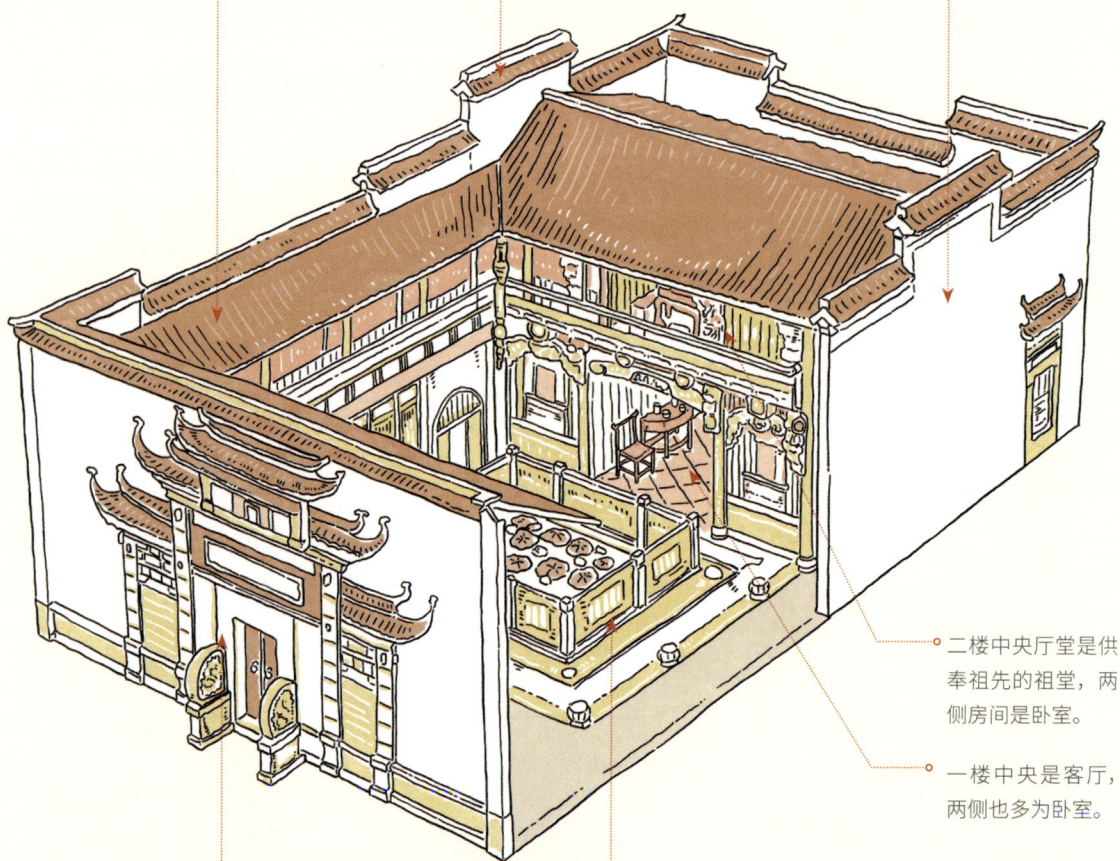

二楼中央厅堂是供奉祖先的祖堂，两侧房间是卧室。

一楼中央是客厅，两侧也多为卧室。

牌楼式大门：
大户人家崇尚用青砖做贴墙的牌楼式大门，辅以精细华美的砖雕，增添建筑的气势。

四水归堂：
江南民居均设有天井，半开敞式的天井具有采光、通风、排水的重要功能，拉近了人与自然的距离，人在家中，也可以欣赏四时景色。下雨时，雨水从四面的斜坡屋顶汇入天井，被称为"四水归堂"，有储水聚财之意。

晋中民居

　　山西中部一带的民居，多是晋商致富后修建的，也多是狭长、紧凑的合院形式，特点在于采用青砖建造厚实的实心外墙，左右两侧为单坡屋顶。晋中民居也有精美的砖雕与木雕，但因为多采用砖石材料，所以看上去更加沉稳厚重、粗犷古朴。

南北纵深长，东西方向窄，在冬季可抵御寒冷的西风，在夏季可减少酷烈的日晒。

正房：
多修筑成窑洞形，冬暖夏凉，中间是厅堂，两侧为卧室。

半边屋：
单坡顶可以增加外墙的高度，使院落围合感和安全性更高。

中门：
区分内外空间。前面是会客的地方，后面是私密的内宅。

倒座：
紧贴大门外墙面北的房屋，也称南房，多用作门房、客房或佣人房。

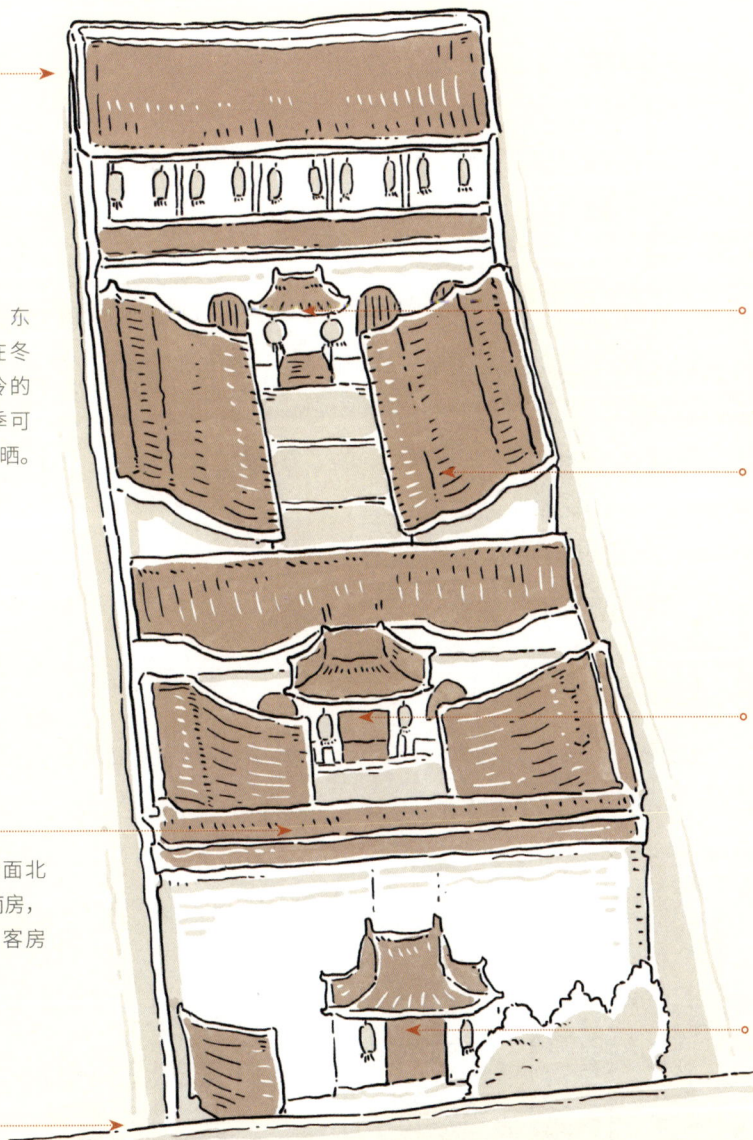

大门：
既可以设在正中，也可以设在东南角。

3.3　建筑规范

宋代李诫编写的《营造法式》和清代工部编写的《工程做法》是中国古代由官方颁布的关于建筑标准的仅有的两部古籍，在中国古代建筑史上占有重要地位，建筑学家梁思成将这两部建筑典籍称为"中国建筑的两部文法课本"。

3.3.1　《营造法式》

《营造法式》由北宋的李诫编写，是当时朝廷官方刊行的一部关于建筑设计与施工规范的书籍。该书系统介绍了唐宋时期的建筑制作制度、用料规定、用工定额等内容，是当时建筑设计与施工经验的集大成之作，也是中国现存最早、内容最丰富、工程描述最系统、最具参考价值的建筑学著作。

《营造法式》的主要内容

《营造法式》共 36 卷，分别为总释、诸作制度、工限、料例、图样五大部分，每一部分又分别对壕寨、石作、大木作、小木作、雕作、旋作、锯作、竹作、瓦作、泥作、彩画作、砖作、窑作 13 个工种进行论述。

总释：专业术语的考证和解释，以及工程修建的总体原则。

诸作制度：各种建筑及结构的设计规范、规格尺寸、施工方法等。

工限：建筑工程中各项工作所消耗的劳动定额和计算方法。

料例：建筑工程中各项工作所消耗的材料定额和具体工艺。

图样：对"诸作制度"的绘图说明。

《营造法式》中的"材分制"

"凡屋宇之高深，名物之短长，曲直举折之势，规矩绳墨之宜，皆以所用材之分，以为制度焉。"

"凡构屋之制，皆以材为祖；材有八等，度屋之大小，因而用之。"

——《营造法式》

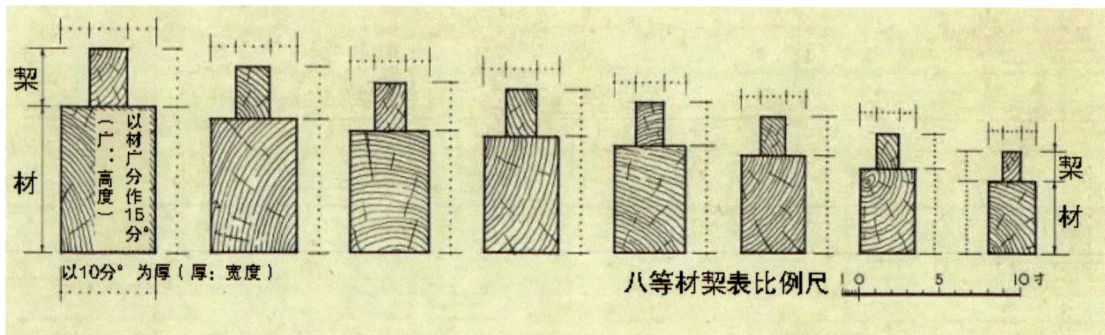

八等材栔表比例尺

"材分制"规定了 8 个等级建筑的用材尺寸。首先通过建筑的等级确定"材"的尺寸。"材"是标准方料的截面，其截面高度比为 15 份：10 份。这样，就可以通过"材"确定相应的"份"。"份"确定后，房屋各个构件的长短、比例皆以"份"的倍数确定。这就是模数化的建筑修建。

北宋的模数制与标准化

◎高效的生产施工

当所有的用料都符合标准尺寸时，按照某一等级标准进行生产、搭建、施工，甚至维修就十分快速、高效。

◎优越的受力性能

材分 8 等，是按照尺寸和受力强度划分的；而标准材的断面规定为 3 份：2 份，这样会有优越的受力性能。

3.3.2 《工程做法》

《工程做法》是清代雍正十二年（公元 1734 年）由清代工部颁布的工程条例。

清代雍正十二年，负责管理工部事务的"和硕果亲王"允礼等 15 名官员，对各种房屋营建的工程做法、需要的工料核实造册，集合而成此书。

这本书是在《营造法式》的基础上，对明清时期建筑的具体尺寸、用料和用工进行具体规定，并阐述其执行条例，因是官方颁布的执行文本，故多称为《工程做法则例》。

第 4 章

越陌度阡：交通

图｜解｜古｜人｜的｜衣｜食｜住｜行

4.1 陆路

有人的地方便有路，从蜿蜒曲折的羊肠小道到宽阔平坦的高速公路，人类社会的进步总是伴随着交通的发展。道路条件的改善，带来运输效率和交流频率的提高，使之前相对独立的社会群体更加紧密地联系在一起，这为社会的发展提供了基础条件。

4.1.1 道路千万条

根据不同的用途和目的，古人制定了不同等级的道路标准，同时部分地区依据自身的地理环境，也建造出了独特的道路系统。

驰道

驰道修筑于秦代，是由都城咸阳通往全国各地的交通干线。但它不是供一般行旅通行的普通道路，而是天子专用的御道。据《汉书·贾山传》记载："秦为驰道于天下，东穷燕齐，南极吴楚，江湖之上，滨海之观毕至。道广五十步，三丈而树，厚筑其外，隐以金椎，树以青松。"驰道的辐射范围，东至河北、山东，南至湖南、江苏、浙江，西至甘肃，北至山西、内蒙古。

其统一的标准如下。

①道路路面宽 50 步（约合今 69 米），夯筑厚实，路基要高出两侧的地面，以便排水。

②每隔 3 丈（约合今 7 米）栽种 1 棵松树；每隔 10 里（约合今 4150 米）建一座亭子，作为区段的治安管理所。

汉代在秦代原有的道路基础上，继续扩建和延伸，向四面八方辐射的交通网更加发达和完善。

秦直道遗址及遗址公园复建图

五尺道

五尺道是秦代在西南地区修筑的道路，主要分布在云南和四川一带，因为多在山体或山脚开凿，所以无法修得过宽，只能容一辆车马通过，故名"五尺道"。五尺道从成都南下南安（今四川乐山），经僰（bó）

道（今四川宜宾）、夜郎西境（今贵州威宁、云南昭通），直通南中地区的建宁（今云南曲靖）。它是古代四川盆地通往西南夷地区的重要交通线之一，促进了汉族与西南地区其他民族的融合，同时也是古代中国西南地区与东南亚、南亚地区交流的重要线路，为加强中原地区与西南地区，以及中国与印、缅两国之间的经济文化交流创造了条件。

威宁县幺战镇的五尺道

豆沙关

豆沙关五尺道

栈道

　　栈道的修筑始自战国时期，之后历代都有所修筑。栈道盘旋于高山峡谷之间，因地制宜采用不同的工程技术措施，或凿山为道，或修桥渡水，或依山傍崖构筑用木柱支撑的木构道路。这种木构栈道，采用了原始的"火焚水激"的方法，利用热胀冷缩原理，在崖壁上开出上、中、下3层孔洞，木桩上以支木为架，用木板铺路。著名的褒斜道、傥骆道、子午道等蜀道就大量运用了这种建造形式。

金牛道朝天峡古栈道

金牛道，又名石牛道，其名源自"石牛粪金、五丁开道"的故事，相传石牛能拉出金子，故称金牛。秦惠王将金牛赠送给蜀王，西蜀的五个大力士引金牛成道，此道故名金牛道。金牛道的修建为秦灭蜀提供了有利条件。

复道

复道是楼阁间有上下两层立体式通道的道路，类似于现代的高架桥。据《史记》记载，秦始皇每灭亡一个国家，便仿照它的宫殿样式，在都城咸阳仿造一座相同的建筑。其建筑规模之大，必须修建专门的复道相连，即"南临渭，自雍门以东至泾、渭，殿屋复道周阁相属。""令咸阳之旁二百里内宫观二百七十复道甬道相连。"在宫殿间用复道连接，不仅便利、快捷，而且不用动辄清道戒严，保证了行走者的安全。

两汉时期，随着建筑技术的进步，高台建筑逐渐减少，高层楼阁大量增加，复道得到迅速发展。据《后汉书》记载："南宫至北宫，中央作大屋，复道，三道行，天子从中道，从官夹左右，十步一卫。两宫相去七里。"意思是在南北宫之间有一条划分为三行道的复道，道路长达 7 里，两侧每 10 步便留有侍卫站岗的位置。

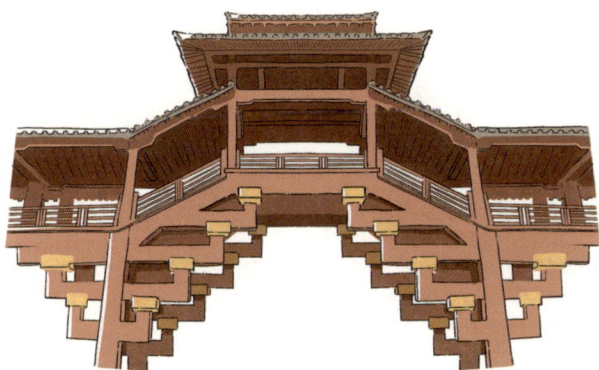

4.1.2　马车

中国是世界上最早使用车的国家之一，关于制车技术起源的传说，常见的有"黄帝造车"和"奚仲造车"两种。奚仲居薛，相传薛部落擅长工艺制造，更擅长造车，奚仲乃被选拔为夏朝的"车正"。在河南偃师商城城墙内侧发现了商代早期路土上留下的双轮车辙，可见制车技术在夏代或许就已经出现了。在春秋战国时期，战车的使用十分普遍，车辆的制作技术又有了很大的提高。

奚仲造车

黄帝造车

秦汉时期，车制有了很大的发展和变化，车的种类增多，用途广泛，且从单辕变成双辕。东汉和三国时期出现了独轮车，这种既经济又实用的交通工具，在交通运输发展史上是一项重要的发明。南北朝时期不仅出现了 12 头牛拉着的大型车辆，还出现了磨车，车上装有石磨，车行磨动。宋代有明确记载的指南车和记里鼓车体现了我国古代车辆机械技术的卓越成就。明清时期陆续出现了许多新型车辆和异型车辆，如在车辆上安装风帆，利用风力驱动车辆行进。

马车的结构图（单辕车）

双辕车

　　双辕车是中国古代的一种车型，在西汉时期已普遍使用。这种车型既省人力，又省物力，为人们的日常生活带来了极大的便利。双辕车既有马车，也有牛车，其中马车有斧车、轺车等很多种类，皇帝、皇太子、诸侯大臣等乘坐的车都有各自的专属类型。

　　2024 年 3 月，陕西清涧寨沟遗址考古发掘取得重要阶段性成果，考古发现中国年代最早双辕车，距今 3000 年左右。

牛车早期主要用于运送货物，偶有普通百姓乘坐。

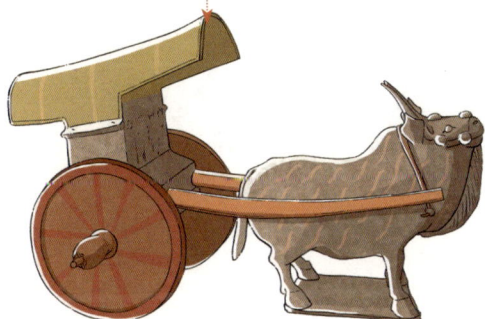

北齐陶牛车

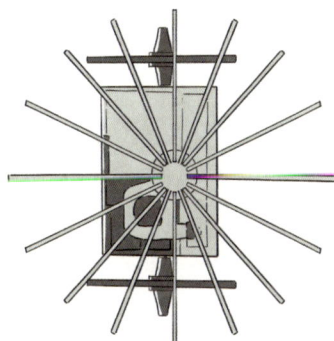

双辕车的俯视图

从东汉末年起，牛车逐渐成为官员、贵族乃至皇帝的代步工具。

双辕车的后视图

汉代双辕车（参考图）

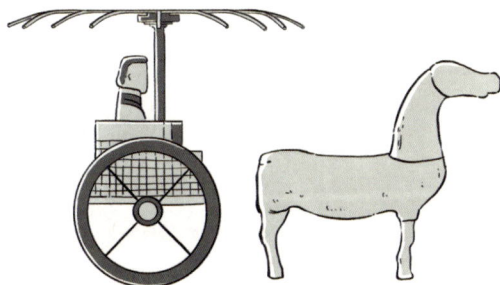

双辕车的侧视图

铜马车

1980 年在秦始皇陵西侧发现的两辆铜制四马战车，其大小是真马车的一半，这是目前发现的年代最早、形体最大、保存最为完整的铜铸马车，为人们研究古代铜马车提供了重要实物资料。

一号铜马车

一号铜马车是车队中的立车，起到警卫和征伐的作用。

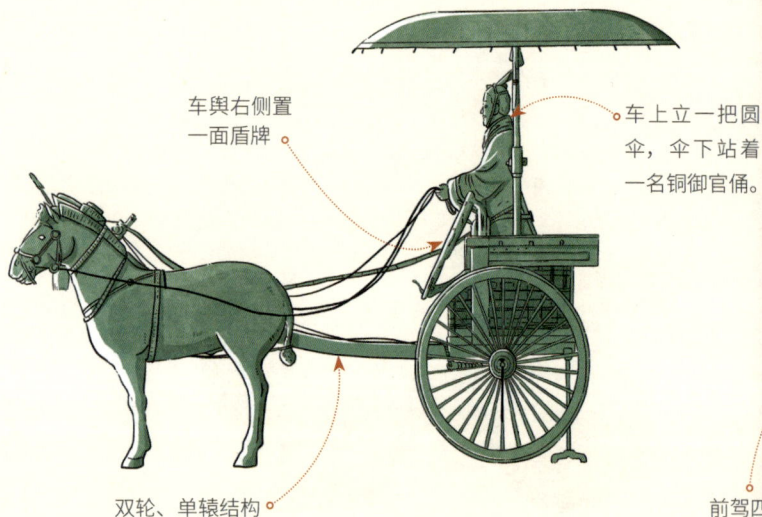

车舆右侧置一面盾牌

车上立一把圆伞，伞下站着一名铜御官俑。

双轮、单辕结构

前驾匹

二号铜马车

二号铜马车是安车，作为皇帝的乘舆。

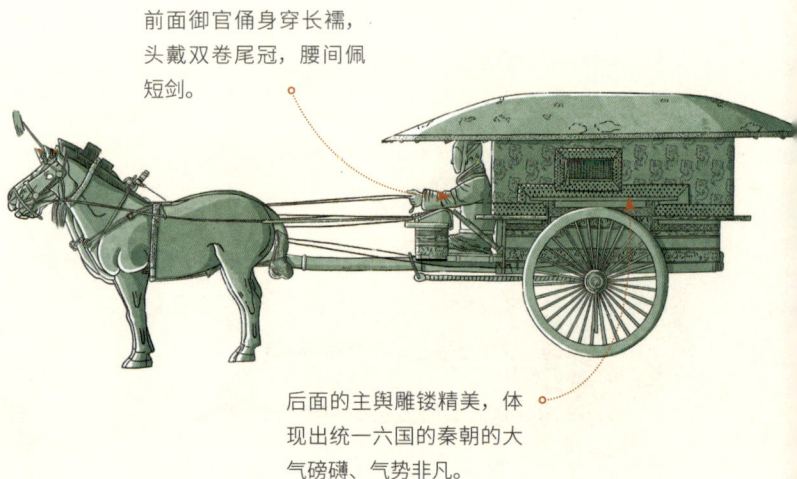

前面御官俑身穿长襦，头戴双卷尾冠，腰间佩短剑。

后面的主舆雕镂精美，体现出统一六国的秦朝的大气磅礴、气势非凡。

正侧面

御官俑身穿双重交领右衽长襦，下身着长裤，足穿方口齐头翘尖履，头绾梯形扁髻上折反贴脑后。头戴鹖（hé）冠，腰部佩铜剑，双臂前举。

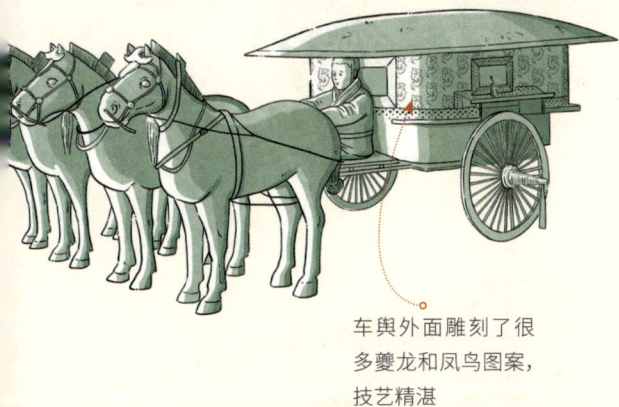

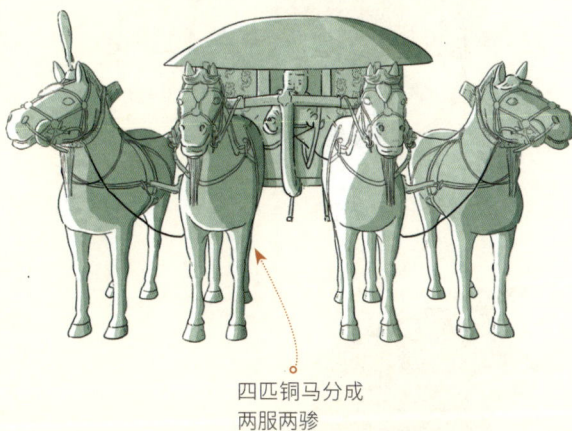

手握 6 根辔绳

车舆为横长方形

车舆前挂有一件铜弩和铜镞

车舆外面雕刻了很多夔龙和凤鸟图案，技艺精湛

四匹铜马分成两服两骖

斜侧面

正面

木牛流马

　　木牛流马是一种特殊的独轮车，要弄清木牛流马，则应先了解独轮车及其分类。独轮车也称"鹿车"，是一种木制的手推单轮小车，其起源年代暂不知晓。西汉刘向所著的《孝子图》中董永的故事里便有董永用鹿车载父的内容，同时在山东嘉祥汉武梁祠的画像石上也有关于这一故事的图像，可见，至迟到汉代，独轮车便已出现。

汉武梁祠画像石上董永的故事

　　独轮车在汉代应用广泛，人们在山路、田间小径上多将其作为运输工具。独轮车可按照有无前辕分为两种：有前辕者，车身较大，载重也较大，车前可用人畜来拉；无前辕者，车身较小，载重较小，车前无须人畜来拉。此外，独轮车还可按照有无车轮架区分。

无前辕独轮车

有前辕独轮车

有车轮架，无前辕独轮车复原图

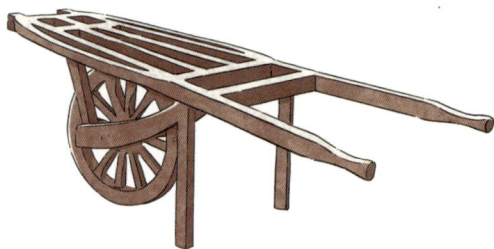

无车轮架，无前辕独轮车复原图

木牛流马是诸葛亮聪明才智的重要体现，在《三国志》和《诸葛亮集》中都有关于木牛流马的记载。截至目前，考古并未发现木牛流马的实物，只能靠文献史料记载对其有所认识，根据文献进行推断。

木牛流马的 3 种猜想图

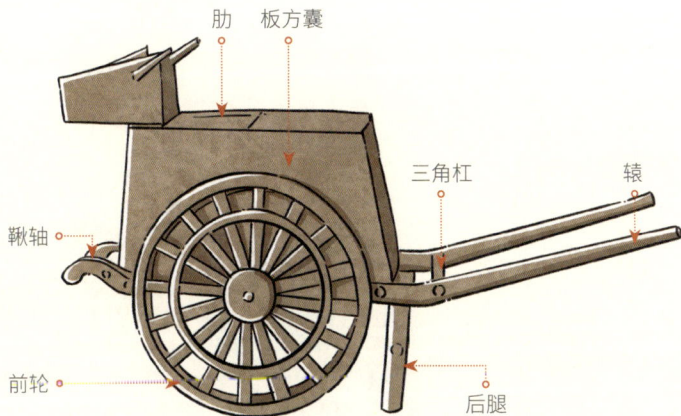

肋　板方囊　三角杠　辕
鞅轴　前轮　后腿

木牛流马外形似牛、似马，有 4 个支撑，带刹车系统，配有专门用于装载粮食的两枚"板方囊"，载重量比一般的独轮车稍大。

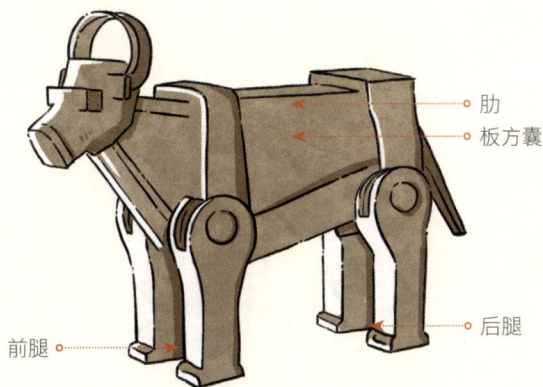

肋　板方囊　后腿　前腿

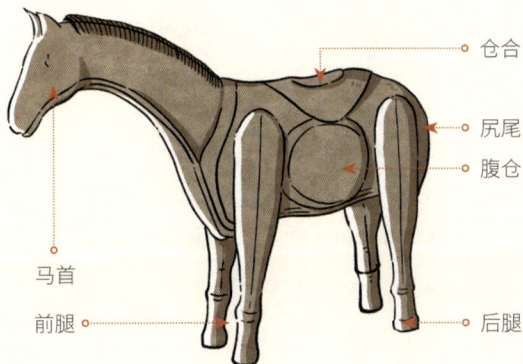

仓合　尻尾　腹仓　马首　前腿　后腿

专家推测，木牛和流马是两种不同的运输工具，适用于不同的道路。木牛可能有前辕，便于人来拉动；而流马较为轻便，或许没有前辕。

其他马车

前文提到，秦汉时期车的种类增多，用途广泛，不同等级或用途的车型不同。

轺车

轺车是出行仪仗队伍中的前导车。轺车为轻便的马车，由车轮、车轴、车舆和伞盖等组成，采用双曲辕，车舆为长方形。

东汉铜轺车

辇车

辇车是出行仪仗队伍中官吏家眷乘坐的车，由车、马组成。辇车同样为双辕车，有长方形舆，车旁有牵马的仆从。

东汉铜辇车

斧车

斧车为一种轻便是公卿以下、县令的官员出行时的前车，车上有立斧，以权威。

指南车的发明标志着我国古代对齿轮系统的应用在当时世界上居于领先地位。

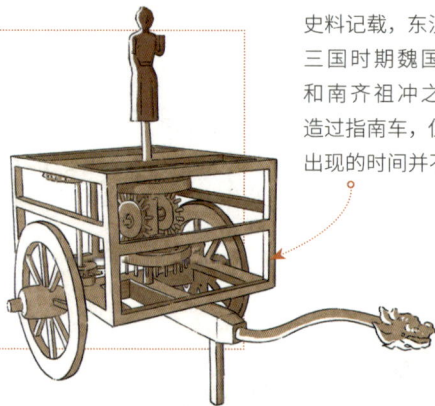

史料记载，东汉张衡、三国时期魏国的马钧和南齐祖冲之都曾制造过指南车，但其最早出现的时间并不详尽。

指南车

按照文献记载，指南车应是一种能够指示方向的车辆，是古代帝王出行时的仪仗车辆之一。《宋史·舆服志》中对指南车有比较详细的记载，据此可以对指南车进行复原。其利用机械自动控制装置，安装大小、齿数均不相同的齿轮，利用车轮带动齿轮转动。车辆转弯时，两边车轮的转速不同，齿轮可自动离合，但不论车的方向和车速如何变化，其指向永远为南方。

戏车

戏车是汉代流行的一用来表演百戏的马车，李所著的《平乐观赋》记载"戏车高橦，驰骋百马翩九仞，离合上下。或

120

后汉书·舆服志》
载："大使车，
乘，驾驷，赤帷。
节者，重导从：
曹车、斧车、督
、功曹车皆两。"

又铜斧车

辎车

辎车带交络，椭圆形车盖顶部隆起，车厢分前后两部分。《后汉书·张敞传》记载："礼，君母出门，则乘辎軿。"汉代辎车的车厢严密，多为女眷出行所乘。

东汉辎车画像砖

棚车

汉代形成以都城为中心的全国交通网，加速了商品流通，促进了商业的繁荣。棚车又名栈车，是汉代较为普遍的民间运货、载人用车。

式样和辎车相似，但稍简陋，可供两人乘坐。

东汉棚车画像砖

骋，覆车颠倒。"将高杆
定于马车之上，表演者在
受戏车行驶时的颠簸的同
，还要在高杆上做出各种
杂的动作，难度极大。

其出现时间不详。据文献记载，鼓车是天子出巡时的仪仗车之一，多数为四马驾车，排在指南车之后。

记里鼓车

记里鼓车又称"记里车""大章车"，是一种用来记录车辆行驶距离的马车。崔豹撰写的《古今注》记载，其构造与指南车相似，有上下两层，每层各有一木人，手中执木槌，车中装有一套减速齿轮系，当车轮转动时，齿轮也随之运转，车每行走 1 里路，齿轮便通过传动机械带动下层木人敲鼓 1 下；车每行走 10 里路，传动机械便带动上层木人敲打铃铛 1 次，以此记录里程。

辂 (lù) 车

　　辂车是帝王出巡时所乘坐的仪仗车。《周礼》中记载"王之五辂"，即玉辂、金辂、象辂、革辂和木辂5种礼仪用车，至汉代承袭其说，于大驾中设玉辂。这种辂车现仅在文献或壁画、绘画中所见，暂未有考古发现的实物资料。辂车虽在汉代便已经出现，但到了晋代其特点才得以明确。据《晋书·舆服志》记载，其特征一为"两箱之后，皆玳瑁为鹍翅，加以金银雕饰，故世人亦谓之金鹍车"；二为"斜注旌旗于车之左，又加棨（qǐ）戟于车之右，皆櫜（tuó）而施之。棨戟韬以黻（fú）绣，上为亚字，系大蛙蟆幡"。

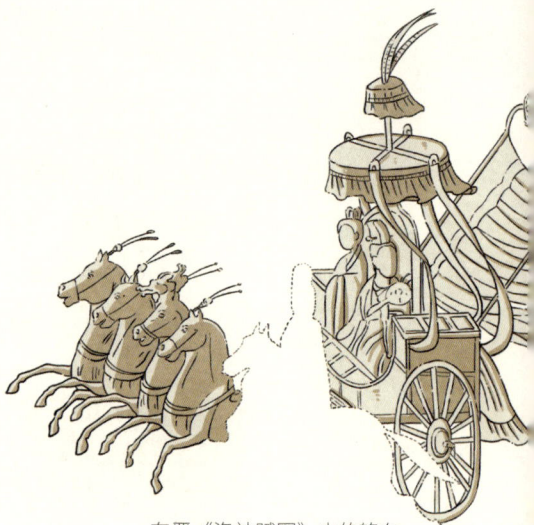

东晋《洛神赋图》中的辂车

南宋马和之《孝经图》中的辂车

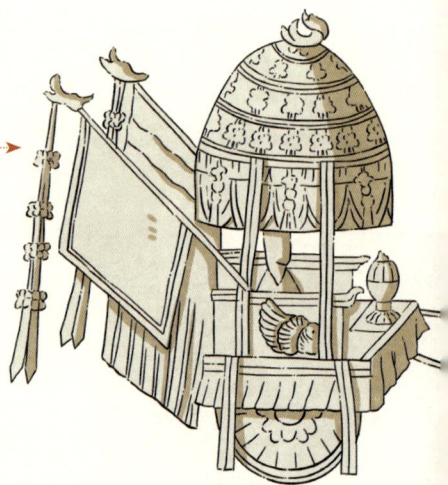

金代卤簿纹铜钟上的辂

莫高窟 420 窟隋代
壁画中的辂车

唐代懿德太子墓壁画中的辂车

清代《大驾卤簿图》中的金辂

自唐代起，辂车由多重盖演变为一重车盖。自宋代起，辂车，特别是玉辂受到极大的重视，排场逐渐变大且装饰愈加繁琐，进而导致车体越来越笨重。至明清时期，随着轿子的应用，辂车已经很少被乘坐，仅在大朝会时用作仪仗或大驾出行。因此，明清时期的辂车仅须外观华丽，而无须牵挽或压辕等，也不必像宋代那么笨重。

4.2　水路

随着社会经济的发展，水路运输逐渐在交通运输中占有一席之地，并对社会产生越来越大的影响。水路运输有着运载量大、节省人力、成本较低等优点，历朝历代的统治者都很重视水利、水运。至隋唐大运河开通，水路交通处于一个高速发展的阶段。

4.2.1　邗沟

邗（hán）沟又名渠水、韩江、中渎水，位于今江苏扬州城北，开凿于公元前486年，是第一条沟通长江和淮河的运河，也是世界上开凿最早的运河。邗沟最初是作为军事用途开凿的，是吴王夫差打败楚、越两国后，为了北上与齐国和晋国争霸所开凿的水运工程。在东汉时期，邗沟开始为漕运所用，但在三国时期这条运道并不通畅。在东晋时期，邗沟渠化堰坝开始出现，开门引江潮，闭门蓄水。在唐至北宋时期，邗沟上修建有众多的水闸、大坝，并且出现了世界上最早的船闸——复闸。至元代，邗沟虽较残破，但仍对京杭大运河的开凿与扩建有着深远影响。

邗沟集"复闸集蓄潮、升船越岗"等功能为一体，由相距不远的多个闸门组成多层级闸室，有效地平衡了由于地形形成的航道水位差。当船只进入外闸后，外闸和腰闸关闭，闸室开始充水；当内、外闸室水位持平后，开启腰闸，使船只进入内闸；腰闸再次与内闸配合，水位爬升，开启运河闸，使船只驶入运河内。

沈括在《梦溪笔谈》中记载，北宋仁宗天圣年间，监管真州排岸司、右侍禁陶鉴，上议修建真州复闸。根据文献描写，真州闸与运河相通的内闸应是平面开启的门式平板闸，整体的闸门虽开闭困难，但对于船只出入非常便利，可用于水位差比较小的地方。这在中国古代水利工程中很少有应用，但在欧洲古代运河中较为常见。

古邗沟马庄桥

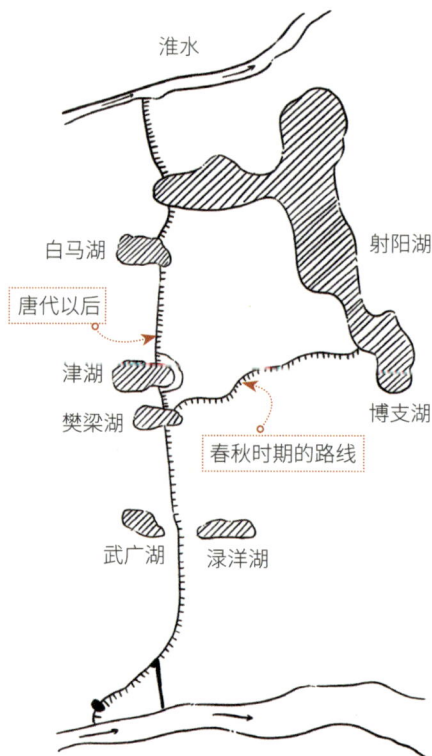

从春秋时期的邗沟到唐代淮扬运河路线的演变示意图

17 世纪意大利米兰的船闸（与文献记载的真州闸相似）

4.2.2　灵渠

灵渠，古称秦凿渠、零渠、兴安运河等，位于广西壮族自治区兴安县境内，于公元前214年凿通。灵渠是世界上最古老、保存最完整的人工运河之一，与都江堰、郑国渠并称"中国古代三大水利工程"，有着"世界古代水利建筑明珠"的美誉。2000多年来，灵渠一直发挥着灌溉、排洪、维持漓江水位及航运等作用，直至1941年湘桂铁路开通，灵渠航运才逐渐停止。2018年，灵渠被录入第五批"世界灌溉工程遗产名录"。

秦始皇统一六国后，开始将目光投向更远的岭南，命史禄在湘江上游凿渠，为战时的军队运粮，提供保障。灵渠将湘江与漓江相连，军队有了充足的物资供应，在灵渠开通的当年，秦兵就攻克了岭南，设桂林、象郡、南海三郡，将岭南正式纳入秦王朝的版图。

此后，历代对灵渠均有修缮，其中有几次较为重要的修筑。

中国古代三大水利工程

| 都江堰 | 郑国渠 | 灵渠 |

世界古代水利建筑明珠，录入第五批"世界灌溉工程遗产名录"。

俯瞰灵渠

东汉建武十八年（公元42年），伏波将军马援疏浚灵渠。

唐宝历元年（公元825年），灵渠渠道崩坏，桂管观察使李渤改建灵渠，建犁铧（huá）形拦河坝和陡门。

唐咸通九年（公元868年），灵渠再度尽坏，桂州刺史鱼孟威重修灵渠，将陡门增至18座，使灵渠的通航能力大大提升。

北宋嘉祐三年（公元1058年），提点广西刑狱兼领河渠事李师中修缮灵渠，将陡门增至36座。

灵渠平面图及"四贤"

史禄
马援
李渤
鱼孟威

太史
庙山
秦堤
南渠
兴安县城
北渠
湘江故道
泄水天平
大天
小天平

126

灵渠渠系分为南渠和北渠，主体工程由铧嘴、大天平、小天平、陡门、堰坝、秦堤、桥梁等部分组成。

铧嘴因其修筑形状如犁铧而得名，其与海洋河流向相对，将海洋河一分为二，一条经由南渠流入漓江，另一条经由北渠汇入湘江。大、小天平衔接呈人字形，与铧嘴相连，共同作为分水所用的砌石坝。

小天平　　大天平　　分水石堤　　铧嘴

灵渠陡门

灵渠灌溉堰坝

　　陡门是渠上用于壅高水位、蓄水通航的建筑物，其作用与船闸相似。陡门用浆砌条石建造导墙，墩台最高约为 2 米，以陡杠、杩槎（mà chá）、水拼、陡簟（diàn）等组成塞陡工具。据考古调查，现存相对完整的陡门有大湾陡、沙泥陡等 13 座。被堰坝抬高的水流通过渠眼流入灌溉支渠，用来灌溉周边的农田。

4.2.3　中国大运河

中国大运河是中国古代一项伟大的水利工程，其始凿于春秋时期，历经 2500 余年依旧熠熠生辉。中国大运河作为中国古代劳动人民智慧的体现，于 2014 年 6 月被联合国教科文组织列入"世界遗产名录"。中国大运河全长 2700 多公里，由隋唐大运河、京杭大运河和浙东运河 3 个部分组成，从南到北，跨浙江、江苏、安徽、河南、山东、河北、天津和北京 8 个省市，将黄河、长江及海河、淮河、钱塘江五大水系相连，是古代沟通东西、贯通南北的水上交通大动脉。

清代，以清江浦为界，往北走陆路，往南走水路，有"南船北马、九省通衢"一说。

淮安运河码头场景复原参考图

"南船北马"复原参考图

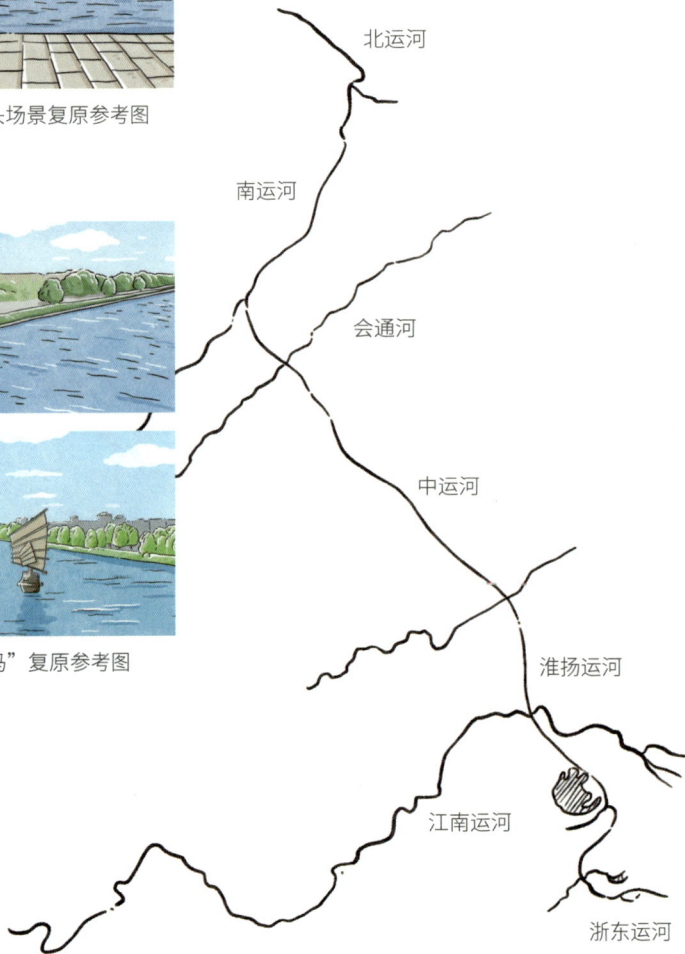
历代运河示意图

北运河

南运河

会通河

中运河

淮扬运河

江南运河

浙东运河

- 中国大运河的开端便是前面提到的邗沟，至西汉时期，吴王刘濞（bì）开凿了运盐河，促进了东南地区的开发。

- 三国时期，孙权开凿破岗渎。

- 西晋惠帝时期，贺循主持开凿了西兴运河，浙东运河全线形成，为隋唐大运河的开通起到了推动作用。

- 隋炀帝开凿、疏浚通济渠、山阳渎、永济渠和江南运河，大运河实现了第一次全线贯通。

- 唐宋时期是大运河的繁荣期，运河上往来的船只络绎不绝，商贸水运蓬勃发展。

- 元世祖忽必烈下令开凿济州河、会通河、通惠河等河道，大运河实现南北直行，现今意义上的京杭大运河由此诞生，这是世界上最长的人工河渠。

- 明清时期不断修缮大运河，改建河道和水利设施，京杭大运河成为交通大动脉。

4.3 航海

中国是世界海洋文化的发现地之一，史前濒海而居的先民就已经开始对海洋进行探索，靠海吃海，临海而生。近年来，北起辽宁，南到两广沿海地区，都有史前贝丘遗址的发现，这也证实了沿海居住的祖先对海洋的开发与利用。迈向海洋，不可缺少的便是船，中国同样是世界上造船历史最悠久的国家之一。在新石器时代，中国先民便利用独木舟和筏驶向大海。至殷商时期，独木舟变成了木板船，船体结构越来越精巧。秦汉时期的楼船、唐宋时期的舟船、宋代的福船、明代的郑和宝船等无一不彰显着中国造船技术的发展水平。这些船只沿着水上航运线路，带着繁多的贸易商品，带着深厚的文化底蕴，扬帆远行。

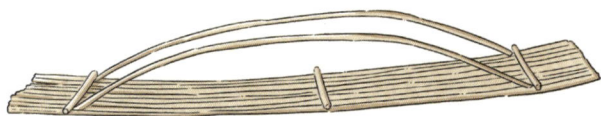

史前使用的筏复原图

跨湖桥遗址出土的独木舟、木桨复原图

4.3.1 舵/帆/橹

说到船，就必须要讲舵、帆、橹等船舶属具。随着造船技术的进步，船舶属具也在更新换代，从最原始的木桨，一步步创新与演变，而船舶属具的进步也推动着船舶技术的提升。

舵

舵，位于船只尾部，也被称为船尾舵，在汉代已经出现，在今天的船只中依然可以看到舵的身影。舵是用于操纵和控制船舶航向的属具，由舵柄、舵杆和舵叶3个部分组成。在浅水区或不需要改变航向的时候，可以将舵升起以减少阻力，保证船只的航行速度。在广州市先烈路曾出土了一件东汉陶船模型，这是世界上已发现的最早的船舵形象资料。到了唐宋时期，舵的技术已经趋于成熟，出现了平衡舵，在省力、快捷方面更上一层楼，同时保证了船只航行时的灵活性。

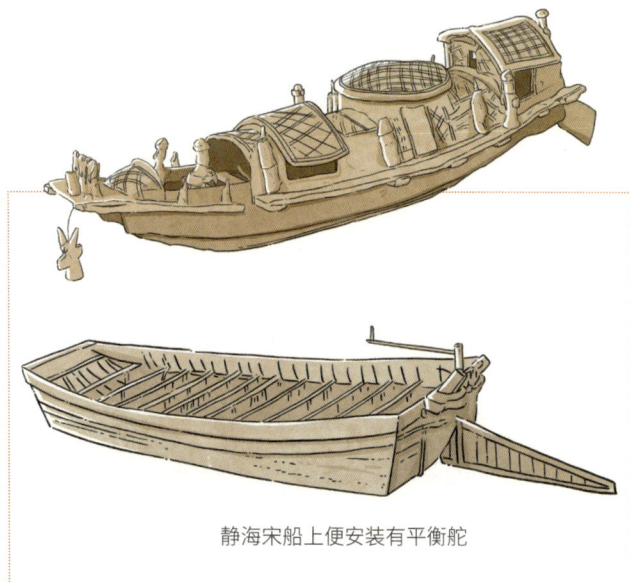

静海宋船上便安装有平衡舵

帆

帆在战国时期就已出现，至汉代时已广泛应用在船只上。虽然帆的应用起步较晚，但驶帆的技术却发展迅速，日臻成熟。关于汉代的驶帆技术，《南州异物志》已有记载，从中可以知道，当时常使用多桅多帆，且帆多为植物织成，这种帆质地较硬，可利用侧向风力。作为推进工具，帆到了宋代被加以改进。据文献记载，这个时期的硬帆与布帆被同时使用。

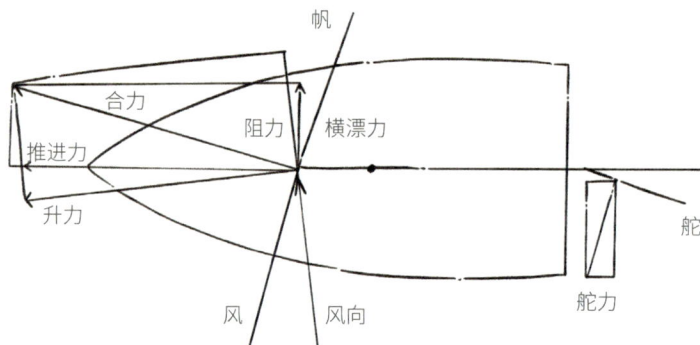

帆和舵的受力示意图

橹

橹是一种推动工具，也可以用来控制船舶航行的方向。在汉代文献中便对橹有了明确的记载，可见橹最迟在汉代便已出现，是当时较为先进、科学的船舶属具。橹的外形和桨相像，但更长，置于船尾或两侧的檐上，橹板为入水一端系在船上，另一端为橹柄。相对于桨，橹更具有优越性，橹可以左右连续不断地摇动，同时调整橹板的入水角度或位置，还可以有效控制船只前进的方向。橹被称为高效推动器，因其左右摇动时，橹板在水中以较小的角度滑动，因而在省力的同时，还可以产生较大的推力使得船只前进。

橹复原图

橹柄　二状　橹板

橹垫　二状　橹柄　橹板　橹支纽　橹索

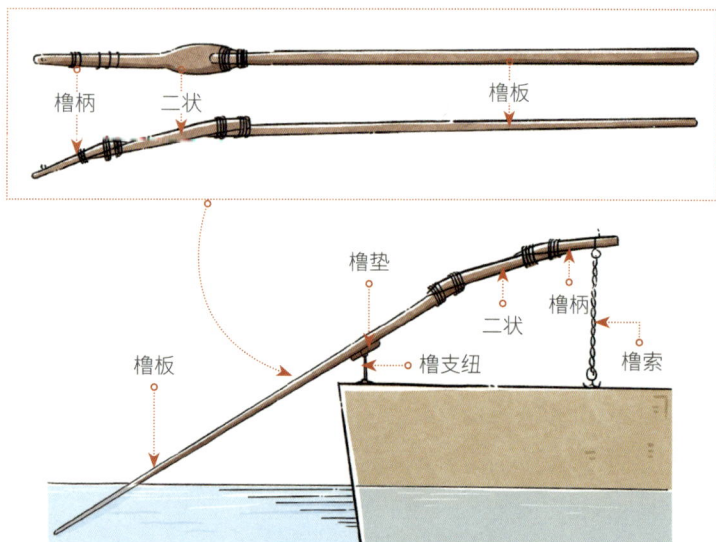

橹的构造与放置方式示意图

4.3.2　楼船

所谓楼船，据文献记载"船上施楼也"，即在船体甲板上有重楼建筑。早在春秋战国时期，越国就有楼船出现，秦及之后朝代的人们在此基础上不断发展。在汉代，楼船是重要的船舶类型之一，也被用作水军的旗舰。汉武帝征伐南越时，楼船就被应用在军队中，当时水军士兵被称为楼船士，将领被称为楼船将军。

汉代豫章郡和庐州郡是楼船的主要制造地。根据楼船上重楼建筑的层数不同，楼船大小也不同，小者有两三层，大者甚至有10层，《后汉书》就有记载。这种有10层重楼建筑的楼船被用于展示帝王权威，也是汉代造船技术的体现。

4.3.3　车船

车船，也被称为明轮船，是一种用轮桨取代传统的木桨作为船舶推进工具的船只。车船其实是战船的一种类型，南朝齐祖冲之、南朝梁徐世谱都改进或使用过车船。至唐代，李皋任江陵尹、荆南节度使时造车船，为后世车船的发展奠定了基础。宋代是车船的大发展时期，车船成为水军必备的战舰，并形成相当规模。

车船被专家们认为是近代轮船的始祖，是船舶发展史上一项伟大的发明，将人力推动船舶演变成半机械化推动，节省了船只在航行时的人力。

南宋高宣等人造有23个踏轮的车船

轮船航行时，内部由人力踩踏轮桨，轮轴带动轮子转动，不停地划水，产生连续的推力，使船只航行。这种踩踏轮桨，根据船体大小，可以在同一根转轴上安装多个，由多人共同踩踏，在节省体力的同时产生高效动能。

到了宋代，最大的车船可以达到36丈长，相当于今天百余米。

踏板：正向踩踏踏板可使船只前行，反向踩踏踏板可使船只后退，提高了船只的机动性和灵活性。

4.3.4　水密隔舱

水密隔舱，也被称为水密舱或防水舱，属于船只的一种安全结构设计，一般位于船体底部，由木板将空间隔成多个独立的舱位。船只在航行时，如果其中某个船舱破损，由于是独立结构，则其他的舱体将不会受到影响，这样既可以保证船只、船员与货物的安全，也便于修复，有效地降低了船只在航行中沉没的风险。隔舱所用的木板采用横向放置，支撑船舷，这样可以增强船只本体抵抗或防御来自侧面方向的水压和风浪的能力。

在南朝沈约所著的《宋书》中，有一种船型被叫作"八艚（cáo）舰"，根据文献记载，这种船只的船舱被隔成9个独立舱室，与水密隔舱的形式非常相近。因此，有部分专家认为八艚舰是水密隔舱的鼻祖。

1973年，在江苏如皋县（现如皋市）马巷河故道遗址中出土了一艘唐代木船，这是迄今所发现的最早利用水密隔舱技术船只的实物资料。

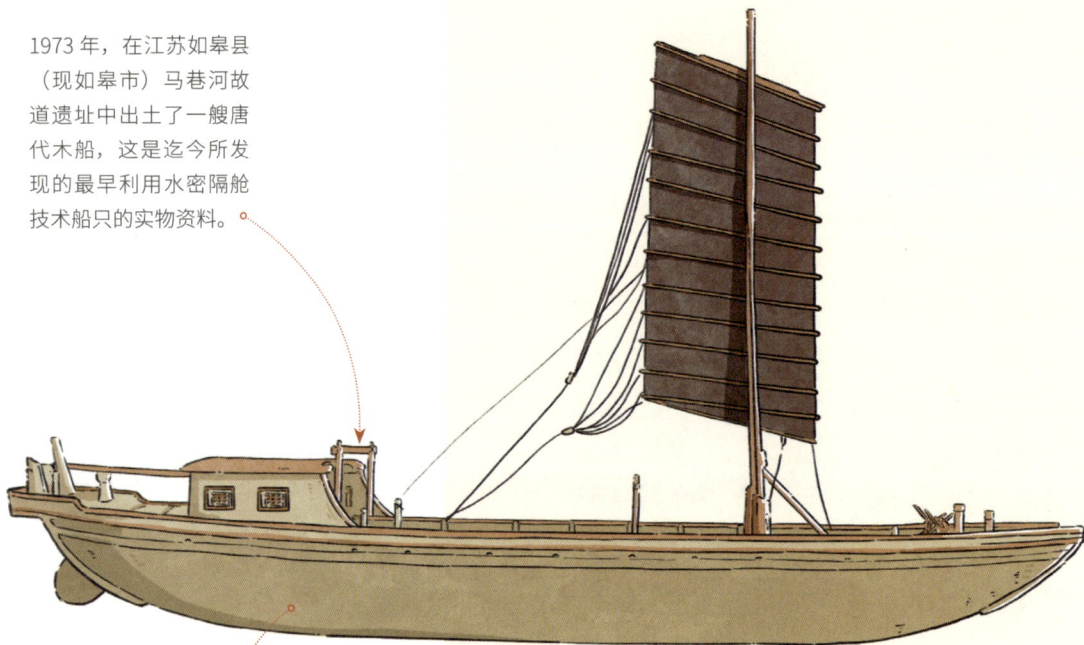

唐代如皋木船复原模型

船体的水密隔舱样式

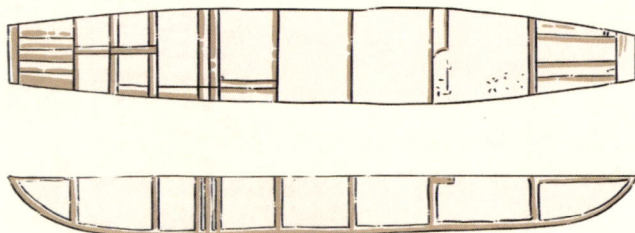

线描示意图

4.3.5 郑和宝船

明代是中国古代造船技术的一个顶峰时期，而郑和宝船是这当中最重要的代表之一。在公元1405年—1433年，郑和7次下西洋，走访了30多个国家，为中国航海史留下了浓墨重彩的一页，也在世界航海史上写下了辉煌的一页。明史专家吴晗指出："其规模之大、人数之多、范围之广，那是历史上所未有的，就是明代以后也没有……可以说郑和是历史上最早的、最伟大的、最有成绩的航海家。"

在郑和下西洋所带领的船队中，船只数量多达上百艘，共载两万多人，可见其规模之大。这支船队由5种船舶类型组成：一为宝船、二为马船、三为粮船、四是坐船、五为战船，其中宝船是船队中最大的海船，也是当时世界上最大的木质帆船，其船型被认为是福船。根据随郑和船队一同下西洋的随行翻译马欢所著的《瀛涯胜览》记载："宝船六十三号，大者长四十四丈四尺，阔一十八丈……"福州曾出土一把雕花漆木尺，根据这件文物人们确定了明代的1尺相当于0.283米，以此为依据复原的宝船模型长约125.65米、宽约50.94米。

郑和宝船底尖上阔、船头昂、船尾高，从建筑形式上看属于楼船。

自底舱到甲板上，共有5层，并设有9桅、12帆，采用纵帆型布局，帆为硬帆，船锚重达几千斤，排水量超过10000吨，载重可达7000吨。

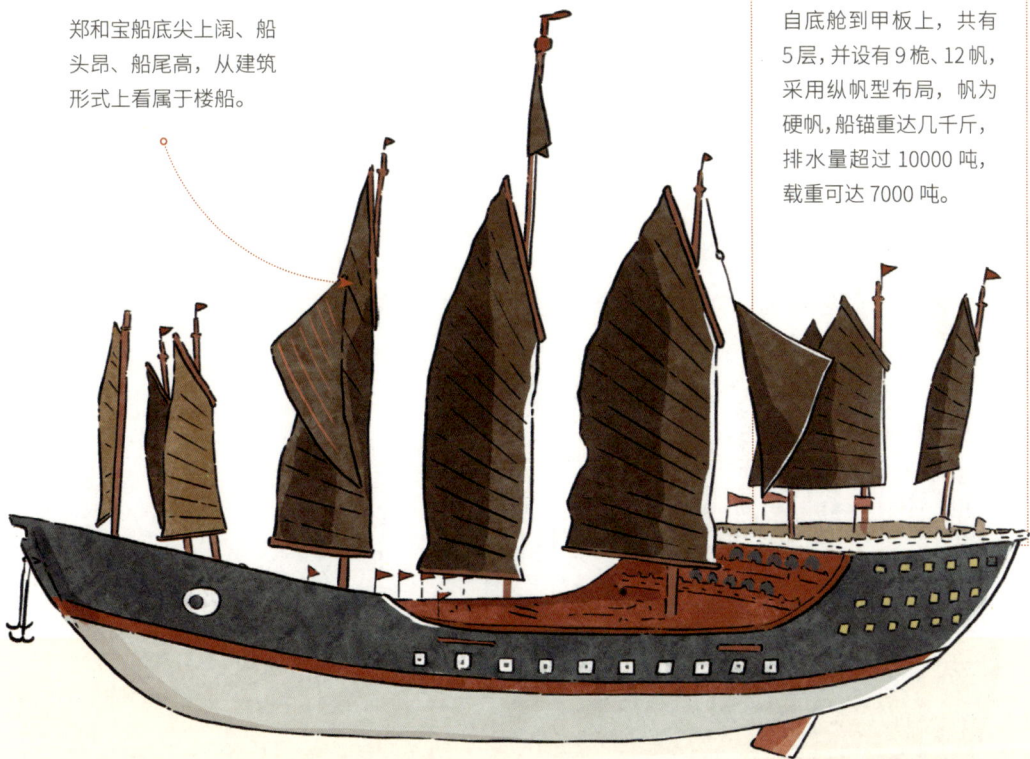

在船舱底部所采用的水密隔舱提升了船只的安全性。

4.3.6　三大古船

古代造船技术发达，船舶类型多样，主要有三大船型：沙船、广船和福船。

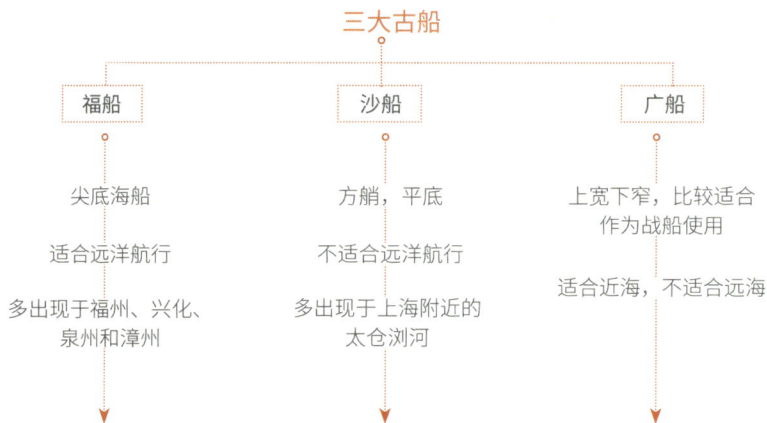

三大古船

福船	沙船	广船
尖底海船	方艄，平底	上宽下窄，比较适合作为战船使用
适合远洋航行	不适合远洋航行	适合近海，不适合远海
多出现于福州、兴化、泉州和漳州	多出现于上海附近的太仓浏河	

福船

福船因起源于福建而得名。据史书记载，我国在唐代已设计、打造出世界上最早的尖底龙骨船，并在之后发展成庞大的福船系列。福船主要航行于浙江南部、福建及广东东部一带洋面，被广泛运用于军事和贸易中。

○ 福船的优点
第一，船有龙骨，吃水深。
第二，船体甲板宽大，适合作为战船。
第三，福船有双舵设计，分为正舵和副舵，水深浅不同，可使用不同的舵控制航向。

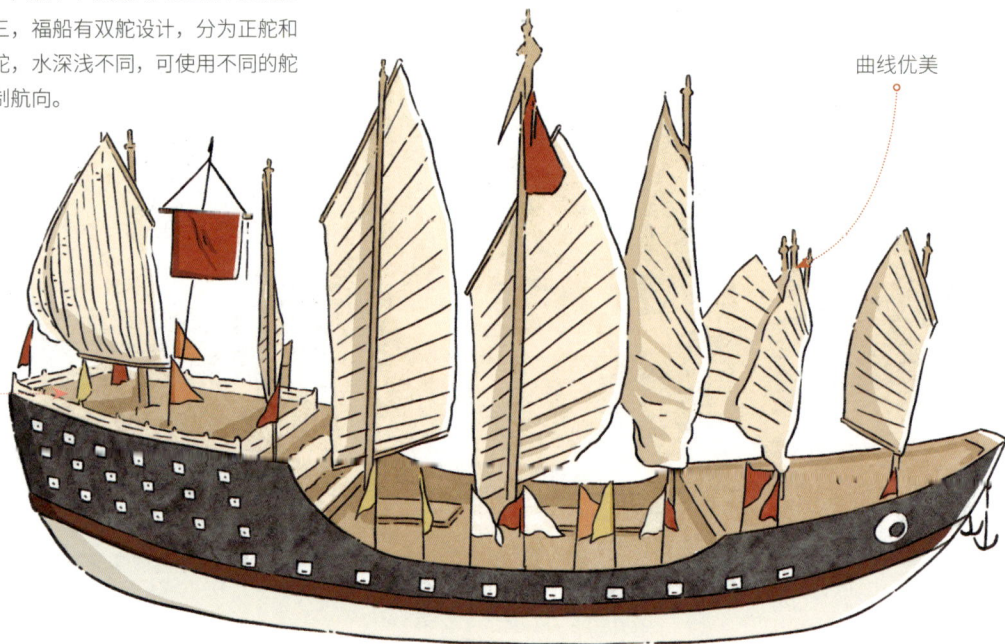

曲线优美

沙船

沙船是中国最古老的船型之一，因其可以"防沙"而得名。沙船主要航行于杭州湾以北的港口和沿海航线上，因其运载能力强、稳定性高、不惧浅滩等优点被较多地用于近海运输。此外，由于具备吃水浅、重心低的特点，沙船不仅可以在沙滩多的浅水区域航行，还可以在风浪较大的大江大河中航行。

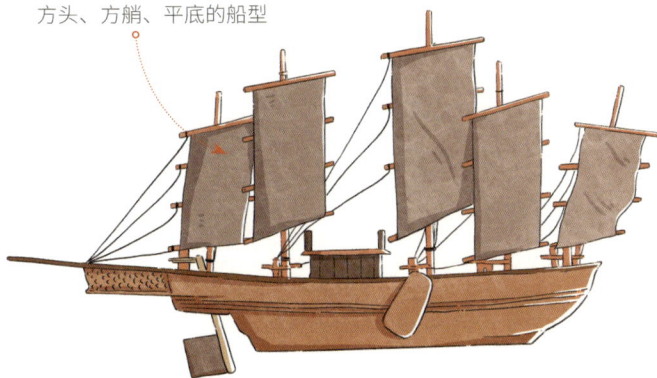

方头、方艄、平底的船型

稳如泰山

沙船帆装图

沙船的优点

首先，方艄、平底的设计使沙船在浅水水域也可以自由航行，不怕搁浅。

其次，沙船采用多桅多帆，可以逆风斜行，走"之"字形路线。同时，沙船使用披水板，放在下风面，用时插入水中，可以有效地防止船只横向漂移。

最后，沙船载重量较大。这种优点使得沙船的使用范围比较广泛，在近海和内河等航运环境下均可使用。

沙船的缺点

首先，其船头为平板，受水面积大，影响船只的航行速度。

其次，沙船的破浪能力较差。因此，沙船不适合远洋航行。

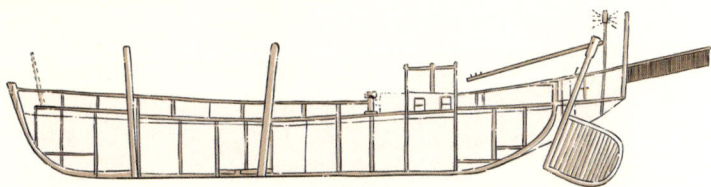

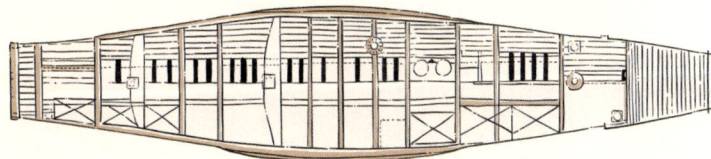

沙船结构图

广船

广船是广东各地大型木帆船的总称，船型上宽下窄，比较适合作为战船使用。

广船的优点

《明史·兵制》中提道："广东船，铁栗木为之，视福船尤巨而坚。其利用者二，可发佛郎机，可掷火球。"可见，广船的船体采用的是铁栗木这种较为珍贵的木材，其强度较大，在航行中不易折断。

广船的缺点

在明代成书的《武备志》中提出了广船的缺点。

首先，广船如果出现船体破损，必须用铁栗木这种珍贵木材修复，其成本比较高。

其次，广船下窄上宽，在近海航行时很稳定，但是在远海上航行时会因受到风浪等影响而晃动。

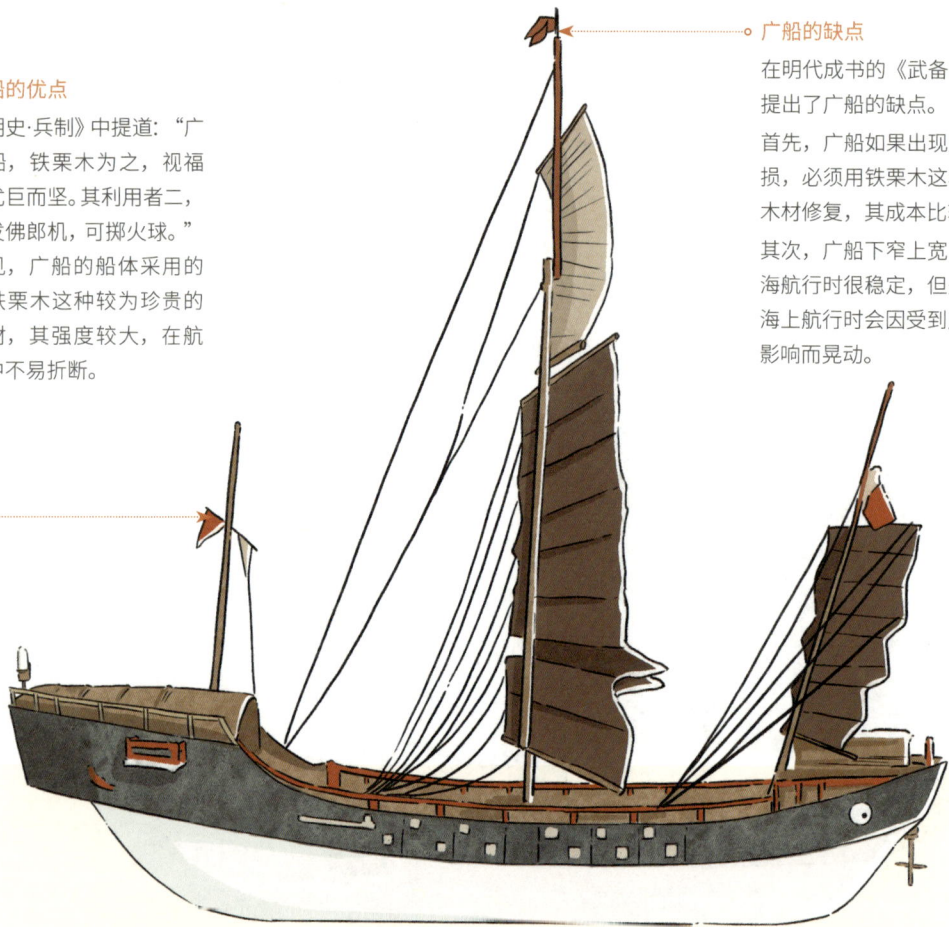

广船相较于其他船型，有一个非常明显的特点：其船帆张开后形如折扇，宽阔的帆利于远行。同时，为了减轻海上产生的摇摆，广船头尖体长，是瘦体船型，且采用纵向龙骨插板，提升了抗漂性。此外，广船为了提升操舵的方便和灵活性，其舵采用"多孔舵"，孔多为菱形，当水流穿过小孔时会产生涡流，而菱形设计可以将涡流对船只的阻力减到最小。

佚名画家制作了飞尘蚀刻版画《中国木帆船耆英号》，"耆（qí）英号"是我国第一艘驶向欧洲的远洋帆船，从香港出发，经好望角，停泊纽约和波士顿，后停靠到目的地英国伦敦。"耆英号"就是典型的广船。

4.4　桥梁

从古至今，人们的生活离不开水源，而桥梁则是跨越河川必不可少的建筑。桥梁很普通，它随处可见，河流峡谷中，到处是它的身影。但它其实并不普通，看似相近，实际上却有着不同的结构，蕴含着劳动人民的智慧。

桥梁在自然界一直都有存在的痕迹，只不过是天然形成的石梁、石拱，原始却有着独特的魅力，是人类在探索自然中不可缺少的助力。而纵观历史，中国桥梁的发展大致经历了周秦、两汉、隋唐、两宋和元明清5个时期。周秦时期，中国已经进入封建社会，受工商业活跃的影响，道路交通的需求日益增长，桥梁的建设活动频繁，在一些大型水利工程惠及的地方，都有筑桥工程。例如，《华阳国志·蜀志》记载："长老传言：李冰造七桥，上应七星。"到了两汉时期，"垤工拱"开始出现。由隋唐时期的安济桥（赵州桥）可窥当时桥梁建造的技术及精巧程度。两宋时期第一次出现了新颖的木拱桥，专家称之为贯木拱，通过《清明上河图》可见其貌。元明清时期，中国古代桥梁的构造类型基本上已经齐备，石桥代替了大部分木桥。

东汉车马过桥画像砖

4.4.1　赵州桥

赵州桥，又称安济桥，位于今河北石家庄赵县城南的洨（xiáo）河上。赵县古称赵州，赵州桥因此得名。同时因其是用石块建造而成的，故又被叫作大石桥。赵州桥是中国现存最早、保存最好的巨大石拱桥，是世界最早的敞肩石拱桥，创造了世界之最，1991年还被美国土木工程学会选为世界第十二处"国际土木工程历史古迹"。

赵州桥全长约50.83米，两端宽9.6米，属于单孔敞肩圆弧石拱桥，始建于隋开皇十五年（公元595年），至隋炀帝大业二年（公元606年）完成，由李春设计和主持建造，其上方桥面可走人和马车等，下方拱洞则可以通行船只，《赵州志》称其"奇巧固护，甲于天下"。

赵州桥在桥梁建造史上具有里程碑式的意义，在设计和筑建上有以下4点贡献。

首先，赵州桥最先应用了坦拱式结构。坦拱是指在桥梁工程中，矢跨比小的拱桥。拱桥在东汉晚期出现之始，多半是半圆或近半圆的拱形，马车通行不便。而赵州桥采用了坦拱设计，主拱券跨度为 37.02 米，拱矢为 7.23 米，矢跨比为 1:5。矢跨比越小，桥面越平坦，因此赵州桥上才既可行人也可行马车。

其次，赵州桥因地制宜选取桥梁基址，并配合构筑桥台。赵州桥为保证桥面平缓，矢跨比很小，导致其水平推力很大，这就对桥台的要求非常高。李春在建桥的时候就考虑到了这点，因此他选择了具有较大承载力的黄褐黏土层作为基址。而桥台则采用低拱脚、浅基础、短桥台的结构形式。

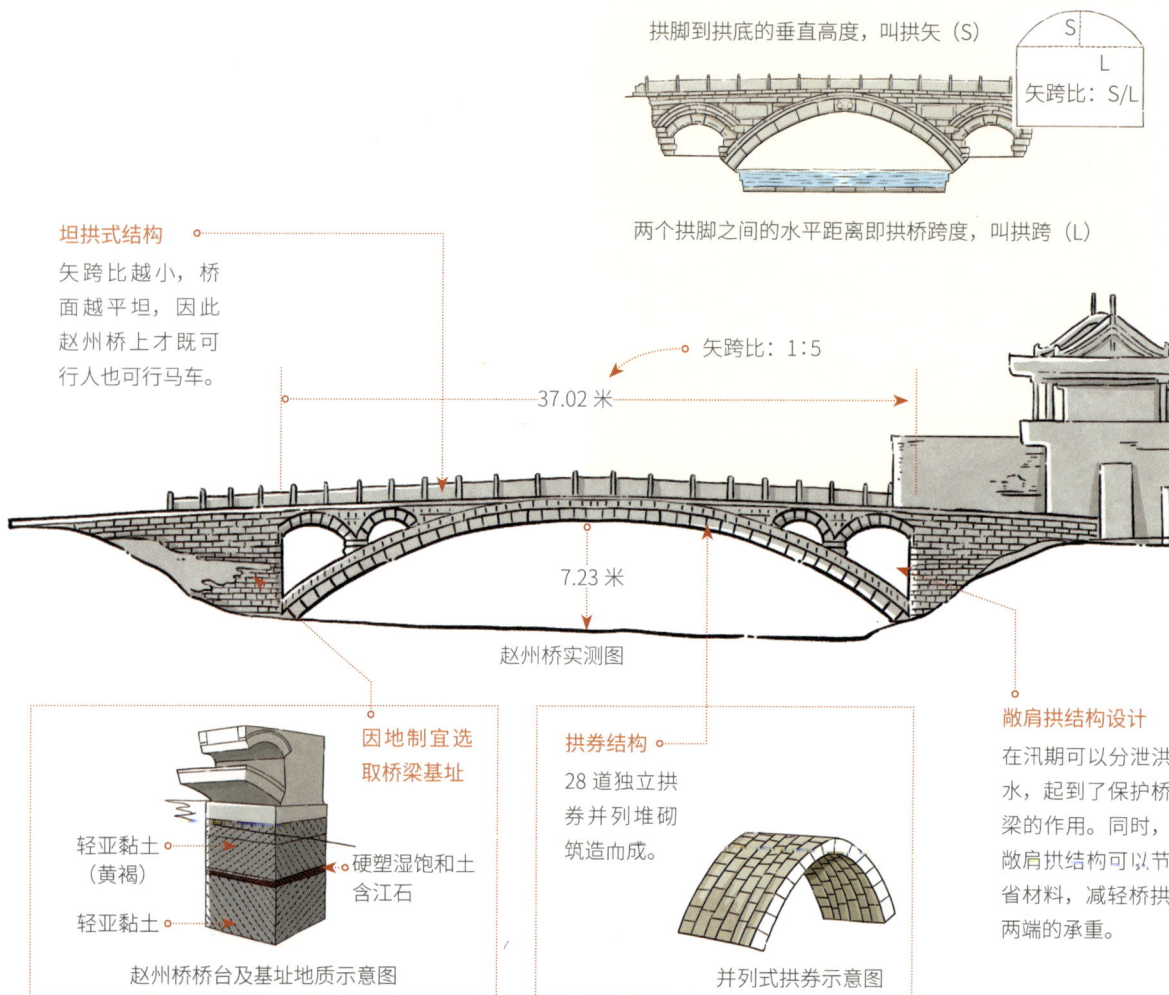

拱脚到拱底的垂直高度，叫拱矢（S）

矢跨比：S/L

两个拱脚之间的水平距离即拱桥跨度，叫拱跨（L）

坦拱式结构
矢跨比越小，桥面越平坦，因此赵州桥上才既可行人也可行马车。

矢跨比：1:5

37.02 米

7.23 米

赵州桥实测图

因地制宜选取桥梁基址

轻亚黏土（黄褐）

硬塑湿饱和土含江石

轻亚黏土

赵州桥桥台及基址地质示意图

拱券结构
28 道独立拱券并列堆砌筑造而成。

并列式拱券示意图

敞肩拱结构设计
在汛期可以分泄洪水，起到了保护桥梁的作用。同时，敞肩拱结构可以节省材料，减轻桥拱两端的承重。

再次，赵州桥开创性地采用了敞肩拱结构设计。洨河发源于太行山区，是华北平原上一条较大的河流，夏秋雨季水流量很大，因此对桥体的坚固性要求很高。李春在设计桥体结构时考虑到了这一点，创造性地设计了敞肩拱结构，即大拱的两肩上各建有两个小拱。

最后，赵州桥的拱券结构特殊。赵州桥的拱券由 28 道独立拱券并列堆砌筑造而成，李春在设计的时候，为了加强拱券的联结，采用了加护拱石、勾石、铁拉杆和腰铁的方法。

4.4.2 蒲津渡浮桥

蒲津渡浮桥是万里黄河上一座比较重要的浮桥，在先秦时期已存在。《史记》记载，秦昭襄王五十年（公元前 257 年）"初作河桥"。从秦至隋唐年间，蒲津渡浮桥受战争、洪水、冰凌及黄河改道等影响常有断行，但均得到修复。至唐玄宗时期，蒲津渡浮桥迎来了大规模的修建。张九龄所著的《唐六典》记载："凡天下造舟之梁四，河三，洛一。河则蒲津、大阳、盟津，洛则孝义。"可见蒲津渡浮桥的重要性。

唐开元年间，铸铁人、铁牛，只要两岸的铁人、铁牛尚在，浮桥就可以架设。但随着黄河改道、洪水侵扰，西岸的铁牛在清末埋于河滩之下，而东岸的铁牛也于民国初年没于黄土。直到 1989 年，山西省永济县（现永济市）博物馆的专家通过查访勘探，使见证了蒲津渡浮桥辉煌历史的铁人、铁牛再次重返世间，蒲津渡遗址也在 1991 年和 1999 年的两次发掘下重现于世。

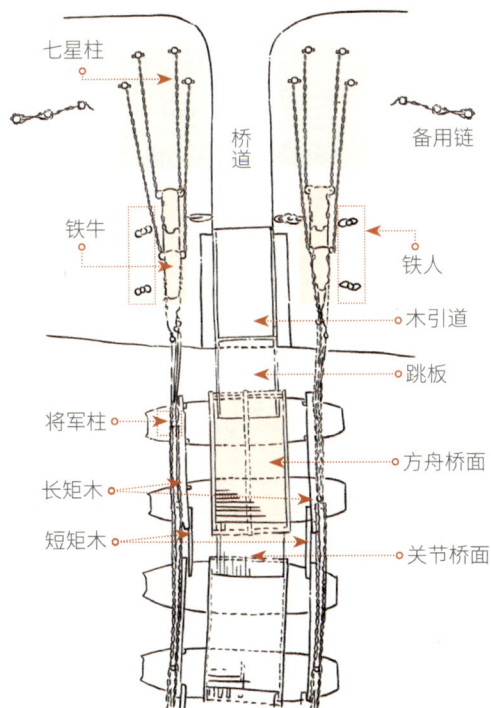

唐代蒲津渡浮桥复原示意图

蒲津渡的铁人、铁牛

人们考古发掘出了铁人、铁牛及残缺的铁柱，并发现了明代修建的石驳岸，专家根据文献资料、实物资料及桥梁建设等方面，推断出蒲津渡浮桥的全貌。

蒲津渡浮桥复原图

蒲津渡浮桥的主桥长被圆仁在《入唐求法巡礼行记》中记为"二百步许"。圆仁曾实际步量过桥体，其记录有一定的真实性。唐制中的 1 步为 6 尺、1 尺为 0.3 米左右，因此蒲津渡浮桥的主桥长约为 360 米。而其所用的排于河中的船只，既用矩木联成方舟，将方舟挂于铁索，也可将矩木置于方舟间，上钉桥面，形成浮桥。

蒲津渡浮桥应是铁索连舟固定式曲浮桥，完全靠系于两岸的铁索维系，而索力将全部传到两岸的锚定处，因此蒲津渡浮桥的铁牛、铁柱达数万斤重，这是为了能够维持浮桥的稳定性。

4.4.3　洛阳桥

洛阳桥原名万安桥，位于福建省泉州市惠安县和晋江市的交界处，跨洛阳江，是中国乃至世界上最早建造的大型石梁桥。在没有修建洛阳桥之前，人们跨洛阳江主要是依靠当时洛阳江上的浮桥，但是这并非长久之计。因此，在北宋皇祐五年（公元1053年）始至嘉祐四年（公元1059年），由卢锡、王实、蔡襄、许忠等人共同努力，修建了洛阳桥。自宋代以后，洛阳桥因受洪水、风化、地震等自然灾害及船舶冲撞、偷窃石料和战争等人为因素的影响而多次损坏，因此历代均有修缮。

洛阳桥在修建时就采用了几项特殊的建筑方式。

洛阳桥的石堤

洛阳桥的桥墩及分水示意

第一，洛阳桥开创了"筏形基础"。筏形基础是在已选择好的桥梁中线上抛下石块，并向两侧展开，形成具有一定高度并且横跨江底的矮石堤，以此为桥墩的基址。洛阳桥的筏形基础宽约25米、长500多米，这种方式使桥梁的重量平均分布，进而增强桥梁的牢固性和稳定性。

第二，洛阳桥采用了船型桥墩。洛阳桥的桥墩根据水流和潮汐两面冲击的实际情况，被设计成两头尖的形状，可以有效地分开水势，降低水流的冲击力，增强桥墩的稳固性和耐久性。

修复后的洛阳桥

　　第三，采用养殖牡蛎的方法加固桥基和桥墩，这也是洛阳桥的一项发明创造。传统的石块堆砌起来的桥墩和桥基，依靠自身重量和桥面压力维系，无法经受水流的长时间冲击。而洛阳桥所养殖的牡蛎，繁殖后将桥墩和桥基密实地连成一个整体，提升了桥的耐久度和坚固性。同时，为了保证牡蛎不被挖采，官府还专门制定了法令。现在的洛阳桥还留有牡蛎的痕迹。

4.4.4　卢沟桥

卢沟桥，也称芦沟桥、马可波罗桥，横跨北京永定河，是北京市现存最古老的联拱石桥。该桥始建于金代大定二十九年（公元 1189 年），但于清代康熙年间毁于洪水，康熙三十七年（公元 1698 年）重建后，便是今天我们看到的卢沟桥。卢沟桥既见证了中国跌宕起伏的历史，也见证了中国人民反对侵略的坚强决心和勇往直前的精神。

卢沟桥开创了狮象并用的先河。

卢沟桥东侧的华表

卢沟桥望柱上的石狮

卢沟桥为 11 孔半圆形石拱，拱洞由两侧向桥中心逐渐增大。桥体总长 266.5 米，桥身总宽 9.3 米，桥面宽 7.5 米，桥面两侧设有石栏；北侧望柱 140 根，南侧望柱 141 根，均高 1.4 米，每一个望柱头上都有石狮；栏杆东侧为石狮及双华表，西侧为石象。桥体有银锭铁榫连接，桥墩有分水尖。著名的旅行家马可·波罗曾在他的游记中写到卢沟桥是"世界上独一无二的"，认为望柱上的狮子"共同构成美丽的奇观"。

狮、象都是桥梁艺术中比较常见的雕刻形象，大多单用，尤以狮为最，而卢沟桥开创了狮象并用的先河。在民间有句歇后语"卢沟桥的石狮子——数不清"，可见其石狮的数量之多。这些石狮有雌雄之分，雌狮戏小狮，雄狮踩绣球，姿态虽不相同，却和谐共生。

4.4.5 霁虹桥

霁虹桥，被誉为"西南第一桥"，位于云南省保山市与永平县交界处的澜沧江上，是我国最古老的铁索桥。自东汉时期建成后，历经千年风雨、炮火硝烟，在 1986 年的一场洪水中被冲毁。

被冲毁前的霁虹桥

霁虹桥是历代开发西南必经的关隘要道，于东汉明帝永平年间始建，初名兰津渡。至三国蜀汉时期，诸葛亮命人造竹索桥，此后一直延续到元代元贞元年（公元 1295 年），改建为木桥，并更名为"霁虹"。到了明成化年间，了然和尚造桥，上覆以屋，下承以巨索。弘治十四年（公元 1501 年），王槐改用铁索，提升了霁虹桥的稳固性。清代康熙、乾隆及道光在位时，均对霁虹桥有所修缮。

根据 1981 年的实测数据，霁虹桥的桥体总长约为 113.4 米，跨度约为 57.3 米，宽约为 3.7 米，由 18 根铁索链悬吊在两岸，上铺桥板，锚索固定在两岸桥台尾部。

两个桥墩用条石砌筑而成，建有关楼和过亭，桥东原有武侯祠、玉皇阁，桥西有观音阁、古堡、御书楼等古建筑，但均已倾倒。

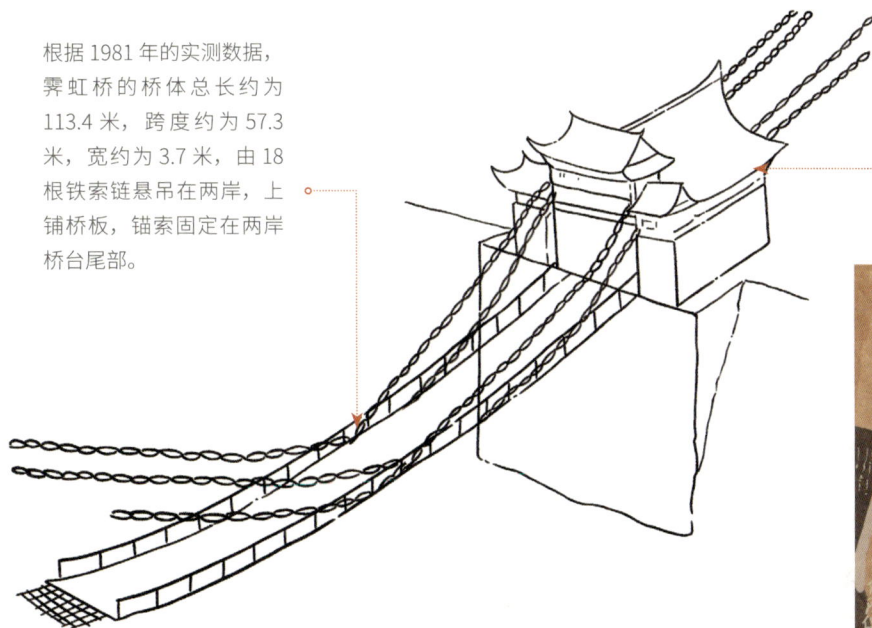

明代霁虹桥想象图

霁虹桥摩崖石刻

图书在版编目（CIP）数据

烟火人间：图解古人的衣食住行 / 刘庆天等编著；

杜田，朝汎绘. -- 北京：电子工业出版社，2025. 3.

ISBN 978-7-121-49747-6

Ⅰ. N092-64

中国国家版本馆CIP数据核字第20252KG547号

责任编辑：王佳宇

印　　刷：北京启航东方印刷有限公司

装　　订：北京启航东方印刷有限公司

出版发行：电子工业出版社

　　　　　北京市海淀区万寿路173信箱　　邮编：100036

开　　本：787×1092　1/16　印张：9　　字数：230.4千字　　插页：3

版　　次：2025 年 3 月第 1 版

印　　次：2025 年 3 月第 1 次印刷

定　　价：98.00元

凡所购买电子工业出版社图书有缺损问题，请向购买书店调换。若书店售缺，请与本社发行部联系，联系及邮购电话：（010）88254888，88258888。

质量投诉请发邮件至zlts@phei.com.cn，盗版侵权举报请发邮件至dbqq@phei.com.cn。

本书咨询联系方式：（010）88254161~88254167转1897。

⑤ 2022 年 12 月 15 日，中国宝武集团党委书记、董事长陈德荣对马钢集团开展工作调研，并与马钢集团班子成员开展工作谈话，图为视频会议现场

⑥ 2022 年 7 月 15 日，安徽省政协副主席姚玉舟到马钢集团调研

⑦ 2022 年 7 月 27 日，安徽省政协副主席邓向阳到马钢集团调研

⑧ 2022 年 8 月 5 日，中国宝武集团总经理、党委副书记胡望明到马钢集团调研并主持召开座谈会，图为调研马钢股份长材生产现场

⑨ 2022 年 12 月 16 日，中国宝武集团公司党委常委、副总经理侯安贵一行到马钢集团调研，图为调研新特钢一期项目

1　2022 年 6 月 17 日，安徽省属企业"高端化、智能化、绿色化"发展现场推进会在马钢集团召开

2　2022 年 1 月 21 日，2022 年马鞍山市与马钢集团融合发展工作对接会在马钢集团召开

3　2022 年 11 月 23 日，马钢集团党委举行理论学习中心组（扩大）学习会，党的二十大代表、马鞍山市委书记张岳峰应邀出席会议并宣讲党的二十大精神

4　2022 年 12 月 15 日，中国宝武集团党委常委、宝钢股份党委书记、董事长邹继新以视频形式为马钢集团基层联系点冷轧总厂讲党课

5 2022 年 10 月 16 日，马钢集团党员干部职工积极收听收看党的二十大开幕会直播

6 2022 年 12 月 6 日，马钢集团党员干部职工集中收听收看江泽民同志追悼大会

7 2022 年 1 月 25 日，马钢集团党委召开党史学习教育总结会

8 2022 年 11 月 20 日，马钢集团举办学习贯彻党的二十大精神学习班

9 2022 年 12 月 16—17 日，马钢集团召开第六次（马钢股份第一次）党代会

10 2023 年 2 月 17 日，马钢集团召开公司二十届一次（马钢股份十届一次）职代会暨 2023 年度工作会议

11 2022 年 1 月 25 日，马钢集团召开党委五届八次全委（扩大）会暨 2022 年干部大会

12 2022 年 12 月 17 日下午，马钢集团召开公司第六届（马钢股份第一届）党委第一次全体会议

❶ 为贯彻落实中国宝武集团及省、市各级新冠病毒疫情防控指挥部近期关于疫情防控工作的通知精神，全面做好疫情防控各项工作，2022年3月9日下午，中国宝武马鞍山区域总部召开疫情防控工作会议，安排部署下一阶段疫情防控工作

❷ 2022年3月22日，马钢集团、马钢股份党委书记、董事长丁毅，马钢集团工会主席邓宋高率队赴马钢集团基层检查疫情防控工作落实情况，看望慰问一线值守人员，图为在马钢股份新特钢工地现场检查

❸ 2022年5月7日，马钢集团运送60余万元物资驰援宝钢股份抗疫保产，图为运送物资车辆驶离马钢

❹ 2022年12月10日，为适应国家应对新冠病毒疫情政策的变化，马钢集团紧急组织召开当前形势下保供应、稳生产专题讨论会

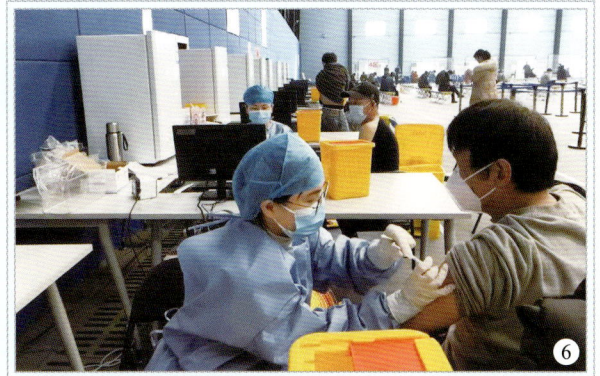

⑤ 2022 年 3 月中旬，马鞍山市疫情爆发，马钢集团坚决打赢疫情防控阻击战，图为现场检查运输人员核酸检测信息

⑥ 2022 年 3 月，马鞍山市雨山区在马钢文体中心疫苗集中接种点组织为市民接种新冠疫苗"加强针"

⑦ 2022 年 4 月，全国疫情形势多点爆发。为全力做好发运源头管控，马钢集团在马鞍山北和采石矶高速出口各开辟一条中高风险地区紧急生产物资进入马钢的临时公路应急通道，图为马钢职工在高速出口进行车辆信息核对和登记工作，并做好车辆消杀

⑧ 2022 年 5 月 27 日，在马钢集团"十四五"规划基建技改重点工程现场，马钢股份新特钢工程项目部志愿者为施工人员进行核酸采样服务，为重点工程项目稳步推进提供可靠保障

⑨ 2022 年 8 月 5 日，马钢集团新冠病毒疫情防控工作领导小组办公室在马钢集团办公楼一楼设置便民核酸检测采样点，图为现场进行核酸采样

❶ 2022年6月22日，马钢集团、马钢股份党委书记、董事长丁毅赴马钢集团定点帮扶村马鞍山市含山县龙台村开展调研，图为调研苗木基地

❷ 2022年6月22日，马钢集团、马钢股份党委书记、董事长丁毅一行赴马鞍山市含山县龙台村调研，并捐赠帮扶资金

❸ 2022年6月30日，马钢集团、马钢股份党委副书记、纪委书记高铁一行赴安徽省阜阳市阜南县李集村调研，图为查看马钢集团振兴路

❹ 2022年8月12日，马钢集团、马钢股份党委副书记、纪委书记高铁一行赴云南省普洱市江城县调研，图为向牛倮河小学捐赠棉被等物资

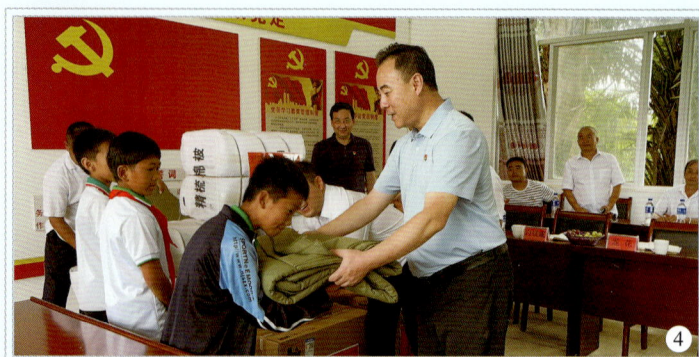

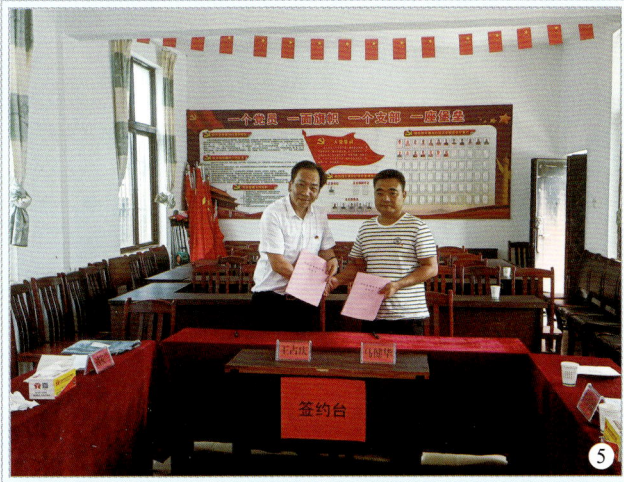

⑤ 2022年8月12日，马钢集团乡村振兴办（马钢集团行政事务中心）与云南省普洱市江城县勐烈镇牛倮河村签订党组织联创联建协议

⑥ 2022年6月17日，马钢集团与安徽省马鞍山市含山县龙台村开展"重温革命史　共筑振兴梦"基层党组织联创联建主题党日活动

⑦ 2022年7月20日，马钢集团与安徽省阜阳市阜南县李集村开展"捐一缕书香　共筑振兴梦"基层党组织联创联建主题党日活动

⑧ 2022年12月14日，马钢集团引进社会力量帮扶马鞍山市含山县龙台村，图为开展健康义诊活动现场

⑨ 2022年12月22日，作为喜迎中国宝武"公司日"活动的重要内容，马钢集团举办"乡村振兴　马钢助力"主题活动，图为互动包饺子环节

⑩ 2022年3月，马鞍山钢铁股份有限公司"践行企业责任　助力乡村振兴——马钢股份2021年乡村振兴工作案例"获中国上市公司协会"上市公司乡村振兴优秀实践案例"

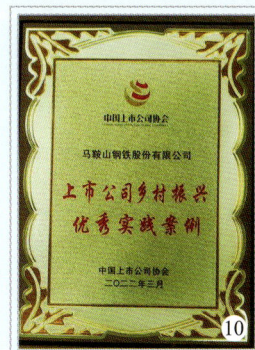

① 2022 年 7 月 5 日，马钢集团举行"基地管理 + 品牌运营"网络钢厂合作圆桌会

② 2022 年 7 月 6 日，马钢集团举行创建环境绩效 A 级企业（简称"创 A"）清洁运输启动仪式

③ 2022 年 9 月 23 日，马钢集团研发中心建设项目完成主体结构封顶

④ 2022 年 11 月 17 日，世界首套连铸板坯圆形角成型装置在马钢集团热试成功

⑤ 2022 年 11 月 22 日，马钢集团开展创建环境绩效 A 级企业环境整治现场视察活动暨新特钢项目 1 号转炉倾动仪式

⑥ 2022 年 12 月 8 日，历经 84 天艰苦奋战，马钢股份 B 号高炉大修工程竣工点火投产

⑦ 2022 年 12 月 23 日，马钢集团举行马钢股份新特钢项目一期工程建成仪式

⑧ 2022年1月4日，马钢股份热轧双线双智控建成投运

⑨ 2022年1月12日，马钢股份南区7米焦炉系统工程竣工投产

⑩ 2022年7月6日，马钢股份高炉远程技术支撑平台投运

⑪ 2022年12月27日，马钢股份特钢智控中心投运

⑫ 2022年8月31日，首创机器人平台化运营服务模式——马钢集团2022年首批宝罗员工上岗

⑬ 2022年8月25日，中国宝武党校、管理研修院首个党性教育和管理研修实践教育基地——马钢集团党性教育和管理研修实践教学基地揭牌仪式在马钢集团举行

⑭ 2022年12月24日，马钢集团与马鞍山市政府共同推进马建公司深化改革，举行《合资合作协议》《股权转让协议》签约仪式

⑮

⑯

⑰

⑮ 2022年9月30日，马鞍山市领导来马钢集团视察环保"创A"现场工作

⑯ 2022年12月12日，马鞍山市委书记张岳峰调研中国宝武马鞍山区域重点项目建设情况

⑰ 2022年5月20日，马钢集团加速优特长材国内布局，马钢股份连签三家共建"网络钢厂"（图为马钢股份与晋南钢铁集团签订战略合作协议）

⑱ 2022年5月13日，马钢集团组织开展创建环境绩效A级企业现场环境整治活动，图为进行绿植培土

⑲ 2022年5月13日，马钢集团组织开展创建环境绩效A级企业现场环境整治活动，图为进行垃圾清理

⑳ 马鞍山钢铁股份有限公司入选央企ESG（环境、社会、公司治理）·先锋50指数

㉑ 马鞍山钢铁股份有限公司获2020—2021年度宝武"社会责任先锋奖"（集体）银奖

⑱

⑲

⑳

㉑

㉒ 马钢股份厂容厂貌，图为马钢股份南厂区一角

㉓ 马钢股份厂容厂貌，图为马钢股份幸福大道俯瞰

㉔ 2022年，马钢股份进一步推进厂区环境提升，实施"一圈二园五点"厂容整治项目，图为整治后的马钢孟塘园

㉕ 2022年，马钢股份进一步推进厂区环境提升，实施"一圈二园五点"厂容整治项目，图为整治后的马钢港料园

㉖ 马钢股份厂容厂貌，图为马钢股份港务原料场

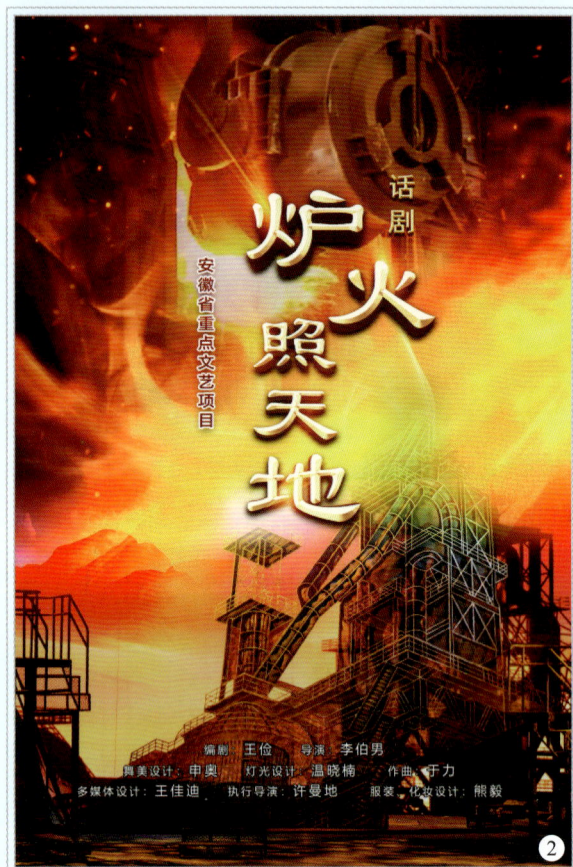

❶ 2022 年 8 月 15 日，人民日报社安徽分社、新华社安徽分社等 18 家媒体联合采访马钢集团

❷ 2023 年 2 月 23 日晚 7 时 30 分，话剧《炉火照天地》作为长三角戏剧联盟优秀剧目展演的开幕大戏，举行首演第一场演出。该剧由马钢集团、马鞍山市委宣传部、安徽演艺集团联合创排，王俭编剧，李伯男导演，被安徽省委宣传部列入"2022 年度安徽首批重点文艺项目""安徽省新时代现实题材创作工程"

❸ 2022 年 8 月 24 日，"宝武司歌活力操大赛"宁马片区预赛开赛

❹ 2022 年 6 月 10 日，马钢集团举行"安康杯"第三片区安全生产知识竞赛，11 家中国宝武在马鞍山区域单位的 33 位选手参加竞赛

5 2022 年 4 月 28 日，马钢集团召开庆"五一"劳模先进交流会

6 2022 年 6 月 24 日，马钢集团举行"创 A 百日攻坚战"党员突击队授旗仪式

7 2022 年 8 月 11 日，马钢集团举行新版工装"换装"仪式

8 2022 年 8 月 16 日，马钢集团领导对厂区环境提升项目及环境整治情况进行现场验收与视察

9 2022 年 8 月 19 日，马钢集团举行"8·19"主题图片展开展仪式

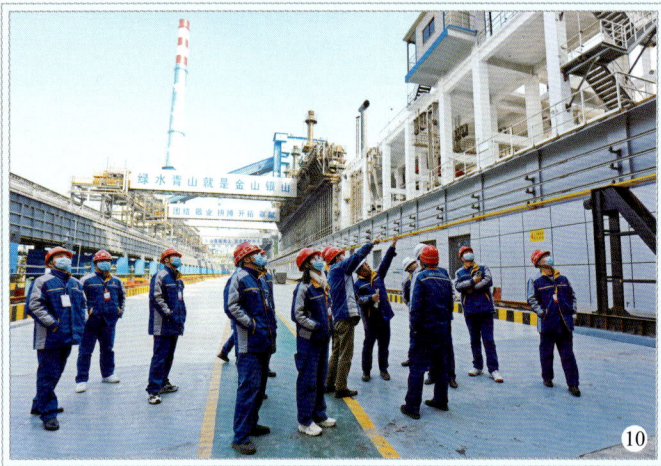

⑩ 2022 年 1 月 12 日，马钢集团组织 44 名职工代表视察公司重点工作落实情况

⑪ 2022 年 8 月 9 日，马钢集团举行国家 AAA 级旅游景区揭牌暨国企开放日活动

⑫ 2022 年 8 月 2 日，作为马钢集团"8·19"系列活动的第一项活动——马钢职工"宝武司歌活力操大赛"在马钢职工文体中心网球馆举行，比赛共有 12 家基层单位报名参赛，参赛职工 237 名

⑬ 2022 年 8 月 18 日，马钢集团举行展厅（特钢）二期项目落成仪式

⑭ 2022 年 12 月 23 日，马钢集团举行升旗仪式，喜庆中国宝武"公司日"

编辑说明

1. 根据中国宝武钢铁集团有限公司（简称"中国宝武"）《关于统一各子公司年鉴名称的工作联络》要求，自 2023 年起，原《马钢年鉴》更名为《宝武年鉴（马钢卷)》，为《宝武年鉴》的子年鉴。

2.《宝武年鉴 2023（马钢卷)》坚持以马克思列宁主义、毛泽东思想、邓小平理论、"三个代表"重要思想、科学发展观、习近平新时代中国特色社会主义思想为指导，坚持辩证唯物主义和历史唯物主义的立场、观点、方法，全面、系统、真实地记载了 2022 年马钢集团（在本卷年鉴中可称为"集团公司"）的生产经营建设、改革发展及精神文明建设等方面情况，为读者提供认识、了解马钢集团的最新信息资料。

3.《宝武年鉴 2023（马钢卷)》设 2022 年马钢高质量发展十件大事、特载、专文、企业大事记、概述、集团公司机关部门、集团公司直属分/支机构、集团公司子公司、集团公司其他子公司、集团公司关联企业、集团公司委托管理单位、集团公司其他委托管理单位、统计资料、人物和附录共 15 个类目，113 个分目，864 个条目，746 千字。统计资料栏目中的统计资料数据均为马钢集团公司汇总统计后的数据，并统一称为马钢集团统计资料。

4.《宝武年鉴 2023（马钢卷)》框架设计采用类目、分目和条目分类法进行编排。条目标题一律使用黑体字并加【】。企业大事记栏目中的"△"符号表示与前一条大事件为同一日期。

5.《宝武年鉴 2023（马钢卷)》由马钢集团职能部门、直属分/支机构、马钢集团公司子公司、马钢集团公司委托管理单位及部分关联企业供稿，并经各负责人审核。主要数据由统计部门提供。计量单位采用中华人民共和国法定计量单位。

马钢（集团）控股有限公司
年鉴编纂委员会

主　　任　丁　毅

副 主 任　毛展宏　　　唐琪明

总 编 辑　唐琪明

副总编辑　邓宋高

编　　委　（以姓氏笔画为序）

马道局　　王占庆　　王光亚　　王仲明

邢群力　　伏　明　　任天宝　　刘永刚

许继康　　李　通　　杨子江　　杨兴亮

吴芳敏　　吴　坚　　何红云　　张　建

陆智刚　　陈国荣　　陈　斌　　罗武龙

屈克林　　赵　勇　　胡玉畅　　胡晓梅

徐兆春　　徐　军　　徐葆春　　黄全福

崔银会

编辑工作人员

编　　辑　李一丹　　王　广
美术编辑　李一丹

图片摄影人员

张　泓	姚　乐	罗继胜	高莹茹	骆　杨
余　军	李田艳	张蕴豪	张　磊	陈　亮
胡　峰	刘安兰	潘兴胜	于含露	申婷婷
路　斌	李　伟	陶国庆	王雯静	曾　攀
徐　昕	余春霖	姚　瑶		

参与校对人员

张　涵　　王　桃　　王　芳　　李田艳　　李　璘

目　　录

2022 年马钢高质量发展十件大事

特　　载

专　文

企业大事记

集团公司直属分∕支机构

集团公司子公司

马鞍山钢铁股份有限公司

集团公司其他子公司

统 计 资 料

人 物

附 录

2022 年
马钢高质量发展十件大事

【二十大领航鼓干劲　党建创一流开新局】
马钢集团党委把学习宣传贯彻党的二十大精神作为首要政治任务，衷心拥护"两个确立"、忠诚践行"两个维护"，全面学习、全面把握、全面落实，不断提高政治判断力、政治领悟力、政治执行力，做到总书记有号令、党中央有部署，马钢见行动；以"党建工作走在全国前列"为目标，聚焦"紧跟核心、围绕中心、凝聚人心"党建工作主题，系统谋划、统筹推进党建创一流，以项目化方式开展基层党组织联创联建，形成了双"543"基层党组织联创联建模式①，促进了基层党组织的组织力和党员的战斗力协同提升，有效发挥了党支部的战斗堡垒作用和党员先锋模范作用。

基层党组织联创联建，是马钢集团党委坚持服务生产经营不偏离，打造特色党建品牌、推动党建创一流的有力抓手，是抓主抓重、聚力"五小"的具体实践，推进中始终坚持目标导向、问题导向、结果导向，聚焦组织维度创一流堡垒、党员维度建一流队伍，立足"切口小、指标实、见效快"，通过课题化设计、项目化管理、清单化推进、全过程监管，形成闭环管理模式，不断提升基层党组织组织力、战斗力，持续推动党建工作与生产经营深度融合，切实把党建"软指标"变成"硬任务"，破解"两张皮"，实现"双提升"，真正使基层党建在破解工作难题中发挥引领作用，从而"实"起来、"强"起来。截至目前，实施了7个公司级项目、184个二级单位项目，涉及党建、生产经营指标483个，项目指标完成率达90%以上。

【牢记嘱托增后劲　战略转型谱新篇】马钢集团牢记习近平总书记殷殷嘱托，承接中国宝武发展战略，胸怀"成为全球钢铁业优特长材引领者"的企业愿景和雄心壮志，聚焦主责主业，加快实施以B号高炉大修为代表的北区填平补齐项目群和以新特钢工程为代表的南区转型升级项目群，着力提升系统配套能力，支撑产线运行极致高效。

在公司上下的通力配合下，技改职能管理部门和各项目部认真落实"安全质量第一、工期控制有效、施工紧张有序、项目干净彻底"要求，统筹推进南、北区项目实施，克服疫情冲击和高温酷暑等不利因素冲击，妥善处理好边生产边建设的矛盾，确保新特钢工程、B号高炉大修、焦炉异地大修等项目快速推进，均按计划节点有序实施。新特钢工程自2021年11月18日项目正式开工以来，短短一年时间，完成从山林耸立到厂房矗立的转变，以11月22日1号转炉倾动为标志，新特钢项目一期工程全力以赴向年内基本建成的目标冲刺，献礼中国宝武"公司日"；北区焦炉异地大修项目10号焦炉仅用22天达产，刷新行业内7米焦炉达产时限纪录；B号高炉大修85天完成，再次展现马钢速度，充分体现了马钢人"一年当作三年干、三年并为一年干"的奋斗品质。

【"三降两增"深挖潜　极致高效创新绩】马钢集团强化"安全、均衡、稳定、高效"经营方针，深入落实中国宝武集团"三降两增"工作部署，从内部找短板、从外部找差距，抢抓市场机遇、追求极致效率，全力提升经济运行质量和效益。

全力落实"三降两增"，在全年降本必达目标21亿元的基础上追加了9亿元降本任务，围绕增产降本、经济炉料降本、节能降耗降本以及差异化精品增效推进21项工作措施。截至2022年10月底，"三降两增"降本增效11.75亿元，年化完成率157%。追求产线极致效率，全年四钢轧迈上1000万吨材生产能力台阶，2250热轧年产达到600万吨；煤焦化公司具备年产500万吨能力；冷轧总厂迈上600万吨生产能力台阶；重型H型钢具备80万吨生产能力，构筑低成本竞争优势。面对市场急剧变化的严峻挑战，积极开展"冬练"强身健体，自我加压，制定了8—12月经营改善任务，从两头市场增效、费用压降、生态圈降本、指标进步、资产增值、政策争取等维度明确了8个方面35项措施，实现在全年降本增效30亿元任务的基础上再降本21亿元，确保全年经营绩效跑赢大盘，站稳中国宝武第一方阵。

【自我加压推动环保创A　绿色发展打造靓丽名片】马钢集团聚焦绿色低碳发展，从污染防治

---

① 双"543"基层党组织联创联建模式，是指：组织维度上，注重"五联四有三做到"，体现组织力（"五联"，即组织联建、资源联享、活动联办、阵地联动、难题联解；"四有"，即有目标、有清单、有机制、有效果；"三做到"，即做到紧跟核心、围绕中心、凝聚人心）；党员维度上，注重"五保四促三突出"，体现战斗力（"五保"，即保安全、保生产、保设备、保士气、保奉献；"四促"，即促指标提升、促难题解决、促精益改善、促造物育人；"三突出"，即突出责任担当、突出无私奉献、突出联系群众）。

到生态文明，从自身改善到带动周边，从厂容厂貌到精神面貌，全力创建环境绩效 A 级企业，持续推进厂区环境整治，加快打造花园式滨江生态都市钢厂。

积极践行"双碳"战略，发布《马钢集团碳达峰碳中和行动方案》和《马钢集团低碳发展重点工作推进计划》，推进 27 项重点工作深挖能效提升潜力，电炉工序能效达到标杆水平；五座大型钢铁生产设备在 2021 年"全国重点大型耗能钢铁生产设备节能降耗对标竞赛"上全部获奖；实现绿电交易零的突破，先后完成安徽省内和跨省首笔绿色电力交易；三种产品完成全生命周期（LCA）碳足迹量化评价；立项实施 17 个"三治"项目，开展马钢"创 A·圆梦"百日攻坚行动，全力推进创建环境绩效分级 A 级企业工作，于 2022 年底前完成编制并报中国钢铁工业协会评审，为 2023 年完成创 A 成功打下坚实基础。持续推进厂区环境改善，实施以"一圈两园五点"为重点的北区环境综合整治，实现了"盆景"变"风景"，"风景"变"景区"，马钢集团工业旅游景区被评定为国家 AAA 级工业旅游景区。

【集中一贯制强体系　穿透式管理提能力】
2022 年，马钢集团加快培育与"中国宝武优特长材专业化平台公司和优特钢精品基地"战略定位相适应的体系能力，大力推进"集中一贯制"，在夯实制造系统"集中一贯制"管理的同时，拓宽、延伸"集中一贯制"向安全、人力资源等专业职能管理覆盖，促进管理扁平化、流程高效化，整体运营能力显著提升。

在制造系统进一步实施"集中一贯制"管理改革，优化调整"生产技术质量一贯制""销售和生产计划""对外动力协调""计量异议"等内容与界面，对主业实行"集中管理，统一策划"，提升专业高效协同能力；优化整合特钢公司、马钢交材、技术中心等人力资源，在制造管理部增设特钢产品室，负责特钢生产、工艺技术管理等；充实完善长材产品室职责与权限，负责长材生产、工艺技术管理等。聚焦"做强技术、做优效益、做大规模、全球引领"，按照体系化要求持续完善职责界面与改善机制，推进制造绩效与能力全面提升，全面提升制造体系能力。

【激励机制持续完善　奋勇争先氛围浓厚】
马钢集团持续完善奋勇争先奖激励机制，通过颁发

"大小红旗"、推广"揭榜挂帅"、分享精益案例、实施股权激励等，人人争先、处处争先的氛围日益浓厚，全员比业绩、比作风、比干劲蔚然成风，"一年当作三年干、三年并为一年干"成为常态。

奋勇争先是马钢集团"站稳中国宝武第一方阵"的现实需要，也是实现高质量发展的内在要求。2022 年，马钢集团共有 45 家单位（含资源分公司）申报 290 次奋勇争先奖，25 家单位、42 个工作或项目团队 101 次获奖，其中奋勇争先奖"大红旗"16 面，"小红旗"85 面，奖励金额 1675 万元；发布 17 项管理型（含生态圈）及 9 项现场型精益运营案例。同时，围绕制约公司高质量发展的瓶颈问题，策划"揭榜挂帅"项目 71 项，揭榜团队认真探索，努力攻关，成效显著，"处置低效无效资材备件""锌铝镁镀层汽车板产品开发与应用"等项目连续 10 个月达成目标，"提升公司焦炭产量"提前收官，为马钢集团"三降两增"作出了积极贡献。

【薪酬体系平稳切换　人事效率持续提升】
马钢集团平稳完成薪酬体系切换工作，建立以岗位绩效工资制为主、岗位绩效年薪制和能级工资制为补充的多元化薪酬体系，推动"身份管理"向"岗位管理"转变，营造事业共创、业绩共赢、成果共享的良好氛围，激发全员奋勇争先的积极性、主动性、创造性。

搭平台，畅通道。以岗位体系优化为基础，畅通不同岗位间晋升通道，员工无论在哪个岗位，能干、愿干、实干、干出业绩效益，都能拓展成长空间，实现了从"千军万马挤独木桥"到"条条大路通罗马"的质变。强绩效，重激励。以岗位价值为基础，建立"一岗多薪"的宽带薪酬激励机制，鼓励岗位累积成长，强化绩效结果应用，激励员工通过提高工作业绩、提升综合素质等方式增积分、提收入；薪酬分配向价值创造者倾斜，合理拉开收入差距，充分提升薪酬激励效能，吸引、留住人才。简项目，明结构。精简津补贴项目，优化薪酬结构，提高岗位工资占比，提高夜班津贴标准，薪酬分配向一线员工倾斜，提升员工的获得感和安全感。

【守正创新优机制　贯通协同强监督】　马钢集团纪委积极探索运行中国宝武"上下联动、区域管理、交叉监督"工作机制，牢固树立"围绕中心、服务大局、守正创新、深度融合"工作理念，

创新建立了"1367"纪检监督工作模式，形成了横向到边、纵向到底、协同联动、一体运行的大监督工作体系，有效发挥"监督保障执行、促进完善发展"作用，监督执纪取得了"两降低三提高"的良好成效。

进一步厘清纪检监督管理界面、责任界限、工作规范，推动两级纪检监督机构规范设置、职能拓展，推动实现"整合资源、联动监督、指导协同、精准执纪"的工作目标，纪检监督工作覆盖面、党员干部纪律教育率、纪检干部业务培训率均达到100%。推进政治监督常态化、日常监督精准化，推动党委巡察办和审计部合署办公，强化巡察联动，开展协作管理变革专项巡审。始终保持惩治腐败高压态势，严肃查处违反中央八项规定精神问题，驰而不息纠治"四风"。一体推进不敢腐、不能腐、不想腐，一体开展党性党风党纪教育，推深做实新时代廉洁文化建设，一体落实以案促改、以案促治，打通监督执纪"最后一公里"。贯通运用各类监督资源，构建职能监督、业务监督、执纪监督"三道防线"和大监督工作格局，为马钢集团二次创业转型升级、高质量发展提供了强有力纪律保证。

【改革三年行动圆满收官　历史遗留问题妥善解决】 马钢集团全力推进国企改革三年行动，89项改革任务在党的二十大前全面完成，进一步增强了马钢高质量发展的内生动力和活力。

在三年改革行动中，马钢集团锚定"三个明显成效"，切实把握"一个抓手、四个切口"，聚焦重点难点、坚持真抓实干，推动一系列改革专项行动落地见效。通过改革，公司现代企业制度更加完善，市场化经营机制日趋健全，为企业转型升级、二次创业和高质量发展提供了有力支撑。由于管理及历史等原因，马建公司连年亏损，经营处于困境，职工人心涣散。作为一家涉军性质企业，维稳形势面临挑战。为破解难题，与马鞍山市委市政府共同成立"马建公司深化改革联合工作组"。针对资金难点，联合工作组反复研究，设计"马钢先期垫付改革资金，市政府承诺将通过收储马建大院土地收益部分用于支付马钢先期垫付资金"路径，破解了历史遗留问题症结。在马钢集团全力支撑下，联合工作组成功引入战略投资者，为马建集团公司走上良性健康发展轨道奠定了基础。

【专精特新拿"冠军"　高铁车轮国产化】 中国宝武集团马钢轨交材料科技有限公司（简称"马钢交材"）围绕打造全球最具竞争力的轨道交通轮轴产品制造服务商，大力实施创新驱动发展战略，高铁车轮在"复兴号"上首次整车装用，成功入选"2022年第七批国家级制造业单项冠军示范企业"名单，成为宝武集团内第一家制造业单项冠军企业。

马钢交材拥有轮轴技术领军人才和创新平台，掌握具有自主知识产权的轮轴产品关键核心技术，车轮产品国内市场占有率第一，全球市场占有率第三，2022年马钢交材营收、利润均创历史新高。10月24日，马钢交材入选"单项冠军企业名单"，实现了宝武和马钢制造业单项冠军企业"零"的突破。2021年底，在国家相关部委和省市政府的大力支持下，高铁车轮获准进行扩大装车运用考核。马钢交材勇担使命，重新识别、梳理、制定了批量生产技术要求总则，形成体系化批量生产工艺和质量保证措施。2022年，完成两列"复兴号"高铁车轮的交付，国产高铁车轮实现在"复兴号"上的首次整车装用，这对于推进高铁车轮国产化进程具有里程碑意义。

（马琦琦）

特 载

2022 年马钢高质量发展十件大事

- 特载

专文

企业大事记

概述

集团公司机关部门

集团公司直属分 / 支机构

集团公司子公司

集团公司其他子公司

集团公司关联企业

集团公司委托管理单位

集团公司其他委托管理单位

统计资料

人物

附录

领导考察、调研

【安徽省政协主席唐良智到马钢集团调研】
2022年8月11日下午，安徽省政协主席唐良智一行到马钢集团调研。马鞍山市委书记张岳峰、市政协主席吴桂林，马钢集团、马钢股份党委书记、董事长丁毅陪同调研。

唐良智一行先后到马钢股份长材智控中心、运营管控中心和炼铁智控中心参观调研。在长材智控中心，唐良智详细了解马钢股份长材产品的发展沿革、市场拓展、品牌建设、技术创新以及长材智控中心的建设运行情况。在运营管控中心、炼铁智控中心，唐良智仔细询问工业互联网建设情况，深入了解生产全流程智能化调度管控，听取马钢股份在"五部合一"（能环部、制造部、设备部、运输部、保卫部）、炼铁远程操控等方面的举措，对马钢在智慧化、信息化等方面做出的努力以及智控中心的优良环境表示赞赏。

调研中，唐良智听取马钢集团基本情况和近两年改革创新、转型发展介绍。他表示，马钢集团作为钢铁企业，近年来在智慧制造及现场环境改善等工作上取得不错的成绩，值得肯定。他指出，工业互联网是推动高质量发展必须抢占的新赛道；要深化工业化与信息化融合发展，积极推进数字产业化、产业数字化，为先进制造业发展、传统产业优化升级赋能助力；要更加自觉主动地运用工业互联网思维和方法，推动公共资源公平、高效配置，更好体现有效市场和有为政府的结合，为企业建网用网提供精准支持。

（高莹茹）

【安徽省委常委、政法委书记张韵声一行到马钢集团调研】 根据安徽省委、省政府关于开展"新春访万企，助力解难题"活动安排，2022年2月18日，安徽省委常委、政法委书记张韵声走访调研马钢集团，马鞍山市领导张岳峰、方文、杨善斌，马钢集团、马钢股份党委书记、董事长丁毅参加调研。

张韵声到马钢股份长材智控中心调研，观看宣传片，听取相关介绍，详细了解马钢股份长材产品发展沿革、市场拓展、品牌建设、技术创新以及长材智控中心的建设、运行情况。长材智控中心以"少人化""无人化""集控化""智慧化"为手段，积极贯彻"四个一律"，融合绿色制造，降低生产成本，减少产品缺陷，提高产品质量，优化生产模式，为马钢集团进一步提升长材产品市场竞争力、打造优特长材精品基地提供有力支撑。张韵声对马钢股份长材产品在解决"卡脖子"难题，为社会经济发展作出的突出贡献给予肯定，对马钢集团近年来积极推动智慧制造，在产业数字化智能化转型方面的生动实践给予高度评价。

离开长材智控中心，张韵声到马钢智园运营管控中心、炼铁智控中心调研，听取运营管控中心集制造、设备、能源、运输、应急安保等多专业管控为一体，在"五部合一"以及运营管理全流程贯通、多专业协同和信息共享等方面情况的相关介绍；听取马钢股份炼铁工作历史沿革及马钢集团近年来在炼铁集中管控方面采取的创新举措。张韵声称赞马钢集团在钢铁企业智慧化、可视化、数据化方面做了积极探索，为全面提升管控效率、人事效率，推动业务流程优化再造和实现本质化安全提供有力支持。

张韵声调研时强调，要树立服务意识，推动作风改进落实落细，以企业问题的依法高效解决检验改进作风成效；要以真心、真情、有求必应的态度服务企业发展，奋力打造安徽的"杭嘉湖"，长三角的"白菜心"。

（张　泓）

【安徽省委常委、副省长张红文一行到马钢集团调研】 2022年12月3日下午，安徽省委常委、副省长张红文一行赴马钢新特钢现场调研。马钢集团、马钢股份党委书记、董事长丁毅，马鞍山市委常委、常务副市长黄化锋陪同调研。

马钢股份新特钢项目是2022年安徽省政府负责同志联系推进的重点项目。该项目自2021年11月18日开工建设以来，面对工程复杂、建设标准高、环保要求严、建设工期紧的实际，在省、市政府的大力支持下，项目各参建单位集结各方力量，克服疫情和极端高温天气等不利因素，坚持"安全质量第一、工期控制有效、施工紧张有序、项目干净彻底"的原则，以关键节点倒排工期，以精细管控压实责任，推动工程建设提速提质，创造新的"马钢速度"。

在工程项目现场，张红文认真听取项目规划、进度和投产计划等情况介绍，深入了解项目推进过程中遇到的难题，充分肯定项目定位和推进效率的同时，要求项目建设要坚决守牢安全底线，强化工程质量，落实落细疫情防控各项措施，加快推动项目早建成、早达产、早见效，把党的二十大精神转化为高质量发展的生动实践，为建设现代化美好安徽贡献马钢力量。

（罗继胜）

【安徽省政协党组副书记、副主席邓向阳到马钢集团调研】　2022 年 7 月 27 日下午，安徽省政协党组副书记、副主席邓向阳到马钢集团调研。马鞍山市市长袁方、市政协主席吴桂林、市政协副主席卓龙华，马钢集团、马钢股份党委书记、董事长丁毅陪同调研。

邓向阳一行首先到长材智控中心调研，观看马钢"绿色发展·智慧制造"宣传片，详细了解马钢股份长材产品发展沿革、市场拓展、品牌建设、技术创新及长材智控中心的建设运行情况。邓向阳对马钢集团解决长材产品"卡脖子"难题，为社会经济发展作出的突出贡献给予肯定，对马钢集团积极贯彻中国宝武"四个一律"，进一步提升长材产品市场竞争力表示赞赏，勉励马钢集团要持续攻克"卡脖子"难题，彰显马钢力量。

在马钢智园，邓向阳一行参观运营管控中心、炼铁智控中心和马钢展示馆，深入了解马钢集团 60 多年的光辉发展历程和马钢股份生产全流程智能化调度管控、炼铁集中操作和一体化决策等相关情况。在听取相关介绍后，邓向阳对马钢集团在钢铁企业智慧化、可视化、数据化方面做出的积极探索表示赞赏，对马钢集团近年来在绿色发展方面取得的成绩表示肯定。邓向阳表示，马钢集团要实现高质量发展，最核心的就是要大力推进"绿色发展·智慧制造"，要在马钢集团绿色、智慧诸多进步和亮点基础上，继续加强经验总结和推广应用，为现代化美好安徽建设贡献马钢集团的力量。

（姚　乐）

【安徽省政协副主席姚玉舟到马钢集团调研】　2022 年 7 月 15 日下午，安徽省政协副主席姚玉舟到马钢集团调研企业发展情况。安徽省政协常委、经济委员会主任方志宏，马鞍山市领导张岳峰、吴桂林、方文、王青松，马钢集团、马钢股份党委副书记、纪委书记高铁陪同调研。

姚玉舟首先到马钢长材智控中心调研，观看马钢集团绿色智慧宣传片，听取该智控中心运行介绍及马钢股份长材产品情况。姚玉舟对长材智控中心以"少人化""无人化""集控化""智慧化"为手段，积极贯彻"四个一律"融合绿色制造，取得降低生产成本、减少产品缺陷、提高产品质量、优化生产模式的显著效果给予充分肯定。

在马钢智园，姚玉舟分别调研运营管控中心和炼铁智控中心。在运营管控中心，听取运营管控相关介绍以及近期马钢集团积极参与中国宝武"万名宝罗"计划后，姚玉舟称赞马钢集团在钢铁企业智慧制造助力高质量发展方面做了很多积极探索，对马钢集团因地制宜、持续优化，打造智慧制造示范基地表示肯定。

在炼铁智控中心，姚玉舟了解铁水生产全流程智能化管控和炼铁操作一体化等情况，并认真询问 2022 年以来马钢集团的高炉生产情况和铁矿石供应情况。姚玉舟在调研时指出，近年来，马钢集团的变化很大，取得的成绩值得肯定。希望马钢集团再接再厉，在技术创新、绿色发展、智慧制造等领域积极作为，为建设新阶段现代化美好安徽贡献马钢力量。

（姚　乐）

【安徽省政协副主席孙云飞到马钢智园调研】　2022 年 12 月 14 日，安徽省政协党组成员、副主席孙云飞在马鞍山市政协党组书记、主席吴桂林，党组副书记、副主席季传舜，党组成员、秘书长王胜亮的陪同下到马钢集团调研。

在马钢集团智园，孙云飞一行实地查看马钢智能化改造工作，了解企业绿色发展、智慧制造有关情况。他指出，产业数字化转型是大势所趋，要顺应趋势，大力推动数字化、网络化、智能化发展，提高质量效益，推动经济高质量发展。

（刘冬冬）

【中国宝武集团党委书记、董事长陈德荣对马钢集团开展工作调研】　2022 年 12 月 15 日，中国宝武党委书记、董事长陈德荣对马钢集团开展工作调研，并与其班子成员开展工作谈话。陈德荣要求马钢集团将极致效率的提升作为工作的重中之重，在对标找差方面能够走在宝武前列，同时进一步聚焦产品，推进机制改革，加大科技创新力度，提升差异化竞争力，一马当先。

陈德荣在调研中指出，马钢集团进入中国宝武时间不长，但是三年三大步，有了翻天覆地的变化。在智慧制造方面，后来居上；绿色低碳发展方面，厂区的面貌和环境发生根本性变化，盆景变风景；劳动效率一年一大步，有了很大的提升，进一步激发了员工干事创业的热情。

陈德荣对马钢集团下一步工作提出要求：要抓极致管理效率的提升。在当前的市场形势下，没有极致效率就不可能形成竞争力，在行业中取得立足之地。马钢集团要把对标找差、打造一流作为持之以恒的管理行动，从各工序每一个技术经济小指标的对标找差，追求极致效率。希望马钢集团将极致效率的提升作为工作的重中之重，在对标找差方面走在中国宝武前列，引领各钢铁基地发展。要进一步聚焦产品，形成差异化竞争力。要在规划层面不断研究打磨完善，对基地和产线进行专业化分工，进一步提升效率。推进机制改革，推进混合所有制改革。民营企业并非天然就带有灵活的机制，在机制改革过程中，机制体制与人才队伍建设等应该同步推进、同步抓。要加大科技创新工作推进力度。马钢集团要充分发挥装备、技术、人才，以及原有产品积累等方面的优势，走科技创新之路，以此提升核心竞争力。科技创新应该成为中国宝武，同时也成为马钢集团的一张名片，不与民营企业拼价格，而是拼产品质量性能、拼客户需求的满足、拼国家使命的担当，希望马钢集团能够一马当先。

工作调研后，陈德荣围绕加强党的二十大精神学习、加强党的建设、抓好党风廉政建设、加强风险防范、加强干部队伍建设等主题，与马钢集团领导班子成员开展工作谈话。

调研中，马钢集团对2022年工作情况和2023年工作计划进行了汇报。马钢集团公司相关职能部门作了交流发言。

会议由中国宝武党委常委、副总经理侯安贵主持。总经理助理，中国宝武集团公司钢铁业中心、海外事业发展部、办公室、战略规划部、资本运营部、党委组织部、公司治理部、纪委、巡视办等部门相关负责人参加调研。

（中国宝武报记者　张　萍）

【中国宝武集团总经理、党委副书记胡望明到马钢集团调研】 2022年8月5日，中国宝武集团总经理、党委副书记胡望明到马钢集团调研并主持召开座谈会，强调要统一思想，坚定信心，发挥协同效应，扎实开展"冬练"，有效应对钢铁行业面临的严峻形势和挑战，共渡难关。

当天上午，胡望明一行到马钢长材智控中心、重型H型钢生产线、新特钢项目现场和B号高炉大修现场，详细了解马钢生产经营、结构调整、市场开拓、重点工程建设情况以及绿色智慧相关工作推进情况，看望慰问坚守在高温一线的干部职工，并对现场安全生产工作进行检查督导。

在下午的调研座谈会上，胡望明听取马钢集团工作情况汇报。2022年以来，马钢集团深入学习贯彻习近平总书记考察调研中国宝武马钢集团重要讲话精神，在"强党建、稳增产、促转型、抓改革"等方面取得积极成效。下半年，马钢将围绕"跑赢大盘，全年站稳宝武第一方阵"这一目标，再接再厉，努力为稳增长多作贡献。

胡望明对马钢集团上半年在生产经营方面取得的成绩给予肯定。他指出，2022年以来，面对严峻复杂的外部形势，马钢集团在2021年经营业绩创下历史最好水平的高起点上，扎实推进生产经营各项工作，取得较好的成绩，但也要清醒认识到在盈利能力、安全管理等方面仍有改进空间，要认真分析总结，在后续工作中予以提升。

胡望明强调，面对新一轮钢铁行业下行周期，马钢集团全体干部职工要清醒认识面临的严峻形势，增强危机感、紧迫感，切实加强趋势研判和各类风险防控，做好过紧日子的准备和打算；要牢牢把握国家稳增长系列政策和措施，充分发挥宝武应对困难和挑战的体系能力，发挥协同效应，积极"冬练"，共渡难关；要主动应对市场变化，根据市场需求和经济规律组织生产经营，做好品种结构优化调整，在稳增长中发挥央企的带动示范作用；要进一步强化"两金"管控和现金流管理，树牢"一切成本皆可降"的理念，根据企业自身盈利情况和现金流状况，把好投资节奏、优化资源配置。

中国宝武集团公司党委常委、副总经理侯安贵，党委常委魏尧，钢铁业中心、办公室、战略规划部、经营财务部、党委组织部负责人，马钢集团领导班子成员和有关部门负责人参加相关活动。

（姚　乐）

【中国宝武党委常委、副总经理侯安贵一行到马钢集团调研】 2022年12月16日下午，中国宝武集团公司党委常委、副总经理侯安贵一行到马钢集团调研。马钢集团、马钢股份党委书记、董事长丁毅，马钢集团党委常委伏明陪同调研。

侯安贵一行首先沿途了解马钢A号、B号高

炉，C 号烧结机，9 号、10 号焦炉等生产、建设情况。随后走进马钢股份新特钢项目建设现场调研项目建设进展情况。马钢股份新特钢项目是马钢集团承接"宝武优特长材专业化平台公司"新的战略定位，着力打造宝武优特钢精品基地而实施的重大技改工程。自 2021 年 11 月 18 日开工建设以来，新特钢项目各参建单位克服工期紧、任务重、技术要求高等困难，倒排工期，连续奋战，强化工程质量、安全管控，全力推动工程建设提速提质。丁毅介绍，新特钢项目推进过程中，新特钢临时党支部与参建单位项目党支部通过发挥党建联创联建作用，形成"以项目建设抓党建、以党建促项目建设"的良好氛围，针对项目建设中遇到的实际困难和问题，各施工单位通过建立"赛马"机制，形成你追我赶、奋勇争先的良好态势，目前项目建设正稳步推进。

侯安贵对新特钢项目高效快速推进表示肯定。要求各参建单位密切沟通，强化各工序和质量把关。同时，要求牢固树立"人民至上，生命至上"理念，狠抓安全管理，筑牢防线，并加大疫情防控，确保项目早日建成投产。

在集"颜值"与科技一体的特钢智控中心内，侯安贵仔细询问了智控中心的运行情况，并通过监控大屏，查看各产线生产、工程建设情况。侯安贵希望，智控中心在加强综合能力建设、提高运营管控能力的同时，要持续加大技术的研发和创新力度，确保生产和工程建设安全、高效，助推智慧制造工作迈上新台阶。

随后，侯安贵一行依次前往宝武特冶项目建设现场、马钢重机四金工产线、欣创环保智慧环控中心开展调研。

（桂 攀）

要事记述

【马钢集团党员干部职工积极收听收看党的二十大开幕会直播】 2022 年 10 月 16 日上午 10 时，中国共产党第二十次全国代表大会在北京人民大会堂开幕。习近平代表第十九届中央委员会向党的二十大作报告。马钢集团党委认真组织广大党员干部职工及时收听收看党的二十大开幕会盛况。

中国共产党第二十次全国代表大会，是在全党全国各族人民迈上全面建设社会主义现代化国家新征程、向第二个百年奋斗目标进军的关键时刻召开的一次十分重要的大会。马钢集团党委高度重视，要求各单位把认真组织收听收看党的二十大直播、深入学习党的二十大报告作为首要政治任务，确保组织到位、保障到位、覆盖到位。

当天上午，马钢集团助理级以上领导、马钢专家、各单位党政主要负责同志在马钢集团公司办公楼 413 会议室集体收听收看开幕会实况，认真聆听习近平同志代表第十九届中央委员会向大会所作的报告。

开幕会结束，马钢集团、马钢股份党委书记、董事长丁毅第一时间分享自己的感受。他说，党的二十大报告思想深邃、高屋建瓴，视野宏大、布局宏伟，是我们党带领全国各族人民，迈上全面建设社会主义现代化国家新征程，向第二个百年奋斗目标进军的政治宣言和行动指南。报告总结的伟大历史成就，鼓舞人心、激励斗志；提出的未来远大目标和战略部署，为我们强化央企使命担当、创建世界一流企业指明前进方向，提供根本遵循。

丁毅表示，马钢集团将以党的二十大精神为指引，第一时间原原本本学原文、悟原理，深刻领会习近平新时代中国特色社会主义思想，全面贯彻"三新一高"要求，结合学习研讨、结合工作实际、结合专题调研，以党建创一流引领企业发展创一流，推动党的二十大精神在马钢集团入脑入心、落地生根。特别是当前和今后一个时期，我们将牢记习近平总书记的殷切嘱托，牢牢把握宝武优特长材专业化平台公司和优特钢精品基地战略定位，踔厉奋发、勇毅前行，加快打造后劲十足大而强的新马钢，为中国宝武"老大"变"强大"、建设世界一流伟大企业作出新的贡献。

报告振奋人心，还需砥砺奋进。收听收看开幕会盛况，聆听党的二十大报告后，奋斗的豪情在马钢人心中激荡。

马钢集团驻马鞍山市含山县林头镇龙台村工作队队长李波在村委会听完报告后说，报告中对于乡村振兴美好蓝图的描绘令人向往。驻村干部是乡村振兴中坚力量，为群众办实事，带领群众发家致富是驻村干部的职责所在。他会继续保持昂扬的精神状态和积极的工作作风，做好党的二十大精神的学习贯彻落实，履行好自己光荣的使命。

全国"五一"劳动奖章获得者、马钢交材精加工高级技师沈飞,对报告中关于加快建设制造强国、质量强国、航天强国、交通强国、网络强国、数字中国的论述印象深刻。他表示,作为一名从事轨道交通制造业的产业工人,一定会立足本职岗位,勤奋学习、创新有为,将个人命运与党和国家事业的发展紧密相连,为实现轨道交通行业智能制造、绿色发展履行一名共产党员的使命担当。

和同事们一起聆听党的二十大报告后,运营改善部运行管理室高级经理姚辉和大家进行热烈讨论。他表示,将牢记"三个务必",把党的二十大精神落实到工作中,撸起袖子加油干,风雨无阻向前进,找准切入点、结合点和着力点,在全力推进公司治理体系和治理能力现代化的进程中作出新贡献。

贯彻落实党的二十大精神,要拿出行动,展现作为。"我们的任务就是抓好生产检修,提升技术指标。我们将以党的二十大精神为鼓舞,把政治热情转化为冲刺年终的强大动力,拿出实实在在的成绩,为公司完成全年经营目标添砖加瓦。"炼铁总厂高炉二分厂厂长朱伟君信心十足。

冷轧总厂冷轧二分厂党团员集中收看党的二十大开幕会后,反响热烈,深受鼓舞。冷轧二分厂厂长唐军表示,将以党的二十大精神为指导,带好队伍,坚持党建引领不放松,紧扣"紧跟核心、围绕中心、凝聚人心"的党建工作主题,紧盯"三降两增"目标,查找不足和短板,及时整改提高,推动各项工作再上新台阶,为全面完成2022年各项生产经营任务提供政治保证。

"青年强,则国家强。当代中国青年生逢其时,施展才干的舞台无比广阔,实现梦想的前景无比光明。"聚精会神聆听报告,深刻感悟使命担当,检测中心原料化学作业区青年职工李丹表示,生逢其时、不负重托,将以党的二十大精神为指引,坚定不移听党话、跟党走,立志做有理想、敢担当、能吃苦、肯奋斗的新时代好青年,以更加昂扬的精神状态、更加扎实的工作作风、更加优异的工作业绩,在打造后劲十足大而强的新马钢的火热实践中绽放绚丽之花。

党的二十大的声音从北京传来,在马钢,从火红炉台到江边港口,从市场一线到研发前沿,鼓舞和激励每一位马钢人的心。大家一致认为,报告站在历史和时代的高度,回顾过去五年党和国家事业取得的举世瞩目的重大成就,回顾新时代十年党和国家事业取得的历史性成就、发生的历史性变革,科学谋划未来五年乃至更长时期党和国家事业发展的目标任务和大政方针,提出一系列重要思想、重要观点、重大判断、重大举措,是一个振奋人心、催人奋进的报告。大家纷纷表示,将把深入学习宣传贯彻党的二十大精神作为当前首要政治任务,高举中国特色社会主义伟大旗帜,全面贯彻习近平新时代中国特色社会主义思想,弘扬伟大建党精神,踔厉奋发、勇毅前行,为打造后劲十足大而强的新马钢,为宝武创建世界一流伟大企业,为全面建设社会主义现代化国家、全面推进中华民族伟大复兴而团结奋斗。

(张　泓)

【马钢集团党员干部职工集中收听收看江泽民同志追悼大会】 2022年12月6日上午10时,党中央、全国人大常委会、国务院、全国政协、中央军委在北京人民大会堂隆重举行江泽民同志追悼大会。

习近平在江泽民同志追悼大会上致悼词。

根据《江泽民同志治丧委员会公告(第2号)》,马钢集团党委认真组织广大党员干部职工及时收听收看江泽民同志追悼大会直播。当天上午,马钢集团、马钢股份党委书记、董事长丁毅,马钢集团党委副书记、总经理毛展宏,马钢集团助理级以上领导,相关部门主要负责人,在马钢集团公司办公楼19楼2号会议室收听收看江泽民同志追悼大会直播;马钢集团、马钢股份各部门和单位也认真组织党员干部职工收听收看江泽民同志追悼大会直播。

11月30日下午,敬爱的江泽民同志逝世的噩耗传来,大江南北、长城内外,中华大地笼罩在巨大的悲痛之中。全国各地各族人民以各种方式悼念这位我党我军我国各族人民公认的享有崇高威望的卓越领导人。马钢集团广大党员干部职工怀着无比沉痛的心情,深切缅怀江泽民同志的卓越功勋,深刻感悟江泽民同志的精神风范。

国旗半垂,举国同悲。上午10时整,追悼大会现场直播正式开始。哀乐低回,马钢集团广大党员干部职工怀着悲痛的心情默哀3分钟,表达对江泽民同志的殷殷追思,深切缅怀江泽民同志的光辉业绩。大家认真收听收看追悼大会现场直播,现场庄重而又肃穆。

在悼念中寄托哀思，在回忆中汲取力量。1991年，对于马钢集团来说是极其不平凡的一年，正当马钢集团职工精神饱满地投入"大干 120 天，大灾之年多贡献，全面完成全年生产经营建设任务"之时，江泽民同志亲临马钢视察，给刚刚经受抗洪洗礼的马钢人以巨大的鼓舞。11 月 20 日上午，江泽民来到车轮轮箍厂、正在建设的 2500 立方米高炉工地和高速线材厂调研参观，接见当时的马钢领导并同马鞍山市和马钢的部分全国、省劳动模范合影留念。下午，在马钢宾馆，江泽民同志召开马鞍山市部分大中型企业负责人座谈会，听取马钢生产经营、发展建设、党的建设和社会主义精神文明建设等情况，对马钢现场管理、转型发展、思想教育工作给予充分肯定。调研考察期间，江泽民同志非常关心马钢职工群众的工作生活情况，多次询问马钢领导班子建设，强调团结就是力量。当天晚上，江泽民同志为马钢题词："发扬艰苦奋斗精神，把马钢建设成现代化社会主义钢铁联合企业。"江泽民同志视察马钢，为马钢的发展指明方向，多年来鞭策着马钢人不断加快改革与发展的步伐。

马钢集团党员干部职工一致表示，江泽民同志的逝世，对我党我军我国各族人民是不可估量的损失。马钢集团上下要化悲痛为力量，继承江泽民同志的遗志，以实际行动表达我们的悼念。马钢集团上下将在以习近平同志为核心的党中央坚强领导下，高举中国特色社会主义伟大旗帜，全面贯彻习近平新时代中国特色社会主义思想，深入学习宣传贯彻党的二十大精神，弘扬伟大建党精神，踔厉奋发、勇毅前行，为打造后劲十足大而强的新马钢，为中国宝武创建世界一流伟大企业，为全面建设社会主义现代化国家、全面推进中华民族伟大复兴而团结奋斗。

追悼大会当天，马钢集团公司办公楼及各单位所属区域下半旗致哀，停止一切公共娱乐活动。

（张蕴豪）

【马钢集团党委举行理论学习中心组（扩大）学习会，党的二十大代表、马鞍山市委书记张岳峰应邀出席宣讲党的二十大精神】 2022 年 11 月 23 日，马钢集团党委举行理论学习中心组（扩大）学习会。党的二十大代表、马鞍山市委书记张岳峰应邀出席宣讲党的二十大精神。马钢集团、马钢股份党委书记、董事长丁毅主持会议并讲话。马鞍山市委常委、市委秘书长方文，马钢集团党委副书记、总经理毛展宏等公司助理级以上领导出席会议。

张岳峰在宣讲中指出，党的二十大是一次历史性的、里程碑式的、永载史册的盛会。党的二十大精神立意高远、博大精深，我们要深刻学习领会，坚决贯彻落实。要深刻领悟"两个确立"的决定性意义，从国际共产主义运动发展历程、党百年奋斗的历史经验、新时代十年伟大变革来加深理解，衷心拥护"两个确立"，忠诚践行"两个维护"，始终紧跟总书记，奋进新征程、建功新时代。

张岳峰指出，要深刻领悟习近平新时代中国特色社会主义思想的真理伟力和实践伟力，领悟"两个结合"的理论贡献，领悟"六个必须坚持"的世界观和方法论；要坚定不移用习近平新时代中国特色社会主义思想凝心铸魂，在思想上做到笃信笃行，在工作中坚持好、运用好贯穿其中的立场观点方法。

张岳峰指出，要深刻领悟全面建成社会主义现代化强国，实现第二个百年奋斗目标，以中国式现代化全面推进中华民族伟大复兴这个中心任务，牢牢把握中国式现代化的中国特色、本质要求和重大原则，牢牢把握"两步走"战略安排，牢牢把握高质量发展是全面建设社会主义现代化国家的首要任务；要从马鞍山实际出发，找准高质量发展的突破路径，坚持以制造业倍增为龙头走好智造强市之路，以科教人才为支撑走好创新驱动之路，以融入都市圈为动力走好一体化发展之路，以生态环保为关键走好绿色低碳发展之路，以提高人民生活品质为追求走好共同富裕之路。

张岳峰指出，要深刻领悟跳出治乱兴衰历史周期率的"两个答案"，深刻理解自我革命是党跳出历史周期率的"第二个答案"，牢记全面从严治党永远在路上，党的自我革命永远在路上，坚定不移全面从严治党，深入推进新时代党的建设新的伟大工程；要在作风上做到善作善成，不断自我净化、自我完善、自我革新、自我提高。

张岳峰指出，近年来，中国宝武马钢集团沿着习近平总书记指引的方向奋勇前进，积极推动改革创新，企业面貌发生巨大变化，各项工作取得显著成绩。马钢集团工作标杆高、斗争精神强、实干劲头足的经验，值得我们学习。马钢集团的发展变化反映钢铁工人赤诚火热的情怀、融旧铸新的品质、担纲承梁的精神、坚韧不拔的品格。希望马鞍山市与马钢集团共同履行好学习宣传贯彻党的二十大精神的政治责任，共同践行好习近平总书记赋予我们的使命任务，心往一处想、劲往一处使，团结成"一块坚硬的钢铁"，携手建设后劲十足大而强的新马钢，携手打造安徽的"杭嘉湖"、长三角的"白菜心"，以实际行动和优异成绩贯彻落实好党的二十大精神。

丁毅在主持会议时指出，张岳峰书记作为党的二十大代表，对党的二十大精神理解全面、深刻、系统，用"四个两"（"两个确立""两个结合""两个全面"和"两个答案"）宣讲了党的二十大精神的思想精髓、核心要义，点面结合、深入浅出，引经据典、语言生动，既有理论高度，又有实践深度，对于我们全面学习、全面把握、全面落实党的二十大精神，在新时代新征程上奋力推动马钢高质量发展，具有很强的指导性和针对性。我们要全面学习宣传贯彻党的二十大精神，着力在学懂弄通上下功夫，着力在结合转化上下功夫，切实把学习成果转化为推动马钢高质量发展的实际行动和工作成效，为马鞍山打造安徽的"杭嘉湖"、长三角的"白菜心"贡献力量。

丁毅强调，要把学习宣传贯彻党的二十大精神与贯彻落实习近平总书记考察调研马钢集团重要讲话精神紧密结合，一体谋划、一体部署、一体落实、一体检查；与深度融入长三角一体化发展紧密结合，进一步彰显宝武文化的穿透力、辐射力、影响力，深化产城融合、协同发展；与扎实开展"冬练提质"紧密结合，深入落实"疫情要防住、经济要稳住、发展要安全"重要要求，确保经营绩效站稳中国宝武第一方阵，助力马鞍山制造业倍增；与打造后劲十足大而强的新马钢紧密结合，推进高端化、智能化、绿色化发展，奋力实现企业发展高质量、生态环境高水准、厂区面貌高颜值、员工生活高品质。

马钢集团专家，机关部门、直属机构主要负责人，各单位党政主要负责人，中国宝武马鞍山区域有关单位主要负责同志以及公司中层副职管理人员在主会场和视频会议室参会。

（张　泓　张蕴豪）

【**中国宝武党委常委、宝钢股份党委书记、董事长邹继新为马钢集团基层联系点冷轧总厂讲党课**】 2022年12月15日下午，中国宝武党委常委、宝钢股份党委书记、董事长邹继新以视频形式为马钢集团基层联系点冷轧总厂讲党课。

马钢集团党委副书记、纪委书记高铁，冷轧总厂班子成员及相关部门负责人聆听了党课。

邹继新从充分认识党的二十大的重大意义，切实增强奋进新时代新征程的坚强决心；深刻领会党的二十大的精神实质，准确把握关系党和国家事业发展的重大理论和实践问题；全面贯彻党的二十大的实践要求，锲而不舍加快建设世界一流企业三个方面，为大家带来了一堂主题鲜明、内容丰富的党课。

邹继新在党课中指出，要提高政治站位，牢牢把握正确导向，着力提升实际效果，开展经常性督促检查，确保学习宣传贯彻党的二十大精神取得扎实成效。他强调，要以更加昂扬的精神状态，团结一心，勇毅前行，锲而不舍加快创建世界一流企业，以优异成绩为建设中国特色社会主义现代化强国、实现中华民族伟大复兴作出我们应有的贡献。

（高莹茹）

【**安徽省委统战部常务副部长陈昌虎到马钢集团调研**】 2022年8月30日下午，安徽省委统战部常务副部长陈昌虎率队到马钢集团实地调研，马鞍山市委常委、统战部部长刘芳，以及马钢集团党委工作部副部长金翔陪同调研。

在马钢智园，陈昌虎一行先后参观运营管控中心、炼铁智控中心和马钢展示馆。在运营管控中心和炼铁智控中心，陈昌虎详细了解马钢集团近年来在智慧制造工作上取得的成绩和进步。面对充满科技感的智慧化操作系统和整洁明亮的智控环境，陈昌虎表示，马钢在绿色发展和智慧制造领域取得的成绩有目共睹，现在的马钢景色宜人、智慧现代，值得点赞。在马钢展示馆，陈昌虎身临其境感受马钢集团60多年的发展历程，了解马钢集团日新月异的发展变化。陈昌虎表示，马钢集团在绿色发展、智慧制造等方面有诸多的进步和亮点，相信马钢集团一定能在高质量发展的道路上奋勇直前，为开创现代化美好安徽新局面作出更大的贡献。

（谭春琳）

【**马钢集团坚决打赢疫情防控阻击战**】 2022年3月，面对疫情防控的严峻形势和马鞍山突发疫情，马钢集团坚决贯彻落实国家、安徽省、马鞍山市党委和政府、中国宝武相关决策部署，结合实际、精心组织、科学安排、齐心协力，把打赢疫情防控阻击战作为重大政治任务，切实做好疫情防控常态化工作和应急处置工作，在确保马钢集团生产经营大局稳定的同时，为地方疫情防控贡献马钢力量。

2022年初，奥密克戎变异株席卷全球，3月迅速蔓延至我国大多数省份，面对外部严峻疫情形势，3月7日，马钢集团召开书记办公会，听取马钢集团疫情防控工作汇报，马钢集团党委书记、董事长丁毅就近期疫情防控工作提出具体要求。3月9日，马钢集团组织召开中国宝武马鞍山区域疫情防控工作会议，传达落实中国宝武、省、市政府疫情防控文件、马钢集团书记办公会精神，并对马钢集团近期疫情防控工作作出具体部署。3月14日，马鞍山地区突发疫情，15日，马钢集团召开书记办公会，再次对疫情防控工作作出安排部署，马钢集团及时启动《突发公共卫生事件应急预案》，印发《马钢集团新一轮严防严控新冠肺炎疫情工作方案》。马钢集团应急办、防控办启动24小时全天候办公模式，各负其责，协同联动，组织协调中国宝武马鞍山区域各单位联防联控，群策群力，党政工团齐抓共管、齐心协力，严格线下活动管理，强化办公区域管理，落实人员管控，加强校园、厂区门禁、餐饮卫生和物流运输人员防疫管控，聚焦重点场所、重点工程、重点产线、重点时段，强化应急能力建设，调配人力、物力，以防控为重点，针对不同场所、不同内容、不同对象，明确具体措施，打造全方位、立体化的疫情防控网络，做到管理网格化、责任具体化、协同高效化、举措多样化、督导常态化，确保了疫情防控、生产经营、项目建设三不误，实现马钢集团3月份生产运营平稳有序。

3月22日，马钢集团党委书记、董事长丁毅，马钢集团工会主席、总经理助理邓宋高率队赴基层检查疫情防控工作落实情况，看望慰问一线值守人员。3月31日，马钢集团应急办、防控办和保卫部联合组织疫情防控应急预案演练，通过实景模拟，进一步强化各单位人员应急情况下的安全意识，全面提高应对突发事件和风险的能力。

同时，马钢集团加强与地方政府部门沟通联系，确保物流保供，积极履行属地责任，配合完成多轮区域全员核酸检测，组织志愿者支援当涂县石桥镇抗疫工作，为医疗机构输送医用氧，协助地方政府抗击疫情。

（李田艳）

【马钢集团60余万元物资驰援宝钢股份抗疫保产】 "我宣布，马钢集团支援宝钢股份抗疫保产慰问车队，出发！" 2022年5月7日8时50分，随着马钢集团、马钢股份党委书记、董事长丁毅的一声令下，3辆满载抗疫物资和马钢职工关心祝福的卡车鸣笛发车，踏上前往上海的路程。

马钢集团领导毛展宏、高铁、唐琪明、任天宝、伏明、章茂晗、马道局在主会场为运送物资车辆送行。马钢集团工会主席、总经理助理邓宋高在发运现场协调指挥。办公室、党委工作部、纪委负责人，工会、行政事务中心、力生公司负责人等，分别在主会场和发车现场参加仪式。

5月8日一早，3辆满载抗疫保产慰问物资，贴着"宝钢马钢心相连 共克时艰 一家新"标语的大卡车在马钢股份厂区集结完毕。60余万元防暑降温抗疫保产慰问物资在沪皖两地宝武人的共同努力下，将在最短时间内赶赴上海，支援宝钢股份抗疫保产。

上海的疫情形势和宝钢股份的抗疫保产，牵动着马钢集团干部员工的心。作为宝武集团内兄弟单位，马钢集团时刻牵挂着宝钢股份的抗疫保产工作，马钢集团党政高度重视此次物资捐赠工作，多次听取专题汇报，研究部署捐赠工作。马钢集团工会精心筹备、细心挑选，在短时间内迅速采购盐汽水、冰红茶以及茶叶、茶干等安徽本地特产作为防暑降温抗疫保产慰问物资。

现场一切准备就绪。在得到出发指令后，3辆超长的爱心卡车在众人的注视中缓缓启动，驶向目的地。钢铁同心抗大疫，沪皖合力克时艰。此次为宝钢股份宝山基地运送抗疫保产物资，既是马钢集团全体干部职工对上海抗击疫情的有力支援，也体现了在中国宝武大家庭里，马钢集团与宝钢股份兄弟企业间并肩抗疫保产的信心和决心。

（高莹茹）

【马钢集团抗疫保产两手抓 群策群力战年终】 2022年，马钢集团以习近平新时代中国特色社会主义思想为指导，贯彻落实习近平总书记重要指示和重要讲话精神，按照省、市党委、政府、中国宝武相关决策部署，坚持"疫情要防住、经济要稳住、发展要安全"的总要求，高效统筹疫情防控和生产经营工作，坚持常态化防控和疫情流行期间应急处置相结合，切实做好新冠疫情防控工作，最大程度地保护职工生命安全和身体健康，最大限度地降低疫情对生产经营的影响。

2022年11月11日和12月7日，国家先后推出"二十条"和"新十条"优化措施，疫情防控作出重大调整，马钢集团根据要求及时安排部署，全力确保年终冲刺阶段生产稳顺。加强关键岗位管控。马钢集团各单位实行核心生产岗位"AB角"轮班制，根据实际需要，核心、关键岗位人员当班周期内实行气泡式闭环管理；及时调整检修、定修节奏，技改人员集中管理，强化物流运输、餐饮服务人员的管控；落实"减少交叉"原则，鼓励线上、远程交流，减少跨区域人员面对面的工作交流和接触，做好通风、消杀，最大限度减少人员交叉；完善特殊情况下保生产经营的应急预案，做好口罩、抗原、消毒液、药品等防疫物资的储备和发放。

2022年底，马钢集团一手抓疫情防控，一手抓生产经营，坚定信心、守望相助，勠力同心、群策群力，生产秩序良好，向着完成全年目标稳步迈进。

（李田艳）

【马鞍山市领导调研马钢集团创建环保A级企业工作】　2022年9月30日上午，张岳峰、袁方、钱沙泉、吴桂林等马鞍山市四套班子领导深入马钢集团，围绕2022年环境整治"一个大循环""两园五点""品质提升"等内容，调研环保创A现场工作。马钢集团、马钢股份党委书记、董事长丁毅，马钢集团党委副书记、总经理毛展宏陪同调研。

马鞍山市领导一行首先到马钢股份3号门停车场。2022年4月，马钢集团启动马钢股份厂区3号门停车场建设，在其设计中融合"海绵城市"和"生态停车场"理念。该停车场设计停车位608个、绿地13600平方米和15米绿化带，并增设红绿灯和人行横道等，以保证205国道通畅和职工往来安全。在南区原3号、4号焦炉旧址，大家实地察看厂区环境改造提升情况。原3号、4号焦炉拆除完成后，马钢集团迅速组织复绿建设，结合场地形态以及周边环境特点，打造整形草坪、灌木，补栽序列式花乔，形成简洁、开敞、通透的景观节点效果，提升原场地的整体环境品质。随后，大家到马钢展厅（特钢）二期。展厅通过一系列现代化科技手段，集中展示马钢上下深入学习贯彻习近平总书记考察调研宝武马钢集团重要讲话精神，拉高标

杆争创一流、精益高效奋勇争先的实际行动和丰硕成果。在马钢孟塘园，改造后的孟塘园保留水域内部分原有荷花和菖蒲，种植水杉、落羽杉、桂花等背景林带，辅以美人蕉、水葱等水生植物，点缀马钢股份元素工业小品，成为市民新的"打卡地"。在冷轧总厂镀锌线，干净整洁的地面、摆放有序的备件令人眼前一亮，赢得大家的一致好评和点赞。走到料场园，通过微地形塑造、景观矮墙建设方式打造出的层次丰富、流畅蜿蜒的微地形景观让大家惊叹不已。

调研中，马鞍山市委书记张岳峰指出，近年来，马钢集团深入学习贯彻习近平总书记考察安徽重要讲话指示精神，坚持走生态优先、绿色发展之路，牢固树立专业化理念，找准切入点和突破口，大力推进绿色发展、智慧制造，企业竞争力和职工获得感不断提升，各方面取得显著成效，为马鞍山全力争做"三高地、两先锋"、奋力打造安徽的"杭嘉湖"、长三角的"白菜心"作出积极贡献。当前，马钢正在加快打造后劲十足大而强的新马钢，全市上下要全力支持、做好服务。祝愿马钢的明天更加美好。张岳峰强调，各级各部门要见贤思齐，学习马钢的境界、理念、思路，学习钢铁工人说干就干、雷厉风行的精神和作风，不断开创各项事业新局面，以实际行动和优异成绩迎接党的二十大胜利召开。

马鞍山市委副书记、市长袁方在讲话中指出，马钢集团是马鞍山市的亮丽"名片"。近年来，马钢集团自我加压、奋发有为、内外兼修、追求卓越，思想观念持续解放、绿色发展和智慧制造快速推进、质量效益大幅提升、职工获得感不断增强、厂区面貌焕然一新，为全市高质量发展作出了突出贡献。全市各级各部门要对照省委提出的"五个不一样"，主动学习马钢"钢多气多"的精气神，全力冲刺第四季度，努力实现最好结果。马鞍山市将一如既往顶格支持服务马钢，携手把马钢发展得越来越好。

丁毅表示，近年来，在中国宝武的坚强领导和市委、市政府的大力支持下，马钢集团各项工作成效显著。新的征程上，马钢集团上下将坚定信心、铆足干劲、再接再厉、乘势而上，奋力冲刺、奋勇争先，加快打造后劲十足大而强的新马钢，以良好业绩回报全市人民。

（申婷婷）

【张岳峰调研中国宝武马鞍山区域重点项目建设情况】　2022 年 12 月 12 日，马鞍山市委书记张岳峰调研中国宝武马鞍山区域重点项目建设情况，马钢集团、马钢股份党委书记、董事长丁毅，马鞍山市领导黄化锋、左年文，马钢集团党委常委伏明陪同调研。

丁毅在马钢股份新特钢项目建设现场介绍进展情况。丁毅表示，在项目建设中，新特钢临时党支部与参建单位项目党支部通过联创联建方式，为工程建设保驾护航，确保工程安全优质高效推进。马钢人以"一年当作三年干，三年并为一年干"的精气神确保工程顺利完成一个又一个节点，当前正向年内"场平地光、水通灯亮、芳草花香、设备调装"的目标冲刺。张岳峰现场了解项目建设情况，对项目高效快速推进表示肯定。

在调研中，张岳峰强调，要全面贯彻落实党的二十大精神，始终坚持发展第一要务，加快重点项目建设。要求各级各相关部门要增强大局意识，主动为中国宝武马鞍山区域重点项目做好服务保障，帮助解决实际问题，确保项目建设顺利推进。

（罗继胜）

【马钢股份热轧双线双智控建成投运】　2022 年 1 月 4 日下午，马钢集团、马钢股份党委书记、董事长丁毅宣布热轧智控中心双线双智控正式投用。标志马钢热轧双线迈入双智控新时代，成为全国首家热轧双线双智控智慧中心。

马钢集团党委副书记、总经理，马钢股份党委副书记刘国旺和马钢集团助理级以上领导；宝信软件副总经理陈健，宝武智维高级副总裁、马钢检修党委书记、执行董事黄加坤；公司相关部门和单位负责人出席投运仪式。

热轧双线双智控智慧中心以"高站位""高起点""高标准""高颜值"为要求，以"全流程""全工序""全要素""全集成"为标准，构建起"一基两翼"的智慧工厂，实现热轧生产高度自动化和高效协同化。其中的操维集控平台，自主集成 12 套智能装备技术，开发出 44 项智能化模型，推动生产操维方式的革新，将两条主线岗位整合为"1+2+1"的新岗位模式，生产效率大幅提升。协同智慧平台，实现数字钢卷按需分级、成本到卷，生产、设备、质量的一键分析与实时预警，产线运行规则、技术标准一律上线，知识沉淀、知识共享助力员工成长，绩效导航引领各工序协同高效运行。

投运仪式上，马钢集团党委常委、股份公司副总经理任天宝代表马钢集团讲话，对参与热轧双线双智控项目的全体建设者表示由衷感谢。他希望四钢轧总厂以热轧双线双智控整体切换投运为起点，以智慧炼钢工业大脑等重点项目攻关为契机，全力以赴推进集智能装备、智能工厂、智能运营于一体的智慧制造体系建设，持续提升智能化水平与生产运营效率；加快人员智慧技能培训，缩短操作磨合周期，快速增强驾驭新系统的能力，充分发挥智控中心的功能和作用，以智能制造推动制造水准提升、业务流程优化、环境质量改善和职工素养提升，提振职工精神面貌和团结协作精神，为促进中国宝武"三跨融合"，推进马钢集团二次创业、转型升级，打造后劲十足大而强的新马钢作出新的更大贡献。

投运仪式上，马钢集团党委常委、股份公司副总经理毛展宏下达热轧双线双智控全线切换指令，各系统初始画面切换成生产现场实时画面，运行平稳有序。

四钢轧总厂相关负责人介绍热轧智控中心建设概况，热轧智控中心入驻单位代表作表态发言，建设单位宝武智维马鞍山总代表作了发言。

（裔　华）

【马钢股份南区 7 米焦炉系统工程竣工】　2022 年 1 月 12 日，马钢南区 7 米焦炉系统工程竣工仪式在新 1 号、2 号焦炉前举行。马钢集团、马钢股份党委书记、董事长丁毅宣布，马钢股份南区 7 米焦炉系统工程竣工。马钢集团党委副书记、总经理，马钢股份党委副书记刘国旺在仪式上讲话。马钢集团党委常委、马钢股份副总经理伏明主持仪式。

南区 7 米焦炉系统工程总投资金额为 18.478 亿元，包括两座 50 孔 7 米复热式顶装焦炉及干熄焦装置，配套的除尘系统、脱硫脱硝工艺及煤气净化系统。该项目于 2019 年 11 月 21 日开工建设，期间克服疫情、汛情、施工场地狭窄等不利因素，于 2021 年 11 月 25 日，实现两座焦炉全系统达产，并且两次刷新行业内 7 米焦炉达产时限纪录。项目投产以来，提高马钢股份自产焦炭产量、高炉保供能力及自动化生产水平，降低污染物排放，符合国家环保政策要求，带来显著的经济效益和环保效益。

刘国旺在讲话中表示，实施马钢股份南区 7 米焦炉系统工程，是马钢集团坚决贯彻落实习近平总书记考察调研中国宝武马钢集团重要讲话和碳达峰碳中和重要批示精神，锚定中国宝武优特长材专业化平台公司新定位，加快打造中国宝武优特钢精品基地的重大举措，是马钢集团践行"两于一人""三治四化"、推动"二次创业、转型发展"的重点项目，对于建设后劲十足大而强的新马钢，具有十分重要的意义。同时，该工程也是马钢集团践行绿色发展、智慧制造理念的生动实践，为马钢集团在绿色发展的新征程上积蓄更加坚实的力量。他希望，新焦炉在未来生产中为马钢集团极致高效生产作出更大贡献。同时，炼焦总厂要保持建设热情，在北区铁前填平补齐系统工程项目建设中再创佳绩，为马钢集团"十四五"高质量发展助力添彩。

南区 7 米焦炉系统工程的圆满竣工，更标志着马钢集团自产焦生产保供水平迈上崭新台阶。

（唐　方）

【马钢集团实施马钢股份北厂区全封闭管理】
实施马钢股份北区封闭管理，是马钢集团对标先进，全面提升厂区管理水平的重要举措。2021 年 9 月，通过问卷调查形式，全面搜集、统计北区职工上下班出行方式，经过系统调研、专题讨论、现场评估、反复论证、统筹规划南北区封闭方案。根据调查结果以及马钢股份新 6 号门已有停车位的状况，在马钢股份北区新 7 号、8 号门区域新增 2 个停车场，满足职工私家车停放需求。同时，根据北区所有停车场车位总数，规划厂区内部通勤方案。牵头制定《北区封闭及厂内通勤车方案》，设定通勤摆渡车线路，优化职工通行方案。封闭全过程初期早高峰时段安排人员值守，答疑、引导、规范职工乘车，及时发现问题，解决问题；建立通勤工作群，创建信息收集、沟通、反馈机制；编写职工通勤乘车指南，生成手册二维码，实现职工便捷查看。

经试运行、半封闭、全封闭三个阶段，方案查漏补缺，职工逐步适应，实现封闭后平稳运行。北区封闭后，具备厂区通行权限车辆由 2021 年 10 月的 18524 辆压减至 9932 辆，压减比例 46.38%，完成公司制定的第二阶段将具备厂区通行权限车辆压减至 10000 辆的工作目标。

（阮　健）

【马钢集团举行创 A 清洁运输启动仪式】
2022 年 7 月 6 日上午，马钢集团举行创建环境绩效 A 级企业（简称"创 A"）清洁运输启动仪式，马钢集团、马钢股份党委书记、董事长丁毅宣布创 A 清洁运输启动，一辆辆新能源卡车陆续发车，缓缓驶向马钢股份厂区。以此为标志，马钢集团清洁运输工作取得重要突破，打赢创 A 攻坚战迈出坚实一步。

中国宝武郑重承诺，力争 2050 年实现碳中和。马钢集团积极响应，积极开展环境绩效 A 级企业创建工作。马钢集团清洁运输项目，是贯彻落实国家及宝武关于碳达峰碳中和相关要求，大幅降低碳排放的重要举措，是马钢集团积极创建环境绩效 A 级企业重要一步。马钢物流及协作方投入资金 3 亿余元，采购红岩、东风、汉马等新能源及国六车辆 500 余台，与国电投合作，投资建设换电站 4 座，满足清洁运输车辆换电及运营需求。

2022 年是马钢集团创建环境绩效 A 级企业的关键一年。清洁运输是钢铁企业超低排放的重要内容，在创建环境绩效 A 级企业历程中具有非常重要的意义。马钢集团积极优化调整物流方式，努力提高清洁运输方式的比例。以本次清洁运输启动为契机，马钢集团将进一步深化生态圈各个单位的协同合作，持续提高清洁运输的比例，围绕节能减碳超低排放，持续推进绿色革命，为实现"双碳"目标作出积极的探索，打赢创 A 攻坚战，共同建设绿色城市钢厂，打造绿色发展标杆。

马钢集团党委常委、副总经理唐琪明代表公司在仪式上讲话。欧冶云商党委书记、董事长赵昌旭，吉利商用车集团 CEO、汉马科技集团股份有限公司董事长范现军致辞。

马鞍山市领导及相关部门负责人，马钢集团领导刘国旺、毛展宏、任天宝及罗武龙、杨兴亮，吉利商用车集团及其下属汉马科技、上汽红岩汽车、东风商用车、上海启源芯动力负责人出席仪式。

（隗满意）

【马钢股份高炉远程技术支撑平台投运】
2022 年 7 月 6 日，马钢股份高炉远程技术支撑平台正式投运。上午 9 时 12 分，马钢股份炼铁智控中心操控大厅内，马钢集团、马钢股份党委书记、董事长丁毅宣布马钢高炉远程技术支撑平台投运，并与马钢集团领导刘国旺、毛展宏、唐琪明、任天宝共同点亮该平台投运球，标志马钢智慧炼铁从 1.0 时代迈入 2.0 时代。

马钢股份高炉远程技术支撑平台是马钢股份铁

前首套跨基地的大数据平台。在马钢股份炼铁智控中心和长钢智控中心分别投运以后，各自均实现铁前全部高炉的集中化远程操作。在此基础上，炼铁总厂和长江钢铁谋划早、行动快，在马钢股份部署"三跨"融合工作后就积极组织实施马钢股份高炉远程技术支撑平台的建设。经过双方技术人员与宝信软件的深入合作，利用半年时间建成马钢股份高炉远程技术支撑平台，打破两个基地之间空间和距离的隔阂，实现智慧制造2.0版本的初步升级，为马钢集团炼铁智慧制造进一步发展和"一总部多基地"战略发展提供巨大支撑。

马钢集团党委常委、马钢股份副总经理任天宝代表公司在仪式上致辞；炼铁总厂负责人汇报该平台建设情况；长江钢铁炼铁厂厂长通过视频汇报马钢股份高炉远程技术支撑平台长江钢铁端投运准备情况。与会人员共同观摩马钢股份高炉远程技术支撑平台的功能展示。

马钢股份总经理助理罗武龙、杨兴亮出席投运仪式。马钢专家、马钢集团相关单位和部门负责人、职工代表，长江钢铁相关负责人及职工代表，宝信软件相关技术人员分别在炼铁智控中心和长江钢铁智控中心参加仪式。

（周宏宇）

【马钢集团2022年首批宝罗员工正式上岗】
2022年8月31日上午，在马钢2022年首批宝罗员工上岗仪式上，随着马钢集团、马钢股份党委书记、董事长丁毅宣布，马钢集团2022年首批40名宝罗员工正式上岗，行业首创宝罗"RaaS"（Robot as a Service）服务模式上线运行。

宝信软件党委副书记、总经理王剑虎，马钢集团党委常委任天宝、总法律顾问杨兴亮，宝武职能部门、宝信软件相关负责人，马钢集团职能部门、业务部门、二级单位及分子公司相关负责人参加仪式。

马钢集团以"干、快干、快快干"的奋斗精神，以开放胸怀拥抱宝罗、以创新思维用好宝罗、以共赢理念提升宝罗，加快落实万名宝罗上岗。马钢集团践行中国宝武"拟人化"方式实现2022年首批40名宝罗员工上岗，探索提出宝罗"RaaS"服务模式，以宝武工业互联网机器人云平台为基础，按照统一的机器人标准和规范，采用BOO的商业模式、平台化运营及"RaaS"服务的方式快速推进宝罗员工上岗，根据宝罗员工所在岗位重要

程度选择不同等级的"RaaS"服务（钻石、铂金、金、银、铜）。"RaaS"服务模式发布是宝武集团内首发，也是机器人平台化运营服务模式的行业首创，是系统化、规模化、服务化、产业化的充分体现和管理创新，具有示范推广和创新引领价值，成为宝罗"RaaS"服务的探路者、勇敢者和挑战者。马钢集团将与宝信软件共同拥抱宝罗员工上岗新业态，共同谱写宝罗员工上岗新创造，共同铸就宝罗员工上岗新产业。

宝武数智办相关负责人表示，今日的创新模式发布是第一步，希望马钢集团和宝信软件在应用模式上继续深度探索，让新模式走深走实，在实践过程中不断总结经验，力争成为业界的标杆示范，形成一种可推广复制的模式；要进一步加强宝罗技术迭代，不断提升宝罗性价比，提升宝罗功能，提升宝罗稳定性和可靠性，实现本质化安全和极致劳动效率；要做好宝罗接入云平台工作，为各区域相互比较，同区域相互对标找差提供有力支撑。

任天宝在讲话时说，马钢集团将与宝信深化合作，探索构建基于宝罗全生命周期管理及平台化运营服务的BOO合作模式，建立健全科学、合理的宝罗员工绩效评价体系，从在役故障率、宝罗员工岗位价值和平台运营服务等级等方面量化评价推进宝罗上岗的工作成效，充分发挥宝罗员工在役价值，实现项目共建、价值共创、成果共享，力争为更多宝罗上岗提供马钢方案，为推动公司宝罗员工的发展和壮大起到积极的推动作用，为中国宝武打造世界一流伟大企业贡献马钢宝罗员工之力。

王剑虎在仪式上表示，万名宝罗上岗是产业变革发展所向，是中国宝武战略升级的重要行动，宝信软件责无旁贷。宝罗"RaaS"服务模式是马钢集团践行宝武以拟人化方式实现宝罗员工上岗的管理创新，机器人平台化服务模式的行业首创，具有示范推广和创新引领价值。宝信软件将携手马钢，结合宝罗云平台，构筑云边端协同计算、大数据应用为代表的机器人生态技术平台体系，实现生产要素全局优化配置，推广"RaaS"商业模式，共同推动宝武宝罗员工上岗战略落地。

会上首发"宝罗即服务"（RaaS）模式；5名马钢职工与宝罗员工代表签署宝罗员工师带徒协议；播放马钢集团宝罗员工专题片。

马钢交材坚决贯彻新发展理念，与宝信软件携手合作，经过多轮磋商后共同达成"RaaS"服务

模式协议，成为第一个"宝罗即服务"模式的践行者。仪式上，马钢交材与宝信软件签署"RaaS"服务合作协议。

（杨凌珺）

【马钢集团研发中心建设项目完成主体结构封顶】 马钢集团研发中心建设项目，是马钢集团贯彻落实习近平总书记考察调研中国宝武马钢集团重要讲话精神的重大举措，是马钢集团高度重视技术创新，践行"三高两化"和"高科技"战略路径，推进高质量发展的标志性工程。

项目地处马钢集团公司办公楼东侧，延续马钢集团办公楼东西轴线，总投资2.8亿元，总建筑面积4.3万平方米。项目主要包括位于西南角的主楼，用于研发办公；位于东北角的辅楼，用于科研检测试验；位于东南角的裙楼，设有科技展厅、报告厅和会议室；西北裙楼设有各类实验室、职工餐厅、咖啡厅及职工活动场所；二层西侧与马钢集团公司办公楼以连廊相通，项目整体建筑形成环形。项目于2022年3月底正式开工，2022年9月23日主体结构封顶，2022年底初步建成。

项目瞄准企业科研核心和创新策源地，重点建有优特长材、轨交轮轴、精品板带和低碳冶金等核心实验室，汇聚国家级企业技术中心、院士工作站、博士后工作站，以及轨道交通关键零部件先进制造技术国家地方联合工程研究中心和轨道交通关键零部件安徽省技术创新中心等创新平台，致力于打造中国宝武世界一流企业研究院优特长材研发核心，对升级马钢集团研发体系，提升科研开发实力，加快科技成果孵化都具有十分重要的意义，必将成为马钢集团科技发展中的里程碑。

（曹红霞）

【世界首套连铸板坯圆弧角型装置在马钢集团热试成功】 2022年11月17日下午14时，马钢集团党委副书记、总经理毛展宏下令"开始"，世界首套连铸板坯圆弧角成型装置热负荷试车在四钢轧总厂正式启动。

一直以来，四钢轧总厂板坯角部裂纹缺陷清理作业需板坯在坯库冷却后由人工承担，不仅劳动强度大、清理质量不稳定，而且由于人工清理效率低，物流周转不畅，造成清理产能无法提升，人工及生产成本难以降低。本次增设的铸坯圆弧角成型装置，由上海东震冶金工程技术有限公司开发，清理速度达4.5~6米/分钟，单台年处理能力70万吨。铸坯圆弧角成型装置的投用，不仅能稳定清理质量、提高板坯周转速率、降低铸坯热损失，提升铸坯热装热送比，而且更加清洁环保，大大改善现场作业环境。

14时15分，在火焰的映照下，随着铸坯圆弧角缓缓呈现，标志着铸坯圆弧角成型装置热负荷试车圆满成功。在热烈的气氛中，毛展宏与四钢轧总厂领导班子成员共同为铸坯圆弧角成型装置热负荷试车成功剪彩。

（申婷婷）

【马钢集团开展创A环境整治现场视察活动暨新特钢项目转炉倾动仪式】 2022年11月22日上午，马钢集团开展创A环境整治现场视察活动暨新特钢项目转炉倾动仪式。马钢集团、马钢股份党委书记、董事长丁毅率队深入特钢公司电炉区域视察创A现场环境整治情况，赴新特钢项目现场视察建设情况、参加1号转炉倾动仪式，现场做党的二十大精神宣讲暨新特钢工程建设再动员，并以普通党员身份参加基层党组织联创联建活动。此次视察的特钢电炉和新特钢项目，现场环境整治和工程建设情况较好，创A效果超乎想象。在新特钢项目建设中，项目部与各参建单位争分夺秒，全方位保安全、抓质量，顺利完成一个又一个节点。10时50分，在新特钢炼钢区域，马钢集团党委副书记、总经理毛展宏宣布，1号转炉正式开始倾动试车。在炼钢转炉平台现场，1号转炉炉门缓缓打开，随后顺畅完成向前倾动90度再回正、向后倾动90度再回正、下枪、提枪等系列操作，标志着马钢股份新特钢工程1号转炉倾动试车成功。

在仪式现场丁毅要求，新特钢项目部与参建各方必须坚持"安全质量第一、工期控制有效、施工紧张有序、项目干净彻底"的原则，尤其要聚焦安全质量，坚定信心底气，做得好的继续保持、有欠缺的迎头赶上，以"时时放心不下"的使命感和责任感为工程把好关、收好尾。

（罗继胜）

【马钢股份C号烧结机一次性投产成功】 2022年12月3日，马钢股份C号烧结机一次性投产成功。9点16分，炼铁总厂新建C号烧结机按计划准时投料开机生产，现场信号铃声响起，配混线皮带顺序启动，按照设定配比进行上料。10点08分，第一辆烧结机台车缓缓从火红的点火炉开出，表面点火情况较好，料层表面呈青黑色，料面平整、均匀。系统整体运行平稳，13点08分，随着开机料顺利出成品，标志着C号烧结机一次性投产成功。

炼铁总厂C号烧结机建设工程是马钢集团围绕中国宝武优化提升马钢股份铁前产品产线功能2020—2022年规划蓝图，以推动马钢集团"绿色发展·智慧制造"水平的重点工程。项目总投资7.3亿元，建设烧结机面积360平方米，作业天数340天，烧结机利用系数1.31吨/(平方米·小时)，年产烧结矿385万吨。工程设计满足绿色发展和智能制造需求，符合"三治"(即废气超低排、废水零排放、固废不出厂)和"四个一律"(即现场操作室一律集中、操作岗位一律采用机器人、运维监测一律远程、服务环节一律上线)的原则。工程范围从原燃料的接受到烧结成品矿输出的主体工艺设施及配套的辅助设施。建设的主要内容有原燃料处理系统、配料混合系统、烧结冷却系统、成品筛分系统、脱硫脱硝系统、配套公辅系统等。

C号烧结机建设工程烧结烟气进行全脱硫脱硝，两个系统的烧结烟气在烧结主抽风机后一并进入烟气脱硫脱硝系统。采用循环流化床半干法(CFB)脱硫工艺+选择性催化还原法(SCR)脱硝工艺，以实现达标排放，同时便于除尘设施的维护管理以及粉尘的集中回收利用。不仅如此，为有效捕集烧结生产过程中散发的烟气和粉尘，确保产线内外的环境卫生，该工程按照国家超净排放标准建设环境除尘系统4套，有效地改善烧结区域的环境，充分满足马钢股份烧结系统达到国家创建环境绩效A级环保建设的要求。

C号烧结机建设工程采用中冶华天自主研发的新型水密封环冷机、余热回收等多项节能减排新技术，推动马钢集团打造全国最具竞争力的铁前生产研发基地及产业链延伸和深加工基地，对马钢股份改善铁前生产组织，淘汰落后工艺，实现清洁生产，降低炼铁原料成本，践行"碳达峰、碳中和"战略目标，实现"绿色、智慧、精品"发展战略，提高老高炉系统生产运行质量具有十分重要深远的意义。

C号烧结机工程2022年1月13日全线开工建设，2022年12月3日建成投产，实际工期324天，比计划工期提前60天，创造同类烧结机建设工期的新纪录。工程一次性投产成功，第一批次烧结矿成分检测达到一级品标准。

(周宏宇)

【马钢股份B号高炉大修竣工点火投产】2022年12月8日，马钢股份B号高炉大修竣工点火投产。

作为庆祝中国宝武"公司日"的重大项目之一，2022年12月8日12时26分，炼铁总厂B号高炉点火。马钢集团、马钢股份党委书记、董事长丁毅宣布马钢B号高炉点火，并与马钢集团党委副书记、总经理毛展宏，上海宝冶总经理陈刚等领导共同用取自马钢A号高炉的火种点燃火把，郑重送入B号高炉风口，以此为标志，马钢股份B号高炉顺利点火投产。

马钢集团领导高铁、唐琪明、任天宝、伏明、马道局及王光亚、邓宋高、罗武龙、杨兴亮，中冶赛迪集团副总经理王波、上海宝冶副总工程师兼冶金公司总经理李鹏、中冶赛迪股份公司副总经理肖宇，马钢专家、马钢集团相关部门负责人，炼铁总厂领导及职工代表，B号高炉大修设计、施工和监理单位领导及职工代表共同见证这一振奋人心的时刻。

在点火投产仪式上，设计单位代表，中冶赛迪集团副总经理王波、上海宝冶总经理陈刚分别致辞。

马钢集团党委副书记、总经理毛展宏代表公司在仪式上致辞，B号高炉的投产，标志着马钢股份北区填平补齐项目又一重大节点顺利落地，马钢股份高炉运行效率在南北区各自平衡的推动下将实现全面提升，各项指标将再上新台阶，必将极大提振马钢集团高质量发展的信心和动力。他要求，马钢股份铁前单位要以B号高炉大修复产为新的起点，抢抓机遇，乘势而上，努力超越自我，实现弯道超车，快速达产达效。全体干部职工要以党的二十大精神为指引，踔厉奋发、勇毅前行，扛起钢铁报国的使命担当，聚焦关键指标，全面开展对标找差，以吨铁成本站稳中国宝武第一方阵为目标，拉高标杆，奋勇争先，全方位支撑公司高质量的发展，为全力打造后劲十足大而强的新马钢，为宝武"老大"变"强大"、创建世界一流伟大企业，作出新的更大贡献。

马钢集团党委常委伏明主持点火投产仪式。炼铁总厂负责人在仪式上介绍B号高炉大修项目情况。

B号高炉大修工程是马钢集团"十四五"战略规划的重要内容之一，也是马钢集团实现产品产线升级改造的核心项目之一，更是打造宝武优特钢精品基地、建设大而强的新马钢的重要基石。9月15日，B号高炉正式休风停炉实施大修。此次大修，应用高产、长寿、智能化，清洁生产、绿色环保等多项自主研发技术，并结合马钢股份A号高炉大修经验，重点优化风口平台布置、出铁场建筑设计、减压阀组降噪、出铁场渣铁沟沟系等工序，扩大数字化设计的应用，致力于打造工艺领先、高效长寿、环境友好的全新高炉，项目总投资132506万元（不含税）。此次大修实施"炉体二分段推移快速大修"新工艺：炉体最终段重达7116吨，滑移距离103.35米，滑移炉体高度21.7米；INBA水渣改造为底滤法渣处理工艺，突破了渣处理工艺改造的瓶颈；干法除尘实施离线模块式组装及远距离平移（371米）；B号高炉大修后采用智控中心远程操控，建立高炉点火投产远程化操控的模式。

在马钢集团各级领导的大力支持和关心下，大修项目部会同所有参建单位，坚持高标准、严要求，抓安全、抢进度，克服大修场地狭小、施工单位密集、立体交叉作业与组织协调复杂等重重困难，历经84天的顽强拼搏，高水平、高质量、圆满地完成B号高炉系统所有大修项目，比计划工期提前6天，再次创造高炉大修"马钢新速度"。

（周宏宇）

【马钢集团举行新特钢项目一期工程建成仪式】 2022年12月23日，马钢集团举行新特钢项目一期工程建成仪式。9时许，随着上海主会场宝武总经理、党委副书记胡望明远程下达产线联动指令，马鞍山市委书记张岳峰，市委常委、常务副市长黄化锋，市委常委、市委秘书长方文，马钢集团、马钢股份党委书记、董事长丁毅，马钢集团总经理、党委副书记毛展宏，中冶京诚党委书记、董事长岳文彦，宝武环科党委书记、董事长陈在根，十七冶集团党委委员、副总经理周金龙等领导共同推杆，马钢股份新特钢项目一期工程建成。丁毅在建成仪式上表示，在中国宝武的坚强领导下，在马鞍山市委市政府的大力支持下，新特钢工程自2021年11月18日开工建设以来，马钢集团克服疫情和极端天气的影响与参建各方，坚持安全质量第一、工期控制有效、施工紧张有序、项目干净彻底，全力以赴推动工程建设提速提质，不断创造工程项目建设新的马钢速度。马钢集团将以党的二十

大精神为指引，全面落实公司第六次党代会确定的各项目标任务，踔厉奋发、勇毅前行，早日实现新特钢工程项目达产、达标、达效，加快"卡脖子"领域的产品突破和进口替代，为建设后劲十足大而强的新马钢，为中国宝武成为全球钢铁及先进材料引领者，共建产业生态圈作出新的更大贡献。马钢集团助理级以上领导，各部门、单位党政主要负责人，中国宝武生态圈单位、项目施工单位员工代表参加建成仪式。

（罗继胜）

【马钢集团举行特钢智控中心投运仪式】 2022年12月27日，马钢集团举行特钢智控中心投运仪式，由马钢集团、马钢股份党委书记、董事长丁毅朗声宣布，并与马钢集团领导毛展宏、任天宝、伏明及杨兴亮，宝信软件副总经理梁越永等在大屏幕共同按下启动手印，标志马钢股份特钢智控中心正式投运。马钢股份特钢智控中心是集产线远程操控、产线管控及智慧应用于一体的特钢智慧制造中心，创造特钢行业多个第一，创造马钢集团智控项目建设的高质量和新速度。它的建成投运是贯彻落实宝武"四个一律"要求、打造中国宝武优特钢精品基地的"智慧"新蓝图、实施管理变革和流程再造的务实之举，对提升特钢管理效率、生产效率、作业环境，推进特钢管理能力、岗位标准化作业水平提升，助力马钢股份特钢公司实现弯道超车，快速实现集团既定的战略目标，有着极其重要的意义和作用。

马钢集团运营改善部、技术改造部、制造管理部主要负责人，特钢公司班子成员及职工代表，宝信软件及项目相关人员参加投运仪式。仪式后，马钢集团与会人员进行座谈交流。丁毅在座谈中表示，这是令人振奋、倍感鼓舞的一天。特钢智控中心短短一年内，把建设中的诸多"不可能"变为"可能"，这是"马钢速度"与精神面貌的展现，也是大家谋划力、统筹力、执行力的体现。丁毅强调，新特钢项目是承接"中国宝武优特长材专业化平台公司"新的战略定位，着力打造中国宝武优特钢精品基地而实施的重大技改工程，是马钢集团二次创业、转型发展的标志性项目，也是特钢公司承担的历史重任。

（罗继胜）

【马钢集团与马鞍山市政府共同举行马建公司股权转让签约仪式】 为进一步落实中国宝武和马

鞍山市委、市政府批准的《关于马建公司深化改革维护稳定方案》，切实促进马鞍山钢铁建设集团有限公司（简称"马建公司"）通过深化改革走出困境，尽快实现健康可持续发展，2022 年 12 月 24 日上午，相关参与方《合资合作协议》《股权转让协议》签约仪式举行。

在马钢集团、马钢股份党委书记、董事长丁毅，马鞍山市委常委、常务副市长黄化锋，中铁二十三局总经理王政松的见证下，中铁二十三局、马钢集团、江东控股集团、中铁两江公司、马鞍山市政府、雨山区政府共同签约《合资合作协议》，马建公司工会、中铁两江公司共同签约《股权转让协议》，马建公司工会、江东控股集团共同签约《股权转让协议》。

仪式由马钢集团工会主席邓宋高主持。

推进马建公司深化改革工作，是贯彻落实习近平总书记关于以人民为中心的发展思想，担当央企社会责任，促进地方经济和谐稳定发展的具体实践。马建公司深化改革联合工作组高效运转、扎实工作，克服重重困难，按照改革方案，咬定目标坚持不懈向前推，依法合规谋实谋细每一步，妥善解决相关历史遗留问题，有力维护社会大局稳定，取得突破性的阶段成果。

签约仪式上，丁毅代表马钢集团讲话。他首先对在马建公司深化改革、维护稳定工作中给予关心支持和帮助的各方表示衷心的感谢。丁毅说，协议的签订，是新的马建公司凤凰涅槃、重生发展的新的起点和开端，是迈向高质量发展新征程的始点。当前，宝武正在加快建设世界一流伟大企业，马钢集团正在加速推进二次创业、转型升级、高质量发展，我们需要有中铁二十三局这样的优秀企业加入宝武生态圈，共同搏击市场风雨，共创合作共赢美好未来。丁毅最后表示，将继续深化产城融合发展，打造市企一家亲的典范，履行好央企的政治责任和社会责任，主动融入全市发展大局，按照市委、市政府的要求，共同推动马鞍山发展、造福马鞍山人民。

黄化锋表示，马鞍山市委市政府全力支持新马建公司的发展，支持中铁二十三局带领新马建公司开启新的征程，在合作共赢、共建共享上继续谱写新的篇章。

王政松表示，中铁二十三局将严格按照协议要求，推进各项工作落实，深度融入、广泛参与、积极支持马鞍山市各项事业发展，为马鞍山高质量发展贡献力量。

马钢集团总法律顾问杨兴亮，市、区相关部门负责人参加签约仪式。

（裔　华）

【马钢集团牵头启动一项国家"十四五"重点研发计划】　2022 年 3 月 31 日，由马钢集团牵头承担的国家"十四五"重点研发计划"智能传感器"专项"特种钢生产关键参数在线检测传感技术开发及示范应用"项目，召开项目启动会暨实施方案评审会。项目咨询专家组组长王海舟院士对项目推进实施给予了高度期望和积极评价。

"十四五"重点研发计划是科技部落实"四个面向"，聚焦国家战略亟须，导向关键技术突破而设立的科技攻关项目。2021 年初，马钢集团科技团队聚焦马钢股份高铁车轮等特种钢关键参数在线监控技术难题，联合中国钢研纳克、中国科学院沈阳自动化研究所、北京科技大学、冶金自动化研究设计院等国内知名院校、科研机构，申报国家重点研发计划"智能传感器"专项，2021 年 12 月获科技部批复。

该项目周期为三年，成果应用后可使马钢股份特种钢精炼工艺调整周期缩短 30%、连铸工艺改进周期缩短 50%、轧制废品降低 20%，提升加工效率，实现能源消耗降低 5%，并可降低二氧化碳的排放。项目的实施将对有效提升我国高速车轮和特种钢制造的智能化水平发挥重要示范作用。

（黄社清）

【马钢股份获上市公司"金质量"奖——优秀党建奖】　2022 年 1 月，由上海证券报主办，南开大学中国公司治理研究院、上海交通大学高级金融学院提供学术支持的 2021 上市公司"金质量"奖评选结果正式揭晓，马钢股份获 2021 上市公司"金质量"奖——优秀党建奖。

"金质量"奖是国内上市公司领域内最权威、最具影响力的奖项之一。作为本次评选中最重要奖项之一的"优秀党建奖"，主要考量上市公司党建工作在有效促进上市公司治理，提升公司美誉度等方面发挥的作用。获得"金质量"奖标志着业界对马钢股份党建工作的充分肯定。

2021 年，马钢股份党委坚持以习近平新时代中国特色社会主义思想为指导，全面贯彻党的十九大和历次全会精神，深入学习贯彻习近平总书记考察调研中国宝武马钢集团重要讲话精神，围绕公司生产经营、改革发展中心工作，纵深推动全面从严治党向基层延伸，推动"两个一以贯之"落地落实，以高质量党建保障高质量发展，扎实推进党史学习教育、深化支部品牌创建、加大宣传思想引领。

（徐亚彦）

【马钢股份获"新财富最佳 IR 港股公司（A+H 股）"称号】　2022 年 3 月 31 日，第五届新财富最佳 IR 港股公司榜单揭晓，马钢股份与 20 家上市公司共同上榜，获"第五届新财富最佳 IR 港股公司（A+H 股）"称号。

《新财富杂志》于 2022 年 1 月正式拉开第五届新财富最佳 IR 港股公司评选序幕。此次评选坚持公平、公正、公开的原则，以科学客观的评价体系，以帮助市场多维度发掘优秀投资者关系管理团队以及最佳 IR 港股公司为目标，进而对优化上市公司治理结构、提升信息披露水平、推动中国资本市场健康发展起到积极作用。历时 3 个月，通过对上市公司主观和客观评价的两轮评选，最终评选出 21 家上市公司获得这一荣誉称号。

长期以来，马钢股份致力于建立完善公司治理体系和规范公司治理程序，建立分工明确，有效制衡的法人治理结构，决策科学合理，运转高效。在对外披露信息方面真实、准确、完整，同时采取多种形式创新投资者沟通渠道，积极主动加强与境内外投资者沟通，帮助投资者及时、充分了解公司信息。首次获得该荣誉，充分体现资本市场对马钢股份投资者关系管理团队优秀成绩的认可。

（徐亚彦）

【马钢集团建成独具冶金行业特色的 5G 智慧电厂】　智慧电厂是马钢集团发电结合 CCPP 发电项目，从智慧制造、集中操控等角度进行充分的思考和规划，利用多项新兴技术（如 5G、云平台、大数据、移动互联、机器人、人工智能、三维建模等）与传统电力企业安全生产、运营管控有机融合，精心打造的综合性智慧管控平台。智慧电厂系统实现全新的电厂智能自主运行管理方式，形成具有新时代特点的自主创新成果和实践经验，从而优化生产过程、减少人工干预，打造"智能、协同、融合、安全、柔性"的智慧电厂生态体系，使电厂处于安全性高、经济性好、绿色环保、适应性强的良好运营状态。

智慧电厂采用最新的 5G 通信技术，是安徽省内首个落地的 5G 项目。智慧电厂的功能和应用包括：构建三维虚拟电厂，以此为基础对各项智能应用进行可视化展示；智能巡检系统，通过智巡机器人代替人工巡检，提高点巡检效率；建立人员定位系统，结合智能两票、电子围栏等实现安全的可视化管理；建设无人化房所，在开关室、升压站建立全面智能的设备感知、环境感知功能，实现无人化、自动化；实现智能管廊监测，对电缆隧道、电缆夹层、热力管道进行智能监控，及时发现电缆异常放电、异常温度及其他异常状况，提升安全性；实现智能照明，结合人员定位功能，实现黑灯工厂，有效节能；实现智能预警，结合 TDM（旋转机械诊断）等综合态势感知和大数据分析，对设备劣化进行趋势分析和预警，提高设备安全性、可靠性；此外，智慧电厂还集成运行优化等多个功能模块。

智慧电厂建成后，产生可观的直接和间接效益，提供一个具有冶金行业特色的智慧电厂的典范，有效提升马钢集团的整体形象。

（蒙　飞　曹俊水）

【马钢集团组织开展创建环境绩效 A 级企业现场环境整治活动】　2022 年，为深入推进环境整治，马钢集团系统谋划、把控全局，开展 8 轮次环境绩效创建 A 级企业（简称"创 A"）现场视察活动，覆盖 10 家单位 18 个区域，有效推动厂区环境整治、生产现场改善和技改项目实施，现场视察工作分为四个阶段进行。

第一阶段，营造氛围。5 月 13 日与 6 月 8 日，马钢集团两级班子领导及各单位党政负责人分别到港务原料总厂 1B 大棚周边和煤焦化公司南区食堂周边开展义务劳动，种植树苗、铺设草皮，清理废旧备件、清除垃圾，并参观能源环保部超低排项目现场，营造环境整治浓厚氛围。

第二阶段，由厂区环境向产线环境推进。7 月 13 日，马钢集团公司领导带队深入炼铁总厂 B 号烧结机和 A 号高炉产线，在烧结二分厂，马钢集团领导看望慰问了一线员工，送上防暑降温用品；8 月 18 日，参观四钢轧总厂 300 吨转炉平台，围绕"一个大循环""两园五点""品质提升"等整治内容，对北区环境整治项目进行验收。视察活动深入现场，推动环境整治"由表及里，纵深推进"。

第三阶段，由单产线向全工序覆盖。9 月 28

日，对马钢交材"同心园"和车轮二线生产现场以及冷轧总厂 2130 酸轧、3 号镀锌和 4 号镀锌产线进行视察；10 月 25 日，先后到长材事业部二区 120 吨转炉平台、精炼、重异连铸、重型 H 型钢轧线现场，视察现场整治效果和创 A 项目推进，之后乘车到达能源环保部发电一分厂对发电机组、厂区环境整治进行视察；11 月 22 日，马钢集团领导带队到马钢股份特钢公司电炉炼钢、LF 精炼、圆坯连铸以及新特钢项目现场视察，通过视察使环境整治工作由单条产线向全工序覆盖，各级管理人员、全体员工思想观念得到转变，基础管理进一步提升。

第四阶段，推广复制。于 2023 年组织实施。

（冒建忠）

【马钢集团 400 兆帕级冷轧高强双面搪瓷用钢国内首发】 2022 年 5 月 19 日，经马钢集团技术中心和马钢（合肥）钢铁有限责任公司协同攻关，两卷冷轧高强双面搪瓷用钢在马钢（合肥）钢铁有限责任公司 1 号连退线成功下线。经系统检测，其屈服强度为 428～430 兆帕，实验室双面干法和双面湿法涂搪后，抗鳞爆性能合格，达到用户标准的要求。

2021 年，客户向马钢集团提出冷轧高强双面搪瓷用钢需求意向，要求材料屈服强度达到 400 兆帕级以上，同时满足双面涂搪要求。针对客户的特殊需求，马钢集团迅速组成搪瓷用钢产品研发团队，以技术中心为主导，联合营销中心、制造管理部、四钢轧总厂、合肥公司、冷轧总厂等相关单位，在基于技术中心近两年实验室的前瞻性研究以及大量试验数据的基础上，开展多轮试制验证。团队反复技术论证，采用全新的成分体系，制定合理的热轧、冷轧和退火工艺，摸索出材料的高强度和抗鳞爆性能匹配性关系，最终成功开发出 400 兆帕级冷轧高强双面搪瓷用钢。

冷轧高强双面搪瓷用钢主要应用于户外大型储水箱内胆等。由于特定的使用环境，要求材料须同时具备高强度和双面抗鳞爆性能。国内某钢企已成功开发出热轧双面搪瓷用钢和低强度冷轧双面搪瓷用钢，而 400 兆帕级冷轧高强度双面搪瓷用钢尚属空白。此次，400 兆帕级冷轧高强双面搪瓷用钢的成功试制，标志着马钢集团搪瓷用钢产品研发团队现已全面掌握其关键技术，后期团队将在加快高端用户材料认证的同时，

深化研究材料应用场景，加快市场开拓，为用户创造更多的价值。

（张　宜）

【马钢集团连签三家共建"网络钢厂"】 2022 年 5 月 20 日，马钢集团与金骏安投资集团股份有限公司在遵义市签署战略合作协议。此次签约，是马钢集团继 4 月 24 日与晋南钢铁集团、5 月 15 日与安徽金安不锈钢铸造有限公司签订关于"基地管理+品牌运营"的战略合作协议以来，一个月内连续签订的第三家网络钢厂。

马钢集团立足自身的资源禀赋优势，聚焦"宝武优特长材专业化平台公司"战略定位，践行"绿色、精品、智慧"创新理念，按照"跳出马鞍山发展马钢"的要求，积极推进与战略合作伙伴共建"网络钢厂"，与金骏安集团在"基地管理+品牌运营"的合作模式上达成共识，推动央企和民企协同高质量发展，加速优特长材国内布局，携手打造具有全球竞争力的钢铁业优特长材引领者。

此次签约的遵义长岭特钢产品转型项目，将在型钢设备选型、工程建设、技术支持、品牌运营、仓储物流及营销网络等领域，开展全方位、多层次、宽领域的深度合作。建成投产后，将形成 200 万吨规模，以 H 型钢、钢板桩、工角槽钢等为主的组合产品，以满足国内钢结构装配式建筑产业的需求。

（黄　曼）

【马钢集团晋南生产制造基地落户山西临汾】 2022 年 6 月 9 日，"宝武马钢晋南生产制造基地"揭牌暨"晋南钢铁 H 型钢生产线委托管理框架协议"签约仪式在山西省临汾市曲沃县山西晋南钢铁集团举行。该基地由马钢集团与晋南集团联手打造，此次揭牌、签约标志着双方的合作关系迈上更大平台、更深层次和更高水平，是深入贯彻落实新发展理念，推动央企和民企协同共进的一次全新探索。

马钢集团担当央企"中流砥柱"使命责任，加快马钢集团二次创业转型升级步伐，对内强身健体、对外开疆拓土，着力建设中国宝武优特长材专业化平台公司和优特钢精品基地。此次揭牌是贯彻落实网络钢厂"五个一"奋斗目标和"跳出马鞍山发展马钢"战略指引的实质行动，也是双方深化战略合作关系的务实之举，对提升双方的制造技术

能力、品牌影响力和市场竞争力，具有十分重要的意义。以此为标志，马钢集团与晋南集团的合作迈上更大平台、更深层次和更高水平，也为马钢未来专业化平台公司的建设探索了新路径。

（黄　曼）

【马钢股份首个多系统协同结算平台上线】2022 年 6 月 10 日，马钢股份产销—工贸—标财三大系统协同结算一体贯通，在运营共享马鞍山分中心完成首笔交易结算，此举在中国宝武马鞍山区域多系统协同结算领域尚属首次、开创先河。

中国宝武集团实施财务共享一体化集中管理后，马钢股份公司与下属多个子公司逐步纳入共享全流程覆盖，运营共享马鞍山分中心联合马钢股份快速响应、主动作为，于 2021 年 11 月统筹发布《关于马钢股份公司产销系统与分子公司工贸系统结算协同的功能需求》，抽调精兵强将，成立专项工作组，全力推进产销与工贸系统协同结算功能开发，历经半年多的需求调研、功能设计、系统开发、联调测试，在马钢股份标财系统上线一周年后，实现马钢股份产销、工贸系统标财协同结算，彻底解决马钢股份营销中心月底集中开票及子公司当月入账的难题，减少冗余的线下单据流转环节，有效提升内部结算效率。

此次通过信息化手段重塑的系统数据快速交互平台，是在标财完成马钢股份销售发票开具后，以合同、发货协同信息为基础，由产销系统直接将标财发票信息下发工贸系统自动提交采购报支并自动完成预付款核销，标财系统接到信息后自动完成审复核抛账，纸质发票直接在运营共享马鞍山分中心内部流转并完成配单。期间只有销售开票业务必须通过人工操作，采购入库报支业务实现了全流程的自动化，直接减少子公司采购环节报支工作量，实现购销双方同步入账，极大提高采购报支业务的效率。

马钢股份产销、工贸系统标财协同结算的成功上线，是宝武马鞍山区域业财高度融合的典范，也充分展现运营共享"优质源于专业，满意源于高效"的服务精神。

（金　花）

【马钢集团两名"宝罗"获评中国宝武"宝罗之星"】2022 年 7 月，中国宝武集团上半年"宝罗创先争优赛"和"最佳实践分享赛"评审活动圆满落幕。马钢股份检测中心原料制样机器人、长

江钢铁棒捆焊标机器人入选 10 名宝武"宝罗之星"之列。

为加快推进"万名宝罗上岗"，宝武集团于 2022 年 4 月下发"万台机器人"专项劳动竞赛通知，在集团范围内全面启动机器人技能竞赛。马钢集团积极响应宝武"万名宝罗上岗计划"，组织参加此次技能竞赛，在公司范围内营造"宝罗上岗"的浓厚氛围。经过三轮严格激烈的评比，马钢集团两名机器人从 109 项参评机器人中脱颖而出，获"宝罗之星"称号。

马钢股份检测中心原料制样机器人上线后，制样工序实现粒度智能检测、样品智能输送和备样智能存储等功能，极大改善原制样作业场所分布点散、人为因素大、劳动强度大的情况，彻底解决备查样人工保存调用费时费力、风险防控难度大等问题，有效提升质量检验的准确性、及时性，全套检测流程比人工操作缩短了一半以上时间。

长江钢铁棒捆焊标机器人采用 3D 相机识别系统，引导机器人精准焊标，大大提高焊标成功率；采用可通信焊机，可以便捷地对焊接电流等参数进行调整，达到最佳焊接效果，有效提升标牌焊接的牢固度。棒捆焊标机器人的使用，有效降低生产成本，提高生产效率和安全系数。

（杨凌珺）

【马钢集团举行国家 3A 级旅游景区揭牌暨国企开放日活动】2022 年 8 月 9 日上午，马钢集团国家 3A 级旅游景区揭牌暨马钢工业旅游景区开园仪式、国企开放日活动在马钢智园举行。马钢集团领导丁毅、毛展宏、高铁、任天宝及罗武龙参加仪式。

9 时许，马钢集团、马钢股份党委书记、董事长丁毅宣布马钢工业旅游景区正式开园，并与马钢集团总经理、党委副书记毛展宏，马钢集团、马钢股份党委副书记、纪委书记高铁，马钢股份总经理助理罗武龙，马鞍山市文旅局相关负责人共同按下启动球，马钢工业旅游景区正式开门迎客。

仪式上，丁毅和毛展宏共同为马钢工业旅游景区揭牌，高铁在仪式上讲话，市文旅局相关负责人宣读马钢工业旅游景区评定为国家 3A 级旅游景区的批复。

此次揭牌开园同时也是马钢"大国顶梁柱奋进新征程"国企开放日活动，旨在打造国有企业与社会公众沟通平台，充分展现使命担当，树立良好形象。

2020 年 8 月 19 日，习近平总书记考察调研中国宝武马钢集团。两年来，马钢集团坚持以习近平生态文明思想为指引，深入贯彻落实习近平总书记考察调研中国宝武马钢集团重要讲话精神，按照宝武"三治四化""两于一人"工作等要求，学习借鉴宝武兄弟企业的经验做法，以绿智赋能，积极创建极具马钢特点的 3A 级工业旅游景区，打造出富有马钢深刻内涵、具有丰富工业资源，集智慧制造、绿化景观、历史文化等主题为一体的全方位、全覆盖精品工业旅游线路。7 月 29 日，马鞍山市文旅局下达批复文件，马钢工业旅游景区达到国家 3A 级旅游景区标准，批准为国家 3A 级旅游景区。马钢工业旅游景区的成功创建，是市企一体、钢城融合，携手共建"生态福地、智造名城"的又一重要成果。

高铁在讲话时指出，马钢工业旅游景区的创建具有十分重要的政治意义和现实意义，是马钢全面落实国家"双碳"政策、推动绿色低碳发展和环境绩效创 A 的重要一步，是践行陈德荣董事长提出的"盆景变风景""风景变景区"的"绿色发展·智慧制造"工作要求，实现产城共生共融共赢发展格局的重要组成部分，也是助力马鞍山"生态福地、智造名城"建设，推动马钢实现"绿色发展·智慧制造"的重要实践。马钢将以今天为新的起点，充分发挥央企的标杆带头作用，进一步解放思想、创新举措，加速推进管理步伐，努力把马钢打造成一个聆听钢铁故事的观光工厂，一个生产生活生态相融、宜业宜居宜旅游的特色工业景区，实现开放共享、文化会友、旅游迎客，全面展示马钢全球钢铁业优特长材引领者和"花园式滨江生态都市钢厂"的企业形象，为马鞍山构建主题鲜明、形式多样、内涵丰富、功能齐全的工业旅游体系作出钢铁贡献。

马钢集团有关单位主要负责人、马钢智园五部及炼铁总厂职工代表、马鞍山市旅行社协会代表、安徽冶金职业技术学院学生代表参加仪式。

"道路整洁宽阔，满眼绿意盎然，马钢智园充满智慧感、科技感，给我们眼前一亮的感觉。""现场参观了宏伟秀美的马钢，深受震撼，尽管冒着高温，但这次游历让我们都感觉很值得。"在仪式结束后的国企开放日活动中，作为首批游客，安徽冶金职业技术学院学生代表、马鞍山市旅行社协会代表参观马钢展示馆、炼铁智控中心，乘观光车

游览幸福大道、钢轧·奉献园、孟塘园，对马钢集团在绿色智慧领域取得的成绩称赞。

（张 泓 庞 湃）

【马钢集团举行升旗仪式喜庆中国宝武"公司日"】 2022 年 12 月 23 日上午，马钢集团在公司办公楼南广场隆重举行升旗仪式，庆祝中国宝武第二个"公司日"。马钢集团、马钢股份党委书记、董事长丁毅出席升旗仪式并讲话。

马钢集团领导毛展宏、高铁、唐琪明、任天宝、伏明、马道局及王光亚、邓宋高、罗武龙、杨兴亮出席升旗仪式。

马钢集团党委副书记、纪委书记高铁主持升旗仪式。

上午 7 时 38 分，马钢集团国旗仪仗队迈着铿锵有力的步伐，护送国旗、中国宝武司旗、马钢集团司旗走向升旗台。7 时 40 分，随着雄壮的国歌奏响，鲜艳的五星红旗、中国宝武司旗、马钢集团司旗在金色晨光的沐浴下冉冉升起、迎风飘扬。

丁毅在升旗仪式上讲话表示，今天我们举行庄严隆重的升旗仪式，目的是庆祝中国宝武第二个"公司日"，激励和动员全体干部职工胸怀同一份感恩，厚植同一个宝武，追逐同一个梦想。丁毅指出，习近平总书记考察调研中国宝武马钢集团重要讲话精神是马钢人奋勇前进的信念之基、力量之源。两年多来，马钢集团牢记嘱托、感恩奋进，永葆"一年当作三年干、三年并为一年干"的精神状态，把握机遇，顺势而上，以北区填平补齐全面收官、南区专业化改造基本完成、"创 A·圆梦"成效显著的新业绩，拓展马钢集团高质量发展的新赛道、新空间、新格局，在建设后劲十足大而强的新马钢的新征程上迈出更加坚定的步伐。

丁毅指出，马钢集团融入中国宝武后，跨上大国重器、中流砥柱崭新平台，使命更加光荣、前景更加美好。从联合到整合，从整合到融合，马钢集团厚植"同一个宝武"，将宝武先进文化与"江南一枝花"传统文化的深度融合，持续推动理念、定位、体系、模式之变，将"宝武之治"内嵌于企业血脉之中，打造承接宝武战略、践行宝武文化的马钢样板，彰显宝武文化在安徽区域的穿透力、辐射力、影响力，谱写"镇国之宝、钢铁威武"的马钢篇章。

丁毅强调，马钢集团第六次党代会吹响奋进新征程、建功新时代的嘹亮号角。我们要锚定宝武优

特长材专业化平台公司和优特钢精品基地的战略定位，发扬心往一处想、劲往一处使的团结精神，知难而进、迎难而上的拼搏精神，不信邪、不怕鬼、不怕压的斗争精神，全力以赴打造后劲十足大而强的新马钢，奋力开创"企业发展高质量、厂区面貌高颜值、生态环境高水准、职工生活高品质"的崭新局面。在集团公司的坚强领导下，在全体职工的共同努力下，马钢集团一定能够早日建成后劲十足大而强的新马钢，以一马当先带动万马奔腾，为中国宝武建设世界一流伟大企业作出新的更大贡献。

马钢集团机关部门、直属机构、分子公司、二级单位党政主要负责人参加升旗仪式。

（张蕴豪）

【马钢集团举办"乡村振兴　马钢助力"主题活动】 2022 年 12 月 22 日上午，在马钢集团公司办公楼 413 会议室，作为马钢集团庆祝中国宝武"公司日"活动的重要内容，"乡村振兴　马钢助力"主题座谈会隆重举行。与会人员相聚一堂，畅谈巩固脱贫攻坚、接续乡村振兴的收获与感悟，共同展望、描绘乡村振兴美好未来的壮阔图景，并以精彩的联欢节目迎接中国宝武"公司日"。

此次主题活动旨在深入学习贯彻党的二十大精神，传承弘扬中国宝武企业文化和价值观，持续加深马钢集团和帮扶地方的深厚友谊，不断促进乡村振兴工作迈上新台阶。马钢集团党委副书记、纪委书记高铁，马钢集团工会主席邓宋高出席座谈会。云南江城县、含山县、阜南县来宾，马钢集团乡村振兴驻点干部及家属代表，原马钢扶贫干部，马钢集团乡村振兴办相关人员以及马钢集团相关部门及单位负责人参加座谈会。

活动在《一城连三国》和《我在江城等你》两首激情澎湃的歌曲中拉开帷幕。来自云南江城县的"三丫兄弟"将江城县人民对马钢集团的诚挚问候和真切祝福通过歌声表达出来。

与会人员共同观看马钢集团宣传片以及江城县、阜南县、含山县乡村振兴宣传片。马钢集团乡村振兴办主任，阜南县、含山县、江城县来宾代表，原马钢扶贫干部、现外派乡村振兴帮扶干部分别发言。马钢集团驻阜南县地城镇李集村帮扶干部滕德阳，携妻子和女儿以一首《听我说，谢谢你》，对地方各级政府和人民群众在乡村振兴帮扶工作中给予马钢集团的支持和帮助表示感谢。

高铁对各位来宾代表的到来表示感谢，并表示，此次交流会既增进彼此间的了解，加深彼此的情谊，同时，也碰撞出思想的火花，为落实党中央、省委省政府及中国宝武的部署，推进乡村振兴工作提供了新思路、新方法。实施乡村振兴战略，是一项长期的历史性任务，一定要注重规划先行、突出重点、分类实施、典型引路。实施乡村振兴战略是一篇大文章，要统筹谋划，科学推进，加快形成"城乡融合、区域一体、多规合一"的规划体系，强化乡村振兴战略的规划引领作用，根据农村实际，认真谋划乡村振兴发展。高铁表示，新的一年，马钢集团将以习近平新时代中国特色社会主义思想为指导，深入学习宣传贯彻党的二十大精神，以更饱满的热情、更昂扬的斗志、更务实的作风，勇于担当作为，与各帮扶地区携手同行，共同把乡村振兴这张蓝图描绘得更加绚丽多彩。

随后，马鞍山含山县男高音歌唱家吴景来和"三丫兄弟"分别演绎了具有民族和地方特色的节目。活动当天，恰逢二十四节气中的冬至，现场还举行了包饺子活动。在高铁的带领下，大家包起了象征幸福圆满的饺子，通过这样独具中华民族传统特色的方式，见证具有纪念意义的时刻。最后，全体人员集体登台共同演唱《明天会更好》，主题座谈会活动圆满落幕。

当天下午，来自云南江城县、含山县林龙镇龙台村、阜南县地城镇李集村的来宾们参观了马钢展示馆、炼铁智控中心、特钢展厅，车览幸福大道和孟塘园，实地感受马钢集团在智慧制造、绿色发展方面取得的成果。

（张蕴豪　刘安兰）

【马钢集团举行新版工装"换装"仪式】 2022 年 8 月 9 日上午 8 时许，马钢集团、马钢股份党委书记、董事长丁毅和马钢集团总经理、党委副书记毛展宏为 20 名员工代表佩戴新铭牌。由此，马钢集团新版工装正式"换装"。

马钢集团、马钢股份党委副书记、纪委书记高铁在仪式上讲话。仪式由马钢集团党委常委、副总经理唐琪明主持。马钢集团领导任天宝、伏明、章茂晗、马道局及罗武龙出席仪式。

此次发布的新版工装运用和体现中国宝武的标志元素，主色为宝武蓝，搭配橙色，活力迸发；反光条让穿着者的识别度和安全系数更高；新铭牌体现每位员工都是中国宝武品牌的形象大使。新工装干净利落的款式、安全的性能、时尚的风格，处处体现企业的创新和开拓精神，同时也与"江南一枝花"精神和"六个提升"的新内涵相互契合，能够有效提升马钢集团全体员工的精神面貌和品牌意识，增强对"同一个宝武"的认同感、归属感和幸福感。

高铁在仪式上表示，此次换装仪式旨在深入贯彻中国宝武战略和文化理念，持续促进文化整合融合，充分展示新时代马钢集团员工的风采，具有重大意义。他说，新版工装是传播中国宝武文化和中国宝武精神的重要载体，代表企业形象，承载宝武人共同的文化根脉和精神追求。他指出，企业文化决定企业的边界和高度。马钢集团正处于二次创业的关键时期，我们要以这次换装为契机，广泛宣传践行中国宝武文化理念和新时代"江南一枝花"精神，凝心聚力，奋勇争先，坚定战胜严峻市场形势的信心和决心，加快推进转型升级和高质量发展，为把中国宝武打造成为世界一流伟大企业贡献马钢集团的智慧和力量。

（姚思源）

【十八家媒体到马钢集团联合采访】 作为"8·19"系列活动的重要内容，2022年8月15日，由人民日报社安徽分社、新华社安徽分社等18家媒体记者组成的采访团齐聚马钢，集中采访马钢集团近年来在绿色发展、智慧制造和生产经营等方面取得的成绩。

长期以来，马钢集团高度重视对外宣传工作，各级媒体对马钢集团的关注力度不断加大、报道数量不断增多。特别是近年来，人民日报、新华社、央视、光明日报等中央主流媒体频频刊发马钢相关报道，为马钢集团高质量发展成果点赞，马钢集团也成为中央和省市各级媒体挖掘新闻的"富矿"。

当天下午，采访团一行首先到特钢公司优棒产线参观，整洁的产线现场，高效的生产流程，让采访团成员们连连称赞。随后，采访团一行前往马钢智园，先后参观了马钢股份运营管控中心、炼铁智控中心和马钢展示馆。在运营管控中心和炼铁智控中心，一体化的智慧操作系统、科技感十足的操作流程和整洁明亮的操作环境让采访团成员纷纷驻足拍照记录。在马钢集团展示馆，采访团详细了解马钢集团60多年的发展历程，身临其境感受马钢集团的进步变化。随后，采访团记者走进生产一线，深入挖掘马钢集团牢记嘱托、奋勇争先，在党建引

领、改革创新、转型升级、绿色发展、智慧制造等方面展现的新状态、实施的新举措、取得的新业绩。

人民日报社安徽分社记者韩俊杰表示，此次来马钢集团采访，看到的是一个智慧绿色的马钢、一个令人刮目相看的马钢，希望能够通过采访和报道更好地展现马钢成就、讲好马钢故事、传播马钢经验。

（高莹茹）

【"宝武司歌活力操大赛"宁马片区预赛开赛】 2022年8月24日下午，由中国宝武党委宣传部、企业文化部、工会、团委主办，马钢集团承办的"强国复兴有我 聚力奋进有为""宝武司歌活力操大赛"宁马片区预赛在马钢文体中心火热开赛。经过激烈角逐，马钢集团、宝武资源马钢矿业参赛队获一等奖，其余7支参赛队分获二、三等奖。

宝武党委宣传部、企业文化部副部长田钢宣布大赛开赛，马钢集团党委副书记、纪委书记高铁致开幕式欢迎辞。马钢集团工会主席邓宋高，各参赛队单位相关领导出席开幕式并观摩比赛。

宁马片区是"强国复兴有我 聚力奋进有为""宝武司歌活力操大赛"第一个开赛的赛区。马钢集团党委对承办宁马片区预赛高度重视，为把比赛办得既隆重热烈又务实简朴，马钢集团相关部门和单位进行精心策划、精细准备，在宁马片区各公司和参赛队的大力支持与配合下，克服疫情、高温等带来的不利影响，做了大量卓有成效的工作，顺利迎来大赛开幕。

高铁在致辞时表示，期待各参赛队在比赛中赛出精神风貌，展现最佳风采，取得优异成绩。希望广大员工以这次大赛为契机，锻炼强健的体魄，打造健康的心态，在工作中勇于担责、善于创新、敢于争先，提升"强国复兴有我 聚力奋进有为"的宝武精气神，投身应对新一轮市场考验的攻坚战，为把宝武建设成为世界一流伟大企业不懈奋斗，以优异的成绩迎接党的二十大胜利召开。

随着高亢嘹亮的宝武司歌响起，根据赛前的抽签顺序，宝信软件乘风破浪队、宝钢股份热力梅钢队、欧冶链金扬帆队、马钢矿业一马当先队、宝武智维奋进马检队、中钢天源青春天源队、宝武重工活力重工队、马钢集团奋进马队、宝钢工程工程飞跃队9支参赛队——登台。伴随着优美激昂的旋律

和欢快灵动的节奏，参赛队员娴熟变换队形、动作流畅、精神饱满，将动静、快慢、高低的变化寓于整体的和谐统一之中，用整齐有力的动作、变幻丰富的队形，传达昂扬向上、团结协作、奋发进取的精神状态，用原创 RAP 唱词充分彰显中国宝武文化理念的深刻内涵，将"同一宝武、同一梦想、同一时刻"融入充满激情与活力的宝武司歌活力操之中，尽展宝武员工的健康与激情、活力与自信，赢得现场嘉宾、观众的阵阵热烈掌声。在表演环节，由马钢集团、宝武资源马钢矿业创作的音舞快板《总书记来马钢》带大家回到了两年前那个激动人心的高光时刻，鼓舞鞭策在场所有人奋勇争先、奋进有为。

比赛结束后，田钢、高铁为获一等奖的马钢集团、宝武资源马钢矿业参赛队颁奖、邓宋高、宝武企业文化部企业文化处负责人为获二、三等奖的参赛队颁奖。宁马片区相关单位代表，马钢部分职工代表现场观摩了比赛。

（姚思源）

【马钢集团党性教育和管理研修实践教学基地揭牌】　2022 年 8 月 25 日上午，中国宝武党校、管理研修院首个党性教育和管理研修实践教学基地——马钢集团党性教育和管理研修实践教学基地揭牌仪式在马钢党校举行。马钢集团、马钢股份党委书记、董事长丁毅与宝武党委宣传部部长、企业文化部部长、党校常务副校长、管理研修院院长钱建兴共同为基地揭牌。

2022 年 3 月起，中国宝武党校、管理研修院、马钢党校、教培中心就设立中国宝武党校、管理研修院马钢集团党性教育和管理研修实践教学基地事宜共同开展探索和研讨。经过几个月的方案共创，在双方的高效协同努力下，中国宝武党校、管理研修院马钢集团党性教育和管理研修实践教学基地方案于 7 月正式获批。马钢党校以此为契机，把握机遇、顺势而上，突出中国宝武贯彻习近平总书记考察调研"老大"变"强大"的重要讲话精神，成为各基层党组织党建工作实践成果的众创平台；成为以"江南一枝花"、绿智赋能为特征的管理实践挖掘和现场教学的实践基地；成为中国宝武集团相关重点培训项目的实施主体、长三角地区子公司的服务窗口，奋力谱写马钢集团党性教育和管理研修实践教学基地"后半篇"文章。

（王　丽）

【马钢股份荣膺第十二届全国优秀设备管理单位】　马钢股份经过多年的滚动发展和结构调整，粗钢产能达到 2000 万吨配套生产规模，逐步形成"特钢""型材""板材"三大产品板块。与此同时，企业装备水平和维护能力得到同步提升。拥有冷热轧薄板、镀锌板、硅钢、H 型钢、高速线（棒）材等生产线，其关键设备、核心技术来自德国、意大利、日本等国际知名冶金装备公司，工艺水平达到国际或国内先进水平。高炉、转炉等主体装备基本实现大型化和现代化。

马钢股份多次蝉联安徽省设备管理优秀单位，连续获第七届、第八届、第九届和第十届"全国设备管理优秀单位"、第十一届"全国设备管理示范单位"、2019 年"设备管理标杆企业"等称号。

2022 年，面对严峻的新冠病毒疫情和罕见的高温天气，设备系统群策群力，积极行动、勇挑重担。以"保障设备安全、稳定、经济、高效运行"为基本目标，坚持采用计划预防维修策略和以点检定修为基本模式的设备维护作业体系；用"全员生产维护（TnPM）""设备零故障管理"等理念指导公司的设备管理工作，通过加强设备运行管控、检修组织与资源平衡、物料保供管理和有针对性地实施技术改造等管理举措，持续降低产线故障发生，提高设备综合效率。结合公司整体经营目标的调整，指导制造单元分三年实施检修规划安排，稳步推进各产线检修模型的科学优化。重点对长材二区转炉、四钢 2250、1580 热轧、冷轧 1720、2130 连退和能环部发电机组定年修模型进行深度优化，为马钢股份公司创造边际效益 5000 万元。

从设备全寿命周期理念出发，将基建工程项目投产前相关准备工作纳入设备管理覆盖范围，通过建立四大类、36 项生产准备标准清单，确保基建项目投产即顺产。

围绕关键作业线采取目标值管理，推行事前预防、事中控制、事后整改的设备状态全流程管理模式，完善马钢股份误工管理系统，快速推进关键产线重点设备状态监测，进一步完善异常信息识别和关键信息管控机制，持续优化停机逻辑判断，增加逻辑点趋势图、历史数据查询等功能，不断扩大产线误工管理系统覆盖范围（2022 年已覆盖 131 条作业线）。

借助智能运维平台的智慧延伸，强化了设备远程缺陷定位能力，使得故障能被早发现早解决，减少设备停机。同时,利用每月的案例发布会,以点带面,发现管理短板,寻找改进机会,变事故故障为管理财富。2022 年主重作业线非计划停机时间和设备故障停机率分别比目标值下降 14% 和 15%。

2022 年 8 月,中国设备管理协会授予马钢股份设备管理优秀单位。马钢股份的设备管理将更加先进并贴近现场维护管理的实际需求,有力支撑企业的生产经营活动,朝着文明企业修炼、绿色企业营造、企业文化模塑这一全面规范化生产维护(TnPM)的最高理念迈进,进而实现企业最高目标。

(周　俊)

【马钢股份信息披露工作连续四年获 A 类评价】 2022 年 8 月,马钢股份收到上海证券交易所发来的《关于 2021—2022 年度信息披露工作评价结果的通报》。马钢股份信息披露工作连续四年获评上海证券交易信息披露工作 A 级,充分体现证券监管机构对马钢股份持续提升信息披露质量,丰富投资者联系沟通形式,不断提高规范运作水平的高度认可和最高褒奖,也是马钢股份高度重视信息披露工作的重大成果。马钢股份自上市以来一直高度重视信息披露工作,制定并不断完善信息披露管理相关制度,以健全、规范的制度保障信息披露工作的持续良性运转。同时马钢股份始终致力于完善信息披露工作流程,提高信息披露质量,确保所披露的信息真实性、完整性、及时性和准确性。马钢股份形成以董事长为信息披露第一责任人,以董秘室为信息披露责任部门,以各职能部门及各子公司为支撑的信息披露工作机制,以专业高效的团队和分工协作的流程保障信息披露工作的质量及水平。马钢股份一直致力于保护广大投资者的合法权益,保证畅通的、多渠道的与投资者沟通方式,持续通过上交所 e 互动平台、业绩说明会、现场调研、策略会、投资者热线、公开邮箱等多种方式,与多层次的投资者形成良性互动关系。

(徐亚彦)

【马钢股份获安徽省认定第一批高新技术企业】 为建立我国的高新技术产业,引导企业自主创新,促进高新技术企业快速发展,自 1991 年开始高新技术企业(简称"高企")认定工作,并出台税收优惠减免政策,又在各类国家、省、市有关优惠政策中对高企进行倾斜。随着国家大力发展高企,全国高企数量从十多年前的 4.9 万家,增加到 2021 年的 33 万家,但其中规模 4 亿元以上的企业占比未超过 5%。

中国宝武定位于提供钢铁及先进材料综合解决方案和产业生态圈服务的高科技企业,以"共建产业生态圈推动人类文明进步"为使命,以"成为全球钢铁及先进材料业引领者"为愿景,秉持"诚信、创新、绿色、共享"的公司价值观,大力弘扬"钢铁报国、开放融合、严格苛求、铸就强大"的企业精神,坚持科技创新的核心引领作用,践行高科技、高效率、高市占、生态化、国际化的"三高两化"战略路径。目前,中国宝武系包括各分子公司在内,共有 80 余家高企,其中钢铁产业的不足 10 家。

在马钢集团的关心和指导下,在多方面调研和咨询的基础上,2021 年 4 月,马钢股份正式启动高企申报工作,马钢集团规划与科技部牵头,在马钢集团经营财务部、人力资源部、运营改善部、技术中心等单位的共同努力下,2022 年 11 月 8 日通过认证。马钢股份成为全国钢产量前十企业中唯一一家获高企技术企业认证的公司。

高新技术企业认定不仅对于提升马钢集团整体形象和企业竞争力有着重要意义,同时在减免税方面可获得实实在在的优惠。以 2021 年为例,应纳税所得额 8.81 亿元,按照企业所得税税率 25% 计算,应纳所得税额为 2.20 亿元,若按照高新技术企业的 15% 税率计算,应纳所得税额为 1.32 亿元,减税 8800 余万元。

创新驱动是高质量发展最主要的动力,马钢股份通过国家高企认证,为加快企业转型升级、推动马钢集团高质量发展注入澎湃动力。

(孙曼丽)

【马钢集团案例成为全国 5G 技术应用"标杆"】 2022 年 4 月上旬,全球移动通信系统协会(简称 GSMA)发布了《中国 5G 垂直行业应用案例 2022》最新年度报告,收录了全国 16 个 5G 行业应用实践,涵盖 5G 城市、智能制造、智慧矿山等诸多领域。马钢集团携手运营商和行业伙伴共同打造的"5G+MEC 助力马钢绿色数智化转型发展"案例成功入选,成为全国 5G 技术应用的"标杆"。

此次《中国 5G 垂直行业应用案例 2022》,选取 5G 城市、智能制造和智慧矿山这三个 5G 应用前景较为乐观的领域,与 39 家合作伙伴们一起编写 16 个优秀应用案例,同时增加对这三个领域中的痛点问题、5G 应用前景和未来发展方向的分析,以此推动5G行业应用在中国的规模化发展。

近年来，马钢集团深入贯彻落实"四个一律"，践行宝武智慧制造2.0，基于中国宝武自主研发的工业互联网平台，采用平台化思维，构建炼铁、炼钢、热轧、冷轧、长材、交材等智慧工厂，深化"1+*N*"马钢工业大脑内涵，全面构建"一厂一中心"智控新模式。基于马钢集团实际，通过强化制造场景与智能技术的融合，加快工业机器人、智能装备、设备远程运维等先进技术的应用，提高自动化水平和劳动效率，降低安全生产风险，打造少人化、无人化产线，实现设备接入In One、全要素数据In One、功能开发In One、知识沉淀In One、主要作业线操控In One，最终实现智慧工厂的管控All In One，大力营造崇尚"数字说话、数据分析、数据决策、用数据进行管理"的数字经营氛围，为打造后劲十足大而强的新马钢注入智慧新动能。

（杨凌珺）

【马钢集团党委组织开展"党建创一流"工作】　马钢集团党委坚持以党建为引领，立足"把方向、管大局、保落实"的功能定位，聚焦"紧跟核心、围绕中心、凝聚人心"的党建工作主题，系统谋划基层党组织联创联建，持续推动"党建创一流"创新实践，坚定不移强"根"铸"魂"，深入推动党建工作与生产经营深度融合，以问题为导向，从"小切口"入手，全力打造党建特色品牌，以党建创一流引领企业创一流，加快建设后劲十足大而强的新马钢。紧跟核心，在学懂弄通做实上下功夫，坚持"第一议题"，担当"主体责任"，公司党委把学习宣传贯彻党的二十大精神作为首要政治任务，衷心拥护"两个确立"、忠诚践行"两个维护"，不断提高政治判断力、政治领悟力、政治执行力，为打造后劲十足大而强的新马钢提供坚强的政治、思想、组织保证；围绕中心，在生产经营深度融合上见行动，推动党建联创联建，推进支部品牌创建，组建创A党员突击队，开展党员安全"两无"七个一专项行动。建强基层"党建网格"，把党建工作与企业中心任务、解决突出问题融合起来，以企业改革发展成果检验党组织的工作和战斗力；凝聚人心，在夯实基础激发活力上出实招，健全完善两级党建督导指导组，切实开展党建示范点建设，精心打造典型案例库，配齐配强党建队伍，促进基层

党组织标准化、规范化建设迈上新台阶，构建"上下贯通、区域联创、网格执行"的组织矩阵体系，以高质量党建引领保障公司二次创业、转型升级高质量发展。

（肖卫东）

【马钢集团党委组织开展"8·19"系列活动】　2022年8月2日下午，"8·19"系列活动的第一项活动——马钢集团职工"宝武司歌活力操大赛"在马钢文体中心网球馆举行。马钢集团工会主席、机关各部门负责人、各单位工会主席、部分职工代表现场观摩比赛。比赛共有12支参赛队伍，离退休中心、冷轧总厂参赛队获得一等奖，其余10支参赛队分获二、三等奖。

2022年8月9日，马钢集团国家3A级旅游景区揭牌暨马钢工业旅游景区开园仪式、国企开放日举行。马鞍山市文旅局相关负责人宣读马钢工业旅游景区评定为国家3A级旅游景区的批复。仪式结束后的国企开放日活动中，安徽冶金职业技术学院学生代表、马鞍山市旅行社协会代表参观马钢展示馆、炼铁智控中心，乘观光车游览幸福大道、钢轧·奉献园、孟塘园。

2022年8月11日，马钢集团举行新版工装"换装"仪式。马钢集团主要领导为20名员工代表佩戴新铭牌，马钢集团新版工装正式"换装"。

2022年8月15日，马钢集团积极对接主流媒体并开展交流活动，展示马钢新形象。由人民日报社安徽分社、新华社安徽分社等18家媒体记者组成的采访团齐聚马钢，集中采访马钢集团近年来在绿色发展、智慧制造和生产经营等方面取得的成绩。

2022年8月18日，马钢集团领导对2022年厂区环境提升项目及环境整治内容进行验收和视察。由马钢集团主要领导率队，马钢集团助理级以上领导，机关部门、直属机构、二级单位、分子公司党政主要负责人参加，围绕2022年环境整治"一个大循环""两园五点""品质提升"等内容，开展厂区环境提升项目验收和创A现场环境整治视察。

2022年8月18日上午，马钢展厅（特钢）二期项目落成仪式举行。马钢集团机关部门、直属机构主要负责人，各单位党政主要负责人，项目设计、施工和监理单位的相关负责人参加仪式。

2022年8月19日，马钢集团党委组织参加中国宝武党委理论学习中心组（扩大）学习暨专题

座谈会。在专题交流环节，马钢集团围绕深入学习贯彻习近平总书记考察调研重要讲话精神、加快创建世界一流伟大企业、大力推动"老大"变"强大"作发言。

2022 年 8 月 19 日，马钢集团"8·19"主题图片展在马钢集团公司办公楼一楼大厅开展。此次图片展分为"建功新时代 喜迎二十大""奋进新征程 聚力大而强""百年青春心向党 矢志奋斗新征程"三个主题，分别展现了马钢集团聚焦党建引领、奋勇争先、转型升级、智慧制造、绿色发展、技术创新六个方面，在二次创业、转型发展新征程上取得的崭新变化和丰硕成果；精选出 120 幅优秀作品参展，展示马钢集团广大职工践行劳模精神、劳动精神、工匠精神，彰显新时代劳动最光荣、劳动最崇高、劳动最伟大、劳动最美丽的崭新精神风貌，展示中国共青团百年团史，以及马钢集团全体团员青年在公司党委领导下，积极投身企业各个时期生产经营建设和改革发展的精彩历史瞬间。

2022 年 8 月 24 日，由马钢集团承办的"强国复兴有我 聚力奋进有为"宝武司歌活力操大赛宁马片区预赛在马钢开赛。经过激烈角逐，马钢集团、宝武资源马钢矿业参赛队获一等奖，其余 7 支参赛队分获二、三等奖。

2022 年 8 月 25 日上午，中国宝武党校、管理研修院首个党性教育和管理研修实践教学基地——马钢集团党性教育和管理研修实践教学基地揭牌仪式在马钢教培中心报告厅举行。马钢集团、马钢股份党委书记、董事长丁毅与中国宝武党委宣传部部长、企业文化部部长、党校常务副校长、管理研修院院长钱建兴共同为基地揭牌。

2022 年 8 月 31 日，马钢集团举行 2022 年首批宝罗员工上岗仪式。会上首发了宝罗即服务（RaaS）模式；5 名马钢集团职工与宝罗员工代表签署宝罗员工"师带徒"协议；播放了马钢集团宝罗员工专题片。中国宝武职能部门、宝信软件相关负责人，马钢集团职能部门、业务部门、二级单位及分子公司相关负责人参加仪式。

（杨　珑）

【马钢集团党委持续加强宝武战略和文化理念宣贯】　马钢集团党委广泛开展中国宝武企业文化宣贯工作，下发《关于扎实开展宝武战略和文化理念宣贯活动的通知》，先后通过马钢官网、宣网更新发布宝武战略和文化理念，在"马钢家园"微

信平台转发"中国宝武"公众号发布的有关宝武战略和文化理念专题解读文章共计 10 篇，利用工作群转发宝武文化理念系列宣传海报以及宣讲课件。

马钢集团党委精心组织多场宝武战略和文化理念宣讲培训会，举办 2022 年品牌建设研讨会、基层文化建设交流会，有针对性地面向各基层单位企业文化和品牌管理人员进行集中宣贯，并就企业文化建设的好经验、好做法进行交流分享；举办 5 场新特钢项目文化培训会，400 余人参加培训；走访调研 6 家基层单位、10 个文化建设和精益实践比较突出的作业区（班组），为培育发掘企业文化建设优秀案例和示范点打下基础。

马钢集团各机关部门、直属机构和基层单位充分利用电子屏、宣传栏、横幅、海报、内部网站、工作群、各类会议等多种宣传阵地、传播载体和形式，广泛宣传宝武战略和文化理念，第一时间覆盖到每一个班组、每一名员工。全年使用大屏、宣传栏及固定式宣传标语 500 余处，覆盖员工 2.3 万余人，迅速形成了浓厚的中国宝武企业文化学习氛围。

迭代升级的宝武企业文化理念体现中国宝武怎样的发展定位和战略方向，明确哪些新目标新追求新使命，对未来中国宝武和马钢集团的发展有什么重大部署。

为切实推动宝武战略和文化理念宣贯活动往深里走、往实里走、往心里走，马钢集团党委将宝武战略文化理念宣贯与学习贯彻中国宝武和马钢集团的党委全委会、职代会精神紧密结合，与落实"十四五"各项目标任务紧密结合，组织公司 D 层级以上管理人员通过讲党课、专题宣讲等形式，带头开展宝武战略和文化理念集中宣讲，着力把宝武战略和文化理念内涵讲清楚、说明白，让员工听得懂、能领会，帮助员工清晰认识到当前马钢集团的形势政策和未来的发展方向，增强行业自信、企业自信、职业自信。

积极参与中国宝武企业文化建设工程，全力配合中国宝武集团企业文化部组织策划"宝武司歌活力操大赛"开幕式和宁马片区预赛以及马钢集团内部选拔赛。挖掘并形成马钢集团历史上契合宝武价值观和企业精神的典型人物故事，组织制作"老同志讲故事说文化"视频作品，配合省市开展话剧《炉火照天地》制作，努力为员工呈现最朴素、最

生动的宝贵历史资料，使广大员工从火红历史中汲取精神文化力量。一系列生动有效的宣贯形式，使宝武战略和文化理念内化于心、外化于行，渗透到员工的日常工作实践中。

打造后劲十足大而强的新马钢这一战略目标，需要文化为其注入源源活力。正式加入中国宝武大家庭以来，马钢集团党委始终将文化整合融合工作作为重点任务工作，以"宝武精神"和价值观为根本遵循，根据自身"宝武优特钢精品基地和优特长材专业化平台公司"这一战略定位，形成马钢集团企业文化理念和与时代同频共振的新时代"江南一枝花"精神，做好宝武战略和文化理念的传承者。同时，大力推动宝武战略和文化理念落地生根，以"六个提升"为抓手，以"拉高标杆、奋勇争先、精益高效、争创一流"为主题，以"三高两化"为战略路径，识别分解建立"江南一枝花"新内涵任务指标体系，促进制造水准、环境质量、技能素养、精神面貌、团结协作和产城融合的全面提升。

（姚思源）

【话剧《炉火照天地》（原名《特种钢》）在马钢集团采风、预演】　2022 年 11 月 21 日晚，由马鞍山市委宣传部、安徽演艺集团、马钢集团联合出品的 2022 年安徽省首批重点文艺项目、献礼党的二十大重点作品——话剧《炉火照天地》马钢集团中国专场联排在马鞍山保利大剧院举行。

马钢集团领导丁毅、毛展宏、高铁、任天宝、伏明、马道局及邓宋高、杨兴亮，马钢集团离退休老领导和老同志代表，马钢集团相关单位、部门负责人以及职工代表、宝武马鞍山区域相关单位代表现场观摩联排。

话剧《炉火照天地》由国家一级编剧王俭担任编剧，国家话剧院一级导演李伯男执导，以新时代宝武精神、价值观和马钢集团"江南一枝花"精神贯穿始终，以马钢六十多年攻坚克难、勇攀高峰的历程和马钢集团先进模范奋进故事为背景，描绘钢铁人突破技术壁垒，成功研发高速车轮的奋斗历程，展现新时代钢铁人锐意进取的光荣形象。

该话剧编创工作启动以来，得到省市领导的高度重视、马钢集团党委的全力支持、安徽演艺集团及相关单位的积极配合。其间，王俭编剧和李伯男导演率创作团队和演职员团队先后多次到马钢集团实地采风，深入挖掘创作素材，为该剧剧本的构思

和创作打下坚实基础。剧本初稿形成后，马钢集团党委分别组织公司中层管理人员、研发人员、专业技术人员和离退休职工代表围绕剧本内容进行研讨、交流，并提出相应的修改建议。经过主创团队对剧本的精心打磨与编排，一部具有政治性、思想性和艺术性的文化精品成功诞生，顺利搬上舞台，进行专场联排。

晚上 7 点 30 分，马钢集团专场联排正式开始。随着一群奋发有为的马钢职工在马钢股份 9 号高炉前立下铮铮誓言，一段讲述马钢集团牢记"国之大者"、自力更生、奋发有为的感人故事拉开帷幕。联排中，舞台上一幅幅还原历史的虚实结合场景，犹如一台时光机，展现了六十多年来马钢人艰苦奋斗、钢铁报国、矢志不渝的奋斗精神和奋进步伐。演职人员精湛的演技、真挚的情感，将剧中各人物角色演绎得入木三分，精彩的表演不时赢得现场观众的热烈掌声。

联排结束后，马钢集团、马钢股份党委书记、董事长丁毅，马钢集团党委副书记、总经理毛展宏，马钢集团党委副书记、纪委书记高铁等公司领导一起登台，与全体演职人员握手致意，对他们精彩的演出表示感谢，并与大家合影留念。

两个多小时的视觉盛宴，让观众们身临其境，一起走进波澜壮阔的中国现代钢铁奋斗史，共同感受时代洪流中马钢人可歌可泣的奋斗故事，引发强烈的情感共鸣。大家纷纷表示，话剧《炉火照天地》阵容强大，剧情感人，舞台效果唯美，通过观看专场联排，深刻感受到一代代马钢人艰苦创业、百折不挠、勇于进取、砥砺奋进的伟大精神品质。未来，将把感动转化为行动，以党的二十大精神为指引，拉高标杆、奋勇争先，大力弘扬新时代"江南一枝花"精神，为加快打造后劲十足大而强的新马钢，助力宝武成为世界一流伟大企业作出应有贡献。

话剧《炉火照天地》马钢集团专场联排共进行两场，分别在 11 月 21 日、22 日晚举行。

（姚思源）

【中国宝武第三届职工技能竞赛马鞍山赛区决赛开赛】　2022 年 9 月 27 日上午，"铸匠心、提技能"中国宝武第三届职工技能竞赛马鞍山赛区决赛开幕式在马钢教培中心举行。马钢集团、马钢股份党委书记、董事长丁毅致辞，中国宝武工会主席张贺雷宣布决赛开赛。

马钢集团领导高铁及邓宋高出席开幕式,宝武资源党委副书记、纪委书记、工会主席杨大宏出席开幕式并致辞。马鞍山区域相关单位、马钢相关单位负责人以及各参赛单位领队、选手共100余人参加开幕式。

马钢集团党委副书记、纪委书记高铁主持开幕式。

此次竞赛中的热轧操检维调智控赛项由马钢集团承办,铁矿石磨选操维智控由宝武资源承办。经过严格选拔,来自中钢集团、宝钢股份、中南钢铁、马钢集团、太钢集团、八钢集团、宝武资源7家单位的83名参赛选手相聚马鞍山,参加两个赛项为期2天的理论和实作决赛。来自马钢集团、宝钢资源的选手代表和裁判员代表分别在开幕式上发言。开幕式结束后,参赛选手们随即进入理论考试。张贺雷、高铁一行对考场环境、考试组织、考场秩序进行了巡视。

(汪少云)

【马钢集团在中国宝武第三届职工技能竞赛中获佳绩】 2022年11月,历时10个月的"铸匠心、提技能"中国宝武第三届职工技能竞赛落下帷幕,马钢集团在各工种竞赛中以优异成绩站稳中国宝武第一方阵。

"铸匠心、提技能"中国宝武第三届职工技能竞赛自2022年2月启动以来,全面对标世赛(世界技能大赛)体系,紧扣"操检维调"主题,以"学、训、赛、评、融"作为员工赋能新模式,采用"以赛促训、以训办赛"的赛训联动机制,着力打造适配高质量发展的"操检维调"一体化复合型人才。此次竞赛共设置"数字智能、行业引领、专项强化"三大类、四个赛区、八个赛项。其中,热轧操检维调智控项目由马钢集团承办。

根据中国宝武第三届职工技能竞赛的总体安排,马钢集团工会与人力资源部、教培中心等单位精心部署、科学组织,按照报名推荐、理论测试、实作测试、推荐参赛、集中培训、网上练兵六个阶段,稳步推进参赛备赛工作。为确保承办的热轧操检维调智控赛项取得圆满成功,马钢集团成立赛事承办领导小组,设立赛训实施组、赛训服务组、后勤保障组、宣传报道组四个赛事工作组,加强领导统筹和工作协调,制定赛项承办实施方案,精心谋划,倒排日期,合力推进,努力把赛事办成功、办精彩、办圆满,实现"参赛出色、办赛出彩、为马钢添彩"的目标。

在此次职业技能竞赛中,马钢集团选手全力以赴、刻苦训练、不畏强手、出色发挥,分别取得热轧操检维调智控赛项第一名、第二名、第五名,高炉低碳智能冶炼赛项第二名、第五名、第六名,安全与应急技能赛项第二名,营销与客服技术赛项第三名的好成绩,充分展示了马钢职工的整体素质和精神风貌。"铸匠心、提技能"中国宝武第三届职工技能竞赛项目团队被马钢集团授予2022年12月"奋勇争先奖",同时夺得小红旗。

(汪少云)

【马钢集团上榜"第七届中国工业大奖"】
2022年10月,中国工业经济联合会发布第七届中国工业大奖、表彰奖、提名奖候选企业和项目公示名单。马钢集团成功入选中国工业大奖表彰奖候选企业名单。中国工业大奖是国务院批准设立的我国工业领域最高奖项,被誉为中国工业的"奥斯卡",旨在表彰坚持新发展理念、构建新发展格局、走中国特色新型工业化道路,代表我国工业发展方向、道路和精神,对加快建设工业强国、制造强国、网络强国,增强综合国力、实现经济高质量发展作出重大贡献的工业企业和项目。

近年来,马钢集团围绕中国宝武优特长材专业化平台公司定位,强化"超越自我、跑赢大盘、追求卓越、全球引领"绩效导向,按照"专业化整合、平台化运营、生态化协同、市场化发展"的管理原则,加快结构转型升级,促进创新链和产业链深度融合,实施创新驱动和品牌战略,加快智慧制造信息化建设,打造本质环保型、本质安全型企业,践行"碳达峰、碳中和",推动绿色低碳发展。将建设后劲十足大而强的新马钢与融入长三角一体化发展有机结合衔接,着力打造中国钢铁行业联合重组的"马钢样板",成为钢铁行业供给侧结构性改革、央企和地方国企打造一流钢铁企业的典范。

马钢集团于2016年获第十六届全国质量奖、第四届中国工业大奖提名奖,2020年获第六届中国工业大奖提名奖,2021年入选国务院国资委国有重点企业管理标杆创建行动标杆企业。此次上榜中国工业大奖表彰奖,进一步凸显马钢集团高质量发展成果、彰显企业强大的竞争实力。

(黄　曼)

【马钢集团牵头制定的《海洋工程结构钢可焊性试验方法》国家标准通过审定】 2020年，钢标委〔2020〕035号文下达《关于下达全国钢标准化技术委员会2020年第二批国家标准、行业标准制修订项目及行业标准外文版计划的通知》，马钢集团作为牵头单位承担《海洋工程结构可焊性试验方法》国家标准制定工作，项目号20202691-T-605，项目周期24个月。

2020年8月13日，马钢股份组织召开起草小组工作会议，讨论并制订工作计划，2022年3月17日提交征求意见稿，共收到5个单位提出的51条意见或建议。通过对反馈意见予以分类、归纳、整理和分析，工作组共采纳意见或建议34条，并在此基础上对标准征求意见稿进行了补充和修改。2022年8月15日完成标准送审稿，提交全国钢标委型钢分委员会秘书处。

2022年11月8日，全国钢标委型钢分委员会以网络视频会议形式召开标准审查会，冶金工业信息标准研究院、钢铁研究总院、马鞍山钢铁股份有限公司、中信金属股份有限公司和中冶检测认证有限公司等24家生产企业、科研院所及用户的42位委员和专家参加此次会议，经会议审查，此项国家标准通过审定，并经专家组讨论评定为国际先进水平。

本标准的制定解决了海洋工程结构钢可焊性评价无统一标准、焊后性能检测单一等长期制约行业高质量发展的问题，为供需双方架起了更全面、更实用的沟通桥梁，促进海洋工程结构钢高质量研发与应用。

（邢　军）

【马钢集团跨入中国专利创新最强企业行列】为公正科学地评价我国钢铁企业专利创新能力，促进行业高质量发展，冶金工业信息标准研究院于2022年12月27日发布"2022中国钢铁企业专利创新指数"，马钢集团综合得分81.34分，排名仅次于宝钢股份、首钢集团、鞍钢集团之后，位列全国第四，跨入全国钢铁行业仅有五家的专利创新最强企业行列。

为贯彻落实《关于推进中央企业知识产权工作高质量发展的指导意见》，马钢集团制订了《知识产权工作高质量发展行动计划（2020—2025年）》，加强对重点领域、重点产品、重点项目及关键核心技术等方向的知识产权布局和高价值专利培育，导入知识产权管理规范，开展知识产权体系贯标，知识产权的创造、运用、保护、管理能力显著增强。

专利创新指数是对专利申请量、专利授权量、发明专利量、发明专利价值度、同族专利覆盖国家数等十二个维度进行全方位分析综合评价的结果，是评价科技创新能力的一个重要指标。马钢集团知识产权管理水平的提升，对于公司推进高质量发展和增强自主创新能力起到了重要作用。

（秦玲玲）

【马钢集团两个项目通过中国金属学会科技成果评价】 2022年12月30日，马钢集团主导的"宽带钢热连轧智能工厂高效集约生产和精益管控技术创新"和"基于塑性夹杂物的高洁净高韧度铁路车轮炼钢工艺开发与应用"两个项目通过中国金属学会科技成果评价，总体技术水平达到国际领先水平，经济效益和社会效益显著。

"宽带钢热连轧智能工厂高效集约生产和精益管控技术创新"项目针对一厂部多产线组织模式下的宽带钢热连轧生产效率和产品质量稳定性等痛点问题，率先实现热连轧高效集约和精益管控的"双线一室远程双智控"生产。项目技术成功应用于马钢股份2250和1580热轧产线，保证高端热轧产品的质量稳定性，生产成本下降明显。

"基于塑性夹杂物的高洁净高韧度铁路车轮炼钢工艺开发与应用"项目针对铁路车轮中脆性非金属夹杂物引起车轮辋裂的共性难点问题，开发出基于塑性夹杂物控制的高洁净高韧性铁路车轮钢炼钢工艺技术，首次实现高洁净、高均质车轮钢氧化物冶金技术的产业化应用，成功应用于中国标动车轮（D2）、国铁所有客、货车轮，出口德国、韩国高速车轮，北美第二代高性能车轮（HPW-2），经济效益和社会效益显著。

（曹　煜）

【马钢集团为造血干细胞捐献职工举行欢送仪式】 2022年9月23日下午，马钢集团、马鞍山市红十字会为马钢第13例、马鞍山市第75例造血干细胞捐献者王辉举行了温馨的捐献欢送仪式。马鞍山市红十字会领导、马钢集团技术中心领导出席仪式。随后，王辉前往安徽医科大学第二附属医院，接受造血干细胞捐献采集工作。

仪式上，马鞍山市红十字会领导向王辉献花，祝福其捐献顺利，健康归来。技术中心领导对王辉大爱无疆的精神给予高度赞扬，号召更多同志积极加入爱心队伍。

王辉是马钢集团技术中心汽车板研究所助理工程师，长年驻扎重庆长安汽车开展技术服务。2022年7月末，他接到中华骨髓库马鞍山站电话，得知有一位急性白血病患者 HLA 分型和自己相合。经过深思熟虑后，为了不耽搁患者治疗，王辉随即在重庆进行了高分辨采样。9月上旬，刚回到马鞍山的王辉在马鞍山市红十字无偿献血志愿者协会会员的陪同下，在十七冶医院进行了捐献前体检。9月16日上午，得知患者可能在国庆前后需要移植造血干细胞，已体检合格的王辉毫不犹豫地答应了。

面对鲜花和掌声，王辉说："每当我路过献血车，或者单位组织无偿献血活动的时候，我都想力所能及地参与，这件事我从2014年上大学就开始做了。"语气平淡轻松，对王辉而言，帮助他人是再平常不过的举动和习惯。

（刘军捷）

【马钢集团举行新选拔年轻干部任前集体谈话暨岗位聘任书签订仪式】　2022年11月22日下午，马钢集团举行2022新选拔年轻干部任前集体谈话暨岗位聘任书签订仪式。马钢集团、马钢股份党委书记、董事长丁毅勉励新选拔年轻干部干字当头、奋勇向前、脚踏实地、认真履责，在新的岗位作出新的更大成绩。

马钢集团党委副书记、总经理毛展宏，马钢集团党委副书记、纪委书记高铁出席仪式。新选拔年轻干部及其所在单位主要负责人参加仪式。

为深入贯彻落实中央人才工作会议精神，全面落实马钢集团党委五届八次全委（扩大）会议决策部署，加大青年干部人才梯队发现和培养力度，优化干部成长路径，为马钢集团战略发展提供充足的优秀年轻干部储备，前期根据马钢集团党委安排，经各单位推荐、组织筛选、公开面试、考察征求意见、党委研究等工作流程，共选拔16名优秀年轻干部。

仪式上，马钢集团党委工作部宣读了任免决定。煤焦化公司、四钢轧总厂、冷轧总厂、营销中心新选拔年轻干部作为代表与所在单位主要负责人签约岗位聘任书。新选拔年轻干部代表作表态发言，他们表示，将牢记党的宗旨，严守廉洁纪律，永葆清正廉洁的政治本色，在今后工作中真抓实干，砥砺前行，助力马钢高质量发展。

高铁作任前廉洁讲话时要求，新选拔年轻干部要常怀感恩之心，扣好忠诚之扣。要始终对标对表优秀党员和先进楷模，加强理论锤炼，筑牢信仰之基，补足精神之钙，加强思想锻炼，加强自我修炼。要树牢敬畏之念，扣好思想之扣。年轻干部是组织和企业发展的生力军，必须要练好内功，提升修养。要行务实之风，扣好作风之扣。作风建设是年轻干部事关成败的关键，要加强对年轻干部的监督管理，持续深化廉政教育。要永葆廉洁之色，扣好法纪之扣。年轻干部要筑牢清正廉洁的思想堤坝，努力践行国有企业好干部的标准，把好法律底线，纪律红线，思想高线，永葆清正廉洁的政治本色。

丁毅在讲话中提出三点意见。一是要充分认识马钢集团培养选拔优秀年轻干部的重要意义。选拔优秀年轻干部是深入贯彻落实党的二十大精神的具体行动。党的二十大报告指出，抓好后继有人这个根本大计，健全培养选拔优秀年轻干部常态化工作机制，把到基层和艰苦地区锻炼成长作为年轻干部培养的重要途径。新选拔年轻干部要积极作为、担当实干，努力成为可堪大用、能担重任的栋梁之材，在新时代新征程上留下坚定的奋斗足迹。选拔优秀年轻干部是实现公司高质量发展的迫切需要。当前，公司着力打造中国宝武优特长材专业化平台公司和优特钢精品基地，开局关系全局，起步决定后势，领导干部是推动企业发展的"关键少数"。在新发展格局中，迫切需要一批勇担当、敢作为、能干事的人冲锋陷阵、攻城拔寨，为马钢集团实现高质量发展提供坚强的组织和人才保证，确保始终站稳中国宝武第一方阵，助推马钢集团成为全球钢铁业优特长材引领者。选拔优秀年轻干部是马钢集团管理人员队伍建设的迫切需要。现阶段，马钢集团各级管理人员队伍年龄结构不合理问题比较突出，迫切需要全面加强管理人员队伍年轻化建设，进一步改善管理人员的专业、年龄等结构。二是年轻干部对自己要高标准、严要求，提高业务水平和工作能力，在学习和实践中与企业共同成长。要踔厉奋发，结合工作实际认真学习贯彻党的二十大精神，埋头苦干、砥砺奋斗、勇毅前行，把青春融入自己的工作事业之中；要努力学习，强化培训，培养强化专业素质、专业能力和专业精神，在思想上、境界上、作风上，能力得到质的提升；要大胆实践，提升专业能力和工作能力，在工作中要不断调整工作思路，拓展工作领域，改进工作方法，在实践中善于总结，善于创新，善于提高，敢于冲破固有的思维模式，转变观念，办过去没办过的事情，办过去办不成的事情；要严于律己，与时俱进，强化政治素质和思想品质。三是年轻干部要干字当头、奋勇向前，各单位要为年轻干部成长创造良好条件。要想干事、能干事、干成事、不出事，立足本职岗位，聚焦"三降两增"、创A攻坚、安全生产等中心工作，带着压力干、背着指标干，充分发挥引领带头作用，知难而进、迎难而上、超越自我、跑赢大盘，为马钢开新局、开好局打下更加坚实的基础。

丁毅勉励新选拔年轻干部，要树立远大理想目标，善于学习、善于思考、善于总结、善于借鉴，珍惜历史和时代机遇，脚踏实地、认真履责，在新的岗位作出新的更大成绩。

（姚　乐）

【马钢集团公司团委获全国五四红旗团委】
2022年是中国共青团成立100周年。2022年4月，共青团中央作出表彰决定，授予293个团组织"全国五四红旗团委"称号，授予377个团组织"全国五四红旗团支部"称号，授予457人（含追授3人）"全国优秀共青团员"称号，授予341人（含追授1人）"全国优秀共青团干部"称号。马钢集团团委经中国宝武团委推荐、国资委团工委评审、共青团中央认定，最终被授予"全国五四红旗团委"称号，这是共青团中央授予基层团组织的最高荣誉。

近年来，马钢集团团委牢记殷殷嘱托，认真学习贯彻习近平总书记考察调研马钢集团重要讲话精神，6万余人次青年参与仪式教育和沉浸式教育，坚定青年钢铁报国决心；夯实组织建设，落实"四带一健全"（带好思想政治建设、带好基层组织建设、带好团干部队伍建设、带好团青作用发挥，健全党建带团建工作长效机制）的党建带团建工作要求，通过矩阵式团建协作区、青年自组织，拓宽团组织活动覆盖面，完善青年荣誉评价赛马机制，激发青年时代使命担当；搭建桥梁纽带，建立、健全"双推优"机制，实施"雏鹰计划"青年科技人员培养项目，开展大学生职工帮扶贷款、联谊交友、就地过年青年关怀活动，解决青年急难愁盼问题；围绕中心工作，聚焦重型热轧H型钢关键技术、车轮国产化技术、海底管线钢产品广泛应用等"卡脖子"技术难题，青年勇挑重担当先锋。

（刘府根）

【马钢集团福利中心获评全国总工会"创新型"平台】　由全国总工会举办的"网聚职工正能量、争做中国好网民"互联网+工会普惠服务优秀平台征集活动揭晓。此次活动共吸引全国137家单位报名参加，经过网络投票、专家评审等层层遴选，马钢集团职工福利中心平台获评2022年互联网+工会普惠服务"创新型"平台。

马钢集团职工福利中心平台自2021年12月上线运行以来，通过建立健全沟通反馈机制，不断优化提升包括供应管理、订单管理、结算中心、福利方案管理等运维管理系统；建立完善全时段服务机制，设立24小时服务热线，加强客服业务培训，不断提升平台服务效能，真正实现了职工福利发放一键办理的赋能升级，职工真实感受到"便捷福利、一点就好"的愉快体验。截至2022年12月10日，已有7.7万多人次的职工通过平台在线领取生日、节日、防暑降温、消费帮扶物品共计2000余万元，职工的满意度、幸福感不断增强。

（汪少云）

【马钢集团在中国宝武"守报国初心　听强国之音"好故事征集中获佳绩】　在2022年的"守报国初心　听强国之音"中国宝武好故事线上发布活动中，马钢股份长材事业部朱星尧讲述的《解文中和他的徒弟们》、特钢公司宛佳旺讲述的《牢记嘱托勇争先》两个马钢集团好故事脱颖而出，分别斩获二等奖、三等奖，马钢集团斩获最佳组织奖。

习近平总书记在党的二十大报告中指出："加快构建中国话语和中国叙事体系，讲好中国故事、传播好中国声音，展现可信、可爱、可敬的中国形象。"中国宝武作为当之无愧的"国之重器""镇国之宝"，是一座故事的"富矿"。

近年来，"讲好宝武故事"始终是中国宝武落实"讲好央企故事""讲好中国故事"的重要抓手，持之以恒地展现宝武形象、彰显宝武价值。为深入学习贯彻党的二十大精神，生动展现中国宝武建设世界一流伟大企业的责任担当，弘扬钢铁报国、严格苛求、开放融合、铸就强大的精神品质，2022年8月，"守报国初心　听强国之音"中国宝武好故事征集活动正式启动。

马钢集团高度重视此次活动，发动基层积极参与，在全公司内部开展故事征集活动并择优推送至中国宝武集团。最终，两个马钢集团参赛作品从126个故事中脱颖而出，并在2022年11月18日举行的"守报国初心　听强国之音"中国宝武好故事线上发布活动中精彩呈现。《解文中和他的徒弟们》生动讲述解文中和他的徒弟周晓立足炉台，共同寻找梦想、追逐梦想、实现梦想的历程。《牢记嘱托勇争先》充分展示两年多来，特钢公司全体员工牢记习近平总书记殷切期盼，奋勇争先开新局的新成绩和精气神。

(姚思源)

【马钢股份获评首批"双碳最佳实践能效标杆示范厂培育企业"】 2022 年 12 月 9 日，在广东湛江召开的中国钢铁行业能效标杆三年行动方案现场启动会上，马钢股份公司被中国钢铁工业协会授予首批"双碳最佳实践能效标杆示范厂培育企业"。

双碳最佳实践能效标杆示范厂培育是要通过发挥行业优秀企业能效标杆示范厂引领作用，有序推动钢铁行业能效达到标杆水平，促使钢铁企业节能减碳增效工作机制进一步完善，节能减碳增效工作力度和水平显著提升。

近年来，马钢股份经过设备大型化改造，"四新"（新产品、新工艺、新材料、新设备）技术推广应用，强化体系能力建设，推行高效组产及精细化管理，实现工序能耗的逐年下降。煤焦化公司 7 米焦炉应用高温高压 CDQ 发电、上升管余热回收等最新技术，2022 年达到标杆水平的技术能力；现有 6 座高炉相继进行了除尘系统湿改干改造，热风炉全部配备智能烧炉系统，工序能耗近年来持续改进；四钢轧总厂 3 台 300 吨转炉均曾获"全国冠军炉"称号，2022 年连续 3 个月达到能效标杆水平，已具备标杆水平的技术能力；特钢电炉自 2020 年应用电炉烟气深度余热回收技术以来，工序能效水平取得质的突破，在宝武系蝉联第一，优于国家标杆水平。

根据中国宝武集团要求结合马钢股份自身发展情况，马钢股份制定了能效达标 3 年规划：2023 年力争主要工序达标杆产能比例超 30%，节能降碳效果显著，绿色低碳发展能力大幅提高；2025 年力争主要工序全部达标杆水平，全流程能效水平进一步提高。马钢集团编制能效提升行动方案，通过全面对标找差、明确方法路径，从余热余能应收尽收、能源流高效利用，优化工艺流程、打破界面约束等方面全方位攻关，发挥双碳最佳实践能效标杆示范厂的引领作用，促进行业能效达标工作的有力开展。

(顾厚淳)

重要会议

【安徽省属企业"高端化、智能化、绿色化"发展现场推进会在马钢集团召开】 2022 年 6 月 17 日，安徽省属企业"高端化、智能化、绿色化"发展现场推进会在马钢集团召开，组织各省属企业实地参观马钢集团，学习了解企业转型升级、智慧制造和绿色发展情况，并召开座谈会交流经验，部署推动省属企业"高端化、智能化、绿色化"发展的工作措施。

安徽省国资委党委书记、主任李中，省国资委党委委员、副主任董亚庆，各省属企业主要负责人、分管负责同志，马钢集团领导丁毅、高铁、唐琪明、任天宝、马道局及杨兴亮，马钢集团相关部门、单位负责人参加会议。

"翻天覆地的变化令人大开眼界、耳目一新，完全不是我印象中的马钢。""融入宝武让马钢旧貌换新颜，马钢集团在'三化'方面取得的成绩值得我们学习借鉴。""近几年，宝武在安徽地区的影响力不断增强，让我们领略到了打造世界一流企业的宏大战略和创新举措。"会议期间，与会人员实地参观马钢股份冷轧智控中心、长材智控中心、交材智控中心、炼钢智控中心、运营管控中心、炼铁智控中心和马钢展示馆，听取马钢集团近年来加速融入中国宝武，稳步推进"三治四化"，贯彻落实"四个一律"，在创新引领、智慧制造、绿色发展方面的生动实践，深切感受马钢集团在高端化、智能化、绿色化方面的显著变化和成效，对马钢集团融入中国宝武后取得的成绩给予高度评价和肯定。

马钢集团、马钢股份党委书记、董事长丁毅在致欢迎辞时说，近年来马钢集团深入贯彻落实习近平总书记考察调研中国宝武马钢集团重要讲话精神，按照安徽省委省政府提出的打造"大而强的新马钢"的重要指示要求，在中国宝武的坚强领导下，以高端化引领价值创造，两年来共有高性能厚规格热轧 H 型钢、高寒地区用高强高韧性车轮等 16 项产品实现首发，高铁车轮成功实现国产化批量应用；以智能化赋能转型升级，探索传统长流程钢铁企业智慧升级新模式，5G 智慧料场被评为工信部集成创新应用示范项目、车轮三线、冷轧智慧工厂被认定为安徽省智能工厂；以绿色化落实生态优先，深入践行"两山"理论，把马钢集团的"盆景"变成了马鞍山市的"风景"，马钢智园、幸福大道等成为企业的靓丽名片，连续两年获中国宝武综合绩效奖金奖。

李中在讲话时指出，此次来马钢集团观摩学习令人大开眼界、深受震撼，马钢集团牢记嘱托、转型发展，奋力打造后劲十足大而强的新马钢，经营效益连创历史新高，在"高端化、智能化、绿色化"等方面取得的成绩值得学习借鉴。实践证明，习近平总书记关于国资国企改革发展和党的建设重要论述，是做强做优做大国有资本和国有企业的思想法宝和行动指南；以改革开放的视野胸怀推动省属企业与中央企业、外资企业、知名民营企业战略合资合作，是打造世界一流企业的重要路径；坚持"高端化、智能化、绿色化"方向，是实现国有企业高质量发展的必由之路。我们要站在践行"两个维护"、胸怀"国之大者"的政治高度，切实做到"总书记有号令、党中央有部署，安徽见行动，国资国企当先锋"。要坚持高端化引领，智能化驱动，绿色化转型，奋力推动省属企业高质量发展，为安徽省发展大局贡献国资国企力量，以实际行动迎接党的二十大胜利召开。

会上，马钢股份总经理助理杨兴亮代表马钢股份作"三化"（生产整洁化、管理精细化、现场规范化）建设经验交流发言，海螺集团、淮北矿业集团、江汽集团、叉车集团作"三化"建设经验交流发言；播放马钢集团《把握机遇　奋勇争先》专题片。

（张　泓）

【中国宝武召开干部大会暨组织绩效荣誉激励表彰会议，马钢集团"摘金夺银"】 2022年2月16日上午，中国宝武召开干部大会暨组织绩效荣誉激励表彰会议，对获宝武"2021年度综合绩效奖"和"战略进步奖"的单位进行表彰。马钢集团获"2021年度综合绩效奖金奖"和"2021年度战略进步奖银奖"两项荣誉。

2021年，是马钢集团跨上2000万吨产钢规模、千亿营收平台接续奋斗、再创辉煌的一年。在中国宝武的坚强领导下，马钢集团认真贯彻落实党的十九大、十九届历次全会精神，深入贯彻习近平总书记考察调研中国宝武马钢集团重要讲话精神，以开展党史学习教育为强大推动，以"站稳中国宝武第一方阵"为总要求，坚持"两快、两不、三降、一增、一保"（两快，即快进快出；两不，即不遗余力、不赌市场；三降，即降成本、降库存、降负债；一增，即增现金；一保，即保安全）经营策略，精益高效、奋勇争先，发展定位更加清晰、生产经营蒸蒸日上、环境面貌显著改善、职工收入大幅增长，实现"十四五"发展的良好开局，营收和利润均创历史新高，跨上大国重器、中流砥柱的崭新平台，迈上二次创业、转型升级的崭新跑道，呈现一马当先、奋勇争先的崭新气象。

坚定不移打造后劲十足大而强的新马钢，马钢集团在2021年高质量发展成果出众、出色、出彩。2021年营业收入、利润总额创历史新高，钢铁主业跨入千亿营收、百亿利润企业行列，利润水平在宝武10个基地中位居前三。马钢集团坚持"简单极致高效、低成本高质量"，以"奋勇争先奖"激励机制为推动，全方位对标找差，全流程精益运营，各产线产量屡破纪录、指标不断刷新，全员超越自我、追求卓越的氛围日益浓厚。马钢集团坚持打造"生态福地、智造名城"马钢样板，绿色化指数、智慧化指数双双占据宝武系第二位，厂区生态环境更优，智能工厂由点到面，绿色底色更浓、智慧赋能更智，马钢集团的"盆景"变成了马鞍山市的"风景"，受到中国宝武和方方面面的一致好评。与此同时，马钢集团全面承接中国宝武战略部署，围绕建设"大而强"的新马钢，加快战略转型，聚焦主责主业，重点工程项目梯次展开、全面提速；深入落实"新材料、新技术、新产品"要求，扎实推进科技自立自强，不断加大"卡脖子"难题攻关力度、技术创新力度和技术人才队伍建设；积极落实中国宝武改革部署，改革三年行动89项重点任务按计划推进，完成率达75%。对标世界一流管理提升行动取得佳绩，马钢集团被国务院国资委评为国有重点企业管理标杆创建行动标杆企业。

（张蕴豪）

【中国宝武党委举办理论学习中心组（扩大）学习暨中国宝武领导人员学习贯彻党的二十大精神专题辅导班，马钢集团领导人员参加辅导学习】 2022年12月2日，为深入学习党的二十大精神，推动党的二十大精神贯彻落实，加快创建世界一流伟大企业，统一思想、凝心聚力，中国宝武党委理论学习中心组（扩大）学习暨宝武领导人员学习贯彻党的二十大精神专题辅导培训班举行。会议特别邀请了中国上市公司协会会长、中国企业改革与发展研究会会长宋志平作专题辅导报告。中国宝武党委书记、董事长陈德荣，总经理、党委副书记胡望明出席。

宋志平曾是多家央企的领军人物，在推进国企混合所有制改革方面有着独到深入的研究实践和杰出建树。他带领中国建材集团、国药集团双双跻身世界 500 强行列，开创并成功实践"央企市营""整合优化""三精管理"等改革创新模式，被企业界推崇为"宋志平模式"。他先后推动 8 家中央企业重组，混合近千家民营企业，创造性提出"央企的实力+民企的活力=企业竞争力"的公式，被公认为我国混合所有制改革的先行者。

宋志平以"深入学习贯彻党的二十大精神，推动国企混合所有制体制机制改革"为题，结合中国建材集团、国药集团的改革实践，围绕企业发展战略、联合重组、国有企业混合所有制改革、国有资本投资公司建设等内容，分享观点和体会。宋志平认为，一个公司首先要明晰战略，明确做什么、不做什么，在此基础上围绕确定的战略目标进行资源整合，缺什么补什么。联合重组要服从企业战略，要有明显效益、有协同效应，同时要风险可控可承担。企业联合重组包括业务、机构、管理和文化整合，文化整合尤为重要，需要以好的文化迅速占据主导地位。通过整合优化，能够取得规模优势，提升盈利水平，抑制恶性竞争。他指出，一定要重视机制的力量，处理好企业效益与经营者、技术骨干和员工利益之间的关系。混合所有制改革不是为混而混，而是为了深度转换经营机制、放大国有资本功能和提高国有资本配置效率，要秉持混得适度、混得规范、混出效果三项原则，坚持规范运作、互利共赢、互相尊重、长期合作的原则，以"积极股东"完善公司治理。混合所有制改革要加强党的领导，促进企业快速发展，显著放大国有资本功能，推动行业结构调整与转型升级，培育一批优秀骨干企业和善打硬仗的企业家队伍，开创国有经济与民营经济共生多赢的局面。在讲到国有资本投资公司建设时，宋志平认为，中国宝武推进国有资本投资公司建设要突出投资职能，突出产业特征，一定要同时做好并强化产业管理，这是我们与普通投资公司最大的区别。同时在授权上，确立集团与出资企业管控边界，分层分类加大投资授权并坚持动态管理。在此基础上，通过组织精健化、管理精细化和经营精益化将管理思路落地落实。

大家认为，报告深入浅出、视野开阔、实践丰富、指导性强，为我们进一步准确把握国企混合所有制体制机制改革目的、内容、措施等方面提供了参考借鉴，也为中国宝武更好地推进混合所有制改革、将国企改革三年行动方案落实落地提供了宝贵经验。

中国宝武改革发展任务繁重艰巨，广大党员干部要以党的二十大精神为指引，敢于担当、勇于奉献、锐意进取，以更加昂扬的斗志、更饱满的状态投身于宝武建设世界一流伟大企业的实践中。

会议由中国宝武党委常委魏尧主持。邹继新、朱永红、孟庆旸、侯安贵、高建兵等宝武集团领导班子成员，总法律顾问、总经理助理、工会主席，总部重点岗位及以上人员、三级及以上单位领导班子成员分别在现场或以视频方式参加学习培训。

（中国宝武　张　萍）

【马钢集团参加中国宝武党委一届六次全委（扩大）会、一届五次职代会】　2022 年 1 月 14 日，中国宝武党委一届六次全委（扩大）会暨 2022 年干部大会、纪委一届六次全委（扩大）会和宝武一届五次职工代表大会召开。马钢集团领导班子成员、中国宝武一届五次职代会职工代表（马钢集团代表团）通过视频参会。

2021 年是伟大的中国共产党成立 100 周年，也是我国"十四五"规划开局之年。面对复杂严峻的宏观环境、急剧变化的行业形势，以及繁重艰巨的疫情防控和改革创新转型任务，中国宝武党委坚持以习近平新时代中国特色社会主义思想为指导，全面贯彻党的十九大和十九届历次全会精神，深入学习贯彻习近平总书记有关中国宝武的重要讲话和指示批示精神，领导各级组织、全体干部员工勇担时代责任，奋发有为推进高质量发展，公司"十四五"开局势头良好，发展后劲显著增强。

中国宝武党委书记、董事长陈德荣在一届六次全委（扩大）会暨 2022 年干部大会、纪委一届六次全委（扩大）会上作题为《贯彻新理念 奋进新时代 全面开启世界一流伟大企业建设新征程》的工作报告，高瞻远瞩、意义深远，指明前进的方向。中国宝武总经理、党委副书记胡望明在一届五次职工代表大会作题为《稳中求进 践行新发展理

念创新局 战略升级 实现高质量发展谱新篇》的工作报告，重点突出、目标清晰、措施明确。当天下午，马钢集团参会人员讨论审议中国宝武党委工作报告、纪委工作报告。大家一致认为，陈德荣书记、董事长的报告主题明确、内容丰富、重点突出、数据翔实、站位高、格局大；对照新阶段新理念新格局，结合宝武发展实际，深入阐释宝武的战略升级；提出今后一个时期宝武的指导思想，明确重点工作原则。大家表示，面对 2022 年严峻的形势和艰巨任务，将知重负重，实干担当，以"共建产业生态圈推动人类文明进步"为使命，以"成为全球钢铁及先进材料引领者"为愿景，聚焦"亿万千百十，五四三二一"战略目标，抢抓机遇，攻坚克难，全力推动中国宝武和马钢集团高质量发展。

马钢集团总经理、党委副书记、马钢股份党委副书记刘国旺在讨论中表示，马钢集团要认真学习传达贯彻中国宝武党委全委会精神、职代会精神，认真组织开展好 2022 年的各项工作；要围绕商业计划书制定的重点工作和目标任务，扎实推进与落实，确保各项工作保质保量地完成；要牢固树立安全"1000"理念和"违章就是犯罪"理念，坚决落实安全生产责任制，细化安全管控举措，对基础安全管理工作常抓不懈，切实筑牢安全防线；要大力发展能源高科技，加强能源结构优化与调整，努力打造绿色环保型企业；要强化科技攻关，充分发挥技术创新的支撑引领作用，为推动企业高质量发展提供强有力的支撑；要多维度开拓海外钢铁产业布局，积极拓展国际市场，提升马钢集团品牌影响力；要深化价值创造，汇聚磅礴力量，凝聚广大职工力量，共同提升企业核心竞争力。

保卫部（武装部）职工陈培树激动地说："报告中提到'亿万千百十'目标部分已经达成，展现了国有经济战略支撑的硬核力量。作为宝武一份子，幸福感与获得感油然而生。未来，我们更有信心、更有决心扎实推进治安、安保工作，共同守卫马钢美好明天。"马钢纪委负责人徐军认为，纪委报告聚焦政治监督，明确 12 个字的纪检工作作用、突出以"严"字当头为主基调，表明从严治党的决心。同时，在执纪监督方面，也明确了新的思路和路径。对马钢集团而言，2022 年在纪检工作中，要顺应中国宝武纪检监察工作的新形式、新要求，发挥各部门纪检职责，全力

以赴做好各项工作，确保企业高质量发展。"报告描绘宝武未来发展美好的蓝图，让我们坚定对企业发展的信心，也让我们明确工作方向。祝愿我们的宝武早日实现目标，我也坚信马钢会在新的起点、新的征程上取得更大、更好的成绩。"马钢交材职工沈飞信心满满。

马钢集团办公室、党委工作部、纪委、工会相关负责人等通过视频参会。

（申婷婷　张蕴豪　骆　杨　曾　刚）

【2022 年马鞍山市与马钢集团融合发展工作对接会召开】　2022 年 1 月 21 日，2022 年马鞍山市与中国宝武马钢集团融合发展工作对接会召开。马鞍山市委书记张岳峰出席会议并讲话，市长袁方主持会议，中国宝武马钢集团、马钢股份党委书记、董事长丁毅讲话。马鞍山市领导钱沙泉、吴桂林、张泉、黄化锋、方文、秦俊峰、左年文、阚方俊，马钢集团领导刘国旺、毛展宏、唐琪明、任天宝、何柏林、伏明、章茂晗、马道局及张乾春、王光亚、邓宋高、罗武龙、杨兴亮出席。

张岳峰在讲话中说，新春佳节即将到来之际，我们再次相聚马钢集团，共同分享一年来的丰硕成果，共同谋划新的一年对接合作事项，很有必要，非常及时。张岳峰就马鞍山市与中国宝武马钢集团融合发展工作进行了总结和展望。一是，市企一家，融合发展迈向新高度。刚刚过去的 2021 年，在习近平总书记考察安徽重要讲话指示精神指引下，马鞍山市与马钢集团牢记嘱托、感恩奋进，知重负重、攻坚克难，各项工作都取得了显著成绩，主要表现在总体态势好、运行质量优、发展后劲足。这些成绩的取得，是市与马钢相互支持的结果，标志着市与马钢融合发展达到新的高度，值得我们倍加珍惜。二是，兄弟同心，乘势而上开创新局面。马鞍山和马钢集团正处在蓄势崛起、跨越赶超的关键阶段，发展机遇好、自身动能强、干部作风实，可以说是天时、地利、人和俱备，只要我们拉高标杆、积极作为，就一定能把握发展先机、赢得工作主动，不断创造新的辉煌，推动马鞍山打造长三角"白菜心"、马钢集团打造后劲十足大而强的新马钢取得更大成效。三是，未来同创，攻坚克难夺取新胜利。希望我们双方相互支持、密切合作，共同推动制造业倍增，深入实施制造业三年倍增行动计划，加快推进马钢新特钢、宝武特冶等重点项目建设，积极申创先进结构材料国家级战新产

业集群，大力开展招商引资，推动产业集群发展；共同加快绿色转型，推进部分矿山环境问题整改，支持"环保管家"和"智慧环保"平台建设，加快向山地区综合治理重点项目建设，持续提升绿色发展水平；共同增进民生福祉，办好棚户区改造等民生实事，加大力度抓好安全生产，不断增强群众获得感安全感。

张岳峰强调，要继续发扬"全市保马钢、马钢带全市"的光荣传统，当好"店小二"，全力支持服务马钢。对马钢集团提出的需要市里协调支持的事项，要明确牵头市领导、责任单位、完成时限和具体责任人，加强督查督办，推动事项加快落地、有效落实。

袁方在主持会议时指出，2021 年是马鞍山市发展意义非凡、成就斐然的一年，实现"十四五"良好开局，这其中马钢集团发挥重要作用、提供重要支撑、作出重要贡献，对此表示衷心感谢。"兄弟同心、其利断金"，希望新的一年马钢集团继续为全市发展挑重担、当主力、作贡献，双方坚定不移树牢发展共同体、命运共同体意识，携手并进、高效协同抓好一季度"开门红"、创建先进结构材料国家级产业集群等工作。全市各级各部门要把服务好马钢集团作为第一营商环境，清单化闭环式落实本次会议明确和提请事项，当好"店小二"，全力推动对接融合取得更大成效。

丁毅在讲话中指出，刚刚过去的 2021 年，马钢集团牢记习近平总书记的殷殷嘱托，坚定不移打造后劲十足大而强的新马钢，高质量发展成果出众、出色、出彩。新的征程上，马钢集团将积极承接中国宝武战略升级目标任务，以全面站稳中国宝武系第一方阵为总要求，把战略的坚定性和战术的灵活性结合起来，打造"精益高效、奋勇争先、争创一流"升级版，谱写马钢集团二次创业转型升级新篇章。具体体现为"九个强"：一是强党建；二是强安全；三是强生态；四是强指标；五是强技术；六是强基建；七是强智慧；八是强效能；九是强风控。恳请马鞍山市委、市政府一如既往地给予大力支持。建议马鞍山市与马钢集团进一步深化融合发展对接工作，做到共识再提升、项目再提升、效果再提升。

会上，马鞍山市委常委、常务副市长黄化锋通报全市经济社会发展及马钢集团提请事项办理情况。马钢集团党委副书记、总经理，马钢股份党委副书记刘国旺通报 2021 年马钢集团生产经营和改革发展情况及 2022 年主要工作。马钢股份总经理助理杨兴亮汇报马鞍山市提请事项办理情况。与会人员观看《绿动马钢，智享未来》专题片。

马鞍山市直有关部门、单位负责人，中国宝武马鞍山区域各公司负责人，马钢集团相关部门、单位负责人参加会议。

（张　泓）

【马钢集团举行"基地管理+品牌运营"网络钢厂合作圆桌会】 2022 年 7 月 5 日，马钢集团举行"基地管理+品牌运营"网络钢厂合作圆桌会，会议邀请 22 家品牌运营合作方、潜在合作方、用户和贸易商汇聚一堂，共商合作道路，共话美好未来。同时，会上，马钢集团与五家企业进行合作签约。马钢集团领导丁毅、刘国旺、任天宝、章茂晗及王光亚、杨兴亮，山西省临汾市曲沃县相关领导出席会议。

马钢集团在过去的十年时间里，先后在广东、福建、江苏、安徽、山西、贵州等地开展品牌运营工作，合作模式不断创新迭代。2021 年以来，马钢集团先后与 8 家钢厂开展品牌运营业务，近几个月更是加快步伐，与多家企业签订"基地管理+品牌运营"战略合作协议。此次圆桌会议，既是一次分享经验的总结会议，也是一次共商钢铁行业产业链供应链商业运营模式的研讨会议，旨在进一步营造氛围，凝聚智慧，提高马钢集团在品牌运营工作中对各企业的服务水平及配套资源支撑力度，探讨钢铁行业上下游产业链的商业模式，共同推动马钢集团与各战略合作方高质量、可持续发展，携手谱写央企民企合作发展新篇章。

马钢集团党委副书记、总经理，马钢股份党委副书记刘国旺在会上致辞。他表示，2022 年以来，在巩固业已形成的良好合作关系的基础上，马钢集团认真落实"跳出马鞍山发展马钢"要求，稳根固基、继往开来，与多家钢企在"基地管理+品牌运营"网络钢厂的合作模式上达成共识，与各方本着互惠互利、共赢发展的原则，共建中国宝武马钢集团生产制造基地，结出累累硕果。此次圆桌会是一次难得的交流融通、深化友谊的机会和平台，希望各合作方畅所欲言，持续提升合作的高度，强化合作的深度，拓展合作的宽度，向着构建更加紧密的命运共同体目标不断迈进。新时代新征程上，马钢集团愿与各合作方风雨同舟，齐心协力，共商、共建、共享钢铁产业链商业模式，为推动中国钢铁产业高质量可持续发展贡献力量。

（黄 曼）

【马钢集团召开党委常委会，学习研讨《习近平谈治国理政》第四卷】 2022年7月19日下午，马钢集团党委书记丁毅主持召开马钢集团党委五届163次常委会议。会议学习《习近平谈治国理政》第四卷第一章。

会议指出，在党的二十大即将召开之际，《习近平谈治国理政》第四卷面向海内外公开发行，这是党和国家政治生活中的一件大事，对于深入学习贯彻习近平新时代中国特色社会主义思想，以统一思想和实际行动迎接党的二十大胜利召开，具有重要意义。

会议强调，要坚持以上率下，掀起学习热潮，要充分发挥领学促学作用，以"关键少数"带动绝大多数，通过党委理论学习中心组、辅导讲座、在线培训、网上党校等多种形式手段，扎扎实实抓好学习贯彻各项工作，持续掀起学习贯彻热潮；要坚持融会贯通，推动深学细悟，要认真落实党史学习教育常态化长效化要求，将《习近平谈治国理政》第四卷与前三卷作为一个整体，引导广大党员、干部坚持不懈读原著学原文、悟原理、知原义，更好领会和理解习近平新时代中国特色社会主义思想的科学体系、丰富内涵和精神实质，深刻领悟"两个确立"的决定性意义，增强"四个意识"，坚定"四个自信"，做到"两个维护"，在政治立场、政治方向、政治原则、政治道路上同党中央始终保持高度一致；要坚持求真务实，转化学习成果，习近平总书记关于掌握历史主动、在新时代更好坚持和发展中国特色社会主义的重要论述，为把握正确方向，应对各种复杂风险和挑战提供根本遵循，面对行业下行的严峻形势，要认真落实"疫情要防住、经济要稳住、发展要安全"的要求，认清形势，坚定信心，沉着应对，主动在危机中育新机、于变局中开新局，围绕"拉高标杆、奋勇争先、精益高效、争创一流、全面站稳中国宝武第一方阵"工作总要求，坚持问题导向和目标导向，持续深化党建联创联建实效，充分发挥奋勇争先、党员突击队、献一计等机制作用，进一步激发全员团结协作、攻坚克难的拼搏精神，推动"三降本两增效"、环境绩效创建A级企业和重点工程建设等各项工作提质提效，确保跑赢大盘，三季度不亏损，

全年站稳中国宝武第一方阵，以优异成绩迎接党的二十大胜利召开。

（刘冬冬）

【马钢集团举办学习贯彻党的二十大精神学习班】 2022年11月20日，马钢集团学习贯彻党的二十大精神学习班暨党委书记、副书记党建业务研修班开班，深入学习宣传贯彻党的二十大精神，切实把思想和行动统一到党的二十大精神上来。马钢集团、马钢股份党委书记、董事长丁毅在作动员讲话时强调，要从九个方面学懂弄通党的二十大精神，在贯彻落实党的二十大精神中突出党建引领、突出"冬练"提质，突出后劲十足，把学习成果转化为推动马钢集团高质量发展的实际行动。

马钢集团党委副书记、纪委书记高铁主持开班仪式。总经理助理工光亚、罗武龙，各单位党委书记、副书记及机关党务部门负责人参加学习培训。

此次学习培训采用现场面授、线上直播和网络学习相结合的方式开展，培训内容聚焦党的二十大精神解读、如何抓三基建设、国企领导干部如何做好思想政治工作、党建工作与生产经营深度融合的实践与探索等内容，旨在全面准确学习领会党的二十大精神，深入理解内涵、精准把握外延，用党的创新理论武装头脑、指导实践、推动工作，为马钢集团高质量发展引领方向、统一思想、凝心聚力；以党的政治建设为统领，促进党委书记、副书记提高政治站位、增强政治能力，提升应用党的创新理论指导企业改革发展的能力，以党建创一流推动企业创一流，为加快打造后劲十足大而强的新马钢提供强有力的政治保证和组织保证，切实增强学习宣传贯彻党的二十大精神的政治自觉、思想自觉、行动自觉。

丁毅在开班动员时指出，举办此次学习班的目的是帮助大家深入学习贯彻党的二十大精神，深刻领会思想精髓，准确把握核心要义，在新时代新征程上自信自强，埋头苦干，坚定不移地把学习成果转化为推动马钢集团高质量发展的实际行动。

在动员讲话中，丁毅首先宣贯了党的二十大精神，重点传达了安徽省委书记郑栅洁在全省领导干部学习贯彻党的二十大精神集中轮训班开班式上的讲话精神。丁毅指出，党的二十大举世瞩目、全国关注，党的二十大精神博大精深、内涵丰富。要在全面学习、全面宣传、全面贯彻的基础上，围绕九个方面做到学懂弄通。一要学懂弄通党的二十大的

重大意义；二要学懂弄通"两个确立"的决定性意义；三要学懂弄通党的二十大的主题；四要学懂弄通过去 5 年的工作和新时代 10 年的伟大变革；五要学懂弄通党的创新理论的立场观点方法；六要学懂弄通以中国式现代化全面推进中华民族伟大复兴的使命任务；七要学懂弄通党和国家事业的新部署新要求；八要学懂弄通深入推进全面从严治党的重要要求；九要学懂弄通团结奋斗的时代要求。

就结合马钢集团实际，深入贯彻落实党的二十大精神，丁毅提出三方面要求：一要突出党建引领，紧跟核心、围绕中心、凝聚人心，持续增强政治判断力、政治领悟力、政治执行力。要把学习宣传贯彻党的二十大精神与深入贯彻习近平总书记考察调研宝武马钢集团重要讲话精神紧密结合起来，与深度融入长三角一体化发展紧密结合起来，与扎实开展"冬练"提质增效紧密结合起来，与打造后劲十足大而强的新马钢紧密结合起来。要以党建创 AAA 为目标，树牢大抓基层的鲜明导向，持续提升基层组织的组织覆盖力、群众凝聚力、发展推动力、自我革新力；要聚焦"五保三突出"，持续深化基层党组织联创联建，做好党建品牌总结提炼；要加强干部队伍建设，选优配强各级班子，加大年轻干部培养选拔力度；要以严的主基调强化正风肃纪，坚持制度治党依规治党，纵深推进全面从严治党；要大力实施"三最"项目，提升职工"三有"生活水平；要以文化力提升竞争力，大力营造奋勇争先浓厚氛围，在机制创新中激发争先活力，在对标找差中追求极致高效。二要突出"冬练"提质，着力抢市场、强现场、严风控，做到"疫情要防住、经济要稳住、发展要安全"。要坚持开拓在市场、服务在市场、创效在市场，工作在现场、思考在现场、创新在现场，坚定信心、抢抓机遇，抓好 8—12 月经营改善计划的落实，努力站稳中国宝武第一方阵。三要突出后劲十足，推进高端化、智能化、绿色化，实现企业发展高质量、生态环境高水准、厂区面貌高颜值、员工生活高品质。

丁毅在讲话中强调了此次培训的纪律要求：一要珍惜来之不易的学习，心无旁骛、认真学习；二要带着问题学、结合实际学，做好 2023 年工作的谋划；三要严守培训纪律，确保学有所思、学有所获、学有所成。

开班动员结束后，马钢集团党委工作部负责人作课程安排说明。中国宝武党委组织部相关领导讲授了《认真学习贯彻党的二十大精神，落实党建工作责任制，增强宝武基层党组织政治功能和组织功能》专题课程。

（张　泓）

【马钢集团召开第六次（马钢股份第一次）党代会】　2022 年 12 月 16—17 日，马钢集团第六次（马钢股份第一次）党员代表大会召开。在圆满完成各项预定议程后，大会于 12 月 17 日上午在马钢集团公司办公楼会堂胜利闭幕。

大会选举产生中共马钢集团第六届、马钢股份第一届委员会和纪律检查委员会，通过关于中共马钢集团第五届委员会工作报告的决议和中共马钢集团第五届纪律检查委员会工作报告的决议。

丁毅同志主持大会。大会应出席代表 180 名，实到 163 名，符合规定人数。

大会执行主席丁毅，毛展宏、高铁、唐琪明、任天宝、伏明及马道局、王光亚、邓宋高、罗武龙、杨兴亮等主席团成员出席闭幕式并在主席台就座。

上午 10 时，闭幕会开始。大会以举手表决的方式，一致通过《中国共产党马钢（集团）控股有限公司第六次代表大会关于中国共产党马钢（集团）控股有限公司第五届委员会工作报告的决议》和《中国共产党马钢（集团）控股有限公司第六次代表大会关于中国共产党马钢（集团）控股有限公司第五届纪律检查委员会工作报告的决议》。两个决议充分肯定马钢集团第五次党代会以来，马钢集团五届党委和纪律检查委员会的工作，确立未来五年马钢集团改革发展和党的工作的总体思路和战略部署，提出未来五年马钢集团党风建设和反腐倡廉工作要求。

丁毅致大会闭幕词表示，马钢集团第六次（马钢股份第一次）党代会是在全党全国各族人民迈上全面建设社会主义现代化国家新征程、向第二个百年奋斗目标进军的关键时刻，在马钢集团深入学习贯彻党的二十大精神和习近平总书记考察调研中国宝武马钢集团重要讲话精神，承接中国宝武赋予的战略定位，加速推进二次创业、转型升级的关键阶段召开的一次十分重要的大会。

丁毅指出，此次大会在认真回顾过去六年马钢集团改革发展和党的建设主要成果的基础上，系统总结"必须坚持加强党的领导、必须激活改革创新

'双引擎'、必须全面推进精益运营、必须始终保持斗争精神、必须推进全员共建共享"等一系列重要经验,为我们做好今后的工作提供宝贵的借鉴。大会高举中国特色社会主义伟大旗帜,习近平新时代中国特色社会主义思想伟大旗帜,以党的二十大精神、习近平总书记考察调研中国宝武马钢集团重要讲话精神为统揽,明确马钢集团今后五年的指导思想、目标任务和重点工作,凝结全体代表的智慧心血,反映全体职工的共同心愿,必将有力推动马钢集团广大党员干部群众进一步牢记嘱托、勇担使命,把握机遇、顺势而上,奋力谱写新时代高质量发展新篇章。

全面实现这次党代会确定的各项目标任务,既是广大职工的共同心愿,更是全体党员义不容辞的神圣使命。丁毅强调,我们一定要深刻领悟"两个确立"的决定性意义,坚决做到"两个维护",站稳政治立场,履行政治责任,做政治上的明白人,不断提高政治判断力、政治领悟力、政治执行力,紧跟总书记、奋进新征程、建功新时代;一定要深刻领悟"两个结合",牢牢把握习近平新时代中国特色社会主义思想的世界观和方法论,解放思想、实事求是、与时俱进、求真务实,一切从马钢集团具体实际出发,着眼新时代企业发展的实际问题,作出符合马钢集团实际和时代要求的正确回答;一定要深刻领悟"两个全面",聚焦高质量发展这个首要任务,找准突破路径,坚定不移追求"高科技"、攻坚"高效率"、谋求"高市占"、致力"生态化"、推进"国际化",持续深化改革激发创新活力,不断推动马钢高质量发展取得新突破;一定要深刻领悟"两个答案",始终坚持全面从严治党永远在路上、自我革命永远在路上,推动党建工作与中心工作深度融合,以高质量党建引领保障高质量发展。

大会号召,高举中国特色社会主义伟大旗帜,紧密团结在以习近平同志为核心的党中央周围,在中国宝武党委的坚强领导下,在安徽省委省政府、马鞍山市委市政府的关心支持下,不忘初心使命,勇于自我革命,发扬心往一处想、劲往一处使的团结精神,知难而进、迎难而上的拼搏精神,不信邪、不怕鬼、不怕压的斗争精神,全力打造后劲十足大而强的新马钢,为中国宝武创建世界一流伟大企业,为马鞍山打造长三角"白菜心",为现代化美好安徽建设作出新的更大贡献。

大会在《国际歌》声中圆满结束。

(乔 华)

【马钢集团召开第六届(马钢股份第一届)党委第一次全体会议】 2022年12月17日下午,马钢集团第六届(马钢股份第一届)党委第一次全体会议召开。选举产生马钢集团第六届(马钢股份第一届)党委常委和书记、副书记;通过马钢集团第六届(马钢股份第一届)纪委第一次全体会议选举结果的报告;新当选的马钢集团、马钢股份党委书记丁毅在会上讲话。

中国宝武集团党委组织部副部长、人力资源部副总经理计国忠到会指导。丁毅受马钢集团第六次(马钢股份第一次)党代会主席团的委托主持会议。马钢集团第六届(马钢股份第一届)党委委员参加会议。

与会委员首先通过此次会议的三项议程。第一项议程中,与会委员以举手表决的方式,一致通过选举办法和监票人,并指定相关工作人员作为计票人。在选举前,党委工作部负责人先后宣读了中国宝武党委关于马钢集团第六届(马钢股份第一届)党委常委、书记、副书记候选人的批复。在选举中,与会委员以无记名投票的方式选举产生马钢集团第六届(马钢股份第一届)党委常委和书记、副书记。在第二项议程中,与会委员以举手表决的方式,一致通过马钢集团第六届(马钢股份第一届)纪委第一次全体会议选举结果的报告。在第三项议程中,丁毅作为新当选的马钢集团、马钢股份党委书记在会上讲话。丁毅首先代表新当选的党委领导班子,对广大党员干部职工的信任和支持表示衷心的感谢。他表示,大家选举我继续担任马钢集团公司党委书记,我深感使命重大、责任如山。我将和班子成员一道,牢记嘱托、感恩奋进、埋头苦干、勇毅前行,努力在马钢集团高质量发展的新征程上交出一份更加优异的答卷。

随后,丁毅传达中国宝武党委书记、董事长陈德荣12月15日视频调研马钢集团,并与马钢集团班子成员集体谈话时的重要讲话精神。

丁毅强调,我们要认真领会陈德荣书记、董事长重要讲话精神,倍加珍惜组织的重托和厚爱,倍加珍惜时代的机遇和舞台,倍加珍惜全公司党员干部职工的信赖和期待,对标对表"对党忠诚、勇于创新、治企有方、兴企有为、清正廉洁"的要求,始终保持赶考的状态,在新时代新征程上继续考出好成绩，展现马钢集团的新气象、新作为。

一是要旗帜鲜明讲政治，在对党忠诚上做表率。忠诚干净担当，忠诚始终是第一位，要始终牢记第一身份是共产党员，第一职责是为党工作，深入学习贯彻党的二十大精神，深刻领悟"两个确立"的决定性意义，增强"四个意识"，坚定"四个自信"，做到"两个维护"，不断提高政治判断力、政治领悟力、政治执行力，把爱党、忧党、兴党、护党落实到经营管理各项工作中，坚决执行"第一议题"，担当"第一责任"，落实"第一任务"，把牢政治方向、发展方向、行动方向，自觉在思想上、政治上、行动上同以习近平同志为核心的党中央保持高度一致，紧跟总书记、奋进新征程、建功新时代。

二是要奋勇争先走在前，在勇于创新上做表率。创新是第一动力。面对新形势新任务，只有创新，敢为人先，才能把握时代，赢得未来。我们要增强"慢进是退、不进更是退"的紧迫感，强化走在前列的进取意识，紧扣高质量发展这一首要任务，把握大势，顺势而为，奋勇争先，攻坚克难，勇于在创新上一马当先，想过去没想过的事，办过去没办过的事，干过去没有干成的事，不断推进企业技术创新、管理创新和模式创新，全力提升极致效率和差异化竞争力，全面站稳中国宝武第一方阵，做到既为一域争光、更为全局添彩。

三是要对标找差争一流，在治企有方上做表率。我们要深入领会贯彻中央经济工作会议精神，坚定信心，保持定力，增强历史主动精神，团结拼搏向前进。心中有谋，脚下才有路。我们要谋大势、谋全局、谋大事，善于把握市场规律和企业发展规律，把贯彻落实长三角一体化等重大国家战略，落实集团公司决策部署，与完成公司党代会各项目标任务紧密结合起来，战略上坚定不移，战术上只争朝夕，聚焦"产品卓越、品牌卓著、创新引领、治理现代"，强化超越自我、跑赢大盘、追求卓越的绩效导向，全面对标找差，"冬练"提质增效，推进高端化、智能化、绿色化发展，奋力谱写马钢高质量发展新篇章。

四是要担当重任敢斗争，在兴企有为上做表率。越是艰险越向前。在新征程上，我们要发扬斗争精神、增强斗争能力，着力增强防风险、迎挑战、抗打压能力，倡导"五看"（看政治忠诚、看政治定力、看政治担当、看政治能力、看政治自律）分析法、用好"五小"（小切口解决大问题、小团队作出大贡献、小突破带动大提升、小点子集成大智慧、小鼓励激发大干劲）工作法，带头担当作为、勤奋敬业，扑下身子干实事、谋实招、求实效，做到平常时候看得出来、关键时候站得出来、危难关头豁得出来，知难而进、迎难而上，增强志气、底气、骨气，动员全体干部职工心往一处想、劲往一处使、拧成一股绳，团结成"一块坚硬的钢铁"，汇聚起打造后劲十足大而强的新马钢的磅礴力量，创造出经得起实践和历史检验的新业绩。

五是要严于律己守正气，在清正廉洁上做表率。打铁还需自身硬。各级党员领导干部都要严格落实党中央"八项规定"精神和集团公司相关规定，严于律己、严负其责、严管所辖，守住底线、不碰红线。我将自觉履行第一责任人的责任，从严从实领好班子，带好队伍，抓好党建。每一位班子成员都要认真履行好"一岗双责"，对分管领域敢抓敢管，严抓严管，长抓长管，共同营造风清气正的良好政治生态。

丁毅表示，以上五个方面，既是新一届领导班子加强自身建设的基本要求，也是我们向公司全体党员和广大职工集体表态。作为公司党委书记，将带头执行、严格遵守，请大家监督。同时，希望班子每一位成员共同勉励，自觉遵守，一起把新一届领导班子建设成为组织放心、职工满意、担当重任的坚强领导集体，谱写新时代高质量发展更加绚丽的华章。

新当选的马钢集团第六届（马钢股份第一届）纪委常委列席会议第三项议程。

（高跃飞）

【马钢集团召开党委五届八次全委（扩大）会暨 2022 年干部大会、纪委五届八次全委（扩大）会】 2022 年 1 月 25 日，马钢集团召开党委五届八次全委（扩大）会暨 2022 年干部大会、纪委五届八次全委（扩大）会。马钢集团、马钢股份党委书记、董事长丁毅代表中国共产党马钢（集团）控股有限公司常务委员会在会上作题为《拉高标杆 奋勇争先 昂首阔步迈上二次创业转型升级新征程》的工作报告。马钢集团党委副书记、总经理，马钢股份党委副书记刘国旺主持会议。马钢集团助理级以上领导出席会议。

会议审议通过了《中国共产党马钢（集团）控股有限公司五届八次全委（扩大）会决议》《中

国共产党马钢集团纪律检查委员会全委（扩大）会决议》。会议号召各级党组织和全体共产党员、广大干部职工要坚定历史自信，勇担使命责任，以强企有我的真担当、干事创业的真本领、攻坚克难的硬作风、奋勇争先的精气神，踔厉奋发，真抓实干，奋力谱写马钢集团二次创业转型升级新篇章，全力以赴打造后劲十足大而强的新马钢，为中国宝武建设世界一流伟大企业，为马鞍山打造长三角"白菜心"，为现代化美好安徽建设，作出新的更大贡献。

丁毅在报告中首先回顾 2021 年的主要工作。他指出，2021 年是党和国家历史上具有里程碑意义的一年，也是马钢集团打造整合融合示范标杆取得新突破的一年。在中国宝武党委的坚强领导下，马钢集团党委坚持以习近平新时代中国特色社会主义思想为指导，全面贯彻党的十九大和十九届历次全会精神，深入学习贯彻习近平总书记考察调研中国宝武马钢集团重要讲话精神，增强"四个意识"，坚定"四个自信"，做到"两个维护"，以站稳中国宝武第一方阵为总要求，以开展党史学习教育为推动，永葆"一年当作三年干、三年并为一年干"的奋进姿态，团结带领全体干部员工精益高效、奋勇争先，实现"十四五"发展的良好开局。经营绩效再创历史新高；钢铁主业阔步跨入宝武系千亿营收、百亿利润企业行列。具体来说，在党建引领、战略导向、精益运营、绿智赋能、创新驱动、产城融合、文化铸魂、共建共享八方面积累丰富实践与深刻体会。这是坚决贯彻新发展理念、深入落实习近平总书记考察调研中国宝武马钢集团重要讲话精神、扎实推进党史学习教育的结果，是全体干部职工团结拼搏、砥砺奋进的结果。

丁毅指出，要时刻保持危机感，树牢辩证思维、全局意识、系统观念。要打开结构看效益，切实增强处处创效、系统增效的责任感；要横向对比看指标，切实增强不进是退、慢进也是退的危机感；要立足系统看全局，切实增强解决发展不平衡不充分问题的紧迫感；要锚定战略看发展，切实增强打造后劲十足大而强的新马钢的使命感；要奋勇争先看状态，切实增强拉高标杆、比学赶超的压力感。

在分析 2022 年面临的总体形势时，丁毅强调，我们要深入学习贯彻党的十九届六中全会精神，从党的百年奋斗史中汲取智慧和力量，坚定历史自信，坚守使命责任，立足新发展阶段、贯彻新发展

理念、构建新发展格局，提高政治判断力、政治领悟力、政治执行力，实现更高质量、更有效率、更加公平、更可持续、更为安全的发展。丁毅指出，贯彻"三新"，提高"三力"，实现高质量发展，必须科学判断"时"与"势"，必须准确把握"危"与"机"，必须系统谋划"道"与"术"。跨上新征程，勇担新使命，要聚焦"五坚持"（坚持提高政治站位、牢记"国之大者"，坚持保持战略定力、做到久久为功，坚持全面对标找差、全面精益运营，坚持勇于拉高标杆、发扬斗争精神，坚持全员奋勇争先、站稳第一方阵）、"四统筹"（统筹制造精益与管理高效、统筹产线极致与指标晋级、统筹单点突破与全局优化、统筹效益提升与风险防控），在更高水平的精益高效上下功夫；要聚力"五小""四倒逼"（限制性股票激励解锁条件倒逼 ROE 等关键指标提升、创 A 级企业时限倒逼超低排放改造加速、宝武系前三位拿大红旗倒逼更高水平奋勇争先、智慧化倒逼组织变革和流程再造），在更浓氛围的奋勇争先中创新绩。

报告提出，2022 年马钢集团工作的总体指导思想是：坚持以习近平新时代中国特色社会主义思想为指导，认真学习贯彻党的十九大和十九届历次全会精神，深入贯彻落实习近平总书记考察调研中国宝武马钢集团重要讲话精神，弘扬伟大建党精神，增强"四个意识"、坚定"四个自信"、衷心拥护"两个确立"、忠诚践行"两个维护"、牢记"国之大者"，坚定不移坚持党的全面领导加强党的建设，贯彻"三新"（新发展阶段、新发展理念、新发展格局）、提高"三力"，打造"精益高效、奋勇争先"升级版，昂首阔步迈上二次创业转型升级新征程，为中国宝武建设世界一流伟大企业，为马鞍山市打造长三角的"白菜心"，为现代化美好安徽建设作出新的贡献，以优异成绩迎接党的二十大胜利召开。

报告对 2022 年 9 项重点工作进行全面部署。一是强党建。以"党建工作走在全国前列"为目标，打造党建特色品牌，以高质量党建引领保障高质量发展。二是强安全。要坚持更高站位、更强体系、更实举措、更大激励，坚决打好安全翻身仗。三是强生态。坚持生态优先，提高政治站位，强化项目牵引、环境监管、带动周边，把生态环境保护作为重要的政治责任高位推动。四是强指标。以全面对标找差为抓手，超越自我与跑赢大盘双维度驱

动，推动各项指标全面站稳中国宝武第一方阵。五是强技术。必须坚定不移实施创新驱动发展战略，着力推进高水平科技自立自强。六是强基建。坚持"安全质量第一、工期控制有效、施工紧张有序、项目干净彻底"，精心组织，快速推进。七是强智慧。围绕"系统提升、智慧赋能、引领变革、标准示范、造物育人"，深化"四个一律"，提高全要素生产率，力保智慧化指数宝武系排名不下滑。八是强效能。大力推进企业改革、企业转型和企业管理"三企联动"，努力成为"产品卓越、品牌卓著、创新领先、治理现代"标杆企业。九是强风控。必须按照党中央"稳定大局、统筹协调、分类施策、精准拆弹"的方针，坚持底线思维、增强忧患意识，筑牢防范重大风险的体系篱笆，有效防范化解重大风险。

丁毅最后强调，要坚决做到让想干者有"平台"、让能干者有"擂台"、让干成者有"奖台"。他号召公司上下坚持以习近平新时代中国特色社会主义思想为指导，无愧今天的使命担当，不负明天的伟大梦想，全力以赴打造后劲十足大而强的新马钢，为中国宝武建设世界一流伟大企业，为马鞍山打造长三角"白菜心"，为现代化美好安徽建设，作出新的更大贡献。

马钢集团纪委在会上作题为《监督保障执行促进完善发展 为生产经营和改革发展提供有力的纪律保证》的书面工作报告。

主会场参会代表分4组，讨论审议马钢集团党委工作报告、纪委工作报告，形成讨论审议情况总结在第二次全体会议进行发布。各视频分会场自行组织讨论，并于会后提交书面审议意见。

马钢集团机关部门及单位党政主要负责人在主会场参会，各单位中层副职管理人员、职工代表在视频分会场参会。

（申婷婷）

【马钢集团召开十九届三次（马钢股份九届三次）职工代表大会】　2022年1月18—25日，马钢集团召开十九届三次（马钢股份九届三次）职工代表大会。马钢集团职工代表404人，马钢股份职工代表385人出席会议。

1月18—21日为职代会预备会议，其中，1月18日上午召开第一次团长会议，部署预备会议各项任务。1月18—21日，各代表团分团审议职代会各项议题。其中，1月19日下午各代表团分团统一集中讨论。代表们审议《马钢集团十九届三次（马钢股份九届三次）职代会总经理工作报告》《马钢集团2021年安全生产管理情况及2022年工作计划报告（含股份公司）》《马钢集团2021年能源环保工作情况及2021年工作计划报告（含股份公司）》《马钢集团2021年职工社会保险、企业年金、住房公积金的缴纳和管理情况报告（含股份公司）》《马钢集团2021年职工教育经费使用情况及2022年培训计划报告（含股份公司）》等12项职代会议案。1月21日上午召开第二次团长会议，听取各代表团讨论、审议情况报告，确认《职代会议程》《职代会主席团成员名单》《马钢股份2022年职工福利费使用方案》《职代会联席会议通过有关事项的报告》等议案草案通过情况。

1月25日上午召开职代会正式会议。大会听取并审议马钢集团总经理、党委副书记，马钢股份公司党委副书记刘国旺所作的题为《强化经营思维 追求极致高效 奋力开创马钢二级创业转型升级新局面》的职代会总经理工作报告；审议《马钢集团2021年安全生产管理情况及2022年工作计划报告（含马钢股份）》《马钢集团2021年能源环保工作情况及2022年工作计划报告（含马钢股份）》《马钢集团2021年职工社会保险、企业年金、住房公积金的缴纳和管理情况报告（含马钢股份）》等9项书面报告；审议通过《马钢集团十九届三次（马钢股份九届三次）职代会决议（草案）》。

（江 宁）

【马钢集团召开党史学习教育总结会】　2022年1月25日下午，马钢集团党史学习教育总结会在公司办公楼413会议室召开。马钢集团、马钢股份党委书记、董事长丁毅，马钢集团党委副书记、总经理，马钢股份党委副书记刘国旺，马钢集团助理级以上领导出席会议。会议由刘国旺主持。

会上，马钢集团、马钢股份党委副书记、纪委书记何柏林作马钢集团党委党史学习教育总结。2021年，在中国宝武党委的正确领导下，马钢集团党委认真贯彻党中央开展党史学习教育重大部署，紧扣学习贯彻习近平新时代中国特色社会主义思想这一主线，把学习党史与学懂弄通做实党的创新理论、扎实开展庆祝中国共产党成立100周年系列活动紧密结合，与深入贯彻落实习近平总书记考察调研中国宝武马钢集团重要讲话精神、推动马钢高质量发展各项工作紧密结合，切实做到学史明理、学史增信、学史崇德、学史力行，教育引导广大党员学党史、悟思想、办实事、开新局，为加快打造后劲十足大而强的新马钢注入强劲动力。

丁毅在会上讲话指出，此次总结会旨在回顾总结马钢集团党史学习教育经验，进一步巩固拓展党史学习教育成果。在党史学习教育中，马钢集团全面落实党中央决策部署，坚决执行中国宝武党委要求，紧密结合公司实际进行积极探索、积累宝贵经验，取得突出成效。2021年，马钢集团通过深入开展党史学习教育，深刻领悟到"两个确立"的决定性意义，进一步坚定理想信念，强化使命担当，凝聚起奋勇争先的磅礴力量；通过深入开展党史学习教育，聚焦职工"急难愁盼"问题，着力解难事办实事，促进党和人民群众血肉联系不断加深；通过深入开展党史学习教育，全面贯彻落实新发展理念，赋予"江南一枝花"精神新内涵，全力开创马钢集团二次创业、转型升级新局面。

丁毅强调，要深入学习习近平总书记重要讲话和重要指示批示精神，认真落实中央党史学习教育总结会议和中国宝武党委党史学习教育总结会议要求，聚焦深入学习贯彻党的十九届六中全会精神，不断巩固拓展党史学习教育成果，持续推动党史学习教育常态化、长效化。

就进一步巩固拓展党史学习教育成果，丁毅提出五点要求。

一是要进一步强化理论武装，深刻领悟"两个确立"的决定性意义。要聚焦深入学习贯彻党的十九届六中全会精神，以"原原本本学、集中培训学、专题宣讲学、全员覆盖学、营造氛围学、走深走实学""六学"为抓手，推动入脑入心、融会贯通。要持续深入学习习近平总书记系列重要讲话指示精神，把《中共中央关于党的百年奋斗重大成就和历史经验的决议》中"十个明确""十个坚持"等，与总书记"七一"重要讲话中的"九个必须"等结合起来，深刻领悟"两个确立"的决定性意义，把其作为深化党史学习教育的根本要求，学懂、弄通、做实。要坚持以习近平新时代中国特色社会主义思想为指导，增强"四个意识"，坚定"四个自信"，做到"两个维护"，进一步激发广大党员干部干事创业的积极性、主动性、创造性。

二是要进一步强化责任担当，以实际行动践行钢铁强国的初心使命。要深入学习贯彻习近平总书

记考察调研中国宝武马钢集团重要讲话精神，在服务长三角一体化发展、长江大保护、制造强国等国家战略中发展壮大自己，助力中国宝武"老大"变"强大"。要深刻领会国有企业在党和国家事业中的战略性地位和作用，从党的百年奋斗重大成就和历史经验中汲取智慧力量，为打造后劲十足大而强的新马钢，助力中国宝武加快创建世界一流伟大企业而不懈努力。

三是要进一步强化为民情怀，坚持不懈践行以人民为中心的发展思想。要从职工群众最关心最直接最现实的利益问题入手，要把以人民为中心的发展思想落实到各项决策部署和实际工作之中，用好"我为群众办实事"实践活动形成的良好机制，落实好"小切口大变化"民生实事办理制度，带着感情、带着责任、带着方法为群众办实事解难题。要建立完善常态化长效化的工作机制，把"我为群众办实事"持之以恒地推进下去，让每一位职工享受企业发展成果，尽快提升"有钱、有闲、有趣"的生活水平，焕发出强大的活力和创造力，以强烈的历史主动精神奋进新征程，建功新时代。

四是要进一步强化自我革命，深入推进新时代党的建设新的伟大工程。广大党员干部要明大德、守公德、严私德，清清白白做人，干干净净做事，做到克己奉公，以俭修身，永葆清正廉洁的政治本色。公司各级党组织要深刻领会伟大自我革命的深刻内涵，增强正视问题的自觉和刀刃向内的勇气，增强全面从严治党永远在路上的政治自觉，把严的主基调长期坚持下去，深化细化"四责协同"机制，把管党治党全链条责任落到实处，推动党风廉政建设和反腐败斗争向纵深发展。

五是要进一步总结成功经验，不断巩固拓展党史学习教育成果。要以学习贯彻党的十九届六中全会精神为重点，深入推进党史学习教育，原原本本学习全会决议，要更好地厚植历史自信，树牢正确的党史观，用好红色资源，赓续红色血脉。要加强党性锻炼，培养爱国情感，弘扬企业精神，使党史学习教育成果成为马钢人取之不尽、用之不竭的精神源泉。要总结好、巩固好、拓展好党史学习教育的成果，总结深化管用有效的做法，建立党史学习教育常态化、长效化制度机制，推动学深悟透党的创新理论，坚定走好中国道路、实现中华民族伟大复兴的信心和决心。要深入学习好、宣传好、尝试好、传播好伟大建党精神，勇担钢铁强国使命，践

行使命愿景，各项工作要对标最高标准，最好水平，力争上游，争创一流，把党史学习教育融入日常，抓在经常。

刘国旺在总结会议时要求，要在强化理论武装、践行初心使命担当上持续发力，坚持用习近平新时代中国特色社会主义思想，统一思想、统一意志、统一行动，衷心拥护"两个确立"，忠诚践行"两个维护"，牢记习近平总书记殷殷嘱托，把握机遇，顺势而上，奋力开创马钢二次创业转型升级新局面；要在落实以人为本，实施"三个全面"工程上持续发力，坚持发展为了职工、发展依靠职工、发展成果与职工共享，深入实施"三个全面"工程，以美育人，以文化人，以新时代"江南一枝花"精神辅导人、引导人、凝聚人、提升人，着力打造一支有理想、讲奉献、会智控、能检修、守规范、善创新的高素质员工队伍；要在打造党建特色品牌，全面从严治党上持续发力，坚持党建工作与改革发展深度融合，把"我为群众办实事"纳入支部品牌建设，打造马钢党建特色品牌，坚决反对形式主义、官僚主义，把"严"的主基调长期坚持下去，守正创新，营造风清气正的良好环境，坚定不移打造后劲十足大而强的新马钢，助力中国宝武"老大"变"强大"，以优异成绩迎接党的二十大顺利召开。

马钢集团各部门、单位党政主要负责人参加会议。

（高莹茹）

【马钢集团在长材智控中心召开生产经营咨询会】 2022 年 1 月 27 日上午，马钢集团在长材智控中心召开生产经营咨询会，向马钢老领导报告 2021 年生产经营情况和 2022 年主要工作安排，倾听老领导的心声和建议，进一步集中智慧，汇聚力量，更好地推动马钢集团高质量发展。

王树珊、杭永益、顾建国、朱昌述、苏鉴钢等原马钢集团助理级以上老领导出席咨询会。

马钢集团、马钢股份党委书记、董事长丁毅主持会议。马钢集团领导刘国旺、毛展宏、唐琪明、任天宝、伏明、章茂晗、马道局及张乾春、王光亚、邓宋高、罗武龙参加咨询会。

刘国旺报告了马钢集团 2021 年的生产经营情况和 2022 年工作思路及主要工作安排。2021 年，马钢集团坚持精益高效、奋勇争先，实现了"十四五"发展的良好开局，营业收入、利润总额创

造历史新高，为地方经济发展作出积极贡献。同时，在战略转型、精益运营、绿智赋能、科技攻坚、改革管理、共建共享方面实现新突破。2022 年，马钢将坚持稳字当头、稳中求进、以进固稳，围绕"两增一控三提高"，坚持"精益高效、奋勇争先"，加快落实"十四五"战略规划项目，加速做优 ROE 等关键性指标，推动马钢高质量发展取得新成效，以优异成绩迎接党的二十大胜利召开。

老领导们在咨询会上各抒己见，畅所欲言。大家一致认为，马钢集团 2021 年取得的成绩很可喜、贡献很瞩目。尤其现场参观马钢集团"盆景"变"风景""风景"变"景区"的崭新面貌后，更是亲身感受到马钢集团绿色发展智慧制造带来的巨大变化，这让大家打心眼里高兴。希望马钢集团持续深化改革，与马鞍山市进一步融合发展，领导班子勇挑重任，全体职工团结奋进，创造新的辉煌业绩，并让改革红利惠及全体职工。

在听取老领导们情真意切的发言后，丁毅说，刚刚过去的 2021 年，我们牢记习近平总书记殷殷嘱托，感恩奋进，加快建设后劲十足大而强的新马钢，在打造中国宝武整合融合示范标杆上取得了新突破，这与各位老领导的关心支持密不可分。他表示，2022 年，马钢集团各项工作将朝着"全面站稳中国宝武第一方阵"努力，拉高标杆、奋勇争先、超越自我、跑赢大盘、追求卓越。各位老领导在会上围绕马钢集团改革发展提了很多宝贵的意见和建议，我们在今后的工作中将充分吸纳，把马钢集团各项工作做得更好更实更有成效。他动情地表示，马钢集团的发展是几代人接续奋斗的结果，离不开老领导们的支持，我们一定把各位老领导的关心支持转化为推动工作的强大动力，坚定不移做强做优做大，打造后劲十足大而强的新马钢。

咨询会前，老领导们参观马钢大道和马钢东路交汇处、型钢园区和长材智控中心。

（申婷婷 骆杨）

【马钢集团召开 2021 年 12 月"奋勇争先奖"表彰会、精益运营案例发布会暨 2021 年度"精益高效、奋勇争先"总结大会】 2022 年 1 月 10 日下午，马钢集团召开 2021 年 12 月"奋勇争先奖"表彰会、精益运营案例发布会暨 2021 年度"精益高效、奋勇争先"总结大会，复盘 2021 年工作，明确 2022 年任务，动员部署马钢集团上下打造

"精益高效、奋勇争先"升级版，全面站稳中国宝武第一方阵。

会议由马钢集团党委常委，马钢股份副总经理毛展宏主持。马钢集团助理级以上领导出席会议。

会议采取主会场+视频分会场形式召开。马钢集团相关部门及单位党政主要负责人、2022年第一批"揭榜挂帅"项目负责人代表、精益运营案例发布人等在公司办公楼413主会场参会，相关部门及单位中层副职管理人员、首席师在各视频分会场参会。

会上，与会人员共同观看了《千帆竞发勇争先》《绿色马钢增新景，智慧赋能添动力》两部专题片；马钢股份公司总经理助理杨兴亮通报2021年12月"奋勇争先奖"评选情况；经营财务部负责人汇报2021年12月经营及对标找差情况；四钢轧总厂、技术中心、冶服公司负责人作为获奖代表先后发言；港务原料总厂、长材事业部分享精益运营案例，炼焦总厂相关人员进行工作反思。

马钢集团、马钢股份党委书记、董事长丁毅，马钢集团党委副书记、总经理、马钢股份党委副书记刘国旺分别为获大小红旗奖的炼铁总厂、四钢轧总厂、长材事业部、冷轧总厂、长江钢铁、"揭榜挂帅"项目团队，能源环保部、埃斯科特钢、"厂办大集体改革"项目团队、"高铁车轮国产化"项目团队颁奖；丁毅为2022年第一批"揭榜挂帅"部分项目负责人颁发任务书。

马钢集团、马钢股份党委副书记、纪委书记何柏林为两个精益运营成果颁发证书。

丁毅在会上作题为《拉高标杆 奋勇争先 昂首阔步迈上二次创业转型升级新征程》的报告，刘国旺就商业计划书等内容作宣贯分析。

刘国旺在商业计划宣贯时，首先对马钢集团2021年度重点工作进行了回顾。肯定成绩的同时，他指出，要正视仍然存在的"安全形势较为严峻、部分关键指标有待进一步提升、实现绿色低碳发展任务艰巨"等问题与不足。

在对经营绩效、技术经济指标、增长潜力点进行对标找差、客观分析后，刘国旺阐述了2022年度商业计划策划，指出2022年马钢集团经营策略是"从高速度到高质量，从制造力到竞争力，从同质化到差异化"；工作思路是"以能力提升为核心抵御市场波动，以赢得客户为目标确保经营绩效"；工作措施是"以经营思维抓制造，以市场视角抓现场；从外部找差距，从内部找空间；向客户要效益，向现场要能力"，全面落实集团三年经营目标任务分解，全力提高经济运行的质量与效益。

刘国旺系统解读马钢股份股权激励方案，并结合具体调研案例进行分析，畅谈切身感受，提出相关思考。指出面对国家使命、社会责任、集团战略、员工期盼等一系列高挑战，我们必须杜绝失则无责、漠视忽视、马马虎虎等思想和行为。只要公司各级领导干部信念坚定、为民服务、勤政务实、敢于担当、清正廉洁、三严三实，切实推进思想和认识的转变、态度和工作的转变、行为和习惯的转变，马钢集团一定能行、一定能马到成功。

丁毅主题报告共分三部分，依据五大行动计划、商业计划书、改革三年行动计划，通过横向比、纵向比、系统比，对"去年怎么看、今年怎么干"进行总结复盘、任务分析和动员部署。一是打造整合融合示范标杆取得新突破。2021年，马钢集团坚持党建引领、战略导向、精益运营、绿智赋能、创新驱动、产城融合、文化铸魂、共建共享，围绕"站稳第一方阵"，全面掀起精益高效、奋勇争先的新高潮，经营绩效创历史新纪录。今日的马钢集团发展定位更加清晰、生产经营蒸蒸日上、环境面貌显著改善、职工收入大幅增长，跨上大国重器、中流砥柱的崭新平台，迈上二次创业、转型升级的崭新跑道，呈现一马当先、奋勇争先的崭新气象。二是以系统观念客观分析矛盾与短板。在对宏观环境、行业环境和马钢自身实际进行全面系统分析后，强调要树立辩证思维、全局意识、系统观念，以系统观念客观分析矛盾与短板。通过打开结构看效益、横向对比看指标、立足系统看全局、锚定战略看发展、奋勇争先看状态，指出当下的马钢高效尚可、精益不足；成绩显著、问题仍多。要求必须提高政治站位，牢记国之大者；保持战略定力，做到久久为功；全面对标找差，全面精益运营；拉高工作标杆，站稳第一方阵；发扬奋斗精神，全员奋勇争先。坚持以小切口解决大问题，以小团队作出大贡献，以小突破带动大提升，以小点子集成大智慧，以小鼓励激发大干劲。三是打造"精益高效、奋勇争先"升级版。在传达中国宝武主要领导对马钢集团2022年的重点要求后，丁毅强调，马钢集团上下要围绕"精益高效、奋勇争先"的工作主题，"全面站稳中国宝武第一方阵"的总体要求，强化倒逼机制，统筹制造精益与管理高效、统筹产线极致与指标管理、统筹单点突破与全局优化、统筹效益提升与风险防控，强党建、强安全、强生态、强技术、强指标、强基建、强智慧、强效能、强风控，打造"精益高效、奋勇争先"升级版。要求公司各级领导干部，必须要有强企有我的真担当、干事创业的真本领、攻坚克难的硬作风、奋勇争先的精气神。2021年马钢集团共26家单位、8个团队，68次获公司"奋勇争先奖"。同时指出，马钢集团也一定会让想干者有"平台"、让能干者有"擂台"、让干成者有"奖台"。他希望，全体马钢人迈上新平台，勇担新使命，一马当先、后劲十足，打造"大而强"的新马钢，为助力中国宝武成为全球钢铁业引领者作出新贡献！

（姚　辉）

【马钢集团召开2022年度管理研讨会】 2022年3月10—11日，马钢集团召开2022年度管理研讨会，深入贯彻落实中国宝武党委一届六次全委（扩大）会暨2022年干部大会、宝武一届五次职代会精神，以及马钢集团党委五届八次全委（扩大）会暨2022年干部大会、马钢集团十九届三次（股份公司九届三次）职代会精神，谋划部署2022年重点工作，全方位站稳中国宝武第一方阵。本次会议以"拉高标杆 奋勇争先 精益高效 争创一流"为主题，分四个阶段举行。

马钢集团、马钢股份党委书记、董事长丁毅出席会议并讲话，马钢集团助理级以上领导出席会议。

第一阶段会议上，首先举行党委中心组（扩大）学习及专题报告发布，由马钢集团、马钢股份党委副书记、纪委书记何柏林主持。时任冶金工业规划研究院院长、党委书记李新创在会上作"党的十九届六中全会精神专题辅导"；马钢集团党委常委、副总经理唐琪明领学《传达学习习近平在中共中央政治局第三十六次集体学习时的重要讲话精神》；马钢股份总经理助理杨兴亮领学《传达学习〈关于促进钢铁工业高质量发展的指导意见〉》。在调研报告发布环节，总经理助理罗武龙发布《能源环保管理研讨报告》；安全生产管理部发布《安全生产管理研讨报告》；制造管理部发布《制造管理研讨报告》；经营财务部发布《全面对标找差研讨报告》；总经理助理杨兴亮发布《运营改善管理研讨报告》。规划与科技部、采购中心、营销中心、

设备管理部、技术改造部、运输部、人力资源部和精益办作书面研讨报告。

在第二阶段分组讨论中，与会人员围绕"拉高标杆 奋勇争先 精益高效 争创一流"的主题和"全面站稳中国宝武系第一方阵""一总部多基地"管理体系建设等内容分四组展开讨论。

第三阶段，举行2月"奋勇争先奖"颁奖仪式暨精益运营成果发布，由马钢集团党委常委、马钢股份副总经理毛展宏主持。2月，马钢集团上下多措并举，同心协力，积极防范并应对春节长假以及期间雨雪冰冻天气产生的影响，加强计划管理，严格落实各项措施，确保公司运营稳定，取得预期目标。2月共有25家单位参与"奋勇争先奖"评选，综合各方面指标完成情况，经评审、批准，共有6家单位和团队获得公司2月"奋勇争先奖"。其中，"北厂区封闭管理"项目团队夺得大红旗，四钢轧总厂、煤焦化公司、长材事业部、营销中心、"提升TPC周转率"项目团队夺得小红旗。马钢集团党委常委、马钢股份副总经理任天宝为获得"大红旗"的北厂区封闭管理项目团队颁奖，并为2月获奖部门、单位和团队"插旗"表彰。唐琪明为5家获得"小红旗"的单位和团队颁奖，何柏林为3个精益运营成果颁发证书。

在第四阶段管理研讨会总结会上，四个讨论组召集人分别作分组讨论情况汇报。

丁毅在会上发表讲话指出，此次管理研讨会内容十分丰富，取得预期的效果。定期从理论和实践两个角度，对当前工作进行梳理思考是一种很好的工作方式，有助于后续各项工作水平的持续提高。丁毅强调，加入中国宝武大家庭以来，马钢集团在中国宝武党委的坚强领导下，在全体员工的共同努力下，发生翻天覆地的变化。马钢集团在现场环境、生产经营绩效、员工精神面貌以及对地方的贡献上都取得了巨大进步，增强宝武文化在安徽区域穿透力、号召力。然而，在看到成绩的同时，我们也要清楚地认识到，马钢集团依然存在着生产经营部分指标与中国宝武先进基地相比仍有差距以及安全生产压力巨大等不足。

结合学习贯彻党的十九届六中全会精神和本次管理研讨会主题，丁毅就做好下一阶段相关工作提出三点要求。第一，要把学习贯彻党的十九届六中全会精神，作为当前和今后一个时期的重要政治任务，从党的百年奋斗重大成就和历史经验中汲取继

续前进的智慧和力量，坚定战略自信，注重总结历史经验。一要始终坚持党的领导，牢记国之大者；二要始终坚持把握大势，顺势而为；三要始终坚持从实际出发，主客观相统一；四要始终坚持系统谋划，抓主抓重；五要深入践行极致高效，精益运营；六要深入践行绿色发展，智慧赋能；七要深入践行严格苛求，紧张有序，把本职工作做到极致；八要深入践行团结奋斗，共享成果，坚持发展为了员工，发展依靠员工，发展成果与员工共享。第二，在牢记嘱托感恩奋进、把握机遇顺势而上中力行实践逻辑，优化战略方针。丁毅强调，2022年提出"拉高标杆、奋勇争先、精益高效、争创一流"，其中，"拉高标杆"强调的是担当；"奋勇争先"强调的是状态；"精益高效"强调的是方法；"争创一流"强调的是结果。在2021年"关键指标争一流、绿色发展争一流、智慧赋能争一流、组织效率争一流、提高市占争一流"基础上，我们还要努力做到"党建引领争一流"，围绕紧跟核心、围绕中心、凝聚人心三个方面切实发挥好党建引领作用，把马钢党建工作做实、做出特色。第三，以全面站稳中国宝武第一方阵为重要衡量，强化战略执行。丁毅强调，制造水准是发展根基，环境质量是发展底色，技能素养是发展引擎，体现企业的硬实力；精神面貌是动力之源，团结协作是合力之源，产城融合是活力之源，体现企业的软要素。要围绕新时代"江南一枝花"精神，提升制造水准、环境质量、技能素养、精神面貌、团结协作、产城融合。

会上，丁毅还就安全生产、疫情防控、严肃财经纪律、依法合规经营综合治理专项行动等工作提出要求。

根据落实疫情防控要求，会议采取主会场+视频分会场形式召开。马钢集团助理级以上领导，相关部门及单位党政主要负责人，中国宝武马鞍山区域各单位主要负责人或马鞍山区域负责人，在主会场参会，并分四组进行讨论。公司中层副职、首席师、技能大师、C层级管理人员在视频分会场参加第一阶段、第三阶段、第四阶段会议。

（高莹茹）

【马钢股份召开B号高炉大修工程动员会】
2022年9月7日，马钢股份召开B号高炉大修工程动员会。马钢集团、马钢股份党委书记、董事长丁毅作动员讲话，强调要总结固化A号高炉大修的经验做法，强化责任意识、担当意识、绩效意识，落实落细安全环保各项举措，把B号高炉大修工程打造成高质量大修精品典范。

B号高炉大修工程是马钢集团"十四五"战略规划的重要内容之一，也是马钢集团实现产品产线升级改造的核心项目之一，更是打造中国宝武优特钢精品基地、建设大而强的新马钢的重要基石。通过完成这一轮大修，马钢股份整体运作效率将得到较大的提升，让高炉各项指标、成本、休风率再上一个新台阶，力争位居中国宝武前列；通过完成这一轮大修，马钢股份北区填平补齐、南区专业化升级改造顺利落地，为创建环境绩效A级企业创造良好环境和条件。

就做好B号高炉大修，丁毅提出五点要求。一是各参战单位要高效组织、精心施工，总结固化A号高炉大修的成功经验。设计、施工、监理团队要切实增强紧迫感和使命感，相互配合、密切分工，共同推进检修后的各项指标成本达到A类企业标准。二是明确目标，各参战单位要扛起使命担当，力争大修后的高炉各项指标更优、炉龄周期更长，打造高质量大修精品典范。三是强化安全环保工作。各参战单位要牢固树立安全质量第一的理念，时刻绷紧安全弦，确保施工紧张有序、项目干净彻底。按照疫情防控要求，不折不扣落实好各项措施。对外来施工人员要切实担起监管责任，严格实名制和资质审查，"信任不能替代监督"；对大件运输、外部管网、人员密集交叉作业、消防、农民工工资等问题要认真对待，做实做细，确保万无一失。四是强化质量控制。B号高炉大修工程是一项系统工程，不仅要把大修任务完成好，也要确保后期生产运营好。必须结合A号高炉检修的探索实践，精益求精，控制好大修质量。五是炼铁总厂要处理好当期生产与检修、技术改造的关系，确保生产、检修两不误。相关部门和单位要加强安全监管，明确职责分工，把握好停炉、开炉各环节，强化担当意识、责任意识、绩效意识，有效、有序、有力完成大修。

（黄远顺）

【马钢集团召开作业长研修成果发布会】
2022年9月14日，2022年作业长研修成果发布会在马钢集团公司办公楼413会议室召开。马钢集团、马钢股份党委书记、董事长丁毅出席会议并讲话。马钢集团总经理、党委副书记毛展宏出席会议并提出具体工作要求。会议由马钢集团党委副书记、纪委书记高铁主持。马钢集团党委常委任天宝及马钢集团总法律顾问杨兴亮出席会议。马钢集团、马钢股份各职能、业务部门、生产厂部、子公司主要负责人，各单位作业长代表、综合部门负责人参加会议。

会上，人力资源部汇报马钢集团员工绩效管理工作情况；能源环保部作业长研修分会介绍绩效管理工作落实情况；来自长材事业部、冷轧总厂、炼铁总厂、四钢轧总厂、港务原料总厂、煤焦化公司的6名作业长代表从多个维度分享各自在作业区绩效管理方面的实践做法和显著成效。

丁毅充分肯定2022年以来马钢集团各项工作取得的成绩，并对下阶段持续推动马钢集团作业长制实现高质量发展提出三点要求。一是统一认识，坚定做强做优作业长制的信心。攻坚克难的马钢人必须秉承高标准，必须坚定不移地把作业区打造成为精益改善的主阵地、指标提升的主阵地、造物育人的主阵地，夯实全面站稳宝武第一方阵的"基石"。要认识到引入作业长制是马钢集团提升基层管理水平的内在需要，具有深远的积极影响；要认识到通过20年的探索实践，马钢集团的作业长制与宝钢股份先进标杆相比，在体系能力和实践效果层面都有较大的差距；要认识到作为中国宝武大家庭的一员，基于体系一贯、模式一贯，我们在作业长制的推行上必须加强而不能削弱。二是聚焦重点，着力提升作业长制运行的实际效果。必须确保每一次活动都有实效，并通过会议总结形成方法论、应用于实践，最终结合指标突破、外部对标及内部优化等，找准在中国宝武系统的位置，为站稳第一方阵营造你追我赶的浓厚氛围。要聚焦体系优化，做实"放管服"（放到位、管到位、服务到位）；要聚焦结构优化，精准"用培储"（用好一批、培养一批、储备一批）；要聚焦机制优化，深化"比学带"，即开展先进评选、学习借鉴、外部对标、联创联建及调研督查等。三是严管厚爱，建设高素质专业化作业长队伍。要增强学习力，着力提升个人综合素质和在实践中学习的本领；要增强经营力，做到"有目标、有激情、强绩效、严管理"，敢于超越自我；要增强改善力，把职业当事业、把作业当作品，以问题为导向，从小切口入手，积小胜为大胜，追求极致高效，获得成就感和幸福

感；要增强协同力，真正把"工序服从、自我了断、互相交流"落到日常管理和具体行为上，做到小问题不上交、大问题有办法；要增强凝聚力，调动作业区全体员工的积极性、主动性，汇聚干事担事、奋勇争先的磅礴力量。

毛展宏在会上就进一步夯实作业长制管理提出具体要求：各级作业长研修会要收集、分析各类事故案例，找出共性问题，组织专题研究，合力探索管理改进的方向，总结方法，通过交流分享将方法传递，实现共性问题的解决。他表示，作业长们要树立团队思维，明确责任担当，用好"五制配套"管理工具，带动员工自我改进，提升综合能力。最后，他指出，各单位要充分理解绩效文化的含义，通过绩效指标设定及考核落实让员工接受考核、认可考核，支持决策，最终实现员工主动改进的良好氛围。

高铁在会上就贯彻好此次会议精神和部署，提出四点具体要求。一要突出重心下移，强化体系支撑。二要突出使命担当，提升价值创造。三要突出自主管理，加强能力建设。四要突出典型引路，促进整体提升。

（洪　瑾）

【马钢股份召开C号烧结机工程、9号焦炉工程项目投产条件确认会】　2022年11月29日，马钢股份C号烧结机工程、9号焦炉工程项目投产条件确认会在马钢智园召开。马钢集团、马钢股份党委书记、董事长丁毅出席会议并讲话；马钢集团党委常委、股份公司副总经理伏明主持会议。

9号焦炉工程项目是马钢股份北区铁前填平补齐系统工程中的重要改造项目。项目建成后，能够填补马钢股份北区焦炭需求缺口，减少南北物流往复运输的弊端，同时提升"四个一律"指数，实现生产的集中控制。为确保9号焦炉顺利投产，马钢股份煤焦化公司制定投产方案，成立开工指挥机构，会议召开时正进行9号焦炉及配套生产装置投产前的各项准备工作，包括炼焦煤库存准备到位、动力介质联调联试、设备联调联试、各系统安全联锁确认以及操作人员培训等，计划于12月初装煤投产。

马钢集团、马钢股份党委书记、董事长丁毅在会上强调，要以时时放心不下的责任感，压实责任、勇于担当，安全高效、严谨规范地做好投产前的各项准备工作，确保万无一失、圆满实现投产即达产的目标。

会上，马钢集团党委常委伏明就投产前需要注意的问题提出具体要求。煤焦化公司汇报了9号焦炉工程进展与投产准备情况。承建单位、马钢股份相关部门单位结合自身实际，就做好工程收尾工作进行表态发言。

（唐　方）

【马钢集团召开庆"五一"先进模范交流座谈会】 2022年4月28日下午，马钢集团召开"奋勇争先　先模先行"庆"五一"先进模范交流座谈会，深入宣传贯彻落实习近平总书记考察调研中国宝武马钢集团重要讲话精神，大力弘扬劳模精神、劳动精神和工匠精神，传承和发扬"江南一枝花"精神，引领全体职工向先进模范学习，围绕"拉高标杆、奋勇争先、精益高效、争创一流"工作主题，奋力打造后劲十足大而强的新马钢，以优异成绩迎接党的二十大胜利召开。

马钢集团、马钢股份党委书记、董事长丁毅，马钢集团党委常委、马钢股份副总经理任天宝出席会议。会议由马钢集团工会主席、总经理助理邓宋高主持。

丁毅为"全国五一劳动奖章"获得者、马钢交材精加工高级技师沈飞，劳模代表四钢轧总厂炉外精炼高级技师单永刚、冷轧总厂电气首席师陈立君、马钢交材热轧厂车轮热轧作业区作业长徐小平献花。任天宝为"安徽省五一劳动奖章"获得者、特钢公司热轧精整操作张超，安徽省金牌职工获得者、长材事业部钳工高级技师刘迎庆，首届"安徽工匠"获得者、能源环保部技能大师袁军芳，安徽省机械冶金系统"产业工匠"获得者、长材事业部钳工技师赵俊献花。

"全国五一劳动奖章"、中国宝武首届"优秀岗位创新成果"一等奖获得者徐冰，安徽省金牌职工、中国宝武金牛奖获得者刘迎庆，中国宝武"金玫瑰"奖章获得者夏雪兰，中国宝武工匠陈爱民，劳模代表单永刚，全国劳动模范、马钢金牛奖获得者严开龙先后作交流发言，讲述自己在工作中的经验和收获、思考和感悟、理想与奋斗。

丁毅代表马钢集团公司，向各位劳模致以节日的问候和崇高的敬意，并通过他们向为公司发展作出突出贡献的各级先进劳模和广大职工表示衷心的感谢和诚挚的问候。同时就大力弘扬劳模精神、劳动精神、工匠精神，丁毅提出三个方面的要求：一是弘扬劳模精神，凝聚团结奋斗磅礴力量；二是发挥示范带动，立足岗位争创一流；三是真诚关心关爱，共建共享美好生活。

会上，沈飞宣读倡议书；与会人员共同观看《奋勇争先　先模先行》专题片。

（臧延芳）

【马钢集团党委召开基层党组织联创联建专题会】 2022年9月27日下午，马钢集团党委召开基层党组织联创联建专题会。会议聚焦"紧跟核心、围绕中心、凝聚人心"党建工作主题，总结近期工作、部署下阶段重点任务，进一步推动联创联建各项工作落地落细、走深走实，全力确保全年各项工作目标实现。马钢集团、马钢股份党委书记、董事长丁毅在会上强调，企业党建工作做实就是生产力，做强就是竞争力，做细就是凝聚力。各级党组织要做好年终党建工作的收官、总结和宣传，及时总结提炼"党建创一流"及联创联建优秀案例，适时发布、固化、推广，积极展示成果，打造特色品牌，推动马钢集团党建站稳中国宝武"第一方阵"。

马钢集团党委副书记、纪委书记高铁主持会议。

丁毅在讲话中指出，2022年以来，马钢集团党建工作"落脚"在基层，定位"小切口"，整体发动，呈现出"系统谋划、全面启动、过程检查、相互借鉴、总结提升"特点，形成一股"势"、汇聚一种"场"，取得一系列积极成效，但同时应该看到联创联建仍存在活动开展不平衡、形式单一等问题。就进一步抓好抓实基层党组织联创联建工作，推动马钢党建站稳中国宝武第一方阵，丁毅提出三方面要求。一是紧跟核心，争创一流促发展。当前，国际环境复杂多变，国内经济下行压力加大，马钢集团生产经营面临形势愈发严峻考验。我们要强化使命担当，知重负重，越是困难越要拼，越是艰险越向前。各级党组织要坚持"第一议题"，落实"首要任务"，担当"主体责任"，以高质量党建引领企业高质量发展。要坚定思想、保持定力，将党建工作与业务发展深度融合，以高质量党建推动企业高质量发展。要充分发挥党支部战斗堡垒作用和党员先锋模范作用，以高质量党建保障企业高质量发展。二是围绕中心，聚焦问题抓落实。基层党组织联创联建就是要把开展党建主题活动与破解企业当前突出问题紧密结合，把党建工作与生产经营深度融合。各级党组织要坚持问题导向，加快推进。针对联创联建项目实施过程中遇到的实际问题，强化责任，合力攻坚，狠抓落实，确保各项工作落地落细落到实处。要兼顾极致高效与品种渠道，尤其在重点工程推进过程中，落实"五保三突出"举措，既要保生产更要保安全。要加强宣传引导，营造氛围。统筹公司媒体平台，大力宣传特色亮点，营造正能量满满、精气神十足的舆论氛围。三是凝聚人心，提升士气，汇聚发展正能量。党的二十大即将召开，各级党组织要切实提高政治站位，深刻认识党的二十大的重大意义，切实把思想和行动统一到以习近平同志为核心的党中央决策部署上来。公司上下要保持奋勇争先的状态，形成各级党组织聚焦聚力、广大党员积极行动、广大职工群众踊跃参与的良好局面。要深化巩固"我为群众办实事"实践活动成果，着重从提高职工收入、培育"三有"生活、弘扬企业文化等方面体现。要积极化解矛盾、持续提升治理能力，提高应对突发事件的风险意识、处置能力，以"工作当成事业、作业当成作品"的信念，为公司营造良好发展环境。

高铁在会上提出三点具体要求。第一，要高度重视党建工作，把联创联建放在心上、抓在手上。第二，要强化党建理论学习，以党建理论指导具体工作，在动员组织引导提升上不断提质增效。第三，要聚焦党建特色发展，创建马钢党建特色品牌。在创新党建和联创联建工作方法上下功夫、勤学习，努力做到方向明、方法多、效果好，确保各项工作落地见成效，以实际行动迎接党的二十大胜利召开。

会上，党委工作部汇报联创联建工作总体情况，长材事业部党委、铁运公司党委、制造管理部党总支、营销中心党委、马钢交材党委先后作经验交流发言，与会人员围绕如何进一步深化基层党组织联创联建工作进行讨论。

马钢集团党委办公室、党委工作部、纪委、工会负责人，相关部门、单位党委负责人及部分党支部书记参加会议。

（申婷婷　赵　明）

专 文

追求极致高效　优化结构渠道
为全面站稳宝武第一方阵而努力奋斗

——在马钢集团二十届一次（马钢股份十届一次）职代会暨年度工作会议上的报告

毛展宏

各位代表、同志们：

我代表公司向大会作工作报告，请予审议。

第一部分　2022年工作回顾

2022年是极具挑战、极不平凡的一年。面对严峻复杂的市场形势，在集团公司的坚强领导下，马钢集团坚持以习近平新时代中国特色社会主义思想为指导，深入贯彻落实习近平总书记考察调研中国宝武马钢集团重要讲话精神，深入贯彻集团公司党委一届六次全委（扩大）会、一届五次职代会工作部署，知难而进、迎难而上，有力有效应对各种困难和风险挑战，推动企业高质量发展取得新成效。在坚决完成集团公司粗钢压减任务的基础上，全年生产铁1778万吨、钢2000万吨、材1989万吨；产权口径实现营业收入2210亿元、利润总额26.2亿元，管理口径实现营业收入1024亿元、利润总额12.8亿元，经营绩效站稳中国宝武第一方阵，马钢被评为中国宝武"潜龙"企业。

重点抓了以下六个方面的工作。

一是全力以赴稳增长。坚持稳字当头、稳中求进，强化"安全、均衡、稳定、高效"经营策略，全面对标找差，追求极致效率，精益运营质量不断提升。"三降两增"深入推进。迅速贯彻落实集团公司"三降两增"工作部署，在全年降本必达目标21亿元的基础上追加9亿元降本任务，统筹谋划21项工作措施，"三降两增"降本增效14.1亿元，年化完成率156.9%。面对急剧变化的严峻市场挑战，建立日分析、周调度机制，制定落实8—12月经营改善任务8个方面35项措施，在"寒冬"中强身健体、提质增效。产线运行极致高效。强化制造系统"一贯制"管理，进一步释放关键

产线效率，全年各产线累计打破日产纪录156次、月产纪录46次。四钢轧总厂3座转炉日均稳定在90炉以上，2250产线产量突破600万吨，创行业同类型装备最好水平。对标找差持续深入。287项对标指标累计进步率71.8%，达标率63.1%。铁水成本在集团公司各基地排名第三位；铁水温降134.3℃，同比下降20.7℃；综合热装率72.9%，比上年提高14.6个百分点。两头市场经营创效。采购端积极拓宽资源渠道、深化精益采购、推进生态圈协同降本，实现经济安全保供。营销端坚持以产品毛利为导向，强化产品经营，推动优势产品放量，全年彩涂板销量突破27万吨，创投产以来最高纪录；镀锌汽车外板首次突破10万吨，同比增长30%；H型钢出口46.5万吨，出口量稳居全国第一；车轮出口18.3万件，同比增长21.9%。公辅联动经济运行。围绕"运行有效、保障有力、系统优化、节能降耗"，强化设备稳定运行，设备综合效率OEE达到76.3%，马钢股份被评为全国设备管理优秀单位；深入推进系统能源经济运行，特钢电炉能效优于标杆，自发电比例提高至74.9%，A号烧结机、2号300吨转炉荣获全国重点大型耗能钢铁生产设备节能降耗对标竞赛"冠军炉"称号。

二是快干实干促转型。锚定中国宝武优特长材专业化平台公司和优特钢精品基地的战略定位，加快推进北区填平补齐、南区产线升级和对外开疆拓土，"二次创业、转型升级"取得突破性进展。规划项目快速落地。北区填平补齐项目全面收官，B号高炉大修84天完成，9号、10号焦炉异地大修、C号烧结机等项目按期建成投产；南区产线升级项目新特钢一期工程基本建成。网络钢厂快速布局。

创新"基地管理+品牌运营"商业合作模式，与晋南钢铁等6家单位签订"网络钢厂"协议，全年品牌运营突破60万吨、增收20.4亿元。国际化取得重大进展。签署3份海外项目合作框架协议，1个项目启动编制预可研报告。

三是创新驱动强技术。坚持把创新作为第一动力，加快实施创新驱动发展战略，推动高水平科技自立自强。创新平台持续优化。马钢研发中心基本建成，71项公司级"揭榜挂帅"项目有序实施，全年研发投入率达4%，马钢股份被认定为国家高新技术企业，马钢交材获评国家制造业"专精特新"单项冠军示范企业。"卡脖子"难题攻关取得突破。高铁车轮国产化批量供应2列120件；环保型超耐久氟碳彩涂板等9项新产品实现首发，其中B型地铁低噪声车轮、基于连铸工艺的时速350千米高铁用DZ2合金车轴钢2项产品全球首发。创新成果不断涌现。7项成果获冶金科学技术奖，其中一等奖2项；5项成果获安徽省科技进步奖，其中一等奖3项；牵头发布5项国家、行业标准。

四是绿智赋能增后劲。坚持把绿色智慧作为企业核心竞争力，持续推进、稳扎稳打，绿色、智慧指数稳居宝武第一方阵。绿色低碳深入践行。全面启动环境绩效A级企业创建，开展创A百日攻坚，股份本部清洁运输已上网公示，有组织和无组织排放完成现场审核；股份本部固废返生产利用率27.2%，进入中国宝武第一方阵；光伏绿色发电量3500万千瓦时，绿电交易量超过2亿千瓦时，并在宝武系内完成首单带绿证跨省绿电交易；热轧大H型钢等3个产品完成全生命周期（LCA）碳足迹量化评价，并在EPD平台发布环境产品声明；马钢股份入选中国钢铁工业协会第一批"双碳最佳实践能效标杆示范厂培育企业"。持续推进厂区环境改善，实施以"一圈两园五点"为重点的北区环境综合整治，新建绿地34.3万平方米，改造绿地8万平方米，绿化覆盖率提高至36.5%，马钢工业旅游景区被评为国家AAA级旅游景区。智慧制造纵深推进。检测智控中心、特钢智控中心建成投运，"一厂一中心"智控模式基本形成；高炉远程技术支撑平台成功投用，实现了本部和长江钢铁9座高炉生产数据的互联互通；"钢铁工业大脑"智能炼钢项目有序推进；"宝罗"员工上岗数位列集团公司第二位，马钢交材三线冷床落垛机器人获评"金宝罗"；2项成果入选工信部2022年度智能制造优

秀场景。

五是敢为善为抓改革。坚持顶层设计、系统推进，推动重点改革工作走深走实。国企改革三年行动圆满收官。89项任务全面完成，10项改革案例入选《中国宝武（钢铁业、新材业）国企改革三年行动典型案例汇编》，1项改革案例入选国务院国资委《改革攻坚：国企改革三年行动案例集》，马建公司历史遗留问题得到妥善解决。"一总部多基地"管控模式基本构建。明确总部资产经营层与基地生产运营层的管理职责与权责界面，"一企一策"形成"标准+α"管控模式，制定了15个方面107项过程管控清单。"一贯制"管理延伸推行。在强化铁前系统"一贯制"管理的基础上，加快"一贯制"管理向分子公司和安全、能环、设备、人力资源等业务领域延伸，助推体系能力有效提升。安全管理严抓严管。强化"一贯制"管理和"三管三必须"，以安全生产专项整治三年行动为抓手，压紧压实安全生产责任，强化安全教育培训和安全宣誓，深化安全生产大检查和"百日清零行动"等专项整治活动，构建正向激励和安全计分机制，加大事故分析和问责力度，下大气力稳定安全生产态势。人事效率不断提升。通过流程再造、智慧制造、专业协作、岗位优化等途径，全年人力资源净优化2089人，优化比例8.7%，人均产钢1336吨。协作管理变革深入推进。实施23项"管用养修"一体化协作项目，"两度一指数"提升至86%；严格供应商准入，加速清理"低小散"供应商，协作供应商数降至55家。法治央企建设稳步推进。建立总法律顾问参与经营管理决策机制，完善合规管理体系，深入开展经营业务合规及内控风险自查整改，有效防范合规风险。瘦身健体持续推进。法人压减5家、参股瘦身3家。

六是团结奋斗聚合力。坚持发展依靠职工，发展为了职工，发展成果由职工共享，团结职工共创"三有"美好生活。文化铸魂走深走实。全面承接宝武文化理念，"江南一枝花"精神新时代新内涵深入宣贯，马钢展厅（特钢）二期项目建成投用，宝武"公司日"系列庆祝活动成功举行，以马钢为原型的话剧《炉火照天地》反响热烈。"三最"实事项目深入推进。16项公司级、219项厂级"三最"实事项目全面完成，薪酬体系切换平稳有序，"普惠+精准"服务不断深化，职工获得感幸福感进一步增强。岗位创新创效比学赶超。开展公司级

各类劳动竞赛 13 项，扎实开展各类技能竞赛，承办集团公司第三届"铸匠心、提技能"职工技能竞赛热轧操检维调智控赛事并取得好成绩，全年职工提报"微改善"5.5 万项、"献一计"15 万条。典型引路大张旗鼓。开展高质量发展"十件大事"评选，持续优化奋勇争先激励机制，全年颁发大红旗 22 面、小红旗 101 面，发布精益案例 30 个；2 人荣获集团公司"金牛奖"，4 人荣获安徽省劳动模范，1 人荣获全国五一劳动奖章。积极履行社会责任。深化产业帮扶、教育帮扶、消费帮扶，助力乡村振兴发展；完善社会责任和 ESG 工作机制，马钢股份入选"央企 ESG·先锋 50 指数"。

各位代表、同志们，2022 年的成绩，成之惟艰、来之不易。我们积极应对钢铁行业"寒冬"严峻挑战，紧贴市场、紧盯现场，"三降两增"苦练内功，对标找差奋勇争先，以行动践行使命，以奉献展现担当。成绩的取得，是全体干部职工同心同德、奋力拼搏的结果！在此，我谨代表公司向大家致以衷心的感谢！

在充分肯定成绩的同时，我们也要清醒地认识到工作中存在的问题与不足。**一是经营绩效未达预期。**受长三角粗钢产能压减、钢材价格震荡下行、原料价格持续上涨等因素影响，两头市场购销差价持续收窄，经营绩效未达预期，跑赢大盘压力巨大，迫切需要进一步强化"冬练"提质，快速提升低成本和差异化竞争能力。**二是安全生产形势仍然严峻。**没有从根本上扭转安全生产被动态势，迫切需要进一步优化过程管控，切实提升安全生产的实际效果。**三是关键指标仍需突破。**对标找差评价机制尚未建立；吨钢利润、高炉利用系数、煤比、热装率、板带现货发生率等关键技术经济指标，纵向比有所进步，横向比差距明显，迫切需要进一步深化对标找差、提升效率、奋起直追、争先进位。**四是体系能力还不够强。**体系管理"形似神不似"，专业管理部门对"一贯制"的理解把握和能力建设、刚性执行存在短板，尤其是经营分析能力还不强，对公司经营中的优势和弱项未做到"了然于胸"，对当期经营决策支撑不够有力，迫切需要进一步强化"一贯制"管理，增强本领能力，推动治理效能、运营效率、管理效果协同提升。我们要直面问题和挑战，正视差距和短板，切实采取有力的针对性措施。

第二部分　面临的形势与任务

2023 年是全面贯彻落实党的二十大精神的开局之年。党的二十大擘画了全面建成社会主义现代化强国、以中国式现代化全面推进中华民族伟大复兴的宏伟蓝图，中央经济工作会议明确了稳中求进工作总基调，中央企业负责人会议提出"一利五率"指标总体目标为"一增一稳四提升"，中国宝武要求钢铁主业发挥"压舱石"作用，这为我们做好 2022 年生产经营和改革发展各项工作提供了遵循、指明了方向。

当前及今后一个时期，我国经济发展仍面临需求收缩、供给冲击、预期转弱三重压力，工业经济稳定增长的困难和挑战明显增多，但我国经济韧性强，长期向好的基本面不会改变。从钢铁行业来看，供大于求的矛盾短期内难以根本改变，资源能源环境制约持续，钢铁行业可能面临更为严峻的长周期调节。从下游需求来看，总需求不足，房地产业对经济下拉效应大，基建投资稳中有增，家电窄幅上升，汽车、机械、船舶需求较弱。总体来看，钢铁行业短期内的经营压力仍难有效缓解。

面对困难和挑战，我们必须贯彻落实集团公司的总体部署，始终秉持初心使命、始终牢记殷殷嘱托、始终遵循发展规律、始终走在时代前列、始终保持斗争精神、始终依靠职工群众，坚定发展信心，强化危机意识，增强历史主动，过紧日子、苦日子，扎实"冬练"，担当作为，以奋发有为的精神状态和"时时放心不下"的责任意识做好各项工作，以新气象新作为推动马钢高质量发展取得新成效。

2023 年马钢经营管理工作的总体要求：坚持以习近平新时代中国特色社会主义思想为指导，全面贯彻落实党的二十大精神，深入贯彻习近平总书记考察调研中国宝武马钢集团重要讲话精神，认真落实集团公司党委一届七次全委（扩大）会、二届一次职代会和马钢集团党委六届二次全委（扩大）会决策部署，坚持稳中求进工作总基调，完整、准确、全面贯彻新发展理念，牢牢把握"聚焦绩效、责任到位、刚性执行、挂钩考核"工作主线，以提升 ROE、吨钢毛利为核心，追求极致高效，优化结构渠道，对标找差，提升效率，着力推动高质量发展，实现质的有效提升和量的合理增长，确保经营绩效站稳中国宝武第一方阵。

主要目标如下。

（1）生产经营。管理口径实现营业收入 1063 亿元，同口径不变价利润总额 41.4 亿元，ROE 分位值超过 70，营业现金比率超过 5.9%；争创"跃龙"企业。

（2）安全生产。工亡事故为零，500 万元以上重大火灾事故为零，重大责任事故为零。

（3）能源环保。环境行政处罚为零；环境绩效 A 级企业创建成功；废水排放量较 2022 年下降 500 万吨；固废不出厂率趋向 100%；吨钢综合能耗不高于 587 千克标准煤；绿色指数 88 分。

落实总体要求，实现主要目标，我们要聚焦绩效挖潜力，一手抓极致高效、一手抓结构渠道，对标找差，提升效率，加快构筑低成本和差异化竞争优势；我们要责任到位勇担当，强化"一贯制"管理和"产销研"一体化，压实责任、担当作为，找准小切口、组建小团队，促进问题高效解决、工作部署有效落地；我们要刚性执行重效果，完善制度体系，强化按制度办事意识，敢抓真管，坚决防止"破窗效应"；我们要挂钩考核强引导，完善激励和约束机制，优化奋勇争先奖评价体系，分类开展绩效"赛马"，持续追求卓越绩效。

第三部分　2023 年重点工作

一、聚力价值创造，全面深化对标找差

坚持"绩效为王"。 大力弘扬强绩效文化，坚持"超跑追领、价值创造"绩效导向，以绩效论英雄，驱动全员争创一流业绩。学习借鉴鄂钢经验，积极探索突破，形成具有马钢特色的绩效责任体系。完善绩效考评机制，刚性执行、挂钩考核，严肃绩效考评结果运用。

深化对标找差。 强化顶层设计，加快制定对标找差行动方案。完善对标找差体系，强化系统对标、精准对标、分类对标，大力推进长材对鄂钢、板带对宝钢、特钢对兴澄、长江钢铁对永锋，进一步提高对标针对性、有效性。聚焦关键指标，以吨钢利润和吨钢 EBITDA 为核心，梳理全价值链各项成本指标，围绕工序对标、产线效率、产品质量，不断提升制造能力与产品经营能力，进一步提高吨钢利润、净资产收益率、营业现金比率等指标，推动经营业绩持续提升。

优化激励机制。 坚持激励与约束并重，充分发挥正负激励考核导向作用，通过奖优罚劣，表扬先进、鞭策后进，激励全员担当作为。坚持分类设计，推进部门与部门、二级单位与二级单位同台竞"绩"，引导各单位通过绩效"赛马"赢得尊重、取得回报。坚持案例分享，大张旗鼓选树岗位创新创效的先进典型，经验分享、知识流动，营造"比学赶帮超"的浓厚氛围。

二、聚力效率效益，提升精益运营水平

从严从实抓安全。 坚定不移把安全作为推动高质量发展的基石，坚持安全第一、预防为主，强化红线意识、底线思维，增强安全"能抓好、抓能好"的信心和决心，健全体系、增强能力、提升水平，推动安全绩效创历史最好水平。以"零工亡"目标为引领，以结果为第一衡量，坚持全面从严管理，压紧压实安全责任，强化"一贯制"管理和"三管三必须"，主体责任与属地责任一体落实。坚持系统策划、重点突破，运用小切口的方法，聚焦安全管理薄弱环节和突出问题，推进"2+1"基础管理提升行动。以事前防范为导向，坚持风险防范和隐患排查治理并重，总结固化煤气管道作业、防撞架等安全问题整改经验，加强源头治理、综合治理和专项治理，扎实推进皮带专项、动火作业及可燃物、检修挂牌、环保设施、炼铁总厂驻点帮扶等"5+N"重点专项整治行动。坚持系统施策，改进方法，完善机制，推进日常工作、重点工作和基础工作分类管理，推动安全体系运行更加高效，充分发挥专职安全队伍作用，显著提升安全管理能力，有效防范安全生产事故，确保安全生产大局稳定可控。

纵深推进降本增效。 坚持把"三降两增"作为应对行业严峻形势的重要举措，强化经营思维，推动财务管理从"核算型"向"经营型""管理型"转变，以业财融合驱动经营绩效改善，积极学习借鉴宝钢产品经营、鄂钢成本管控先进经验，高度关注两头市场购销差价，推动铁水成本"保四争三"，全年吨钢降本 200 元以上，力争取得更大的突破。划小经营单元，开展作业区"精打细算"活动，推动作业区当好自己的"小老板"，引导员工"会算账、算好账、算清账"，充分激发作业区降本增效新动能。以区域联动、企业互联为抓手，深挖生态圈协同创效潜力，传递市场压力，共度钢铁"寒冬"。

大力优化结构渠道。 坚持效益优先，动态评估边际贡献，锚定盈利能力和结构渠道，创新推行产

销研一体化模式，协同推进 36 个产品结构调整支撑项目，设置"必达""挑战"两级目标，优化结构、拓展渠道、增收创效，确保全年结构调整增量超过 118 万吨、增效 10 亿元；单位毛利在 2022 年基础上与宝钢股份缩小 35 元/吨，挑战 50 元/吨。创新工作落实机制，遵循品种大类划分和业务模块，设立 8 个产品结构调整经营责任体，实施五级管理模式，按月跟踪评价，推动产品经营目标实现。大力推进热轧取向硅钢、电池壳钢、风电轴承钢、新能源硅钢、冷轧双相钢、低温钢筋、汽车面板、重型 H 型钢等高效益产品增量增效，新增 EVI 项目订单 6 万吨、重型 H 型钢独有规格 30 万吨；加快高铁车轮商业化大批量应用，力争销售 1000 件以上。坚持以客户为中心，完善客户经理责任制，提升应对市场变化的响应速度和交付速度，打造差异化服务竞争优势。

持续提升产线效率。坚持"安全、均衡、稳定、高效"原则，充分发挥北区填平补齐新投产项目工艺装备优势，支撑极致高效组产。坚持以高炉为中心，全面推进铁前"一贯制"管理，优化"一炉一策"操作和高炉体检制度，保持高炉在高冶强水平线上的稳定顺行，确保全年股份本部铁水产量 1530 万吨；优化配煤配矿结构，提升非主流矿比例，进一步提高煤比，降低高炉燃料消耗，继续提升铁水成本竞争力，站稳中国宝武第一梯队。优化铁钢、钢铸、铸轧界面，力争 TPC 周转率 4.1、铁水温降 110℃，四钢轧炼钢 950 万吨以上。持续推进钢后提产提效，动态平衡资源能源分配和产线分工，提升优势机组、关键产线运行效率，通过购买粗钢产能、外购坯等方式，支撑关键产线满负荷运转，确保全年股份本部粗钢产量 1700 万吨。统筹优化检修模式，强化设备精度管理，提高设备系统保障能力。长江钢铁要加强工序协同，科学组织生产，全力推进极致高效，力争实现全年产钢 500 万吨、冲刺 520 万吨目标。

强化安全稳定保供。坚持把资源、能源安全保障放在更加突出位置，拓展资源渠道，优化进口矿、国内矿、自产矿使用比例，强化煤焦长协合同兑现，扩大经济废钢占比，优化电力网架结构，提高战略资源和能源保供能力。坚持进口矿低库存高效经济运行策略，力争全品种库存周转天数低于 30 天。坚持进口矿统采统签，积极引进优质供应商，深化与集团公司内部资源的共享力度。

三、聚力战略定位，持续优化产业布局

抓好新特钢投产达产工作。坚持把新特钢项目作为打造中国宝武优特钢精品基地的重要抓手，坚定"特钢必胜"信心，成立特钢生产准备工作团队，生产早策划、营销抢市场、成本先设计，全力推进新特钢项目一期工程快速达产、创效，力争实现首月日达产、次月月达产、单月经营现金流为正。坚持"先规模、后品种"原则，实施"铺底料、重点产品、高端产品"品种结构爬坡计划，加大汽车用钢、轴承钢、轨道交通用钢、石油用钢等重点品种和棒材铺底料客户开发力度，持续推进产品认证，支撑产线放量。积极做好高效低成本前期设计，建立全厂检修模型，对标先进企业优化人员配置，降低 BOO 项目运行费用。

接续做好重点工程项目建设。加快南区型钢 2 号连铸机改造项目建设，全力推进实施新特钢二期炼钢和连铸系统工程、长材二区 3 号和 4 号连铸机改造项目、合肥公司新建彩涂板生产线项目。

加大开疆拓土工作力度。积极寻求集团公司内优特长材资源专业化整合，争创安徽省钢铁产业链"链主"企业，推进区域钢铁资源联合重组。深入推进网络钢厂建设，全年品牌运营超过 100 万吨。加快海外钢铁制造基地布局，力争一个项目完成决策流程。

四、聚力"三化"发展，打造高科技创新型企业

锚定高端化，增强技术创新能力。强化技术创新支撑经营创效，加快新特钢新产品研发和投产放量，建立健全快速研发和 1+1 项目机制。落实重点新产品开发新机制，按照"一贯制"和"小切口"理念，强化产销研一体化协同，助推产品结构调整，力争全年重点新产品销量 50 万吨以上，超额毛利总额超过 2 亿元。完善技术创新协同机制，用好用足集团公司和科研院所技术资源，谋划实施一批快赢项目。围绕高强度、耐腐蚀加快产品创新步伐，立足差异化持续提升精品指数，加大帽型钢、弹性车轮、节能型冷镦钢等产品的研发和市场推广力度，持续推进近终型产品落地创效；持续开展高铁轮轴产品研发和推广应用。加快攻克 H 型钢、优特钢等关键领域"卡脖子"难题，培育更多"专精特新"单项冠军产品。加强技术创新平台建设，充分发挥马钢研发中心功能，推进"轨道交通关键零部件安徽省技术创新中心"建设，组织申报

国家级技术创新中心。

锚定绿色化，厚植低碳发展底色。坚持把绿色作为高质量发展的底色，加快发展方式绿色转型，拓展生存发展空间。加快环境绩效A级企业创建，稳步推进1号高炉煤气精脱硫等"三治"项目落地，股份本部力争4月完成创A，长江钢铁年内完成超低排放评估监测并公示；实施南区浓盐水提盐项目，进一步完善雨污分流运行，拓展固危废内部处置途径。积极组织低碳冶金技术项目攻关和宝武成熟技术移植应用，支撑"双碳"战略稳步推进。严格控制能源消耗强度和总量，持续优化用能结构，加强绿色能源获取，力争吨钢余能回收74千克标准煤，绿电发电量3200万千瓦时。建立健全碳排放指标体系，持续推进节能减排，确保碳排放强度不高于1.87吨CO_2/吨粗钢。推动新建焦炉、高炉、四钢轧转炉和长江钢铁转炉争创能效标杆产线。制定重点低碳、零碳产品路线图，加强产品碳足迹认证，与用户合作开展低碳产品试制工作与批量供应。加快集团公司环保大检查问题闭环整改，持续巩固整改成效。

锚定智能化，夯实数智转型后劲。抢抓传统产业数字化转型机遇，通过智慧制造、智能管控、数字转型，加快产业数字化步伐。全面深化"三跨融合"，通过网络化平台整合各类资源，拓展边界，推进跨部门、跨层级业务互联与分工协作，实现专业协同与区域协同有机结合，促进资源共享，提升运营效率。建设大数据中心，积极应用人工智能、物联网等新技术，构建全要素、全链路数据模型，充分发挥海量数据和先进算法的融合优势，提升精益制造和智慧决策水平。持续推进智控平台建设，巩固拓展"1+10"智控中心功能，建设运输物流智控中心。落实宝罗"RaaS"服务模式，加快推进宝罗员工上岗，替代3D岗位，打造更多少人化、无人化产线。按照成熟一批、实施一批原则，建设若干条智慧示范产线，以智慧化支撑制造水准提升和关键产线产能释放。

五、聚力改革管理，推动治理能力现代化

强化"一贯制"管理。优化职责界面，深入推进"一贯制"管理，推动业务管理部门纵向上增强主动意识和责任意识，业务管理穿透、覆盖、到位；横向上强化全局意识，跨部门跨专业系统联动、高效协同，提高效率效果。

优化"一总部多基地"管控模式。建设精简高效的企业总部。强化标准执行，优化α设置，推动各基地业务协同、管理协同、资源共享，促进整体利益最大化。借助智能化手段，全面深化"一总部多基地"体系能力建设，通过全面感知、实时互联、数据贯通、智能应用，再造业务流程、提升管理效能。

深化混合所有制改革。推进马钢交材混合所有制改革。推进长江钢铁深混，通过经营层市场化选聘、引入第三方等方式，打造国有控股民营机制混改示范标杆。建立健全股份公司市值管理体系，提升内在价值。强化投资者关系管理，建立多层次良性互动机制，增进股份公司市场认可度，提升价值实现能力。

持续提升人事效率。围绕"在岗人员优化不低于8%，股份本部人均产钢达到1445吨、新特钢项目正式员工人均产钢1250吨（年化）、长江钢铁全口径人均产钢1200吨"的人事效率提升目标要求，以全口径人力资源对标找差为基础，对标湛江钢铁、永锋钢铁等标杆单位，分层分类精准对标，从岗位优化、智慧制造、机构精简、专业化整合等多维度挖掘人力资源优化潜力，强化绩效结果运用和能力评价，探索作业区末位淘汰机制，加强常态化岗位待聘、转岗培训，推进实施协作业务回归，推行共享用工，加强新特钢二期项目和生态圈单位用工统筹，深化专业协作管理变革，打造市场化、专业化、规模化优质伙伴式战略供应商队伍，逐步提升全口径人事效率。

推进法人压减和参股瘦身。聚焦主责主业，大力清理退出低战略价值、低经济价值的全资控股企业和参股企业，全年法人压减3户、参股瘦身6户。

六、聚力风险防控，防范化解重大风险

强化经营风险管控。紧跟市场变化及时调整优化经营策略，完善经营风险防控预警体系，坚决守住不发生系统性风险底线。加强业财融合，提高经营分析能力，支撑公司科学高效决策。严控"两金"总额，强化库存管理，加强应收账款管理，推动存货周转效率提升10%。持续提高经营现金流，提升流动比率、偿债能力，增强融资实力，促进资产负债率稳步下降和经营现金流良性循环。严格规范投资立项，统筹安排工程资金支付。加快处置闲废资产，力争创效1000万元以上。

提升合规体系能力。完善总法律顾问（首席合规官）参与经营管理决策机制，强化改革、投资等决策合法合规性审查，形成事前审核把关、事中跟踪控制、事后监督评估的管理闭环。建立健全合规管理体系，提升合规经营能力，力争在集团公司内第一批完成认证。

完善内控制度体系。强化内控全覆盖，形成"业务+管理"网格化风控格局，完善风险研判、决策风险评估、风险防控责任、风险防控协同四个机制，全面提升内控管理水平。

七、聚力共建共享，扎实推进共同富裕

打造人才发展高地。深耕"1+2+4"科技领军人才团队培养工程，在关键技术核心领域集聚一批以宝武科学家、马钢专家为引领、首席师为代表的科技领军人才和创新团队。实施新型高技能人才培养工程，以技能大师、首席操作为引领，技师、高级技师为培养重点，提升各类高技能人才比例。依托国际化项目，加强国际化人才培养。

全面推进岗位创新和价值创造。坚持尊重劳动、尊重知识、尊重人才、尊重创造，广泛开展技能竞赛和岗位练兵，依托工匠基地、创新工作室，全面提升职工技能素质。持续开展"建功'十四五'、奋进新征程"主题劳动竞赛，引导一线职工在创建"五有"班组中增长才干、创造价值、成就自我。深入开展"献一计"等群众性经济技术创新活动，优化一线职工创新能力阶梯式培养模式，健全职工创新培训和激励机制，完善职工岗位创新成果孵化体系，激发全员创新活力。

着力提升职工"三有"（有钱、有闲、有趣）生活水平。持续开展"我为群众办实事"活动，培育"三最"品牌，体系化、常态化地解决职工最关心、最直接、最现实的利益问题。优化帮扶体系和商险服务，打造"四季送"品牌升级版，提升职工普惠服务品质，开展形式多样的群众性文化活动，进一步增强职工的获得感、幸福感和安全感。

积极履行社会责任。深入贯彻"四个不摘"要求，以集团公司"授渔"计划为牵引，进一步加大产业帮扶、教育帮扶、消费帮扶、基础设施改善等帮扶工作力度，促进帮扶点产业、人才、文化、生态、组织振兴。健全社会责任和ESG管理顶层架构，强化履责实践，提升履责绩效。

各位代表，同志们！新征程的号角已经吹响，除了胜利，我们已无路可走。让我们更加紧密地团结在以习近平同志为核心的党中央周围，全面贯彻落实党的二十大精神，在集团公司的坚强领导下，以奋勇争先的进取之心、以对标找差的务实态度，坚定信心、迎难而上、难中求成，尽最大的努力争取最好的结果，全面站稳中国宝武第一方阵，夺取打造后劲十足大而强的新马钢的新胜利，为中国宝武建设世界一流伟大企业作出新的更大贡献！

企业大事记

2022 年马钢高质量发展十件大事
特载
专文
- 企业大事记
概述
集团公司机关部门
集团公司直属分/支机构
集团公司子公司
集团公司其他子公司
集团公司关联企业
集团公司委托管理单位
集团公司其他委托管理单位
统计资料
人物
附录

企业大事记

1月

4日 在四钢轧热轧智控中心，马钢集团、马钢股份党委书记、董事长丁毅宣布热轧智控中心双线双智慧控制系统正式投用。以此标志马钢热轧双线迈入双智控新时代，成为全国首家热轧双线双智慧控制中心。马钢集团党委副书记、总经理，马钢股份党委副书记刘国旺和马钢集团助理级以上领导，宝信软件副总经理陈健，宝武智维高级副总裁、马钢检修公司党委书记、执行董事黄加坤，公司相关部门和单位负责人等参加投运仪式。投运仪式上，集团党委常委、马钢股份副总经理任天宝代表马钢讲话。马钢集团公司党委常委、马钢股份副总经理毛展宏下达热轧双线双智控全线切换指令。四钢轧总厂相关负责人介绍热轧智控中心建设概况，热轧智控中心入驻单位代表作表态发言，建设单位宝武智维马鞍山总代表作了发言。

7日 马钢集团召开2022年度安全生产和能源环保工作会议暨一季度安委会、防火委、能环委会议，全面总结2021年安全生产和能源环保工作及存在的问题，部署安排2022年安全生产和能源环保工作计划。马钢集团、马钢股份党委书记、董事长丁毅出席会议并讲话，马钢集团总经理、党委副书记、马钢股份党委副书记刘国旺在会上提出工作要求。马钢集团助理级以上领导出席会议。会议由马钢集团党委常委、副总经理唐琪明主持。马钢集团各单位、部门主要负责人，在马鞍山中国宝武系统内各单位主要负责人在主会场或视频分会场参加会议。

10日 马钢集团召开中国宝武集团一届五次职工代表大会分团讨论审议会。中国宝武第一届职工代表大会马钢集团代表参加会议。马钢集团、马钢股份党委书记、董事长丁毅在会上讲话，马钢集团工会主席、总经理助理邓宋高主持会议。

△ 马钢集团召开2021年12月"奋勇争先奖"表彰会、精益运营案例发布会暨2021年度"精益高效、奋勇争先"总结大会，复盘2021年工作，明确2022年任务，动员部署马钢上下打造

"精益高效、奋勇争先"升级版，全面站稳中国宝武第一方阵。马钢集团、马钢股份党委书记、董事长丁毅在会上作题为《拉高标杆 奋勇争先 昂首阔步迈上二次创业转型升级新征程》的报告。马钢集团党委副书记、总经理、马钢股份党委副书记刘国旺就商业计划书等内容作宣贯分析。会议由马钢集团党委常委，马钢股份副总经理毛展宏主持。马钢集团助理级以上领导出席会议。会议采取主会场+视频分会场形式召开。马钢集团相关部门及单位党政主要负责人、2022年第一批"揭榜挂帅"项目负责人代表、精益运营案例发布人等在公司办公楼413主会场参会，相关部门及单位中层副职管理人员、首席师在各视频分会场参会。

11日 马钢集团党委常委（扩大）会暨2021年度基层党组织书记抓党建述职评议考核会议在公司办公楼413会议室举行。马钢集团、马钢股份党委书记、董事长丁毅，马钢集团党委副书记、总经理，马钢股份党委副书记刘国旺，马钢集团、马钢股份党委副书记、纪委书记何柏林，马钢集团党委常委、马钢股份副总经理伏明、章茂晗出席会议。马钢股份总经理助理、长材事业部党委书记王光亚参加会议。马钢集团党群部门负责人；二级单位党委书记、部分基层党员代表参加现场会议。二级单位负责人，专职党委副书记、纪委书记，现场述职单位"两代表一委员"、基层党员干部群众代表以视频形式参加会议。

12日 马钢集团、马钢股份党委书记、董事长丁毅宣布，马钢股份南区7米焦炉系统工程竣工。马钢集团党委副书记、总经理、马钢股份党委副书记刘国旺在仪式上致辞。以此为标志，马钢集团自产焦生产保供水平迈上崭新台阶。大连重工·起重集团党委书记、董事长邵长南，大连重工副总裁郭冰峰，中冶焦耐（大连）副总经理李国志，马钢集团助理级以上领导，焦炉系统工程设计、施工、主要设备供应商、专业化协力供应商等单位代表及相关部门和单位负责人等出席仪式。仪式由马钢集团党委常委、马钢股份副总经理伏明主持。

△ 马钢集团公司工会组织44名职工代表，

对公司重点工作落实情况开展视察。马钢集团、马钢股份党委书记、董事长丁毅出席职工代表视察汇报会并讲话。马钢集团总经理、党委副书记、马钢股份党委副书记刘国旺在汇报会上就做好下一阶段工作提出要求。马钢集团助理级以上领导、公司部门和被视察单位主要负责人、各视察组组长和副组长、参加视察的全体职工代表出席汇报会。

14日　中国宝武党委一届六次全委（扩大）会暨2022年干部大会、纪委一届六次全委（扩大）会和中国宝武一届五次职工代表大会召开。马钢集团领导班子成员、中国宝武一届五次职代会职工代表（马钢代表团）视频参会。马钢集团办公室、党委工作部、纪委、工会相关负责人等视频参会。

21日　2022年马鞍山市与中国宝武马钢集团融合发展工作对接会召开。马鞍山市委书记张岳峰出席会议并讲话，市长袁方主持会议，中国宝武马钢集团、马钢股份党委书记、董事长丁毅讲话。马鞍山市领导钱沙泉、吴桂林、张泉、黄化锋、方文、秦俊峰、左年文、阚方俊，中国宝武马钢集团领导刘国旺、毛展宏、唐琪明、任天宝、何柏林、伏明、章茂晗、马道局及张乾春、王光亚、邓宋高、罗武龙、杨兴亮出席。市直有关部门、单位负责人，中国宝武马鞍山区域各公司负责人，马钢集团相关部门、单位负责人参加会议。

△　马钢集团党委召开理论学习中心组学习会，认真学习习近平总书记在中共中央政治局党史学习教育专题民主生活会上的重要讲话精神等内容，并结合实际开展学习研讨。马钢集团、马钢股份党委书记、董事长丁毅主持学习会并讲话。马钢党委理论学习中心组成员参加学习会。马钢集团党委办公室、党委工作部、纪委机关负责人等列席学习会。

△　马钢集团公司十九届三次（马钢股份九届三次）职代会预备会第二次团长会议在公司办公楼433会议室召开。马钢集团党委副书记、总经理，马钢股份党委副书记刘国旺出席会议。会议由马钢集团工会主席、总经理助理邓宋高主持。会上，各代表团团长汇报代表团讨论审议情况，确认《马钢集团公司十九届三次（马钢股份九届三次）职代会议程》《马钢集团公司十九届三次（马钢股份九届三次）职代会主席团成员名单》《马钢股份公司2022年职工福利费使用方案报告》《马钢集团公司十九届二次（马钢股份九届二次）职代会以来联

席会议通过有关事项的报告》通过情况。办公室、审计部、工会、人力资源部、经营财务部、安全生产管理部、能源环保部、行政事务中心，各代表团团长、副团长，合团单位工会主席参会。

25日　马钢集团党委五届八次全委（扩大）会暨2022年干部大会、纪委五届八次全委（扩大）会在马钢大楼413会议室召开。马钢集团、马钢股份党委书记、董事长丁毅代表中国共产党马钢（集团）控股有限公司常务委员会在会上作题为《拉高标杆　奋勇争先　昂首阔步迈上二次创业转型升级新征程》的工作报告。马钢集团党委副书记、总经理，马钢股份党委副书记刘国旺主持会议。马钢集团助理级以上领导出席会议。会议审议通过《中国共产党马钢（集团）控股有限公司五届八次全委（扩大）会决议》《中国共产党马钢集团纪律检查委员会全委（扩大）会决议》。会议号召，马钢集团各级党组织和全体共产党员、广大干部职工要坚定历史自信，勇担使命责任，以强企有我的真担当、干事创业的真本领、攻坚克难的硬作风、奋勇争先的精气神，踔厉奋发，真抓实干，奋力谱写马钢集团二次创业转型升级新篇章，全力以赴打造后劲十足大而强的新马钢，为中国宝武建设世界一流伟大企业，为马鞍山打造长三角"白菜心"，为现代化美好安徽建设，作出新的更大贡献。马钢集团部门及单位党政主要负责人在主会场参会，马钢集团各单位中层副职管理人员、职工代表在视频分会场参会。

△　马钢集团公司十九届三次（马钢股份九届三次）职工代表大会正式会议在公司办公楼413会议室召开。马钢集团、马钢股份党委书记、董事长丁毅出席会议。马钢集团党委副书记、总经理，马钢股份党委副书记刘国旺作工作报告。大会号召，全体职工要立足新发展阶段，贯彻新发展理念，构建新发展格局，奋力打造后劲十足大而强的新马钢，为助力中国宝武成为世界一流伟大企业做出新的更大贡献，以优异成绩迎接党的二十大胜利召开。会议以现场和视频的形式召开。马钢集团、马钢股份总经理助理级以上人员，公司部门及单位党政主要负责人在主会场参会。各单位公司中层副职管理人员、职工代表分别在21个视频分会场参会。马钢集团、马钢股份党委副书记、纪委书记何柏林主持会议。大会闭幕后，马钢集团2021年度人物颁奖典礼随即举行。马钢集团公司领导丁毅、刘国

旺、毛展宏、唐琪明、任天宝、何柏林、伏明、章茂晗分别为科技类、青年类、劳模类获奖代表颁奖。

△　马钢集团党史学习教育总结会在公司办公楼 413 会议室召开。马钢集团、马钢股份党委书记、董事长丁毅，马钢集团党委副书记、总经理，马钢股份党委副书记刘国旺出席会议并讲话；马钢助理级以上领导出席会议。会议由刘国旺主持。会上，马钢集团、马钢股份党委副书记、纪委书记何柏林作马钢集团党委党史学习教育总结。马钢各部门、单位党政主要负责人参加会议。

△　马钢集团十九届三次（马钢股份九届三次）职工代表大会主席团会议在公司办公楼 433 会议室举行。会议审议预备会议各代表团讨论审议情况的报告和《大会决议（草案）》。马钢集团、马钢股份党委书记、董事长丁毅，马钢集团党委副书记、总经理、马钢股份党委副书记刘国旺等马钢集团领导、马钢股份领导，主席团成员参加会议。会议由马钢集团工会主席、总经理助理邓宋高主持。

26 日　马钢集团召开 2022 年党风廉政建设和反腐败工作会议，传达习近平总书记在十九届中央纪委六次全会上的重要讲话精神、十九届中央纪委六次全会精神以及国资委、中国宝武党风廉政建设和反腐败工作会议精神，总结回顾 2021 年马钢党风廉政建设和反腐败工作，部署 2022 年工作任务。马钢集团、马钢股份党委书记、董事长丁毅出席会议并讲话。马钢集团党委副书记、总经理，马钢股份党委副书记刘国旺主持会议。马钢集团、马钢股份助理级以上领导人员，马鞍山区域宝武党委巡视组人员，马钢集团、马钢股份机关部门主要负责人，直属机构、下属单位党政主要负责人、纪委书记以及纪委机关（党委巡察办）室主任及以上人员参加会议。

△　马钢集团党委副书记、总经理，马钢股份党委副书记刘国旺一行走访慰问先进代表和困难职工，带去组织的关怀和温暖，送上节日慰问和新春祝福。

27 日　马钢集团在长材智控中心召开生产经营咨询会，向马钢老领导报告 2021 年生产经营情况和 2022 年主要工作安排，倾听老领导的心声和建议，进一步集中智慧，汇聚力量，更好地推动马钢高质量发展。王树珊、杭永益、顾建国、朱昌述、苏鉴钢等原马钢助理级以上老领导出席咨询

会。马钢集团、马钢股份党委书记、董事长丁毅主持会议。马钢集团领导刘国旺、毛展宏、唐琪明、任天宝、伏明、章茂晗、马道局及张乾春、王光亚、邓宋高、罗武龙参加咨询会。

28 日　马钢集团、马钢股份党委书记、董事长丁毅一行走访慰问先进代表和困难职工，带去组织的关怀和温暖，送上节日慰问和新春祝福。

29 日　马钢交材召开一届三次职工代表大会。马钢集团、马钢股份党委书记、董事长丁毅出席会议并强调，马钢交材要全面对标找差，聚焦专精特新，奋力开创转型发展新局面。马钢集团党委常委、马钢股份副总经理任天宝出席会议。

30 日　中国宝武党委书记、董事长陈德荣在新春视频慰问时鼓励马钢集团：新年龙腾虎跃，创造新的辉煌。马钢集团、马钢股份党委书记、董事长丁毅感谢中国宝武领导在农历虎年新春佳节来临之际给马钢集团加油鼓劲，并简要报告相关工作情况。

△　马鞍山市委书记张岳峰，市委常委、常务副市长黄化峰，市委常委、市委秘书长方文在马钢集团领导丁毅、任天宝及张乾春、王光亚、罗武龙的陪同下，到长材事业部长材智控中心，为马钢集团干部职工送上新春的祝福。

△　马钢集团领导丁毅、刘国旺、唐琪明、任天宝、伏明、章茂晗及张乾春、王光亚、邓宋高、罗武龙、杨兴亮分三组来到炼铁总厂、长材事业部、能环部等单位，开展安全、疫情防控检查，慰问各单位一线员工，送上诚挚的节日问候和新春祝福。

本月　马钢集团召开了《ERP 数据归档和管理规范》行业标准修订启动会。

2 月

9 日　马钢交材 2022 年第一次管理研讨会在马钢交材智慧中心会议室召开。马钢集团党委副书记、总经理，马钢股份党委副书记刘国旺，马钢集团党委常委，马钢股份副总经理任天宝出席会议。

16 日　中国宝武召开中国宝武干部大会暨组织绩效荣誉激励表彰会议，对获中国宝武"2021年度综合绩效奖"和"战略进步奖"的单位进行表彰。马钢集团获"2021 年度综合绩效奖金奖"和"2021 年度战略进步奖银奖"两项殊荣。

17 日　马钢集团 1 月"奋勇争先奖"颁奖暨

精益运营成果发布会在公司办公楼 413 会议室召开，总结经验、表彰先进、部署工作。马钢集团、马钢股份党委书记、董事长丁毅在会上强调，1 月公司生产经营"开门红"可圈可点，全公司上下要把握大势，顺势而为，拉高标杆，奋勇争先，精益高效，争创一流，以更加有效的工作方法，更加昂扬的精神状态确保各项目标任务达成。马钢领导刘国旺、毛展宏、任天宝、伏明、章茂晗、马道局及张乾春、王光亚、邓宋高、杨兴亮出席会议。会议由马钢集团党委常委、马钢股份副总经理毛展宏主持。经评选工作组评审推荐、并经公司劳动竞赛委员会审定，共有 12 家单位、部门和团队获公司 1 月"奋勇争先奖"。

18 日　安徽省委常委、政法委书记张韵声走访调研马钢集团，马鞍山市领导张岳峰、方文、杨善斌，马钢集团、马钢股份党委书记、董事长丁毅参加调研。

19 日　凹山地质文化公园开园仪式举行。张岳峰、钱沙泉、吴桂林等马鞍山市四套班子领导出席仪式。马鞍山市委副书记、市长袁方，马钢集团、马钢股份党委书记、董事长丁毅，中国宝武海外矿业重大投资项目办公室主任、宝武资源党委书记、董事长施兵出席仪式并分别致辞。

22 日　马钢集团总经理、党委副书记、马钢股份党委副书记刘国旺参加指导 2021 年度冷轧总厂领导班子党史学习教育专题民主生活会。他强调，要提高政治站位，促进领导班子团结健康，凝心聚力、奋勇争先，取得更加优异的成绩。

23 日　2021 年中国宝武管理人员履职培训（直管干部总经理班、三级单位总经理班）结业仪式在马钢集团教培中心举行。中国宝武党委常委魏尧出席结业仪式并做结业讲话。中国宝武管理研修院、党校负责人主持结业仪式。中国宝武党委组织部和马钢集团相关领导出席结业仪式。2021 年直管干部总经理班、三级单位总经理班全体学员参加结业仪式。

24 日　山钢集团党委书记、董事长侯军率队来访马钢。马钢集团、马钢股份党委书记、董事长丁毅接待来访的侯军一行，双方就生产经营、人效提升、绿色制造、信息化等多方面工作开展了深入交流。山钢领导苏斌、王向东、吕铭，马钢领导任天宝、何柏林及王光亚、杨兴亮，以及双方相关部门负责人参加交流活动。

△　马钢集团、马钢股份党委书记、董事长丁毅在公司办公楼接待来访的中冶南方党委书记、董事长项明武一行。中冶南方副总经理、总工程师潘国友，马钢集团党委常委、马钢股份副总经理伏明出席会见；双方相关部门和单位负责人参加会谈。

25 日　马钢集团、马钢股份党委书记、董事长丁毅接待中冶焦耐工程技术有限公司董事长于振东一行。马钢集团党委常委、马钢股份副总经理伏明，技改部、煤焦化公司负责人参加会见。

28 日　马钢集团、马钢股份党委书记、董事长丁毅参加指导炼铁总厂领导班子党史学习教育专题民主生活会。他强调，要深入学习贯彻习近平总书记重要讲话和党的十九届六中全会精神，衷心拥护"两个确立"、忠诚践行"两个维护"，以扎实有效的举措和作风，加快打造后劲十足大而强的新马钢，为助推中国宝武成为世界一流伟大企业作出新的更大贡献。马钢集团公司党委工作部、纪委机关主要负责人，马钢集团公司党史学习教育第三指导组成员参加会议。

3 月

4 日　马钢集团、马钢股份党委书记、董事长丁毅赴煤焦化公司，围绕 2022 年确立的工作目标，调研企业基层党建工作推进情况。他强调，要紧跟核心、围绕中心、凝聚人心，充分发挥基层党建工作引领作用；要居安思危、超前谋划、有的放矢、实干担当，为站稳中国宝武第一方阵凝聚智慧和力量。马钢集团公司办公室、党委工作部负责人陪同调研。

8 日　安徽工业大学党委书记陆林，党委副书记、校长魏先文一行到访马钢集团，实地调研冷轧智控中心、长材智控中心、马钢交材三线、马钢展厅、炼钢智控中心、运营管控中心、炼铁智控中心、马钢展示馆，并进行座谈交流。马钢集团、马钢股份党委书记、董事长丁毅陪同调研。安徽工业大学领导顾明言、刘明、潘淑琴、水恒福、王先柱、赵保平，马钢股份总经理助理杨兴亮参加调研。

9 日　中铁物资集团总经理、党委副书记唐建勇一行到访马钢集团。马钢集团、马钢股份党委书记、董事长丁毅接待到访的唐建勇一行，双方就加强交流、强化合作等话题展开深入探讨。中铁物资集团副总经理魏广铭、张泓，马钢集团党委常委、马钢股份副总经理章茂晗，以及双方相关单位及部门负责人参加会谈。

10—11日　马钢集团召开2022年度管理研讨会，深入贯彻落实中国宝武党委一届六次全委（扩大）会暨2022年干部大会、中国宝武一届五次职代会精神，以及马钢集团党委五届八次全委（扩大）会暨2022年干部大会、马钢集团十九届三次（马钢股份九届三次）职代会精神，谋划部署2022年重点工作，全方位站稳中国宝武第一方阵。本次会议以"拉高标杆　奋勇争先　精益高效　争创一流"为主题，分为四个阶段举行。马钢集团、马钢股份党委书记、董事长丁毅出席会议并讲话。根据落实疫情防控要求，会议采取主会场+视频分会场形式召开。公司助理级以上领导，相关部门及单位党政主要负责人，中国宝武马鞍山区域各单位主要负责人或马鞍山区域负责人在主会场参会，并分四组进行讨论。公司中层副职、首席师、技能大师、C层级管理人员在视频分会场参加第一阶段、第三阶段、第四阶段会议。

15日　马钢集团书记办公会听取公司防控办关于近期疫情防控工作的汇报，马钢集团党委书记、董事长丁毅就近期疫情防控工作提出了六个方面的要求。马钢应急办、防控办启动《突发公共卫生事件应急预案》，印发《马钢集团新一轮严防严控新冠肺炎疫情工作方案》，就全公司疫情防控工作作出再动员、再部署、再落实。

18日　马钢集团、马钢股份党委书记、董事长丁毅赴长材事业部，就进一步强化企业基层党建工作进行专题调研。他强调，要坚持问题导向、创新探索、典型引路，拉高标杆、奋勇争先，打造基层党建品牌，站稳中国宝武第一方阵，为马钢集团高质量、跨越式发展增强动力引擎。马钢股份总经理助理王光亚参加调研。马钢集团公司办公室、党委工作部负责人陪同调研。

22日　马钢集团、马钢股份党委书记、董事长丁毅，马钢集团工会主席、总经理助理邓宋高率队赴马钢基层检查疫情防控工作落实情况，看望慰问一线值守人员。马钢集团公司办公室、行政事务中心负责人陪同检查慰问。

23日　马钢集团公司（马钢股份）平等协商集体合同会议召开。马钢集团、马钢股份党委副书记、纪委书记、董事何柏林，马钢集团工会主席、总经理助理邓宋高分别代表行政方、职工方出席会议。行政方集体协商代表、职工方集体协商代表等参会。

29日　马鞍山市委常委、常务副市长黄化锋一行来访马钢。马钢集团、马钢股份党委书记、董事长丁毅在公司办公楼与黄化锋一行进行座谈交流。马钢集团党委常委、马钢股份副总经理章茂晗，马钢股份总经理助理杨兴亮出席。

30日　马钢集团十九届三次（马钢股份九届三次）职代会第二次联席会议召开。会议审议并表决通过马钢集团、马钢股份《岗位绩效工资制管理办法（草案）》《岗位绩效工资制切换方案（草案）》《关于下发员工与企业协商一致解除劳动合同、离岗休息和自主创业等离岗政策的通知（草案）》《集体合同补充协议（草案）》及《马钢集团公司企业年金方案〔2022修订版〕（草案）》《马钢集团公司2021年职工福利费使用情况和2022年使用方案报告（草案）》。

31日　马钢集团、马钢股份党委书记、董事长丁毅率队赴冷轧总厂，围绕2022年确立的工作目标和主要任务，调研指导相关工作。他强调，要抢抓机遇、再接再厉，拉高标杆横向对比，提振精神奋勇争先，全面找差距、补短板、强指标、争位次，牢牢站稳中国宝武第一方阵。马钢股份总经理助理杨兴亮，公司办公室负责人、公司专家陪同调研。

△　第五届新财富最佳IR港股公司榜单揭晓，马钢股份与20家上市公司共同上榜，获"第五届新财富最佳IR港股公司（A+H股）"称号。

△　由马钢集团牵头承担的国家"十四五"重点研发计划"智能传感器"专项"特种钢生产关键参数在线检测传感技术开发及示范应用"项目，召开启动会暨实施方案评审会。

本月　马钢集团正式实施马钢股份北区全封闭管理。

4月

1日　马钢集团召开以"充分发挥示范引领作用，推动基层党组织联创联建"为主题的党建工作专题座谈会。马钢集团、马钢股份党委书记、董事长丁毅在会上强调，要以党建工作争创一流、走在前列为目标，坚持创新探索、典型引路、问题导向、联创联建，以星火燎原之势带动马钢基层党建工作全面进步，打造马钢党建特色品牌，以高质量党建引领高质量发展。马钢集团、马钢股份党委副书记、纪委书记何柏林，马钢股份总经理助理王光亚出席会议。党委办公室、党委工作部、制造管理部负责人；长材事业部、炼铁总厂、四钢轧总厂党委负责人，相关支部书记参加会议。

11日 马鞍山市委书记张岳峰、市长袁方一行到访马钢，调研"七未"项目推进情况。张岳峰、袁方强调，要紧抓马钢集团重点项目建设，强化服务保障，注重协调配合，推动项目建设提速提效。马鞍山市及马钢集团领导丁毅、黄化锋、方文、左年文、伏明参加。

12日 马钢股份（600808）2021年度业绩说明会举行；全景网全程直播。马钢股份董事长丁毅，独立董事王先柱，副总经理毛展宏，董事、副总经理任天宝，马钢股份经营财务部负责人、董事会秘书出席本次业绩说明会活动，并回答投资者提问。

14日 马钢集团一季度绩效对话会、精益运营成果发布会暨3月"奋勇争先奖"颁奖仪式召开。马钢集团、马钢股份党委书记、董事长丁毅在会上强调，要认真学习贯彻习近平总书记关于疫情防控的重要指示批示精神和关于安全生产工作的重要指示精神，以饱满的精神状态和奋勇争先的拼搏干劲，坚决打赢疫情防控攻坚战、聚精会神抓好安全生产，同时在对标找差、项目建设、绿智赋能和党建引领上再鼓劲、再发力，努力实现管理水平和竞争力持续提升。马钢助理级以上领导出席会议。会议由马钢集团党委常委、马钢股份副总经理毛展宏主持。3月，共有12家单位和团队获公司"奋勇争先奖"。马钢集团专家，各职能、业务部门、制造单元、事业部、子公司主要负责人，作业长代表以及获奖单位员工代表等参加会议。

15日 马钢集团改革领导小组例会暨智慧制造推进会在公司办公楼召开。马钢集团、马钢股份党委书记、董事长丁毅主持会议并讲话，其他与会领导结合各自分管工作在会上就推进深化改革工作提出要求。马钢集团领导唐琪明、任天宝、伏明、章茂晗、马道局及王光亚、邓宋高、罗武龙、杨兴亮出席会议。运营改善部汇报马钢集团国企改革三年行动进展情况和智慧制造工作情况；技术改造部汇报马钢智慧制造项目进展情况。

20日 马钢集团党委理论学习中心组（扩大）学习会暨2022年二季度安委会（防火委）、能环委会议在公司办公楼413会议室召开。会议全面总结了2022年一季度安全生产和能源环保工作及存在的问题，谋划部署下一阶段公司安全、能环重点工作。马钢集团、马钢股份党委书记、董事长丁毅出席会议并讲话。公司助理级以上领导、马钢专家出席会议。根据疫情防控要求，本次会议采取现场和视频的方式召开。马钢集团公司助理级以上领导、马钢专家，机关部门、二级单位和部分分子公司主要负责人在主会场参会；马钢集团直属机构，其他分子公司主要负责人，中国宝武马鞍山区域各单位主要负责人或马鞍山区域负责人，马钢集团公司重点技改项目、检修维保主要协力单位负责人，相关单位分管安全负责人分别在视频分会场参会。

24日 晋南钢铁集团党委书记、董事长郑家平一行到访马钢。马钢集团、马钢股份党委书记、董事长丁毅在公司办公楼接待了郑家平一行。双方就加强交流、深化合作、携手共赢展开深入交流。晋南钢铁集团党委副书记、总裁张天福，马钢集团党委常委、马钢股份副总经理任天宝，马钢股份总经理助理王光亚、杨兴亮出席会见。双方相关单位及部门负责人参加会见。

26日 2022年中国宝武马鞍山总部防汛工作会议在马钢召开。会议传达了国家、安徽省和市防汛工作会议精神，对2022年马鞍山总部防汛工作进行动员、安排和部署，并提出相关要求。马钢集团党委常委、马钢股份副总经理任天宝出席会议。马钢防汛指挥部成员单位、2022年防汛任务责任单位相关人员参加会议。

27日 马钢集团一季度党建工作例会暨基层党组织联创联建签约仪式在马钢公司办公楼413会议室召开。会议旨在贯彻落实中国宝武党委一届六次全委（扩大）会议和公司党委五届八次全委（扩大）会议精神，总结马钢集团一季度党建工作，推动年度党建工作任务落实，进一步提升党建工作水平。马钢集团、马钢股份党委书记、董事长丁毅出席会议并讲话。马钢集团党委常委、马钢股份副总经理毛展宏主持会议。马钢集团领导唐琪明、任天宝、章茂晗及邓宋高参加会议。马钢集团公司党群部门（党委办公室、党委工作部、纪委、工会）、行政事务中心、党校、保卫部负责人，以及基层党组织联创联建单位负责人和签约代表等在主会场参会。各单位党委（直属总支）书记、专职党委副书记、党群部门负责人在分会场视频参会。

28日　马钢集团召开"奋勇争先　先模先行"庆"五一"先进模范交流座谈会，深入宣传贯彻落实习近平总书记考察调研中国宝武马钢集团重要讲话精神，大力弘扬劳模精神、劳动精神和工匠精神，传承和发扬"江南一枝花"精神，引领全体职工向先进模范学习，围绕"拉高标杆、奋勇争先、精益高效、争创一流"工作主题，奋力打造后劲十足大而强的新马钢，以优异成绩迎接党的二十大胜利召开。马钢集团、马钢股份党委书记、董事长丁毅，马钢集团党委常委、马钢股份副总经理任天宝出席会议。会议由马钢集团工会主席、总经理助理邓宋高主持。马钢集团各单位先进模范代表，各部门、单位相关领导分别在主会场和视频分会场参会。

30日　马钢集团、马钢股份党委书记、董事长丁毅赴新特钢项目现场，慰问节日期间坚守在一线的参战人员，检查安全工作，鼓舞团队士气，并对后续项目施工提出具体要求。马钢集团公司办公室、技改部、安全管理部、保卫部负责人陪同检查慰问。

本月　马钢集团进入宁德时代供应商名录。

本月　马钢股份冷轧成功开发新能源汽车用0.25毫米电工钢。

本月　炼铁总厂高炉日产创新高，两次刷新历史纪录。

5月

7日　随着马钢集团、马钢股份党委书记、董事长丁毅的一声令下，三辆满载抗疫物资和马钢集团职工关心祝福的卡车鸣笛发车，马钢集团60余万元物资驰援宝钢股份抗疫保产。马钢集团领导毛展宏、高铁、唐琪明、任天宝、伏明、章茂晗、马道局在主会场为运送物资车辆送行。马钢集团工会主席、总经理助理邓宋高在发运现场协调指挥。办公室、党委工作部、纪委负责人，工会、行政事务中心、保卫部、力生公司负责人等，分别在主会场和发车现场参加仪式。

8日　格力电器董事长、总裁董明珠到马钢考察。马鞍山市领导张岳峰、袁方、钱沙泉、吴桂林、方文，马钢集团、马钢股份党委书记、董事长丁毅，马钢集团党委常委、马钢股份副总经理章茂晗陪同考察。

10日　马钢集团在公司办公楼413会议室召开专业协作管理变革推进会，贯彻落实1月6日中国宝武集团钢铁主业专业协作管理变革现场会及2月7日专业协作管理变革专题会精神。马钢集团、马钢股份党委书记、董事长丁毅强调，要凝聚共识、紧盯目标、压实责任，确保专业协作管理变革稳步推进、取得实效。马钢领导高铁、伏明及罗武龙、杨兴亮出席会议。本次会议在公司办公楼623会议室、合肥公司调度视频会议室设立分会场。马钢集团公司专业协作管理变革领导小组成员，马钢集团公司有关职能和业务部门、生产厂部、子公司主要负责人，部分中国宝武生态圈在马鞍山区域单位、部分协作供应商单位负责人参加会议。

11日　马钢集团4月"奋勇争先奖"颁奖仪式暨精益运营成果发布会召开。会议号召全员持续保持"拉高标杆、奋勇争先、精益高效、争创一流"的良好氛围，激发全员"拼成本、攻质量、保稳定、高协同、争先进"的活力和热情，强攻二季度，确保双过半。马钢集团、马钢股份党委书记、董事长丁毅出席会议并讲话。公司助理级以上领导、马钢专家、相关部门单位负责人、第四批揭榜挂帅项目负责人及精益运营成果发布人在主会场参会；各部门单位分管领导、各科室负责人、首席管理师、主任管理师等在各视频分会场参会。

13日　马钢集团、马钢股份党委书记、董事长丁毅，马钢集团助理级以上领导，率公司机关部门、直属机构、二级单位及子公司党政主要负责人，赴港原料总厂开展创A现场环境整治活动。

16日　包钢集团副总经理、包钢股份董事长、党委书记刘振刚率队到访马钢。马钢集团、马钢股份党委书记、董事长丁毅接待刘振刚一行。包钢集团领导齐宏涛、吴明宏，马钢集团领导毛展宏、高铁及邓宋高、罗武龙、杨兴亮，以及双方相关单位及部门负责人参加交流活动。

18日　马钢集团公司十九届三次（马钢股份九届三次）职代会第三次联席会议召开。为落实疫情防控的有关要求，本次会议采用智慧平台虚拟会议与线下表决相结合的方式召开。在虚拟会议上，职工代表审议马钢集团公司、马钢股份《岗位绩效工资制管理办法（修订版草案）》《岗位绩效工资制切换方案（修订版草案）》和相关议案的说明，审议通过《会议表决办法（草案）》《总监票人、监票人建议人选名单（草案）》。随后，在线下表决环节，职工代表以无记名投票方式表决通过上述各项议案草案。

19 日　经技术中心和合肥公司协同攻关，2 卷冷轧高强双面搪瓷用钢在合肥公司 1 号连退线成功下线。经技术检测分析，该搪瓷用钢，不仅满足 400 兆帕级高强力学性能，同时保证了双面涂搪后无鳞爆的表面质量性能要求。由此标志，马钢在国内率先成功试制冷轧高强双面搪瓷用钢。

20 日　马钢集团与金骏安投资集团股份有限公司在遵义市签署战略合作协议。双方携手共建"网络钢厂"，将在型钢设备选型、工程建设、技术支持、品牌运营、仓储物流及营销网络等领域，开展全方位、多层次、宽领域的深度合作。遵义市副市长李旭，马钢集团、马钢股份党委书记、董事长丁毅，马钢集团党委常委、马钢股份副总经理任天宝，金骏安集团董事长刘金栋、荣誉董事长周大顺、副董事长刘天明、总裁刘沧海、副总裁刘炳锋等出席签约仪式。刘沧海和任天宝代表双方签署了合作协议。遵义市工业和能源局、投资促进局、红花岗区、高新区负责人以及双方单位相关部门负责人和工作人员参加签约仪式。

23 日　马钢集团、马钢股份党委书记、董事长丁毅在公司办公楼接待到访的中国五冶集团有限公司总经理陈阳一行。马钢集团党委常委、马钢股份副总经理伏明，双方相关部门、单位负责人参加会见。

24 日　马钢股份北区 10 号焦炉现场，马钢集团、马钢股份党委书记、董事长丁毅宣布马钢股份北区 10 号焦炉点火烘炉。随后，丁毅和中国五冶集团总经理陈阳共同将火把送入烘炉燃烧器，烘炉正式开始，由此标志该座焦炉进入投产倒计时阶段。中冶焦耐副总经理李国志，华泰永创总经理韩冬，马钢集团领导毛展宏、高铁、唐琪明、任天宝、伏明、章茂晗、马道局及王光亚、邓宋高、罗武龙、杨兴亮共同见证了这一激动人心的时刻。烘炉仪式由马钢集团党委常委、马钢股份副总经理伏明主持。马钢集团机关部门、直属机构、分子公司和二级单位主要负责人，焦炉工程设计、监理、施工单位有关领导、员工代表，煤焦化公司员工代表参加了当天的仪式。

△　马钢集团、马钢股份党委书记、董事长丁毅，马钢集团助理级以上领导，赴公司"十四五"基建技改重点工程现场视察慰问，现场查看工程项目进度，慰问项目建设人员，就做好下阶段项目建设工作提出要求。视察重点工程结束后，全体视察人员来到南区共享中心食堂，听取了该共享中心在提高职工对后勤服务质量体验感和满意度方面的举措和成效。马钢集团机关部门、直属机构、分子公司主要负责人，马钢股份机关部门、二级单位、子公司主要负责人参加视察慰问。

△　为推进话剧《特种钢》（暂定名）编创工作，国家话剧院一级导演李伯男率创作团队，深入马钢集团、股份厂区采风，挖掘创作素材。

26 日　国家档案局组织专家通过视频会议的形式，对马钢集团承担的《ERP 系统电子文件归档和电子档案管理规范》行业标准进行预评审。评审组通过听取汇报、现场质询、审阅标准文本和集体评议，一致同意该项目正式通过预评审。

△　龙川钢管集团公司董事长马自强，常务副总经理史善淼一行到访马钢。马钢集团、马钢股份党委书记、董事长丁毅在公司办公楼接待到访的马自强一行。

30 日　马钢集团党委召开理论学习中心组学习会，认真学习《正确认识和把握我国发展重大理论和实践问题》《信访工作条例》等内容。马钢集团、马钢股份党委书记、董事长丁毅主持学习会并讲话。马钢集团党委理论学习中心组成员参加学习会。马钢集团公司办公室、党委工作部、纪委机关、规划与科技部主要负责人列席学习会。

本月　马钢集团与安徽省金安不锈钢铸造有限公司签署战略合作协议。

本月　马钢集团召开"三降本两增效"专题调研座谈。

6 月

1 日　马钢集团改革领导小组例会在公司办公楼召开。马钢集团、马钢股份党委书记、董事长丁毅主持会议并讲话。马钢领导毛展宏、高铁、任天宝、伏明、章茂晗及王光亚、邓宋高、罗武龙、杨兴亮出席会议。会上，与会领导结合各自分管工作就更深层次推进深化改革工作提出具体要求；运营改善部汇报了马钢国企改革三年行动进展情况。马钢集团相关部门和单位负责人结合实际作了发言。

7 日　马钢集团、马钢股份党委书记、董事长丁毅在办公楼接待到访的中冶赛迪集团董事、党委委员、副总经理邹航一行。马钢集团公司党委常委、马钢股份副总经理任天宝，双方相关部门和单位负责人参加会谈。

△　炼铁总厂工程项目建设专题会召开。会议对炼铁总厂 2021 年工程项目建设情况进行总结，对 2022 年项目建设进行安排部署。马钢集团、马钢股份党委书记、董事长丁毅出席会议并强调，炼铁总厂要坚定信心，强化安全管理，确保生产经营与项目建设安全稳定。马钢集团党委常委、马钢股份副总经理伏明出席会议。能源环保部、安全管理部、技术改造部、制造管理部、设备管理部及炼铁总厂班子成员参加会议。

9 日　"中国宝武马钢晋南生产制造基地"揭牌暨"晋南钢铁 H 型钢生产线委托管理框架协议"签约仪式在山西省临汾市曲沃县山西晋南钢铁集团举行。该基地由马钢集团与晋南集团联手打造。临汾市委常委、副市长崔元斌，马钢领导丁毅、任天宝及王光亚，曲沃县领导吴滨、孙惠生，晋南集团领导郑家平、张天福等参加仪式。在当天的仪式上，崔元斌、丁毅共同为"中国宝武马钢晋南生产制造基地"揭牌；马钢集团与晋南钢铁签订晋南钢铁 H 型钢产线托管运营合作意向书。

10 日　马钢股份产销-工贸-标财三大系统协同结算一体贯通，于运营共享马鞍山分中心成功完成首笔交易结算，此举在马鞍山区域多系统协同结算领域尚属首次。

14—15 日　第六届安徽省人民政府质量奖评审专家组一行到马钢进行现场评审。马钢集团、马钢股份党委书记、董事长丁毅，公司助理级以上领导，马钢专家及马钢相关部门、单位负责人，市场监管局相关人员参加此次评审。现场评审期间，评审专家组还实地参观考察了冷轧智控中心、长材智控中心、交材智控中心、马钢股份运营管控中心、马钢展示馆和 4 号高炉。

15 日　马钢党群工作专题会在公司办公楼召开。会议对"习近平总书记考察调研马钢两年来"专题宣传进行全面部署、重点安排，就当前信访工作难点要点、"奋勇争先奖"评选激励机制完善进行讨论部署。马钢集团、马钢股份党委书记、董事长丁毅主持会议并讲话。马钢集团、马钢股份党委副书记、纪委书记高铁，马钢集团工会主席、总经理助理邓宋高，马钢股份总经理助理杨兴亮出席会议。马钢集团公司党委办公室（信访办、保密办）、党委工作部（组织部、宣传部、统战部、企业文化部、团委）、纪委（党委巡察办）、工会、

马钢党校、保卫部（武装部、维稳办）、新闻中心主要负责人，特邀单位负责人参加了会议。

16 日　马钢集团 5 月"奋勇争先奖"颁奖仪式暨精益运营成果发布会召开。马钢集团、马钢股份党委书记、董事长丁毅在讲话时强调，有风有雨是常态，风雨兼程是状态，风雨无阻是心态。越是困难，越要保持清醒头脑，越要保持十足定力，要将各方面的压力转化为进步的动力、必胜的信心，全力以赴站稳中国宝武第一方阵。马钢集团助理级以上领导出席会议。会议由马钢集团党委常委、马钢股份副总经理毛展宏主持。马钢专家、各部门单位负责人参加会议。5 月，共有 10 家单位和团队获公司"奋勇争先奖"。

17 日　安徽省属企业"高端化、智能化、绿色化"发展现场推进会在马钢集团召开，组织各省属企业实地参观马钢，学习了解企业转型升级、智慧制造和绿色发展情况，并召开座谈会交流经验，部署推动省属企业"高端化、智能化、绿色化"发展的工作措施。安徽省国资委党委书记、主任李中，省国资委党委委员、副主任董亚庆，各省属企业主要负责人、分管负责同志，马钢集团领导丁毅、高铁、唐琪明、任天宝、马道局及杨兴亮，马钢集团相关部门、单位负责人参加会议。会上，马钢股份总经理助理杨兴亮代表马钢作"三化"建设经验交流发言，海螺集团、淮北矿业集团、江汽集团、叉车集团作"三化"建设经验交流发言；播放了马钢集团《把握机遇　奋勇争先》专题片。

20 日　中国宝武召开万名宝罗上岗实施动员大会，推动计划早日落地。中国宝武党委书记、董事长陈德荣出席会议并讲话，中国宝武总经理、党委副书记胡望明宣布宝罗云平台暨"宝罗之家"正式启用。马钢集团、马钢股份党委书记、董事长丁毅，马钢集团党委常委、马钢股份副总经理任天宝，马钢股份总经理助理杨兴亮在马钢分会场参加会议。会上，丁毅代表马钢集团作优秀实践单位分享发言。任天宝代表马钢集团与宝信软件通过视频签署《机器人实施框架合作协议》。

22 日　马钢集团、马钢股份党委书记、董事长丁毅率队赴含山县，来到马钢集团定点帮扶的林头镇龙台村调研，代表马钢捐赠帮扶资金，慰问困难党员，实地查看龙台村彭庄苗木基地。马钢集团领导任天宝、章茂晗参加调研。含山县委副书记马蓉陪同调研走访。马钢集团公司有关部门和单位主

要负责人参加上述活动。

23日　马钢集团、马钢股份党委书记、董事长丁毅一行先后来到冷轧总厂南区1720酸轧生产线、炼铁总厂2号高炉，"送清凉"到基层一线。

24日　马钢集团"创A·圆梦"百日攻坚行动动员大会在公司办公楼413会议室召开。马钢集团、马钢股份党委书记、董事长丁毅在会上强调，创A工作是一场绿色革命，事关当前又影响长远，必须提高站位、统一认识，对创A工作再动员、再督促、再鼓劲，攻坚硬指标，改善软要素，提振精气神，大干100天，全力冲刺各项目标任务。马钢集团领导唐琪明、任天宝、章茂晗及王光亚、邓宋高、罗武龙、杨兴亮，马鞍山市生态环境局副局长胡伟以及马钢专家出席会议。会议由马钢集团党委常委、副总经理唐琪明主持。根据疫情防控要求，本次会议采取现场和视频的方式召开。马钢集团领导、马钢专家，马鞍山市生态环境局领导，机关部门及部分单位党政主要负责人在主会场参会。马钢集团部分分子公司党政主要负责人，中国宝武生态圈相关单位负责人以及公司创A项目总包单位代表分别在视频分会场参会。

27日　随着马鞍山市委书记张岳峰下达开工令，现场掌声雷动、机器轰鸣，打桩机、挖掘机、运输卡车纷纷启动作业，中国宝武特冶特种冶金材料马鞍山基地项目正式进入全面建设阶段。马鞍山市领导袁方、黄化锋、方文，马钢集团、马钢股份党委书记、董事长丁毅，中国宝武特冶党委书记、董事长章青云，中国宝钢工程集团党委副书记、总经理赵恕昆，中国二十冶党委副书记、总经理徐立，上海宝钢工程咨询有限公司总经理孟凡东出席开工仪式。中国宝武特冶党委副书记、总经理陈步权主持开工仪式。雨山区、相关市直单位主要负责人，项目总包单位、建设单位、监理单位有关领导和代表参加开工仪式。

△　马钢集团、马钢股份党委书记、董事长丁毅在办公楼接待到访的山东能源枣矿集团党委书记、董事长侯宇刚一行。马钢集团党委常委、马钢股份副总经理章茂晗，相关单位和部门负责人参加会谈。

△　话剧《特种钢》第三次项目调度会在马钢智园运营管控中心视频会议室召开。安徽省委宣传部副部长、省电影局局长陈韶光，安徽省文联书记处书记、副主席林勇，马钢集团、马钢股份党委副书记、纪委书记高铁，安徽省文旅厅、市委宣传部、安徽演艺集团有关领导及话剧《特种钢》创作团队出席会议。

30日　马钢集团党委下发表彰决定，对2021年以来工作成绩突出的61名优秀共产党员、50名优秀党务工作者、50个先进基层党组织予以表彰。

本月　马钢集团领导慰问烈士遗属和困难党员。

本月　由马鞍山钢铁股份有限公司完成的"基于塑性夹杂物的高洁净铁路车轮钢炼钢工艺开发与应用"项目科技成果通过省级鉴定获评国际领先。

本月　由安徽省经济记者协会主办、淮南日报社承办的2021年度安徽经济好新闻（报纸系列）评选揭晓。马钢日报选送的3件新闻作品分获一、二、三等奖。

7月

1日　马钢集团、马钢股份党委书记、董事长丁毅在办公楼接待到访的文安钢铁有限公司董事长王文安、中冶赛迪集团公司副总经理胡芝春一行。马钢集团党委常委、马钢股份副总经理任天宝陪同会见。双方相关单位和部门负责人参加会谈。

5日　马钢集团举行"基地管理+品牌运营"网络钢厂合作圆桌会，邀请22家品牌运营合作方、潜在合作方、用户和贸易商汇聚一堂，共商合作道路，共话美好未来。马钢集团领导丁毅、刘国旺、任天宝、章茂晗及王光亚、杨兴亮，山西省临汾市曲沃县相关领导出席会议。会上，马钢集团与5家参会企业进行合作签约。欧冶云商作发言报告，规划与科技部作会议主题报告，营销中心作市场分析报告，参会品牌运营合作方代表作发言。马钢集团相关部门、单位负责人参加会议。

△　在四钢轧总厂，马钢集团、马钢股份党委书记、董事长丁毅为党内各类先进代表颁发奖牌和证书，并向他们表示祝贺。随后，围绕党的十九届六中全会精神宣贯，并紧密结合马钢当前形势任务，丁毅上了一堂专题党课，从三个方面和大家交流了学习体会和感受。

6日　炼铁智控中心操控大厅内，马钢集团、马钢股份党委书记、董事长丁毅宣布马钢高炉远程技术支撑平台投运，并与马钢集团公司领导刘国旺、毛展宏、唐琪明、任天宝共同点亮该平台投运球，标志着马钢集团智慧炼铁从1.0时代迈入2.0

时代。马钢股份总经理助理罗武龙、杨兴亮出席投运仪式。仪式上，炼铁总厂负责人汇报该平台建设情况；长江钢铁炼铁厂厂长通过视频汇报马钢高炉远程技术支撑平台长钢端投运准备情况。与会人员共同观摩了马钢高炉远程技术支撑平台的功能展示。本次投运仪式采用现场和视频的方式进行。马钢专家、马钢集团公司相关单位和部门负责人、职工代表，长江钢铁相关负责人及职工代表，宝信软件相关技术人员分别在炼铁智控中心和长江钢铁智控中心参加仪式。

△　在马钢集团举行创 A 清洁运输启动仪式上，马钢集团、马钢股份党委书记、董事长丁毅发令宣布："马钢创 A 清洁运输正式启运！发车！"礼炮和鸣笛声后，一辆辆新能源卡车陆续发车，缓缓驶向马钢厂区，标志着马钢集团清洁运输工作取得重要突破，打赢创 A 攻坚战迈出坚实一步。欧冶云商党委书记、董事长赵昌旭，马钢集团领导刘国旺、毛展宏、唐琪明、任天宝及罗武龙、杨兴亮，吉利商用车集团汉马科技、上汽红岩汽车、东风商用车、上海启源芯动力领导出席仪式。欧冶云商物流板块各单位负责人，马钢集团相关部门、单位负责人，马鞍山交通运输局、经济和信息化局、商务局领导，承运商代表参加仪式。

11 日　马钢集团党委召开理论学习中心组（扩大）学习会，马钢集团、马钢股份党委书记、董事长丁毅主持学习会并讲话。马钢集团助理级以上领导出席会议。公司机关部门、直属机构主要负责人，各单位党委（直属总支）书记参加会议。

12 日　马钢集团召开二季度党建工作例会暨基层党组织联创联建推进会、党风廉政建设责任制领导小组（扩大）会议，进一步贯彻落实宝武党建工作会议精神，总结上半年党建工作，部署下半年重点任务，深入推进基层党组织联创联建，深化落实全面从严治党和党风廉政建设各项要求，以党建创一流引领企业创一流，全力确保全年各项工作目标实现，以优异成绩迎接党的二十大胜利召开。马钢集团、马钢股份党委书记、董事长丁毅，马钢集团党委副书记、总经理、马钢股份党委副书记刘国旺，马钢集团助理级以上领导出席会议。会议由马钢集团、马钢股份党委副书记、纪委书记高铁主持。马钢集团公司机关部门、直属机构主要负责人，各单位党委（直属总支）书记，基层党组织联创联建单位签约和发言代表在主会场参加会议。

各单位党委（直属总支）专职党委副书记、纪检委员，纪委书记、副书记，党群部门负责人在本单位视频会议室参会，马钢集团公司党群部门分管领导在办公楼 623 会议室视频参会。

△　马钢集团党群工作专题会在马钢集团办公楼召开。会议讨论、部署了规范使用中国宝武品牌、农民工工资支付规范管理以及加强基层工会组织建设等工作。马钢集团、马钢股份党委书记、董事长丁毅主持会议。马钢集团党委副书记、总经理、马钢股份党委副书记刘国旺，马钢集团、马钢股份党委副书记、纪委书记高铁，马钢集团工会主席、总经理助理邓宋高出席会议。

△　马钢集团召开低碳发展工作研讨会，统一思想，明确下一步低碳发展重点工作和目标。马钢集团、马钢股份党委书记、董事长丁毅在会上强调，要围绕目标和任务，结合自身实际，主动对标找差，找准小切口，一步一个脚印，一点一点突破，确保马钢低碳发展站稳中国宝武第一方阵。马鞍山学院校长李家新，马钢集团领导唐琪明、伏明及王光亚、罗武龙、杨兴亮出席会议。

13 日　马钢集团、马钢股份党委书记、董事长丁毅率队赴炼铁总厂开展创 A 现场环境整治视察活动，并看望慰问一线职工。马钢集团领导毛展宏、高铁、任天宝、伏明、章茂晗、马道局及王光亚、邓宋高、罗武龙、杨兴亮，公司机关部门、直属机构、各二级单位及子公司党政主要负责人参加活动。

15 日　安徽省政协副主席姚玉舟到马钢集团调研企业发展情况。安徽省政协常委、经济委员会主任方志宏，马鞍山市领导张岳峰、吴桂林、方文、王青松，马钢集团、马钢股份党委副书记、纪委书记高铁参加调研。

△　安徽省总工会党组成员、副主席人选张勇一行到马钢特钢公司，看望慰问坚守在高温岗位的一线职工，并深入运营管控中心、炼铁集控中心和马钢展示馆参观调研。马鞍山市人大常委会一级巡视员、市总工会主席杨勇义，马钢集团工会主席、总经理助理邓宋高陪同慰问调研。安徽省总工会、市总工会、马钢工会相关人员参加上述活动。

△　马钢集团承担的国家工业强基项目"高性能齿轮渗碳钢"验收会召开。与会专家听取方案执行情况汇报，审阅相关资料。经质询和答辩，专家组一致认为，该项目达到了合同书规定的总体目标

要求，同意通过验收。安徽省经信厅、验收专家组、马钢相关单位负责人及项目组成员等参会。

19日　马钢集团召开党委常委会，学习研讨《习近平谈治国理政》第四卷第一章内容《掌握历史主动　在新时代更好坚持和发展中国特色社会主义》。马钢集团、马钢股份党委书记、董事长丁毅主持会议并讲话，马钢集团党委常委、马钢股份党委委员出席会议。

20日　马钢集团二季度绩效对话会、"奋勇争先奖"颁奖暨干部大会召开。马钢集团、马钢股份党委书记、董事长丁毅在讲话时强调，面对困难和挑战，我们要冷静应对、积极应对、系统应对、有效应对，增强信心；要以"跑赢大盘"作为一切工作的出发点和立脚点，做好过"紧日子""苦日子"的充分准备，全力以赴打好"当期保生存、长远促发展"攻坚战。马钢集团党委副书记、总经理，马钢股份党委副书记刘国旺主持会议并讲话。马钢集团助理级以上领导出席会议。会上，经营财务部、制造管理部、运营改善部、营销中心针对各自专业领域运行情况进行汇报。制造管理部、检测中心、营销中心作精益运营成果案例发布。宝武智维马钢设备检修公司、中冶赛迪、长江钢铁相关负责人作交流发言。马钢专家，各职能、业务部门、二级单位及分子公司党政主要负责人，在马鞍山中国宝武生态圈协作伙伴单位代表在主会场参会。各职能、业务部门、二级单位的中层副职管理人员及首席师在分会场参会。

21日　马钢集团、马钢股份党委书记、董事长丁毅在公司办公楼接待到访的吴忠仪表董事长马玉山一行。双方相关部门和单位负责人参加会见。

△　马钢集团、马钢股份党委书记、董事长丁毅以近期突出信访问题为导向主动带案下访，召开农民工工资规范支付工作协调会。他强调，各级部门和单位要提高站位，换位思考，全力维护农民工合法权益。马钢集团工会主席、总经理助理邓宋高出席会议。办公室、人力资源部、法律事务部、经营财务部、技术改造部、炼铁总厂、长江钢铁、信访办、保卫部（维稳办）相关负责人参加会议。

22日　马钢集团、马钢股份党委书记、董事长丁毅带领公司半年度安全生产大检查第一检查组，赴炼铁总厂开展安全生产大检查。他强调，各级管理人员要严格落实安全主体责任，筑牢安全防线，确保生产、大修安全有序。安全生产管理部、炼铁总厂负责人及相关工作人员参加检查。

△　马钢集团、马钢股份党委书记、董事长丁毅在公司办公楼接待到访的中冶华天总经理方荣华一行。中冶华天副总经理夏兴进、詹茂华，马钢集团党委常委、马钢股份副总经理伏明，以及双方相关部门、单位负责人参加会谈。

26日　马钢集团三季度安委会防火委能环委会议召开，总结分析上半年安全生产和能源环保工作情况及存在的问题，谋划部署下一阶段公司安全、能环重点工作。马钢集团、马钢股份党委书记、董事长丁毅出席会议并讲话，马钢集团总经理、党委副书记，马钢股份党委副书记刘国旺在会上提出工作要求。马钢集团、马钢股份领导出席会议。会议由马钢集团党委常委、副总经理唐琪明主持。马鞍山市应急管理局领导、马钢专家、公司相关部门和单位主要负责人在主会场参会。生态圈及协作伙伴单位主要负责人，公司相关单位分管安全、能源环保负责人在视频分会场参会。

27日　安徽省政协副主席、党组副书记邓向阳到马钢集团调研。省政协副秘书长、办公厅主任江刘伍，省政协委员、省税务局党组书记、局长张德志，马鞍山市市长袁方，市政协主席吴桂林，市政协副主席卓龙华，马钢集团、马钢股份党委书记、董事长丁毅陪同调研。

△　马钢集团、马钢股份党委书记、董事长丁毅在公司办公楼接待到访的林德集团大中华区总裁李臻旻一行。双方相关部门及公司负责人参加会见。

28日　中国宝武纪委副书记朱汉铭一行到马钢集团调研督导宝武环保大检查问题整改工作推进情况。马钢集团、马钢股份党委副书记、纪委书记高铁及纪委有关负责同志参加调研汇报。

29日　马钢集团、马钢股份党委书记、董事长丁毅在公司办公楼接待到访的中建材总院副院长宋作宝一行。马钢集团党委常委、马钢股份副总经理章茂晗，马钢相关部门负责人参加座谈。

本月　马钢集团发布首个环境产品声明——马钢集团大H热轧型钢产品环境产品声明在中国钢铁行业EPD平台发布。

本月　长江钢铁整体信息化上线运行。

8月

2日　马钢集团2022年新员工入职典礼暨"入职第一课"在公司办公楼413会议室举行。马钢集团、马钢股份党委书记、董事长丁毅为新员工上"入职第一课"，深情寄语新员工，胸怀梦想、脚踏实地、奋勇争先，为建设后劲十足大而强的新马钢贡献智慧力量。马钢集团、马钢股份党委副书记、纪委书记高铁主持典礼。公司相关部门负责人、全体新入职员工在主会场参会。新入职员工所在单位党委负责人、综合管理部负责人及团委负责人在视频分会场参会。典礼前，新入职员工参加了马钢集团升旗仪式。

3日　丁毅在办公楼19楼会议室接待到访的中国冶金报社长陈玉千一行。马钢集团、马钢股份党委副书记、纪委书记高铁参加会见。

4日　新特钢项目年中推进会在新特钢十七冶项目部召开。马钢集团、马钢股份党委书记、董事长丁毅出席会议并强调，要坚持"安全质量第一　工期控制有效　施工紧张有序　项目干净彻底"的原则，打造精品工程，确保建设、投产、工程各项目标实现。马钢集团领导毛展宏、伏明及罗武龙出席会议。马钢相关部门和单位负责人，设计、施工、监理单位和新特钢项目部、BOO项目部领导及相关人员参加会议。

5日　中国宝武总经理、党委副书记胡望明到马钢集团调研主持召开座谈会，慰问高温现场一线职工，检查督导安全生产工作。他强调，要统一思想，坚定信心，发挥协同效应，扎实开展"冬练"，有效应对钢铁行业面临的严峻形势和挑战，共渡难关。中国宝武党委常委、副总经理侯安贵，党委常委魏尧参加相关活动。马钢集团、马钢股份党委书记、董事长丁毅汇报马钢集团工作情况。中国宝武集团公司钢铁业中心、办公室、战略规划部、经营财务部、党委组织部负责人，马钢集团领导班子成员和有关部门负责人参加相关活动。

9日　马钢集团、马钢股份党委书记、董事长丁毅和马钢集团总经理、党委副书记毛展宏为20名员工代表佩戴新铭牌。由此，马钢集团新版工装正式"换装"。马钢集团、马钢股份党委副书记、纪委书记高铁在仪式上讲话。仪式由马钢集团党委常委、副总经理唐琪明主持。马钢集团领导任天宝、伏明、章茂晗、马道局及罗武龙出席仪式。

△　马钢集团国家3A级旅游景区揭牌暨马钢工业旅游景区开园仪式、国企开放日活动在马钢工业旅游景区游客中心举行。马钢集团领导丁毅、毛展宏、高铁、任天宝及罗武龙参加仪式。仪式上，丁毅和毛展宏共同为马钢工业旅游景区揭牌；高铁在仪式上讲话；马鞍山市文化和旅游局相关负责人宣读马钢工业旅游景区评定为国家3A级旅游景区的批复。此次揭牌开园同时也是马钢"大国顶梁柱奋进新征程"国企开放日活动，旨在打造国有企业与社会公众沟通平台，充分展现使命担当，树立良好形象。马钢集团有关单位主要负责人、马钢智园五部（制造部、设备部、运输部、安管部、能环部）及炼铁总厂职工代表、马鞍山市旅行社协会代表、安徽冶金职业技术学院学生代表参加仪式。

△　马钢集团党委书记、董事长丁毅在公司办公楼接待普锐特中国公司首席执行官小川浩史一行。马钢集团党委常委伏明，公司相关单位、部门负责人参加会见。

10日　马钢集团党委书记、董事长丁毅在公司办公楼接待到访的北京科技大学校长杨仁树一行。马钢集团党委常委任天宝参加会见。

△　马钢集团、马钢股份党委书记、董事长丁毅率队前往马钢研发大楼项目建设现场查看项目进展情况，慰问项目参建人员。办公室、技术改造部、技术中心负责人及相关人员参加检查慰问。

△　马钢集团召开改革领导小组例会，部署推进公司深化改革、做好国企改革三年行动收官阶段工作。马钢集团、马钢股份党委书记、董事长丁毅主持会议并讲话。马钢集团总经理、党委副书记毛展宏对下阶段相关工作提出具体要求。马钢领导唐琪明、任天宝、马道局及王光亚、邓宋高、杨兴亮出席会议。马钢相关部门、单位负责人等参会。

11日　安徽省政协主席唐良智一行到马钢集团调研。马鞍山市委书记张岳峰、市政协主席吴桂林，马钢集团、马钢股份党委书记、董事长丁毅陪同调研。

△　7月"奋勇争先奖"颁奖仪式暨精益运营成果发布会在公司办公楼413会议室召开，总结7月各单位在各方面取得的优秀成绩和亮点，持续激发广大员工攻坚克难、快干实干的精气神。马钢集团党委书记、董事长丁毅在会上强调，钢铁行业的"寒冬"已经到来，要坚定信心，积极"冬练"，做到冷静应对、积极应对、有效应对、系统应对，努力跑赢大盘，站稳中国宝武第一方阵。马钢集团总经理、党委副书记毛展宏主持会议。马钢领导任天宝及王光亚、邓宋高、杨兴亮

出席会议。马钢专家，各部门、单位主要负责人，"揭榜挂帅"项目负责人，精益案例发布人等参加会议。7月，11家单位和团队获"奋勇争先奖"。

12日　马钢集团、马钢股份党委书记、董事长丁毅赴长江钢铁调研，实地查看厂区环境整治和智慧制造推进情况，并主持召开座谈会，听取生产经营情况汇报。他强调，长钢股份要扎实开展"冬练"，全面对标找差，努力创造更佳经营绩效；要推进"一总部多基地"管控模式，打造混改企业示范标杆，推动企业高质量发展。马钢集团领导任天宝及王光亚、杨兴亮陪同调研。办公室、运营改善部、精益办、人力资源部、经营财务部、安全生产管理部、营销中心、长钢股份负责人及相关人员参加调研。

15日　马钢集团、马钢股份党委书记、董事长丁毅，马钢集团总经理、党委副书记毛展宏，马钢集团、马钢股份党委副书记、纪委书记高铁等马钢集团、马钢股份领导分五组，再次深入各基层单位，慰问奋战在高温一线的职工，并开展安全督导工作，强调要落细落实各项高温应对措施，主动靠前服务，切实保障广大一线职工身体健康；要抓牢抓长安全生产管理工作，确保公司生产安全有序运行。

△　由人民日报社安徽分社、新华社安徽分社等18家媒体记者组成的采访团齐聚马钢集团，集中采访马钢集团近年来在绿色发展、智慧制造和生产经营等方面取得的成绩。

17日　马钢集团党群工作专题会在公司办公楼19-2会议室召开。马钢集团、马钢股份党委书记、董事长丁毅主持会议并讲话。他强调，各单位要坚持问题导向，找准小切口解决大问题；要推进一贯制管理，强化解决问题的体系化能力，推动马钢高质量发展迈上新台阶。马钢集团总经理、党委副书记毛展宏，马钢集团党委副书记、纪委书记高铁，马钢集团工会主席、总经理助理邓宋高出席会议。公司党群部门主要负责人，相关部门、单位有关负责人参加会议。

18日　在马钢展厅（特钢）二期项目落成仪式上，马钢集团、马钢股份党委书记、董事长丁毅朗声宣布："马钢展厅（特钢）二期项目正式落成！"，作为马钢"8·19"系列活动的重要内容，马钢展厅（特钢）二期项目落成投用。马钢集团总经理、党委副书记毛展宏主持仪式。马钢集团、马钢股份党委副书记、纪委书记高铁致辞。公司助理级以上领导出席仪式。公司机关部门、直属机构主要负责人，各单位党政主要负责人；项目设计、施工和监理单位的相关负责人参加仪式。

△　马钢展厅（特钢）二期项目落成仪式结束后，马钢集团、马钢股份党委书记、董事长丁毅率队，围绕2022年环境整治"一个大循环""两园五点""品质提升"等内容，开展厂区环境提升项目验收和创A现场环境整治视察。丁毅强调，要聚焦目标坚定信心，总结经验再接再厉，发扬连续作战精神，高效推进创A工作，为马钢集团高质量发展创造条件。马钢集团公司助理级以上领导，机关部门、直属机构、二级单位、分子公司党政主要负责人参加活动。

△　全国钢铁行业首个检测智控中心在马钢投用。

19日　马钢集团"8·19"主题图片展揭幕仪式在公司办公楼一楼大厅举行。此次图片展的举办旨在重温习近平总书记考察调研宝武马钢集团重要讲话精神，用图片展的形式集中展现两年来马钢牢记嘱托、感恩奋进，取得的一系列脱胎换骨的巨大变化。马钢集团、马钢股份党委书记、董事长丁毅，马钢集团、马钢股份党委副书记、纪委书记高铁共同为主题图片展揭幕。马钢集团助理级以上领导出席揭幕仪式。仪式由马钢集团工会主席、总经理助理邓宋高主持。马钢集团公司办公楼入驻单位、机关各部门负责人以及80余名员工代表参加揭幕仪式。

△　中国宝武举行党委理论学习中心组（扩大）学习暨专题学习座谈会。在专题交流环节，马钢集团围绕深入学习贯彻习近平总书记考察调研重要讲话精神、加快创建世界一流伟大企业、大力推动"老大"变"强大"作了发言。

22日　马鞍山市委书记张岳峰到埃斯科特钢公司督查安全隐患排查工作。他强调，要深入贯彻习近平总书记关于安全生产的重要指示精神，全面落实省委、省政府部署要求，杜绝侥幸心理，注重抓早抓小，及时排查消除各类安全隐患，扎实做好安全生产工作，为党的二十大胜利召开营造安全稳定环境。马鞍山市委常委、市委秘书长方文，马钢集团党委副书记、纪委书记高铁参加督查。

23日　南京市人大常委会主任龙翔等第四次

南京都市圈城市人大常委会主任协商联席会议代表到马钢集团调研。马鞍山市人大常委会主任钱沙泉，马钢集团工会主席邓宋高陪同调研。

24日 马钢集团、马钢股份党委书记、董事长丁毅在公司办公楼接待到访的奥瑟亚（中国）投资有限公司总裁郭基勋一行。双方相关部门和单位负责人参加会谈。

△ 马钢集团总经理、党委副书记毛展宏以近期突出信访问题为导向主动带案下访，召开技术输出服务费用事宜协调会。马钢集团工会主席邓宋高、总经理助理罗武龙，办公室（信访办）、规划与科技部、人力资源部、经营财务部、运营改善部、保卫部（维稳办）、能源环保部相关负责人参加会议。

△ 马钢集团总经理、党委副书记毛展宏在公司办公楼接待到访的南京高精齿轮集团总裁汪正兵一行。马钢集团党委常委章茂晗，双方相关部门负责人参加会见。

25日 中国宝武党校、管理研修院首个党性教育和管理研修实践教学基地——马钢集团党性教育和管理研修实践教学基地揭牌仪式在马钢教育培训中心报告厅举行。马钢集团、马钢股份党委书记、董事长丁毅与中国宝武党委宣传部部长、企业文化部部长、党校常务副校长、管理研修院院长钱建兴共同为基地揭牌。宝武党委宣传部副部长、企业文化部副部长、党校副校长、管理研修院副院长田钢，马钢集团党委副书记、纪委书记、马钢党校校长高铁，马钢集团党委常委任天宝，出席揭牌仪式。中国宝武党委宣传部副部长、企业文化部副部长、党校副校长、管理研修院副院长徐美竹主持揭牌仪式。中国宝武党校各部门负责人、宝武数智化发展高端人才专项培训班全体学员，马钢集团相关部门、单位主要负责人和教培中心教师代表参加揭牌仪式。

△ 马钢集团与江苏澳洋顺昌科技公司汽车钢"联合工作室"揭牌。

26日 马钢集团、马钢股份党委书记、董事长丁毅在公司办公楼接待到访的安徽联通党委书记、总经理韩冰一行。总经理助理杨兴亮，双方相关部门负责人参加座谈。

31日 马钢集团2022年首批宝罗员工上岗仪式上，马钢集团、马钢股份党委书记、董事长丁毅宣布："马钢首批宝罗员工正式上岗！"首批宝罗员工40名，行业首创宝罗"RaaS"（Robot as a Service）服务模式上线运行。宝信软件党委副书记、总经理王剑虎，马钢集团党委常委任天宝、总法律顾问杨兴亮，中国宝武职能部门、宝信软件相关负责人，马钢职能部门、业务部门、二级单位及分子公司相关负责人参加仪式。

本月 马钢集团在全国钢铁节能竞赛中夺得历史最佳成绩。参赛五座大型设备全部获奖，斩获两个"冠军炉"、两个"优胜炉"和一个"创先炉"。

9月

2日 马鞍山市委常委、常务副市长黄化锋一行到访马钢。马钢集团、马钢股份党委书记、董事长丁毅在公司办公楼与黄化锋一行进行座谈交流。马钢集团领导邓宋高、罗武龙、杨兴亮，马鞍山市和马钢集团相关部门、单位负责人参加座谈。

7日 国电投安徽分公司党委书记、总经理黄云涛率队来访马钢，马钢集团、马钢股份党委书记、董事长丁毅接待黄云涛一行。国电投安徽分公司党委委员、副总经理刘昌胜，马钢集团党委常委、副总经理唐琪明，总经理助理罗武龙，双方相关部门负责人参加会见。

△ 马钢集团召开B号高炉大修工程动员会。马钢集团、马钢股份党委书记、董事长丁毅作动员讲话，强调要总结固化A号高炉大修的经验做法，强化责任意识、担当意识、绩效意识，落实落细安全环保各项举措，把B号高炉大修工程打造成高质量大修精品典范。上海宝冶党委书记、董事长高武久，中冶赛迪党委委员、副总经理王波，马钢集团领导毛展宏、唐琪明、伏明及罗武龙出席会议。动员会由马钢集团党委常委伏明主持。马钢专家，马钢相关单位和部门负责人，设计单位、监理单位及施工单位领导及代表参加会议。

8日 马钢集团党群工作专题会在公司办公楼19-2会议室召开，就巩固拓展纪检监督职能等四个议题进行讨论、部署。马钢集团、马钢股份党委书记、董事长丁毅主持会议并讲话。马钢集团党委副书记、纪委书记高铁，马钢集团工会主席邓宋高出席会议。

9日 8月"奋勇争先奖"颁奖仪式暨精益运营成果发布会在公司办公楼413会议室召开，总结成绩和亮点，持续激发广大员工奋勇争先的精气神。马钢集团、马钢股份党委书记、董事长丁毅在会上强调，面对严峻的市场形势和巨大的经营压力，要练就"过冬"本领，抢抓市场机遇，力争保持较好经营业绩；要强化"一贯制"管理，营造绩效文化，坚持"系统思维、工序服从、横向联系、自我了断"思维，保持奋勇争先状态，焕发昂扬精神风貌，努力站稳中国宝武第一方阵。马钢集团总经理、党委副书记毛展宏主持会议。马钢集团领导高铁、唐琪明、章茂晗及王光亚、杨兴亮、罗武龙出席会议。马钢专家，相关部门、单位主要负责人，"揭榜挂帅"项目负责人，精益案例发布人等参加会议。8月，9家单位和团队获"奋勇争先奖"。

14日　2022年作业长研修成果发布会在公司办公楼413会议室召开。马钢集团、马钢股份党委书记、董事长丁毅出席会议并讲话。马钢集团领导毛展宏、高铁、任天宝及杨兴亮出席会议。马钢集团公司各职能、业务部门、生产厂部、子公司主要负责人，各单位作业长代表、综合部门负责人参加会议。

15日　马钢集团、马钢股份党委书记、董事长丁毅在公司办公楼接待中国进出口银行安徽省分行党委书记、行长武建军一行。双方相关单位、部门负责人参加座谈。

20日　马钢集团、马钢股份党委书记、董事长丁毅赴合肥公司、合肥加工中心调研，召开座谈会，听取生产经营汇报。他强调，要做好长期应对钢铁市场下行困难的准备，依托合肥作为制造业中心的区域优势，扎实提质增效，走产品差异化路线，站稳区域市场；要积极开展"冬练"，持续对标找差，扎实推进"三降两增"，努力实现年度生产经营绩效目标。马钢集团党委常委任天宝参加调研。

20—23日　马钢集团党委第一巡察组、第二巡察组分别向本轮巡察的采购中心、港务原料总厂、冶金服务公司、康泰公司进行了"一对一"反馈。马钢集团、马钢股份党委书记、董事长丁毅，马钢集团党委副书记、纪委书记高铁出席反馈会，马钢集团党委常委、副总经理唐琪明，马钢集团党委常委任天宝，马钢集团党委常委章茂晗按照"一岗双责"要求分别参加分管联系单位的巡察反馈会，纪委（纪检监督部）、党委工作部、党委巡察办负责人及两个巡察组组长参加反馈会。

22日　马钢集团党委召开理论学习中心组学习会，认真学习《习近平谈治国理政》第四卷、习近平在中央统战工作会议上的重要讲话精神等内容，党委理论学习中心组成员围绕学习内容，联系实际深入开展交流研讨。马钢集团、马钢股份党委书记、董事长丁毅主持学习会并讲话。马钢党委理论学习中心组成员参加学习会。马钢集团公司党委办公室、党委工作部、纪委机关、法律事务部、保密办负责人列席学习会。

23日　马钢集团、马钢股份党委书记、董事长丁毅一声令下："我宣布，马钢研发中心建设项目正式封顶！"马钢集团研发中心办公楼主楼楼顶完成最后一方混凝土浇筑，顺利完成主体结构封顶。十七冶集团党委书记、董事长喻世功出席封顶仪式。项目参建各方代表，马钢集团相关单位、部门负责人参加封顶仪式。

△　在马钢集团职工王辉即将前往安徽医科大学第二附属医院接受造血干细胞捐献采集之际，马钢集团与马鞍山市红十字会为王辉举行了捐献欢送仪式。

26日　中国宝武工会主席张贺雷一行来调研中国宝武马鞍山总部工会工作情况，并深入现场看望慰问一线职工。马钢集团党委副书记、纪委书记高铁，马钢集团工会主席邓宋高，中国宝武马鞍山总部工会工作委员会委员参加活动。

27日　马钢集团党委基层党组织联创联建专题会召开。会议聚焦"紧跟核心、围绕中心、凝聚人心"党建工作主题，总结近期工作、部署下阶段重点任务，进一步推动联创联建各项工作落地落细、走深走实，全力确保全年各项工作目标实现。马钢集团、马钢股份党委书记、董事长丁毅在会上强调，企业党建工作做实了就是生产力，做强了就是竞争力，做细了就是凝聚力。各级党组织要做好年终党建工作的收官、总结和宣传，及时总结提炼"党建创一流"及联创联建优秀案例，适时发布、固化、推广，积极展示成果，打造特色品牌，推动马钢党建站稳中国宝武第一方阵。马钢集团党委副书记、纪委书记高铁主持会议。马钢集团公司党委办公室、党委工作部、纪委、工会负责人，相关部门、单位党委负责人及部分党支部书记参加会议。

△　"铸匠心、提技能"中国宝武第三届职工技能竞赛马鞍山赛区决赛开幕式在马钢教育培训中心举行。马钢集团、马钢股份党委书记、董事长

丁毅致辞，宝武工会主席张贺雷宣布决赛开赛。马钢集团领导高铁及邓宋高出席开幕式，中国宝武资源党委副书记、纪委书记、工会主席杨大宏出席开幕式并致辞。马鞍山区域相关单位、马钢集团相关单位负责人以及各参赛单位领队、选手共 100 余人参加开幕式，马钢集团党委副书记、纪委书记高铁主持开幕式。来自马钢集团、宝钢资源的选手代表和裁判员代表分别在开幕式上发言。

△　中国宝武工会主席张贺雷一行到马钢参观调研。马钢集团党委副书记、纪委书记高铁，马钢集团工会主席邓宋高参加调研。

28 日　马钢集团、马钢股份党委书记、董事长丁毅率队，深入马钢股份 3 号门停车场，马钢交材同心圆及车轮二线现场，煤焦化公司北区，冷轧总厂 3 号、4 号镀锌线，港料园区等进行创 A 现场环境整治视察，并为马钢交材、冷轧总厂两家创 A 达标单位授牌。公司助理级以上领导，机关部门、直属机构、二级单位、分子公司党政主要负责人参加活动。

29 日　冷轧总厂召开第二次党代会，回顾总结五年来取得的成绩和经验，安排部署今后一个时期重点工作。马钢集团党委副书记、总经理毛展宏出席会议并讲话。

30 日　张岳峰、袁方、钱沙泉、吴桂林等市四套班子领导深入马钢集团，围绕 2022 年环境整治"一个大循环""两园五点""品质提升"等内容，调研环保创 A 现场工作。马钢集团、马钢股份党委书记、董事长丁毅，马钢集团党委副书记、总经理毛展宏陪同调研。市及马钢相关单位、部门负责人等参加调研。

△　马钢集团 B 型地铁绿色环保组合车轮全球首发仪式举行。

10 月

11 日　马钢集团党委通过视频主分会场的形式举办党风廉政建设专题党课。马钢集团、马钢股份党委书记、董事长丁毅为马钢各级领导人员和管理者 540 余人讲授题为"坚守纪律底线　强化廉洁意识　为打造清廉马钢提供坚强政治保障"的专题廉政党课。马钢集团公司助理级以上领导、马钢专家、各部门及单位党政主要负责人在主会场，各单位 C 层级以上管理人员、首席师、纪检干部在视频分会场聆听了党课，并集体观看警示教育片《围猎：行贿者说》。

12 日　马钢集团三季度绩效对话会、9 月精益运营成果发布会暨"奋勇争先奖"颁奖仪式在公司办公楼 413 会议室召开。会议总结分析三季度各项工作取得的成绩、存在的不足，部署下一阶段重点工作。马钢集团、马钢股份党委书记、董事长丁毅在会上强调，要紧紧围绕经营绩效改善计划，聚焦降本目标不松劲，一手抓极致高效、另一手抓结构渠道，坚定信心，保持定力，以昂扬的精神状态和直面困难的勇气奋勇争先，努力站稳中国宝武第一方阵，以良好的企业形象和经营业绩迎接党的二十大胜利召开。马钢集团党委副书记、总经理毛展宏主持会议。公司助理级以上领导出席会议。马钢专家，相关部门、单位主要负责人，获奖团队代表及精益案例发布人、作业长研修优秀案例发布人等参加会议。9 月，9 家单位和团队获"奋勇争先奖"。

13 日　马钢集团党群工作专题会在公司办公楼 19-2 会议室召开，会议就党建创 3A 有关事项等三个议题进行讨论、部署。马钢集团、马钢股份党委书记、董事长丁毅主持会议并讲话。马钢集团领导高铁及邓宋高、杨兴亮出席会议。公司党群部门主要负责人，相关部门、单位有关负责人参加会议。

16 日　中国共产党第二十次全国代表大会在北京人民大会堂开幕。当天上午，马钢集团助理级以上领导、马钢专家，各单位党政主要负责同志在公司办公楼 413 会议室集体收看开幕会实况，认真聆听习近平同志代表第十九届中央委员会向大会所作的报告。

17 日　马钢集团党委理论学习中心组召开学习会，围绕党的二十大报告开展专题学习讨论。大家表示，将把学习领会和宣传贯彻党的二十大精神作为当前和今后一个时期最重要政治任务，以党的二十大精神为引领，踔厉奋发、勇毅前行，加快打造后劲十足大而强的新马钢。马钢集团、马钢股份党委书记、董事长丁毅主持学习会。公司党委理论学习中心组成员，公司助理参加学习会。马钢集团党委办公室、党委工作部、纪委相关负责人列席会议。

18 日　全国高新技术企业认定管理工作领导小组下发通知，对安徽省认定机构 2022 年认定的第一批高新技术企业进行备案公示，马鞍山钢铁股份有限公司（简称马钢股份）位列备案公示名单。

20 日 工信部发布公告，批准 1036 项行业标准。其中，由马钢牵头起草的黑色冶金行业标准《锅炉钢结构用热轧 H 型钢》《热轧 H 型钢绿色工厂评价要求》和《热轧花纹型钢》获批发布，自 2023 年 4 月 1 日起实施。

21 日 马钢集团四季度安委会（防火委）、能环委会议召开，传达学习党的二十大报告精神，总结分析安全生产和能源环保工作情况及存在的问题，谋划部署四季度公司安全、能环重点工作。马钢集团、马钢股份党委书记、董事长丁毅出席会议并讲话，他强调要以党的二十大精神为指引，提高政治站位，紧密结合马钢实际，在搞好生产经营的同时切实履行社会责任，推动马钢安全环保工作再上台阶。马钢集团公司助理级以上领导出席会议。会议由马钢集团党委常委、副总经理唐琪明主持。马钢专家、公司相关部门和单位主要负责人在主会场参会；中国宝武生态圈单位主要负责人，马钢集团公司重点技改项目和检修维保主要协力单位负责人，合肥公司主要负责人在视频分会场参会。

25 日 马钢集团、马钢股份党委书记、董事长丁毅率队，深入长材事业部二区、能源环保部发电一分厂，视察创 A 现场环境整治情况。公司助理级以上领导，机关部门、直属机构、二级单位、分子公司党政主要负责人参加活动。

27 日 马钢集团举行党委理论学习中心组学习会，深入学习贯彻习近平总书记在二十届中共中央政治局常委同中外记者见面时的讲话精神；学习贯彻习近平在参加党的二十大广西代表团讨论时的重要讲话精神；学习贯彻《中国共产党第二十届中央委员会第一次全体会议公报》精神；传达学习省委电视电话会议精神。马钢集团、马钢股份党委书记、董事长丁毅主持会议并对深入学习宣传贯彻党的二十大精神、省委电视电话会议精神提出要求，马钢集团助理级以上领导出席会议并作交流发言，党委办公室、党委工作部、纪委负责人列席会议。

本月 马钢集团重型 H 型钢首次销往日本。

本月 四钢轧总厂 3 号转炉大修圆满完成。

11 月

1 日 马钢集团三季度党建工作例会在公司办公楼 413 会议室召开。会议旨在认真学习宣传贯彻党的二十大精神，持续推动党建工作与生产经营深度融合，深入推进"党建创一流"创新实践，项目化实施基层党组织联创联建，在"三降两增"、创 A、新特钢项目建设等重点工作中拉高标杆、奋勇争先，充分发挥"两个作用"，有力推动 2022 年度党建各项工作收官落地、走深走实。马钢集团、马钢股份党委书记、董事长丁毅出席会议并讲话，马钢集团领导毛展宏、高铁、任天宝、伏明、章茂晗及王光亚、邓宋高出席会议，马钢集团党委副书记、纪委书记高铁主持会议，公司党委办公室、党委工作部、纪委、工会、行政事务中心、党校、保卫部负责人，各单位党委（直属总支）书记，以及发言单位代表在主会场参会，各单位党委（直属总支）专职党委副书记、党群部门负责人及党务工作人员在分会场视频参会。

3 日 马钢集团、马钢股份党委书记、董事长丁毅赴基层联系点炼铁总厂调研，了解该总厂生产建设情况，并分享了学习党的二十大精神的体会。丁毅强调，要充分认识学习宣传贯彻党的二十大精神的重大意义，深入领会党的二十大精神的核心要义，深入落实党的二十大精神的实践要求，做到"四个结合"和"三聚焦三见效"。马钢专家，马钢集团公司党委办公室、党委工作部负责人，炼铁总厂领导班子成员、厂长助理、首席工程师，各部室和分厂负责人、作业长、高炉炉长及高级主任管理师参加调研座谈会。

7 日 由国务院国资委社会责任局指导、中国社会责任百人论坛（ESG 专家委员会）承办的"共建 ESG 生态共促可持续发展——ESG 中国论坛 2022 冬季峰会"，发布了《中央企业上市公司 ESG 蓝皮书（2022）》及"央企 ESG·先锋 50 系列指数"。马钢成功入选"央企 ESG·先锋 50 指数"，位列第 44 位，同时上榜"央企 ESG·治理先锋 50 指数"和"央企 ESG·风险管理先锋 50 指数"，分别位列第 23 位和第 27 位。

8 日 在合肥召开的安徽省科学技术奖励大会，对 2021 年度安徽省科学技术奖获奖项目（人员）进行表彰。马钢共有 5 项成果获安徽省科学技术进步奖，其中一等奖三项，创近年最好成绩。

△ 全国钢标准化技术委员会型钢分技术委员会 2022 年年会暨六项标准审定会以网络视频会议形式召开。来自冶金工业信息标准研究院、钢铁研究总院、马鞍山钢铁股份有限公司、中信金属股份

有限公司和中冶检测认证有限公司等 24 家生产企业、科研院所、用户的 42 位委员和专家参加本次会议。会议由全国钢标委型钢分技术委员会秘书处主持。由马钢技术中心牵头制订的《海洋工程结构钢可焊性试验方法》国家标准顺利通过审定，并经专家组讨论评定为国际先进水平。

11 日　马钢集团召开 10 月"奋勇争先奖"颁奖仪式暨精益运营成果发布会，总结工作、分析形势、部署任务，持续激发广大员工攻坚克难、快干实干的精气神。马钢集团、马钢股份党委书记、董事长丁毅在会上强调，马钢集团上下要认真学习宣传贯彻党的二十大精神，始终发扬斗争精神，紧紧围绕经营绩效改善计划，打好全年收官战，坚持站稳中国宝武第一方阵，努力跑赢市场大盘。马钢集团党委副书记、总经理毛展宏主持会议。马钢领导高铁、唐琪明、任天宝、伏明、章茂晗、马道局及王光亚、邓宋高、杨兴亮出席会议。马钢专家，各部门、单位负责人，获奖团队代表及精益运营成果发布人等参加会议。10 月，10 家单位和团队获"奋勇争先奖"。

16—17 日　中国宝武档案中心检查组到马钢集团检查档案工作，并于 17 日上午在公司办公楼 413 会议室召开综合检查总结会。马钢集团党委副书记、纪委书记高铁，中国宝武运营共享服务中心（档案中心）副总经理郭岩以及马钢集团档案工作领导小组成员单位负责人出席会议。

17 日　四钢轧总厂 1 号转炉缓缓倾动，一炉优质钢水稳稳注入钢包，电脑屏幕上数值显示，该总厂累计产钢迈过 1 亿吨大关。中国宝武集团总法律顾问蒋育翔专门发来贺信，马钢集团党委副书记、总经理毛展宏与四钢轧总厂党政负责人、历任老领导，在四钢轧总厂办公楼前共同推动拉杆庆祝。制造部、设备部、运输部、生态圈协作单位负责人，四钢轧总厂部分老劳模、老职工和家属代表参加庆祝仪式，共同见证了这一历史性时刻。庆祝仪式上，四钢轧总厂负责人作表态发言、新员工代表宣誓。仪式后，大家共同观看了"辉煌十五载逐梦再出发"四钢轧总厂发展历程图片展并参观了智控中心。

△　14 时，随着马钢集团党委副书记、总经理毛展宏下令"开始"，世界首套连铸板坯圆弧角成型装置热负荷试车在四钢轧总厂正式启动。14 时 15 分，在火焰的映照下，随着铸坯圆弧角缓缓呈现，标志着铸坯圆弧角成型装置热负荷试车圆满成功。毛展宏与四钢轧总厂领导班子成员共同为铸坯圆弧角成型装置热负荷试车成功剪彩。

20 日　马钢集团学习贯彻党的二十大精神学习班暨党委书记、副书记党建业务研修班开班，深入学习宣传贯彻党的二十大精神，切实把思想和行动统一到党的二十大精神上来。马钢集团、马钢股份党委书记、董事长丁毅在作动员讲话时强调，要从 9 个方面学懂弄通党的二十大精神，在贯彻落实党的二十大精神中突出党建引领、突出"冬练"提质，突出后劲十足，把学习成果转化为推动马钢高质量发展的实际行动。马钢集团党委副书记、纪委书记高铁主持开班仪式。总经理助理王光亚、罗武龙，各单位党委书记、副书记及机关党务部门负责人参加学习培训。开班动员结束后，马钢党委工作部负责人作课程安排说明。中国宝武党委组织部相关领导讲授了"认真学习贯彻党的二十大精神，落实党建工作责任制，增强宝武基层党组织政治功能和组织功能"专题课程。

21 日　由马鞍山市委宣传部、安徽演艺集团、马钢集团联合出品的 2022 年安徽省首批重点文艺项目、献礼党的二十大重点作品——话剧《炉火照天地》马钢专场联排在马鞍山保利大剧院举行。马钢集团领导丁毅、毛展宏、高铁、任天宝、伏明、马道局及邓宋高、杨兴亮，公司离退休老领导和老同志代表，公司相关单位、部门负责人以及职工代表、中国宝武马鞍山区域相关单位代表现场观摩了联排。

22 日　马钢集团、马钢股份党委书记、董事长丁毅率队深入特钢公司电炉区域视察创 A 现场环境整治情况，赴新特钢项目现场视察建设情况、参加 1 号转炉倾动仪式，现场作党的二十大精神宣讲暨新特钢工程建设再动员，并以普通党员身份参加基层党组织联创联建活动。公司助理级以上领导，机关部门、直属机构、二级单位、分子公司党政主要负责人参加活动。在新特钢 1 号转炉倾动仪式上，十七冶集团党委书记、董事长喻世功，中冶南方副总经理李方分别代表项目建设单位、设计单位致辞，马钢集团党委常委伏明主持仪式。

△　马钢集团举行 2022 新选拔年轻干部任前集体谈话暨岗位聘任书签订仪式。马钢集团、马钢股份党委书记、董事长丁毅勉励新选拔年轻干部干字当头、奋勇向前，脚踏实地、认真履责，在新的

岗位作出新的更大成绩。马钢集团党委副书记、总经理毛展宏，马钢集团党委副书记、纪委书记高铁出席仪式，新选拔年轻干部及其所在单位主要负责人参加仪式。

23日　马钢集团党委举行理论学习中心组(扩大)学习会。党的二十大代表、市委书记张岳峰应邀出席宣讲党的二十大精神。马钢集团、马钢股份党委书记、董事长丁毅主持会议并讲话，市委常委、市委秘书长方文，马钢集团党委副书记、总经理毛展宏等公司助理级以上领导出席会议，马钢专家，机关部门、直属机构主要负责人，各单位党政主要负责人、中国宝武马鞍山区域有关单位主要负责同志以及公司中层副职管理人员在主会场和视频会议室参会。

24日　马钢集团党群工作专题会在公司办公楼19-2会议室召开，会议就党建创AAA工作等3个议题进行讨论、部署。马钢集团、马钢股份党委书记、董事长丁毅主持会议并讲话，马钢集团党委副书记、纪委书记高铁，工会主席邓宋高出席会议，马钢集团公司党群部门主要负责人，相关部门、单位有关负责人参加会议。

△　马钢集团、马钢股份党委书记、董事长丁毅到所在的马钢集团办公室党支部，参加党员大会暨主题党日活动，宣讲党的二十大精神。他在宣讲中指出，要全面学习宣传贯彻党的二十大精神，坚持人民至上，坚持问题导向，坚持系统观念，强化宝武文化引领，结合马钢实际，突出党建引领，进一步增强马钢人干事创业的志气和底气，切实把学习成果转化为推动马钢高质量发展的实际行动和工作成效。

26—29日　以"新材料激活产业新动能"为主题的第二届国际新材料产业大会在安徽蚌埠开幕，由马钢交材选送、于2022年9月底全球首发的B型地铁绿色环保车轮在大会上一展风采。

28日　马钢集团、马钢股份党委书记、董事长丁毅冒雨到马钢研发大楼项目工地，检查项目推进情况，对研发大楼项目建设各方科学组织有序、高效协同有力给予肯定。

29日　马钢股份C号烧结机工程、9号焦炉工程项目投产条件确认会在马钢智园召开。马钢集团、马钢股份党委书记、董事长丁毅在会上强调，要以时时放心不下的责任感，压实责任、勇于担当、安全高效、严谨规范地做好投产前的各项准备工作，确保万无一失、圆满实现投产即达产的目标。会议由马钢集团党委常委伏明主持。会上，炼铁总厂负责人从工程内容、生产准备、协调问题三个方面对C号烧结机工程进行了介绍，煤焦化公司汇报了9号焦炉工程进展与投产准备情况，港料总厂汇报了配套项目进展与投产准备情况；承建单位、公司相关部门单位结合自身实际，就做好工程收尾工作进行表态发言。马钢专家，公司相关单位、部门负责人，项目承建单位有关负责人参加会议。

△　安徽省委党校(行政学院)第86期市厅级干部进修班学员、省委党校(行政学院)带班人员到马钢集团参观考察。马鞍山市委常委、市委秘书长方文，马钢集团工会主席邓宋高陪同参观考察。

30日　马钢集团、马钢股份党委书记、董事长丁毅在公司办公楼热情接待到访的二十二冶集团党委书记、董事长袁斯浪一行。双方就深化合作、开创合作新模式展开深入交流。马钢集团党委常委伏明，双方相关部门、单位负责人参加会谈。

△　马钢集团党委副书记、总经理毛展宏到所在的制造管理部技术质量党支部参加党员大会，宣讲党的二十大精神。

本月　马钢股份跻身"国家高新技术企业"行列。

本月　特钢公司高线生产线大修改造项目启动。

本月　四钢轧总厂2号300吨转炉大修启动。

12月

2日　工信部发布2022年度智能制造示范工厂揭榜单位和优秀场景名单，马钢交材选送的"智能协作作业"和"产品数字化研发和设计"两个场景获评2022年度智能制造优秀场景。

3日　安徽省委常委、副省长张红文一行赴马钢新特钢现场调研。马钢集团、马钢股份党委书记、董事长丁毅，马鞍山市委常委、常务副市长黄化锋陪同调研。

△　9时16分，炼铁总厂新建C号烧结机按计划投料开机生产；10时08分，第一辆烧结机台车缓缓从火红的点火炉开出；13点08分，开机料顺利出成品。由此标志C号烧结机一次性投产成功。

6 日　马钢集团、马钢股份党委书记、董事长丁毅，马钢集团党委副书记、总经理毛展宏，马钢助理级以上领导，相关部门主要负责人，在公司办公楼 19 楼 2 号会议室收听收看江泽民同志追悼大会直播；马钢集团各部门、单位也认真组织党员干部职工收听收看江泽民同志追悼大会直播。

8 日　马钢集团、马钢股份党委书记、董事长丁毅宣布马钢股份 B 号高炉点火，并与马钢集团党委副书记、总经理毛展宏，上海宝冶总经理陈刚等领导共同用取自马钢 A 号高炉的火种点燃火把，送入 B 号高炉风口。以此为标志，历经 84 天艰苦奋战，马钢股份 B 号高炉大修顺利竣工点火投产，创造了马钢高炉大修"新速度"。马钢领导高铁、唐琪明、任天宝、伏明、马道局及王光亚、邓宋高、罗武龙、杨兴亮，中冶赛迪集团副总经理王波，上海宝冶副总工程师兼冶金公司总经理李鹏，中冶赛迪股份公司副总经理肖宇，马钢专家、马钢相关部门负责人，炼铁总厂负责人及职工代表，B 号高炉大修设计、施工和监理单位相关负责人及职工代表共同见证了这一振奋人心的时刻。

9 日　马钢大调研成果发布会、11 月精益运营成果发布会暨"奋勇争先奖"颁奖仪式在公司办公楼 413 会议室举行，发布 12 项大调研成果，总结 11 月生产经营，安排部署年终冲刺各项工作。马钢集团、马钢股份党委书记、董事长丁毅，马钢集团总经理、党委副书记毛展宏，分别主持第一阶段公司领导大调研成果发布会、第二阶段 11 月精益运营成果发布会暨"奋勇争先奖"颁奖仪式。公司助理级以上领导出席会议。马钢专家，各部门及单位党政主要负责人，"奋勇争先奖"获奖团队代表及精益运营案例发布人在主会场参会，公司中层副职、首席师、技能大师、C 层级管理人员视频参会。11 月，特钢公司勇夺"大红旗"。煤焦化公司、合肥公司、制造管理部、采购中心、"彩涂产品开拓"工作团队、"制造业'隐形冠军'零突破"项目团队、《炉火照天地》话剧协作团队获得小红旗。

△　在广东湛江召开的中国钢铁行业能效标杆三年行动方案现场启动会上，马钢股份公司被中国钢铁工业协会授予首批"双碳最佳实践能效标杆示范厂培育企业"。

12 日　马鞍山市委书记张岳峰前往马钢新特钢项目、宝武特冶项目建设现场，调研项目建设进展情况。马钢集团、马钢股份党委书记、董事长丁毅，市领导黄化锋、左年文，马钢集团党委常委伏明陪同调研。

15 日　中国宝武党委书记、董事长陈德荣对马钢集团开展工作调研，并与马钢集团班子成员开展工作谈话。陈德荣要求马钢集团将极致效率的提升作为工作的重中之重，在对标找差方面能够走在宝武前列，同时进一步聚焦产品，推进机制改革，加大科技创新力度，提升差异化竞争力，一马当先。会议由中国宝武党委常委、副总经理侯安贵主持。总经理助理，宝武集团公司钢铁业中心、海外事业发展部、办公室、战略规划部、资本运营部、党委组织部、公司治理部、纪委、巡视办等部门相关负责人参加调研。

△　中国宝武党委常委、宝钢股份党委书记、董事长邹继新以视频形式为马钢集团基层联系点冷轧总厂讲党课。马钢集团党委副书记、纪委书记高铁，冷轧总厂班子成员及相关部门负责人聆听了党课。

16 日　中国宝武集团公司党委常委、副总经理侯安贵一行到马钢集团调研。马钢集团、马钢股份党委书记、董事长丁毅，马钢集团党委常委伏明陪同调研。

16—17 日　中国共产党马钢（集团）控股有限公司第六次（马鞍山钢铁股份有限公司第一次）党员代表大会在公司办公楼会堂召开。宝武集团党委常委、副总经理侯安贵，马鞍山市委书记张岳峰，宝武集团纪委副书记张忠武，宝武集团党委组织部组织统战处负责人，莅临大会指导。丁毅、毛展宏、高铁、唐琪明、任天宝、伏明及马道局、王光亚、邓宋高、罗武龙、杨兴亮等主席团成员出席开、闭幕式并在主席台就座。丁毅代表中共马钢集团第五届委员会、中共马钢股份委员会作题为《深入贯彻党的二十大精神　着力推动高质量发展　为打造后劲十足大而强的新马钢而团结奋斗》的工作报告。大会以举手表决的方式，一致通过了《中国共产党马钢（集团）控股有限公司第六次代表大会关于中国共产党马钢（集团）控股有限公司第五届委员会工作报告的决议》和《中国共产党马钢（集团）控股有限公司第六次代表大会关于中国共产党马钢（集团）控股有限公司第五届纪律检查委员会工作报告的决议》。大会选举产生了中共马钢集团第六届、马钢股份第一届委员会和纪律检查委员会。

17日 马钢集团第六届（马钢股份第一届）党委第一次全体会议召开。选举产生马钢集团第六届（马钢股份第一届）党委常委和书记、副书记；通过马钢集团第六届（马钢股份第一届）纪委第一次全体会议选举结果的报告；新当选的马钢集团、马钢股份党委书记丁毅在会上讲话。中国宝武集团党委组织部副部长、人力资源部副总经理计国忠到会指导，丁毅受马钢集团第六次（马钢股份第一次）党代会主席团的委托主持会议，马钢集团第六届（马钢股份第一届）党委委员参加会议。

△ 马钢集团第六届（马钢股份第一届）纪委第一次全体会议在公司办公楼405会议室召开。会议以无记名投票的方式选举产生马钢集团第六届、马钢股份第一届纪委常委和书记、副书记。高铁当选马钢集团第六届（马钢股份第一届）纪委书记，徐军当选马钢集团第六届（马钢股份第一届）纪委副书记。

概　述

2022 年马钢高质量发展十件大事

特载

专文

企业大事记

● 概述

集团公司机关部门

集团公司直属分／支机构

集团公司子公司

集团公司其他子公司

集团公司关联企业

集团公司委托管理单位

集团公司其他委托管理单位

统计资料

人物

附录

马钢（集团）控股有限公司

| 监事会 |
| 董事会 |
| 经营层 |

党委办公室
集团董事会秘书处办公室
党委巡察办（集团监事会秘书处）、审计部
纪检监督部
党委组织部、党委工作部
党委宣传部、党委文化部
统战部、团委
工会
运营改革办公室
精益办
人力资源部
经营财务部
规划与科技部（碳中和办公室）
法律事务部
能源环保部
安全生产管理部
技术改造部

（信访办、集团外办、保密办）

子公司

- 马鞍山钢铁股份有限公司
- 马钢集团投资有限公司
- 马钢集团康泰置地发展有限公司
- 安徽马钢冶金工业技术服务有限责任公司
- ○安徽马钢矿业资源集团有限公司
- （原）安徽马钢工程技术集团有限责任公司○宝武重工有限公司
- ○马钢集团物流有限公司
- ○马钢国际经济贸易有限公司
- ○安徽马钢化工能源科技有限公司
- ○安徽马钢粉末冶金有限公司
- ○安徽马钢嘉华新型建材有限公司
- 深圳市粤海马安实业有限公司
- ○欧冶链金再生资源有限公司（原）马钢欧冶链金再生资源有限责任公司

直属分支机构

- 马钢公积金和行政事务中心（档案馆）
- 人力资源服务中心
- 离退休职工服务中心
- 安徽马钢高级技师学校（安徽马钢职业学院、马钢党校）安徽冶金科技职业学院教育培训中心
- 新闻中心
- 武装部（保卫部）
- 资产经营公司

截至：2022年12月30日

（戴坚勇）

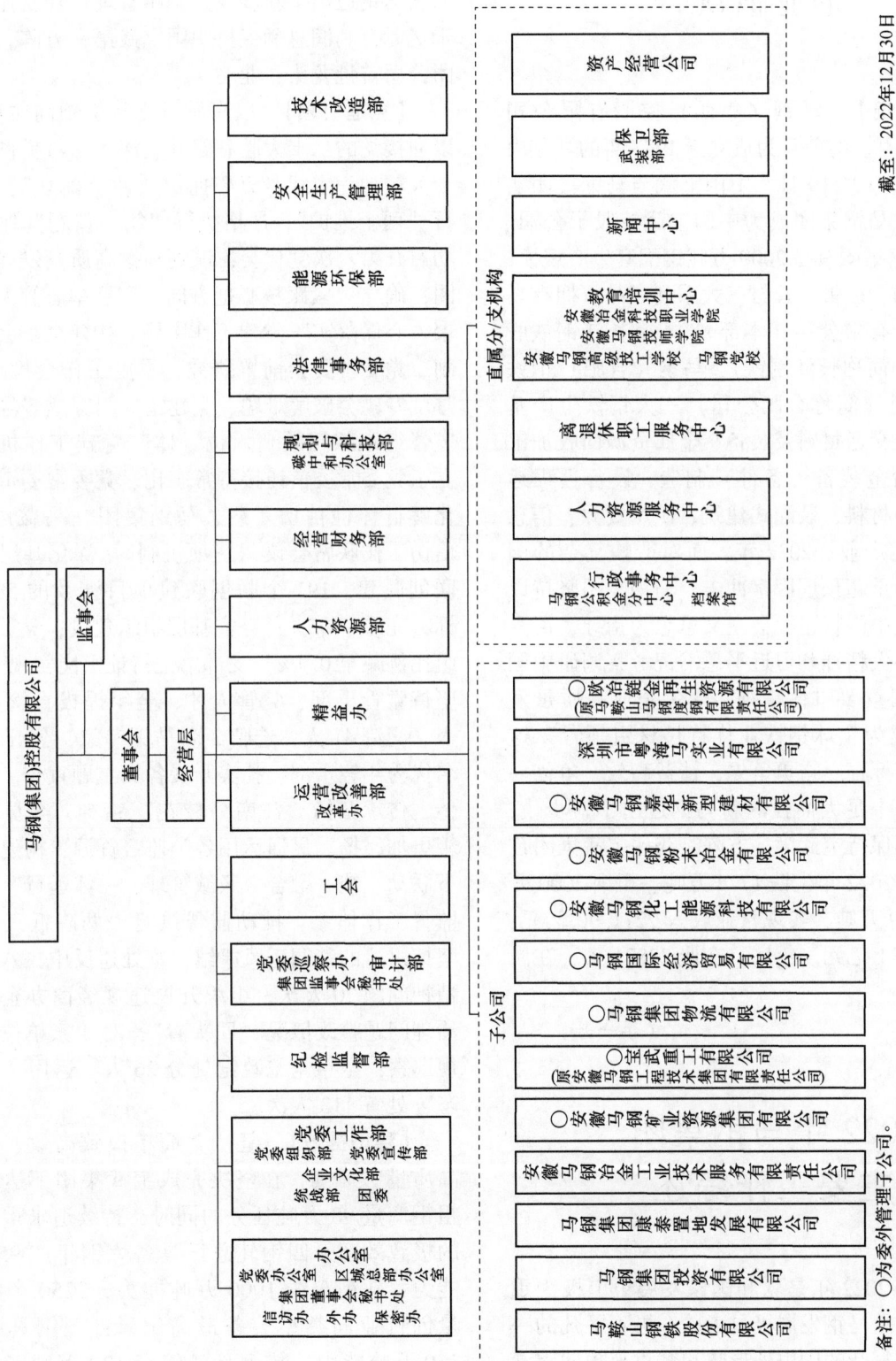

图1 马钢（集团）控股有限公司组织机构图

备注：○为委外管理子公司。

企业概况

【基本情况】　马钢（集团）控股有限公司（简称马钢集团）的前身为成立于 1953 年的马鞍山铁厂。2019 年 9 月 19 日，中国宝武与马钢集团实施联合重组，马钢集团成为中国宝武控股子公司。2022 年，马钢集团具备 2000 万吨钢配套生产规模，主要生产轮轴、板带、长材三大系列产品。拥有马鞍山钢铁股份有限公司（本部）、安徽长江钢铁股份有限公司（简称长江钢铁）、马钢（合肥）钢铁有限责任公司（简称合肥公司）三大钢铁生产基地，以及轨道交通材料及装备、金属资源回收加工综合利用、冶金装备（备件）制造、设备远程运维、特种冶金材料、装配式建筑、矿产资源、信息技术 8 个多元产业。2022 年，面对严峻复杂的国内外形势和多重超预期因素冲击，马钢集团坚持以习近平新时代中国特色社会主义思想为指导，深入贯彻党的二十大精神和习近平总书记考察调研中国宝武马钢集团重要讲话精神，聚焦企业高质量发展，围绕"成为全球钢铁业优特长材引领者"这一目标，拉高标杆、奋勇争先，精益高效、争创一流，打造后劲十足大而强的新马钢迈出了新步伐，全年利润总额保持宝武第一方阵，获评宝武集团首批龙头企业。2022 年生铁 1778 万吨、粗钢 2000 万吨、钢材 1989 万吨，实现营业收入 2211.90 亿元、利润总额 22.31 亿元。年底，在册 23821 人、在岗 22743 人。

（李一丹）

2022 年马钢集团主要工作综述

【概况】　2022 年是党和国家发展史上极为重要的一年，也是马钢发展极具考验、极不平凡的一年。面对严峻复杂的国内外形势和多重超预期因素冲击，在集团公司党委的坚强领导下，马钢党委坚持以习近平新时代中国特色社会主义思想为指导，深入贯彻党的二十大精神和习近平总书记考察调研中国宝武马钢集团重要讲话精神，拉高标杆、奋勇争先，精益高效、争创一流，打造后劲十足大而强的新马钢迈出了新步伐。全年管理口径营业收入超千亿元，利润总额保持中国宝武第一方阵，获评集团公司首批龙头企业。

【党建引领】　以高质量党建引领高质量发展。以迎接党的二十大胜利召开、深入学习贯彻党的二十大精神为主线，衷心拥护"两个确立"，忠诚践行"两个维护"，严格执行"第一议题"制度。成功召开第六次党代会，谋划马钢高质量发展宏伟蓝图；确立"紧跟核心把方向、围绕中心管大局、凝聚人心保落实"党建工作主题。构建全委会整体谋划、党委常委会前置研究、季度工作会检查部署、月度专题会破解难题、党建指导组穿透督导、纪检监督组跟踪问效"六位一体"党建工作机制，建立了党委常委信访接待常态化、党委常委牵头包干化解群体性信访矛盾、马钢集团（马鞍山总部）信访工作联席会议"三项机制"。深化基层党组织联创联建，191 个联创联建项目涉及的 383 个指标，完成率 95%；夯实基层组织建设，党员空白班组比例减至 0.4%，支部书记持证上岗实现全覆盖；坚持党管干部、党管人才，全年提拔直管人员 24 人、交流 41 人，选聘 3 名马钢专家，公开选拔 16 名优秀年轻干部。扎实开展各类主题宣传、专题宣传，传承弘扬"江南一枝花"精神，全员精神面貌更加昂扬。贯通运用各类监督资源，构建了"上下联动、统一融合、区域管理、一体运行"的纪检监督工作体系，推动监督执纪"两降低三提高"；坚持以严的基调正风肃纪，查处违反中央八项规定精神问题 20 人次，组织开展违规经商办企业专项治理问题整改情况"回头看"，对 4 家单位进行常规巡察；全年党纪政纪处分 26 人，运用"四种形态"处置 113 人次。

【稳增提效】　坚持"简单极致高效、低成本高质量"原则，在坚决完成宝武集团下达的压减粗钢产量 98 万吨任务的同时，持续追求重点产线的极致效率，四钢轧总厂具备炼钢年产 950 万吨能力、轧钢双线 1000 万吨能力，2250 产线的产量创行业同类型装备最高纪录；型钢具备年产 350 万吨能力，特钢具备年产 120 万吨能力。针对急剧变化的严峻市场形势，以全面对标找差、深化"三降两增"为抓手，冷静应对、积极应对、系统应对、有效应对，着力构建低负荷条件下的精益运营新模式，供应链保持安全稳定，产品经营深入推进，设备公辅保障有力，系统能源经济运行；铁水成本进入中国宝武基地前三位，铁水温降、自发电比例、TPC周转率等指标创历史最好水平。

【战略转型】　锚定"两个定位"、落实"两个跳出"，加快二次创业、转型升级，北区填平补齐项目群全面收官，以新特钢为代表的南区产线升级项目群一期工程基本建成。积极推进开疆拓土，成功召开"基地管理+品牌运营"网络钢厂合作圆桌会，品牌运营增量增收增效明显，海外项目寻源工作取得实质性进展。

【"三化"发展】　深耕厚植高端化、智能化、绿色化，着力打造优特钢精品基地、智慧制造示范基地和花园式滨江生态都市钢厂，精品智慧绿色指数稳居宝武第一方阵；安徽省属企业"三化"发展现场会在马钢召开，对马钢集团的巨大变化给予了充分肯定和高度评价。在高端化上，全年销售独有、战略、领先产品比上年增长7.5%，9项新产品实现首发，高铁车轮国产化应用实现突破，特钢产品通过高端用户认证11项。在智能化上，"一厂一中心"智控模式基本形成，"宝罗"上岗数居集团公司前列。在绿色化上，环境绩效A级企业创建取得阶段性成果，北区环境综合整治全面完成，国家AAA级工业旅游景区挂牌运营；特钢电炉能效优于标杆，马钢股份入选中国钢铁工业协会"双碳最佳实践能效标杆示范厂培育企业"。在创新驱动上，研发中心基本建成，马钢股份被认定为国家高新技术企业，马钢交材获评"专精特新"单项冠军示范企业，全年获冶金科学技术奖一等奖两项、安徽省科技进步奖一等奖三项。

【深化改革】　强化"可衡量、可考核、可检验、要办事"的实践要求，国企改革三年行动高质量完成，形成了一批改革案例，妥善解决了马鞍山钢铁建设集团有限公司可持续发展问题。人事效率持续提升，协作管理变革有序推进，人均产钢量、"两度一指数"目标任务圆满完成。"三重一大"决策体系不断完善，一总部多基地"标准+α"管控清单正式发布。盯紧、紧盯安全管理，强化"三管三必须"，加强重点领域专项整治，全年问责直管人员56人次。"两金"管控有力，财务管理能力评价获评中国宝武集团公司

AAA级。合规管理持续加强，全年未发生重大法律合规风险。

【共建共享】　强化"发展为了职工、发展依靠职工"的为民情怀，以"夺旗"激发全员斗志，优化奋勇争先激励机制，建立完善公司荣誉激励体系，让想干者有平台、能干者有擂台、干成者有奖台；以"督导"促进比学赶超，坚持每月深入现场，开展重点项目、重点工作督导，为奋斗者站台，让后进者奋进；以"竞赛"助力造物育人，劳动竞赛、职业技能竞赛扎实推进，"献一计"等群众性经济技术创新活动蓬勃开展；以"普惠"实现成果共享，薪酬体系平稳切换，"三最"实事项目有效落地，职工获得感幸福感持续提升。

（马琦琦）

股东会

【股东会工作】　2022年，马钢（集团）控股有限公司召开股东会3次（其中以书面表决方式召开会议2次），审议议题11项，下发决议3份。主要审议内容如下。

1. 2021年度股东会。2022年7月1日，马钢（集团）控股有限公司在公司办公楼19-3会议室召开2021年度股东会会议，公司股东中国宝武钢铁集团有限公司股东（授权）代表丁毅、安徽省投资集团股东（授权）代表王楠出席会议，审议批准《关于马钢集团发展规划（2022—2027）的议案》《关于马钢集团2021年度财务决算的议案》《关于马钢集团公司2021年度利润分配方案的议案》《关于马钢集团2022年度财务预算的议案》《关于马钢集团2021年度董事会工作报告的议案》《关于马钢集团监事会2021年度工作报告的议案》《关于修改〈马钢（集团）控股有限公司章程〉的议案》《关于马钢（集团）控股有限公司董事会议事规则的议案》。

2. 2022年第一次临时股东会。2022年8月25日，马钢（集团）控股有限公司以书面决议案形式召开2022年第一次临时股东会议，审议批准《关于马钢（集团）控股有限公司董事变更的议案》。

3. 2022 年第二次临时股东会。2022 年 8 月 25 日，马钢（集团）控股有限公司以书面决议案形式召开 2022 年第二次临时股东会议，审议批准《关于修改〈马钢（集团）控股有限公司章程〉的议案》《关于马钢集团吸收合并投资公司的议案》。

（崔海涛）

董事会

【董事会工作】　2022 年，马钢（集团）控股有限公司依据《公司法》《公司章程》及国家有关法律法规，认真履行职责，高效规范运作，全年召开董事会 9 次（其中以书面表决方式召开会议 4 次），审议议题 51 项，下发决定事项 9 份、决议 9 份，主要审议内容如下。

1. 第二届董事会第十次会议。2022 年 3 月 10 日，马钢（集团）控股有限公司以书面决议案形式召开第二届董事会第十次会议，审议批准《关于以粉末冶金公司和新型建材公司股权及货币资金增资入股宝武环科的议案》。

2. 第二届董事会第十一次会议。2022 年 3 月 30 日，马钢（集团）控股有限公司在公司办公楼 19-3 会议室以现场会议+腾讯视频会议的形式召开第二届董事会第十一次会议，审议批准《关于马钢集团 2022 年度财务预算的议案》《关于聘请 2021 年度财务决算审计会计师事务所相关事项的议案》《关于马钢化工减资重组的议案》《关于公司经营层及班子成员 2022 年业绩评价标准的议案》《关于马钢集团 2021 年全面风险管理和内部控制工作报告及 2022 年工作计划的议案》《关于聘解马钢集团董事会秘书的议案》《关于马钢矿业以桃冲矿股权增资安徽皖宝的议案》《关于马钢设计院 34% 股权无偿划转的议案》，听取了《关于马钢集团 2021 年生产经营情况的报告》。

3. 第二届董事会第十二次会议。2022 年 5 月 17 日，马钢（集团）控股有限公司在公司办公楼 19-3 会议室以现场会议+腾讯视频会议的形式召开第二届董事会第十二次会议，审议批准《关于马钢集团 2021 年度财务决算的议案》《关于马钢集团 2021 年度内部控制评价报告的议案》《关于马钢集团重大事项决策体系优化方案的议案》《关于修改<马钢（集团）控股有限公司章程>的议案》《关于马钢集团企业负责人薪酬管理办法的议案》《关于<岗位绩效工资制管理办法>及<岗位绩效工资制切换方案>的议案》《关于马钢物流公司以中联海运股权增资宝钢航运的议案》《关于马钢集团 2022 年对外捐赠预算的议案》。

4. 第二届董事会第十三次会议。2022 年 6 月 9 日，马钢（集团）控股有限公司以书面决议案形式召开第二届董事会第十三次会议，审议批准《关于宝武重工资产整合暨增资扩股的议案》《关于马钢股份转让所持欧冶链金股权的议案》《关于长江钢铁转让 55 万吨炼铁产能的议案》《关于马钢股份购买宝钢特钢 28 万吨炼钢产能的议案》。

5. 第二届董事会第十四次会议。2022 年 7 月 1 日，马钢（集团）控股有限公司在公司办公楼 19-3 会议室以现场会议+腾讯视频会议的形式召开第二届董事会第十四次会议，审议批准《关于马钢集团发展规划（2022—2027）的议案》《关于马钢集团 2021 年度利润分配方案的议案》《关于调整经理层成员任期制和契约化管理契约文本的方案的议案》《关于马钢（集团）控股有限公司经理层选聘管理办法的议案》《关于马钢（集团）控股有限公司经理层成员绩效评价暂行办法的议案》《关于马钢集团经理层成员 2021 年绩效评价结果及薪酬结算建议的议案》《关于马钢（集团）控股有限公司工资总额管理办法的议案》《关于负债管理办法的议案》《关于长期股权投资管理办法的议案》，听取了《关于马钢集团 2021 年度董事会工作的报告》。

6. 第二届董事会第十五次会议。2022 年 8 月 25 日，马钢（集团）控股有限公司以书面决议案形式召开第二届董事会第十五次会议，审议批准《关于聘任毛展宏同志为马钢（集团）控股有限公司总经理的议案》《关于聘任杨兴亮同志为马钢（集团）控股有限公司总法律顾问的议案》。

7. 第二届董事会第十六次会议。2022 年 10 月 24 日，马钢（集团）控股有限公司在公司办公楼 19-3 会议室以现场会议+腾讯视频会议的形式召开第二届董事会第十六次会议，审议批准《关于马钢股份转让所持和菱实业股权的议案》《关于马钢香港公司转让所持华宝租赁股权的议案》《关于欧冶链金再生资源有限公司混合所有制改革 B 轮融资方案的议案》《关于修改〈马钢（集团）控股有限公司章程〉的议案》《关于花山区征收杨家山路与幸福路交叉口东南角马钢土地的议案》《关于雨山区政府因宝武特冶新基地项目建设用地征收股份公司土地及地面资产的议案》。

8. 第二届董事会第十七次会议。2022 年 11 月 14 日，马钢（集团）控股有限公司在公司办公楼 19-3 会议室以现场会议+腾讯视频会议的形式召开第二届董事会第十七次会议，审议批准《关于马钢股份转让所持广州加工股权的议案》《关于马钢股份转让所持金华加工股权的议案》《关于宝武财务公司吸收合并马钢财务公司的议案》《关于马钢集团吸收合并马钢投资公司的议案》《关于马钢股份、马钢矿业、马钢国贸、宝武重工转让所持欧冶保理股权的议案》《关于市经开区拟收储马钢交材银黄东路与同心北路交叉口西北角土地的议案》。

9. 第二届董事会第十八次会议。2022 年 12 月 23 日，马钢（集团）控股有限公司以书面决议案形式召开第二届董事会第十八次会议，审议批准《关于审批发布〈合规管理办法〉的议案》《关于审批〈固定资产投资管理程序〉的议案》《关于马钢盆山度假村资产处置的议案》《关于马钢物流吸收合并马钢汽运公司和马钢利民成品油公司的议案》《关于〈马钢集团 2021 年工资总额清算及 2022 年工资总额预算方案〉的议案》。

（崔海涛）

监事会

【监事会工作】　1. 做细调查研究，推进出资人工作部署有效落实。深入生产作业一线，与员工交流、与管理层座谈，开展发现问题整改"回头看"等相关活动。聚焦学习贯彻党的二十大精神，深入开展大学习大调研，形成了《围绕国有资产高质量运行 强化调研督导针对性 提升监事会监督效力》专题报告，肯定亮点、提示不足。日常监督工作中，主动扛起监督责任，督促各单位把"三降本两增效"落实到位。关注问题整改，验证整改效果。关注各子公司对 2022 年审计署经责审计涉及问题整改、马钢内部巡察、审计问题整改效果，通过座谈交流、调阅资料等方式对整改效果进行验证，对整改不到位的地方进行提醒。2. 做实专项监督检查，提升公司风险防控水平。以"两金"检查为小切口，促进公司财务管理水平提升。共发现 59 个具体问题，截至 12 月末已完成问题整改 56 个，整改完成率 94.9%。通过整改共修订管理制度 24 项，追回欠款 1849 万元，考核相关责任人员 22 人次，责任部门 5 个，考核 19900 元。以参股投资专题调研为小切口，促进公司投资管理水平提升；以督促不动产问题整改为小切口，促进国有资产提质提效。

（刘　瑾）

集团公司机关部门

2022 年马钢高质量发展十件大事

特载

专文

企业大事记

概述

● 集团公司机关部门

集团公司直属分 / 支机构

集团公司子公司

集团公司其他子公司

集团公司关联企业

集团公司委托管理单位

集团公司其他委托管理单位

统 计 资 料

人 物

附 录

办公室（党委办公室、区域总部办公室、集团董事会秘书处、外事办公室、信访办公室、保密办公室）

【参与政务】 1. 以重点项目重点工作督导促进氛围营造。7 轮督导覆盖公司 10 家单位、18 条产线、29 个创 A 项目以及新特钢和北区填平补齐项目，在公司上下营造了"比学赶超"的浓厚氛围，促进了重要节点目标的快速达成。2. 以"常态跟督+特事专督"助推工作落实。动态跟踪年度重点工作、月度计划、领导交办事项，完成常规督办 464 项、专项督办 28 项、调研督办 2 项，推动了公司重点工作落实落地落细。3. 以专项调研辅助公司决策和思路创新。策划推进"党建创一流"专题调研，形成 8 项调研成果，其中办公室牵头完成 3 项。组织推动两级大调研，形成 122 项成果。紧跟公司领导指示要求，重点围绕落实"三心"党建工作主题、构建双"543"基层党组织联创联建模式、推进"江南一枝花"精神时代化等课题，进行了专题调查研究。牵头撰写 2 个案例入选《中国宝武国企改革三年行动优秀典型案例汇编》，深度参与的 1 个案例入选国务院国资委《改革攻坚：国企改革三年行动案例集》。4. 以高水平信息和文稿起草展示马钢形象。全年起草文稿 220 余篇 110 余万字，文稿质量受到集团公司领导和兄弟单位的一致认可，1 份材料获安徽省委书记郑栅洁的重要批示。全年向集团公司报送信息 949 条，报送量和采用量始终占据前三位。马钢集团被中国钢铁工业协会评为信息工作先进单位。5. 以完善党群工作专题会机制助力重难点问题解决。统筹做好方案策划、议题征集、会议组织、纪要下发、结果跟踪等工作。6 次会议研究解决了 20 个党群工作中存在的突出问题。

【处理事务】 1. 创新信访"三项机制"。建立了"党委常委信访接待常态化机制""党委常委牵头包干化解群体性信访矛盾机制""马鞍山区域总部信访工作联席会议机制"，马钢集团公司领导信访接待 11 次，接访 10 批 45 人次，成功化解和稳控矛盾 10 件，信访工作得到了中国宝武集团的高度认可。全年信访总量 161 件 221 批 432 人次，初信初访一次办结率 96.5%，完成 90% 的考核目标；在职职工未发生赴省进京访；安徽省、马鞍山市及中国宝武集团交办的信访事项办结率 100%；突出信访矛盾降级率 100%，信访积案化解办结率 100%，实体化解率 100%。2. 全面强化保密管理。调整了马钢集团公司党委保密委员会成员及职责分工，健全完善公司各级保密组织体系，压实保密管理责任；修订发布《商业秘密及内部事项管理办法》，组织各单位梳理明确商业秘密细目清单；组织 3 批次 600 余人参加保密知识培训，开展保密征文活动；开展马钢集团保密自查自评工作。3. 严谨抓好公文办理。公文数量较 2021 年减少 5%。办理外来公文 5888 份，联络函 5362 份，代拟文和会议纪要 860 份，呈批文 1527 份，管理文件 379 份；制发公文（包括通知）859 份；保障各类视频会议 306 场。4. 精心组织高质量发展"十件大事"。认真做好方案策划、组织申报、事项概要编写、网络投票、单位推荐、领导推荐等工作，报请马钢集团公司党委常委会研究后形成"十件大事"和"五件提名大事"。5. 高效完成党代会相关工作。高水平完成综合协调、材料起草、会务组织、信访维稳、后勤服务等相关任务，保障了党代会胜利召开。

【高效服务】 1. 会务接待。进一步梳理党委常委会、董事会、总办会研究讨论与决策内容，厘清决策界面，规范决策事项，完善配套制度。与 2021 年相比，党委会议题降 28.6%，总办会议题降 33.3%。组织协调召开会议 1200 余次，筹备重要活动 111 次。在参观接待上，安排现场参观 223 批次 4868 人，其中接待省部级及以上领导 4 批次。2. 董事会事务。组织召开董事会会议 9 次，审议议题 51 项，下发决定事项、决议 9 份；召开股东会会议 3 次，形成股东会决议 3 份。3. 外事工作。审批办理海外公司员工回国 6 批 15 人次，审批发放邀请函 2 批 4 人次，办理外专签证延期 1 批 1 人次。

【自身建设】 1. 强化机关党委功能。召开机关党委第一次全委会，补选 2 名委员和 3 名公司党代表；党委中心组学习 10 次，学习"第一议题" 30 项；召开党委会议 19 次，讨论研究机关党建、纪检等议题 80 余项；组织开展机关党建工作专项督查和基层支部"三基建设"工作。系统策划、扎实推进机关作风建设，基层满足度明显提高，并向公司作了专题汇报。2. 加强支部建设。与技术改造部党支部、上海宝冶马钢新特钢项目部党支部开展联创联建活动 4 次。召开支委会 13 次、党员大会 12 次、班子成员上党课 9 次。马钢集团公司领导以普通党员身份参加支部活动 6 人次、上党课 1 次。人均培训 143 学时。3. 改善队伍结构。全年人员优化调出 3 人，公开招聘 2 人，机关内部调入 1 人；提拔主任助理 1 人、C 层级 2 人、主任师 2 人、区域师 3 人。

（桂 攀）

党委工作部（党委组织部、党委宣传部、企业文化部、团委）

【党组织建设】 1. 聚焦党的二十大。迎接党的二十大胜利召开，抓好大会精神的学习贯彻，是 2022 年党建工作头等大事。按照上级党组织要求，认真组织开展公司党委推荐出席党的二十大代表候选人推荐人选工作。积极构建党建+信访机制。组织开展高校毕业生组织关系排查，组织开展党建工作风险点排查摸底，制定防范化解风险点清单。推进党务工作规范性、严肃性整改，确保关键时期和谐稳定、风险可控。

2. 推进党建工作创新。大力推进"党建创一流"创新实践，组织专班先后赴基层 3 家单位开展专题调研，并赴宝钢股份对标学习。制定工作方案，下发实施意见，草拟党建创优奖评选办法及标准（暂行），推动党建和生产经营深度融合。项目化推进基层党组织联创联建，签署并实施联创联建项目 191 个，确立党建、生产经营指标 383 个。截至 2022 年底，指标完成率达 96%以上。广泛组建创 A 党员突击队，公司层面组建 12 支，各基层党组织建 218 支。截至 2022 年底，创 A 突击队主要目标 292 个，完成 285 个。着力组织安全"两无"七个一活动，8000 多名党员签订了安全承诺书，党员查改身边安全隐患 2000 多个。切实推动党建示范点建设，组织 22 家党委赴长材事业部观摩学习，先后打造支部换届选举、主题党日、党员责任区等基层党建示范样板，109 名支部书记实地观摩

交流、座谈研讨。精心打造典型案例库，在公司重要会议及公司媒体上发布案例 30 余篇，撰写马钢党建特色品牌创建实践的调研报告。编发 9 期《组织工作提示》，供基层参考执行。

3. 提升"三基建设"水平。坚持大抓基层的鲜明导向，加强基本队伍建设，29 名基层党委书记参加国资委网络培训，组织 2 期支部书记培训班和 1 期网上培训，支部书记持证上岗实现全覆盖；改选中国宝武马鞍山总部党支部书记研修会，举办党建沙龙；组织 7 期发展对象培训班，400 余名入党积极分子参加中国宝武线上培训；进一步规范各单位专职党务人员岗位配备，设立基层党委组织员给予 C 或 B 层级待遇，落实专职党务人员配置要求不低于总员工数的 1%标准。深化基层组织建设，推动 19 家基层党委按期换届及届中补选，开展基层党支部三项风险排查，党员空白班组比例减至 0.39%，加强境外单位党组织管理和共享用工党员组织关系管理。推进基本制度建设，组织召开公司两级民主生活会，加强对基层组织生活会"两计划一清单"整改督导验证。集中开展"三基建设"问题整改，系统梳理了"三基建设"7 大项 40 个问题点和党建创 AAA 需重点协调解决整改项 60 个，有效提升基层党建质效。

4. 狠抓党建责任落实。坚持绩效导向，组织开展 2021 年度党建工作责任制考评和基层党组织书记抓党建述评考，党委（直属总支）书记 23 人进行了述职，现场述职 6 人，740 人通过书面或网络参加了测评。244 个基层党组织参加了所属党组织书记述评考，制定问题清单和整改措施。加大纠偏力度，坚持日常监督检查和年终现场验证相结合，有效运用宝武党建云等信息化手段，强化网上巡查。健全完善两级党建督导制度，制定公司党建专项工作组督查计划，党建专项工作组深入 50 余家基层党组织，开展现场验证督导。党建基层指导组实现全覆盖，制定下发指导职责，开展各类督导活动 182 次。

5. 彰显"两个作用"。发挥基层党支部战斗堡垒作用，持续推进支部品牌建设，确立支部品牌 173 个。开展"两优一先"评选表彰及送奖到基层工作，制定方案，细化安排，并向宝武推优，引导广大党员见贤思齐、岗位建功。组织开展党员安全"两无"评优工作，切实把党员安全工作"六带头"落到实处。开展结对共建，加强乡村振兴、生

态圈企业共建，积极开展与云南江城县支部共建活动，捐赠 6 万元。充分发挥"两个作用"，下拨疫情防控专项党费 100 万元。开展公司困难党员慰问工作，春节、"七一"期间发放慰问金 45 万元余。

6. 召开党员代表大会。按照上级党组织和公司党委统一部署，党委工作部牵头，协同相关部门，密切配合，通力协作，精心组织，规范推进，2022 年 12 月 16—17 日，成功召开马钢集团第六次、马钢股份第一次党员代表大会，选举产生了新一届"两委"委员、常委、书记、副书记。实现了组织意图与党员干部群众意愿的高度统一，实现"选出一个好班子、作出一个好报告、开出一个好会风"大会目标。

（肖卫东）

【统一战线】　落实属地管理工作，参加安徽省企业统战工作研究会第六次会员大会，安徽省、马鞍山市统战部部长会议，市第八次归侨侨眷代表大会等，并在安徽省企业统战工作研究会上作交流发言；完成安徽省委统战部开展统一战线风险隐患防范化解工作调研马钢集团统战工作风险点清单报送，落实安徽省委统战部常务副部长、安庆民进及欧美同学会海归人才等多个团组百余人赴马钢智园、生产线参观考察。为企业改革发展凝聚智慧力量，完成 2021 年度党外人士参政议政成果统计，安排 2 名党外人士分别视频参加中国宝武党外人士"共迎新春、助力发展"和半年度座谈会，调整公司统战工作领导小组和党员领导人员与党外代表人士联谊交友人选并推荐 1 名党外人士与集团公司党员领导人员联谊交友，开展 2022 年中国宝武无党派人士登记认定工作，4 名人选被认定。在统战成员中推进"爱企业、献良策、做贡献"主题活动。开办 2022 年统战干部和统战代表人士专题研修班。围绕迎接党的二十大和学习贯彻党的二十大精神制定统战工作实施方案，落实在中国宝武无党派人士、党外知识分子中开展"喜迎二十大　同心跟党走"主题教育和支持中国宝武各民主党派开展"矢志不渝跟党走　携手奋进新时代"政治交接主题教育活动。开办统战人士学习贯彻党的二十大精神专题培训。加强民主党派支部建设，完成民主党派基层组织信息统计表填报，自身建设问卷调研，2022 年《宝武年鉴》开展马钢集团民主党派组织资料收集编撰，向中国宝武统战工作简报提供多篇马钢集团民主党派支部活动素材，填报省、地级市、区（县）人大代表、政协委员党外人员信息，组建了两个党外代表人士建言献策工作室。

（谭春琳）

【领导力发展】　1. 规范干部选拔任用。始终坚持党管干部原则，严格规范公司直管领导人员选拔任用流程，调整干部 87 人次（其中提拔 28 人，职务调整 41 人次，到龄退出 18 人），指导基层单位完成 C 层级岗位聘任 72 人次。加强优秀年轻干部及高层次人才队伍建设，开展优秀年轻干部岗位锻炼，选拔 16 名优秀年轻干部安排到厂部长助理或副职岗位进行历练；选聘 3 名工程类马钢专家，组织签订年度绩效目标责任书。

2. 加强干部培训培养。坚持政治素质培养放在首位，定期举办党组织负责人及公司直管领导人员培训班，提升领导干部履职能力；选派 27 名 D 层级以上管理人员参加中国宝武集中培训班；举办学习贯彻党的二十大精神学习班暨党委书记、副书记党建业务研修班，47 名党委书记、副书记及机关党务部门负责人参加培训，全面准确学习领会党的二十大精神；完成首批马钢集团优秀年轻干部"飞马"研修训练营（EMT）中大院培训工作；11 名优秀年轻干部分别入选中国宝武第二期中青班、战略预备班"创新突破训练营"；开展两期组工干部培训班，72 名基层单位业务工作人员参加培训。

3. 完善干部管理体系。建立新的干部层级管理体系，根据选拔任用、干部层级、绩效评价等管理办法，完成 160 名直管人员、41 名退出人员和 232 名 C 层级管理人员的层级等次认定工作。规范领导人员绩效评价，重新修订印发《马钢集团公司各单位领导班子和直管领导人员绩效评价办法（2022 版）》，组织公司直管领导人员签订 2022 年度绩效责任书，采取线上线下相结合的方式，完成了 2021 年度 165 名公司直管干部绩效评价工作，初步建立能上能下的干部考评体系。加强任期制与契约化管理，印发《马钢（集团）控股有限公司经理层选聘管理办法》《马钢（集团）控股有限公司经理层成员绩效评价暂行办法》，落实董事会职权，完成马钢集团、马钢股份及各分子公司经理层岗位聘任书签订工作。规范到龄退出人员管理，组织到龄退出人员签订 2022 年度绩效责任书，重新修订印发《马钢集团公司管理人员到龄退出管理办法（2022 版）》，优化岗位安排，明确岗位价值及薪资系数，完善考评机制。

4. 强化干部日常监督。组织实施公司主要领导与"一把手"开展监督谈话工作;赴基层单位开展干部人事档案专项审核整治督查工作;推进"领导人员和管理者及其亲属、其他特定关系人违规经商办企业"专项治理;完成11名中国宝武直管领导人员、1名省管领导人员和165名马钢集团、马钢股份直管人员的个人有关事项填报工作;开展境外合规工作专项自查,梳理统计境外机构及领导岗位、关键岗位人员情况;严格办理因公出国(境)人员备案和因私出国(境)审批等。

(王 森)

【宣传与舆情管理】 认真学习宣传贯彻党的二十大精神,深入宣传贯彻习近平总书记考察调研中国宝武马钢集团重要讲话精神,坚持以习近平新时代中国特色社会主义思想武装头脑。

1. 强化理论武装。持续推动党史学习教育常态化、长效化,实施完成2022年马钢集团党委"我为群众办实事"实践活动公司级大事7项,二级党组织办实事项目133项。抓好主题活动,精心策划实施马钢集团"8·19"系列活动,先后开展马钢展厅(特钢)二期项目落成仪式、"8·19"主题图片展揭幕仪式等11类18项活动。

2. 坚决维护意识形态安全。重点组织对马钢集团34个网站、公众账号等网络意识形态阵地开展自查,进一步规范意识形态阵地管理。

3. 强化形势任务教育。紧扣中心工作,先后策划马钢集团全委会、职代会精神、奋勇争先、三降两增、创建环境绩效百日攻坚、安全生产、党建创一流等专题宣传,马钢新闻报道数量、质量稳居中国宝武第一方阵。

4. 主动对接主流媒体,及时推送重点新闻信息、图片视频素材,其中接待《人民日报》、新华社等中央、省级以上媒体40余家共90余次,省级及以上媒体外宣报道131篇,其中《人民日报》报道11篇,人民网等央媒先后报道了马钢高铁车轮国产化取得突破、国家3A级旅游景区揭牌等新闻。

5. 注重舆情监测管理。妥善应对重点领域舆情39起,全年编发《网络舆情快报》4期、《马钢宣传与舆情分析半月报》20期,确保了党的二十大、公司党代会召开等重大活动期间企业大局稳定;重点关注安全生产、厂区封闭管理、薪酬体系切换等重大舆情,制定和落实舆情应对预案;邀请马鞍山市委网络信息和舆情办公室和10余家市网络媒体来马钢就舆情应对与处置开展座谈。

(杨旭东)

【文化与品牌管理】 持续推进文化整合融合。一是大力宣贯中国宝武和马钢集团文化理念,制作宣传贯彻标准课件和海报,领导人员全员带头宣讲,充分利用各类载体推动20000余名员工全覆盖,持续掀起宣贯热潮。二是积极参加中国宝武文化活动,配合总部策划、成功举办中国宝武集团司歌活力操大赛第一个片区预赛,受到总部称赞;成功举办新版员工工作服集体换装仪式。三是精心创作文化精品,1部视频被中国宝武集团推荐参加央企优秀故事创作展示活动获三等奖,另1部入选中央企业社会责任宣传片;马钢集团获评中国宝武集团好故事活动最佳组织单位,2部作品分获二、三等奖;创作"霜降"节气海报,在宝武集团发布推广;撰写上报3项产品和发展成果文稿,获中国宝武推荐参加国家发改委、国务院国资委迎接党的二十大成果展初选;完成了中国宝武历史人物和模范人物故事撰稿,高质量摄制的"宝武老同志讲故事说文化"视频上线宝武微学苑,获得学员好评;认真策划开展中国宝武第二个"公司日"活动。四是社会责任工作更进一步,牵头完成马钢股份2021年ESG报告,获4.5星评级,优于上年评级;马钢股份再次进入"央企ESG·先锋50",位次提升3位;在中国宝武"社会责任先锋奖"评选中,马钢股份排名第三、获银奖,1人跻身5名个人先锋奖之一;推报2个社会责任案例分别获评中国宝武标杆、优秀案例,比2021年增加1个;为中国宝武ESG报告提供大量合格数据和材料。五是开展年度企业文化网络调查,15116名员工积极参加,对中国宝武文化理念的认同度达99.82%,认同感、归属感和幸福感显著提升。

传承弘扬"江南一枝花"精神。一是梳理提炼新时代"江南一枝花"精神新内涵,组织刊发6篇系列报道,系统阐述"六个提升"要求;制作播放讲演诵读大赛视频13部,供基层单位下载学习;结合实践识别分解"六个提升"41项定量任务指标。二是组织开展"江南一枝花"精神课题研究,获评马钢集团公司管理创新成果一等奖、中国宝武管理创新成果三等奖、安徽省企业管理现代化成果三等奖;参加申报省政府质量奖自评报告撰稿、统稿工作和卓越绩效专题视频的摄制工作,制作公司主要领导汇报PPT;妥善、细致、安全地完成了中央文物移交任务。三是积极融入公司生产经营管理，深化创A行动推进文化管理督导，发动各单位继承创新文明生产传统，助推北区厂容整治、新特钢项目、3A级景区申报等；推进9号高炉异地迁移保护工作，规划方案、施工方案先后获安徽省、马鞍山市批准，截至2022年底，拆解移位存放已完成；根据省、市政府要求，对迁移选址变更开展了第三次全员宣传贯彻和征求意见活动。着手统一策划公司参观线路和参观区域，规范公司对外参观接待工作。四是深化精益文化主题实践活动，走访调研6家单位、10个精益产线，举办基层文化建设交流会、企业文化及品牌培训班，邀请中国宝武专家授课，宣介典型案例、推广成功经验。五是开展"国企开放日"系列活动，以低碳环保、网络媒体采风、伙伴走访、家属体验等为主题，不断拓展深化中国宝武和马钢集团文化的区域影响力和穿透力。

全力推进话剧《炉火照天地》编创排演工作。制定工作推进方案；与安徽省、马鞍山市委宣传部和安徽演艺集团积极沟通、紧密协作；组织47名公司管理技术人员、基层员工及离退休老同志，举办3场剧本交流讨论会；承办调度会和剧本研讨会，一批全国知名专家对编创排演提出有益建议；协调安排编剧、导演、演职员等主创团队到主要产线、质检站等采风走访41处次，安排33名各阶层代表性员工座谈；收集整理并提供超过40吉字节各类创作素材，按要求提供22套工作服、60顶安全帽、4套安全面罩等演出服装，并对演出所需的文化品牌提出规范要求。11月20—22日，组织1270名职工代表、180名离退休老同志代表和100名本市中国宝武单位代表，观看了话剧首次联排和马钢集团专场。

不断深化品牌管理工作。一是统筹策划聚力建设展示基地得到中国宝武集团总部肯定，认为做法和经验有推广价值。圆满完成马钢展厅（特钢）二期布展工作，丰富了展示内容，完善了学习功能，8月19日举行落成仪式；争分夺秒推进研发中心展厅布展策划，配合完成可研立项和招标，抓紧设计展陈方案，督导协调布展施工，确保年内开馆接待；马钢展示馆二期布展完成公开招标。二是完善品牌管理体系，发布品牌管理办法；更新品牌专员工作网络，召开品牌建设研讨会；修改发布2022版马钢集团和马钢股份PPT规范，修订新版

马钢集团视觉识别系统；组织检查品牌运用情况，指导整改错误运用。三是扎实推进品牌传播，积极推进彩涂板、重型H型钢等重要产品宣传片制作；完成马钢集团纪念品策划设计和制作的承办任务；马钢股份车轮精品精彩亮相世界制造业大会，获安徽省领导和媒体广泛关注；筹备参加中国国际冶金展、上海国际碳中和博览会、上海国际紧固件展；组织参加全国品牌故事大赛合肥赛区参赛工作，获得优秀组织奖和9个单项奖，进一步提高了马钢集团的品牌知名度和产品美誉度。

（路　斌）

【青年工作】　1. 思想政治教育，以迎接党的二十大召开为主线，开展建团百年系列活动。组织全体团组织和团员收看党的二十大盛况和庆祝中国共青团成立100周年大会直播；开展"百年建团"青年座谈暨"永远跟党走　奋进新征程"主题团日活动；选树150余个青年典型，其中马钢团委获"全国五四红旗团委"。

2. 青年岗位建功，围绕公司二次创业转型升级，做实团内"青"字品牌工作。申报创建青年岗位建功集体83个，成立120个青安岗，立项207个青年"双五小"项目；组织1100余人次团员青年投身疫情防控、环境绩效创等工作。

3. 青年服务实效，立足青年实际与需求，为团员青年提供精准服务。实施第二批"雏鹰计划"青年人才培养；组织开展"留马过年　暖在身边"系列活动；开展"七夕寻缘　幸福牵手"等青年联谊交友共建活动，近70名单身青年通过活动扩大交流圈。

4. 全面从严治团，协同推进团组织规范化、团干部队伍和团工作阵地建设。落实党建带团建工作要求，开展党建带团建落实情况自评，逐项落实问题整改；加强团干部队伍建设，引导团干部学安全、学环保，提升团干部综合素质；推进直属团组织青年活动阵地建设，共建成青年之家16个。

（刘府根）

纪检监督部

【政治监督】　一是督促党委履行主体责任。监督推动各级党组织常态化落实"第一议题"制

度，发挥"把方向、管大局、保落实"领导作用。加强对"一把手"和领导班子的监督，督促领导班子公开廉洁承诺，落实民主集中制和"三重一大"决策程序，马钢集团党委常委会、董事会、总经理办公会、董事长专题会依据各自职责、权限和议事规则进行决策或前置研究。完善领导班子内部监督、"一把手"监督、纪委对下级党组织监督的体制机制，建立常态化监督谈话制度，对 4 家单位党组织"三重一大"和民主集中制执行情况进行监督检查，推动"一岗双责"责任落实。二是协调落实上级决策部署。协同党委集体学习党的二十大精神、一体推进"三不"全面打赢反腐败斗争攻坚战持久战要求、《纪检监察机关派驻机构工作规则》等，协调做好信访维稳工作。利用年度工作会议、半年度责任制领导小组会议、季度党建例会、月度党群工作专题会、党委书记办公会，12 次向马钢集团公司党委汇报工作，推动强化党委对纪检工作的领导和支持，研究部署党风廉政建设工作。围绕贯彻落实党中央重大决策部署、生态环境保护和问题整改、落实国企改革三年行动等 8 个专题开展督导。三是做实纪委监督责任。严把廉政审核关口，规范廉政意见回复，审核干部选拔任用、党委换届人选、评优评先等 800 人次，对 3 名干部提拔任用提出暂缓使用意见。监督提升民主生活会质量，协同审核 22 家基层单位会议材料，对未达要求的 71 份对照检查材料责令整改。细化落实纪委年度 18 个方面 45 项重点任务，组织马钢集团五年信访举报和案件查办情况分析、开展问卷调查、组织政治生态分析和廉政画像，通过调研督查和专题研讨，分析查摆问题 21 个，提出意见建议 19 条。根据查明的问题线索，对负有领导责任的 2 家基层单位党委主要负责人予以诫勉谈话、责令作出书面检查处理。四是监督保障生产经营稳定顺行。建立督办机制，对重点任务完成情况实行"月度跟踪、季度评价"；围绕"十四五"规划、本质安全、智慧制造、"三降两增"、防范化解重大风险、巡视巡察问题整改等开展监督，推动实施具体工作。针对疫情加强监督和联防联控，上下联动开展监督检查 467 项次，发现问题 162 个，督促立行立改，约谈 2 家协作单位。

【专责监督】 一是推动实现"两降低三提高"态势。按照"严查快处、强化震慑、一案双查、提升质效"工作思路，把查处违纪违法案件作为衡量纪委履职尽责重要指标，2022 年受理信访举报 46 件，比 2021 年下降 48.9%；受理问题线索 67 件，比 2021 年下降 53.1%；成案率 47.8%，比 2021 年提升 34.2%；主动发现问题线索 22 件，比 2021 年提升 83.3%；自办立案 22 件，比 2021 年提高 175%。二是提升主动发现问题从严执纪能力。认真落实中国宝武纪委执纪审查研议会要求，加强与上级纪委沟通协调、指导工作，将日常监督作为主动发现问题线索的重要来源，纪委主要领导亲自参与研判分析，集体研究核查方案和措施，提升研判质量和成案率。按照宝武纪委对问题线索核查和立案案件的批示意见，规范案件管理和处置程序，严格落实办案审批制度，压实办案安全责任，立案 26 件，比 2021 年增加 52.9%，给予党纪政纪处分 26 人，暂扣和收缴各类违规违纪款 21.05 万元。深化运用监督执纪"四种形态"处置 113 人，分别是 83 人次、29 人次、0 人次、1 人次，占比 73.4%、25.7%、0、0.9%。三是落实联动办案机制。发挥纪检监督组作用，柔性配置和抽调基层单位纪委书记、纪检人员成立联合核查组，初核线索 47 件；落实区域协同职责，配合协助上级监督检查、审查调查，按照干部管理权限移交信访举报或线索 18 件。

【日常监督】 一是严肃查处违反中央八项规定精神问题。坚持快查快处、露头就打、从严处理的态度和决心，查处违反中央八项规定精神问题 20 人次，均予以相应处理。二是加强重要节假日期间作风建设督查。成立督查组，上下联动开展现场督查 347 次，运用线上+线下方式对基层单位业务接待、履职待遇、公车管理中存在的问题进行抽查，发现存疑问题 26 个，全部核实处理。三是组织"四费"专项检查。运用信息化手段，通过标财系统和公车管理平台对 33 个单位和部门"四费"和公车使用情况进行筛查，发现各类疑似问题 29 个，经过核实 5 个问题转为线索，立案处理 11 人。组织中国宝武"四费"专项验证检查反馈待改进 13 个问题整改，问责考核 11 人。四是巩固拓展成果推动长效管理。协同修订《马钢集团党委关于进一步改进作风的实施方案》，针对会风会纪、协力管理、领导班子建设等问题向管理部门制发监督建议书，督促规范管理。加强对"十四五"重点工程建设项目实施情况的监督检查，督促职能部门发挥监管作用，跟踪落实问题整改。

【专项监督】 一是监督推进"三降两增"。组织两级纪检机构监督推进降本增效重点任务落实,开展专项检查、专项治理228次,发现问题97项;执纪审查与"三降两增"协同发力,下发纪律检查建议书3份,挽回直接经济损失66.9万元,避免经济损失200余万元;向马钢集团公司提交《关于集中采购的管理建议书》,提出6条管理建议,推进落实"集中一贯制"管理和集中采购,节约采购费用。二是推动中国宝武环保大检查反馈问题整改。对350个环保问题及环境绩效创建A级企业的29个重点项目分解下发任务清单,督促职能部门加强监管、验证考核;成立8个检查组,采取"四不两直"方式(不发通知、不打招呼、不听汇报、不用陪同接待,直奔基层、直插现场)开展"回头看"检查,约谈6家验收未通过或问题突出的单位;对环保验收违纪行为予以党内警告处分1人,针对CEMS烟气监测系统存在问题开展调查并移交问题线索,给予谈话提醒1人、岗位调整1人。两级纪检监督机构针对引发环保问题和管理、整改过程中不担当、不作为的行为予以严肃处理,先后约谈相关责任人员44人次,督促推动落实各类专业环保考核达197万元。三是紧盯安全事故开展专项监督问责。会同职能部门持续推进安全整治三年专项行动,推进全员安全生产责任制,加大事故问责力度;针对10月炼铁总厂连续发生的事故,成立专项监督组,开展安全履职专项监督,查找管理漏洞和工作作风问题,压实责任,追责问责。四是推深做实"靠企吃企"、违规经商办企业专项治理和禁入管理。发布马钢集团禁入名单,禁入133家企业;对2021年以来问题整改情况进行"回头看",组织2022年度专项申报,5347人自主填报了有关事项报告表,对违规行为移交问题线索7件,拟立案4件;通过主分会场形式,邀请中国宝武纪委专业人员给各单位C层级及以上管理人员、首席师580余人进行专题警示教育,督促99人补报完善信息,巩固提升专项治理质效。五是协同开展7个专项治理。围绕"严肃财经纪律、依法合规经营"会同相关部门开展专项治理;跟进境外佣金专项检查,组织相关单位、部门开展自查自纠,督促职能部门制发管理办法;专项治理中对相关单位数据上报问题予以核查处理,约谈、考核4人。

【体系建设】 一是加强党员干部廉政管理和任前教育。注重党员干部廉情信息收集,编制建立所有单位(部门)、C层级及以上管理人员廉政档案。8月,纪委书记高铁对新提拔调整的44名公司直管人员进行集体廉洁谈话,11月会同党委对选拔的16名年轻干部进行任前廉洁教育。二是发挥纪律教育和廉洁文化基础性优势。制定方案,压实责任,增订纪检专业报刊,实现两级党组织全覆盖;建立廉政党课党委书记带头讲、纪委书记专题讲、纪检委员日常讲"三讲"机制,开展常态化纪律教育。10月,党委书记丁毅通过主分会场为全体领导人员和管理者540余人讲专题廉政党课,并以此为推动,促进形成上下联动常态化讲党课态势,基层党委书记、纪委书记(纪检委员)及支部纪检委员讲党课387场次;大力弘扬廉洁文化,开展廉洁文化进班子、进厂区、进项目、进岗位、进家庭活动,征集廉洁文化作品126件,编发廉洁教育微视频4期,在马钢家园公众号集中推送3期廉洁文化作品;在《中国宝武报》刊发监督执纪宣传报道5篇,在马钢集团内部媒体发稿220余篇,广泛宣传党风廉政建设工作成效。三是加强案例警示教育。编发典型案例通报3次,通报案例14例,推动以案促改;向C层级以上和敏感岗位人员发放《中央企业靠企吃企案件警示录》1100余册,组织开展案例警示教育273场次,教育5800余人次;组织集中观看中国宝武纪委案例专题片51场次,教育2100余人。四是贯通运用各类监督资源。协调组建2个巡察组,对4家单位进行常规巡察,发现问题130个,形成问题和线索8件;马钢集团公司领导分别参加巡察反馈,督促推动巡察问题整改,落实责任追究,诫勉谈话2人,提醒谈话13人;对巡察整改情况进行"回头看",约谈1家整改不到位的党组织;实行监督联动,审计移交问题1件,巡察移交问题3件,给予党内严重警告处分1人,拟立案2件;先行先试,推进巡审联合,实现与巡察、审计的协调联动、信息共享,作为成功经验在宝武集团推广。五是深化以案促改促治。坚持问题导向,采取小切口推动管理提升、制度完善,结合审计署发现问题整改,以案促治,督促相关职能部门修订完善履职待遇业务支出、岗位聘用等管理制度,将廉洁自律、落实中央八项规定精神、规范经商办企业行为等要求体现到制度条款中,落实常态化管理。根据"四费"专项验证检查发现的问题,下发16份督办函,督促相关部门修订完善经费管理、公车管理等制度,督促责任单位问题整改、规范管理。六是联创联建推动正风肃纪向基层延伸。与长江钢铁开展联创联建，建立"组织联建、资源联享、活动联办、阵地联动、难题联解"党建新模式，抽调专人指导长江钢铁开展对采购和工程项目的内部巡查，对联创支部党员开展案例警示教育，推动健全完善"一总部多基地"管控模式。

【自身建设】 一是激发纪检干部岗位责任意识和斗争精神。以"吹响纪检监督集结号，展示正风肃纪新作为"为主题，召开全体纪检干部大会，建立上下联动、统一融合、区域管理、一体运行的工作体系。激活二级单位党委纪检委员和基层党总支、支部纪检委员的责任意识和监督作用，每月召开纪检监督片组工作例会，每季度召开纪检监督工作会议，不断吹冲锋号，提升纪检干部敢打必胜的斗争意识和一体推进"三不腐"能力，协同做好纪检主业主责。二是推进纪检系统规范化建设。坚持工作和问题导向，开展纪检系统定岗定编清理整顿，规范两级纪检监督机构设置和纪检人员定岗定编；以"整合资源、联动监督、指导协同、精准执纪"为目标，创建纪检监督组"1367"工作体制机制，建立 6 个工作推动机制，释放 7 个监督作用，推动纪检监督流程化制度化。三是提升纪检干部监督执纪能力素质。以纪检干部"履职尽责能力、纪法运用能力、监督检查能力、执纪审查能力"塑造为目标，开展纪检干部能力素质提升专项行动，给纪检干部配备专业书籍，实现线上线下培训全覆盖，组织全体纪检干部参加宝武"履职能力提升学习专区"网络在线学习和 6 次纪检监察法规条例及相关实务系列培训，开展 4 次集中学习和 1 期精益案例发布，固定每周五岗位练兵，提高纪检干部理论、练就斗争本领。10 月，马钢纪检监督团队被授予马钢集团奋勇争先奖"小红旗"。

（鲁世宣）

党委巡察办、审计部（集团监事会秘书处）

【内部巡察工作】 2022 年第一轮巡察，完成对冶金技术服务公司、康泰置地发展有限公司、采购中心、港务原料总厂 4 家单位党组织的驻点巡察任务，同时在驻点巡察时开展安全、环保专项检查。巡察中，坚持把"两个维护"落实到巡察工作实践，认真贯彻落实习近平总书记关于国有企业党的建设的重要论述，贯彻中央"疫情要防住、经济要稳住、发展要安全"要求，聚焦疫情防控、高质量发展、安全生产、防范化解风险、生态环保、"三降两增"等重点工作开展监督，共发现问题 130 个。针对巡察发现的问题，坚持政治定位，梳理重点问题，形成巡察工作报告、专项报告、综合报告，并认真贯彻公司党委五届 168 次常委会决议，加强巡察整改督办，强化巡察成果运用和责任追究，推动巡察巡查上下联动。严格落实责任追究，对巡察发现的问题进行倒查，严格追究相关人员责任：诫勉谈话 2 人，调离岗位 2 人，通报批评 1 人次，提醒谈话 34 人次，行政警告 1 人，退赔 26300 万元，经济考核 60194 元。对巡察组移交的 6 件问题线索，优先研判处置。对发现的备品备件管理问题，移交设备部成立联合调查组深入调查处置。

2022 年 10 月 16 日，为积极推进马钢集团巡视巡察与审计联动，有效统筹体系资源，形成监督合力，发挥协同效应，提升监督质效，更好发挥巡察监督权威性和审计监督专业性优势，根据中国宝武党委、中国宝武《关于加强巡视巡察与审计联动促进贯通协同的指导意见（试行）》（宝武委〔2022〕116 号），马钢集团党委以马钢集发〔2022〕83 号文下发《关于党委巡察办与审计部合署办公的决定》。

党委巡察办与审计部合署办公后，编发马钢集团巡审工作简报，策划部署同巡同审实施项目，开展协作管理变革专项巡察。从"形合"到"神合"，有效统筹体系资源，形成监督合力，发挥协同效应，提升监督质效。在对 12 家单位协作管理变革专项巡察中，落实"以人民为中心"的发展理念和加快建设世界一流企业重大部署，重点发现协作管理中存在的安全管理不到位等突出问题，推动坚定不移地抓深抓实专业协作管理变革，促进企业治理水平的提升，共发现 4 个方面 26 个问题，12 家被巡察单位按要求落实整改。

（李　莉）

【内部审计工作】 2022 年，完成审计项目 20 项，超额完成年度审计工作计划。其中经营审计 11 项：行政事务中心原主任张艳经济责任审计、教培中心原主任牛树刚经济责任审计、保卫部原部长周青经济责任审计、离退休中心原主任刘希贤经济责任审计、合肥公司原董事长汪洋经济责任审计、一钢轧总厂原厂长吴耀光经济责任审计、炼铁总厂原厂长丁晖经济责任审计、宏飞电力公司原董事长李怀迁经济责任审计、和菱实业公司原董事长徐军经济责任审计、中东公司经营审计、美洲公司经营审计；投资审计4项：重型H型钢轧钢生产线项目竣工财务决算审计、马钢长材系列升级改造工程公辅配套项目过程审计、冷轧总厂1720酸轧线设备能力提升改造工程过程审计、炼焦总厂7号、8号焦炉烟气脱硫脱硝项目过程审计；专项审计5项：马钢集团不动产管理专项审计、协作变革管理专项审计、资金管理专项审计、马钢集团2022年内控体系评审、马钢股份2022年内控体系评审。审计共发现问题194个，提出管理建议184条，审减工程造价456.82万元。审计发现中东公司原负责人违反中央八项规定精神和财经纪律并移交马钢集团纪委处理，收缴违规款项5万余元，对涉事人员给予党内严重警告处分。马钢股份合肥公司未规范履行大额资金集体决策程序，收回其向合肥供水公司的6000万元借款。完成净资产审计项目数量20个，主要类型有股权转让、清算注销等，涉及净资产1850130.08万元，调增净资产35152.13万元、调减净资产17131.63万元，净调增净资产18020.50万元。截至2022年12月末，审计发现问题到期整改率100%。多名审计人员参加上海市委巡视、宝武巡视审计联动、马钢集团内部巡察工作，2人参加太钢集团审计，审计部撰写的论文获中国内审协会2022年理论研讨优秀论文奖。

（耿景艳）

工　会

【职工思想教育】　紧紧围绕迎接和学习宣传党的二十大主线，坚定不移以习近平新时代中国特色社会主义思想武装职工，用职工喜闻乐见的方式方法，广泛开展宣传宣讲，推动习近平新时代中国特色社会主义思想走近职工身边、走进职工心里。增强"四个意识"、坚定"四个自信"、做到"两个维护"，不断夯实团结奋斗的思想基础。强化精神文化引领。以习近平总书记考察调研中国宝武马钢集团两周年为契机，围绕马钢集团"8·19"系列活动安排，牵头组织开展中国宝武司歌活力操马钢集团选拔赛、职工美术书法摄影及主题图片展，组队参加中国宝武宁马片区"宝武司歌活力操大赛"获得佳绩，展示马钢集团职工昂扬向上的精神风采。组织参加全国总工会"网聚职工正能量、争做中国好网民"主题活动，《牢记嘱托 马钢蝶变》获短视频三等奖。组织参加安徽省总工会"喜迎二十大 建功新时代"职工摄影书画作品比赛，获书画类金奖1个、优秀奖2个。讲好劳模故事、劳动故事、工匠故事，组织先进模范人物参加马鞍山市主题阅读朗诵大赛决赛；组织参加中国宝武"大咖汇"，10572人在线收看，不断激发职工的干劲、闯劲。强化劳模精神引领。评比表彰马钢集团"金牛奖""银牛奖""铜牛奖"，获评中国宝武"金牛奖"2人、"银牛奖"8人、"铜牛奖"58人；16人分别获"安徽省劳动模范""全国五一劳动奖章""宝武工匠""安徽省金牌职工""马鞍山杰出工匠""产业工匠"等荣誉称号。慰问省部级劳模，走访65岁以上全国劳模，开展公司级以上劳模定期体检，进一步做好劳模服务工作。宣传劳模先进典型事迹，组织召开庆"五一"先进模范交流座谈会，策划"劳动美·创新强"专题宣传，引领职工见贤思齐、奋勇争先。

【职工建功立业】　根据中国宝武统一部署，深入开展"拉高标杆 奋勇争先 精益高效 争创一流"系列劳动竞赛，坚持"强化经营思维，追求极致高效"这一主线，通过组织"三降两增"专项劳动竞赛、"操检维调"合一和"一线一岗"人才培养专项劳动竞赛、"我的区域我负责"全员创A（创建环境绩效A级企业）专项竞赛等，推动各类竞赛指标实现全面突破，马钢集团多条产线多项指标站稳中国宝武第一方阵。组织参加全国重点大型耗能钢铁生产设备节能降耗对标竞赛，马钢集团获2个冠军炉、2个优胜炉、1个创先炉，在中国宝武参赛单位中排名第一。积极开展各级各类技能竞赛。组织参加中国宝武第三届职业技能竞赛，成功承办热轧操检维调智控赛项，获热轧操检维调智控赛项第一、二、五名，高炉低碳智能冶炼赛项第二、五、六名，安全与应急技能赛项第二名，营销与客服技术赛项第三名，达成 2022 年揭榜挂帅项目大红旗目标。组织参加安徽省总工会数控机床比赛，马钢集团工会获优秀组织奖。组织参加全国工业和信息化技术技能大赛，2 名职工代表中国宝武参赛获三等奖。组织参加 2022 年安徽台湾职工技能竞赛焊工比赛，获第一名。组织参加马鞍山市安全生产技能竞赛、电工技能竞赛、智能制造机器人比武大赛，取得好成绩。大力推动职工岗位创新创效，加强工匠基地、职工创新工作室、创新小组三级创新平台体系建设，全年开展课题攻关 235 项；马钢集团获中国宝武绿色低碳技术攻关创新工作室 1 个、岗位创新新人奖 2 人；炼钢、热轧工匠基地被授予安徽省劳模创新基地；评审马钢集团岗位创新创效成果奖 34 项、先进操作法 14 项；获评第二届"中国宝武优秀岗位创新成果奖"特等奖 1 项、一等奖 1 项、二等奖 4 项、三等奖 21 项；技术中心职工杨志强的"高性能油气钻采用钢关键技术研究及产品开发"获全国机械冶金建材行业职工技术创新成果特等奖。深化开展"献一计"活动，职工献计数超 15 万条，推荐申报安徽省重大合理化建议 14 项。常态化挂牌征集"金点子"课题项目 72 项，推荐申报中国宝武"金点子" 10 个、"银点子" 55 个、"好点子" 100 个、"智多星" 10 名。

【关心关爱职工】 坚持精准帮扶困难群体。组织开展"心系职工情 温暖进万家"主题送温暖活动。元旦春节期间，两级工会走访慰问各类困难职工 4291 人（次），发放慰问金 452.79 万元。救助大病职工（家属） 179 人，落实救助资金 203.74 万元。职工互助保障计划全年续保 39871 人次、259.3 万元，报案 535 人，理赔 581 人、173.14 万元。保障职工安全健康权益。针对 2022 年罕见连续高温，积极组织开展"送清凉"、创 A 现场环境整治等各类慰问活动，集团工会累计拨付专项资金及物资 230 多万元。下拨 200 万元疫情防控专项资金，用于马鞍山区域各单位工会为基层一线配送防控物品及相关慰问物资。以"安康杯"竞赛片区为单位，组织开展安全与应急技能培训、安全主题征文、安全生产现场知识竞赛等。深入推进"安全 1000"作业区（班组）创建工作，34 个（作业区）班组被授予中国宝武"五有"（即学习有追求、效益有佳绩、创新有动力、安全有保障、和谐有亲情）班组、"安全 1000"班组、创新型班

组。联合安全管理部开展作业区（班组）岗前安全生产宣誓活动，表彰优秀案例 6 个、优秀组织单位 3 家。组织 700 多名"安康代表"开展专项培训。深化职工普惠服务。深入推进"三最"实事项目，经立项后实施完成公司级项目 16 项，厂级项目 219 项。提升职工生活品质，策划实施品牌楼盘、加油充值、家装团购、投资理财、线下车展、苏宁易购等职工专享惠购活动。加强职工福利平台推广使用，累计 7.7 万人次的职工实现在线领取生日蛋糕、节日福利等。马钢职工福利中心平台荣获全国总工会 2022 年互联网+工会普惠服务"创新型"平台。协同做好各类扶贫帮扶。发动职工积极参与"央企消费帮扶兴农周"活动，完成工会系统中国宝武消费帮扶任务 432 万元，助力乡村振兴。根据省总工会《关于组织参与安徽劳模企业农产品直播购买活动的通知》，组织职工参与直播活动，通过中国职工服务平台，采购农产品 1 万元。协助马钢集团乡村振兴办落实政府部门消费帮扶助力乡村振兴相关要求。

【基层基础建设】 加强工会组织建设。组建中国宝武马鞍山总部工会工作委员会。做好安徽省机械冶金工会"两委"建议人选推荐工作。完成马钢集团职工董事、马钢股份职工监事人选提名推荐。举办 2022 年马鞍山区域工会干部业务培训班。组织 213 名（人次）工会干部参加中国宝武基层工会主席任资格培训及经审监督专题培训，马钢集团工会就工会干部培训工作作专题交流。开展工会工作调研，评比表彰优秀成果 22 项。组织 2789 名工会干部和职工参加马鞍山市总工会"党的二十大·职 e 起学"培训活动。深化职工民主管理。注重源头维权，积极探索网上民主管理新形式，扎实落实职工民主管理制度。先后召开 3 次职代会联席会议，审议通过 11 项议案。组织职工代表围绕马钢集团重点工作开展视察。开展职代会提案工作，在线征集提案 73 项，评审确立公司级提案 11 项，完成率 100%。做好改革发展中的劳动争议预防调解工作，促进职工队伍稳定和企业和谐稳定。维护职工健康权益。落实健康宝武行动计划，举办形式多样的职工健康义诊活动；针对患重病、疑难病确须转诊存在异地就医看病难问题，开通在沪就医绿色通道；在职工密集区域投放一批自动体外除颤仪（AED）等医疗急救设备。做好女职工工作。落实中国宝武集团党委、马钢集团党委"巾帼建新功

奋斗新征程"科技创新巾帼行动，推动女性带头人创建"巾帼创新工作室"。完成马钢集团首个"爱心妈咪小屋"项目建设。开展"三八"系列活动，命名表彰一批先进集体和个人，举办"巾帼看马钢聚力向未来""书香悦读"读书交流分享和"职工文明家庭"评选等关爱女性、关爱家庭活动，受到广大女职工的欢迎。组织 6763 名职工参加全总"情系女职工 法在你身边"知识竞赛及女职工劳动安全卫生知识线上讲座。

（张　伟）

运营改善部（改革办）

【改革三年行动】　优化改革工作体系，设立深化改革领导小组办公室、改革推进组，建立工作推进及考评机制，将改革工作纳入经理层成员经营业绩责任书，对推进情况开展评价，10 月上旬，国企改革三年行动（2021—2022 年）马钢集团 89 项改革任务全面完成。参与国务院国资委《国企改革三年行动专题片》录制，展示马钢集团形象。牵头国企改革研讨，形成"1 个主报告+9 个典型案例"，主报告全面总结马钢三年改革发展工作，9 个典型案例总结单项改革工作突出成绩。

【公司法人治理】　更新发布马钢集团"三重一大"决策制度和重大事项决策权责清单。完善党委、董事会、经理层决策"三重一大"事项具体权责和工作方式，明确重大事项决策范围、具体事项、责任主体和决策程序。制定发布《马钢（集团）控股有限公司"三重一大"决策制度实施办法》《马钢（集团）控股有限公司重大事项决策权责清单》。

【马建公司改革】　制定《关于马建公司深化改革维护稳定方案》，获中国宝武和马鞍山市委市政府批准，开展资产评估、股权整合等工作，解决马建公司拖欠的职工工资、住房公积金、身份置换金、工伤一次性补助等遗留问题，职工股全部回购，推进股权整合，在长江产权交易所进行公告。

【一总部多基地管理】　制订《马钢集团"一总部多基地"管理体系建设实施方案》，总部对基地实施以运营管控为基础的"标准+α"管理模式，编制"一企一策"管理权限"α清单"，借助网络信息化平台，实现"跨空间互通融合"，实现马钢集团"一个核心、两个平台、三个监督"有效管控目标，确定 107 项《管控清单》并推进。

【专业化整合】　完成马钢股份耐火材料采购业务专业化整合；开展马钢集团不动产经营业务专业化整合；策划马钢化工煤气净化业务回归；完成资源分公司固废资源业务专业化整合；继续推进马钢股份石灰业务专业化整合；协助开展马钢宏飞电力能源有限公司股权整合。

【机构与职责调整】　策划基于马钢集团、马钢股份"一体化管理"下的组织机构及管理职能优化方案；编制《马钢集团下属单位档级的调整方案》《关于调整相关单位安全管理机构运行模式的通知》《新特钢公司组织机构设置方案》；优化调整营销中心机构，设安全生产管理部，对托管的加工中心、区域销售、海外公司强化管理；优化调整江南质检公司、煤焦化公司、马钢集团纪检监督、审计部、营销中心、工会、法律事务部、经营财务部、康泰公司、纪检监督部、审计部等单位机构。

（袁中平）

【绩效评价】　承接、分解商业计划书及年度经营计划目标任务，纳入公司及各单位组织绩效关键指标。按季收集分析、整理评价，通过信息系统对公司及各单位、子公司绩效评价指标进行监测，开展对标，挖掘改进空间，持续改善绩效管理。将组织绩效评价结果作为对单位领导班子成员及子公司经理层成员业绩评价、单位与子公司评选年度战略进步奖、党建创优奖评选的重要依据。召开季度绩效对话会，分析评价指标实绩、重点任务进展、战略任务节点进度等，结合内外部因素，总结阶段绩效，预警落后指标，制定改进措施，策划改进方案。马钢集团绩效工作小组开展绩效沟通，推进绩效改进，持续跟踪进展，完善绩效管理。

【子公司任期制管理】　开展对任期制和契约化管理流程的完整性与规范性、管理要求的符合性与及时性的自查自评工作。根据安徽省国资委 2022 年预考核工作安排，开展子公司业绩自查和年度预评价，梳理验证资料备查。

【揭榜挂帅】　结合马钢集团十九届三次职代会"安全生产形势严峻、绿色发展任务艰巨、指标晋级不够明显、技术引领效果不显、重点领域仍需改革、职工素养还需提升"六个改进点，围绕瓶颈，聚焦"小切口、切小口"，策划"揭榜挂帅"

项目，颁发任务书，解决难点，提升管理与技术创新能力。

（赵小冬）

【全面风险管控】　编发《马钢股份 2022 年全面风险管理和内部控制工作推进计划》，项目化推进年度 12 项重点风险任务。开展资金要素、两金管控、法人证章、内控授权等全层级关键业务信息常态化登记，涉及的 16 个关键业务信息，均在宝武集团合规智控平台备案、月度确认。促进内控体系由“人防人控”向“技防技控”转型升级。

【制度建设】　修订《管理文件控制程序》；完成《一总部多基地管理体系手册》以及《2022 年度管理制度制（修）订计划》的编制与发布，优化制度文件架构。新增、修订完善 181 项管理制度（其中，新增 35 项，修订 146 项），同时废止 4 项，其中马钢集团“一总部多基地”管理体系涉及的 106 项主要制度全部完成。利用“马钢精益通”平台开通“制度找茬”模块，在马钢集团公司范围内开展制度找茬，合理采纳意见建议。

【境外合规管理】　对境外子公司合规专项工作开展自查，组织开展境外各类管理制度完备性、执行有效性，以及境外合规专项工作主体责任落实、“三重一大”提级管理、境外佣金管理、境外财务资金监管等方面的自查自纠，及时发现问题，督促相关单位制定措施并落实整改。

【管理体系建设】　聚焦马钢集团公司年度工作目标，以“提升能力”为核心，以“目标、问题、结果”为导向，树立“体系工作日常化，日常工作体系化”的理念，围绕“强内控、防风险、促合规”，以解决影响效率和效果的主要因素为“小切口”，通过持续优化“风险+制度+体系”三位一体运行模式，规范合规运行，推动管理体系运营能力进一步提升。

【经营压力测试】　选取 2021 年短期市场急跌、2015 年持续缓慢下跌、2008 年系统性金融风险作为 3 个历史模拟情景，探究类似情景可能发生的产品价格下跌，交易对手违约，公司存货、预付款或现金流等方面损失及衍生风险。针对测试结果，修订《市场危机应急处理预案》，制订经营策略，及时止损、完善处置流程、规范工作标准，降负债，加强公司存货、应收账款管理，提高现金流，减少“两金”占用，严防系统性颠覆性危机，最大限度减少经济损失。

【集中一贯制管理】　制定《关于在制造系统进一步实施集中一贯制管理的方案》，进一步完善制造系统的集中一贯体制管理工作，提高管理效率，持续提升管理能力。针对办公类资材采购零散化问题，组织调研，制订并发布《基于集中一贯制管理模式下的集中采购提升方案》，以提升采购降本能力和采购管理体系能力，实现“阳光、廉洁采购”。2022 年 9 月 1 日起，马钢股份办公类实物实现通过欧贝商城进行采购。

【“奋勇争先奖”评选】　制定《马钢集团“奋勇争先奖”评选实施方案》，规范奖项评选、奖励以及结果运用等环节管理。将评选范围扩大到生态圈协作伙伴单位，2022 年共有 66 家单位（含生态圈）累计申报 383 次。36 家单位及 45 个团队累计获奖 134 次（其中，“大红旗”22 面，“小红旗”112 面），奖励 1965 万元；发布 30 项（含生态圈）精益运营案例。实现敢干者有“舞台”，实干者有“平台”，快干者有“擂台”，会干者有“奖台”，带动钢铁生态圈战略协同、共建共治、共赢共生。

（姚　辉）

【智慧制造】　基于“云-边-端”宝武工业互联网平台，通过云计算、物联网、大数据、5G、AI 等新技术应用，打破物理时空，构建“一总部多基地”管理体系下“1 个智慧‘中枢’（运营管控中心）+10 个智控中心（炼铁、炼钢、热轧、冷轧、长材、交材、长江钢铁、合肥公司、检测、特钢）”管控模式，行业内率先实现“一线一岗”，加快“四个一律”为特征的智慧制造 1.0 迈向以“三跨融合”为特征的智慧制造 2.0。

【工业大脑】　围绕核心炼钢产线智能化这一重点领域进行攻关，构建炼钢工业大脑，实现超大规模、超级复杂场景下的智能运营和智慧决策，基本实现以数据驱动为特征的机器精准决策范式，决策效率和准确率大幅提升。2022 年实施研发构建炼钢智慧高效紧平衡组产系统、完善基于大数据的铸坯等级判定模型、大型转炉全周期一键精准控制模型、非稳态浇铸智慧自处置模型 4 个子项目，相关工作接近尾声。

【大数据中心】　统筹数据应用，将“四个一律”提升与数据挖掘应用相融合，软硬件兼顾、共同推进。实施大数据“1+3”项目（1 代表大数据中心，3 代表智慧质量+智慧经营+金属平衡），支撑智慧制造生态体系，提供工业发展决策，推动数智化转型。

【宝罗机器人】　承接中国宝武万名宝罗计划，践行宝罗"RaaS"服务模式，梳理形成马钢集团机器人应用五年规划初稿和2022年机器人应用计划。实现2022年首批40名"宝罗"员工上岗。马钢交材8月31日与宝信软件签署首批宝罗员工"RaaS"服务合同，该合同为中国宝武首签。2022年底，马钢集团宝罗数量达到415台套（其中，工业宝罗413台套，服务宝罗2台套），2022年新增宝罗218台套（其中，工业宝罗217台套，服务宝罗1台套）。

（杨凌珺）

【网络与信息安全】　根据中国宝武集团HW2022行动统一安排，组织实战攻防演练。落实7×24小时安全值守和联防联动机制。开展全员网络安全教育，提高网络信息安全意识，防止敏感信息泄露，严密防范敌对势力开展网络攻击，遏制网络安全重大风险和事件，保障冬奥会、冬残奥会、国庆、党的二十大等重要时段网络安全和生产稳定顺行。成立"马钢集团信息化保密办"。明确人员组成及工作职责，规范内部沟通及资料流转，组织对网站、屏牌、工作群等进行梳理，按照"涉密不上网、上网不涉密"原则，加强"保密、敏感"信息保护，利用中国宝武App工作平台"企业微信"功能，引导各单位迁移工作群，保障内部信息安全交流。

【指数评价】　2022年度马钢集团智慧制造指数84.8分，数据上平台指数96.4分，网络安全上平台指数为98.55分，在中国宝武集团内均居第一方阵。

【荣誉】　2022年马钢集团推荐9项管理创新成果参加中国宝武集团评选，其中7项获中国宝武集团管理创新成果三等奖，并推荐对外申报（其中，5项报送中国钢铁工业协会，2项报送安徽省企联）。在对外申报成果中，7项获奖，深入践行宝武智慧制造2.0，全面构建"'一厂一中心'智控新模式""基于岗位价值创造为核心的员工精益改善系统的应用与实践"分获中国钢铁工业协会二等奖；"探索构建极致高效制造体系能力""以打造钢铁全流程混合所有制企业标杆为目标的管理实践""构建'基地+'校企联动合作方式的探索与实践"分获中国钢铁工业协会三等奖；"发挥宝武

马鞍山区域总部功能，持续打造产城融合发展实践"获安徽省二等奖；"学习宝武先进文化赋予'江南一枝花'精神新内涵"获安徽省三等奖。

埃斯科特钢线材深加工数字化车间获2022年安徽省数字化车间，"基于工业互联网xin3plat的冷轧'All In One'智慧工厂"（马钢股份）和"长江钢铁智控平台建设项目"（长江钢铁）获2022年制造强省、民营经济政策资金支持项目。马钢集团代表队获"2022年全国工业和信息化技术技能大赛决赛工业机器人技术应用赛项"三等奖。"宝罗上岗竞速赛"2022年度奖项评选中，马钢集团获"优秀实践单位银奖"，马钢股份获"优秀贡献奖"。"宝罗创先争优赛"中马钢集团获1个"金宝罗"、1个"银宝罗"、1个"铜宝罗"和1个"最佳实践分享赛"优秀实践项目称号。

（胡善林）

精益管理推进办公室

【概况】　2022年，紧紧围绕马钢集团"拉高标杆，奋勇争先，精益高效，争创一流"的工作主题，精益管理推进办公室（简称"精益办"）在基础管理提升，聚力降本增效、引导和激发广大员工在精益管理、创A现场环境整治、厂区环境提升等方面持续开展工作。

【创A现场视察】　马钢集团公司领导科学谋划，按照"集中一贯制"原则，联合相关单位，开展8轮，覆盖18个区域的创建环境绩效A级企业（简称"创A"）和建设项目视察，推动现场整治和项目建设，实现环境治理由表及里、纵深推进。

【现场环境治理】　编制创A现场环境整治方案，制定"28条"标准，建立过程"亮灯"监控机制，策划和组织8次"创A督查"，覆盖57个区域，共发现3868个问题点，问题整改率98%，使生产现场、设备设施得到改善，有效支撑创A评估工作。

【厂区环境整治】　2022年，策划了"一个大循环""两园五点""品质提升"为重点，各单位内部"五小循环"为补充的整治方案，全方位推进北厂区环境整治。持续开展"精益运营 岗位创

新"劳动竞赛和"厂区环境提升"专项劳动竞赛。通过与多部门、各单位协同配合，各项目如期完工。

【"精益·现场日"活动】 每周跟踪和反馈各单位落实"三查三促三反思"具体落实情况。依托"马钢精益通"开通"精益·现场日"板块，分享展示活动情况；各单位领导班子聚焦厂区环境、厂房内外、设备设施等区域卫生死角深入现场进行整治。在 40 个活动日内，各单位各层级共开展活动 5175 次，参与人数 37000 多人次，清理垃圾 2600 余吨，解决现场问题 8000 余项，以实际行动带动了各分厂积极开展，促进现场环境提升。

【星级现场创建】 聚焦生产现场持续改善，15 家单位申报 24 条产线编制创建计划推进样板打造。总结提炼优秀做法并编制《创建五步法》指导手册。强化过程管理，搭建交流沟通渠道，各单位积极分享创建经验，采用日推进，周跟踪，月评价机制推进，按照推进程度亮灯评价。组织 8 批次 40 余名专家团队赴现场指导，解决各类"疑难问题" 1000 余项，依据标准按照"成熟度"评价 16 条产线达到"三星级"。

【降本挖潜】 开展员工修旧利废，发掘废旧资源再利用空间，建立全员自主实施修旧利废的创效机制。开发"修旧利废""工具开发"模块，线上提报流转。自 3 月 21 日起，至 12 月 31 日，2601 名员工个人或组建团队共提报 7299 项，累计降本增效达 3134 余万元。开展"精打细算"作业区评比，利用《马钢日报》与公众号，开通"精打细算进行时"专栏，选登各单位报道 10 余篇。各单位申报积极，组织召开评比云端发布会，观看 2000 多次，5.3 万次点赞，评比出 10 个优胜作业区。

【精益管理体系】 聚焦员工改善与过程降本，追求全系统降本、全流程增效、全过程改善，制定了以"六项举措""四个机制""一个平台"为架构的年度实施方案。按照马钢集团公司管理要求，修订《精益运营绩效评价管理办法》《员工精益改善（献一计）管理办法》，结合星级精益现场创建需求，编制发布了《星级精益现场创建管理办法》，各单位依据管理办法，有效承接，稳步推进。

【人才团队建设】 开展马钢集团公司精益师培养，从各单位推荐的 70 名学员中遴选出第三期、第四期与第五期精益师学员。通过理论教学，现场实训，与莱芜钢铁、马钢矿业等单位对标交流，结合实际工作，自编 6 门课件并开展授课，已有 9 人取得精益师结业证。创新培养模式，推进专题培训走进现场解决难题。为学员定制培训课程，为产线定制培训学员，采用"分组+集中""产线+课堂"的模式进行，解决现场实际问题。策划组织两期 125 名员工开展精益管理专题培训，分别到 9 家单位 16 条产线进行分组实训，推动"从理论到实践""从教室到产线""从问题到改善"的转变。

【案例交流分享】 搭建分享交流机制，征集 17 家单位 48 项案例，组织人员现场验证，选取 20 个案例进行"线上+线下"同步发布，同时在线 1076 人，累计点赞量 3 万多次；推荐 11 个优秀案例参加"公司精益案例发布大会"，促进经验推广复制。组织开展 3 期"精益沙龙"，聚焦公司创 A、作业区管理、联创联建等关注点，马钢集团各部门、单位共 120 余名员工和管理者参与。各期沙龙以多元化形式展示员工风采，探讨焦点话题，推进经验分享交流，优秀案例推广复制。

【系统优化】 迭代升级优化"马钢精益通"系统，打造"工具包+共享圈+支撑台"三个板块，开通了"修旧利废""工具开发""微课程""精益·现场日""创 A 督查"等模块，提升工作效率。联合马钢集团办公室、运营改善部、行政事务中心等部门开通了"制度找茬""满意后勤""办事指南"模块。2022 年，手机 App 共优化升级 40 余次，电脑端优化 100 余次，9376 名员工参与，累计献计数 15.86 万条，人均提报数达到 9.13 条，访问量 128 万次，在中国宝武"献一计"劳动竞赛位居前列。

（冒建忠）

人力资源部

【规划配置】 1. 人事效率提升。持续开展对标找差，定期召开专题会议沟通进度，在员工自愿选择政策性离岗的基础上，提供了新建项目内外部统筹、共享用工、品牌运营、待聘转岗等转型发展路径，2022 年马钢集团在岗员工优化 8.7%，人均产钢 1336 吨。

2. 岗位聘用变更。强化年度绩效评价结果应用，修订《岗位聘用管理办法》，畅通员工岗位的升聘、转聘、降聘、待聘通道，完成2021年绩效评价为C的171人的岗位聘用变更。

3. 新员工招聘。结合马钢集团人员需求及地域特点，积极向中国宝武集团争取子公司相关政策，在中国宝武体系内首创性提出差异化招聘标准，受到中国宝武集团肯定与表扬。2022年，马钢集团共招录新员工211人，其中技术业务岗86人（"985""211"院校学生占比35%）。

4. 员工满意度调查。围绕企业文化、职业发展、薪酬绩效、职业健康等维度进行测评，2022年度员工满意度为90.21%，较2021年提升0.6%。

【员工发展】 1. 员工培训全覆盖。全年马钢集团员工参加培训22034人，线下学习472412人次，员工人均线下培训21次。员工培训总学时2937332.6学时，人均131.9学时，其中人均线下学习87.8学时，人均网络学习44.1学时。各序列人员人均线上线下学时均完成教育培训量化指标。

2. 管理人员素质提升。2022年实施管理人员培训项目32项，其中面向D层级以上中高层管理者领导力研修9项。围绕绩效管理、事故分析等举办三期在职作业长管理研修，两期后备作业长任职资格培训；9月14日组织召开2022年作业长研修成果发布会，以全员岗位绩效主题研修发布8项优秀成果。

3. 强化专业人才建设。全年统一实施技术业务人员培训项目97项，共8900余人次参加培训。以提升营销人员能力为试点，围绕21项专题能力开展培训，976人次参加。持续推进特钢、型钢、轮轴"1+2+4"科技领军人才研修，共42名领域团队后备人员参加专题培训。实施科技人才知识迭代工程，举办高品质硅钢、冷轧产品研发、夹杂物控制研究、汽车轻量化设计应用以及钢铁绿色低碳新技术专题研修，共332人参加专题研讨。结合中国宝武职业技能竞赛开展数据分析工程师培训，共32名专业技术人员参加。开展卓越绩效、质量、安全、能源、环境、测量、设备设施、两化融合、知识产权、品牌、内控等管理体系能力建设培训33项，专业体系管理人员共1900余人次参加。

4. 推进技能人员培训。重视技能提升，关注关键岗位、工种技能等级取证问题，作为中国宝武认定指导中心安徽地区认定中心，协助宝武集团在马鞍山区域单位开展技能等级提升工作，全年221人通过初中高级认定。为支持生态圈单位高技能人才培养，发布第四批生态圈单位技师、高级技师专项认定计划，全年共291人通过考核，其中生态圈单位91人。

5. 开展安全专项培训。根据马钢集团安全生产工作计划，针对各类人群和各项安全管理要求，开展专项安全技术培训22项，完成668人次特种作业取证及复审培训，1060人次特种设备作业人员取证及复审培训，主要负责人、安全管理人员等安全培训共计1125人。引进中国宝武优秀安全培训实践，面向基层管理人员、安全管理人员，引入业内专家，开展SST安全感知培训。

（周元媛）

【薪酬福利】 1. 平稳完成薪酬体系优化。建立了以岗位绩效工资制为主，岗位绩效年薪制和能级工资制为补充的多元化薪酬体系，"一岗多薪"的宽带薪酬激励机制。6月完成岗位绩效工资制薪酬模式切换，11月完成岗位绩效年薪制和能级工资制薪酬模式切换。与切换后的岗位及薪酬体系相适应，优化调整了本部奖金核定模式，突出岗位价值，将个人奖金水平与岗位级别进行了挂钩。

2. 优化工资总额管理机制。经中国宝武审核，马钢集团董事会决策，2022年6月发布实施《马钢集团工资总额管理办法》将中国宝武体系"1+N+1"的工资总额决定机制进行了制度化明确，为子公司工资总额管理提供基础。在中国宝武集团的支持下，对长江钢铁建立了差异化的工资总额管理方式，发挥其民营机制优势，持续提高企业活力。

3. 持续优化绩效管理。以马钢股份煤焦化公司炼焦二分厂为试点单位，打造绩效管理样板单位。自5月开始，对马钢集团总部、生产厂部、子公司等38家单位开展绩效管理常态化督查，并借助作业长研修平台、9月公司内部跨单位对标交流会，以绩效管理常态化督查为抓手，邀请外部专家对马钢集团绩效管理难点、痛点进行针对性辅导，全面提升绩效管理水平。

4. 上市公司股权激励落地实施。3月9日，国务院国资委签发《关于马鞍山钢铁股份有限公司限制性股票激励计划的批复》，原则同意马钢股份实施股权激励计划。3月30日，马钢股份第九届董事会第五十九次会议及第九届监事会第四十九次会议审议通过《关于向公司2021年A股限制性股票激励计划激励对象首次授予限制性股票的议案》。

5月10日，马钢股份收到中国证券登记结算有限责任公司上海分公司出具的《证券变更登记证明》，马钢股份2021年A股限制性股票激励计划首次授予登记完成。至此，马钢股份首次股权激励计划全面落地落实。

5. 优化企业年金管理。完成企业年金的方案修订和新一轮受托人招标工作。根据中国宝武集团相关政策，修订马钢集团企业年金方案。11月完成了新一轮年金受托人的招标，中国人寿养老保险股份有限公司中标，与马钢集团签署三年的受托管理合同，以行业头部的高水准为马钢提供专业年金管理服务。

（张晓莉）

【协作管理】 2022年，马钢集团公司成立专业协作管理变革领导小组及工作小组，于5月10日召开专业协作管理变革推进会。通过对标湛江基地，以"一把手"工程推进"一总部多基地"协作管理各项工作，重点推进脱硫脱硝、焦炉一体化、带式输送机等20项协作业务。吸取"2·6"等事故教训、加强穿透式管理，分别于8月、11月开展分包供应商资质审核；全年累计开展各类检查59次，强化违约记分、违约抵扣考核力度，确保"插入式"协作"零新增"；升级《协作业务管理办法》于10月发布，规范过程管理，落实"三管三必须"（管行业必须管安全、管业务必须管安全、管生产经营必须管安全）；探索建立"5A"（资质、管理、能力、业绩、认同）协作供应商准入模型。2022年，马钢集团"两度一指数"提升至86%（专业化协作度86.5%、战略化协同度86.1%、"操检维调"指数86.3%）；外部供应商数量下降至55家，完成年度目标，全年生产协作费用降本1.4亿元，有力支撑"三降两增"工作。

【新特钢项目支撑】 对标先进企业，结合产线生产计划调整和人员素质要求，推进编制新特钢项目产线、营销、研发、检测、质量一贯制等不同模块定员，统筹配置845人，其中一期产线684人，完成率100%。完成制造部特钢产品室配置，营销、研发、检化验人员按照计划配置。在新特钢项目建设期间，同步策划协作项目，完成行车、磨辊间、生产辅助协作项目3个。制定新特钢项目整体培训方案，全年累计完成新特钢专项技能等级认定144人，136人通过考核；14人通过技师、高级技师认定考核；点检员任职资格取证76人；开展10个特种作业、特种设备取证培训，共488人考核合格；组织内部送培四钢轧总厂、长材事业部114人，外部送培韶钢松山、晋南钢铁42人；内部开展师带徒、岗位实习互换、规程培训、理论强化等各类现场培训8559人次。

【"操检维调"合一和"一线一岗"新型作业模式】 2022年，在对标先进、实地调研的基础上，制定并下发"操检维调"合一和"一线一岗"新型作业模式行动方案、培养方案和专项劳动竞赛方案，以智慧产线为单元，设计综合型智慧岗位，制定岗位胜任能力模型，识别员工技能短板，开展精准差异化岗位培训赋能。经作业模式和人才培养两个维度综合研判，13家单位29条申报产线中共有16条产线符合"一线一岗"和"操检维调"合一作业模式，282名职工符合上岗条件，产线现场评价验收工作有序开展。

（纪长青）

经营财务部

【成本管理】 1. 经营计划。牵头编制与下达马钢集团2022年度经营计划，作为年度生产与经营工作的行动纲领。在年度经营计划统驭下，围绕马钢集团月度生产经营要素，在市场研判基础上，精细测算产品边际利润，支撑、优化资源流向；加大对制造成本、结构调整、期间费用、库存管控、子公司利润计划等各子计划的管控力度，编制下达月度经营计划。组织开展商业计划书完成情况跟踪、经营绩效对标分析、铁水成本对标分析、铁水成本管控模型、轧钢工序成本分析等，对各项经营管控措施的落实情况进行周跟踪、月评价，支撑年度经营目标顺利实现。

2. "三降本两增效"。全面贯彻落实陈德荣董事长在中国宝武一季度工作例会上的讲话精神，马钢集团在全年降本增效21亿元基础上，再次拉高标杆、追求极致，追加降本增效9亿元。经营财务部按此目标，牵头制定下发《开展"三降本两增效"专项工作的通知》，对"三降两增"工作进行周跟踪、月检查。积极营造奋勇争先氛围，会同马钢集团工会下发《关于开展2022年"三降两增"劳动竞赛的通知》，2022年完成"三降本两增效"

共计14亿元，较好完成目标任务。

3. 限产政策调整应对。2022年5月，根据中国宝武集团钢铁业中心限产要求，马钢集团粗钢限产98.34万吨。经营财务部第一时间同制造部就全年铁钢材产量目标进行了平衡与调整，并对不同的组产方案、马钢股份本部3号高炉保留与退出的成本效益以及限产条件下委托加工边际贡献测算，完成宝钢股份德盛钢坯委托加工业务的系统开发，支撑马钢集团生产经营经济运行。

4. 经营绩效改善。进入第三季度，受宏观环境因素影响，钢铁行业形势严峻，马钢集团经营绩效大幅下滑，基于对下半年经营环境分析及年度目标和后期努力方向，经营财务部牵头各单位制定下达《8—12月马钢股份经营绩效改善行动方案》。为确保各项措施落地，定期组织召开经营专题会跟踪改善性措施落实情况，经各单位全力以赴，共计完成21.3亿元，较好支撑完成马钢集团全年营收超千亿元、利润超10亿元的绩效目标。

5. 全面对标找差。2022年，马钢集团公司健全完善对标体系建设，坚持"全面对标、精准对标、动态对标"，从外部找差距，从内部找空间，聚焦重点，整体推进，重点突破，系统制定和落实改进方案和措施，持续优化管理体系，持续提升公司精益运营能力，全面增强公司核心竞争力。2022年设有对标指标287项，其中，进步指标206项，进步率为71.78%，达标指标181项，达标指标63.07%；2022年设有重点对标指标51项，其中，进步指标33项，进步率为64.7%，达标指标31项，达标率为60.8%。

【资金管理】　1. 加强资金预算。根据现金预算和月度资金计划动态调控资金配置，优先保证生产经营资金周转，保证重点工程项目支出，压缩非生产性支出、非重点项目支出，严格控制对外投资。

2. 加强"两金"管控。通过细化存货管理对标找差工作，学习鄂钢"两金"管控先进经验，加强长龄、低效、无效库存的清理等，持续压控库存，减少资金占用。至2022年12月末，马钢集团合并（管理口径）存货103.48亿元，应收账款14.30亿元，合计117.78亿元，较上年末139.67亿元下降了21.89亿元，降幅15.67%，营业收入较上年降幅10.25%，两金降幅高于同期营业收入降幅；马钢集团2022年末两金周转天数47.89天，较2021年末48.45天减少0.56天，周转效率提升1.16%。

3. 拓展融资渠道。一是通过发行债券置换银行贷款。2022年度发行公司债已完成审批流程，完成中介机构尽职调查，取得"AAA"评级报告。二是运用金融衍生品及合理调配美元资产负债结构，在本年汇率大幅波动情况下，有效规避汇率风险，马钢股份本部2022年累计汇兑收益411万元。三是积极寻求降本增效新途径，2022年8月，在招商银行信用开立第一单"电费国内信用证"并办理融资2.5亿元，期限一年，年利率1.25%，进一步拓展了低成本融资渠道，降本337万元，同时创下全国单笔"电费国内信用证"融资最高纪录。通过多种措施，马钢集团2022年财务费用7.59亿元，较2021年8.78亿元下降约1.2亿元，其中利息支出较2021年下降1.70亿元。

【资产管理】　1. 推进整合融合。一是宝武集团版块整合融合。按照"一业一企，一企一业"的整合原则，2022年完成固废资源的交割、焦炉净化资产回归股份、财务公司整合的谈判与决策，其中，固废资源、化工能源减资重组等整合融合事项总计为马钢集团、马钢股份增加1.33亿元收益，财务公司评估增值4.79亿元。二是马钢集团内部整合融合。2022年将马钢股份持有的欧冶链金、和菱实业、广州加工、金华加工股权整合至马钢集团，总计为马钢股份增加4.44亿元收益。为盘活该处闲置低效资产，2022年，由马鞍山市土地储备中心对马钢集团盆山度假村土地及地上资产进行了整体有偿收储，总计为马钢集团增加1.3亿元收益。

2. 全面提质增效。按照马钢集团聚焦钢铁主业的战略要求，多维度评估现有被投资单位的可持续性与战略性，配合中国宝武集团退资办，通过推进法人压减和参股瘦身工作，达到瘦身健体、提质增效的目标。截至2022年底，总计完成法人压减17户，参股瘦身14户。

【会计与统计管理】　1. 综合治理督导。根据中国宝武综合治理专项工作要求：一是积极配合宝钢股份督导马钢集团；二是负责马钢集团督导八钢集团。在克服疫情和地域因素影响下，通过推磨式交叉督导，对各自经营业务、会计信息质量、国有产权管理、投资管理情况、债务风险、金融业务、纳税情况进行检查与被检查，并通过全方位了解、交流，分享管理经验，取长补短，共同提升经营管理水平。对督导过程中发现的问题，及时整改并按期形成督导报告上报中国宝武集团。

2. 财务审计整改。根据中国宝武集团要求，先后开展马钢集团财务基础管理工作自查、商誉管理自查、年报审计工作合规性自查、专项整治行动等工作，认真制订工作计划，组织各级子公司层层落实，汇总形成各专项报告报各级领导审阅后进行报送，对各项专项自查中发现的问题不回避不隐瞒，积极上报问题形成原因、后续进展以及具体整改措施，以自查为契机，不断规范经营管理，夯实资产质量，强化依法合规经营意识。

【税务管理】　积极争取财税优惠政策，合理减轻税负。与安徽省、马鞍山市政府部门沟通协调汇报，牵头协助马钢集团相关职能部门和各分子公司，统筹做好争取国家政策资金扶持工作。2022年争取政策累计收益 10.97 亿元，超额完成全年 10 亿元"大红旗"目标。

（胡　芳）

规划与科技部
（碳中和办公室）

【战略规划管理】　根据中国宝武迭代升级战略规划和新一轮战略规划编制要求，系统谋划和编制《马钢集团 2022—2027 年发展规划》，明确马钢集团愿景、使命、发展目标、路径与举措。组织制定 16 项职能规划和 26 项业务规划，落实战略规划部署。强化与战略用户的合作关系，通过开展战略合作，共同推进产业链转型升级，2022 年，推进马钢集团、马钢股份与相关战略合作伙伴签署 10 余项战略合作协议。创新"基地管理+品牌运营"商业合作模式，组织召开圆桌会议，与 6 家基地钢厂签署战略合作协议，新签约商务协议 7 项、技术协议 7 项、委托管理协议 1 项。采用"三统一两覆盖"原则，充分利用合作钢厂合规产能，与 13 家网络钢厂签订定作技术协议 17 份，全年品牌运营产品销售 51.69 万吨，营收 21.74 亿元，利润总额 2067.5 万元。

【国际化工作】　积极应对低碳经济趋势，加大国际化力度，加快推进东南亚地区项目寻源工作，克服疫情影响，以视频方式与海外合作方召开对接会 20 余次，组建团队开展实地考察，完成 5 份海外项目建议书备案，签署 3 份海外项目合作框架协议、4 份保密协议，启动 1 份项目预可研报告编制，稳步推进海外基地布局。

【双碳工作】　发布《马钢集团碳达峰碳中和行动方案》明确了减碳目标、碳中和路线图及减碳举措等。发布《马钢集团低碳发展重点工作推进计划》，从极致能效及节能降本降碳、产线高效、冶金资源综合利用、低碳冶金攻关与科研项目、基础管理这 5 个方面推进 27 项重点工作。策划并推进包括生物质炭的开发和应用等一批减碳技术研究及应用项目，以能效标杆为抓手，优化能源结构，推进极致能效工作。发布《马钢集团能效提升行动方案》，发布 3 个产品的 EPD（环境产品声明）碳足迹；推进高强度、高耐蚀、高能效的绿色产品开发，推进全生命周期碳减排产品开发。

【科技创新体系建设】　加强与中国宝武集团中央研究院的研发协同、人才协同，建立健全"揭榜挂帅""科技成果利益分享"机制。强化技术创新供应链思维，建立了"政产学研用"开放协同的技术创新体系，2022 年共签订 79 份科研外协合同，合同金额 1100 余万元。完善科技创新体系能力建设，着力推进马钢股份公司高新技术企业认定工作和专精特新企业培育工作，马钢股份被认定为国家高新技术企业，并通过省技术创新示范企业认定，"马钢交材遴选为制造业单项冠军示范企业"，实现制造业单项冠军"零"的突破。

【科研项目管理】　2022 年，围绕"成为全球钢铁业优特长材引领者"战略定位，坚持技术引领，强化技术创新体系建设，践行绿色发展理念，构建智慧制造体系，加快关键核心技术突破和成果转化，聚焦制约生产的难点、痛点问题，组织实施各类科研与技术攻关项目 594 项（政府项目 14 项、科研类 164 项、技术攻关类 57 项、各单位自管项目 359 项），科研直接新增效益 3.751 亿元。组织完成新立项目 70 项，组织结题验收 61 项。

【新产品开发管理】　2022 年，新产品开发坚持"绿色、精品"产品战略，助力公司产品结构调整，开发了风电能源用齿轮钢、重型 H 型钢等战略产品的关键技术，实现了国产高铁轮轴在 2 列动车组上的装车应用。全年累计销售新产品 178.3 万吨、新产品销售率 9.02%；"Φ700 深海采油树实心锻件用 F22 连铸圆坯"等五项新产品实现国内首发，"基于连铸工艺的时速 350 千米高铁用 DZ2 合金车轴钢"新产品实现全球首发。

【国家、行业标准研制】　牵头制修订的 5 项国家行业标准获批发布，其中 1 项国家标准，4 项行业标准。牵头制定的 1 项行业标准通过审定并完成报批。参与制定的 1 项国家标准获批发布，主持制定的 10 项国家行业标准处于研制阶段，其中 2 项标准完成了标准审定稿。

【知识产权管理】　国内专利方面，2022 年股份集团受理专利 530 件，其中发明专利 392 件，发明专利比例 73.96%；授权专利 516 件，其中发明 269 件，授权发明占比 52.1%。境外专利方面，4 项专利申请 PCT，3 项专利获境外授权。中国钢铁企业专利创新指数发布，2022 年马钢集团创新指数综合得 83.14 分，排名第四，首次进入专利创新最强企业行列。新材指数发布世界钢铁企业专利技术竞争力排名，2022 年马钢集团得 89.01 分，排名第九。

积极推进重点产品、重点市场专利分析和预警工作。组织开展省专利预警项目"新能源汽车用硅钢海外专利预警"并通过结题验收。组织开展了"高品质特钢专利导航"项目，对国内外特钢的研发方向、专利布局等进行分析。

为贯彻国家知识产权强国建设纲要，促进马钢知识产权高质量发展，导入知识产权管理规范，完成管理手册和程序文件的编写、评审和发布，2022 年知识产权管理体系通过了中规（北京）认证有限公司的认证审核，获得知识产权管理体系认证证书，马钢股份成为宝武集团钢铁主业首家通过知识产权管理体系认证的公司。

技术秘密方面，2022 年认定技术秘密 391 件，比上年增长 25%，组织 1629 人签订了商业秘密保密协议。

【知识管理】　知识库建设稳步推进，2022 年完成 16847 条知识上传，内部知识 15719 条，占比 93.3%；完成知识案例 120 条，创建马钢词条 127 个。全年知识库知识上传、知识案例和词条预计均完成目标计划。为提高知识应用能力，组织开展了岗位基础知识示范点建设工作，全年完成 17 个岗位知识示范点、256 个岗位知识梳理，标准化入库岗位知识 4700 余条，大大提高了新员工上岗培训效率。

【科技成果管理】　全年获政府和行业科技进步奖 12 项。获安徽省科学技术奖共 5 项。其中"高性能热轧耐蚀钢制造关键技术研究及产业化应用"等 3 个项目获省科技进步一等奖；获冶金科学技术奖共 7 项，其中"高强韧钢中纳米相深氢陷阱的基础研究与工程应用"等 2 个项目获一等奖。获中国宝武重大奖 5 项，其中"40—45 吨轴重高性能重载轮轴研发及产业化"获一等奖，2 个项目获二等奖，2 个项目获三等奖。

【科协管理】　积极组织科技人员参加"第十三届中国钢铁年会"等行业重点学术会议，发表学术论文；举办了 2022 年全国科技活动周活动、全国科技活动者日和全国科普日活动；组织参加中国创新方法大赛活动，"高强高扩孔汽车用双相钢产品研发"项目获全国三等奖，"应用 ARIZ 算法提高钢坯防氧化涂层均匀性"等 7 个项目获安徽省一等奖，9 个项目获安徽省二等奖，14 个项目获安徽省三等奖。

（秦玲玲）

法律事务部

【董事会专门委员会】

1. 战略与可持续发展委员会。

3 月 10 日，马钢股份董事会战略与可持续发展委员会召开会议。会议同意马钢股份 2022 年固定资产投资方案，并提交董事会审议；听取马钢股份 2021 年能源环保工作汇报；听取马钢股份"双碳"工作汇报。

3 月 22 日，马钢股份董事会战略与可持续发展委员会召开会议。会议同意马钢股份 2021 年度战略执行情况评估报告；同意马钢股份 2021 年环境、社会及管治报告；批准董事会战略发展委员会 2021 年履职情况报告。

3 月 30 日，马钢股份董事会战略与可持续发展委员会召开会议。会议同意关于拟发行公司债券的议案；同意关于拟发行短期融资券的议案。

2. 审计与合规管理委员会。

1 月 27 日，马钢股份董事会审计与合规管理委员会召开会议。会议内容包括：马钢股份 2021 年度未经审计财务报表在所有重大方面均遵循了

《企业会计准则》及相关规定的要求，不存在重大疏漏，同意提交公司外聘会计师事务所审计；同意马钢股份 2021 年审计工作总结及 2022 年审计工作计划，并提交董事会审议。

3 月 22 日，马钢股份董事会审计与合规管理委员会召开会议。会议内容包括：根据对马钢股份 2021 年经审计财务报告的审阅及与公司审计部门、外聘会计师事务所就财务报告和有关问题的讨论和沟通，认为公司在所有重大方面均遵循了《企业会计准则》的要求，并进行了充分的披露，不存在重大疏漏；同意马钢股份 2021 年度末期利润分配预案；审核马钢股份 2021 年日常关联交易，2021 年关联交易协议项下的交易金额均未超过协议约定的 2021 年度之上限；审核截至 2021 年 12 月 31 日，马钢股份对外担保情况；通过马钢股份 2021 年度内部控制评价报告；通过外聘会计师事务所 2021 年度公司审计工作总结；同意支付给安永华明会计师事务所（特殊普通合伙）2021 年度审计费及中期执行商定程序费人民币 326 万元（含税）；通过董事会审核（审计）委员会 2021 年履职情况报告；听取马钢股份 2021 年全面风险管理和内部控制工作报告；审阅安永华明会计师事务所（特殊普通合伙）出具的 2021 年内部控制审计报告。

4 月 29 日，马钢股份董事会审计与合规管理委员会召开会议。对公司 2022 年第一季度未经审计的财务报告进行审核后认为，马钢股份在所有重大方面均遵循了《企业会计准则》的要求，并进行了充分的披露，不存在重大疏漏。

8 月 30 日，马钢股份董事会审计与合规管理委员会召开会议。会议审阅马钢股份 2022 年半年度未经审计的财务报告，认为公司在所有重大方面均遵循了《企业会计准则》的要求，并进行了充分的披露，不存在重大疏漏；听取运营改善部关于马钢股份 2022 年上半年内部控制和全面风险管理工作报告。

10 月 28 日，马钢股份董事会审计与合规管理委员会召开会议。会议审阅马钢股份 2022 年第三季度未经审计的财务报告，认为马钢股份在所有重大方面均遵循了《企业会计准则》的要求，并进行了充分的披露，不存在重大疏漏；听取关于马钢股份 2021 年第三季度内部控制和全面风险管理报告。

12 月 1 日，马钢股份董事会审计与合规管理

委员会召开会议。选举朱少芳女士为审计与合规管理委员会主席。

12 月 16 日，马钢股份董事会审计与合规管理委员会召开会议。批准马钢股份 2022 年年度审计计划。

3. 提名委员会。

3 月 18 日，马钢股份董事会提名委员会召开会议。批准董事会提名委员会 2021 年履职情况报告。

8 月 18 日，马钢股份董事会提名委员会召开会议。经审查，建议董事会聘任任天宝先生为公司总经理。

10 月 18 日，马钢股份董事会提名委员会召开会议。同意提名丁毅先生、毛展宏先生、任天宝先生为公司第十届董事会董事候选人（不包括独立董事），并提交董事会审议；同意提名张春霞女士、朱少芳女士、管炳春先生、何安瑞先生为公司第十届董事会独立董事候选人，并提交董事会审议。

12 月 1 日，马钢股份董事会提名委员会召开会议。选举张春霞女士为提名委员会主席；提名任天宝先生为公司总经理、董事会秘书；对马钢股份总经理提请董事会聘任的副总经理人选进行了审查，认为伏明先生、章茂晗先生符合公司副总经理任职资格，建议董事会予以聘任。

4. 薪酬委员会。

3 月 10 日，马钢股份董事会薪酬委员会召开会议。同意马钢股份董事、监事及高级管理人员绩效与薪酬管理办法，并提交董事会审议。

3 月 21 日，马钢股份董事会薪酬委员会召开会议。同意关于马钢股份公司有关执行董事、高级管理人员 2021 年经营业绩考核情况的议案，并提交董事会审议；同意 2021 年度公司董事、监事及高级管理人员薪酬，并提交董事会审议；同意 2022 年马钢股份领导班子经营业绩评价标准，并提交董事会审议。批准薪酬委员会 2021 年履职情况报告。

3 月 30 日，马钢股份董事会薪酬委员会召开会议。同意关于向马钢股份 2021 年 A 股限制性股票激励计划激励对象首次授予限制性股票的议案。

10 月 18 日，马钢股份董事会薪酬委员会召开会议。同意第十届董事会成员薪酬；同意董事绩效评价及审批程序。

12 月 1 日，马钢股份董事会薪酬委员会召开

会议。选举管炳春先生为薪酬委员会主席。

12月5日，马钢股份董事会薪酬委员会召开会议。同意关于回购注销部分限制性股票的议案，并提交马钢股份公司董事会审议。

【信息披露】　1.临时公告。就马钢股份公司重大事项，发布A股市场公告76份，H股市场中文公告80余份、英文公告80余份、通函4份，对公司董事会决议、关联交易、权益分派等事项及时进行了披露。

2.定期报告及社会责任（ESG）报告。发布马钢股份2021年度报告，2022年第一季度、半年度报告、第三季度报告，2021年度社会责任报告。

【股东回报】　2022年7月21日，马钢股份完成2021年年度权益分派实施工作。马钢股份以总股本7775731186股为基数，每股派发现金红利0.35元（含税），共计派发现金红利2721505915.10元。

（徐亚彦）

【制度建设】　为贯彻落实"合规强化年"要求，起草编制《马钢集团"合规强化年"实施方案》《马钢集团法治央企建设"十四五"规划贯彻实施意见》，制订《合规管理办法》，换版为《合规审查管理办法》，对宝武集团系列《合规指引》进行识别和内部转化，以便合规管理工作有章可循、有据可依。根据马钢集团"一总部多基地"的要求，修订《合同管理办法》《法律纠纷案件管理办法》《外聘律师管理办法》，围绕中国宝武法律纠纷管控要求，理顺马钢集团总部、子公司及各基地的诉讼业务处置权限，强化内部流程审批的时效性及跟踪的即时性，并规范律所选聘流程。

【授权委托管理】　办理授权委托共计262份，其中临时授权委托230份，包括：马钢集团临时授权委托书67份，马钢股份临时授权委托书163份；常年授权委托32份，包括：马钢集团常年授权委托书3份，马钢股份常年授权委托书29份。

【合同专用章】　2022年，马钢股份现存各业务类别合同专用章共计67枚，包括：马钢集团持有14枚，马钢股份持有53枚（其中，新刻合同专用章6枚，换刻合同专用章1枚，缴销合同专用章7枚）。

【审查意见】　截至11月28日，为马钢集团、马钢股份各相关单位出具法律意见书共计303份，其中，马钢集团公司112份，马钢股份公司191份，累计提出法律意见1753条，重新拟定协议7份，包括：合同审查意见136份，审核重大事项111件，审查管理制度39个，其他法律事务17项。上述审查中，重大事项合规审查共计569项，出具意见764条，其中审查马钢集团及子公司议案共421项，合计出具意见350条；审查马钢集团基本管理制度、重要管理制度及其他管理文件共104份，合计出具意见135余条；审查公司对外投资、专业化整合及生产协力等项目共计21项，合计出具意见240条；审查字号使用、债权债务担保、人力资源管理、历史遗留问题等其他事项共计40余件，合计出具意见76条。

【工商管理】　完成2022年度马钢集团和马钢股份公司年度报告工商公示工作并布置和协助下属各子公司完成年度报告工商公示工作。在重大事项合规审查过程中一并规范子公司章程制、修订管理及工商法律事务、指导并规范下属公司办理工商法律事务。按马钢集团制度规定管理"马钢"字号，梳理违规使用"马钢"字号的单位，并发函、督促其整改。就落实董事会职权需要启动并组织马钢集团公司章程修订工作，先后编制修订方案、请示、议案材料及汇报材料11份，并按规履行必要审核、决策程序，办理工商备案手续。

【法务培训】　组织开展中国宝武集团2022年委托代理人法律知识考试及2022年度专（兼）职合同管理员法务培训暨合规管理培训。多次组织各单位合规管理员及分管合规工作领导参加国务院国资委关于合规强化年之央企总法谈合规、中国宝武法务与合规专题培训，参训人员累计超330人次；组织子公司合规管理人员赴外参加合规风控管理培训。马钢集团全系统有6人取得"企业合规管理师"证书。

【合同示范文本】　全面推行示范文本普及工作。行政事务中心、技改部、规划与科技部、人力资源部、设备管理部、采购中心、营销中心各类示范文本初稿已形成。

【日常案件管理】　处理马钢集团、马钢股份总部法律纠纷共计32起，涉案标的额共计2313.83万元。结案26起，涉案总额2016.5万元，挽损额达1953.5万元，挽损率达96.88%。其中，劳动争议13起，案件占比达40.63%，属于纠纷高发领域，但基本以马钢不承担赔付责任结案。督导子公司、基地诉讼工作开展，就合肥公司污水处理公司污水处理合同纠纷、马钢康泰公司房屋租赁合同纠纷等案件予以指导，商议纠纷处理路径及策略，发挥内部法务与外部律师联合维权的双重功效，维护公司合法权益。

【重大案件】　马钢利民建安与马鞍山海源置业公司、马鞍山屹林房地产公司建设工程施工合同纠纷案，涉案标的额达 3169 万元。该案系原利民集体企业遗留纠纷，截至 2022 年底，发回重审的一审判决尚未作出。马钢集团深圳市粤海马实业有限公司 28 套房产权属纠纷，因深圳市粤海马实业有限公司处于清算过程中，已对接服务律所拟定具体诉讼方案，待具备启动条件后予以立案。

【以案促管】　选择 2021 年度的 4 起管理缺失方面的案例编制《典型案例管理评析》，侧重人力资源管理、业务管理、诉讼维权三板块，以达到查缺补漏、弘扬维权之志的效果。

【招标管理】　根据马钢集团"一总部多基地"管理要求及中国宝武相关管理要求，修订《招标管理办法》，参与评审应招拟不招采购及相关管理办法。

【其他重大法律事务】　1. 法治合规。编制马钢集团 2021 年合规工作年度报告，建立领导机构、联络员设置等工作机制，逐步搭建合规体系顶层设计及制度建设，组织经营业务合规与内控建设自查，开展控股不控权排查及问题整改和反垄断自查工作。2. 提质增效。2022 年，法律事务部牵头组织办理了 5 家全资或控股子公司的清算注销，其中美洲公司、中东公司、煤焦化联营公司、合力公司已完成工商注销，粤海马钢公司审计工作已完成，债权债务清理工作已近尾声。3. 信息化赋能。立足马钢集团总部、子公司及基地管理架构及需求，对智慧法务诉讼模块进行系统属地化改造，架构"横向到边、纵向到底"的法律纠纷案件线上管理系统。4. 以案促管。对 2022 年完结纠纷案件编制《以案促管改进表》，做到一案一表一改进，每份改进表皆立足事实情况，对照司法观点、法律及制度要求，倒查日常管理的缺失，进而提出全面有据的管理改进要求，提升生产运营管理质量，为马钢集团合规运行献力。编制改进表共计 64 份。5. 法业融合、法商联动。法律事务部牵头处理埃斯科股权收购工作，接 2021 年工作，破产管理人就股权收购协议征求另一管理人和其他债权人意见后，马钢集团已与破产管理人就股权收购协议达成一致意见，且该协议已经马钢股份董事会审议通过。参与马钢集团多项业务专业化整合工作，全力做好过程中的法律服务和支持，起草并审查涉及的协议、章程、股权转让协议等，包括不动产业务整合、宝武碳业、宝武环科、宝财等单位的专业化整合融合、耐材采购业务整合、水处理资产整合、电力检修资源整合、厂办集体企业改制项目，以及公司对外发展、开疆拓土相关项目等工作。

（陶　晟）

能源环保部

【能源管理】　持续推进节能技改技措，建成 17 项节能技改技措项目，年节能效益 3900 万元。加强节能减碳降本增效，通过提升红送热装率、优化钢轧界面、保持热轧余热余能回收设施稳定运行等措施，节能减碳降本完成 30127 万元，年化完成率 198.14%。组织参加"全国重点大型耗能钢铁生产设备节能降耗对标竞赛"，取得历史性突破，炼铁总厂 A 号烧结机和四钢轧总厂 2 号转炉斩获"冠军炉"。推动绿色低碳转型发展，本部光伏发电总装机容量达到 44.35 兆瓦，全年绿色发电量 3349 万千瓦时，比 2021 年上升 1249 万千瓦时。绿电交易取得新突破，2022 年 9 月 7 日，开展了安徽省内首次绿色电力交易，全年累计外购绿电 2.65 亿千瓦时。能介保供全面提升，内部实际降本 15758.69 万元，全年累计超降 1053.69 万元。全年累计发电 42.63 亿千瓦时，超额完成年度目标。开展发电一分厂南区 2 台发电机组运行、3200 立方米风机房备用风机投运、带焙加压站投运、南区电网结构调整等系统优化工作。

【环保管理】　加强环保体系能力建设。压实环保职责，组织签订年度节能环保目标责任书，马钢集团与 12 家重点单位签订创建环境绩效 A 级企业责任状，分解落实目标责任；全年无环保行政处罚，未发生《环境保护事件问责管理办法》规定的 A 类环境保护事件，未突破《环境保护事件问责管理办法》的年度问责标准，各项重点任务均按责任书要求推进，完成年度目标。加强各类环保问题整改。完成中国宝武环保问题整改 342 项，其余有序推进；完成马钢集团挂牌督办事项的摘牌工作。"三治四化"水平稳步提升，工业废水排放量削减 26.26%，马钢集团固废返生产利用率达到 26.63%，其中马钢股份本部 27.24%，进入中国宝武第一梯队。创建环境绩效 A 级企业工作吹响冲锋号。全力推进创建环境绩效 A 级企业，投资 11.2 亿元，实施 17 项超低排放改造项目。12 月 28 日，清洁运输监测评估报告完成网上公示。有组织评估报告已报中国环境监测总站审核。推动绿色指数水平提升。马钢集团新版绿色指数得 87.7 分，其中马钢股份本部得 90.6 分，稳居中国宝武第一方阵；长江钢铁得 77 分，完成马钢集团重点工作任务目标。

【动力运行管理】 夯实能源保供管理，统筹考虑限产限电、产品结构调整等因素，通过部门联动，提高生产管控水平。以"二流一态"为纽带，促进能源系统与生产、设备系统的信息共享，提高保供水平。强化动力管理，完善新增用能申请审批制度，做好延伸服务，提高马钢集团动力能源系统安全保供水平。规范马钢集团主要产用能序停复役申请以及异动情况申报，提高能源合理利用的计划水平。统筹考虑南区动力站所和管网输配能力，制定合理的公辅配套方案。开展马钢集团新特钢规划以及北区填平补齐等项目前期工作，做好工程项目投产前准备。

【安全管理】 安全保供稳健高效，全年无轻伤及以上安全事故发生。制定发布各层级安全履职清单及评价标准。组织修订完善安全、治安管理制度 28 个。加强危险源辨识及重大危险源管理，共识别相关危险源 4042 条，比 2021 年新增 142 条，全部完善风险管控措施。开展重大危险源整理建档备案，能源环保部 12 个煤气柜及 1 处球罐区域全部完成备案。组织全员隐患排查，全年共查出安全隐患 1136 条。安全完成动火监护 558 次、停送气 99 次、抽堵盲板 708 块。修订马钢集团煤气安全管理相关办法 4 项，编制《敞开式盲板阀操作指导书》，在全公司推广，开展冶金煤气安全大检查。共检查 19 家单位，共排查出各类问题共 395 项，其中重大隐患 27 项。

【设备管理】 设备管理严谨规范，马钢集团绩效处于第一方阵。规范运转 EQMS（设备管理系统）系统，围绕设备零故障管理目标，加强设备点检维护评价，狠抓设备隐患查找、整治及定检修。强化设备检修计划，精准制订 T+3 计划，确保消

缺的及时性。先后完成 1 号炉、3 号机和 3200 立方米风机房汽轮机、一气柜 30000 立方米煤气柜大修等项目。优化检修模型，先后完成焦煤放散塔高度不足、十一空站内管道腐蚀、一气柜 30000 立方米转炉煤气皮膜柜皮膜等重点隐患整治。修订《设备专业绩效评价指标》《设备检修安全管理办法》及新编多篇作业标准化案例，加强隐患排查和重点隐患识别。强调过程监督与监护，制定与推演风险应对措施，保障设备检修安全。开展设备创建环境绩效 A 级及精益现场挂牌，全面提升设备设施状态。

【基建技改】 基建项目工作处于马钢集团绩效考核第一方阵。基建项目高效运营。坚持在线生产、基建技改的双向融入，设立"模拟项目经理部"，利用在线团队综合资源，齐抓共管项目，先后完成 CCPP 配套电力工程、南北区连通管迁建、4 号电动风机重点工程，2869/2870 线路更新改造等 15 项基建工程；并同时完成 4 号、5 号锅炉超低排、北区雨污分流、无组织排放监测及集控系统等项目，六汾河废水处理站深度处理、有组织监测监控超低排升级改造等 17 项环保治理工程。

【企业管理】 以商业计划书、揭榜挂帅等重点工作为抓手，聚焦重难点工作，全面对标找差，奋勇争先，2022 年被马钢集团授予红旗 5 次，在中国宝武能源环保年度评价工作中，马钢集团排名第二，获评年度"优秀"。建立"集中一贯制"运行机制，进一步梳理管理界面，促进能源环保职能分工、业务流程和管理制度的持续优化，推动各项合规管理、内控管理风险识别等工作，完成管理制度修订和换版 129 篇。贯彻马钢集团基层管理变革要求，持续开展人效提升工作，发挥整合、融合效应，实现一体化高效运作，完成任务指标。共有 58 个站所，其中有人值守 14 个，无人值守 44 个，房所无人化指数 75.8%。精益创建工作绩效处于马钢集团第一方阵。"随手拍"整改完成率、"好行为""微课程"等均排名第一。作为创建环境绩效 A 级企业工作的牵头单位，成立党员雷霆突击队，共开展"精益·现场日"活动 566 次，斩获"现场环境整治"金牌单位荣誉。在精益现场创建活动中，15 号发电机组获优秀精益标杆产线一等奖、三星精益创建现场。

【党群工作】 强化党的创新理论武装。抓实党的十九届六中全会和党的二十大精神等核心理论学习，全年下发理论学习计划 12 期，党委班子成

员下基层上专题党课、专题宣讲 17 次。推动党建联创联建。根据马钢集团党委统一部署，7 个党支部签订联创联建协议书，把党组织活动与"三降两增"、精益运营等中心工作紧密结合，全面落实"五保三突出"要求。开展"创 A·圆梦"百日攻坚。成立党员"雷霆"突击队，共 1032 人次参与突击行动。认真做好"三基"建设，组织生活会"两清单一计划"整改、落实、通报工作。部门网站共编发稿件近 900 篇；累计外发稿件 453 篇。开展"安康杯"和"我的区域我负责"全员创 A 专项竞赛，两位同志的创新成果参加第二十六届全国发明展。两个创新工作室在安徽省机械冶金创新工作室复审中取得优异成绩，能源工匠基地负责人袁军芳获首届安徽十佳工匠年度人物称号。2022 年共获金牛奖 1 人，银牛奖 2 人，铜牛奖 6 人；慰问困难员工 180 人共 19.5 万元，探望职工及家属达 97 人次，发放慰问金 5.05 万元，发放抚恤费 5.304 万元。

（谢　红　赵书香）

安全生产管理部

【完善制度体系】 根据《安全生产法》有关要求，对《安全生产责任制》进行全面修订工作，落实全员安全生产责任制，同时制定各级人员安全履职清单，安全履职情况纳入绩效考核。按照关口前移、重心下移的管理要求，加强过程管理，制定《生产安全过程管理问责规定（试行）》，同时对照中国宝武相关制度要求修订发布《生产安全事故问责管理办法》，加大事故问责的力度。着力构建正向激励机制，制定《马钢集团安全生产专项激励工作方案》《安全专业绩效评价管理办法》，其中包括安全生产年度绩效激励、中层管理人员安全专项激励、员工安全生产专项激励等激励机制，年度激励预算为 600 万元。

【安全队伍建设】 为认真落实《安全生产法》和《安徽省安全生产条例》的相关要求，加强安全队伍建设，召开安全队伍建设专题会议，根据会议要求，各生产单位独立设置安全室，安全管理室负责人独立设置，安全员的岗位属性由操作维护岗转为技术业务岗，具有注册安全工程师和注册（消防）工程师资格人员已全部转为技术业务岗。

【培训教育】 分别举办了危险化学品、金属冶炼单位、一般生产经营单位负责人及安全管理人员等安全培训，共培训 424 人；举办了一期安全生产标准化一级创建培训 80 人参加，职业卫生管理人员培训 23 人，志愿消防员技能提升培训 180 人，消防重点部位管理人员培训 80 人，消防安全管理人员培训 30 人，安全督导组培训 19 人。特种作业人员取证培训包括低压电工 62 人，高压电工安全技术培训 78 人，煤气工安全技术培训 177 人，焊工安全技术培训 31 人，高处作业安全技术培训 18 人，起重指挥培训 223 人，叉车司机 81 人。同时组织各单位按照作业岗位，整理搜集各项安全规程和作业标准，组织全体操作维护人员进行安全规程和作业标准的培训，制作相关的练习题库，共有 12000 多人参加了培训。全面强化对协作单位人员的安全教育培训，制定了针对协作人员近 20000 人进入马钢的准入培训。

【检查和专项整治】 组织现场检查共计 223 次，下发督办整改单共计 223 份，均按照"六定原则"进行闭环管理。按照政府部门及中国宝武安监部的要求，组织完成了半年度领导带队综合大检查、职业健康安全体系内审和外审、职业卫生检查、消防专项检查、自建房专项检查、中国宝武在马单位区域履职督察、环保设施大检查、煤气专项检查、燃气专项检查、电缆和皮带防火专项整治、中国宝武大检查、"钢八条""粉六条""百日清零"行动等，重点加强对工程建设项目、检维修项目、合同能源管理、"管用养修"一体化项目日常监督和节假日与夜间的全天候检查。

【违章查处记分】 对员工违章行为实施记分制，对违章查处情况每周和每月进行统计和通报，2022 年度违章查处起数累计 9161 起。要求各级管理者在安全管理上要突破"人情式"管理，严格执行的安全违章记分规则，解决管理者、员工"愿不愿"和"认不认"的问题，鼓励先进、鞭策后进，进一步提高安全管理能力。针对部分单位各级管理人员安全违章记分情况参差不齐，违章查处力度较弱，要求各单位严格执行安全违章记分制度，按照"先量后质"的工作思路，进一步加强作业区、班组违章查处力度。安全生产管理部同各单位对共性违章深入分析原因、制定对策、落实整改，减少共性违章的再次发生。

【协作协同安全管理】 从事故统计分析来看，外包项目事故占比80%以上，暴露出在承揽单位的选择、管控、评价等方面存在的问题。专项制定《安全生产黑名单管理规定》，修订《协作协同安全管理办法》，强化协作协同全过程管理，强化协作协同供应商、分包商及人员安全生产约束机制；强化属地单位"帮教管"意识。重点加强对工程建设项目、检维修项目、"管用养修"一体化项目日常监督和节假日全天候检查。严格执行危险作业许可制度，每日早视频会通报危险作业信息，确保作业现场专人监督、监护，安全措施执行到位，严肃查处、及时纠正违章行为。积极推进开展"规范协作协同业务外包、推行协作协同人员实名制"专项整治工作，严把协作协同单位准入关，规范转分包管理，严控外包单位的准入环节、过程管控环节、考核评价环节以及离场清退环节；严把协作协同人员准入关，全面推进实名制管理，动态掌握人员流动率、在岗率。2022年开展223次安全督查，发现和整改各类问题及隐患1261项；考核协作单位153家917.18万元。清退单位3家、暂缓承揽招标资质4家、清退违章作业人员30余人及各类车辆和特种机械数十台。

【岗前安全宣誓活动】 为提升全员安全意识，让现场作业人员提升安全生产使命感、责任感，组织20家单位，905个作业区（班组）参与岗前宣誓活动，各单位共制作誓词462条，确定挂钩监督责任人503人。为检验工作效果，4月19日—5月11日，安全生产管理部联合工会前往20家单位，对52个作业区（班组）岗前安全生产宣誓活动进行了督导，开展安全生产宣誓活动考评验收工作。活动开展以来，基层一线作业区（班组）及协作协同人员的积极响应和参与，员工的整体安全意识得到提高，安全文化建设得到进一步强化。为了进一步强化协作协同人员岗位安全宣誓工作，根据近年来事故高发的特点，选择了皮带清扫、行车地操、高空焊接、锌锅捞渣岗位作为试点，推进协作协同安全宣誓工作，结合岗位特点、岗位风险、岗位缺陷、违章行为对安全宣誓词进行优化、固化、可视化，通过"小切口"的方式提升协作协同人员安全意识，提高安全管理能力。

【铁前工作专班】 针对2022年铁前系统事故多发的情况，为快速扭转当前严峻的安全生产形势，坚决防范遏制各类生产安全事故发生，指导铁前单位安全管理水平的提升，经研究，决定成立铁前安全工作组，自10月25日至12月底，进驻炼铁总厂驻点开展专项安全工作。主要包括：督导皮带机安全专项整治，督导隐患排查治理、重大风险管控，督导协作协同安全管理，督导安全管理制度落地和各级人员的安全履职情况，支撑铁前重点工程和大修项目安全管控，支撑铁前新项目的投产准备，支撑铁前生产的稳定运行。

【安全生产月活动】 在全国第二十一个"安全生产月"期间，结合"遵守安全生产法，当好第一责任人"主题，下发《关于开展2022年安全生产月活动的通知》，制定安全生产或活动清单，落实第一责任人的"背诵宣誓第一责任人（主要负责人）的安全生产责任制，组织修订一次安全生产规章制度或操作规程，给职工（包含协作人员）上一堂安全培训课，组织一次隐患整改方案的评审，参加一次危险源辨识和风险评价活动，组织一次应急预案的演练，组织一次危险源安全专项检查"七个一"活动。同时，通过带领全体员工充分运用各种载体，创新开展群众喜闻乐见、形式多样、线上线下相结合的安全宣传活动。

【安全竞赛】 为承接中国宝武2022年"全面对标找差，创建世界一流"劳动竞赛，安全生产管理部会同马钢集团工会、人力资源部、技改部共同举办"落实全员安全生产责任制"劳动竞赛。6月，分子公司及下属单位共完成安全成果16项，其中向中国宝武集团申报了11项。在中国宝武集团组织的劳动竞赛中，马钢集团安全知识竞赛获第二名，在马鞍山市组织的劳动竞赛中，马钢集团获团体第二名。根据宝武集团及马钢集团应急管理部要求，积极组织全体员工在"链工宝"上参加"新安法知多少"网络知识竞赛，马钢集团共15221人参与答题，共获922397积分，获中国宝武集团内部第二名的好成绩；举办了"宝武集团马鞍山区域新安全生产法知识竞赛"，共有36家单位派选手参加。比赛从中选出三名选手代表中国宝武马鞍山区域参加马鞍山市举行的"新安全生产法知识竞赛"，最终获团体第二名。

【特种设备监管】 按计划开展特种设备定期检验工作，根据年度特种设备定期检验计划，监督各单位特种设备定期检验工作的完成情况，全年共完成特种设备定期检验719台。加强特种设备使用登记、变更的管理，确保特种设备依法合规使用，杜绝无证使用行为。督促各单位及时办理特种设备使用登记、变更手续，共完成新办特种设备使用登记证 430 台，完成特种设备使用注销报废 370 台。

【职业危害防治】 按计划委托具有资质的机构完成 2022 年度生产现场职业病危害因素检测。其中，粉尘岗位 122 个，合格率 96.7%；噪声岗位 200 个，合格率 92.5%；高温岗位 44 个，合格率 86.4%；一氧化碳、苯及其同系物、氨等高毒物质所涉及的岗位接触浓度符合国家卫生标准 100%。2022 年，针对现场检测工作第一次尝试了将岗位与点位的分离统计，科学划分现场危害区域，精准辨识接害人群，通过辨识，职工接害人数从 2020 年前占比职工总人数 70% 以上降至 2022 年底的不足 50%，履行企业应尽的社会责任，体现现代化企业应有的健康状况。

【消防管理】 始终坚持把消防安全放在重要位置，认真部署和落实省、市及中国宝武集团相关文件要求，同时吸取国内一些火灾事故案例为教训，并结合公司实际情况开展了燃气、煤气、安全用电安全专项排查整治，高层建筑、人员密集场所应急通道专项检查，厂房、库房、各类租赁场所火灾隐患排查整治，生产线各类电缆桥架、隧道等消防隐患排查。严格加强对各类动火作业方案审核、流程审批、措施落实、作业票签等管理，严防火灾事故发生。

【应急能力建设】 在安全生产月期间共组织 114 次综合、专项预案以及现场处置方案的演练。从演练前培训到演练后评审，演练过程坚持贴近实战、注重实效。通过单位组织大型的专项预案演练，以及作业区、班组组织的现场处置方案演练，不同层级、多区域相互协调配合，并通过综合评审，优化应急预案，完善应急准备，切实提高演练的严谨性、针对性和实用性，确保发生紧急情况时能够及时有效地进行处置。

（胡艺耀）

技术改造部

【固定资产投资】 2022 年，完成 101 个项目的可研批复，立项资金 34.73 亿元；实际支付 69 亿元，资金计划控制在目标以内；新建及续建项目共计 190 项，计划投资约 242.96 亿元，建成投运项目 91 项，计划投资 94.1 亿元，工期控制有效，节点完成率达 95% 以上；工程项目安全大事故以上为零，工程项目质量事故为零。

【“十四五”规划基建技改项目】 “十四五”期间，重点项目主要是北区填平补齐、南区产品产线规划两大项目群，计划投资总额约 275 亿元。2022 年，重点推进北区填平补齐项目群 B 号高炉大修、C 号烧结机、焦炉大修项目建成投产和马钢南区产品产线规划项目群新特钢一期基本建成。

1. 北区填平补齐项目群基本全面建成投用，实现规划目标。2022 年 2 月 21 日开始 B 号高炉大修停炉前施工，9 月 15 日顺利停炉，9 月 29 日完成旧炉体拆除，10 月 2 日完成新炉体安装，11 月 6 日完成耐腐蚀材料砌筑，11 月 20 日开始烘炉，并于 2022 年 12 月 8 日点火投产。2022 年 5 月 15 日开始 C 号烧结机项目设备安装，10 月 1 日开始设备单体试车，12 月 3 日顺利投产。焦炉大修项目 10 号焦炉 2022 年 9 月 27 日装煤，9 月 29 日按计划出焦；9 号焦炉 2022 年 12 月 3 日装煤投产。混匀与外供系统改造项目和公辅介质供应项目按计划节点同步实施建设。

2. 以新特钢项目一期基本建成为重点任务，全力推进南区产品产线规划项目群建设。多方协调完成新特钢人头矶场平工作，创造条件按时向新特钢移交场地。组织协调马钢集团内部相关单位，配合马鞍山市政府推动前期工作，确定厂区物流通道、场平范围和要求，迅速推动前期爆破、场平、安全、施工组织设计等重大方案审批，协调提供土石方堆场，沟通保卫、运输等部门方便车辆进出厂区。自 4 月下旬首爆至 6 月下旬仅两个月时间完成土石方挖运工作，按计划完成场地接收工作，为新特钢全面建设打下基础。

确保新特钢项目一期基本建成，2022 年 11 月 22 日完成 1 号转炉倾动试车。连铸轧钢工程（一期）项目整体处于土建及厂房封闭收尾，大圆坯及小方坯连铸机、加热炉及轧机等设备安装调试正在按计划推进，同时全厂景观提升施工工作已全面展开。全厂场内公辅项目整体处于综合管廊施工收尾，水、压缩空气及其他介质管道安装基本完成，声屏障已全线交付设备安装，智控中心、办公楼及共享中心已进入幕墙及装修装饰阶段。新特钢主体项目工期控制有效，一期于

2022 年 12 月底基本建成，配套公辅系统同步推进。

确保 2 号连铸机工程与新特钢项目进度的协调。新建 2 号连铸机是为了解决长材事业部一区炼钢、连铸关停后的 2 条轧钢生产线的坯料来源，需与新特钢一期同步建成。大包回转台、拉矫机等底座已经安装到位。

【争取政策支持】　争取政府项目奖补优惠政策，为马钢集团创造收益。加大向政府申报优惠政策的力度，2022 年自主申报奖补资金约 2036 万元，一是依据省市经信部门《制造业数字化网络化智能化绿色化改造项目库申报指南》要求申请资金 500 万元；二是依据《2022 年促进制造业三年倍增若干政策——推动新一轮高水平技改政策资金申报》要求，申请补贴合计 1536.73 万元。配合马钢集团机关部门共同申报各项奖补资金约 1.35 亿元以上。一是配合规划与科技部填写申报《2023 年现有政策产业扶持项目清单》，申请补贴合计 1.35 亿元。二是配合能源环保部申报了 B 号高炉本体除尘、炼铁无组织排放项目的环保补助资金。三是配合经营财务部申报 2022 年度购置三项专用设备所得税减免和设备购置贷款贴息政策等。

【项目投资管理】　1. 年度投资计划项目。秉持"不花一分冤枉钱"的理念，以"年度新增立项投资总额"为红线，严格按照马钢集团制定的项目筛选原则，以环保安全等法规驱动性项目优先、节能与品种结构调整等市场驱动为重点，统筹谋划项目，结合下半年经济形势，实地摸排调研，提出暂缓项目清单，调整年度投资计划，并有步骤地推进项目有效落地。2022 年完成立项批复 101 项，完成立项 34.73 亿元，实现了投资规模控制目标。

2. 严格项目审查。技术改造部专业技术人员研究政策，首次完成冷轧结构调整系列项目的"三性"论证报批，保障了项目的合规性。提高可研方案的经济性，对项目投资估算 5000 万元以上的可研报告中增加利旧固有闲置产线设备的论证结论，并报中国宝武集团退资办备案。加强对项目方案的可行性论证，如炼铁总厂生矿仓改造方案，要求实地考察，并详细分析后再报批立项。

3. 项目方案审查。不断提高项目方案编制深度，细化项目方案，提高审查细致度，有效降低投资。

【施工过程管理】　1. 项目建设安全质量管理。围绕"压责任、控风险、抓重点、提本质、强培训、严标准、夯基础、促绩效"的总体工作思路，落实管行业必须管安全，管业务必须管安全，管生产经营必须管安全的"三管三必须"基本要求，制定《2022 年工程项目施工现场安全管理工作计划》，持续推进工程项目安全管理体系建设。重点完成五项工作：一是修订发布《技术改造部全员安全生产责任制》《技术改造部全员安全履职清单》，全面严格落实全员安全生产责任制；二是严格落实"安全生产十五条硬措施"，全面加强现场安全督查力度，组织开展建设施工大检查，并持续开展日常现场安全督查、组织各类专项检查 26 项次，查处现场各类违章违约问题 1891 条，落实安全违约考核 2011.52 万元；三是继续全面推动安全标准化工地建设，组织开展 24 轮次月度联合检查考评，完成 4 轮次安全标准化工地季度考评，优秀率 41%，达标率 91%；四是将工程项目重点安全管理工作与安全标准化工地推进工作有效结合，完善安全标准化工地创建、检查、考评体系；五是推进工程项目疫情防控工作常态化开展。

2. 安全管理创新。以"重点抓、抓重点"的安全管理思维，着力开展工程项目安全管理创新工作。一是开展承建单位施工人员准入和安全教育实效性督查，加大清退处理考核力度，安全教育有效性有所提升。二是强化"违章就是犯罪"安全管理理念，制订 12 项违章清单，以"零容忍"方式推进，提高考核处罚力度，工程项目违章屡禁不止现象有所缓解。三是加强对危大工程以及超过一定规模的危大工程、高危作业安全合署三方旁站监管情况的督查，建立安全管控告知制度，从施工方案审批、安全交底工作、人员安全教育等多维度实施管控，保证项目的安全实施。四是推进实施安全标准化工地创建专项劳动竞赛和非主控项目常态化月度检查考评工作项目全覆盖。五是重点抓新开工项目开工前安全管理宣贯及教育培训，做到早介入、早宣贯、早预防。

3. 质量监督管理体系。全面推行按冶金建设工程质量检查手册进行检查、借调外部专家和现场检测程序"三管齐下"机制实施季度监督，优化监督人员专业结构，做到监督内容全覆盖，提高监督检查质量，为工程质量控制提供了监督保障。优化工程质量检查程序，推动监督工程师工程项目监督记事制度，做到记录及时、监督闭合；推行专项检查和综合质量检查借鉴监理、施工专家和检测单位参与制度，做到以数据说话，严格工程质量整改落实；强化重点部位监督和日常巡查整改工作，确保工程质量可控。2022 年共组织季度质量监督检查 3 次，覆盖 29 个在建项目，工程实体质量测量 1602 个点，共发现并整改问题 396 项，加大考核整改力度，整改不力的或漠视质量管理的对相关方进行约谈。组织环保设施及卷闸门、检测、钢结构等专项监督检查 3 次，发现问题并整改问题 89 项，考核 12 家单位共罚款 136.4 万元。

4. 项目验收和结算转固。一是有序开展项目验收管理工作。制定发布《工程项目投产管理办法》，进一步界定工程项目建设与生产的界面，持续宣贯"项目干净彻底"的管理思想和交竣工管理制度，提升管理能力和制度执行力。二是持续推进完工项目打包、结算、转固工作。推进工程项目管理系统上项目的实物交接和投产暂估入账；加快已完工项目结算转固，建立科室联动机制，明确职责和工作节点，较 2021 年效率大幅提高。计划打包项目 113 项，已完成 76 项；计划结算 96 个标段，已完成 106 个标段，超计划完成；项目暂估转固 47 项，正式转固 6 项。

【总图管理】 在 2021 年完成厂区地下管线探测工作基础上，为保障总图基础数据的完整性，全面推动新建项目的地下管线跟踪测绘和项目竣工测绘工作；6 月基本完成"二三维总图系统"建设、启动数据入库工作，8 月完成人员培训及上线试运行，12 月正式上线运行，实现马钢集团"二三维总图系统"实时与现场同步基础工作。全面启动新建项目总图切图、可研和初步设计总图审核、总图布局确定和总图确认工作，实现新建项目建设过程的总图布局的可控性，完成 H 型钢大线工艺设备适应性改造工程项目等 30 多个工程项目总图审查和确认工作。

对外积极协调新建项目规划办理和施工许可办理等合规性工作，推动简化办理建设工程规划许可证程序，促使马鞍山市自然资源和规划局同意施工图审查后置，全年共办理 C 号烧结机工程等 17 个项目的建设工程规划许可证。协调马鞍山市政府到宝钢股份和上海市宝山区相关部门调研，提出参照宝钢股份模式办理施工许可证，马鞍山市政府同意线下办理施工许可证。配合马鞍山市自然资源和规划局复核核桃山、渣处理等图斑合法性工作，确保马钢集团合法施工。

【土地管理】 积极协调马钢集团建设用地收购、自有土地征收和租赁工作。完成从马鞍山市政府受让三台路 38.87 亩土地的权证办理，以及回购化工能源公司 359.96 亩工作，完成马鞍山市政府征收马钢股份优棒地块 73.87 亩和特钢地块 43.71 亩以及征收杨家山路口 0.66 亩的报批审批、评估备案和补偿协议签订工作。配合马鞍山市政府完成人头矶北段 60 余亩土地的山石开挖场平工作，仅用两个月时间完成爆破、外运土石方 57 万立方米，为新特钢项目建设打下基础。完成利民硅化物公司占用二厂区 12.71 亩土地和马钢物流公司加油站占用三厂区 4.06 亩土地租赁工作。

【环保创 A 项目建设】 1. 创新管理促推进。创新环保创 A 项目管理方式，制订《关于加快推进技改创 A 项目实施的通知》，下达工作任务清单，限期完成，压实责任，将创 A 项目作为一个"项目群"项目进行管理，统抓统推。解决了环保创 A 项目分散，全厂性，涉及厂部多，与生产交叉多，又有一定的共性等难题，加快推进创 A 项目进展。发挥能动性和工作"连轴转"的精神，突破常规，在 3 个月内完成 16 个创 A 环保项目立项，共约 10 亿元。组织力量、加班加点，以较短时间完成能环部 4 号、5 号燃气锅炉超低排放项目是环保挂牌督办项目立项和合同签订，确保了 2022 年 3 月 18 日开工建设，通过优化施工和供货方式、现场督战等措施，5 月 28 日完成脱硫塔本体组装，在 17 天内完成电气、设备、管道等安装与调试及设备防腐工作，历经 90 天的奋战，克服疫情影响，6 月 17 日实现马钢集团首个创 A 项目提前建成投产，比计划提前 13 天。

2. 攻坚克难保节点。2022 年环保创 A 项目 16 项，投资费用约 10 亿元，当年启动、当年立项、当年 9 月 30 日建成投产，而且项目具有点多、面广、与生产交织、部分点位利用定修间隙才能实施的特点，任务异常艰巨，技术改造部勇于担当，调配有效资源、创造"绿色通道"，组织细化一级、二级网络，实施"网格化"管理，严格落实红黄灯考核机制，合力加快施工进度，实现年底全面完成验收。

【其他业务】 1. 合同管理。推进合同格式文本规范化，组织编制总承包合同、施工合同、设计合同、技术服务合同等格式文本并经法务审核，促进合同管理标准化提升。在合同文本规范化基础上，推进合同电子化工作，已完成电子章认证。建立农民工工资保障机制，签署承诺书作为合同附件，通过"五牌一图"、三级网络协调机制、农民工工资专用账户等措施，压实供应商支付农民工工资的责任，进一步保障农民工权益。2022年签订合同683份，合同金额56亿元，累计实际支付共计69亿元。合同履约率100%，未发生经济纠纷案件。

2. 供应商管理。健全基建技改合格供应商网络，完善供应商考评体系，建立项目评价、年度评价、标化工地考评、质量监督考评等多维度评价机制，根据评价结果实行战略、优秀、合格分级管理，注重考评结果的应用，保持淘汰退出机制、建立黑名单，实现"优胜劣汰"的有益循环，不断提升基建技改供应商的整体"品质"，保障优质建设资源。制定《工程项目施工分包管理标准》，对施工分包商实施过程评价，季度发布，强制排名，末位淘汰的管理，全力提升分包商队伍能力，同时将分包商的评价融入对总包商的考评，形成总分包两级供应商管理机制。

3. 项目后评价。2022年项目后评价计划68项，通过宣贯、督办、考核、整改闭合等一系列管理措施，编制完成项目后评价报告68项，项目单位编制后评价报告完成率100%。组织推进项目后评价报告综合评审工作，完成68个项目后评价报告的综合评审，能环部、制造部、设备部、经营财务部等马钢集团职能部门提出了评审意见，项目单位整改后形成最终报告，年度计划完成率100%。

【荣誉】　揭榜挂帅项目按目标节点完成，全年获"奋勇争先奖""大红旗"1次、"小红旗"3次。被马鞍山市委和市政府授予全市推进产业升级项目攻坚先进集体。"创新举措　力保安全　全力提升技改项目安全标化工地建设水平"管理创新获马钢集团二等奖。

（黄远顺）

集团公司直属分/支机构

行政事务中心
（马钢公积金分中心、档案馆）

【对外捐赠与乡村振兴】 1. 加强组织领导。马钢集团主要领导、相关单位和部门主要负责人多次赴帮扶县、村开展乡村振兴工作调研，代表马钢集团捐赠帮扶资金和物资，开展走访慰问，实地查看帮扶项目，为当地发展提出指导意见。马钢集团党委常委会专题研究乡村振兴工作问题，马钢集团党委每季度听取进展情况汇报。按要求落实对外捐赠管理制度制（修）订事项。

2. 发挥协同效应。联合重机公司、设计院、力生公司等9个单位和部门赴龙台村开展实地考察，从铸造产业、订单农业、村容提升、文化下乡、乡村旅游等方面策划帮扶方案及项目；将李集村苗木纳入研发中心绿化采购计划；按照宝武集团下达的引进帮扶指标，营销中心、长江钢铁等多家单位积极协助，为江城县引进无偿帮扶资金30万元，引进有偿帮扶资金308.1万元。

3. 突出资源优势。2022年，支援李集村、龙台村200万元，投入到苗木基地入股分红、工业园区建设出租及道路修建、道路亮化、环境整治等项目。组织各单位采购帮销脱贫地区农副产品1100万元。联合教培中心宣传鼓励帮扶地区学生就读马钢技师学校、安冶院招生；举办线上培训，宣贯习近平总书记关于实施乡村振兴战略重要论述，开展农村市场营销与电子商务、老年人健康生活常识与急救措施专题培训，帮扶村两委、驻村干部及村民代表等共46人参加了培训；实施助学计划，为两个村32名脱贫户、困难家庭等子女发放6.4万元助学金。组织相关单位基层党支部与帮扶县、村基层党支部签订联创联建协议。利用庆祝第二个中国宝武"公司日"契机，举办了"乡村振兴 马钢助力"主题活动，邀请马钢帮扶的江城县、阜南县、含山县三地代表及帮扶干部、有关部门共同参与座谈交流，取得良好反响。

4. 履行社会责任。组织完成马鞍山市2022年"慈善一日捐"50万元善款捐赠。配合马鞍山市中心血站发动职工义务献血2139人次，献血量达602000毫升，新增1名职工造血干细胞捐献者。

参加马鞍山市第31届金秋花展布展。

【疫情防控工作】 1. 强化应急响应机制。深入落实属地疫情防控政策，落实"四方责任""四早"措施。针对3月马鞍山区域突发疫情紧急情况，印发新一轮严防严控方案，开启24小时全天候办公应急值守模式，组织协调全公司各单位联防联控。3月31日，与马钢应急办、保卫部联合组织疫情防控应急预案演练，修订发布马钢《突发公共卫生事件应急预案》。全年共下发紧急通知、转发重要文件93份。3月，"抗疫保产保基建"团队被公司授予"奋勇争先奖"，夺得"大红旗"。

2. 从严落实防控举措。根据疫情形势变化，实时沟通、严格督促各项措施落实。每日转发健康管理措施清单，汇总整理各单位信息。适时增设马钢办公楼、厂区人员密集场所核酸采样服务点，配合完成本市各轮区域核酸检测，全年马钢集团办公楼、厂区共计开展核酸采样服务40场、采样14028人次。及时调整人员聚集性活动管理要求，做好政策指导和现场检查工作。推广"场所码"使用，加强预警监测。强化工程建设人员管控，多次开展实地专项督查，截至7月29日，完成生产车间人员核酸检测36042人次、建筑工地人员核酸检测15602人次。

【厂容绿化管理】 1. 厂容环境整治。以北区整体提升、南区补齐短板为重点实施厂容综合整治，完成"二园五点一环线"和"小循环"绿化工程。2022年新建绿地34.3万平方米，改造绿地8万平方米。马钢集团厂区绿地率增至35.02%，绿地覆盖率增至36.52%。细化绿化养护标准，完成2020年新建绿地约50万平方米的养护交接；及时开展绿地占用现场勘查，加大绿地恢复督办力度。

2. 创建3A级景区。围绕马钢集团"创建3A级景区"年度重点工作，编制创建工作方案，景区自主规划和设计，以最小的投入建成独具马钢特色的工业旅游景区，7月29日获批国家3A级旅游景区，景区预约系统成功上线，8月9日景区正式挂牌并试运营。景区累计接待3598人次，打造工业旅游新业态。

3. 厂容环境监察。配合公司创A行动，专题部署厂区道路保洁方案，督促保洁单位加大道路清扫、洒水抑尘和巡检保洁力度，及时处理运输抛洒物；启动雾炮车对施工及重污染区域来回作业，有效抑制道路二次扬尘；每周对重点保洁道路进行深度清洗，对厂区内防撞墙、人行道、围栏进行一轮全面冲洗作业。

4. 创新管理模式。在马钢集团"精益通"平台创建开通"满意后勤"模块，及时提交环境卫生整改案件，通报环境脏、乱、差问题，自 6 月"满意后勤"上线至 2022 年底，共提交环境卫生案件 289 起，每周通报整改的完成率稳定在 100%。

【卫生健康管理】 1. "五室一堂一所"整合。根据公司厂容整治要求，配合完成北区共享服务中心和南区煤焦化食堂建设，对新建共享服务中心的食堂进行平面布局设计及施工过程检查；及时跟进研发中心和新特钢共享服务中心食堂及咖啡厅平面布局、内部装修设计的审核、优化工作，督促建设进度；按计划推进"五室两堂一所"巡查全覆盖。

2. 强化卫生监管。按月完成马钢集团、马钢股份及福利费自提自用单位约 3.07 万余名职工及协力工的工作餐审核、录入；分步推进食堂选餐制，开展特色餐饮品鉴会等活动；根据职代会提案，在南、北厂区设置"送餐到岗位"试点；常态化开展食堂原料采购及桶装饮用水卫生安全检查，新冠病毒疫情严峻时期，重点对 31 家食堂员工健康状况、通风消毒、就餐一米线设置等开展专项督查。积极动员各单位广泛发动职工支持、参与爱国卫生运动，定期对马钢集团办公楼进行病媒生物防制，按季分发"四害"消杀物品，督促各单位完成消杀面积约 90 万平方米。

3. 职工健康体检。与德驭医疗马鞍山总医院共同研究、优化职工健康体检方案，推行"1+X"个性化定制套餐和线上预约，让职工自主选择体检项目并享受马钢集团优惠价格。完成体检人数马钢集团 2599 人，马钢股份 11869 人，到检率 91%，职工体检满意度 98%。

4. 提升医保服务。全年完成离休人员、大病重症和职工家属医疗保险费共审核 12133 人次、3400 万元，工伤医疗等相关费用 1981 人次、1013 万元。完成职工人身商业险招标、协议文本修订及协议签订，缴费为 3134 万元，累计索赔 843 人次、832 万元，协调处理理赔纠纷 10 余起。

【后勤事务管理】 1. 强化运维监管。年内累计完成机关办公区域设备设施维修约 4025 项、办公楼土建零星维修 356 项；排查马钢集团办公楼隐患 98 项（已整改完成 90 项）；完成办公楼玻璃幕

墙维保、19—20 层会议室无纸化办公及智园游客中心改造等固定资产维修工程。及时调整办公楼义务管理员、义务消防员、义务突击队员，加强办公楼消防安全、设备、环境卫生等巡查工作，组织开展机关办公区域火灾消防安全应急演练。全年调整机关办公用房、配置办公家具约 286 项，维修办公家具约 42 项。完成马钢集团公司各类重要会议服务共计 1005 场次、20586 人次。

2. 严格协力管理。梳理生活后勤类协力供应商业务范围，严格准入标准，统一协力管理，明确安全责任。编制后勤协作管理办法，开展后勤协力用人单位工作界面及人员配置调研，审核下达后勤协作业务项目计划；完成协力单位二方审核，督促业务合作单位整改反馈；开展后勤协作业务项目单位日常安全检查，并督促整改；配合炼铁总厂及人力资源共享中心办理共享用工等相关业务。

3. 推进文体改革。编制文体中心运行改革方案和马钢集团办公楼新建文化中心方案，推动职工文体活动运行模式改革。做好夏季常温游泳馆延时开放和安全保障工作，全年接待来馆活动人员 40 万余人次，夏季共接待泳客 42863 名，救助落水事件 35 起；接待安徽省、马鞍山市、马钢集团各类活动和比赛 16 场次，承接中国宝武司歌活力操大赛场地使用及现场服务工作；配合马鞍山市卫健委做好新冠疫苗接种现场服务；实施非生活用水管网改造；完成游泳馆马鞍山市卫生健康 A 级标准创建评审工作。

【档案史志管理】 1. 顺利通过宝武检查。上报中国宝武档案中心相关检查材料 790 份，顺利通过检查组的实地现场检查。档案馆全年共整编、接收各类档案 38540 卷（件），提供各门类档案利用 19195 卷（件），其中远程利用 4453 卷（件）。

2. 推进档案信息化。根据国家档案局部署安排，马钢集团档案馆负责牵头《ERP 系统数据归档和管理规范》的起草工作，通过了国家档案局组织的预评审；开展存量档案数字化，2022 年度完成录入 98639 条，扫描文字 470702 页，挂接系统 72041 条，文字页数 325272 页。

3. 档案专项整治。重点工程档案集中整治，集中整治了 37 个重点工程项目，对 10 个未完成的工程项目进行了档案保证金考核；根据马钢集团环境绩效创 A 和北区环境综合整治总体安排，完成原北区能控库房的整体搬迁工作，搬迁各类档案及档

案设备 6 万余件。

4. 拓展区域托管服务。与矿业资源集团有限公司等 4 家单位签订档案托管协议，开展档案托管服务，为马钢集团公司年度创收 71 万元。

5. 史志年鉴编纂。有序推进《马钢志（2001—2019）》编纂工作，建立编纂例会制度，协调各单位反复多轮修改稿件，向马钢集团提交稿件编纂阶段性工作汇报，按照生产工艺流程，分批组织召开编纂工作交流会和专题讨论会，完成近 80 万字的文字稿初稿送审。完成《马钢年鉴》第 36 卷终审定稿，进入出版印刷阶段，计划年内正式出版发行。落实上级部署，完成《宝武年鉴（2022）》《马鞍山大事图文》《马鞍山年鉴（2022）》《中国共产党马鞍山历史》第三卷（1978—2012）等有关马钢稿件的整理上报。

【公积金与房改业务】　1. 公积金属地化管理。按照省、市人民政府和宝武集团要求，与省、市公积金管理部门充分对接沟通，协调推进马钢分中心属地化管理工作。配合市公积金中心开展清产核资、资产、业务、人员移交工作；及时关注职工思想动态。2022 年 12 月 19 日，完成分中心交接协议书签订。

2. 公积金信息化服务。开展住房公积金数字化转型调研工作，完成"长三角"区域互联互通公积金联合执法调研和执法案例上报，"跨省通办"离、退休提取功能正式上线；完成审计署 4 方面问题整改落实工作。推进 7% 住房补贴资金剥离，7 月底顺利实现汇缴，截至 2022 年底，审核汇缴 38594 人次、3377.88 万元，完成 20 个单位补缴 180 人次、15.49 万元。协助马建集团等困难企业办理公积金缓缴申请；完成一人多户省外账户核查清理及重复多缴账户封存和资金清理；全年住房公积金缴存职工 39036 人，缴存额约 12.59 亿元，完成贷款审批 646 件，27873.10 万元；与市中心沟通落实权证电子化衔接工作。设计大额资金竞争性存放项目竞选流程，成功组织 4 次竞选，累计标的资金 6.3 亿元。

3. 严格房改资格审核。落实国家和省厅缴存和业务管理要求，牵头落实按月住房补贴账户剥离工作；根据市主管部门要求，向市审核牵头部门整理报送 445 户、902 人年审材料，完成房租及物业费收缴 215 户，收缴房租 45.15 万元、物业费 7.48 万元；安排公司新招录的 58 名单身职工进住公租房；按期完成公司审计提出的公租房管理整改问题。

【党群工作】　1. 紧扣"第一议题"。推进落实环境绩效创 A "百日攻坚"，组建党员突击队，共开展义务巡查 94 次/209 人次，完成全部 115 起发现问题的督促整改。成立作风建设领导小组，梳理制定推进任务 8 项、30 条，开展 4 个"聚焦"系列主题活动；对新提拔干部开展任前廉政谈话；组织集中观看《扭曲的人生》《零容忍》，开展"喜迎二十大 廉洁谱新篇"警示教育主题党日活动和"严肃财经纪律、依法合规经营"专项治理；坚持两周一次的政治学习制度，共组织理论学习 21 次、1210 人次，中心 D 层级及以上人员宣讲"七一"讲话、党的二十大报告等 19 次。

2. 开展联创联建。推进党总支联创联建，两级党组织共签订协议 8 份，有序开展系列主题党日活动。谋划公司级"我为群众办实事"项目举措，自主实施清单外"核酸采样进大楼 服务职工暖人心"项目。

3. 深耕文化建设。深入学习宣贯中国宝武战略文化、马钢企业文化，开展企业文化体系知识竞赛，D 层级以上管理人员解读宝武及马钢企业文化，推动"江南一枝花"精神落地见效。

4. 做好信访维稳。成立信访维稳工作专班，确保两会、党的二十大召开期间、公积金属地化管理过渡期的职工思想稳定。

【荣誉】　2 月，获马钢集团"北厂区封闭管理"项目团队奋勇争先奖"大红旗"；3 月，获马钢集体"抗疫保产基建"团队奋勇争先奖"大红旗"；马钢股份乡村振兴工作被中国上市公司协会评为"上市公司乡村振兴优秀实践案例"；7 月，获马钢集团"创建 3A 级旅游景区"工作团队奋勇争先奖"小红旗"；8 月，获马钢集团"2022 年环境提升工程"项目团队奋勇争先奖"大红旗"、"8·19"系列活动工作团队奋勇争先奖"小红旗"；获马钢集团二季度"厂区环境提升"专项劳动竞赛银牌；11 月，获马钢集团三季度"厂区环境提升"专项劳动竞赛金牌；12 月，获马钢集团"疫情防控常态化工作团队"奋勇争先奖"小红旗"、"绿色发展指数提升"工作团队奋勇争先奖"小红旗"、"公司精益改善工作团队"奋勇争先奖"小红旗"；此外，在马钢集团经营绩效成果分析会上，行政事务中心连续被点评为"基层服务满意度较好"单位。马钢集团被评为安徽省属企业档案工作先进单位。

（李一丹）

人力资源服务中心

【人才招聘】 2022 年组织内外部 17 家用人单位招聘 22 场次。参与马钢集团 2023 年校园招聘，完成安徽冶金职业技术高端操维岗招聘等。办理指令性、协商性等马钢集团内外部 1025 人次流动手续。

【转岗培训】 持续开展港料总厂、四钢轧总厂等单位 27 名待聘人员转岗培训，完善《马钢待聘人员转岗培训实施细则》等日常管理制度，定向提供 3 批次 14 家单位 99 个岗位，10 人实现再上岗。

【职称评审】 精心组织职称评审，完成 2022 年度马钢集团各系列职称评审工作，其中 38 人具备政工师任职资格，并推荐 19 人申报高级政工师任职资格；参与正高级工程师申报工作，共 11 人申报，8 人通过安徽省国资委高级资格审核，其中 6 人通过正高级职称评审；工程系列评审，共有 297 人申报，227 人通过，其中高级工程师 94 人、工程师 133 人。有序安排大学生实习，克服新冠病毒疫情影响，完成安徽工业大学学生 81 批次、9830 人次在马钢集团的实习工作。

【薪酬发放】 薪酬发放高效开展，完成马钢集团本部 42 家单位的薪酬发放、个税代扣代缴对账等工作。协同有关部门完成个税代缴调整、年度薪酬调查相关工作。

【社保征缴】 按月审核办理 59 家单位社会保险及 73 家年金缴费，积极争取相关优惠政策，协调落实了马钢集团失业保险稳岗政策返还 1056.10 万元、生态圈企业 505.22 万元及社保基数缓调缓缴等事宜。

【员工服务】 定期收集、归返、预审退休职工档案，报经马鞍山市人力资源和社会保障局审批，全年办理员工退休 599 人、协商解除合同 1395 人，办理工伤人员协商解除合同一次性就业补助金 151 人。收集、申报劳动能力鉴定 1640 人。办理劳动合同续签 184 人、劳动合同终止 1026 人。同

时，做好职工有关退休待遇、年金支付以及工伤待遇等来信来访，积极妥善处理"一条二项"特殊工种提前退休事宜。

【信息共享】 及时准确统计各类报表，定期完成马鞍山市统计局、中国钢铁工业协会、中国宝武等上级单位年报 158 张，为马钢集团相关部门定期或不定时提供各类报表和数据 50 多份。系统维护保障有力，开展新系统操作业务培训，做好系统机构、兼职、人员信息等日常维护运行和相关业务信息处理，为中国宝武在马鞍山区域企业提供系统维护与操作技术支撑。信息共享持续加强，编发了 4 期《人力资源服务》和 12 期《人力资源信息》专刊。

【离岗管理】 完善《马钢离岗人员管理与服务细则》，及时办理退休、协解等手续，做好日常政策解释咨询，落实相关福利待遇。组织离岗人员、共享用工等困难职工摸底，组织开展元旦、春节送温暖活动，为 127 名困难职工、驻外员工、烈士遗属发放慰问金、慰问品共计 219252 元，并完成 2022 年度互助保障计划工作。组织开展"送清凉"活动，共为 345 名职工发放防暑降温物资 288795.15 元。开展日常困难职工慰问 250 人次，职工困难补助 22.01 万元。召开人力资源服务中心离岗人员信访维稳专题会，实施 5 个信访维稳事项包保计划，参与协调处理居家休养、共享用工等有关人员的信访事宜。

【共享用工】 按照"点面结合、内外联动"工作思路，共发布 4 批次 558 个共享岗位信息，截至 12 月底，共享用工人数 226 人（含批量共享），较 2021 年增长 83 人。并积极向马鞍山市申报共享用工补助 7.8 万元。协调完成马钢（集团）康泰置地发展有限公司 10 名共享员工待遇提高事宜。组织慰问批量共享员工 192 人次，发放慰问品 85156 元。

【培训提升】 充分发挥人力资源共享服务平台优势，先后举办 2 期 HR（人力资源）沙龙、8 期"人力资源服务大讲堂"、3 期"人力资源服务流动大讲堂"及社保征缴、退休审核等业务培训。与马鞍山市人力资源和社会保障局、中国银行马鞍山分行第二支部等开展送政策、个人养老金等业务讲座。

【综合服务】 开展"人力资源服务转型升级年"等主题活动，先后与马钢物流等 28 家单位签

署《人力资源服务合同》，为马钢集团创收 318.6 万元，较 2021 年增加了 3 家单位、43.3 万元。组织参与了矿业资源集团公司姑山矿业、马钢重机等单位的人力资源优化等业务咨询。完成 319 名人员档案接收、转移相关工作，配合机关各部门完成 60 余份档案接收工作，协助各部门（单位）完成档案接收、整编入档及调出工作。2022 年完成转接档案 319 人次。及时帮助各部门人员接收、整理新调入人员档案 60 份，整理 55 人补充材料归入档案，协助机关各部门做好岗位层级切换相关材料归入档案、调查、阅读相关工作，确保人员与档案匹配。

【团队建设】　团队建设持续发力，以重点工作和能力提升为导向，积极组织参加各类论坛、年会、讲座、培训。先后安排 4 名年轻业务主管走上人力资源服务大讲堂、流动大讲堂，充分发挥现有 4 个柔性团队作用，培养年轻骨干。2 名同志分别被推荐为中国宝武、马钢集团"铜牛奖"，党支部被机关党委评为 2021 年度先进基层党组织。"组建柔性敏捷团队 打造精益高效组织"被马钢集团公司评为 2021 年度管理创新成果三等奖。与北森人力资源公司、合肥宏景软件有限公司、太钢人力资源服务中心等建立良好的合作交流关系。

（孙　歆）

离退休职工服务中心

【老干部工作】　截至 2022 年底，马钢集团离休干部共 115 人，其中，副厅级以上 5 人（含享受）；退休干部 599 人。2022 年 9 月，根据人力资源优化后的实际情况，撤销花山王家山站离休干部党支部，成立花山片区离休干部党支部。以习近平总书记在全国老干部工作会议上的指示为根本遵循，按照"生活上照顾、思想上沟通、精神上关怀"的要求，全面落实老干部政治待遇和生活待遇。坚持开展"送学上门"活动，为老干部送去十九届六中全会和党的二十大精神宣贯学习材料和书籍 420 余册，及时将中国宝武集团、马钢集团公司重要会议、重要人事变动及生产经营等情况向老干部通报。"七一"前夕，与离休党员共度"政治生日"，重温入党誓词。发挥互联网优势，组织

300 多位离退休干部参加"抗美援朝战争的战略运筹"网上专题报告会。组织老领导参加马钢集团公司生产经营咨询会，实地参观南山矿凹山地质公园。积极稳妥做好 9 号高炉搬迁意见征集工作，得到老领导理解和支持。不断创新服务模式，采取网上配送到家和上门慰问相结合的方式，为老干部送上节日礼品和生日祝福。疫情期间，通过电话联系、网上交流等形式，慰问居住在异地的老干部。全年提供用车服务 240 余次，行程 4500 多公里；走访慰问老领导 41 人、老领导遗孀 13 人，发放慰问金 6.5 万元；看望慰问住院老干部 127 人次，发放慰问金 3.8 万元；协助处理离退休干部丧事 48 件；为异地离休干部报销医药费 29 人次，68 万元。与德驭医疗马鞍山总医院健康管理中心开展基层党组织联创联建活动，为老干部开辟就医、体检绿色通道，配备医用百宝箱、服务联络卡，提供点对点咨询、一对一医疗服务，顺利完成离退休干部健康体检工作。

【退休职工服务管理】　截至 2022 年底，马钢集团离退休职工共 38856 人。积极履行央企责任担当，按照退休职工社会化管理"三年过渡期"有关政策，认真落实好退休职工的日常服务工作。全年审核发放退休职工企业补贴和物业补贴约 1.06 亿元；审核发放退休职工家属居民医疗参保费 2993 人次，48 万余元；办理 280 人次硅肺营养费 11.64 万元；办理异地去世退休职工丧葬抚恤相关手续 82 人次；按照马鞍山市社会保险有关要求，指导协助 1162 名退休职工完成养老金认证工作；发放退休省部级劳模节日慰问金、荣誉津贴、特殊困难帮扶金 96 人次，24.97 万元；接待处理日常服务咨询和各类来电、来信、来访 2 万余人次，协助马鞍山市信访局、马钢集团公司信访办做好退休职工上访、信访的政策解答和思想疏导工作，办结信访件 25 件。针对部分退休职工关于"年终绩效奖"方面的诉求，及时向马钢集团公司报告，协调有关部门拟定规范回复意见，耐心细致地向老职工们做解释说明，跟踪"OK 论坛"有关发帖及回帖情况，保证了舆情的态势平稳。关心关爱特殊群体，加大走访慰问帮扶工作力度，对高龄、重病、孤寡、独居、家庭困难等特殊群体离退休职工健康状态、困难原因、帮扶需求等进行调查摸底，动态建档，做到全覆盖、不遗漏。全年共走访慰问马钢集团退休困难党员和群众 2443 名，发放节日慰问金

115 万元；大病救助 3744 人，发放救助金近 200 万元，传递了马钢集团对退休职工的关心关爱。

【基础管理】　转变工作作风，规范办事程序，严格工作纪律，实行"限时办结制""首问负责制""一次性告知制"，办事效能和服务质量有力提升。持续提升人事效率，协商解除劳动合同 12 人、净离岗 17 人，在岗人员优化率 26%，超额完成全年优化指标。以金家庄新工房站、花山王家山站为试点单位，积极探索基层服务站一体化运行的新模式，缓解岗位缺员矛盾。落实本质化提升人事效率的部署，推进岗位优化，强化绩效评价，促进人力资源管理水平整体提升。加大员工培训力度，培训覆盖率 100%。落实全员安全生产责任制，定期对机关、各服务站和老年大学开展安全隐患排查并积极落实整改。组织自建房安全专项整治工作，对退休职工社会化管理后暂时关闭的文体活动室等场所进行全面摸底、分类排查，向资产经营公司移交闲置房产、场地 6400 平方米。围绕离退休职工服务中心重点工作，紧盯大病救助、困难退休职工帮扶、大宗物品采购、老年大学项目改造等重大事项，梳理业务流程、制定具体措施，强化风险防控。扎实开展"我为群众办实事"实践活动，完成 6 处露天车棚增装充电设施和挡雨棚改造，改善员工车辆停放环境，消除安全隐患。筹建职工图书室，在职工中开展"我最喜爱的书籍"推荐活动，推荐图书 70 余本，推进全民读书、提高员工素质。落实新冠病毒疫情防控措施，做好防疫物资的采购发放工作。增设机关车辆门禁系统，加强进出入管理。开展"三最"实事项目征集和"金点子"挂牌项目暨评选"献一计"活动，落实办实事项目 4 项，上报马钢集团 6 项，1 项列入公司级实事项目。加强形势任务教育，讲透形势、讲足信心，开展"冬练"强身健体，激发全员应对市场严峻挑战的信心和活力，全力以赴打好"当期保生存、长远促发展"攻坚战。针对国企退休职工移交社会化管理后，离退休中心的职能职责、机构定位的变化，做好宣传疏导，凝心聚力，引导职工融入马钢集团奋勇争先氛围。

【企业文化】　坚持以习近平新时代中国特色社会主义思想为指导，贯彻落实党的二十大精神和习近平总书记考察调研中国宝武马钢集团重要讲话精神。利用宣传橱窗、电子屏、老年大学公众号等宣传阵地，引导员工和离退休职工理解中国宝武战略和文化理念的丰富内涵。通过开展品牌服务和企业文化培训、组织员工收看"公司日·金色炉台"主题活动直播、领导下基层宣讲企业文化、组织开展 9 号高炉搬迁问卷调查活动等形式，进行中国宝武战略和文化理念宣传教育。组织开展以"增添正能量·共筑中国梦""建言二十大""我看中国特色社会主义新时代"为主题的座谈、调研、征文、书画展等系列活动，选送 40 余幅书画作品参加安徽省、马鞍山市老干部局组织的"喜迎二十大"书画作品展，获优秀组织奖。组织职工代表、老干部、老党员代表参观马钢股份厂区，观看以 9 号高炉为创作背景的话剧《炉火照天地》，亲身感受马钢集团绿色智慧发展新成就。克服职工人数少、年龄偏大等实际困难，组队参加马钢集团职工"宝武司歌活力操大赛"，并获一等奖，增强"同一个宝武"凝聚力。组织开展"宝武老同志讲故事说文化"视频作品征集活动，制作的马钢集团退休干部苏瑾同志"坚守报国之志，勇担国家使命，马钢车轮逐梦前行"的视频作品在"宝武微学苑"上获好评。

【马钢老年大学工作】　紧密围绕"正规办学，规范管理"的办校方针，组织开展老龄教育工作。积极履行马钢集团原教育委员会办公室职能，拓展服务领域，助力老有所学。认真落实《安徽老年教育条例》，以创建省级示范校为抓手，加强师资队伍建设，优化课程设置。春季学期开设 158 个线上教学班级，1.1 万人次走进"云课堂"。秋季学期学校开设 292 个线下教学班级，学员人数达 5000 多人，均创历史新高。为老年学员配备除颤仪，落实落细疫情防控措施，实现线上线下教学无缝对接，确保了正常的教学秩序和广大师生的生命和健康安全。在马鞍山市"江南之花"群众歌咏大会中，马钢老年大学合唱队演唱的歌曲《毛主席的光辉把炉台照亮》《领航》获二等奖和"最受群众喜爱的节目"。

【马钢关工委工作】　认真贯彻落实中央办公厅、国务院办公厅《关于加强新时代关心下一代工作委员会工作的意见》精神，充分发挥"五老"优势，把握青工需求，从思想上引领，从成长环境上优化，从学习生活上关怀，促进青工全面发展，健康成长。深入长材事业部、重机公司等厂矿开展调研，为青工成长成才做好引领和服务工作；赴安徽冶金科技职业学院调研，就进一步开展"大师进校园"活动和促进产教融合，努力打造高技能、创新型马钢集团工匠队伍进行探讨交流；向大学生公寓赠送一批红色书籍，打造书香公寓；联手马钢集团团委开展"不负青春韶华、砥砺奋斗前行"主题征文活动；会同马钢禁毒办开展禁毒宣传活动，认真落实习近平总书记"禁绝毒品，功在当代、利在千秋"的重要指示精神。

【马钢新四军历史研究会工作】　完成史料研究成果的分类归档和健在老战士信息的更新维护工作；整理完成 2018—2022 年大事记及图版制作上墙工作；登门走访慰问老战士，落实安徽省研究会征集新四军历史文物工作；组织老同志撰写征文，参加安徽省研究会"劲旅杯"征文活动；抗日战争胜利 77 周年到来之际，制作 10 块专题宣传图片展板，在服务站、中心机关巡展；做好传统节日和纪念日走访慰问工作。

【荣誉】　2022 年，离退休职工服务中心被中共马鞍山市委组织部、市委老干部局评为"全市老干部工作先进集体"；马钢老年大学被安徽省老年大学协会评为"安徽省示范老年大学"。

（彭新华）

教育培训中心（安徽冶金科技职业学院、安徽马钢技师学院、安徽马钢高级技工学校、马钢党校）

【党务及管理人员培训】　以党性教育和管理研修实践教学基地揭牌为契机，发挥基地作用，扎实推进党校工作。积极跟进赴长材事业部、长江钢铁、特钢公司等单位的党建专题调研，承接马钢集团党建课题——"以五小为抓手的造物育人实践"，并提交初稿；参与马鞍山市委宣传部关于"人民保护长江　长江造福人民"课题"'人民保护长江　长江造福人民'科学论断下马鞍山产城融合研究"初稿撰写和修改工作；组织教师参加中国宝武党校党建研究课题。完成 410 人次的入党积极分子培训工作；组织教师赴生产一线送教上门开展全会精神宣讲和党务知识培训，受训 300 余人次。全年共实施管理人员培训 56 个项目、87 个班次、参训人员

6160 人次。

【技能培训】　全年共实施技能人员培训 45 个项目、137 个班次、参训人员 41051 人次。其中实施协作人员全员安全教育培训 40 期，参训学员 5585 人；实施安全培训 32 期，参训学员 33592 人。组织实施技能等级 50 个工种的培训，开展了 4 批 24 个工种 672 人的技师、高级技师培训班培训，开展技能等级认定 17 批次，认定各类人员 4014 人。

【宝武一线员工全员培训】　采用赛训结合新模式，平稳实施中国宝武一线员工全员培训。承担了"碳中和与绿色低碳技术""智慧宝武全员信息素养提升训练营""热轧操检维调智控""铁矿石磨选操维智控"4 个项目，完成 2 期、4 个班级、147 人的培训任务。在第二届中国宝武职工技能大赛中，教育培训中心承办了"热轧操检维调智控"和"铁矿石磨选操维智控"两个赛项的赛训工作，马钢集团选手获得第一名、第二名、第五名的优异成绩，赛训工作获圆满成功。

【党建工作】　积极开展支部联创联建工作，各支部共签订 6 个联创联建协议并持续推进；加强三基建设，夯实基础工作，开展"三基建设"自查与互查，并对照宝武党建相关要求落实整改；建立健全基层党组织，完成 9 个党支部班子换届选举工作；做好党的二十大期间信访维稳工作，落实包保制度；加强民主管理，畅通信息沟通渠道，建立校领导接待日制度和书记校长热线、书记校长信箱制度，并及时反馈落实整改情况。

【绩效改革】　深化绩效改革，有序推进绩效管理改革工作，制定《马钢教育培训中心组织绩效管理办法（试行）》《马钢教育培训中心岗位绩效管理指导意见（试行）》，履行民主程序，组织召开教培中心四届二次职代会第一次联席会议，并表决通过。

【教师实践】　首次选派 24 名专业教师在马钢集团、中国宝武生态圈企业开展暑期企业实践。企业实践按"六个一"要求进行，即 1 名教师深入 1 个实践单位，联系 1 名企业导师锻炼 1 个月时间，学习 1 套生产工艺（或掌握 1 套管理规范），开发 1 个项目（或建设 1 门课程）。此举既提升了教师的专业技能水平，又进一步增强教培中心服务马钢集团、中国宝武产业升级发展的能力。

【订单培养】　安徽冶金科技职业学院、安徽

马钢技师学院先后与马钢集团物流有限公司、安徽华星化工有限公司、安徽国星生物化学有限公司、安徽梦都集团，签署校企合作框架协议及人才培养协议，通过建立长期、紧密的合作关系，共同培育知识型、技能型、创新型的技能人才。积极打造校企合作的典型经验，与马钢物流有限公司达成校企合作定向培养"驾修一体操作技能型人才"协议，在 20 级、21 级、22 级各年级中，各选拔 40 名学生组建虚拟班级，根据岗位要求定向培养学生，在毕业时马钢物流按不低于 62%的比例录用。

【招生工作】　安徽冶金科技职业学院对高职（高等职业教育）原有的 34 个招生专业和专业建设进行相应的调整，扩大高职主体专业招生规模和面向高中毕业生的招生规模；停止安徽马钢技师学院春季招生，保持一定规模的青苗班招生规模。高职录取 1610 人，报到 1382 人；中职（中等职业教育）录取 756 人，报到 748 人。2022 年底，中高职各类学历在籍学生总数 8600 余人。中职首次划定录取分数线，高职招生人数为历年最多，生源质量为历年最好，为向马钢集团和中国宝武集团输送更多优秀新生人才打下良好基础。

【就业工作】　安徽马钢技师学院 2022 届毕业生 379 人，就业率 100%；安徽冶金科技职业学院 2022 届毕业生 666 人，毕业 651 人，结业 15 人，就业率 95.5%。认真落实马钢集团、宝武特冶、梅钢等中国宝武系企业招聘工作，中高职共实现宝武系就业 247 人，其中马钢集团 102 人；中职对口扶贫的阜南县励志班 64 名毕业生被马钢矿业资源集团材料科技有限公司录用，该技能扶贫案例成功入选"第五届中央企业优秀故事"。

【平安校园】　严格按照中国宝武马钢、安徽省、马鞍山市教育主管部门的要求，落实疫情防控常态化管理措施，不断完善各类应急处置预案，确保师生返校和留校安全，加强对各类培训、重大活动的疫情防控工作。实施领导带班、值班值守制度；实施警校联防，聘任"法治副校长"和"法治辅导员"，通过马鞍山市雨山区"7+2"院校安全防范联席会议机制，加强与辖区公安机关的协调联动；通过开展党员安全培训、安全大检查活动，推进学校技防建设等，扎实推进"平安校园"建设。

（王　丽）

新闻中心

【基本情况】　2022 年，新闻中心以习近平新时代中国特色社会主义思想为指引，深入学习贯彻党的十九大及十九届历次全会精神、党的二十大精神，深入学习贯彻习近平总书记关于宣传思想工作重要论述和习近平总书记考察调研马钢集团重要讲话精神。围绕企业重点、难点、热点、亮点工作，踏准节拍、精准发力，以超常规的付出、不寻常的举措，高质量完成"8·19""欢庆党的二十大"系列重大主题宣传和党建创一流、正风肃纪、创 A 攻坚、三降两增、安全整治、绿色发展、智慧制造等重点宣传，推出一批政治站位有高度、新闻传播有力度、人文关怀有温度的新闻作品，马钢集团新闻宣传工作牢牢站稳中国宝武第一方阵。

【新闻宣传】　一是承接宣传有亮点。明确中国宝武融媒体中心马钢记者站定位，加强中国宝武战略和文化理念的宣传贯彻，"马钢家园公众号"和马钢宣网及时转载中国宝武重大活动、宝武集团企业精神解读和新宝武价值观解读、宝武战略规划解读等重要文章。高效高质完成宝武集团总部下达的各项约稿、视频拍摄任务，积极发挥融媒体记者站的辐射力，与马鞍山区域生态圈各单位强化联络沟通。二是重点宣传有特色。聚焦党的二十大，会前开设专栏营造氛围，会中连续推出 5 期专版浓墨重彩及时报道，会后通过消息、通讯、专栏结合，文字、图片、视频联动的方式做好党的二十大精神宣传贯彻落实工作，在马钢集团上下营造浓厚的学习宣贯氛围。"8·19"期间，聚焦"五个一"，"8·19"宣传浓墨重彩，8 月，在《人民日报》刊发图片新闻两幅，《经济日报》刊发图片新闻三幅，8 月，在中国宝武媒体平台发稿 50 篇，排名各子公司第一位。加强策划宣传马钢集团第六次党代会，开设"喜迎党代会"专栏，策划"红、蓝、绿、金"四色马钢系列报道，做好会中及会后宣传工作。从座谈、采风到联排，全过程做好话剧《炉火照天地》宣传。圆满完成马钢集团主要领导布置的"长材事业部党委'党建引领创一流'"系列报道、"冷轧总厂奋力迈上具备年产 600 万吨平台"等重点报道，开展"聚焦·重点工程""落实安全

责任 筑牢安全防线""创A进行时""三降两增""联创联建 双融双促"专题宣传和"信访工作条例"宣贯等，及时做好动态报道、成果展示和典型挖掘，获得了公司主要领导的表扬。三是对外宣传有亮点。由马钢记者参与采写、拍摄的沈飞事迹文字、图片和视频登上《人民日报》、新华社、央视、《光明日报》等中央媒体。由新闻中心、通讯员拍摄的照片10余次登上《人民日报》《经济日报》等中央媒体。完成年度12名特约摄影通讯员队伍评聘工作。四是常规宣传有节奏。聚焦中国宝武全年工作主题以及马钢集团各战线重点工作，展现马钢人干、快干、快快干奋勇争先的精气神，对马钢集团在生产经营、"三降本两增效"、绿色智慧、对标找差、奋勇争先等方面的先进经验、突出业绩进行了典型宣传，择优推送到中国宝武媒体平台，开设了"记者走基层"栏目，聚焦马钢集团重点工程建设和创A等重点工作，走进现场抓活鱼，力求进行鲜活的报道。

【平台建设】　一是宣传平台差异化。《马钢日报》进一步强化精品版面意识，通过抓头条质量、抓图片质量、抓栏目质量，进一步增强头版的权威性、二三版的覆盖性、四版的服务性。"马钢家园"微信平台按照工作、学习、生活等内容，增设了相关栏目，平台的精准性和单项互动率持续攀登，粉丝数量大幅提升，突破50000人。按照网站的功能定位，对马钢官网、马钢宣网的栏目结构和内容设置，进行了调整。二是新媒策划前瞻化。进一步强化新媒体策划工作的前瞻性、覆盖性和娱乐性，精心打造《冬日 遇到最美的马钢》《马钢春意正浓 云赏诗情"花"意》《不一样的中秋 家一样的温暖》《"漫"说宝罗》等原创作品，将季节变化、节日与马钢股份厂区、马钢人的工作环境、宝罗机器人上岗等结合，贴近工作生活，收获点赞不断。三是视频制作获好评。全年拍摄"8·19"马钢形象宣传片等多部高质量专题宣传片。四是网络安全有保障。新闻中心担负着公司网站及中心办公网络的安全责任。参与"五一"期间网络安全值守、2022马钢网络安全攻防演练、党的二十大网络安全值守工作，每日向马钢集团反馈马钢官网及网络活动安全性，处置1台违规服务器，按要求及时删除风险软件。配合马钢集团运营改善部，对马钢官网进行安全渗透测试，加强安全巡检，确保网络安全。

【经营服务】　经营服务树立新形象。一是完善制度，坚持规范经营。中心经营部根据公司要求和自身发展情况，进一步完善了《合同管理办法》《安全生产管理办法》《合格分供方管理办法》等规章制度，在合同管理、分包管理、招投标管理、安全生产管理等方面强化制度执行，坚持规范运作。二是强化考核，切实奖优罚劣。经营部以绩效为核心，每月从经营管理、项目服务、营销成果三个方面进行考核做到拉开分配差距、以奖优罚劣激励员工、提升效益。三是迎难而上，打造文化品牌。围绕马钢集团重点工作，做好企业文化和品牌建设服务工作，受到多方好评。

【荣誉】　新闻中心三篇稿件分获安徽经济新闻奖一、二、三等奖，两篇稿件获安徽新闻奖三等奖，一位记者获马鞍山市"好记者讲好故事"演讲比赛第二名。一部短视频在中国行业电视节目推介活动中获最佳作品奖，两名职工分获中国宝武"优秀员工"和"铜牛奖"。

（江　霞）

保卫部（武装部）

【主要指标】　2022年，抓获各类违法违规人员592人次，其中，移交公安机关195人次（其中，刑事强制措施6人，行政拘留20人，教育放行169人）；缴获各类物资4.9吨；协助相关部门处置上访事件421起（群访13起）；完成各类接待保卫任务303起（其中远端管控32起，近端管控25起）。

【维稳安保】　坚持把维稳工作放在首位，会同马钢集团信访办完成马钢集团信访维稳暨突发事件处置应急演练任务，确保党的二十大召开期间马钢集团大局稳定。密切关注网络舆情，防范化解涉稳风险，加强对马钢集团整合融合、人效提升、薪酬体系改革等矛盾纠纷的排查，积极做好马建改制涉及的相关维稳工作。会同公安机关开展薪酬争议调解14起，摸排马钢集团工程建设34起欠薪未结事件，均妥善处置；协助相关部门处置"2·6"工亡事件及各类突发事件421起。

【门禁管理】　加强门禁规范化、标准化管理。强化全员门禁实名制管理，实行人脸识别门禁准入制，各门岗人脸识别阈值率已由50%提升至90%；全面推进物流电子三单的稳定运行，覆盖率100%；加大门岗基础设施建设，完善更新门禁系统，保证了门禁功能的正常发挥。推进厂区封闭管理，完成围墙、门岗设施改造，成功实施9门10通道布局，拥有厂区通行权限车辆由18000辆压降至4880辆。门禁查违车辆322车次，收缴违规卡证1573张，收取物资"三单"73.73万张。

【交通管理】　以"三车"整治为重点，深入开展厂区道路安全隐患"大起底、大排查、大整治"活动；从严格查纠机动车超速、违停等违章行为和加强超限车辆引导、"精益通"随手拍处置入手，打好"厂区物流整治再提升"攻坚战。推进环境绩效创A工作，加强车辆清洁运输管理。共发现违反清洁运输车辆1539起，查纠"三车"违章161起，机动车违章1815起，占道施工审批1320起，"超长、超限"审批7031起，引导护送大件运输6553车次，通过网页端处置各类违规行为8668起，办结率100%，厂区发生交通事故427起（比2021年下降40%），无死亡事故。

【治安管理】　围绕厂区重点要害部位、铁路沿线常态化开展治安巡逻，形成有效防范，压降了发案率。成功侦破"2·19"动力介质防撞架被撞逃逸事件，做好"2·6""6·19"等工亡事故现场执勤警戒，保证了生产秩序稳定。抓获各类违法违规人员592人次，其中移交公安机关195人次；缴获各类物资4.9吨；破获"1·31"电缆被盗案、"9·16"盗窃废钢等案件，较2021年发案率大幅下降，治安态势向好发展。

【工程保障】　完成人头矶场平工程爆破的警戒执勤、炸药押运护送；做好日常工程施工现场治安、交通管控、安全防范等工作。完成煤气封道执勤6起，开展标准化工地治安综合检查20余次。施工现场协调解决各类工作61条，全部办结。新特钢、炼铁总厂B号高炉大修等重点工程建设一直处于受控状态。

【消防救援】　开展消防安全检查，加强重点防火部位监管，对消防重点部位制订应急预案并组织演练。全年动火监护21天台次，有效处置北区料场东路炼焦总厂皮带失火等火灾及各类事故29起，在马钢集团精益运营成果发布会上推广发布"创新注胶导管工具 快速封堵跑冒滴漏"精益案例，确保安全生产和职工生命财产安全。

【综治反恐】　严把综治审核，共计审核协解及离职人员1388人。组织开展反恐演练3次，对6家反恐目标单位、13家的45个治安保卫重点要害部位开展治安检查，发现的问题均得到及时整改。推进法治宣传，开展了法治政府建设示范创建宣传工作。全面禁种铲毒，前往易制毒化学品相关单位，对易制毒化学品使用、销售、储存等工作进行检查。

【武装人防】　扎实开展年度民兵组织整顿工作，共编组12支民兵分队，总数459人。完成安徽省军区的拉动点验，受到了军分区好评。抽调相关单位80余人在马鞍山民兵训练基地开展为期12天的封闭集训，进一步提高应急分队民兵遂行多样化能力。持续推进马钢集团人防工程标识设立工作，做好人防工程定期安全检查，完成"9·18"防空警报器试鸣任务。

【疫情防控】　提高站位抓疫情防控，为马钢集团统筹疫情防控和生产经营协同推进作出了应有作用。始终秉承"服务优先、职工至上"理念，严格落实测温验码要求，创新出门岗"四段查验法"方便职工出入；坚持"闭环"管理，有效管控外来货运车辆；利用"数字疫控"平台加强疫情排查，形成具有马钢保卫特色的疫情防控亮点品牌，保证厂区秩序稳定。

【队伍建设】　队伍结构进一步优化，如期完成公司下达的人力资源优化指标；聘任5名C层级管理人员，提拔两名B层级管理人员。组织举办首期保卫管理员培训班，52名班组长骨干取得保卫管理员技能等级证书。组织职工参加马钢集团职工创新、"安康代表"等专题培训班，举办党的二十大精神专题教育、公文制作与论文写作等培训班，积极引导职工参与网上练兵活动，提高学习培训的参与率和覆盖面（开展自主教育培训107项，参与培训10002人次，完成总学时46266.50学时，覆盖率达到100%），职工职业素养和业务能力进一步提升。

（赵　斌）

资产经营管理公司

【主要经营指标】　2022年，资产经营管理公司（简称资产经营公司）实现营业收入9546万元，利润 466 万元，超考核目标 1175 万元，超额完成马钢集团公司下达的经营目标。全年安全、消防责任事故为零。

【资产经营】　一是加快推进马钢股份公司常州市房产处置工作。资产经营公司成立了房产营销服务团队，根据市场调查和分析，对产品进行重新定位，采取线上线下结合、中介、媒体合作，大客户定点推送等多种方式，加大宣传推介力度，已实现售房收入 714.85 万元。为加快推进房产处置工作，向马钢集团申请第二、三批挂牌房产底价不超过 10% 重新挂牌转让，目前已与购房意向方进行了商洽。二是为马钢集团做好税收筹划。从降低税务风险，合理进行税务筹划角度考虑，按照同地区市场价格，调减马钢办公楼、马钢智园租金价格，调整了物业费标准，每年为马钢股份减少租金和物业服务费共约 1900 万元，同时为马钢集团节省税费约 400 万元/年。三是规范马钢股份一厂区剩余部分划拨土地租赁工作。为确保国有资产保值增值，规范马钢股份一厂区剩余部分划拨土地（利民创业园）土地使用权租赁，向马鞍山市自然资源和规划局办理划拨土地租赁备案手续，与马鞍山市鑫火科技有限公司、马鞍山市华源新材料科技有限公司和马鞍山市源泉科技有限公司重新签订了租赁合同，租金标准每亩提高近 80%。四是落实 2022 年服务业小微企业和个体工商户房租减免工作。根据中国宝武集团园区业中心统一部署，推进马钢集团 2022 年服务业小微企业和个体工商户房租减免工作。按照"应减尽减"的原则上，规范减免对象、减免期限，细化实化减免操作流程，指导马钢集团下属各单位房租减免工作。全年共落实马钢集团本部减免中小微企业 55 家，个体工商户 362 户，减免租金 672.11 万元；指导马钢集团各子公司减免中小微企业 22 家，个体工商户 45 户，减免租金58.98 万元。五是完成盆山度假村土地收储。马钢集团盆山度假村为国有划拨园林用地，而园林业非宝武集团"一基五元"产业体系范畴，开发利用的路径和办法不多，利用效率较低。积极争取市政府政策支持，从项目启动后两个月内，工作组以"5+2""白+黑"工作方式，完成了向市政府报批、马钢集团党委常委会审批、经济行为报中国宝武审批、马钢集团董事会审批、收购合同草拟、法律纠纷处理、收储价款结算等工作，圆满完成该处资产的征收补偿工作，可为马钢集团收回资金 1.49 亿元，其中，首期征收补偿金 8000 万元已于 2022 年12 月 29 日到账。

【安全管理】　一是开展马钢集团本部房屋建筑安全专项整治工作。按照"属地为主、专业负责、全覆盖"的原则，组织开展马钢集团本部全部房屋建筑安全专项整治工作，共摸排马钢集团本部房产 478 项，面积 57.03 万平方米，梳理出存在安全隐患的房产共 389 项，面积 43.68 万平方米；对其中疑似存在结构安全隐患的 72 项面积 13.97 万平方米房产，会同安全生产管理部、技术改造部、设备部、康泰公司进行复查，其中 50 项房产存在结构及使用安全隐患，面积 8.45 万平方米，已拆除 6 项，加固 1 项，停用 1 项；其余 42 项房产，面积 7.04 万平方米，委托安徽省建筑科学研究设计院所属安徽省建筑工程质量第二监督检测站进行结构安全鉴定。为保证使用安全，已委托马钢集团设计院制定修缮方案，待报马钢集团批准后分批组织实施。二是推进马钢集团本部不动产隐患排查整改工作。持续加强安全巡（检）查，强化安全重点部位管理，规范设施、设备管理，严格施工作业管理，提升应急处置能力。在常项的月度巡查，季度、半年检查的基础上，组织开展燃气、液化气、安全用电、用气、高层建筑、人员密集场所重大火灾风险，电缆安全隐患等专项检查。共检查发现安全隐患 55 项，针对隐患情况，下发通报和整改通知书，落实整改单位和责任人，及时完成整改和复查验收，2022 年，管辖范围内不动产安全事故为零。三是做好马钢集团办公楼消防管理工作。针对马钢集团办公楼消防安全评估和消防设施检测发现的问题和隐患，编制办公楼消防及安防控制系统改造项目可研和概算，推进项目立项实施。继续做好办公楼日常以及党的二十大、节假日期间消防安全巡检查工作，确保办公楼全年消防安全形势平稳；组织开展了马钢集团办公楼火灾疏散逃生演练和初起火灾灭火演练。

【不动产历史遗留问题处理】　一是持续推进棚户区拆迁安置工作。马钢集团安置房建设项目总投资 3.04 亿元，安置房建设、搬迁安置等具体工作均按计划时间节点完成大部分主体建设。其中，棚改计划 681 户搬迁工作已完成 674 户。二是清理收回被占用的马钢集团不动产。对非马钢集团单位、个人占用的八三大院商业门面、红旗路沿街门面、港原大院办公楼浴室锅炉房、耐火大院花房等

8 处马钢土地、房产进行核查，共计清理住户 20 多户、非马钢集团单位 4 家，收回房产 3575 平方米（其中商业门面 660 平方米），土地 13.59 亩，拆除存在安全隐患房屋 530 平方米，确保马钢集团资产安全。此外，在马钢智园建设、八三大院拆迁安置、向山镇改造、九华路东扩、围乌路征收等诸多项目涉及的历史遗留问题及相关事宜上，均取得实质性进展。三是持续推进马钢集团不动产容缺登记工作。完成马建公司 28 项、马钢慈湖加工中心 6 项不动产容缺登记。截至 2022 年底，共完成马钢集团 289 项不动产容缺登记。四是完成马钢集团中转楼 220 号劳保楼拆迁安置工作。共计搬迁住户 70 户、商户 1 户，安全拆除 3500 平方米，不仅为马钢股份北区整治工作争取了时间，更是消除了 30 年难以解决的重大安全隐患。积极争取市、区政府政策扶持，解决了原住户的安置房源，仅用资 314 万元便完成了全部拆迁安置工作，比原计划节约费用近 2137 万元。五是完成 94-7 号中转楼权属移交。厘清 94-7 号中转楼房屋权属方、使用方、管理方等历史脉络，就解决房屋加固和未移交住户管理等事项与马钢重机公司协商达成一致，为马钢集团节省安置费用 3000 多万元。

【不动产业务专业化整合】 有序推进马钢集团经营性不动产专业化整合工作。落实中国宝武不动产专业化整合精神，梳理马钢集团本部经营性不动产，协助筹划制定整合方案。已会同中国宝武园区业中心、宝地资产、马钢集团运营改善部、马钢集团行政事务中心等单位，对整合工作方案、委托管理协议进行多次会商；完成编制"六清"清单及商业计划书等。

【解散清算粤海马钢公司】 在深圳市粤海马钢实业公司（简称"粤海马钢公司"）清算工作组领导下，粤海马钢公司清算工作有序推进。马钢集团已将所持有的粤海马钢 75% 股权委托诚通国合资产管理有限公司管理。已完成粤海马钢公司工商登记和债权债务公告。委托第三方审计机构——立信中联会计师事务所，编制完成粤海马钢公司自成立以来至 2022 年 3 月 31 日的专项审计报告；报请马钢集团总经理办公会审定，同意启动房产确权诉讼程序，12 月 19 日，马钢集团已向深圳市中级人民法院提交立案申请。

（高　亮）

集团公司子公司

马鞍山钢铁股份有限公司

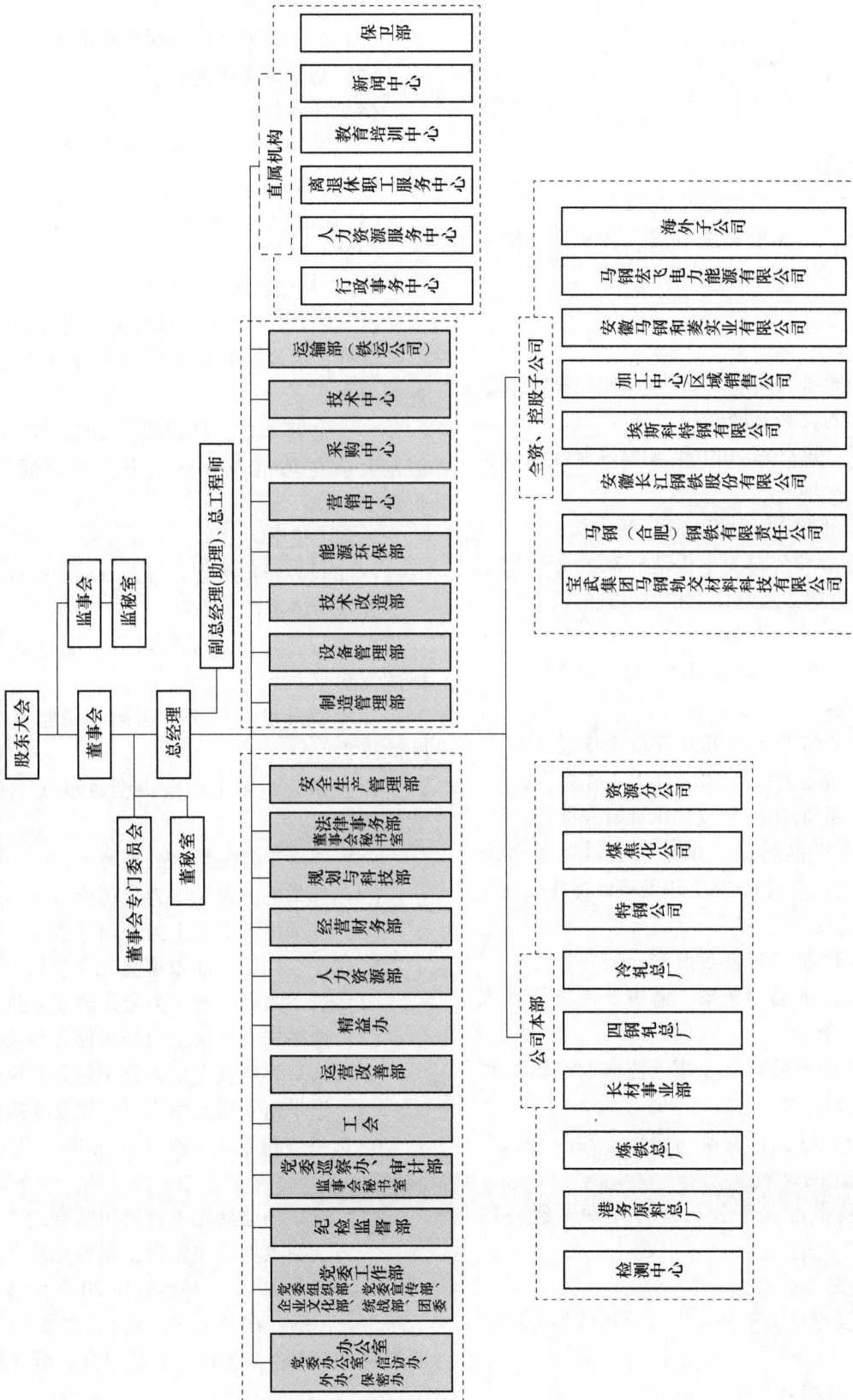

股东大会

监事会
监秘室

董事会

总经理

董事会专门委员会

董秘室

副总经理（助理、总工程师）

运输部（铁运公司）
技术中心
采购中心
营销中心
能源环保部
技术改造部
设备管理部
制造管理部

安全生产管理部
董事会办公室（法律事务部、秘书室）
规划与科技部
经营财务部
人力资源部
精益办
运营改善部
工会
党委巡察办（监事会秘书室、审计部）
纪检监督部
企业文化部（党委组织部、统战部、党委宣传部、工会、团委）
党委办公室（保密办、信访办）

直属机构

保卫部
新闻中心
教育培训中心
离退休职工服务中心
人力资源服务中心
行政事务中心

全资、控股子公司

宝武集团马钢轨交材料科技有限公司
马钢（合肥）钢铁有限责任公司
安徽长江钢铁股份有限公司
埃斯科特钢有限公司
加工中心/区域销售公司
安徽马钢和菱实业有限公司
马钢宏飞电力能源有限公司
海外子公司

公司本部

资源分公司
煤焦化公司
特钢公司
冷轧总厂
四钢轧总厂
长材事业部
炼铁总厂
港务原料总厂
检测中心

截至：2022年12月30日

（戴竖勇）

图 2 马鞍山钢铁股份有限公司组织机构图

董事会

【股东大会】

一、3 月 10 日，马钢股份 2022 年第一次临时股东大会、第一次 A 股类别股东大会及第一次 H 股类别股东大会在马钢办公楼召开，审议通过了如下议案。

特别决议案：

1. 审议及批准公司《2021 年 A 股限制性股票激励计划（草案）》及其摘要；

2. 审议及批准公司 2021 年 A 股限制性股票激励计划业绩考核办法；

3. 审议及批准公司股权激励管理办法；

4. 审议及批准公司关于提请股东大会授权董事会办理限制性股票激励计划相关事宜的议案。

二、6 月 23 日，马钢股份 2021 年年度股东大会在马钢办公楼召开，审议通过了如下议案。

普通决议案：

1. 审议及批准董事会 2021 年度工作报告；

2. 审议及批准监事会 2021 年度工作报告；

3. 审议及批准 2021 年度经审计财务报告；

4. 审议及批准聘任安永华明会计师事务所（特殊普通合伙）为公司 2022 年度审计师并授权董事会决定其酬金的方案；

5. 审议及批准 2021 年度利润分配方案；

6. 审议及批准公司董事、监事及高级管理人员 2021 年度薪酬；

7. 审议及批准公司《董事、监事及高级管理人员绩效与薪酬管理办法》；

8. 审议及批准关于安徽马钢化工能源科技有限公司减资重组的议案；

9. 审议及批准关于公司发行短期融资券的议案。

特别决议案：

10. 审议及批准关于公司发行公司债券方案的议案：

（1）发行规模；

（2）票面金额和发行价格；

（3）债券期限；

（4）债券利率及还本付息；

（5）发行方式；

（6）发行对象及向公司股东配售安排；

（7）募集资金用途；

（8）担保情况；

（9）公司资信情况及偿债保障措施；

（10）承销方式；

（11）债券上市安排；

（12）决议有效期限；

（13）授权事项。

11. 审议及批准公司章程及其附件修订案。

此外，会议还听取了公司独立董事 2021 年度述职报告。

三、12 月 1 日，马钢股份 2022 年第二次临时股东大会在马钢办公楼召开，审议通过了如下议案。

特别决议案：

1. 审议及批准公司章程及其附件修改方案。

普通决议案：

2. 审议及批准关于公司第十届董事会董事报酬的议案。

3. 审议及批准关于公司第十届监事会监事报酬的议案。

4. 选举公司第十届董事会董事（不包括独立非执行董事）：

（1）选举丁毅先生为公司董事；

（2）选举毛展宏先生为公司董事；

（3）选举任天宝先生为公司董事。

5. 选举公司第十届董事会独立非执行董事：

（1）选举张春霞女士为公司独立非执行董事；

（2）选举朱少芳女士为公司独立非执行董事；

（3）选举管炳春先生为公司独立非执行董事；

（4）选举何安瑞先生为公司独立非执行董事。

6. 选举公司第十届监事会非职工代表出任的监事：

（1）选举马道局先生为公司监事；

（2）选举洪功翔先生为公司独立监事。

四、12 月 29 日，马钢股份 2022 年第三次临时股东大会、第二次 A 股类别股东大会及第二次 H 股类别股东大会在马钢办公楼召开，审议通过了如下议案。

特别决议案：

1. 审议及批准关于回购注销部分限制性股票

的议案。

普通决议案：

2. 审议及批准《宝武集团财务有限责任公司与马钢集团财务有限公司之吸收合并协议》；

3. 审议及批准公司与宝武集团财务有限责任公司之《金融服务协议》；

4. 审议及批准公司转让控股子公司安徽马钢和菱实业有限公司股权的议案。

【董事会工作】

一、2月28日，马钢股份第九届董事会第五十六次会议以书面决议案形式召开。会议内容包括：

1. 批准公司2021年套保工作总结及2022年套保计划；

2. 批准公司2021年乡村振兴帮扶工作汇报及2022年工作计划；

3. 批准公司2021年度反舞弊工作情况报告；

4. 批准公司2021年审计工作总结及2022年审计工作计划；

5. 批准关于恢复分支机构马钢股份煤焦化公司相关事项的报告；

6. 听取公司2021年金融衍生品套期保值业务风险管理报告；

7. 学习中国证监会《公开发行证券的公司信息披露内容与格式准则第2号—年度报告的内容与格式（2021年修订）》、上海证交所《关于做好主板上市公司2021年年度报告披露工作的通知》及香港联交所《环境、社会及管治报告指引（2021年修订）》。

二、3月10日，马钢股份第九届董事会第五十七次会议在马钢办公楼召开。会议内容包括：

1. 批准公司2022年商业计划书；

2. 批准公司2022年生产经营计划；

3. 批准公司2022年资金计划；

4. 批准公司2022年固定资产投资方案；

5. 批准公司2021年安全生产工作报告；

6. 通过《马鞍山钢铁股份有限公司董事、监事及高级管理人员绩效与薪酬管理办法》；

7. 批准关于马钢中东公司解散清算的议案；

8. 批准关于马钢美洲有限公司解散清算的议案；

9. 听取公司2021年能源环保工作汇报；

10. 听取公司2021年环保专业化协作项目情况汇报；

11. 听取公司2021年碳中和、碳达峰工作情况汇报；

12. 听取公司2021年董事会决议及董事关注事项落实情况汇报。

三、3月23日，马钢股份第九届董事会第五十八次会议在马钢办公楼召开。会议内容包括：

1. 批准关于会计政策变更的议案；

2. 批准关于2021年末存货跌价准备、坏账准备及固定资产减值准备变动的议案；

3. 通过公司2021年经审计财务报告；

4. 通过公司2021年末期利润分配预案；

5. 通过公司董事会2021年工作报告；

6. 根据2020年年度股东大会的授权，决定支付给安永华明会计师事务所（特殊普通合伙）2021年度审计费及中期执行商定程序费人民币326万元（含税）；

7. 建议续聘安永华明会计师事务所（特殊普通合伙）为本公司2022年度审计师并授权董事会决定其酬金；

8. 批准相关董事、高级管理人员2021年经营业绩考核结果；

9. 同意公司相关董事、监事、高级管理人员2021年度薪酬；

10. 批准公司2021年度报告全文及年度报告摘要；

11. 批准公司2021年度内控评价报告，并授权董事长签署；

12. 批准公司2021环境、社会及管治报告，并授权董事长签署；

13. 批准关于对马钢集团财务有限公司的风险评估报告；

14. 审核公司2021年日常关联交易，2021年关联交易协议项下的交易金额均未超过协议约定的2021年度之上限；

15. 批准公司2021年度战略执行情况评估报告；

16. 批准公司2021年全面风险管理和内部控制工作报告；

17. 批准公司2022年全面风险管理和内部控制工作推进计划；

18. 批准公司经理层及班子成员2022年度经营业绩评价标准，并授权董事长与经理层成员签订岗位聘任协议书和经营业绩责任书；

19. 批准彩涂原板质量提升项目立项及投资概算；

20. 听取审核委员会对会计师年度审计工作的总结报告；

21. 听取公司关于 2021 年度生产经营情况的汇报；

22. 听取战略发展委员会 2021 年履职情况报告；

23. 听取审核（审计）委员会 2021 年履职情况报告；

24. 听取提名委员会 2021 年履职情况报告；

25. 听取薪酬委员会 2021 年履职情况报告；

26. 听取公司 2021 年风险监督评价报告。

四、3 月 30 日，马钢股份第九届董事会第五十九次会议以书面决议案形式召开。会议内容包括：

1. 批准关于向公司 2021 年 A 股限制性股票激励计划激励对象首次授予限制性股票的议案；

2. 同意关于拟发行公司债券的议案；

3. 同意关于拟发行短期融资券的议案；

4. 同意关于安徽马钢化工能源科技有限公司减资重组的议案；

5. 批准关于四钢轧总厂炼钢区域环保系统治理改造项目申请立项及审批概算的议案；

6. 批准关于 2022 年厂容整治项目申请立项及审批概算的议案。

五、4 月 29 日，马钢股份第九届董事会第六十次会议在马钢办公楼召开。会议内容包括：

1. 批准公司 2022 年一季度未经审计财务报告；

2. 批准公司 2022 年一季度报告；

3. 批准公司 2021 年度股东大会议程；

4. 批准冷轧产品结构调整新增连退机组项目立项及投资概算；

5. 批准一硅钢 2 号轧机异地升级改造项目立项及投资概算；

6. 批准关于收购埃斯科特钢公司法方股权的议案；

7. 听取公司 2022 年一季度关联交易情况汇报；

8. 听取公司 2022 年一季度能源环保工作汇报；

9. 听取公司 2022 年一季度全面风险管理和内部控制工作报告；

10. 听取公司 2021 年重点建设项目及项目后评价工作报告情况汇报。

六、6 月 7 日，马钢股份第九届董事会第六十一次会议在马钢办公楼召开。会议内容包括：

1. 通过公司章程及其附件修订案；

2. 批准《马鞍山钢铁股份有限公司董事会授权管理制度》；

3. 批准公司 2021 年年度股东大会议程；

4. 批准公司关于开展 2022 年捐赠的议案；

5. 批准公司购买宝钢特钢有限公司 28 万吨炼钢产能；

6. 批准公司控股子公司安徽长江钢铁股份有限公司将 55 万吨炼铁产能转让给宝钢湛江钢铁有限公司；

7. 批准马钢长材产品产线规划配套改造—特钢公司精整修磨能力配套改造项目立项及投资概算。

七、6 月 23 日，马钢股份第九届董事会第六十二次会议在马钢办公楼召开。会议内容包括：

1. 批准关于调整经理层成员任期制和契约化管理契约文本的方案；

2. 批准关于公开挂牌转让北京中联钢电子商务有限公司股权的议案；

3. 学习国资委《提高央企控股上市公司质量工作方案》，证监会及国资委、全国工商联《关于进一步支持上市公司健康发展的通知》，证监会及银保监会《关于规范上市公司与企业集团财务公司业务往来的通知》，证监会《上市公司监管指引第 8 号——上市公司资金往来、对外担保的监管要求》；

4. 通报宝武系上市公司证券监管违规案例。

八、7 月 21 日，马钢股份第九届董事会第六十三次会议以书面决议案形式召开。会议内容包括：

批准公司将持有的 9.88%欧冶链金再生资源有限公司股权协议转让给马钢（集团）控股有限公司。

九、8 月 18 日，马钢股份第九届董事会第六十四次会议以书面决议案形式召开。会议内容包括：

1. 批准毛展宏先生辞去公司副总经理职务，

自董事会同意之日起生效；

2. 批准任天宝先生辞去公司副总经理职务，自董事会同意之日起生效；

3. 聘任任天宝先生为公司总经理，任期自董事会聘任之日起，至公司股东大会选举产生新一届董事会止；

4. 学习中国证监会、财政部《关于证券违法行为人财产优先用于承担民事赔偿责任有关事项的规定》以及中国证监会党委书记、主席易会满《努力建设中国特色现代资本市场》。

十、8月30日，马钢股份第九届董事会第六十五次会议在马钢办公楼召开。会议内容包括：

1. 批准关于2022年中期存货、坏账、备品备件及报废资产减值准备变动的议案；

2. 批准公司2022年未经审计半年度财务报告；

3. 批准公司2022年半年度报告全文及摘要；

4. 批准马钢集团财务有限公司2022年上半年风险评估报告；

5. 批准关于马钢集团财务有限公司与马钢（集团）控股有限公司开展金融业务的风险处置预案；

6. 听取公司2022年半年度生产经营情况的汇报；

7. 听取公司2022年上半年关联交易情况汇报；

8. 听取公司2022年上半年内部控制和全面风险管理报告；

9. 听取公司2022年上半年期货套期保值工作情况汇报；

10. 听取公司2022年上半年安全生产工作情况汇报；

11. 听取公司2022年上半年能源环保工作情况汇报；

12. 学习国务院国资委《中央企业节约能源与生态环境保护监督管理办法》、中国证监会《上市公司投资者关系管理工作指引》。

十一、10月28日，马钢股份第九届董事会第六十六次会议在马钢办公楼召开。会议内容包括：

1. 批准公司2022年第三季度未经审计财务报告；

2. 批准公司2022年第三季度报告；

3. 批准新修订的《马鞍山钢铁股份有限公司期货套期保值业务管理办法》；

4. 批准马钢（香港）有限公司向华宝投资有限公司转让其持有的华宝都鼎（上海）融资租赁有限公司3.11%股权；

5. 听取公司2022年三季度关联交易情况汇报；

6. 听取公司2022年三季度内部控制和全面风险管理报告；

7. 听取公司2022年三季度能源环保工作情况汇报；

8. 学习中共中央办公厅、国务院办公厅《关于依法从严打击证券违法活动的意见》、最高人民检察院、最高人民法院、公安部、证监会《打击证券犯罪典型案例》。

十二、11月15日，马钢股份第九届董事会第六十七次会议在马钢办公楼召开。会议内容包括：

1. 通过公司章程及其附件修订案；

2. 通过关于提名公司第十届董事会董事（不包括独立非执行董事）候选人的议案；

3. 通过关于提名公司第十届董事会独立非执行董事候选人的议案；

4. 通过关于公司第十届董事会董事薪酬事项的议案；

5. 批准公司2022年第二次临时股东大会议程；

6. 批准《马鞍山钢铁股份有限公司董事、监事和高级管理人员持股管理办法》；

7. 同意关于宝武集团财务有限责任公司吸收合并马钢集团财务有限公司的议案；

8. 同意公司与宝武集团财务有限责任公司签订《金融服务协议》项下拟进行的交易及年度建议上限；

9. 批准《马鞍山钢铁股份有限公司关于对宝武集团财务有限责任公司的风险评估报告》；

10. 批准《马鞍山钢铁股份有限公司与宝武集团财务有限责任公司存款、贷款等金融业务风险应急处置预案》；

11. 批准公司向马钢（集团）控股有限公司转让控股子公司马钢（金华）钢材加工有限公司75%股权；

12. 批准公司向马钢（集团）控股有限公司转让控股子公司马钢（广州）钢材加工有限公司75%股权；

13. 批准关于花山区政府征收杨家山路与幸福路交叉口东南角马钢土地及地面资产的议案；

14. 批准关于市经开区拟有偿收回马钢交材银黄东路与同心北路交叉口西北角土地的议案；

15. 批准关于雨山区政府因招商引资项目建设用地征收公司土地及地面资产的议案。

十三、12月1日，马钢股份第十届董事会第一次会议在马钢办公楼召开。会议内容包括：

1. 选举丁毅先生为本届董事会董事长，选举毛展宏先生为本届董事会副董事长；

2. 选举丁毅先生、毛展宏先生、任天宝先生、张春霞女士、管炳春先生为董事会战略与可持续发展委员会成员；

3. 选举朱少芳女士、张春霞女士、管炳春先生、何安瑞先生为董事会审计与合规管理委员会成员；

4. 选举张春霞女士、朱少芳女士、管炳春先生、何安瑞先生、丁毅先生为董事会提名委员会成员；

5. 选举管炳春先生、张春霞女士、朱少芳女士、何安瑞先生为董事会薪酬委员会成员；

6. 委任丁毅先生为董事会战略与可持续发展委员会主席，委任朱少芳女士为董事会审计与合规管理委员会主席，委任张春霞女士为董事会提名委员会主席，委任管炳春先生为董事会薪酬委员会主席；

7. 聘任任天宝先生为公司总经理、董事会秘书；

8. 根据任天宝先生提名，聘任伏明先生、章茂晗先生为公司副总经理。

十四、12月5日，马钢股份第十届董事会第二次会议以书面决议案方式召开。会议内容包括：

1. 批准公司控股子公司马钢集团财务有限公司与欧冶链金再生资源有限公司《金融服务协议》项下拟进行的交易及年度建议上限；

2. 批准公司与华宝投资有限公司《产融合作框架协议》项下拟进行的交易及年度建议上限；

3. 同意公司向公司控股股东马钢（集团）控股有限公司转让控股子公司安徽马钢和菱实业有限公司71%股权；

4. 同意关于回购注销部分限制性股票的议案；

5. 批准公司2022年第三次临时股东大会、2022年第二次A股类别股东大会及2022年第二次

H股类别股东大会议程。

十五、12月29日，马钢股份第十届董事会第三次会议在马钢办公楼召开。会议内容包括：

1. 批准公司放弃增资参股公司宝武水务科技有限公司；

2. 批准公司将四钢轧现承担钢渣外排运输作业的9台抱罐车以非公开协议方式转让给马钢集团物流有限公司；

3. 学习中国上市公司协会《从CSR报告到ESG报告》《高质量ESG报告的核心》。

【董事会专门委员会工作】

一、战略与可持续发展委员会

（一）3月10日，马钢股份董事会战略与可持续发展委员会召开会议。会议内容包括：

1. 同意公司2022年固定资产投资方案，并提交董事会审议；

2. 听取公司2021年能源环保工作汇报；

3. 听取公司"双碳"工作汇报。

（二）3月22日，马钢股份董事会战略与可持续发展委员会召开会议。会议内容包括：

1. 同意公司2021年度战略执行情况评估报告；

2. 同意公司2021环境、社会及管治报告；

3. 批准董事会战略发展委员会2021年履职情况报告。

（三）3月30日，马钢股份董事会战略与可持续发展委员会召开会议。会议内容包括：

1. 同意关于拟发行公司债券的议案；

2. 同意关于拟发行短期融资券的议案。

二、审计与合规管理委员会

（一）1月27日，马钢股份董事会审计与合规管理委员会召开会议。会议内容包括：

1. 公司2021年度未经审计财务报表在所有重大方面均遵循了《企业会计准则》及相关规定的要求，不存在重大疏漏，同意提交公司外聘会计师事务所审计；

2. 同意公司2021年审计工作总结及2022年审计工作计划，并提交董事会审议。

（二）3月22日，马钢股份董事会审计与合规管理委员会召开会议。会议内容包括：

1. 根据对公司2021年经审计财务报告的审阅，及与公司审计部门、外聘会计师事务所就财务报告和有关问题的讨论和沟通，认为公司在所有重

大方面均遵循了《企业会计准则》的要求，并进行了充分的披露，不存在重大疏漏；

2. 同意公司2021年度末期利润分配预案；

3. 审核公司2021年日常关联交易，2021年关联交易协议项下的交易金额均未超过协议约定的2021年度之上限；

4. 审核截至2021年12月31日，公司对外担保情况；

5. 通过公司2021年度内部控制评价报告；

6. 通过外聘会计师事务所2021年度公司审计工作总结；

7. 同意支付给安永华明会计师事务所（特殊普通合伙）2021年度审计费及中期执行商定程序费人民币326万元（含税）；

8. 通过董事会审核（审计）委员会2021年履职情况报告；

9. 听取公司2021年全面风险管理和内部控制工作报告；

10. 审阅安永华明会计师事务所（特殊普通合伙）出具的2021年内部控制审计报告。

（三）4月29日，马钢股份董事会审计与合规管理委员会召开会议。会议内容包括：

委员会对公司2022年一季度未经审计的财务报告进行审核后认为，公司在所有重大方面均遵循了《企业会计准则》的要求，并进行了充分的披露，不存在重大疏漏。

（四）8月30日，马钢股份董事会审计与合规管理委员会召开会议。会议内容包括：

1. 审阅公司2022年半年度未经审计的财务报告，认为公司在所有重大方面均遵循了《企业会计准则》的要求，并进行了充分的披露，不存在重大疏漏；

2. 听取运营改善部关于公司2022年上半年内部控制和全面风险管理工作报告。

（五）10月28日，马钢股份董事会审计与合规管理委员会召开会议。会议内容包括：

1. 审阅公司2022年第三季度未经审计的财务报告，认为公司在所有重大方面均遵循了《企业会计准则》的要求，并进行了充分的披露，不存在重大疏漏；

2. 听取关于公司2021年第三季度内部控制和全面风险管理报告。

（六）12月1日，马钢股份董事会审计与合规管理委员会召开会议。会议内容包括：

选举朱少芳女士为审计与合规管理委员会主席。

（七）12月16日，马钢股份董事会审计与合规管理委员会召开会议。会议内容包括：

批准公司2022年年度审计计划。

三、提名委员会

（一）3月18日，马钢股份董事会提名委员会召开会议。会议内容包括：

批准董事会提名委员会2021年履职情况报告。

（二）8月18日，马钢股份董事会提名委员会召开会议。会议内容包括：

经审查，建议董事会聘任任天宝先生为公司总经理。

（三）10月18日，马钢股份董事会提名委员会召开会议。会议内容包括：

1. 同意提名丁毅先生、毛展宏先生、任天宝先生为公司第十届董事会董事候选人（不包括独立董事），并提交董事会审议；

2. 同意提名张春霞女士、朱少芳女士、管炳春先生、何安瑞先生为公司第十届董事会独立董事候选人，并提交董事会审议。

（四）12月1日，马钢股份董事会提名委员会召开会议。会议内容包括：

1. 选举张春霞女士为提名委员会主席；

2. 提名任天宝先生为公司总经理、董事会秘书；

3. 对公司总经理提请董事会聘任的副总经理人选进行了审查，认为伏明先生、章茂晗先生符合公司副总经理任职资格，建议董事会予以聘任。

四、薪酬委员会

（一）3月10日，马钢股份董事会薪酬委员会召开会议。会议内容包括：

同意公司董事、监事及高级管理人员绩效与薪酬管理办法，并提交董事会审议。

（二）3月21日，马钢股份董事会薪酬委员会召开会议。会议内容包括：

1. 同意关于公司有关执行董事、高级管理人员2021年经营业绩考核情况的议案，并提交董事会审议；

2. 同意2021年度公司董事、监事及高级管理人员薪酬，并提交董事会审议；

3. 同意2022年公司领导班子经营业绩评价标

准，并提交董事会审议；

4. 批准薪酬委员会 2021 年履职情况报告。

（三）3 月 30 日，马钢股份董事会薪酬委员会召开会议。会议内容包括：

同意关于向公司 2021 年 A 股限制性股票激励计划激励对象首次授予限制性股票的议案。

（四）10 月 18 日，马钢股份董事会薪酬委员会召开会议。会议内容包括：

1. 同意第十届董事会成员薪酬；

2. 同意董事绩效评价及审批程序。

（五）12 月 1 日，马钢股份董事会薪酬委员会召开会议。会议内容包括：

选举管炳春先生为薪酬委员会主席。

（六）12 月 5 日，马钢股份董事会薪酬委员会召开会议。会议内容包括：

同意关于回购注销部分限制性股票的议案，并提交公司董事会审议。

（徐亚彦）

监事会

【集团监事会工作】 做细调查研究，推进出资人工作部署有效落实。深入生产作业一线，与员工交流、与管理层座谈，开展发现问题整改"回头看"等相关活动。聚焦学习贯彻党的二十大精神，深入开展大学习大调研，形成了《围绕国有资产高质量运行 强化调研督导针对性 提升监事会监督效力》专题报告，肯定亮点、提示不足。日常监督工作中，主动扛起监督责任，督促各单位把"三降本两增效"落实到位。关注问题整改，验证整改效果。关注各子公司对 2022 年审计署经责审计涉及问题整改、马钢内部巡察、审计问题整改效果，通过座谈交流、调阅资料等方式对整改效果进行验证，对整改不到位的地方进行提醒。做实专项监督检查，提升公司风险防控水平。以"两金"检查为"小切口"，促进公司财务管理水平提升。共发现 59 个具体问题，截至 12 月末已完成问题整改 56 个，整改完成率 94.9%。通过整改共修订管理制度 24 项，追回欠款 1849 万元，考核相关责任人员 22 人次，责任部门 5 个，考核 19900 元。以参股投资专题调研为"小切口"，促进公司投资管理水平提升。以督促不动产问题整改为"小切口"，促进国有资产提质增效。

【股份监事会工作】 2022 年，监事会在相关方的大力支持下，以维护股东的合法权益为己任，认真履行《公司法》和《公司章程》所赋予的监督职能，为公司的规范运作和健康发展发挥了应有的推动作用。

监督依法运营。期内，公司监事会召开 13 次监事会议，列席 3 次股东大会、14 次董事会议，关注公司治理的规范有效，了解公司重大生产经营决策的执行情况，参与定期报告、财务报告、资产处置、关联交易等 42 项重大议案审议的过程与监督；监管资金运作。听取经营财务部、运改部、能环部等相关部门的专项汇报，积极参与并了解公司战略转型、精益制造、科技赋能、改革攻坚、共建共享等情况，定期审阅公司财务报告、内部控制报告、风险监督管理评价报告、审计工作报告，重点关注资产的安全完整、重大经营风险的揭示以及损益的真实性等情况，并提出改进建议。督查重大事项。期内，对公司募集资金、关联交易、转让股权等 15 项事项进行监督核查；针对日常监督中危及公司资产安全的重大问题和隐患，及时采取规范准确的形式予以提示。审核关注股利派息、股权激励相关事项。关注信息披露。对公司信息披露情况进行监督，定期对公司内幕信息知情人档案进行检查。

【股份监事会秘书室工作】 1. 监事会会务工作。全年筹办 13 次监事会议，做好会议筹备、签字文件和协调安排独立监事行程、接待及调研；做好会议记录和纪要的整理归档，并为会议决定事项拟文、行文。2. 信息披露工作。就公司股权激励、期货套期保值等重大事项进行核查，并出具核查意见；起草或发布监事会议公告 10 份、决议 11 份；编制并披露 2021 年监事会工作报告、职工监事履职报告；做好股东大会、董事会及监事会各项决议执行情况的督办工作。3. 组织协调工作。一是做好监事会与证监会、国资委、上交所、联交所以及公司有关部门的沟通协调工作，建立信息渠道，发挥桥梁纽带作用；二是在相关部门的配合下，及时向独立监事提供公司生产运营情况及动态数据分析，汇报监管机构最新监管要求，为其履职提供便利；三是受理公司股东的来信来访，及时向监事会汇报；四是组织安排监事会主席、监事参加上交所、上市公司协会举办的各项专题培训。4. 换届工作。根据上市公司要求，完成第九届监事会换届选举工作，发布监事会换届相关公告。5. 协助完成投资者关系的日常维护及公司内幕信息知情人管理。6. 其他相关工作。完成上市公司信用评级访谈工作；参加安徽上市公司协会"读懂上市公司报告"线上专项活动、投资者接待日活动；协助完成上市公司投关工作调查、上市公司信息披露工作评价等。7. 关注和了解公司治理方面的问题，及时向监事会反馈情况，协助监事会加强监督。

（刘　瑾　沐韵琴）

·股份公司机关及业务部门·①

制造管理部

【概况】 2022 年，制造管理部牵头各部门、生产厂部，对生产一贯制的管理界面、职责分工、管理模式进行了改革和流程优化，以三个"一贯制"为基础的全流程、全工序、全品种一贯管理运行模式，全年生产运行安全、均衡、稳定、高效。制造系统上半年极致高效运行，实现了指标、任务双过半，下半年应对外部市场急剧变化，通过生产、销售、设备、能源、运输的高效协同，实现了机组集中开停、避峰组产、高效拉练等多种经济组产模式。基于用户满意、质量提升和全流程保供发挥出体系能力，全面支撑公司全年各项任务完成和指标提升。

【绩效指标】 2022 年，股份公司板带合同完成率 93.91%，完成年度目标（93.05%），较 2021 年进步 1.33%；现货发生率 8.20%，完成挑战目标（8.2%），较 2021 年进步 1.69%；废次降发生率 4.22%，完成挑战目标（4.5%），较 2021 年进步 0.58 个百分点；本部坯材综合成材率累计 95.97%，完成挑战目标（95.48%），较 2021 年进步 0.70 百分点。煤比 146.6 千克/吨，燃料比 505.0 千克/吨，完成年度目标（505 千克/吨）。固废返生产利用率 27.24%，TPC 周转率 3.60 次/（台·日），铁水温降 134.3 摄氏度，综合热装率

72.94%，均为达成挑战目标，且为指标统计以来最好水平。

【铁前一贯制管理】 以铁水成本为目标、以工序分离为抓手，深入谋划推进铁前生产一贯制管理，健全、完善原燃料全流程保供体系和全流程铁水成本管控，构建铁水成本动态预测、分析模型，实现铁水旬成本管理。2022 年铁水成本在中国宝武十大基地排第 3 位，行业排第 14 位，铁水成本竞争力得到明显提升。

1. 强化铁水成本预测及过程管控。建立铁水成本模型和责任体系，从成本、计划、物流、质量、信息 5 个维度实现从原料到铁水的全流程、全要素一贯制管理，强化旬成本运行监控与调整。按照铁水成本构成和关联度进行三级因素分类、分析 56 个指标。以配煤配矿结构、工艺设计优化和经济技术指标提升为抓手，持续开展降本增效工作，提升成本竞争力。

2. 优化配煤配矿，推进经济炉料降本。优化配矿结构，提高非主流矿比例，由 2021 年 14.25% 提升至 2022 年 21%，其中 10 月最高达 28%。根据铁矿石性价比，利用自产矿打折的有利时机，最大量使用自产矿，下半年在带焙全量化使用自产矿的基础上，推进烧结配用自产矿工作，降低高价外购精矿粉配比，全年配矿结构降本 4.05 亿元。在保证焦炭质量条件下，优化配煤结构支撑自产焦增产，减少外购焦使用量，全年自产焦炭 490 万吨，超计划 19 万吨，降本 1.42 万元。

3. 提升固废返生产利用率，助力绿色发展。提升固废返生产利用率，重点从 OG 泥、铁皮、钢渣、除尘灰、回收沉降料等品种入手，加大固废返生产的力度，进一步提升固废返利用率。从 2021 年的 26.3% 提升至 2022 年 27.2%。

4. 建立全流程资源平衡与物流管控模型，以月度物流计划为目标，以周资源平衡为抓手。以日课会为落脚点，强化计划跨工序过程管控，将低频（月度）管理转变为以周为核心的全频（月周日）管理，提高月计划刚性和执行精度。强化库存管理，持续开展库存压降工作，减少资金占用，进口矿全流程库存周转天数从 2021 年的 43 天压缩至 2022 年的 38 天。

5. 开辟南球北调汽运通道，实现南球北调量

---

① 本部分中，集团与股份双跨的部门不单列。

2500 吨/日，实现高炉炉料结构降本 25 万元/日；组织北焦南调工作，调运量达到 2000 吨/日。在资源合理调配的同时又保留了外购焦采购通道，实现公司效益最大化。

【生产一贯制管理】　以合同为中心谋划生产一贯制管理，产销密切协同，灵活应对市场及外部环境变化，极致高效生产取得较大突破，2022 年公司 92 条产线，其中 50 条产线先后 154 次创日产量新高，31 条产线 46 次创月产量新高。四钢轧具备年产 950 万吨钢、1000 万吨材生产能力，冷轧总厂迈上 600 万吨生产能力台阶，重型 H 型钢具备 80 万吨生产能力，2250 热轧通过高效生产组织，提升热送热装水平，3 座加热炉加热，年产达到 600 万吨。

1. 高效生产组织。上半年围绕极致效率，在效益测算的基础上，达到铁钢比综合平衡，通过鱼雷罐加废钢、合金烘烤、废钢烘烤等降低铁钢比措施的快速落地，炼钢产能实现突破，站稳日均产 5 万吨平台。

四钢轧日产炉数连续实现突破 100 炉以上，并实现了几个炼钢单元在周修、品种钢生产之间不同模式下的匹配，实现产能最大化，具备三炉三机日产 103 炉、二炉二机日产 67 炉、两炉三机日产 72 炉生产能力。通过低合金高强品种之间的中包快换、取向硅钢与软钢间的中包快换等方式，取向硅钢 5 月最高产量 2.54 万吨，刷新历史纪录。

2022 年下半年在产能急剧下降的同时，重点对优势产品产能进行效率提升，确保公司的效益保障。统一调整精细排产，在公司总体层面策划产线的集中开停机、避峰就谷生产组织，促进系统的经济运行。

2. 计划一贯制管理。调整生产计划管理的运行模式。根据公司"一贯制"整合要求，制造管理部对长材特钢的生产进行统一平衡和协调，以制造管理部原长材产品室和特钢产品室为基础，对涉及长材和特钢的计划人员进行优化整合，成立长材特钢生产计划管理组（虚拟业务机构），对长材和特钢的生产计划实行一贯制管理。在制造管理部内部形成了以生产管理室统筹公司总体资源分配、产销统一管理，覆盖全品种的扁平化生产管理运行模式。

建立、完善炼钢计划月预排、周优化、日执行机制，预判生产趋势，及时调整组产策略，保障铁钢平衡有序受控。

建立并实施合同分级管理（即按照交付紧急程度和生产难易程度两方面分级管理）和重难点产品的生产过程管控，针对改判异常、重点关注等实现了信息化系统标注和提示，将信息带到制造现场，实现提级管理和重点改进，支撑重难点产品的改善。

3. 提升材钢比。制造管理部牵头组建"提升材钢比"团队，协同营销中心、采购中心、经营财务部等单位，积极落实提升公司材钢比指标，通过"小切口"团队运作模式，按月推进+例会推进的方式，建立日常工作沟通群，及时沟通信息和解决问题。通过提高公司综合成材率、优化退废计产规则、委托来料加工等方式，取得了较好的效果。2022 年马钢股份公司材钢比 101.08%；其中，本部材钢比指标完成 103.49%，较 2021 年提升 4.07%，实现增效 2.49 亿元。

4. 铁钢界面优化。以在线罐数控制为抓手，提升鱼雷罐周转率。通过调整鱼雷罐（TPC）检修上下罐制度，缓解保产压力；在保障高炉炉况稳定的情况下，采用铁水预报制，使得"2+1"缓配模式在高炉得到全面实施；采用高炉兑罐预报罐制，将原预报罐时间由 30 分钟改为 15 分钟；开展"减少鱼雷罐炉下等待时间"攻关活动，大幅度压缩炉下等待时间。开展铁水机车工况进行评估，编制铁水运输保产方案，确保铁水机车故障率为零。开展混铁车优化炉衬实验，推进自加盖混铁车项目实施；开展在线运行自加盖混铁车罐口清理工作，加强罐盖的密封性，提高保温效果。

5. 强化库存管控。2022 年各月在制品库存控制均完成了年度 55 万吨运行目标，其中 1 月、5 月、9 月、10 月、11 月和 12 月完成公司年度 50 万吨挑战目标，尤其 12 月，在制品库存极致压降至 37.54 万吨，完成公司两金压降管控目标和年底公司千亿营收达成。2022 年制造管理部在公司"运营效率提升"劳动竞赛中获得"提高存货周转效率竞赛先进单位"，且评价为优秀。在制品库存管理在极致高效运行中形成并固化管理经验，提炼出"库存整体管控，过程中控余材、促周转、降无效"的工作总思路。

【质量一贯制管理】　以提升用户感知谋划质量一贯制管理，通过实施四新初物管理、强化异材和重大流出事故的风险管控，建立工序分离高效工作机制，强化后果管理考核评价体系，汽车板用户感知指数从 80.2% 跃升到 84%，PPM 达标率 99.0%，超目标值 13 个百分点，万吨材异议起数 0.52 起，与 2021 年比下降 11.86%，用户满意度 88.07%。轴承钢、弹簧钢、电池壳钢、汽车外板、高牌号硅钢、重 H 型钢等重点品种量质双提升，热轧超高强钢（M950JJ）、高扩孔钢、酸洗搪瓷钢、锌铝镁镀层汽车板实现从能制造到能稳定制造。

一、重点产品质量提升

1. 板带产品 2022 年生产连退汽车外板 10.38 万吨，较 2021 年减少 3.21 万吨，成材率较 2021 年提高 9.39 个百分点；镀锌汽车外板 12.52 万吨，成材率较 2021 年提高 4.76 个百分点，冷轧系列高强钢 28.02 万吨，较 2021 年产量提高 70%，成材率较 2021 年提高 2 个百分点。

锌铝镁镀层产品 14.20 万吨，较 2021 年 2.72 万吨产量大幅提升；合格率较 2021 年提升约 5 个百分点。锌铝镁汽车板生产 3172 吨，交付订单 2522 吨，通过奇瑞、长城、吉利、长安主机厂认证。

热轧大梁钢（M510L、QSTE650TM、QSTE550TM 等）通过成分优化和热轧工艺设计，成材率同比 2021 年增长 3.19%；建立了薄规格超高强钢全流程板形控制工艺，实现超高强机械工程用钢（M950JJ）极限规格板形控制，板形合格率较 2021 年增长 21.2%；开展（SAPH 系列）成分调整、性能优化和角裂改善，角裂率同比 2021 年降低 20.88%，吨钢成本同比 2021 年降低 18 元；酸洗高扩孔钢客户群拓展至 22 家，较 2021 年末增加 14 家，增幅 63.6%；产量同比增加 190%，成材率提升 4.1%。

高牌号硅钢残余元素控制较 2021 年进步 10%；实现高硅含量硅钢热卷 2.0 毫米厚度批量轧制，热卷凸度、楔形等尺寸精度控制达到较高水平；具备 0.25 毫米（二火材）、0.30 毫米厚度规格批量生产能力；国内首次实现六辊单机架一火材轧制 0.25 毫米高牌号（3.3%Si 含量），产品实物质量与太钢相应产品电磁、力学性能相当；同步展开 0.35 毫米/0.30 毫米/0.25 毫米规格新能源用硅钢材料认证。

2. 长材产品。推动建立工业线材铸坯分级制度，开展提升供埃斯科特钢冷镦钢坯料质量攻关，加强过程氮含量、夹杂物、铸坯内外质量的控制，氮含量合格率提升 90% 以上；夹杂物合格率提升 95% 以上，中心裂纹控制达到 0.5 级。

2022 年重 H 型钢开发新产品 21 个系列 85 个规格，独有规格 72 个，新开发规格较 2021 年增加 16 个。独有产品生产 17.82 万吨，成材率较 2021 年提升 9.99%。应用大规格采用钒微合金化+轧后穿水以及中小规格铌钒复合微合金化+万能控轧的工艺技术，重型 H 型钢（S450J0）B356× 406 系列成功实现批量供货。大 H 型钢铁路造车材生产 3.43 万吨，成材率较 2021 年进步 4.53%，创造历史最好纪录。大 H 型钢（S450J0-T）性能一次合格率超过 99%，生产 6.89 万吨，成材率较 2021 年提升 0.70%。S450J0、S460J0 双标牌号通过香港市场认证。

从成分优化、加热制度、轧制温度及速度等方面开展提高高强钢筋［HRB635（E）］性能合格率攻关，分季节分规格制定终轧温度和上冷床温度标准，性能合格率逐步提升 98% 以上。

3. 特钢产品。2022 年开发新产品 117 个、销量 11.52 万吨，国内首发 2 个，全球首发 1 个。通过徐州罗特-西门子、南高齿等 11 个客户、13 个产品认证。国内首发 2100 兆帕级弹簧钢通过蒂森德国总部全部试验；实现了 2000 兆帕级汽车热卷悬架簧用钢稳定供货；深海采油树实心锻件性能满足使用要求。南高齿 φ450 毫米、φ500 毫米、φ600 毫米规格 18CrNiMo7-6 齿轮连铸坯通过小批量认证，具备批量供货资质。稳定杆用弹簧钢（55Cr3）通过了辽阳蒂森、成都蒂森、广州华德等客户认证，并实现批量供货。

通过铁路货车用轴承钢资质，成为国内第二家获得连铸工艺供货铁路轴承钢。开展可浇性工艺攻关，从连浇 3 炉提高到连浇 7 炉。开发连铸工艺轴承钢（GCr15SiMn），开拓轴承钢产品市场。通过微钙处理工艺优化，实现 55Cr3 和 51CrV4 等含 Al 钢液位波动改判率显著降低。通过工艺优化，稀土钢合格率提升显著，客户使用效果良好。

二、质量管理工作

认证及产品许可证管理。2022 年开展三方认证 18 项，涵盖产品认证证书 31 张，其中换证复评 15 张、监督审核 11 张、新认证 6 张、扩项 1 张，包括国际认证证书 16 张，国内认证证书 15 张。新增 SCS 回收料认证高等级牌号 MARC20，为家电板首家。H 型钢绿色产品新标准认证取得三星评定。8 月 16 日完成热轧钢筋生产许可证换证工作。

客户端改进。通过不断推进客服小组和客户端月度例会制度，强化对客户抱怨、质量异议的管理。对客户端问题分析与改善按照 A/B 类问题进行分类管理，实现了重大问题深入分析、举一反三，普通问题全面排查、风险可控，做到了有的放矢，提升了整改质效。通过"1"+"3"（客户端抱怨 1 个工作日初步分析，3 个工作日准确原因与后续措施）工作方式，提高了对问题的响应速度，实现快速分析、及时反馈。

四新初物管理优化。制定《四新产品合同与初物管理暂行规定》，规范从客户需求识别到产品交付验证的全流程管理，形成了《客户需求识别初始表》《风险识别评估》《初物管理任务单、档案》《初物管理时间节点表》。2022 年外部重大异议为零，通过初物管理，有效地控制了外发产品批量性问题的风险。

品牌运营质量管控。建立健全品牌运营相关管理制度，编制发布《钢材产品品牌运营管理办法》，规范品牌运营。提供技术指导，帮助网络钢厂找出产品缺陷的根本原因，提出产品质量改进的措施，降低网络钢厂产品质量波动给马钢品牌运营带来不必要的风险。实施品牌运营产品质量监督抽查工作，开展首检 21 次，质量抽检、飞检 7 次，发现不合格 1 次。2022 年品牌运营合作钢厂 14 家，品牌运营总量 64.8 万吨，营收 20.38 亿元，利润 2086 万元，网络钢厂覆盖山西、华南、安徽、江苏、广州、福建等地区，涉及热轧螺纹（含光圆）钢筋（6—12 毫米）4 个规格，直螺（12—32 毫米）9 个规格。

【体系管理】 文件管理：2022 年修订管理办法 16 个，制修订工艺技术规程 67 项（其中 12 项为新增工艺技术规程制修订计划）。企业标准 19 项，其中已经完成发布 2 项，余 17 项（其中 15 项未系列性检测方法），计划制修订完成时间为 12 月；完成两期《冶金产品及检验方法标准目录》的更新，梳理识别国际标准和国外标准采标目录新增或变更 32 条；梳理企业标准和内控标准目录新增或变更 14 条。

体系监督：2022 年对股份公司 31 家单位开展质量管理体系内审，审核共开具 70 项问题项，其中不合格 9 项，整改项 61 项。完成 9 次过程审核，审核条目共 1175 项，发现问题 153 项。完成 13 次产品审核，热轧产品 HQ235 QKZ 为 96.32%、硅钢产品 M35W360 为 98.79%、其他产品均为 100%。针对四钢轧总厂夹送辊辊印问题、四钢轧总厂 MCFC 压氧问题、冷轧总厂连退夹杂判定问题开展专项检查。

科技管理：技术秘密已认定 61 项（年任务 60 项），上传知识 884 条（年任务 780 条），另外，专利、知识案例、词条、岗位基础知识示范点等均完成公司全年任务。

应急预案管理：一级、二级预案计划演练 140 次，完成率 100%，组织了 2 次公司级应急预案管理培训。牵头组织疫情期间生产保供应急预案评审，提高疫情期间生产保供应急处置能力。

QC 小组活动：2022 年度股份公司 15 家单位共注册 QC 小组活动课题 309 个，全年结题率 87%。21 项优秀 QC 成果获得公司 2022 年度 QC 成果优秀奖，12 项优秀 QC 成果参加公司 QC 成果现场发布。

【荣誉】 "降低热轧无取向硅钢边部翘皮缺陷发生率"获第五届中央企业 QC 小组成果一等奖，同时，获推荐全国优秀质量管理小组的资格。

组织参加安徽省质量管理小组成果交流会，"降低热轧无取向硅钢边部翘皮缺陷发生率""降低重异 BB5 断面 Q235B 裂纹废品率""缩短单炉冶炼供氧时间"3 项 QC 小组课题成果获二等奖；"缩短非金属夹杂物检验周期""提高 IF 钢液面波动≤±3mm 的比例""提高炼铁南区 OG 泥浓缩池出水悬浮物含量达标率"3 项 QC 小组课题成果获三等奖。

组织申报金杯产品 6 项：600 兆帕级双相钢（HC340590DP）、低合金高强度结构用热轧 H 型钢（Q355B、Q355C、Q355D）、钢筋混凝土用热轧带肋钢筋直条（HRB400E）、海油石油平台用热轧 H 型钢（SM490YB）、汽车大梁用热轧钢板和钢带（M510L）、汽车结构件用低合金高强度冷轧钢带（H260LA、H340LA）；金杯特优产品 1 项：海油石油平台用热轧 H 型钢（SM490YB）。

"构建以客户为中心的全流程质量管理系统的经验"活动中获质协 2022 年全国质量标杆。"耐 -165℃低温钢筋的质量控制技术及应用"获"中国质量协会"质量技术奖项目"优秀奖"。"自动检测系统在冶金原料质量检测中的创新应用"获中国质量杂志社举办中国质量创新与质量改进成果发表交流活动"专业级"成果。

"探索构建极致高效制造体系能力"获 2021 年度马钢集团管理现代化创新成果一等奖，"基于质量一贯制的客户端质量改进管理机制的构建与实施"获 2021 年度马钢集团管理现代化创新成果二等奖。

制造管理部在马钢集团公司 2022 年"奋勇争先"活动中，独享"小红旗"1 面，参与 32 个团队项目，其中主导 12 个，"大红旗"3 个，"小红旗"9 个，参与 20 个。

（卢学蕾）

设备管理部

【概况】　2022 年，设备管理部围绕公司"一个平台、两个抓手、三个追求、四个维度、五个翻番"的总体目标，聚焦"安全稳定、精益高效"的工作方针，通过全面对标找差，精准施策，细化管理目标，落实指标分解，强化责任担当，夯实设备管理基础，以智慧制造为引领，持续推进设备管理体系建设，提升设备管理绩效，为公司优质高效组产和经营管理目标的实现提供了强有力的设备保障。

【绩效指标】　2022 年，主要设备绩效指标完成情况如下：主重作业线月均非计划停机时间 282 小时（目标值 406 小时）；设备维修费实绩 19.83 亿元（年度计划值 26.65 亿元）；设备综合效率 OEE 指标 76.29%（目标值 73.78%）；设备故障停机率 1.48‰（目标值 1.9‰）；远程运维指数（AMI）55.5%（年度目标值 45%）；设备上平台指数 75%（年度目标值 60%）；设备功能精度进步率 85.3%，超目标计划 5.3 个百分点，超挑战目标 0.3 个百分点；A 类节能设备同步投运率 99.92%，低于目标值 100%，主要受 A 号高炉 TRT 大修后故障影响；测量设备周期受检率 100%。

【安全履职】　落实"三管三必须"责任，强化设备安全履职。制定《检修安全及挂牌管理办法》，建立隐患排查和风险管控双重预防机制，常态化开展隐患排查与治理。开展检修高危作业现场安全专项检查，覆盖日修、定修、年修、抢修。开展夜班检修安全督察，做到检修安全管控全天候无"死角"。制定设备检修安全管理核心举措（6+1）和单项检修过程管控 24 项关键点，培养"我的安全我管理，我的生命我珍惜"的自主安全管理意识。

高危检修实现常态化管理。利用 EQMS 系统，建立全公司一级、二级检修高危作业标准项目 44653 个。对各类检修现场，进行"四不两直"的督查，确保分级管控要求落到实处。全年检修高危作业项目共计 7493 项，其中一级高危 579 项，二级高危 6914 项，检修过程安全受控。开展检修安全专项检查 11 次，检查问题 750 项，全年投入安全专项资金共 3700 多万元，已全部完成整改。实现设备部检修安全相关的（含检修协力）重伤以上事故为零、较大以上火灾事故为零的安全绩效目标，守住了部门安全履职底线。

【检修管理】　按照产线价值利用最大化原则，对标行业标杆，构建"系列检修"模型体系。综合考虑南北区对公司生产物流、营销效益、动力介质、检修负荷等影响因素，及时优化 2022 年股份公司年修计划编排，克服跨区域、跨专业、跨部门等困难，圆满完成四钢轧三座转炉炉役、长材二区 3 号转炉炉役、重型 H 型钢年修、炼铁总厂 B 号高炉、1 号高炉、B 号烧结机、3 号烧结机、炼焦总厂 4 号、5 号干熄焦等重点系统检修工程。其中，四钢轧炉役检修工期首次实现"破十进九"的挑战目标。高炉检修周期从 4 个月延长至 6 个月，转炉每月的定修时间从 12 小时缩短至 8 小时，每季度一次的炼钢全停延长至每半年一次。

结合公司整体经营目标的调整，指导制造单元分三年实施检修规划安排，稳步推进各产线检修模型的科学优化。重点对长材二区转炉、四钢 2250、1580 热轧、冷轧 1720、2130 连退和能环部发电机组定年修模型进行深度优化，为公司创造实际效益 5000 万元。

【"一贯制"管理】　贯彻"一贯制"理念，将基建工程项目投产前相关准备工作纳入设备管理覆盖范围，通过建立基建项目生产准备标准清单，积极构建设备全过程管理体系。

在基建项目建设中期，设备管理部便介入项目实施过程管理，定期组织专业技术人员深入现场，对照标准清单所列四大标准、36 项工作内容，逐条核验，查缺补漏，确保工程建设与生产运行有效衔接，做到"投产即顺产"。2022 年以来，已在新特钢项目、煤焦化公司 9 号、10 号新焦炉项目、炼铁总厂 C 号烧结机项目上顺利实施了这一管理体系，并取得了良好效果。

【运行管控】　围绕关键作业线采取目标值管理，针对关键产线设备状态，推行事前预防、事中控制、事后整改的设备状态全流程管理模式，完善马钢误工管理系统，快速推进公司关键产线重点设备状态监测，进一步完善异常信息识别和关键信息管控机制，持续优化停机逻辑判断，增加逻辑点趋势图、历史数据查询等功能，不断扩大产线误工管理系统覆盖范围（目前已覆盖 131 条作业线）。

强力推进设备上平台和远程化运维工作，2022 年远程化指数（AMI）达到 55.5%（年度目标值 45%），设备上平台指数达到 75.53%（年度目标值 60%），均位列中国宝武第一方阵。

借助智能运维平台的智慧延伸，强化设备远程缺陷定位能力，使得故障能被早发现早解决，减少设备停机。定期召开设备状态月度例会，分析、点评各作业线状态实绩，检查、布置重点工作，实现设备状态管理的 PDCA 循环。2022 年，主重作业线非计划停机时间和设备故障停机率分别比目标值下降 14% 和 15%。

坚持每月开展事故案例分析活动。通过案例发布，发现管理短板，寻找改进机会，变事故故障为管理财富，促进设备运行良好状态的保持。全年共发布典型案例 60 余篇。

【网络安全】　通过建设马钢网络态势感知平台、网络运营中心平台以及马钢智慧制造基础网络区域接入网络改造项目的实施，打造覆盖全公司的网络安全运营平台。依托这一平台，有效开展马钢网络安全事件值守、检测、分析、研判、处置等工作，全年共处置网络安全事件 151 起，重点整治虚拟币挖矿、勒索病毒、横向渗透以及信息系统攻陷事件。特别是党的二十大前后，组织开展网络安全重保工作，实施 7×24 小时安全值守，并清理互联网风险资产和风险网站，开展风险资产评估，关闭不必要的互联网映射，圆满完成预定任务。

通过策划、实施 IPv6 马钢主干网改造、马钢 VPN 迁移、生态圈单位接入网改造、马钢智慧制造区域接入网改造等项目，有效改善马钢网络架构的安全性能和技术性能，为未来工业互联网应用奠定了坚实基础。

【设备保障】　由于钢铁市场形势严峻，对马钢公司当期的生产、检修节奏造成较大冲击，很多预定检修产线或设备因故调整检修时间。为维持这些暂时无法实施检修的"应修"产线、设备的安全可靠运行，设备管理部组建以首席师为组长的"特护"技术团队，开展"特护"保障工作。"特护"组紧盯重大设备隐患和故障高发区域，制定特护保产方案，避免重大事故发生。2022 年，先后实施了炼铁 A 号高炉特护、四钢轧加料 3 号行车特护、015 料场特护等项目。其中，015 料场 3 月试生产过程中由于故障高发，日产量只有 0.6 万吨（100 余车）。经特护组调研并制定优化方案后，平均日翻车达到 185 车左右，最高日翻车 204 车。

聚焦品种质量改善提升的"顽疾"，组建攻关团队，围绕工艺控制 CP 点，推动"设备、技术、生产、维护"四方协同，开展功能精度技术攻关。先后实施优棒后区防划伤及冷剪精度攻关、冷轧总厂提升镀锌锌锅辊稳定运行周期、冷轧总厂提升 3 号镀锌线光整机高压清洗能力攻关等项目。2022 年，设备功能精度进步率 85.3%，超目标计划 5.3%，超挑战目标 0.3%。

【运维变革】　按照宝武集团协力变革三年规划要求，不断深化检修、运维体制变革，稳步提高检修协力战略化协同度和专业化协作度指数。2022 年新投产项目的保产单位和集控项目运维服务供应商的选择，优先考虑战略供应商；现有协力区域业务通过有效整合向战略供应商集中；加速信息系统运维协力模式转变为"点检+检修（抢修）+技术+常用备件"的全包模式；推动飞马智科从"抢修响应"向"状态管理"的机制转变。对公司现有的检修项目按"5+1"原则进行专业化、区域化整合，大力提高检维效率，降低检维成本。

以生态圈"共建共荣"的理念，推动"主从式"协力向"伙伴式"协作转变。建立上下联动、高效协同的协作运行管理机制。按照"过程评价与年度评价相结合、重点要素与细节管理相统一、总包管理与分包管理全覆盖、负面考核与正向激励双联动"的原则，编制发布供应商评价标准，全方位监管供应商的质量、交期、安全等要素。同时，策划推动供应商"信得过班组"建设，并给予正向激励。大力清退部分"低、小、散、弱"的协作供应商队伍。常规检修协作供应商由以前的36家优化至18家。

【厂容整治】 配合公司环境提升战略的部署和创A项目的实施，组建以设备管理部分管领导挂帅的项目团队，精心谋划施工组织方案，细化施工网络节点，科学制定工序衔接及交叉作业环节。克服复杂疫情、罕见高温天气等不利因素，采用每日巡查、周例会通报、现场督查、专业检查等方式，积极沟通协调，强化现场管理，抢抓施工进度。完成了"一圈两园五点"、四个停车场建设，以及厂容环境提升和毗邻区域道路、景观、建筑、通廊等整治工程。以区域复绿为手段，构建网格化厂区绿化景观带，"连点成线、连线成网、连网成片"，建设一批区域核心景观带，对绿化品质较弱的已有绿化区进行提档升级；在办公配套、厂区出入口等重要展示性节点进行精致化景观改造，绿化覆盖率达到35%，全力支撑智园AAA级工业旅游景区创建工作。

【降本增效】 为应对钢铁市场的经营困境，设备管理部围绕设备维修费的支出源头，从构建纵横协同管控的网格化体系、月度预算申报评审机制的建立、作业区自主改善行为的开展、考核评价体系建立等多方面入手，反复谋划，深入调研，连续制定多版设备系统降本方案，着力提升设备状态稳定性、提升检修作业经济性、完善协力项目规范性、降低物料新品采购量、加大物料修复占比等。截至2022年底，较公司降本目标值超额降本10700万元。全年预算值由26.65亿元控制在20亿元以内，降幅达到25%。

【党建工作】 设备管理部党总支有正式党员67名。党总支认真落实习近平总书记考察调研马钢集团重要讲话精神，强化党建引领作用，打造"凝聚人心、温暖人心、净化人心"的党建品牌，激发全员干事创业的活力和动力。

严格落实"三会一课"制度，坚持常态化党史学习教育活动。分两批次组织60余名党员赴"和县西梁山战斗纪念地""含和支队""和县第一党支部"等红色教育基地开展主题党日活动。2022年首次创建设备部"党员示范岗"。积极推荐优秀管理、技术人员参加"青苹果""金牛奖""银牛奖"等各类竞选活动。

以"我为群众办实事"为契机，先后举办了"儿童启蒙教育""急救应用"等知识讲座，解决年轻人关于子女教育、健康急救等生活知识的疑惑。开展"捐一缕书香，筑振兴梦想"捐书活动，捐书200余册。

通过廉洁教育、惩戒震慑、岗位调整等方式，树立内心清净、行为干净的设备工作形象。对新聘用的11名C层级人员进行了集中谈话，对3名敏感岗位员工进行了定期轮换调整。

【荣誉】 3月，"导入设备管理体系标准 助推设备管理转型升级"获马钢管理创新成果二等奖；"以行动学习为方法指导开展案例复盘 防控该设备故障"获马钢管理创新成果三等奖。6月，"导入设备管理体系标准 助推设备管理转型升级"获第五届全国设备管理与技术创新成果一等奖；"创新型信息系统运维管理体系的探索与实践"获第五届全国设备管理与技术创新成果二等奖。8月，获评第十二届全国设备管理优秀单位；"测量小突破服务大制造——车轮轮对质检样板小微盲孔底面平面度测量装置及方法的探索与应用案例"获马鞍山市计量测试促进产业创新发展优秀案例一等奖；"有限空间电子合金秤校准在炼钢工序的实践案例"获马鞍山市计量测试促进产业创新发展优秀案例二等奖；马鞍山钢铁股份有限公司获马鞍山市计量测试促进产业创新发展优秀案例优秀组织奖。12月9日，"长寿高炉漏水冷却壁在线再造关键技术应用集成"项目被评为第二届"中国宝武优秀岗位创新成果奖"三等奖。12月13日，"基于'数字钢卷'的设备功能精度动态管理模型"入选2022年制造业质量管理数字化典型场景和解决方案优秀案例。

（周　俊）

营销中心

【概况】 截至2022年底，营销中心共有377名员工，下设营销管理室、市场营销室、期货管理室、合同物流部、热轧部、冷轧部、涂镀部、汽车板部、线棒部、型材部、特钢部、综合管理部（党群工作部、纪检监督室）、运营管理室、安全生产技术室、客服管理室、技术经理室、长材技术经理室、特钢技术经理室、客户代表室、寻源室、运营室21个科室；其中，营销管理室、市场营销室和期货管理室共同组成营销管理部；运营管理室和安全生产技术室共同组成分（子）公司管理部（安全生产管理部）；客服管理室、技术经理室、长材技术经理室、特钢技术经理室和客户代表室共同组成客户服务中心；寻源室和运营室共同组成网络钢厂运营部；同时负责马钢 15 家驻外分子公司和 3 个海外公司的销售业务管理。

【主要经济指标】　2022 年全年累计销售钢材 1638 万吨，实现销售收入 735 亿元，总毛利 9.2 亿元，单位毛利 56 元/吨。其中板材销售 958 万吨、型材销售 280 万吨、线棒销售 279 万吨、特钢销售 121 万吨。全年出口钢材 61.5 万吨（不含车轮产品），客户满意度达到 88.03%。2022 年与宝钢对标，吨材毛利 179 元/吨，较 2021 年缩小 43 元/吨，取得显著进步。

【营销管理】　坚持以产品毛利为导向，以"规模贡献+毛利贡献"为驱动，以市场研判为依托，全面对标找差、坚持站稳中国宝武第一方阵，努力跑赢市场大盘。紧紧围绕经营绩效改善计划，聚焦存量经营、减量不减效，深化营销变革，打造极致效率。坚持目标计划值管理，优化调整客户群结构和产品结构。

1. 追求极致高效，提高吨材利润水平。每月召开市场分析会，跟踪国内国际大事，分析宏观经济形势，研究国家和产业政策，为营销中心制定销售策略和资源预排提供依据，发挥市场研判作用，动态控制接单及出库节奏；积极推进和跟踪重点工程项目，保障订单执行，不断优化品种结构，不断提升产品售价，全力提高公司盈利水平。全年重型 H 型钢突破负毛利瓶颈，实现并保持正毛利收益；H 型钢出口 46.5 万吨，出口量稳居全国第一；彩涂销售 28.2 万吨，创投产 18 年来历史最好纪录；热轧取硅基料销量突破 19 万吨，创历史最好纪录；镀锌汽车外板首次突破 10 万吨，同比增长 30%；销售酸洗搪瓷钢 2200 吨，实现了销售零的突破；在主机厂认证和开拓上，获得奇瑞年度优秀供应商，成为唯一一家获此殊荣的钢铁材料领域供应方；继 2021 年度获得长安汽车优秀供应商后，再次荣获长安汽车 2022 年度"齐心协力"奖，也是钢铁材料供应商中唯一获奖的企业；在合资车领域，首次实现突破，斩获 2022 年度神龙汽车最高荣誉奖项"最佳供应商"奖。

坚持效益优先，以提高产品毛利为核心，统筹系统效率和结构调整。持续贯彻低库存运营，通过制定月度库存控制标准，进一步降低营销中心存货资金占用，提高存货周转效率。营销中心 12 月末产成品库存合计 45 万吨，同比下降 12.8 万吨，超额完成了营销中心产成品降库目标值，突破历史库存极值。

以综合效益最大化为原则，兼顾高炉顺行，强化产销联动。充分结合品种钢单位毛利及订单组产难度，科学合理接单、组产，做到"高效稳定、均衡有序"。营销中心全年现货发生率 0.23%，同比下降 0.19 个百分点；订单兑现率 93.91%，同比下降 1.33 个百分点。

追求极致高效，调坯轧材，充分释放产线装备能力，提高热轧、线棒等轧材产线产能利用率。全年外购坯 80 万吨，增加收入 3.29 亿元。

2. 拉高标杆，深入开展"3+N 价格、毛利对标"。通过强化横向对标，从内部找短板，从外部找差距，努力克服疫情、原材料价格大幅上涨带来的困难。每月按照业务逻辑在各品种内部分类，与对标钢厂开展了"3+N 价格、毛利对标"。马钢板带对标宝钢四基地，H 型钢对标莱钢，螺纹对标鄂钢，特钢棒材对标兴澄特钢。通过找准定位、精准施策，形成可视化图表，建立"全面对标、精准对标、动态对标"长效机制。借助宝武平台，紧密联系实际，持续完善全面对标找差体系。对标范围实现优特钢、板带、长材等所有产品全覆盖，对标指标体系由单一的价格对标扩展至价格、毛利对标。全力推进专项对标，开放心态、正视差距、拓宽视野，瞄准宝武和行业标杆企业，积极组织"请进来""走出去"，通过面对面交流、问经取道，"号准脉、开准方、下准药"，助力指标稳步提升。

3. 开展差异化精品服务。为深入落实马钢集团"三降本两增效"重点工作部署，充分调动全体员工降本增效的积极性和创造性，有方法、有策略应对生产经营面临的困难，营销中心以"跑赢大盘"作为出发点，针对低温钢筋、重型 H 型钢国内独有规格、中型材矿用钢、热轧取硅基料、汽车外板、涂层板等公司重点产品，设定各品种必达目标、挑战目标，有针对性地及时优化资源流向，使高效益品种持续高产量、高销量。在营销中心内部积极开展 2022 年"差异化产品增效"专项劳动竞赛。进一步围绕 QCDVS 等 27 个差异化精品增效项目寻找"小切口"，全面推进"差异化精品""差异化服务"工作。全年累计完成差异化精品销售620万吨，差异化精品销售占比达到39.3%，累计增效2.55亿元，年化完成率139%。

4. 激发奋勇争先新常态。围绕马钢公司重大战略、重点任务、重要项目，积极组织参加集团公司"奋勇争先""精益高效争一流，指标提升创效益""运营效率提升"等劳动竞赛。全年共获马钢集团公司11次"奋勇争先奖"（其中，动态项目2个，揭榜挂帅项目9个），第二季度"2022年极致低碳劳动竞赛"专项竞赛卓越奖，第三季度"运营效率提升"专项竞赛先进单位，连续三季度获得公司"三降两增"劳动竞赛优秀项目和先进个人奖。合肥材料公司的"双工位机器人剪板机项目"获2022年度智慧制造专项劳动竞赛宝罗创新争优赛"银宝罗"。

营销中心内部，为鼓励改革创新、勇于迎难而上，加速缩短、赶超与标杆企业的差距，深度挖掘营销工作的亮点与突破，营销中心党委、行政联合下文，实施奋勇争先重点项目工程，每月对价格对标、毛利对标、分子公司库存管理、长特产品销售量在内的25项静态项目进行评价，择优颁发"小红旗"，同时对生产经营过程中涌现的亮点工作给予动态项目评价。全年累计评价579项目次数，共产生"小红旗"137面，其中静态项目120面，动态项目17面。

5. 强化营销团队建设，推进薪酬体系切换。为支撑优特长材产品销售，营销中心积极通过公开招聘、内部统筹等渠道选拔优秀人才填补人员缺口，促进跨部门流动，为员工提供更多成才道路。全年从外部单位调入49人，内部统筹至重点项目18人，有效壮大营销队伍。聚焦全年人事效率工作要求，细化措施，统筹部署，根据公司强化效率和效益导向，持续提高人事效率的工作要求，高效完成全年人事效率提升工作。

加快推进薪酬体系切换工作。为深入贯彻落实中国宝武"四个统一"要求，营销中心积极谋划、宣贯薪酬体系切换工作，组织开展员工薪酬信息核对工作，要求员工签字确认保证薪酬准确切换。并按照公司切换方案精准计算基本薪、岗位薪，反复进行数据校验。通过制作个人薪酬切换审批表，经人力资源部审核盖章完成归档。

系统策划营销人员培训，与人力资源部共同设计能力素质提升培训项目，2022年营销中心累计参加培训9500余人次，累计时长达38000学时。通过能力素质提升培训，切实提高营销人员综合素养和实战能力，打造一支具有马钢特色的专业化技术型营销团队。

【品牌运营业务】　3月开始筹建品牌运营业务工作，目前制定并发布《钢材产品品牌运营管理办法》《网络钢厂基地运营派驻人员管理办法》《网络钢厂基地运营业务管理办法》，初步建立起网络钢厂运行管理机制，日常工作逐渐步入正轨。合作钢厂不局限在省内和周边，山西、广东、福建都有布局，加大了马钢产品的辐射范围，提升了马钢品牌的影响力。

2022年以来，马钢股份先后完成13家网络钢厂的技术考察，新签约商务协议7项、技术协议7项、委托管理协议1项，并快速转化为了销量，产品主要涉及热轧钢筋和热轧型钢，全年品牌运营产品销量63.87万吨，营收20.38亿元，利润总额2086万元，吨钢利润32.67元。在获得经济效益回报的同时，马钢市场占有率也稳步提高，2022年，马钢建材产品省内市占率达到40.5%，比上年提升0.7%。

【优化客服体系】　持续强化"为客户创造价值"的服务理念，聚焦服务质量提升，致力于不断优化产品结构和服务模式，为客户提供更好的产品，更优质的服务。深入落实"以客户为中心"，践行质量一贯制，体系效能显著提高，用户满意逐步攀升。紧盯问题闭环，依托"1+6"客户端质量问题改善小组平台，通过案例复盘、举一反三，问题改善闭环率87.3%，实现全年用户感知综合指数90.9。引入"四新"及"初物"管理理念，加强客户信息集中化、规范化管理，全年共有1853家客户完成信息化建档，基本实现合作客户信息化档案全覆盖。完成订单评审476起，与客户签订技术协议288项，技术评审通过率97.7%。2022年度马钢钢材产品客户满意度测评结果为88.07分，总体评价满意。

【分子公司】　1. 全面梳理分子公司各项业务、各工作流程及各类风控点共计310条，编制《营销中心分（子）公司专项检查手册》。制定《2022年分子公司风险防控专项检查工作计划》，实施分子公司"一年全覆盖"，检查范围包括仓储风险、保证金订货风险、客户风险、合同风险、授信风险、票据风险、库存风险等方面，精心推进落实风险专项检查工作，全年累计整改162项，实现分子公司风控检查全覆盖。精心设计《风险防控专项检查问题记录表》《风控检查整改情况表》，按照审计标准系统推进整改工作，将整改工作做实、做细、做精致。

2. 营销中心制定年度安全工作计划及《安全目标责任书》，并在6月成立安全生产技术室，对分子公司安全生产工作进行归口管理。安全生产技术室通过安委会分解计划层层落实责任，全年共召开安委会月度例会12次，安全管理人员月度例会10次，传达中国宝武、马钢集团安全生产工作通知；编制并面向全员发放《分（子）公司全员安全应知应会专篇》，要求各加工中心全员学习并组织考试；对各加工中心进行安全督察巡查31次，共查出问题277项，其中安全体系管理方面138项，隐患排查128项，违章违纪42项，开具25份安全生产隐患督办通知单，并对查处的问题进行跟踪并督促整改完成，确保形成闭环。

3. 着力提高分子公司经营能力，打破固有的思维模式、板带专营公司界限，加强长材产品销售力度，开始向多品种销售单元转变，营销中心积极拓展特钢、线棒、型钢销售渠道，探索实践"一总部、多基地"管控模式，加速布局优特长材专业营销平台。坚持营销人员全员培训，提高营销人员综合素养，培养和提升各个加工中心营销人员的长材营销业务能力。全面提升各加工中心加工、剪切、配送业务量，加大分子公司优特长材深加工及销售力度，不断延伸产业链，实现"卖得掉"向"卖得好"转变。全年分子公司优特长材销量41万吨，比上年增长190%。

率先完成境外公司年度法人压减任务。3月股份董事会形成股东决议后，营销中心积极配合马钢公司法务部、经营财务部、投资公司、审计部等部门完成美洲公司、中东公司境外注销清算等工作。5月美洲公司获得新泽西州签发的解散证书，7月中东公司获得迪拜自贸区的注销确认函，提前完成年度法人压减任务。

（黄建辉）

采购中心

【概况】 马钢股份采购中心主要承担马钢股份公司原燃辅料、废钢的采购供应。2022年采购中心紧紧围绕公司"强化经营思维、追求极致高效"工作主线，聚焦安全保供和采购降本工作重点，全体员工积极进取、勇于担当，牢固树立"跑赢大盘、超越自我"的工作理念，坚持"精益高效、奋勇争先"的工作态度，坚持对标找差，实现了高效稳定安全保供，采购竞争力得到进一步提升。2022年采购到货总量4179万吨。其中，进口矿1832万吨，国内矿166万吨，自产矿341万吨，炼焦煤689万吨，燃料煤319万吨，外购焦136万吨，合金有色25.8万吨，废钢生铁224万吨，熔剂辅料466万吨。全年原燃料及工业品采购结算总金额645.9亿元。全年采购计划综合兑现率102.6%，到货质量综合合格率目标90%，实际完成94.8%。年底在册员工63人，在岗员工63人。

【资源保供】 协同系统应对，保供安全稳定。2022年，国际形势复杂、国内疫情多点散发、供应链运行不畅、市场形势严峻，股份公司内部B号高炉大修、新焦炉投产等叠加影响给保产供应带来巨大挑战，采购中心勇于担当、多措并举，通过系统性强化和提升供应链弹性，积极有效应对各类突发事件影响，保障了公司高生产水平运行的原料供应稳定。矿石板块借助宝武集团统一采购资源协同优势，提前锁定年度长协资源，增强资源安全保障能力；燃料板块继续巩固深化煤焦战略合作，与重点供方签订中长期合同并稳定履行，保证到货质量、数量稳定；合金板块创新采购模式，借助期货平台锁定资源，通过期货交割、基差点价保供，利用平台市场资源保障供应。耐辅板块动态调整替代资源的到达与使用，通过码头备库、"以船代库"等措施提升保供水平。物流板块提前谋划保供预案，通过提前出运、船船直装、协调外部港口提高装卸货效率等精细化操作方式，保障生产刚需用料及时到达。

【采购降本】 坚持精益采购，降本成效显著。一是采购价格全面跑赢行业平均。2022年进口矿、炼焦煤、焦炭、废钢等六个重点品种采购价格与行业均价相比累计跑赢额14.98亿元。二是"三降两增"任务全面完成。与制造部、生产单位联动优化炉料结构，推进非主流、指标有缺陷的品种采购和使用降本，2022年采购和使用非主流品种矿石8个、煤炭8个，累计218.8万吨，与主流资源差价降本3.01亿元，完成进度150.4%。三是经营改善性措施降本及降本（升级版）任务有效推进落实。通过系统谋划，7—8月实现两头市场增效采购降本2.76亿元，物流费用降本1139万元，工业品耐材降本1000万元，超额完成经营改善性措施降本目标。9月后，根据公司下达的以8月为目标再降4500万元/月升级版目标，采购中心对各项降本措施重新梳理和推进，强化落实，稳步推进，总体完成经营改善性措施降本（升级版）任务。四是抢抓市场机遇择机采购降本。加强市场研判，踩准采购节点，2022年择机采购降本共计1.61亿元，完成进度100.67%。

【供应链合作】　一是严格供应商准入。修订《供应商管理程序》《供应商认证管理办法》，严格供应商准入标准，依托欧贝平台向社会公开征集供应商，引进新供应商6家。2022年召开供应商准入会44次，引进合格供应商6家、备用供应商49家、一次性供应商32家，取消资格供应商6家。二是加强供应商评价。完善优胜劣汰机制，修订发布《供应商动态评价管理办法》，完成2021年度产品类、服务类以及2022年中A类供应商评价，分品种合格供应商295家（其中，产品类226家，服务类69家）。三是强化与战略供应商合作。经评价产生33家分品种战略供应商，2022年战略供应商采购资金比例达到59%。四是加强供应商合规管理。对在册供应商注册资金进行了全面梳理，组织在册供应商签订《规范商业行为协议书》。

【基础管理】　一是强化制度管理。针对业务流程变化及合规风险管控要求，修订《供应商管理程序》《采购管理程序》等程序文件5个，完成《合同管理办法》等21个办法修订发布，促进采购业务流程规范化、标准化、专业化。二是规范采购定价流程。积极推进阳光采购，扩大招标、比价、指数定价等竞争性和网上采购比例，2022年共签订采购合同1611份，合同签约率100%，上网采购金额134.36亿元，全年上网采购率达100%，其中竞争性定价比例达到73%以上；按月组织召开价格委员会，确保采购定价公开、透明，价格执行有据可依；加强非招标采购管理，发布《非招标采购品种清单目录》，严格履行审批流程。三是梳理完善合同管理。修订了《合同管理办法》，对合金、废钢、国内铁矿石等采购品种合同文本进行修订完善；根据《中国宝武内控体系能力提升方案》要求，积极配合推行合同备案平台建设，组织培训、制订对接切换方案，于6月20日完成合同备案对接，实现了统一合同备案和结算控制；通过日常检查、季度自查、专项检查等形式，加强对合同拟签、履行过程管理，促进合规管理。四是加强安全管理。修订完善《全员安全生产责任制》，发布《管理人员安全管理履职清单》《安全生产过程管理问责细则》，及时组织开展安全月、安全生产大检查"回头看"等活动。组织供应商签订安全、消防管理责任协议，加强监管力度，全年未发生安全生产事故。五是严格落实创A工作要求。积极推进大宗原燃料清洁物流上线，年末实现大宗物料清洁运输比例达到98%以上。六是扎实推进分子公司及采购集中一贯制管理工作。按照"一总部多基地"管理要求，与马钢集团全层级33家子公司和基地加强采购管理的协调沟通，积极推行、督促、跟踪上网采购情况，2022年全品种上网采购率98.14%，电子合同签约率70.6%，入欧贝易购或商城平台点选比例96.7%，按照中国宝武评价规则，马钢集团上网采购率综合得分获满分110分，圆满完成年度工作目标。积极落实办公资材及服务采购集中一贯制管理要求，制定办公资材及服务集中采购方案并有序组织推进。

【党群工作】　一是认真学习贯彻落实习近平总书记重要讲话精神、党中央重大决策部署及上级党委工作要求，领导班子成员带头上党课，依托"学习强国"等线上平台，通过"三会一课"、党员活动日等各种形式，扎实开展理论学习教育，不断增强大党员政治意识。二是党建工作与中心工作"双融双促"，充分发挥党组织融入保障作用。采购中心党组织分别与煤焦化公司党委、制造部党总支等8家兄弟单位党总支开展了5个项目的党建联创联建、结对共建，通过"制造系统稳定原辅料保供，助力极致高效生产"等主题党建联创联建活动，进一步促进了采购质量提升。同时党建活动深度嵌入采购业务，采购中心党总支牵头开展中心月度"奋勇争先奖"评比表彰、"采购讲堂""质量月"劳动竞赛等活动，在中心形成奋勇争先浓厚氛围，激发广大职工立足岗位建功立业。三是持续加强"三基建设"，夯实党建基础工作。严格落实"三会一课"、民主评议党员等制度，党课开讲18次，开展主题党员活动20次；严格按照党员发展流程，培养3名优秀青年入党；开展党员档案专项自查，修订完善《党总支（党支部）职责》。四是强化党风廉政建设。结合采购中心实际制定纪律教育重点工作计划，组织全体员工签订个人廉洁从业承诺书，会同联创联建单位开展"检企共建护航新发展"主题党日、参观市党风廉政教育展等活动；开展"三降两增"任务落实、审计发现问题整改、业务接待费用使用等情况督查，开展违规经商办企业等专项治理。五是认真落实巡察反馈问题整改。2022 年 7 月，马钢集团公司党委第一巡察组对采购中心党总支开展常规巡察工作，采购中心根据巡察反馈问题及时制定整改方案和台账，明确责任领导、责任部门和整改时间，确保各项整改措施落实到位。

（唐　军）

技术中心

【概况】　马钢股份技术中心（新产品开发中心）初期为马鞍山铁厂试验室，1958 年 10 月成立马钢公司中心试验室，1966 年 10 月更名为马钢钢铁研究所，2001 年 1 月重组为马钢技术中心，2001 年 11 月被认定为国家级企业技术中心。2021 年，为规范组织机构管理，推进岗位体系变革，提高管理效率，经公司研究决定对技术中心内设机构进行调整。目前下设 3 个管理部门，12 个研究所。原综合管理室、党群工作室合并，成立综合管理室（党群工作部），按照"一个机构，两块牌子"的方式运作。原技术管理部、咨询分公司合署，更名为科研管理室，保留咨询分公司牌子。原条件安全保障室、中试基地合并，成立研发保障中心。原热轧结构钢研究所、轧钢研究所合并，成立热轧产品研究所。原家电板研究所更名为冷轧产品研究所。型钢研究所、车轮研究所、长材研究所、硅钢研究所、汽车板研究所、炼铁研究所、炼钢研究所、综合利用研究所、科技信息研究所、检验技术研究所保持不变。技术中心主要承担铁前、钢轧、检验、综合利用、信息情报方面的技术研究，轮轴、板带、长材、型钢、特钢五大类产品的新产品研发，用户应用技术和 EVI 技术服务，以及科研和新产品开发的中间试验和科研成果产业化等职责。

安徽江南钢铁材料质量监督检验有限公司（安徽省钢铁材料质量监督检验一站）是马钢集团国贸全资子公司，具有 CMA 资质，由技术中心管理运行，主要承担马钢股份盘库，科研、新产品、成果等第三方检测。2021 年，经中国宝武集团、马钢集团批准，安徽江南钢铁材料质量监督检验有限公司（以下简称"江南质检公司"）和马钢（合肥）钢铁有限责任公司（以下简称"合肥钢铁"）就股权转让联合对安徽省江北钢铁材料质量监督检验有限公司（以下简称"江北质检公司"）开展审计和资产评估，2021 年 11 月 30 日江南质检公司和合肥钢铁签订股权转让协议，2021 年 12 月 31 日江南质检公司完成江北质检公司股权（100%）收购。2022 年 6 月 30 日，完成江北质检法人压减，2022 年 9 月，江南质检公司通过复评审，取得江南质检和合肥分公司两张 CMA 资质新证书。截至 2022 年底，马钢股份技术中心在册员工 281 人，在岗员工 281 人。

【科研工作】　全面对标找差，组织实施各类科研项目 184 项，节点完成率 95.3%，科技创效 1.83 亿元；实施与总部协同项目 26 项，取得积极成效。申请发明专利 215 项，获授权专利 148 项，其中发明专利 132 项，PCT 专利 3 项。主持修订国家标准 1 项、制定行业标准 3 项。获各类科技进步奖 8 项，其中冶金科技进步奖 1 项，省科技进步奖 3 项，"高性能热轧耐蚀钢制造关键技术研究及产业化应用""高速重载车轴产品研发及关键制备技术创新"获安徽省一等奖；宝武重大奖 4 项，其中"40~45t 轴重高性能重载轮轴研发及产业化"获一等奖。支撑公司通过国家高新技术企业认定，助力马钢交材获评"专精特新"单项冠军示范企业。

【新产品开发】　宝武对标口径新产品销量 155 万吨，吨材毛利 246 元，累计毛利总额 3.74 亿元，吨材超额毛利 331 元，超额毛利总计 5.16 亿元；8 项新产品首发，其中全球首发 1 项。

长材特钢：高铁车轴钢 DZ2 全球首发，X80、F22 连铸圆坯国内首发；风电齿轮钢通过 GE 认证，实现批量销售；连铸工艺铁路货车轴承钢通过国金衡信认证；HRB635（E）高强钢筋销售突破 10 万吨。

型钢：突破重型热轧 H 型钢关键技术，批量应用于大型民用公共建筑等重点工程。高寒地区 355 兆帕级−60℃耐低温热轧 H 型钢等两项产品国内首发，其中 40—80 毫米厚、450 兆帕级热轧 H 型钢形成全系列供货能力，年销 1.6 万吨。

轮轴：勇担高铁使命担当工程，高铁轮轴自主化取得关键突破，全年供货高铁车轮超千件，DZ2 高铁车轴坯 645 吨，出口高速车轴 603 件，创历史新高；机车用绿色新工艺 8822H 齿轮坯国内首发；车轴热处理工艺优化实现吨材降本超 100 元。

硅钢：新能源汽车用硅钢制造突破 6 辊单机架轧制能力和合金含量双上限，0.25 毫米硅含量 3.4% 以上的高牌号硅钢稳定生产，M25V1300/1400 产品成功研发，应用于比亚迪新能源汽车。

热轧产品：成功开发磁性材料用纯铁 MYT1、MYT2；热轧超高强钢 M1200HS/M1400HS 应用于新能源自卸车；700 兆帕级高强耐候钢批量应用于铁道集装箱；Q355MNFG/Q420MNFG 首次应用于耐酸钢液体运输罐车；高强韧焊接套管用钢 Q125V 国内首发。

冷轧产品：成功开发光伏支架、家电用低铝锌铝镁镀层产品，销量突破 10 万吨；酸洗搪瓷钢 MTC330R、MTC245R 分别通过格力和中广认证，实现马钢酸洗搪瓷钢零的突破；完成全系列彩涂板产品底漆环保化迭代升级，环保型超耐久彩涂板国内首发。

汽车板：酸洗高扩孔钢销量突破 4 万吨，同比实现翻番；锌铝镁汽车板、冷成形用 DH 钢、低波纹度外板成功开发，通过奇瑞、吉利、长安等主机厂认证，累计供货超万吨；积极开展汽车板 EVI 服务，50 个牌号通过认证，获取订单 6.6 万吨，毛利超 8000 万元。

【现场攻关】　承担制造部 24 项委托项目，创效 1.6 亿元。在"三降两增"行动中实施 57 个项目，增效 1.53 亿元。炼铁领域，重点通过提升烧结利用系数、降低高炉燃料比、开发新矿种、优化配煤配矿结构等，支撑铁前高产、降耗、降本；积极推进生物质炭应用技术开发，支撑公司减碳工作。炼钢领域，高铁车轮高纯净钢冶炼工艺实现稳定控制，总体实现与住友车轮并跑；超低锰工业纯铁工艺取得突破；重异轧后龟裂废品率降低 90%，增效 2000 万元以上；电池壳钢铸坯合格率由 31% 提高到 49%，进入国内第一梯队。综合利用及能环领域，完成六汾河全部 2.15 万吨清淤污泥内部处置，降本超 2000 万元；支撑公司固废返生产率由

26.33% 提升至 27.24%；开展煤气品质提升及热风炉、加热炉超低排技术方案研究，为公司创建环境绩效 A 级企业提供支持。

【EVI 推进】　新建热冲压成形、腐蚀等 4 个专业实验室，新增重型热轧 H 型钢的焊接设计及裂纹分析等 7 项应用技术能力，实施 15 项 EVI 项目，新增订单 14.2 万吨，新增毛利 9300 万元，为公司生产经营做出了积极贡献。

【研发保障】　在检验试验上，实现检验产值 1184 万元。参与编制 ISO 国际标准 4 项、国家标准 1 项，牵头起草行业标准 5 项、团体标准 2 项。参与的国家重点研发计划项目"双光源全自动大尺度金属构件成分偏析度分析仪"获评优秀；承担中石化等 LNG 低温钢筋低温检测近 1.3 万吨，创收 511 万元。在平台建设上，"轨道交通关键零部件先进制造技术国家地方联合工程研究中心"通过省发改委三年建设期验收，"轨道交通关键零部件安徽省技术创新中心"等 3 个实验室完成年度评价。在设备管理上，深入推进设备管理体系建设，开展设备分类管控，缩短备件供应时间，减少故障率，提高设备运行效率，保障了研发顺行；在经营创收上，实现技术咨询服务利润 123 万元，江南公司创收 785 万元，完成江北质检法人压减，通过复评审，取得江南质检和合肥分公司两张 CMA 资质新证书。

【企业管理】　创新变革方面。一是持续深化揭榜挂帅机制，14 个公司级项目新增销量 35.4 万吨，创效 1.34 亿元，获"奋勇争先奖""大红旗" 1 面，"小红旗" 8 面。89 个中心级项目按体系化机制全面展开，77 个项目完成结题，取得实效。二是积极研究低碳冶金技术，落实公司"双碳"行动。完成热轧大、小 H 型钢、热浸镀锌板 3 项产品 EPD 碳足迹认证，填补马钢空白。三是开展中心季度绩效分析，按月组织内部"奋勇争先奖"评选、激励和先进经验分享。四是创新技术团队培养机制，组建 38 个专业技术领域团队，公开竞聘产生以青年骨干为主的团队长队伍。制定管理办法，建立评价制度。五是加快推进研发中心建设，在公司领导高度重视和相关部门、单位支持配合下，马钢研发中心建设项目实现主体落成等阶段目标，取得安全、质量、进度和文明施工多项佳绩。精益管理方面。围绕疫情防控，建立常态化疫情防

控机制，认真贯彻执行政府、公司工作部署，实施科学精准防控。围绕安全环保，牢固树立"违章就是犯罪"理念，健全管理体系，落实安全责任制，实现安全生产事故为零；环保管理不断深入，实现污染事故为零；围绕绩效评价，修订中心绩效评价管理办法，完善评价指标，优化评价模型，坚持按月评价和按季分析，持续改进，促进业绩提升；围绕体系管理，坚持季度自我评价、一体化体系内、外审问题验证整改，按要求开展风险评估与排查，推进中心基础管理扎实有效。队伍建设方面。持续人效指标提升，开展内部招聘、结构优化，缓解人员短缺局面。组织新员工岗位培训，启动技术扫描，举办高级研修，制定绩效管理措施，促进员工快速成长。聚焦创新文化，组织"拉高标杆争一流"主题宣传和报道竞赛；坚持"创新十佳""讲理想、比贡献""宝武岗位建功"、青年"五小"攻关等活动；推动全国劳模"一对一"传帮带、"徐雁创新工作室""汪开忠建言献策工作室"等建设。多人分获安徽省"科技进步奖"、宝武"技术创新重大成果奖"、宝武、马钢"金牛奖""银牛奖""十大杰出青年"等称号，高速车轮研发团队入选第一届"中央企业优秀创新团队"。

【党群工作】 技术中心党委统筹技术创新大局，按照"紧跟核心、围绕中心、凝聚人心"工作主线，落实党建创一流部署。着力加强理论武装，坚持"第一议题"制度，深入学习习近平总书记重要讲话和重要论述，全面学习宣传和贯彻落实党的二十大精神，组织专题大调研。着力推进"联创联建"，明确"选准联建对象、做实联创目标、做优创建载体"思路，建立"审核立项、全程跟踪、季度督导、PDCA 循环改进"项目化工作机制。与公司内外 21 个党组织实施了 14 个党建联创联建项目，有效推进党建与研发融合。着力强化"三基"建设，对标先进党组织，查漏补缺，提升党建基础工作质效。建立"党委会-党支部书记月度例会-季度党建例会"任务部署、检查指导、评价推进工作机制。坚持问题导向，实施闭环管理，推动重点任务落地见效。强化支部制度化、规范化建设。以"创 A 党员突击队"等活动凝心聚力，以坚实的组织保障促进科技创新创效。

（金良军）

运输部（铁运公司）

【主要经济技术指标】 2022 年，生产物流吨材运费 37.77 元；混铁车周转率为 3.60 次/天；劳动生产率 4.71 万吨/(人·年)。主要指标：可控费用 1.64 亿元，总收入 4.2 亿元；全年实现物流降本 3932 万元；安全生产实现工亡、重大行车事故、重大设备事故、重大火灾爆炸事故为零，一般行车事故得到有效控制，万吨事故率 0.0021，实现连续安全运行 9447 天。

【物流管理】 推动物流管理"集中一贯制"。完成对物流供应商二方审核；会同制造部，通过日课会、周点评完善物流运行管理模式；配合采购中心协调上海铁路局做好原燃料铁路达到组织工作；牵头开展原燃料表观质量问题整治工作。做好厂区超限运输、封占道审批管理工作。3 月，"厂区道路安全管控系统"上线，厂区超限运输、封占道审批流程从线下改为线上审批，提升了申办效率。引入钢卷框架车运输。会同物流公司组织引进框架车、现场适应性改造等工作。9 月，3 台车和 9 个框架陆续到达后组织对框架车运行方案、作业标准等进行修订，目前进入试运行阶段。启动自循环废钢管理相关调研和业务对接工作，为承接自循环废钢业务做好相关准备；会同铁厂项目部、冶服、物流公司，围绕废钢堆存场地、回收与运输流程、安全监护等，做好 B 号高炉 A 机大修废钢的回收工作，确保大修进度不受影响。

【运输保产】 内部根据公司生产经营组织调整，通过优化运输方案和机车运力，满足新的运输需求。先后开辟四钢轧总厂至二硅钢的卷板基料、码头筛下粉倒运至港原翻车机的铁路运输通道、冷轧商品卷从南区倒运至北区的铁路运输通道；新增带焙球团"南球北调"的铁路运输通道；推进自产矿下山量提升和 015 翻车机卸车量提升的相关工作，确保带焙生产稳定。积极推进控制铁水温降工作。通过提升 TPC 周转率、在线 TPC 加盖全覆盖和优化 TPC 内衬结构试验等措施，有效控制铁水温降。TPC 周转率由 2021 年同期的 2.78 提升至 3.63，特别是 8 月达到 4.22，单日最高达到 4.67；

铁水温降由 2021 年同期的 152.52℃ 下降到 134.86℃，10 月实现铁水温降 123.0℃，均创历史最好水平。做好炼铁北区 B 号高炉大修期间铁水调运、"北焦南调""南球北调"等重点保产工作。此外，配合做好新特钢项目施工、一厂西咽喉改造、北区 630 区线路改造等各项基建技改、重点工程施工期间的运输组织工作，制定下发临时保产方案 26 次，实现运输保供稳定有序。外部进一步推进与上海铁路局战略合作。通过搭建服务于马钢的第三方物流信息平台，实现了将平台与马钢物流系统集成，相关信息数据交换和马钢铁路运输货物的全程监控。同时为厂内低库存组产模式下的运输保供提供有力支撑。

【安全管理】　根据宝武"安全 1000"和"违章就是犯罪"的安全管理理念。加强安全标准化体系、隐患排查治理和风险管控双重预防机制建设，落实全员安全生产责任制，强化制度的执行效力，组织修订《全员安全责任制》《各级管理人员履职清单》，完善运输行业法律法规的辨识工作，对 46 项安全管理制度进行了适用性评价和修订完善。践行"违章就是犯罪"理念，通过开展班前安全生产宣誓不断提升全员的安全意识。坚持从严管理，加大"三违"督查力度，全年各类巡查 3000 余次，共计考核 220 起；加强对基建技改施工方、检维修协作方的安全监管，查处违章 49 起。实现了工亡（含属地）、重大火灾事故等 7 项指标为零。认真履行道路安全专业管理工作。下发《2022 年马钢厂区道路运输安全生产工作计划》，举办马钢（含宝武生态圈单位）的全员"道路交通安全"网上专题学习；修订完善《厂区道路交通安全管理办法》等 14 个道路交通安全管理制度，通过管理制度完善、路网优化、车辆管控与压减、员工教育、停车场修建以及厂区封闭管理等措施，全面整治厂区道路交通秩序，交通事故件数与 2021 年同比下降 40%，交通环境明显提升；联合保卫部开展"三车"专项整治，加大对厂区机动车、非机动车违章行为查纠与处罚力度。利用"安全月"和"119 消防活动日"，组织消防安全知识培训、应急预案演练。

【设备保障】　以完善设备体系为抓手，做好设备运行过程管理。编制、修订 19 个管理文件、制度，细化、规范"管用养修"过程管理。强化在线设备安全管理。定期开展设备运行绩效评价，按月发布《设备运行月度报告》；做好设备隐患管理，重点抓好铁路线路隐患整治，消除了南北区铁水线、三钢 22 道、高炉五区 26 道等各类线路隐患 22 项，有力支撑了公司铁路"南水北调""北焦南调"运输保供。完成 217 项隐患整改，其中线路道口设施隐患 40 余处；完成 28 组混凝土枕道岔更换工作，修建调车平台 23 处，改善行车人员安全作业环境。同时还组织开展了"房屋建筑物、特种设备、卷闸门、直爬梯、防撞架、车辆脚蹬扶手"等安全隐患专项整治，取得了良好的安全绩效。按期完成 320 吨混铁车加盖项目，紧盯目标任务，加强各部门及生态圈协作，主动出击、群策群力，3 月完成立项，6 月 19 日实现在线运用罐加盖全覆盖。落实马钢集团协力变革工作要求，从思想认识上、从落实责任上、从体系建设上、从保障措施上，筑牢协作单位安全生产防护网。坚持问题导向，开展了协力人员实名制及检修挂牌安全专项整治，坚持定期开展设备检修及在建工程协力人员安全检查与评价，夯实属地安全工作基础。

【厂区整治】　优化门禁设置，结合人流、物流特点重新规划门岗功能，实现 9 门 10 通道合理布局；优化路网结构，打通断头路 4 条、新建道路 2 条，构建南区"四横四纵"、北区"一个大循环五个小循环"的路网体系；以"工期、质量、成本"六字为管理宗旨，通过早沟通早协调并编制施工方案、明确施工内容、施工要求，扩大检修供应商参与度，做好过程管控，通过公开招标，减少项目费 1063 万元。组织对北区 19 条道路维修，围绕料场区道路优化，实施了料场中路新建、料场东路裁弯、料场南路东延，新建道路 1400 米、12670 平方米，有效改善了该区域物流通行条件。为提升道路品质、改善道路通行环境，围绕铁烧、钢轧、煤焦及料场四大区域进行"白加黑"工程，完成 15.96 千米、18.7 万平方米道路品质提升，北区 82.6% 道路实现了"白加黑"，道路运行品质得到有效改善。修建 6 个停车场，压减固定进厂权限车辆至 4880 辆，实现厂区封闭管理。

【技术进步】　开展铁路运输集群化管控系统研究。在铁路综合智能化系统的基础上拓展打造铁路集群化管控平台，系统于 7 月上线试运行，达到项目设计目标，目前进入项目结题阶段。该项目是国内冶金铁路运输首创，为后续马钢物流智控中心的建设打下基础。

全年申报专利6件，申报技术秘密4件；参加钢协举办的全国钢铁行业铁路运输优秀论文征集活动，组织投稿6篇论文分别获一等奖2篇，二等奖1篇，三等奖3篇，获奖率100%，同时获得优秀组织奖。组织参加2022年安徽省创新方法大赛，参赛2个课题，其中"新能源机车在冶金运输中的运用与实践"进入决赛；与中车戚墅堰机车厂开展了纯电动机车试运用合作，为马钢今后内燃机车改造和更新提供了新的选择方案。

【环保工作】 将A级环境绩效企业创建清洁运输达标、检修工程环保管理、固危废管理、马南线铁路运输扬尘和噪声扰民常态化管控等7项内容作为环境管理重点，推进环境达标管理。有序推进创A清洁运输门禁系统升级和管理系统上线、非道路移动机械和车辆的更新等工作。6月下旬，启动清洁运输评估工作，建立协同工作机制，通过每日梳理清洁运输数据，以日保周，以周保月，确保车辆管控有效，清洁方式运输比例达标。9月底，成功通过现场核查，10月下旬配合生态环境部评估中心完成评估报告编制，专家审核和中国钢铁工业协会、生态环境部大气司的审批流程，12月28日，超低排放改造清洁运输部分上网公示；承担无组织排放的洗车台装置建设工作，建设了6套洗车台装置，均设置在各厂料场出口位置，试运行状态良好。牵头完成股份产权工程机械更新工作，更新74台工程机械；督促马钢物流更新新能源电动车268辆。

【企业管理】 根据中国宝武集团二轮车改要求，制定马钢第二轮车改实施方案，压减车辆173辆，压减比例55.1%，为宝武集团车改成效前列。修订马钢集团《公车管理办法》，与马钢物流公司共同筹划，设立了4个区域共享点，采取租赁公车集中管理、区域共享的方式，实行即用即租的临租用车模式；利用宝武集团公车管理平台将各类运行费用登入信息系统，使公车管理更加规范、透明。

做好防疫与物流保供。认真落实马钢集团公司疫情防控工作部署，抓好措施落实、过程督查、效果评价等各个环节；4月区域性疫情突发，外部汽运到达受阻，牵头协调市、区政府等部门，组织40人的防疫队伍，严格按照中高风险地区车辆"市区范围车辆全程封闭、马钢全程监管"和集中消杀要求，成功转接马钢（含生态圈）紧急物资保供车辆4288辆，确保公司生产秩序的稳定，并

有力支撑了技改工程建设。推进人效提升。全年净减员90人，完成年度指标的115%；劳动生产率由2021年的3.83万吨/人提升至2022年的4.71万吨/人。围绕精益管理水平和运营指标提升，制定运输部2022年精益运营行动实施方案，分解和落实精益星级现场创建任务。共征集3662项微改善，实施完成2289项，完成率62.5%；红牌督战共收到189张红牌，已处理188张；开展精益日活动203项；上报精益案例6项；积极推进北区成品站区域、机务段新区机车库星级现场创建。按照马钢集团公司"一总部多基地"体系建设要求，实现基地物流管理的制度、评价、管控全覆盖；完成供应商二方审核任务。截至11月底，内部文件共修订、评审、发布38份；完成厂级培训13项，分厂级培训35项，完成2种教材编写；组织开展4个工种177人次的职业等级认定工作，组织"一线一岗"及"操检维调"项目人员培训并做好职业等级认定的准备；组织内燃机车司机、车站调度员技能等级复审。

【党群工作】 贯彻落实"第一议题"。制订铁运公司党委理论学习中心组学习研讨计划，集中学习习近平新时代中国特色社会主义思想以及关于安全生产、生态文明的重要论述，开展党的十九届六中全会精神宣讲和党的二十大精神学习；扎实开展党建提质增效，通过开展"学党史、学理论、学业务"等系列活动，引导广大党员从思想、知识、技能三方面提升个人素养；组织开展"三无两有"活动，号召党员积极参与示范岗、先锋号、责任区等党支部品牌建设。先后与马鞍山港口（集团）有限责任公司党委、马钢股份有限公司港务原料总厂党委，以"组织联建、资源联享、活动联办、阵地联动、难题联解"的党建合作模式，通过联创联建，解决了"填平补齐"项目实施期间水运进料相关的难点痛点问题。抓好党风廉政建设，与分厂、机关各部门党政领导签订《2022年党风廉政建设目标责任书》。开展常态化纪律教育、案例警示教育。下发《铁运公司党委关于贯彻落实疫情防控措施和加强疫情防控监督执纪工作的通知》，并开展常态化督查。宣贯中国宝武禁入管理、"八项禁令"，开展节日期间廉洁教育和监督检查、"四费"专项检查等。提升"我为群众办实事"精度。根据马钢集团党委《2022年"我为群众办实事"实践活动工作方案》，运输部梳理上报"我为群众办实事"

实践活动 5 项，已完成 3 项。开展职工生日慰问、"送清凉"；组织开展两节"送温暖"活动。

（阮 健）

·股份公司二级单位·

检测中心

【主要经济技术指标】 2022 年，检测中心检验外购原燃辅料 17727 批。理化检验产值 2.7 亿元。物资计量 1.21 亿吨，各类计量收入 4181.09 万元。

【智慧检测建设】 利用原计量大楼改造，建成全国钢铁行业首个检测智控中心，建立检化验和计量一体化集中操控平台、检验数据和信息流集中管控平台以及检测数据域，提升检测数据应用价值。新特钢实验室主体工程完工，新建炼钢分析中心，改建扩建成品实验室、低倍检验室、热处理实验室，充分利用现有设备，最大程度降低成本。推进北区填平补齐检测项目，新区混匀矿智能自动线、年检验含铁原料 1100 万吨的水运进口矿自动线相继建成，2E 筒仓焦煤取制检自动线、北区焦炭自动线陆续投运，结合检测智控中心平台，江边 5 个原料无人实验室总体智能化布局基本形成。全年安装机器人 26 台，原料自动化系统、成品自动化系统机器人进入调试运行阶段。完成彩涂非常规检测、重型 H 型钢检测项目的改造，对动态轨道衡、铁水动态衡等各类衡器进行升级改造，保障了公司生产物资计量。

【生产检测】 原燃辅料检验方面，搭建全流程监控网络，完善过程数据分析，开展检验质控工作，发出预警 125 批，质控分析 200 批。推进带焙球团、新焦炉、2E 筒仓等铁前新项目、新产线投运后原燃料及工序产品的保产检测，启动新净化项目检化验。合金平均检测周期从 2021 年 4.5 天降低至 2022 年 2 天以内，督察实际差异率为 0。智慧检测建设成果快速转化应用，水运含铁料自动线无人化取制样检测提升效率 15%，北区煤焦自动线、焦炭自动线提升效率 80.7%；进口矿检验周期 13.9 小时，炼焦煤检测时限 7.7 小时，为公司配矿和高炉生产提供更加及时高效的数据支撑。助力

公司"三降本两增效"，严格检验时限管理，自产铁矿有害元素数据系统全覆盖，全年支撑公司采购降本约 2000 万元，缩短合金检验周期减少采购资金占有量 5000 万元；建立"检测合金弃样直送钢厂"模式，从源头解决合金弃样问题，全年回收降本 40 万元。理化检验方面，常态化推进质控活动，开发新检验方法，通过自动电位滴定法快速准确地分析油样酸值，建立钢中痕量有害元素含量的检测方法，同行首创化学检测领域采用电子化原始记录，完成实验室温湿度在线监测系统建设。新增彩涂 18 项非常规检测，满足硅钢镀层厚度、水浸式探伤等 20 余项新检验需求。特钢各产线检验周期比 2021 年缩短 15%，彩板涂层厚度检验效率提升 30%，硅钢硬度检测效率提升 25%。原料端和产品端检验准确率、检测时效符合率均为 100%。计量管理方面，检测中心所辖汽车衡、轨道衡以及公司强检类商贸秤均一次性通过市质监局、国家轨道衡检定站的强检。组织公司 B 号高炉大修"南球北调""南水北调"的计量工作。完善汽运计量保产应急方案，合理设置"汽转水""水转铁"等不同计量类别的流程。根据新冠病毒疫情防控要求调整水尺检测计量，自主开发水尺计量管理软件，提升信息化管理效能；优化水检流程、对水检品种分类施策计量，处置直靠船舶 835 航次。重点保障铁水计量运行，跨区铁水调运工作平稳有序，协同推进公司 TPC 指标创新高。

【企业管理】 体系管理方面，根据"厂管作业区"管理需求，新制定体系文件 19 份、修订原文件 26 份；接受体系认证、产品认证、二方审核等共计 31 次；完成新标准技术验证 19 项，制修订检测方法类作业指导书 5 项。参加 14 项能力验证活动均为"满意"，检测实验室顺利通过了复评审；重新梳理测量设备管理台账，完成测量设备 2039 台溯源计划，通过了体系认证中心年度监督审核；能环体系管控着力落实危废、固废管理，合规处置含铬废液 2 吨、含酸废水 420 吨、废旧空试剂瓶 1 吨。专业化整合方面，采取专业与区域集中管理的模式，对南北区煤气检化验业务进行整合，提高检化验的规范性和检验质量；对南北区原料及成品化学 11 个品种、40 余种检验项目"合并同类项"，减少检验项目的交叉重叠，实现南北区原料成品、化学集中检测；依托检测智控中心平台，整合生产检验调度协调业务、物量计量业务、水运检

测部分业务，整体管控司磅业务、实验室远程集中控制、生产检测任务调度、水尺数据管理等智慧检测工作；将原辅料检验单元 7 个作业区整合优化为 5 个作业区，进一步提升"厂管作业区"的扁平化管理水平。基础管理多维协同推进。针对不同岗位、不同层级制订员工绩效计划和评价办法，开展年度综合评价工作。以"奋勇争先奖"评选活动为抓手，推进重点工作的开展，提升重点产线检测效率。2022 年评选"大红旗"13 个、"小红旗"60 个，检测中心两次获马钢集团公司"奋勇争先奖""小红旗"；不断完善四级维保模式，强化驻点和专业两级职能，做好作业区现场设备应急响应服务，机物料消耗、修理费较 2021 年节约费用 579万元，新特钢项目利用现有设备，节约资金 1885万元。开展煤气安全专项整治、危化品专项整治，加强对在建工程、检修项目现场的监督管理，强化特种设备日常监督管理。未发生轻伤及以上事故和火灾事故，中心再获公司"安全生产优胜单位"称号；2021 年 12 月在岗人数 737 人，净减员 103人，优化比例为 13.98%；在人事效率水平、业务范围、检验量、检验周期和装备水平等方面与宝钢四基地展开对标，在取制样方面，先后与武钢、包钢、太钢对标，分析马钢检测优势和短板，有的放矢拟定提升措施，多项指标位居宝武检测前列。实施马钢集团公司科研项目 4 个、检测中心技术攻关项目 59 个，开展 QC 课题 23 项，申请 18 项专利，获得授权专利 6 项，14 篇论文申请公开发表。1 项成果申报 2022 年度中国质量创新奖，2 项成果参加股份公司质量创新成果比赛。中心起草的 6 项理化检测方法类企标审批发布。组织"精益现场日"活动，微改善、微创新等精益活动产生经济效益635 万元，2 个精益改善案例被评为公司优秀案例，1 名职工获"中国精益匠人"荣誉称号。落实"走出马钢，发展马钢"的思路，建立健全品牌运营相关管理制度，在原有 5 家"贴牌"厂家基础上，发展了 7 家生产企业共建"网络钢厂"。2022 年品牌运营总量 63 万吨，营收 20 亿元。

【党群工作】　检测中心与兄弟单位基层党组织双方联创联建 5 对、三方联创联建 2 对。结合"厂管作业区"管理实际，检测中心划分设立党员责任区 14 个，创建党员示范岗 6 个，原辅料单元党支部合金检测党员责任区成为马钢高质量党员责任区工作样板。检测中心党委举办学习贯彻党的二

十大精神专题研讨会，召开了检测中心第五次党代会，提出了今后的一个时期检测中心改革发展的指导思想和总体目标。检测中心纪委围绕落实公司"十四五"规划及打造智慧检测一体化智控中心发挥监督保障作用。推深做实"一岗双责"，检测中心党委成员按照各自工作分工调整党风廉政建设联系点，开展专题党课 5 次。检测中心领导班子成员集体签订《2022 年检测中心领导班子集体承诺书》，同时检测中心党政主要负责人与各室、单元负责人和党支部书记 17 人签订了《检测中心党风建设和反腐倡廉工作责任书》。进一步完善制度建设，梳理完善廉洁风险防控体系文件 49 个，一级风险点 26 个，防范措施 232 条，动态保持廉洁风险防控体系文件的有效制定性。推进职工赋能成长，加大年轻干部选用力度，培育内训师队伍，开展化学分析、物理性能检验、司磅等 10 个工种不同技能等级取证培训，39 人取得内审员资格证。举办了马钢第一期"称重计量工"技能等级培训，"导师带徒""一线一岗"培训顺利实施。广泛开展"献一计"、岗位创新创效等活动，检测中心 2名职工获马钢劳动竞赛最佳实践者。构建检测特色企业文化。建立了全景式马钢检测展厅，利用微信公众号、支部宣传阵地讲好检测故事，职工手绘"江南一枝花"彩绘墙扮靓厂区颜值。打造"青"字品牌，检测中心青年成立技术团队，建立青工能力矩阵，检测中心团委和青年工作组分获"马钢五四红旗团委""马钢青年文明号集体"，2 名青工分别当选马钢"十杰"、马钢"青年先锋"。创建"全国巾帼文明岗"创新工作室，女职工唱宝武司歌作品被中国宝武抖音号置顶，自编自导自演的宣传片《"她"力量》获市妇联优秀视频奖。推进 7 个"我为职工办实事"项目、5 个"三最"项目，解决职工班中饮水问题，开展"送清凉""送温暖""金秋助学"等活动，为中心职工购买意外伤害保险、女职工特殊疾病保险，全年"三最"完成率 100%。

（杨　彬）

港务原料总厂

【主要经济技术指标】　2022 年，水陆运进料1078 万吨，生产混匀矿 1562 万吨，外供总量 5063

万吨，分别完成计划的 90.6%、102.4%、91.2%。烘干筛分块矿外供 322 万吨，除尘灰回收量 29.9 万吨，混匀矿一级品率 100%，全年设备开动率 99.65%，设备事故停机率 0.025%。

【生产组织】　紧跟公司铁前生产极致高效主导思想，多措并举保障库存极致运行；针对新建料棚全面投产局面，探索实践堆取工艺，狠抓进出生产组织和作业效率，支撑铁前用料稳定；持续推进 2E、南北区筒仓产线生产模式优化，实现全远程作业。加强卸车生产组织，针对重点问题横向联动重点攻关，顺利完成 015 卸车保产、北区翻车机南球北调和炼焦煤卸车任务；创新混匀矿分类分段配料工艺，全力实施沉降料回收利用和固废返生产消纳，推动公司配矿降本；坚持强化槽位管理，保障高炉用料安全。

【设备管理】　以设备稳定运行、检修高效协同、功能精度提升、强化维修管控为方向，全面提升设备运行效率效益。创新诊断式设备检查模式，规范设备管理；开展季节性和专项设备整治，有效运用“5WHY”等科学分析方法，对设备事故、故障的精准管控，全年计划检修 14893 项，现场维护 4511 项，故障及非计划检修 168 项。设备系统成本费用实际发生 14894.48 万元，比计划值节约 1281.851 万元。

【工程建设】　项目组加强施工协调与安全监管，排查安全隐患，督促施工单位对重大高危作业制定专项安全施工方案，组织分厂、监理、项目部全过程监护，协调处理生产与工程建设的关系，跟踪项目施工作业节点，确保了工程按节点顺利推进。2022 年，料场重大项目增量扩容，作为炼铁总厂新建 C 号烧结机配套工程配套的混匀系统与外供系统改造工程完成进出料系统负荷联动试车，投入生产，保证了炼铁总厂 C 号烧结机进出原燃料的供应。码头工艺系统及配套设施改造工程目前已完成 1 号泊位土建、结构及设备安装调试工作，进入负荷试车阶段，将于 2023 年 2 月 20 日前投入生产序列。3 号泊位桩基施工完毕，进入土建结构施工阶段。2 号 E 型焦煤筒仓和马钢原料场环保升级及智能化项目收尾。马钢原料场环保升级及智能化改造工程 1 号 C 型料棚投产，同步完成工艺、绿化、道路收尾工作。

【安全管理】　深入贯彻落实习近平总书记关于安全生产重要论述，树牢安全发展理念，强化底线思维和红线意识，按照“三管三必须”要求开展各项安全工作。吸取“2·10”“9·13”事故教训，按照“四不放过”的原则，对总厂“9·24”K907 胶带火灾事故进行了调查，确定了同类事故的防范和整改措施。开展安全检查和隐患排查，整治隐患 802 条，违章记分 152 次，计 189 分。组织“协力安全月活动”，开展了“人身伤害事故”和“消防灭火疏散”综合演练，提高全员应急处置能力。管控施工现场，查处施工单位严重违章行为 21 起，施工现场三方合署安全检查 252 次，整改隐患 756 条。进行新入厂人员安全教育 27 场 196 人次，协作人员安全培训 40 场 850 人次，596 人进行了岗位安全操作规程培训，到课率 100%，合格率 100%。

【环保工作】　进行了无组织排放综合治理、港务原料总厂通廊、转运站、料棚环境综合治理、港务原料总厂外供一分厂烧结至高炉段通廊、转运站隐患整治三大改造工程。通过扩容升级，完成 25 台除尘系统的提标改造工作，增设 97 台套粉尘浓度检测仪；开展现场精益管理，按照“整顿 封堵 清扫 出新 标化”的目标进行环境整治。景观提升完成“白加黑”道路 6 千米，大小园林景观 8 处，景观改造 3 万平方米，建筑物外观装饰 11 处。2022 年 11 月，第一期第一批次现场创 A 评估验收点位 782，通过点位 682，未通过点位主要原因是积料积灰严重点位，缺少收尘措施点位，少数点位收尘能力不足。

【企业管理】　根据公司高质量发展要求对标对表，不断完善制度体系。推进精益运营管理，打造了原料分厂污水一体化处理、北区小料场筒仓等精益产线，“通过 5G 智联，实现‘一线一岗’”获得公司管理创新二等奖。大力开展降本增效，累计降本 15104 万元，其中，通过提升水运卸船量、015 料场卸车能力、“南球北调”、处置酸碱污泥等措施，完成降本 706 万元；通过检修计划调整、备件修复、物料回收等，完成降本 898 万元；对原露天料场区域底层料实施开挖，完成沉降料回收 20 万吨，加工后参与配矿 19.86 万吨，直接经济效益 13500 万元。全面推进智能化建设，完成“5G+工业互联网”项目各设备安装、调试、验收，优化“港料智维平台”，打造全天候的流程、设备运行信息监控平台。配合公司开展“宝罗计划”实施，制定了总厂三年计划。2023 年 1 月 1 日，根据马钢股份协力变革工作的总体要求，港务原料总厂供料一分厂、供料二分厂正式职工 203 人划转至宝武重工马钢输送设备制造有限公司，按照签订的《港务原料总厂带式输送机区域一体化协作项目合同》规定，承揽港务原料总厂南北区域供料线、2E 筒仓卸煤线胶带机的相关业务。

【技术进步】　2022 年注册 QC 小组 13 个，参加总人数 92 人，主要围绕 1 号、2 号 C 型棚投入正常生产序列后刻度标尺系统扩展应用领域、环保创 A 项目、新设备、新工艺初次现场应用等课题开展活动，原料分厂"降低埋刮板故障频次"QC 小组活动课题获公司级重点课题。开展了"无人值守大型移动机械设备异常在线智能监测与诊断技术攻关""提升翻车机运行稳定性攻关"技术攻关，参与实施公司级技术攻关课题 8 项。申报专利、技术秘密共 8 项，获《一种斗轮运行角度和运动状态监测装置与方法》《一种大型移动机设备故障诊断方法》《一种混匀矿堆积方法》3 项发明专利。

【党群工作】　学习贯彻党的十九大、十九届历次全会精神和习近平总书记考察调研中国宝武马钢集团重要讲话精神，集中观看了党的二十大开幕会，在公司党委的统一部署下，掀起学习宣传贯彻党的二十大精神热潮。2022 年 7 月 4—22 日，马钢集团公司党委巡察组到港务原料总厂开展巡察工作，总厂党委高度重视巡察整改反馈意见，提高政治站位，加强思想认识，以高度的政治自觉抓好整改落实。对照整改反馈提出的 14 个方面 38 个具体问题，逐条对照拟定整改方案，以高度的政治自觉抓好整改落实工作，以此为契机，推动基层党建工作，巩固深化"一支部一品牌"创建活动，推动党建与生产建设深度融合，抓实"三基建设"。开展港务原料总厂"创 A·圆梦"百日攻坚，在公司"奋勇争先"大会上荣获公司"小红旗"。2022 年 9 月 30 日，港务原料总厂召开第四次党代会，总厂党委书记殷光华作了题为《提高政治能力，践行发展理念，为打造绿色、智慧、精品港料而努力奋斗》的报告，完成总厂党委和各党支部换届工作。开展党建创一流、联创联建、一支部一品牌、主题党日、精益"1+1"和党员"一带一"等活动，积极宣传优秀案例和先进党员先锋模范带头作用，弘扬正能量，发挥了党组织战斗堡垒作用。

（胡静波）

炼铁总厂

【机构设置】　2022 年，炼铁总厂机构设置为 4 个部室、1 个项目组、1 个中心、6 个分厂，即综合管理室（党群工作部）、生产技术室、安全管理室、设备管理室（能源环保室）、炼铁项目组、集控中心、高炉一分厂、高炉二分厂、烧结一分厂、烧结二分厂、球团分厂、运行分厂；在岗职工 1511 人；总厂党委下设 5 个党总支，6 个直属党支部，48 个党小组，640 名党员。

【主要经济技术指标】　2022 年，生产合格生铁 1430.7 万吨、烧结矿 1825 万吨、球团矿 306 万吨；高炉利用系数 2.489 吨/（立方米·日），烧结机利用系数 1.261 吨/（平方米·小时）；高炉燃料比 504.99 千克/吨，烧结固体燃耗 52.47 千克/吨。

【生产组织】　面对钢铁市场需求下行限产、环保创 A 刚性要求、A 号高炉大修复产及 B 号高炉大修停产前特护等众多复杂多变不利因素，认真分析，冷静处理，积极应对，紧跟公司下达的生产经营指标任务，及时科学地调整组产思路和操作方针，精心平衡"铁烧球"生产，总厂生产经营保持稳定高效，多座高炉生产创造历史最好成绩。全年，在 3 号高炉停产、三季度限产损失铁水产量 73 万吨的困难条件下，生产铁水 1430.7 万吨。

【设备保障】　以指标为导向、目标值为驱动，深入推进设备精细化管理。创新设备点检过程管控。落实设备专检巡检责任，充分发挥 EQMS 系统功能，实现远程运维和系统间的数据互联共享，设备隐患识别能力与点检有效性全面提升。科学组织设备检修。优化高炉、烧结、球团等主要产线检修模型，高效配置检修资源，设备运行可靠性与作业率持续提升。打造设备 TnPM 活动升级版。区域网格化推进，样板打造引领，月度评比验收，设备管理不断向标准化、规范化迈进。全年"铁烧球"作业率分别达到 98.2%、95.73%、96.94%，高炉、烧结较 2021 年分别高出 2.66%、2.13%。

【技改攻关】　"产品产能填平补齐"项目建设捷报频传。一是 B 号高炉快速大修取得圆满成功。吸取 2021 年 A 号高炉大修改造经验，精心筹划，科学组织，优化新旧炉体滑移，合理调整风口平台与铁口布局，同步推进精益现场打造，经过84天的艰苦奋战，较计划提前6天点火投产。二是C号烧结机顺利建成投产。面对焦化建设场地交付延期，导致C号烧结机开工日期推迟两个多月特殊情况下，精心组织，优化网络，只争朝夕，抢进度、抓安全、高标准、严要求，攻坚克难，C号烧结机仍然按原计划工期全系统联动试车投入生产。三是A号烧结机大修改造高效完成。把握发展机遇，坚持技术改造与创新，带冷改环冷工程同步有序推进，A号烧结机脱胎换骨，焕然一新，生产更加高效，为高炉生产提供了强力保障，与此同时，1号高炉热风炉大修一期2号热风炉改造项目顺利完工投产，二期项目3号热风炉改造，经过紧张施工已接近尾声，即将点火烘炉投入运行。

【降本增效】　深入推进"二降两增"，坚持眼睛向内，深挖每一个降本点。优化原料和炉料结构，合理搭配资源，采用长协主流矿+降本小品种模式，适当提升自产矿和非主流矿配用比例，全年原料降本超6亿元。持续开展高炉增煤节焦攻关，面对燃料供给紧张、种类变化频繁、公司新焦炉投产焦炭质量成分波动大等众多不利因素，科学制定消化方案，高炉综合燃料比较2021年降低了2.6千克/吨铁、煤比提高了8千克/吨铁。烧结强化生产过程管控，紧盯每个生产细节，固体燃耗较2021年下降了2.33千克/吨；球团带焙随着驾驭能力提升膨润土单耗也由投产初的23.87千克/吨下降到17.82千克/吨。增加固废再利用，科学调整生产操作，配用瓦斯灰、风淬渣、氧化铁皮、OG泥等固废80多万吨。全面推进成本细化分解，制定措施，落实责任，总厂成本管控能力全面增强。全年吨铁成本降至3072元，在中国宝武排名第3名，与2021年第7名相比上升了4名；全国行业排名11名，与2021年第24名相比上升了13名，吨成本由2021年高于行业平均水平9.17元到2022年低于行业平均水平88.38元，创历史最好水平。

【节能减排】　坚持绿色发展，争创环保A级企业。全面推进创A项目建设，无组织治理（一期）、南区焦炭卸车线除尘系统提标改造、高炉热风炉脱硫、带焙及筒仓等项目，经过紧张有序推进，已全面完成。加快环境问题整治，对照宝武环保大检查44项问题，"先行、优先"开展治理，纳入创A项目同步推进整治，全部完成整改销号。强化在线环保设施运行管理，委权不委责，主动对接欣创环保，进行指导、评价、考核与支撑，环保设备运行同步率达99.9%。持续推进噪声治理，总结南北区烧结脱硫脱硝噪声治理经验，多维度开展球团带焙脱硫脱硝噪声治理，一次性通过噪声检测验收。吨铁水消耗创新低，组织地下管网检修查漏，充分发挥南区雨污分流的作用进行废水回收再利用，全年吨铁耗水由2021年的0.75吨下降到0.52吨，绿色生产指标不断提升。环保创A一、二批次验收，全厂无组织点位2035个，通过点位1944个，通过率达95.53%；有组织41台除尘器排放全部合格，现场环境绩效与创A验收均超预期，得到了验收专家的一致认可。

【企业管理】　以打造马钢炼铁品牌为目标，以提质增效为导向，以星级产线创建为引领，制定措施，动态评价，引导职工，立足岗位，找准"小切口"，寻找"突破口"，持续改善，总厂综合竞争能力持续提升。规范体系运行管理。开展体系运行"举一反三"活动，将活动下沉到作业区，持续改进，管理更加贴切实际，有效杜绝了体系运行"两张皮"现象。强化员工培训。制订2022年培训计划，组织点检员取证培训，推进操检合一，提升人事效率。稳步推进人效提升。坚决执行公司人效提升政策，妥善分流安置了3号高炉停产富余人员，全年减员280人。成功实施薪酬体系切换。公开、平等、竞争、择优评聘，顺利完成"管理、技术业务、操维"三个系列薪酬体系切换，有效激发了全体职工积极向上的工作热情。加快协作管理变革。按照公司专业协作管理变革方案要求，积极推动脱硫脱硝等环保设施、南北区筒仓及一铁还建焦炭库"管用养修"协作变革，推进高效化协同，持续提升总厂效益和劳动效率。

【党群工作】　全年炼铁总厂党委坚持以习近平新时代中国特色社会主义思想为指导，深入学习贯彻党的十九届六中全会精神和党的二十大精神，聚焦公司"紧跟核心把方向、围绕中心管大局、凝聚人心保落实"党建工作主题，拉高标杆、奋勇争先、精益高效、争创一流，党群工作紧紧围绕经营建设中心任务齐头并进，在执行公司党委决策部署，较好地完成规定动作、夯实基层党组织"三基建设"的同时，大力开展党员政治思想素质教育。创新性地开展"三心工程"党建品牌创建系列活动、"五抓五确保"党建筑安专项工作、"创A·圆梦"百日攻坚铁军党员突击队行动，承担第一批

"联创联建"公司级项目，并在二季度公司党建工作例会上进行典型案例总结推广，策划推动《总厂党委实事工程推进会制度》，推动"我为群众办实事"工作常态化滚动开展。大力开展纪律教育工作，营造纪律教育深入人心的良好氛围。经调查核实对 5 名党员给予党纪处分，其中包含 1 名党员领导干部。抓好"违规经商办企业"专项治理和"四风整治"，为总厂生产经营建设营造风清气正的政治生态。积极动员职工参加宝武第三届职工技能大赛，10 名职工入围最终决赛阶段训练，其中高炉低碳冶炼 6 人参赛，1 人获第二名，5 人排名在前十。搭建"提指标、稳运行、筑基础"主题劳动竞赛平台，全年开展总厂级竞赛 3 项，分厂级 5 项。长效开展"职工每日安全一问"在线答题活动，分主题完成三期近 1800 人次参与。组织职工参加公司宝武司歌操比赛并获得二等奖。组织召开炼铁总厂新一届团代会，选举出新一届 95 后的团委班子，配齐配强，集聚青年人才。组织开展"学党史、跟党走"主题教育活动和五一"平凡的荣耀"系列劳模工匠宣传活动，总厂向心力、凝聚力显著增强。

（石天顺）

长材事业部

【概述】　2022 年，长材事业部下设综合管理室（党群工作部、纪检监督室）、生产技术室（质量检验站）、安全管理室、设备管理室（能源环保室）4 个管理机构，炼钢一分厂、炼钢二分厂、连铸一分厂、连铸二分厂、中型材分厂、H 型钢分厂、重型 H 型钢分厂、线棒材分厂、CSP 热轧分厂、炼钢点检分厂、轧钢点检一分厂、轧钢点检二分厂、成品分厂、物流一分厂、物流二分厂、能介一分厂、能介二分厂 17 个分厂，长材项目组、一钢轧项目组 2 个临时机构。在册职工总数 2715 人，在岗职工总数 2706 人。

【主要经济技术指标】　2022 年，长材事业部产钢 618.6 万吨、材 604.8 万吨，其中重型 H 型钢 73.6 万吨、大 H 型钢 91.5 万吨、小 H 型钢 61.4 万吨、中型材 53.3 万吨、大棒 126.6 万吨、线材 63.2 万吨、小棒 66.2 万吨、热轧卷 69 万吨。钢铁料消耗：60 吨转炉 1060.3 千克/吨，120 吨转炉 1067.64 千克/吨。综合成材率：重型 H 型钢 92.78%、大 H 型钢 97.52%、小 H 型钢 96.73%、中型材 97.83%、大棒 100.95%、线材 98.82%、小棒 102.19%、热轧卷 98.09%。全年吨钢降本 70.40 元，相比物料消耗清单降本 4.35 亿元。全年销售收入 247 亿元，毛利润 9.04 亿元。

【生产组织】　依托整合优势，强化生产、计划、质量一贯制管理，紧盯计划任务和品种规格兑现，根据有限铁水资源统筹生产组织，提升关键产线产能和经济技术指标。一区炼钢系统 5 月月产 38.4 万吨，打破历史记录。重型 H 型钢产线 5 月月产 8.54 万吨，比 2021 年增产 70%，创下新高。全年各产线刷新月产纪录 10 次、日产纪录 21 次。

【新品研发】　以提高产品市占率为目标，开发新品种 32 个。超厚超宽翼缘重型 H 型钢、LNG 储罐用低温钢筋和 635 兆帕级高强（抗震）钢筋等拳头产品的开发、质量提升和批量供货取得了显著成效。重型 H 型钢全年开发新品种 14 个，用于高层建筑的 40—80 毫米厚高强热轧 H 型钢在国内率先形成具有自主知识产权的全流程制造技术，高强热轧 H 型钢成功进军香港市场，超 12 万吨重型 H 型钢产品销往美国、英国、日本、新加坡、马来西亚等国家。LNG 储罐用低温钢筋全年累计生产 1.3 万吨，比 2021 年提升 69.67%。小规格低温钢筋产品性能满足常温和低温要求，已具备批量生产能力。635 兆帕级高强（抗震）钢筋生产，根据季节变化动态优化工艺路线，采取不同轧后控温工艺，提高了生产稳定性，全年累计生产 9.92 万吨，远超年度 2 万吨目标，结构调整增效 555 万元。

【对标找差】　深入开展全面对标找差，与永锋钢铁、鄂城钢铁、晋南钢铁、华鑫钢铁等先进产线对标，拉高标杆，深挖潜力，技术经济指标持续改善。钢铁料消耗大幅下降，60 吨转炉、120 吨转炉各有 9 个月达到揭榜挂帅"大红旗"目标，比 2021 年分别下降 8.3 千克/吨、7 千克/吨。红送热装率指标取得突破，各产线累计热装率均完成目标，大 H 型钢、大棒材、中型材、小 H 型钢及重型产线热装率先后创历史新高，9 月综合热装率达到 80.05%，荣获公司劳动竞赛卓越单元。成材率指标大幅提升，线棒型钢综合成材率由 2021 年的 97.58% 提高到 98.27%，其中，重型 H 型钢成材率由 2021 年的 85.41% 提高到 92.78%。在马钢集团公司"奋勇争先奖"争夺赛中，长材事业部两次获"奋勇争先奖""大红旗"、6 次获"奋勇争先奖""小红旗"。

【智慧制造】　稳步推进智控中心建设，在完成长材智控中心一期钢、轧区域各子项目的基础上，全面启动二期项目，已完成大棒、大 H 型钢、小 H 型钢三条产线进驻智控中心的目标。马钢长材——长江钢铁跨空间互通融合系统、生产经营分析等智慧应用系统成功上线，实现了两地智控中心数据互通、操控优化，支撑了公司"一总部、多基地"管理模式。贯彻落实万名宝罗计划，加快推进宝罗职工上岗，2022 年新增 7 名宝罗职工。至此，长材事业部已有宝罗职工 35 名。重型 H 型钢自动贴标机器人荣获中国宝武"宝罗创先争优赛""银宝罗"称号。

【项目建设】　南区型钢改造项目稳步推进，2号连铸机项目已全线进入设备安装阶段，部分电气设备已进行调试，确保 2023 年 2 月 20 日成功热试。3 号连铸机项目已通过环评，进入技术交流、可研讨论、产品大纲确定阶段，按节点有序推进。

【品牌建设】　修订、发布长材事业部《品牌管理办法》，健全品牌管理体系，从品牌意识、岗位技能、产品质量提升、精益制造等方面开展职工品牌培训活动。积极宣贯中国宝武和马钢企业文化理念，开展领导班子成员宣讲、宝武企业文化理念征文以及在长材微信公众号上开展宝武文化理念知识答题等系列活动。邀请"五虎闹天车"成员之一车文保和安徽省女先进模范宋林娇参与"宝武老同志讲故事说文化"视频录制和党员主题党日活动，弘扬"江南一枝花"精神。推进产品创奖创优工作，完成低合金高强度结构用热轧 H 型钢、海洋石油平台用热轧 H 型钢、钢筋混凝土用热轧带肋钢筋直条 3 个产品"金杯奖"及海油石油平台用热轧 H 型钢"特优质量奖"的复评申报；完成欧盟 CE 认证、英国 UKCA 认证、新加坡 BC1 认证、欧盟质量体系认证以及热轧带肋钢筋生产许可证认证、热轧 H 型钢冶金绿色产品认证。

【人力资源优化】　加强三支队伍建设。坚持党管干部原则，突出政治标准，注重专业能力和专业精神，管理序列新聘 C 层级 2 人、B4 层级 1 人，选优配强了业务部门和基层领导班子。围绕职业素养、专业深化、业务拓展等方面实施培训，推进技术业务人员素养提升，7 名首席工程师带领团队贴近生产、面向现场，解决了各自领域难点问题。加强新型作业模式人才培养，以智慧制造背景下实操能力和复合技能水平提升为目标，有序推行"大工种、一线（轧线）三岗（加热、轧钢、精整）"技能培训，在中型材、重型 H 型钢培训合格智慧岗职工 37 人。推进全员绩效评价，建立年度绩效评价末位调整、不胜任退出机制，将职工个人绩效指标与所在评价单元组织绩效紧密关联，引导职工协同合作，推动单位整体效益提升。持续提升人事效率，在连续两年 14% 以上优化率的基础上，2022 年优化率达到 11.16%，再次超额完成公司优化指标。

【基础管理】　坚持"生命至上，安全第一，综合治理"的安全发展理念，不断完善安全管理体系建设，推动智慧安全、本质安全管理。推进安全生产责任体系建设，细化事业部各层级人员安全生产责任、安全履职清单，层层压实安全责任。建立安全监督管理运行体系，成立 4 个专门工作组，监督各单位安全主体责任的落实。强化安全教育培训体系，聚焦实操能力，常态化开展"2234"全员教育培训，提升了职工的安全意识和安全实操技能。全年轻伤及以上事故为零，千人负伤率为零。

深入推进环保创 A 工作，强化有组织排放监测，加热炉、转炉二次除尘、铁水预处理排口污染物排放均符合超低排标准；推进无组织排放整改，炼钢区 164 个点位、轧钢区大 H 型钢产线、重型 H 型钢产线等 7 个点位全部通过无组织超低排验收。持续创建星级精益现场，聚焦厂容环境、生产现场、设备设施、各类房所等重点区域推进星级产线创建，重型 H 型钢生产线、重异生产线、连铸一分厂 2 号铸机、炼钢二分厂"金色炉台"获公司三星级产线称号，其中"金色炉台"、重型 H 型钢精益现场改善案例在公司发布。

设备系统发挥保障作用，保证了生产稳定顺行。通过加强设备点巡检，合理安排定修，见缝插针实施机会检修，开展针对性改造和技术攻关，全年故障时间比 2021 年下降 12.05%，其中，小 H 型钢下降 49.8%，中型材下降 42.1%，一区炼钢下降 39.1%，二区炼钢下降 72.6%。

【党群工作】　深入开展党的二十大学习宣贯活动，组织收听收看党的二十大开幕会，开展党的二十大精神专题学习、宣讲、研讨等活动，切实推动党的二十大精神落在实处、见到实效。以"党建创一流引领企业创一流"为主题，组织开展"党建创一流"工作，紧紧围绕公司党委"三心"党建主题，通过"一横三纵"基层党建创新实践，构建党建发展新格局，推动了党建工作和生产经营深度融合。

积极发挥群团组织在安全生产、指标改善、职工培养等方面的推动作用。两级工会组织先后开展降本增效、精益改善、作业区创A、智慧制造等51项劳动竞赛，有效激发了广大职工创新创效热情。落实党建带团建工作方案，召开共青团长材事业部第一次代表大会，选举产生新一届共青团委员会，团的组织建设、思想建设、作风建设进一步增强。为职工真心办实事，常态化为职工办实事解难事做好事，49项"我为群众办实事"项目全部完成。

2022年，长材事业部党委先后获马钢集团党委"先进基层党组织"、中国宝武党委"先进基层党组织标杆"荣誉称号。

（张　荣）

四钢轧总厂

【主要经济技术指标】　2022年，生产钢872万吨，生产热轧材898万吨，其中2250热轧全年生产热轧材601万吨，创同类型热轧生产线最高生产纪录。全年累计完成4.61亿元降本任务，转炉煤气和蒸汽每月均完成"回收双百"的目标。全年设备故障停机率为2.44%，设备可开动率达99.76%，较好地完成了运行指标。

【高效生产】　2022年，四钢轧总厂围绕公司经营重点，深入践行精益高效、奋勇争先的工作要求。在克服高炉大修、市场波动及减产政策因素影响下，钢轧生产再掀高潮，各项工作屡创佳绩。炼钢创下最高日产104炉、连续两天100炉以上新纪录。热轧创下最高日产3.55万吨、最高月产55.4万吨新纪录。热轧双线双智控成效突显，两条热轧线综合热装率达74.27%，比2021年提升了21.57%。两条热轧生产线综合成材率提升到97.76%，比2021年增长0.26%。至11月17日，四钢轧总厂累计产钢超过1亿吨。全年获"奋勇争先奖"6次，夺得"大红旗"2次、"小红旗"3

次；获"马鞍山市工人先锋号""马鞍山市第十九届文明单位"荣誉称号；被命名为安徽省十大劳模工匠创新基地。

【降本增效】　2022年，紧跟马钢集团公司"三降本两增效"行动计划，结合生产特点，细化分解成本管控措施，紧盯钢铁料消耗、成材率等关键成本指标，强化动力介质和能源管理，推动节能新技术、新材料应用，着力降低工序能耗，在公司年度降本的基础上不断向新目标迈进。全年完成维修降本1.22亿元、能源降本0.37亿元。在2022年节能低碳技术评选中，"推进转炉余热余能应收尽收，高效利用""智控升级，支撑加热炉制造能力破颈提升"两个项目被评为马钢集团公司优秀案例；2号300吨转炉在"2021年度全国重点大型耗能钢铁生产设备节能降耗对标竞赛"中再获"冠军炉"称号。

【运营质量】　2022年，深入开展全面对标找差，对标指标进步率达83.33%，对标指标达标率为54.16%。通过优化KR扒渣模式、投用"一键KR"、转炉降低渣料消耗和渣中氧化铁攻关、连铸投用下渣检测、加大渣钢及中间包铸余回收力度等措施，钢铁料消耗降低至每吨1074.6千克，同比每吨降低8.4千克。通过制定四钢轧废次降新的提升目标，重点改进了夹杂、角裂、铸坯划伤、辊印、压氧等重难点问题。成立快赢小组，通过快赢手段、目标量化、责任到人，强化措施，加大对各缺陷指标监视力度，大大减少了头尾坯、三级坯、热轧过渡材等缺陷。全年累计废次降发生率为4.06%，同比下降0.57%，顺利完成公司考核指标。

【技术攻关】　2022年，成立技术攻关团队，从现场实际问题出发，采用"1+4+1"的组产模式，实现电池壳钢批量化稳定生产，月产达1万吨以上。取向硅钢生产实现连铸"7+7+7"三组连续批量化、热轧集中化生产，并于4月首次突破月产2万吨大关，全年生产完成21万吨，比2021年增产5.4万吨。工业纯铁工艺不断优化，连浇炉数和合格率取得明显提升。热轧工程车辆用耐磨钢M950JJ实现了4毫米以下的批量稳定生产，H1200S、H1400S也已初步开发成功，进入产品验证阶段。四钢轧总厂全年共完成公司级科研与厂内攻关项目68项，申报专利27项，申报发明专利18项，实现了较强的实用价值。"亚包晶钢板坯连铸高拉速技术研究"获得冶金科学技术三等奖，"高性能热轧耐腐蚀钢制造关键技术研究及产业化应用"获得安徽省科学技术一等奖，"提高 IF 钢液面波动比例"获得安徽省 QC 成果发布三等奖，"马钢 300 吨 RH 炉智能控制技术"获得中国宝武"最佳实践技术"奖项，"300 吨 RH 炉高效环保低碳铝镇静钢冶炼工艺"获中国宝武"优秀岗位创新成果"二等奖，"热轧双线双智控运行新模式探索与实践"获得"马钢集团管理创新"二等奖，鲍海兵同志在"全市职工安全生产技能竞赛"中获三等奖，单永刚同志被评为第三届"宝武工匠"。

【智慧赋能】　2022 年，策划实施 1580 热轧智能装备及智慧化项目，成为全国首家热轧双线双智控智慧中心，有效实现了热轧生产高度自动化和高效协同化。全年陆续开展炼钢"工业大脑""宝罗"机器人等智慧制造推进工作，"智能精炼"实现历史性突破，RH 模型投用率最高值达到99.6%，为钢轧高效生产增添了智慧动力。同年，世界首套连铸板坯圆弧角成型装置热负荷试车正式启动，增设装置稳定了清理质量、提高了板坯周转速率、降低了铸坯热损失，提升了铸坯热装热送比，减少了人工及生产成本，助力了清洁环保及现场作业环境改善。

【安全工作】　2022 年，聚焦提升红线意识，持续完善应急管理体系，制修订《全员安全生产责任制》和《四钢轧总厂各级管理岗位人员安全履职清单》，有效落实各级党政管理人员"管业务必须管安全"的要求。全年开展安全生产宣传教育，制作安全警示片、累计观看人次达 8830 人。举办"7·17"事故反思、组织外来单位人员培训、全员安全培训率达 100%。开展各类安全专项整治行动，排查整改事故隐患 1798 项。开展危险源重新辨识工作，落实对应管控措施 2620 条。同时，开展精益微改善、"铸安行动"、安全宣誓、季度检查等活动，为现场安全管控提供有力保障。开展与协作单位联合在内的应急预案演练，进一步强化风险防控。开展协作单位现状调研，对相关方实施"穿透式"管理、促进相关方管理体系健全和管理能力的全面提升。

【环保创 A】　2022 年，以创建环境绩效 A 级企业为牵引，聚焦绿色发展、强化综合整治，通过项目改造和现场环境"两手抓"统筹推进，日跟踪、夜巡查，挂图作战、销号管理。组建环境整治

工程推进组和项目部、设立"环保卫士党员监督站"，执行现场"三级巡查"机制，跟踪信息化管理平台，促进网格化环境监管体系不断完善，100%合规处置固危废，废水、废气全年排放达标。组建 7 支党员创 A"精钢突击队"，引导党员骨干奋勇争先，攻坚克难，充分发挥先锋模范作用，持续开展"精益日活动"，全年累计动员 800 多人次，清除积灰积料 2000 余吨，实际解决现场问题，推进厂容厂貌和环保绩效水平提升。1580 产线率先通过公司设备系统创 A 举牌验收，获得公司"三星级"精益产线称号。

【设备运行】　2022 年，坚持以"联动生产、精细管理、运行有效、保障有力、系统降本"为工作主线，组织生产设备双方共同修订设备精度指标，以智能运维管控平台为抓手，修正控制稳定的 CP 点，增加重复故障点，按新功能项目进行实绩跟踪。成立特护小组，修订管理办法、强化状态管理、优化检修模型，加快供应商培育、加速磨合，实施"管用养修"一体化协作项目，提升设备运行综合效率。全年设备故障停机率为 2.44%，比2021 年总厂目标值降低了 0.66%；设备可开动率为 99.76%，比 2021 年总厂目标值提高了 0.07%。全年设备故障总停机时间为 26006 分钟，比 2021年减少 1510 分钟，较好地完成了总厂制定的设备运行指标，在公司打造极致稳定的设备状态管理二、三季度劳动竞赛中，连续获得卓越奖。

【工程建设】　2022 年，围绕项目工程总目标，规范固定资产管理，控制投资决策风险，提高投资效率效益，确保总厂各项目有序推进。全年共完成工程项目 7 项，投资约 32718 万元，其中效能提升技术改造工程于 3 月正式完工，完善优化 5 个子项均取得较好效果。热轧 2250 机组 L1L2 经三阶段实施，分别于 6 月底、7 月初完工，完成升级改造任务。环保适应性改造和炼钢区域环保系统治理改造项目基本完成施工。全年按计划完成后评价 5 项，结算 12 项，其中"热轧集控项目后评价报告"被公司列为优秀案例。

【党建引领】　2022 年，进一步找准贯彻党的二十大精神的结合点，把党建工作与改革发展、生产经营同谋划同部署，做到目标同向、工作同力，确保党建工作有的放矢、靶向施策。在以建立线上线下载体，持续加强"三基"建设的同时，积极推进党组织联创联建工作。所属 7 个党支部均围绕

当前单位存在的突出问题，从"小切口"入手，积极探索支部品牌"特色化"升级机制，搭建"双融双促"平台。全年设立 24 个联创联建指标，完成率达 100%，其中，物流分厂党支部行车设备开动率提升至 99.6%；加废钢、兑铁水作业时序各节省耗时 60 秒，真正做到操作影响生产时间为零。热轧分厂党支部热轧宽度控制精度在 0—12 毫米，确保了冷轧成材率指标的完成。此外，年底生产冲关，克服疫情影响，总厂职工坚持带病自觉坚守岗位，圆满完成公司下达的年度生产任务。

（汪　珺）

冷轧总厂

【主要经济技术指标】　2022 年，累计完成钢材产量 469.94 万吨。其中汽车板 186.49 万吨，家电板 82.33 万吨，建筑板 1.13 万吨；硅钢 39.23 万吨；1720 酸轧生产硅钢轧硬卷 2.9 万吨，彩涂板 28.03 万吨；其他类板材 132.73 万吨。MGW300 及以上高牌号硅钢共生产 9.1 万吨。

2022 年，1720 酸轧、2130 连退等 13 条产线先后 19 次刷新月产纪录；2130 酸轧、1680 酸洗等 16 条产线先后 37 次刷新日产纪录。8 月，彩涂双线准发确认 30779 吨，首次突破 3 万吨。全年获公司"奋勇争先奖""大红旗" 1 次、"小红旗" 2 次，4 次牵头、8 次参与获揭榜挂帅项目"小红旗"。

【生产组织】　2022 年，冷轧总厂坚决落实中国宝武和马钢决策部署，树牢危机意识，市场意识，扎实做好"三降本两增效"工作。通过产量目标分解、绩效指标挂靠、劳动竞赛激励，全面激发人员的生产积极性、主动性。对外坚持以客户为关注焦点，科学谋划、多措并举、精准发力，以成本削减、技术指标进步率、综合成材率、合同完成率、废次降发生率等指标为关键指标高效合理组织生产。

【技术质量】　针对制约生产经营的难点问题，开展技术攻关，共同推进冷轧制造能力的提升。通过优化轧制工艺，1720 酸轧成功试轧 3.0%Si 高牌号硅钢产品；通过强化通道线管理，优化锌鼻子区域标准化作业，镀锌外板及超高强钢综合成材率均实现 90%以上水平，产线制造能力取得长足进步，

锌铝镁镀层汽车板也通过了长城、吉利、奇瑞认证；通过开展化学成分优化、工艺改进等工作，成功试制出超耐久高膜厚氟碳产品、单机架轧机实现 0.25 毫米厚度高硅产品的批量轧制；通过持续改善划伤、辊印等质量缺陷，2022 年 2 月镀锌外板成材率 90.87%、冷轧外板成材率 88.60%，双双达历史最好水平，汽车外板综合成材率跨入中国宝武第一方阵；通过 2022 年揭榜挂帅项目的实施与推进，彩涂交期订单按期兑现率达 93%以上，尤其在 2022 年市场行情持续下行的情况下，彩涂产品盈利能力已迈入第一梯队，为营销开拓市场进一步提供有力保障。冷轧总厂以客户为焦点，以产品为载体，以质量为基础，以交期作保证，使客户感知综合指数不断提升。

【品牌建设】　围绕马钢集团公司和冷轧总厂的重难点、关键问题，组建专业团队，实现技术优势互补，推进技术创新、技术攻关、QC 小组活动。2022 年，总厂技术改造共 63 项，承接公司级技术攻关项目 5 项，公司揭榜挂帅项目 5 项，总厂揭榜挂帅项目 64 项；向公司报送 35 件专利申请，通过评审交底 28 项，其中发明专利 24 项；申报 QC 课题 32 项。2022 年，"提高 1680 酸洗机组成材率"课题荣获"长江钢铁荣恒杯"第三届安徽省质量创新技能大赛三等奖，"降低 3 号镀锌线锌渣缺陷"项目获安徽省创新方法大赛二等奖，"提高冷轧立式退火炉燃烧系统运行稳定性""减少彩涂板板面带水"项目获安徽省三等奖。

【精益管理】　坚持问题导向，立足现场，以 6S 管理为重点，以 PQCDSMEI 八要素提升为核心，以打造精益产线、可视化管理等为抓手，积极运用精益思维，苦练内功，全面打造冷轧总厂"精益高效 奋勇争先"升级版。2022 年，冷轧总厂积极组织开展精益日、微改善等活动，提报随手拍 7039 条，提交微改善 6067 条、精益组 329 条，开展精益现场日活动 362 次、TPM 活动 295 次，培养和提升了员工立足岗位创新创效能力。以星级现场为标准，打造 1720 酸轧、2130 酸轧、1680 酸洗等精益产线，通过大天井路道路及周边环境整治等专项工作，促进了制造水准、环境质量、技术素养、精神面貌"四提升"，助力总厂通过公司创 A 达标验收。

【设备管理】　从设备运行、成本管理、基础管理等多方面着手，促进绩效提升。建立设备系统典型案例学习制度，定期组织对厂内及公司典型案

例进行学习。通过制度的修订和完善、典型案例的汇编、责任类事故强化管理等，全年设备运行指标稳中有升。各项设备基础工作全面提升，设备专业管理 KBI 在公司生产单元排名第一。深入对标宝钢股份，优化检修模型，推进高质高效检修。2022年完成了 27 次产线年修工作，将技改项目与大中修相结合，不断提升设备性能和精度。通过标准化年修管理，安全、环保、消防、质量、工期得到有效控制，年修后设备运行稳定。

【技术改造】　践行中国宝武"四个一律"要求，大力推进数智化项目的实施，不断提升现场自动化水平，全力保障总厂精益高效生产。借助中国宝武智慧化平台，加速宝罗上岗，提升宝罗密度；通过项目实施打造极致少人化、无人化现场。2022年，集中化指数由 74% 提升至 78.6%，远程化指数由 56.8% 提升至 75.2%，无人化指数由 51.2% 提升至 59.98%。同时，完善了 1720 酸轧原料库智能行车识别精度，推进南区中间库智能库区建设，新建并投用生产用机器人 9 台套；结合智控二期和快赢项目的建设，进一步提升各产线的自动化率，选取典型产线完成了入口无人化试点工作；依托镀锌线锌铝镁产品稳定生产，提高企业形象。2022年，冷轧总厂获 13 项公司智慧制造劳动竞赛奖，彩涂搬套筒机器人获宝武集团铜宝罗奖。

【企业管理】　本着"强管理、严考核、解难题、提绩效"管理理念，通过开展总厂内部奋勇争先劳动竞赛，极大地促进了全体职工踊跃参与的积极性。推进值班工程师制度，打造横班作业长，工艺、设备值班工程师为一体的四班过程管控队伍，对四班安全、环保、员工状态、生产设备运行等情况监管，进一步强化输入、输出、过程控制的标准化执行力度，推动制造管理水平持续提升。

以体系审核为契机，以重点产品、关键产线为抓手，持续完善标准化作业。2022年，顺利通过PED、JIS、TISI、SCS、五标一体化认证、IATF16949 审核 6 次，通过东风日产、蔚来汽车、比亚迪汽车供应商二方审核 3 次，以及公司过程审核、产品审核、综合管理体系审核、年度管理评审以及参加公司供应商二方审核等合计 17 次。荣获奇瑞汽车、长安汽车以及三菱电机有限公司"2022年度优秀供应商"称号，冷轧品牌效应得到进一步提升。

完善岗位绩效考核评价机制，严格按照考核评价标准对各单位进行考核、测评，持续做好薪酬发放工作，检查监督各单位薪酬发放过程。深入推进"一线一岗"专项培训，切实鼓励一专多能、一人多证；以智控生产机组岗位为培训核心，拓展到现场巡操及非智控类似产线的"多线一岗"培训；探索设备点检领域的"一线一岗"培训模式，实现了操作维护人员"一线一岗"培训再升级。2022年，对 17 条集控产线的"一线一岗"培训实效进行了评价验收，培训目标 124 人，通过考评115 人，目标达成率 92.74%。

【能源环保】　深入贯彻党的二十大"要推进美丽中国建设，统筹产业结构调整、污染治理、生态保护、协同推进降碳、减污、扩绿、增长，推进生态优先、节约集约、绿色低碳发展"精神，以创建环境绩效 A 级企业为基础理念，强化过程管控，实现环境污染事故为零，环保污染物达标率、环保设施同步运行率等 5 个重点指标完成率均为 100%；严格落实排口长制度，签订环保目标责任书；彻底整治宝武大督查 12 项环境突出问题。不断实施环保项目升级改造，3 个三治（废气超低排、废水零排放、固废不出厂）项目均顺利完成。

节能降耗多措并举，避峰就谷，不断优化电力运行方式，2022年冷轧总厂获公司"节能环保先进单位"称号。同年 9 月 6 日，总厂通过公司级环境创 A 验收，9 月 26 日马钢集团创 A 授牌，11—12 月通过外部验收，助力公司创建环保 A 级企业打下良好基础；11 月 14 日，安徽省生态环境厅发布企业信用评价结果公告，冷轧总厂被评为"安徽省环境诚信企业"；2022年总厂能源环保绩效再次获公司第一。

【安全管理】　2022年，围绕"压责任、控风险、抓重点、提本质、强培训、严标准、夯基础、促绩效"的总体工作思路，全面提升全员安全管理责任，扎实开展各项安全管理工作。总厂持续完善双重预防机制体系，深入落实"违章就是犯罪"的管理理念，全面开展违章记分管理，查处违章行为；强化现场检修作业、危险作业安全风险管控，组织全员参与隐患排查，逐步实现把风险控制在隐患形成之前，把隐患消灭在事故前面。总厂开展作业区月度安全评价、安全宣誓活动、安全知识竞赛活动等工作，将安全管理抓实抓细，落到基层作业区，从而全面提升员工的安全技能和安全意识，保障职工生命安全和总厂生产经营稳定顺行。2022年获公司"安全生产金牌单位"。

【党群工作】 坚持以提高政治能力为目标，把学习贯彻习近平新时代中国特色社会主义思想及党的二十大精神作为首要政治任务，以一流党建引领冷轧高质量发展。总厂党委紧扣"紧跟核心、围绕中心、凝聚人心"党建工作主线，开展联创联建项目8项，其中公司级1项，总厂级7项。持续强化"三基建设"，落实"三会一课"制度，深入开展主题党日活动，全面提升党务人员履职能力。组建27个党员步步高创A突击分队，助力总厂通过环境绩效创A验收；各党支部围绕基层党建、生产经营重点工作，开展"一支部一品牌"工作；组建"小团队"，找准"小切口"，创建19个党员先锋团队，立足解决生产经营中的难点、痛点问题，推动党建工作与生产经营深度融合。

承接中国宝武干部管理要求，全面落实管理岗位和人员层级管理，合理调整管理权限，完善选拔任用体系。始终把政治标准放在首位，注重发现培养年轻干部。同时，加大对各级管理人员的评价考核问责力度，实行年度绩效评价末位约谈制度。

严格执行"三重一大"管理制度，强化"一岗双责"，坚持党规党纪教育，着力抓好廉政教育活动。深入基层调研解决问题，组织学习党规党纪及公司履职待遇、业务支出管理办法，签订《冷轧总厂员工公务出差承诺书》。深入开展违规经商办企业、技改投资项目等重大风险防控排查，及时整改问题，筑牢各级管理人员及工程项目负责人廉洁思想防线，确保各工程项目廉洁高效。此外，工会积极开展"奋勇争先""喜迎二十大"等系列文体活动，丰富职工文化生活。2022年，组队参加马钢职工"宝武司歌活力操大赛"获一等奖。聚焦总厂11个"三最"项目，切实为职工办实事、解难事；组织各类技能大赛，提升员工技能素质；坚持完善厂务公开制度，全力做好职工生活保障工作，不断增强企业的凝聚力和竞争力。

（孙 琦）

特钢公司

【组织架构及人员】 特钢公司内设综合管理室（党群工作部、纪检监督室）、生产技术室、安全管理室、设备管理室（能源环保室）5个部室，电炉分厂、棒材分厂、物流分厂、高线分厂、转炉分厂、连铸分厂、线棒分厂、点检分厂8个分厂。截至2022年12月，在岗员工1354人。

【精益生产】 全年钢区产量106万吨，降本完成奋斗目标100%。炼钢日均计划兑现率从94%提高至96%，大方坯生产实现连续6个月无漏钢；优棒日均产量较2021年提高31%，达1163吨，三条轧线11次刷新班产、日产最高生产纪录。

【对标找差】 开展与南钢、韶钢、莱钢等特钢企业对标，围绕效率、成本、质量重点梳理开展27项指标进行对标，其中公司级重点指标10项，全年指标进步率80%，指标达标率70%；5项改善项目，实现效益2358万元，年完成率达到163%。

【设备保障】 坚持以"运行有效、保障有力、系统优化、节能降耗"的工作思路，全年设备总体运行平稳。以典型案例为"小切口"，持续推进设备点检预防管理，炼钢和优棒区域设备万吨钢故障时间较2021年分别降低了12%和50%，炼钢区域设备OEE（设备综合效率）指数达到82%；聚焦设备"稳定性""经济性"两大基本任务，扎实开展降本增效活动。

【精益现场】 深入倡导精益思想，聚焦环境绩效创A现场整治，依托马钢精益通平台，通过"精益·现场日"已累计解决现场管理问题近900项，清理面积近6万平方米，优棒、圆坯连铸产线获马钢三星级精益现场。坚持"一切成本皆可降"的理念，全员开动脑筋深挖潜，全年精益微改善3478项（五星级4项、四星级13项、三星级50项），献一计13000条，现场精益改善达人不断涌现，在深圳举办的第20届企业高峰会上，特钢公司戴本俊获"中国精益匠人"。全员修旧利废和工具开发量、精益管理年度绩效分别在马钢排名第一。

【客户感知】 全年新开发产品牌号120余个，覆盖特钢四大产品系列，棒线材铺底料客户开发63家，完成率103%。产品交付及时率快速提升至90%以上、产品质量整体趋于稳定，万吨质量异议起数较2021年下降35%。

【技术创新】 时速350公里复兴号高铁轮轴（坯）扩大装车用钢顺利交付；2100兆帕级汽车悬架簧用弹簧钢实现国内首发，高低温韧性AISI

4145H 钻杆用钢助力塔里木盆地顺北深层油气田"深地一号"项目获得重大突破；以轴承钢等重点产品的开发为载体，通过外部协作内部各工序协同，工艺优化快速突破技术难点。埃斯科特钢开发风电螺栓用 42CrMo 银亮材、新能源汽车稳定杆用 55Cr3 磨光材等产品，助力销售收入提高了 9.1%；埃斯科特钢通过两年多努力，将 2024 年初投产的新款奥迪 A4L 车型弹簧钢（54SiCrV6-H）原料供应商由德国变更为马钢特钢。

冶金产品实物质量品牌培育金杯优质产品免退火冷镦钢热轧盘条、LZ50 车轴钢坯通过复评；"高速重载车轴产品研发及关键制备技术创新"获安徽省科学技术一等奖；"长材（棒线材）库区智能化管控关键技术及装备"和"加热炉燃烧效能在线智能检测与优化"分别获冶金科学技术奖一等奖、三等奖；"基于夹杂物控制的高洁净高韧性车轮钢炼钢工艺开发"获宝武技术创新重大成果奖二等奖。申请专利 15 项，其中发明专利 10 项。"一种钒微合金化低温钢筋用钢及其轧制工艺"获石油和化工行业优秀专利奖。

【"一贯制"管理】 按照"一贯制"管理要求，成立生产技术室，快速转变管理思路、工作重心转入工序制造能力提升；修订 21 个管理体系文件和 45 个技术类文件，提高管理体系有效性符合性。通过"四新初物""防异材防重大流出"等流程强化过程管控，客户端未出现批量质量事故。将全流程管理延伸至埃斯科特钢，系统增强全工序制造能力，确保订单交付，客户满意度持续提升。

【智慧制造】 按照"一厂一中心"智控模式，2022 年底特钢智控中心建成，覆盖 26 条钢轧产线，南区 7 条产线进驻投用，50 多项先进技术应用属国内首创。多组合强光抑制摄像机组保障电炉远程安全操作，岛台集中化实现跨工序、跨空间融合，智慧应用全方位覆盖钢轧产线，提升了管理效能。连铸、优棒线在用 3 台宝罗机器人全部实现宝罗云平台远程运维，新增取样、挂标、巡检工业机器人 4 台。600 个设备状态监控点正式上线宝武智维远程运维平台。全年集中化指数达 76.6%，无人化指数达 70.5%，远程化指数达 58.46%，综合智慧化指数较 2021 年提升 14%。

【安全与环保】 深入学习贯彻习近平总书记关于安全生产重要论述，不断强化红线意识。围绕产线改造、创 A 及新特钢建设工程，根据不同时期安全生产的特点统筹策划安全管理工作。针对新特钢项目点多面广，全区域立体交叉作业，高峰期施工人员 5000 余人、大件运输近 2000 次的复杂且高风险施工作业条件下，克服了极端天气和"三高"风险，先后培训 120 多位专兼职安全管理人员，严守准入关、"人情关"，以及采取施工作业全过程旁站式监护、从六维度定期进行安全绩效评价、严肃考核和责任追究等措施，全年累计隐患排查 3700 余项，协作单位考核 2400 余万元。有序推进对埃斯科特钢安全基础管理工作和专项工作的跟进和监督。增设安全管理室，补充安全管理人员，增强管理力量。2022 年荣获马钢安全生产金牌，年度"安全标准化工地创建"劳动竞赛优胜单位等荣誉。

认真贯彻习近平生态文明思想，克服工期紧、施工难度大等困难，圆满完成环保创 A 改造任务。治理了物料运输、生产工艺及除尘卸灰等无组织排放共计 256 个点位，建成了两套 80 万风量除尘系统，改造了 16 条皮带密封及返程带料清扫，实现了 11 套布袋除尘器气力输灰，在马钢股份公司首家通过现场评估验收。电炉余热回收达 245 千克/吨，电炉工序能耗达到 54 千克标煤/吨，成为中国宝武第一标杆。

【新特钢项目】 新特钢建设创造马钢新速度。新特钢项目部齐心协力、统筹策划、精心组织，以"一年当作三年干、三年并为一年干"的奋进姿态，克服了疫情频发、连续 40 多天 37 摄氏度以上极端高温天气、国际芯片荒等影响，5000 多人在 68.5 万平方米的现场完成了 7.6 万吨钢结构、20.5 万立方米土方、21.8 万立方米混凝土施工；完成了 1350 套合计 2.2 万吨设备的采购、监制和安装调试。项目开工以来，仅用短短一年时间，实现 1 号转炉倾动试车，2022 年底实现"场平地光、水通灯亮、花草芳香、设备调装"一期工程基本建成的目标，创造了新的"马钢速度"。紧紧围绕争创"鲁班奖"、确保省部优质工程质量奖的目标，项目坚持全员参与，严把工程质量关，75 个单位工程实体质量整体处于受控状态；项目安全形势良好，投资费用可控，为一期建成投产奠定了坚实基础。

生产准备超前系统谋划。借鉴湛江项目模拟经营成功经验，按照公司"精品制造为基础，产品经营为导向，市场开拓为前提，全体支撑为保障"的指导方针，系统策划、精心组织、整体推进生产准备各项工作。在马钢集团公司各部门大力支持下，一期员工配置基本完成；以"一厂保一厂、一部管一部"开展形式多样培训工作，参训员工近3万人次，全面完成各项培训目标。为保证顺利投产，各类备件、材料等正按计划供货；根据特钢组织机构调整、南北区一体化管控的需要，完成了253项管理、技术、规程的修订工作。按照市场化、专业化、规模化要求，策划培育优质战略协作供应商，以"四同"管理要求深度推进专业化协作项目，生产辅助、设备检修、行车管用养修、耐材总包、渣处理、水处理及环境除尘BOO项目的生产准备工作一体化推进。

配套项目建设顺利推进。作为特钢产品产线规划的重要拼图，高线改造项目建设克服疫情、人员不足和工期紧等影响，53天内完成一阶段项目建设，顺利实现投产；精整线改造项目建设按计划正常推进到位。

【党群综合】　围绕"三有"目标，将厂区环境、职工操作和休息环境改善等作为切入点，对特钢开拓园、特钢南区等美化亮化改造、实施新特钢4A级花园式工厂景观提升工程，完成钢区炉台环境整治，"四室"修缮。开展羽毛球、游泳、乒乓球等文体活动；组队参加宝武司操，获马钢集团二等奖。全年发放各类慰问金5万余元，日常补助2.7万元，职工的获得感和幸福感不断提升。

传承和弘扬新时代"江南一枝花"精神，大力弘扬劳模精神、劳动精神、工匠精神。面向一线选树劳模先进，并将先模人物以灯箱形式上墙。全年获中国宝武"银牛奖"1人，"铜牛奖"3人，马钢集团"金牛奖"2人；马钢集团"杰出青年"1人；棒材分厂职工张超获"安徽省劳动模范"荣誉。

（罗继胜）

煤焦化公司

【概述】　2022年1月26日，马钢股份公司恢复马鞍山钢铁股份有限公司煤焦化公司。截至2022年底，拥有南北区储配煤一体化筒仓46个、在役8座焦炉（其中6米、7.63米焦炉各两座，7米焦炉4座）、8套干熄焦、6套发电系统及相对应的3套煤气净化处理装置和化产品，年设计生产焦炭能力为530万吨。

【组织机构】　煤焦化公司下设综合管理室（党群工作部）、生产技术室（质量检验站）、设备管理室（能源环保室）、安全管理室4个管理机构，焦化项目组1个临时机构，炼焦一分厂、炼焦二分厂、能源分厂、净化一分厂、净化二分厂5个分厂。马钢化工煤气净化业务资产和人事关系自2022年7月1日起正式划转至马钢股份煤焦化公司管理。

【人员情况】　截至2022年底，煤焦化公司在册职工723人，在岗721人（包括4名公司中层管理人员、2名首席师、2名技能大师和2名外派中层管理人员），其中：管理岗53人，技术业务岗81人，操作维护岗587人。

【主要经济技术指标】　2022年生产焦炭490.1万吨，完成率104.5%；发电5.78亿千瓦时；输送煤气量21.51亿立方米（3352.66×10^4吉焦）。生产轻苯4.02万吨；煤焦油20.16万吨；硫磺1.13万吨；化产品销售12.3亿元；全年降本4.536亿元。全年围绕"笃行致远 极致高效，奋力谱写焦化高质量发展新篇章"工作主题，完成了以"焦炭保供"为主的各项目标任务。

【生产组织】　聚焦精益高效，全员奋勇争先，煤焦化坚决落实股份公司各项工作部署。在立足外部环境形势变化和生产实际情况，全力做好焦炭、化产品生产保供、质量稳定工作的同时，顺利实现了北区9号、10号焦炉的开工组织和投产，克服环保创A、煤焦炭资源紧张等各种生产困难，按照公司要求全面做好北区高炉大修期间焦炭平衡和物流组织；细化备煤、炼焦、净化各生产工序过程管理。2022年揭榜挂帅项目圆满收官，全年生产焦炭490.1万吨，超计划19万吨，刷新公司焦炭产量历史记录；3个系统焦炭合格率分别为93.12%、99.85%、98.20%；主要化产品质量总体实现系统稳定、流程可控和产品优良，全年化产品销售额达12.3亿元。

【设备保障】　紧抓"零故障"绩效管理，同时推进设备管理智能化。从设备的日常管理、基础管理出发，制定月度、年度检修计划，提升点检的有效性，做好设备的预防性维修。南区7米焦炉机车无人化率大幅提高，焦炉地下室巡检机器人项目正式运行。积极推进重大设备检修项目，完成6号焦炉14—17号、46—49号炭化室揭顶翻修，焦侧90个炉门框更换，备煤系统翻车机C80更新改造，净化新建焦油管道、蒸汽管道、冷凝液槽改造等几十项大中修和改造任务，不断完善和优化焦炉、干熄焦、筛焦、备煤、净化、能源发电等各类系统性能，为稳定高效生产保驾护航。

【安全管理】　以提升全员安全理念、强化制度执行力、提高本质安全、严格全员安全生产责任制落实等为抓手，努力实现安全目标。完善安全责任体系、压实全员安全责任方面，加强制度的约束力；修订《安全事故问责管理办法》《风险分级管控和隐患排查治理管理办法》等管理办法，刚性执行考核、问责标准；制定卜发《全员安全生产责任制》《煤焦化公司安全生产责任清单》等管理制度，将过程履职和绩效同步纳入各层级人员的履职能力评价，压实安全生产责任；扎实推进隐患排查与治理工作，严格责任落实，成立安全专项督查组，每日对各类违章及责任落实情况进行督查、通报；开展岗前安全宣誓活动，提升员工整体安全意识；提升协作单位安全管控，推进落实危险作业"五制度"管理；加大培训教育，督促协作单位开展自主培训，全面提升各级人员安全意识。

【能源环保】　以"绿水青山就是金山银山"理念为引领，环境管控工作再上新台阶。全面推进创A项目实施，通过明确各级管理者责任，采取专业监管与属地统管，分厂领导带班负责，每个点位责任到人等措施，由"点"带"面"全面推动创A工作，第一批次创A无组织排放1011个点位，合格率达到97.8%；有组织评估完成全部15个排口的监测，创A工作取得阶段性成果；全力打造美丽焦化，深刻把握马钢在南区环境治理提升机遇，通过治脏修损、拆废除乱、覆绿造景等具体举措，完成南区食堂、3号和4号焦炉场地绿化等工作，获马钢集团公司"8·19"环境提升项目验收活动高度评价；聚焦北区环境整治行动，系统推进完成北区焦炉、净化环境区域绿化美化景观提升工作，有力支撑马钢高标准打造3A景区任务。

【降本增效】　坚持一切成本皆可降理念，深化降本增效工作。围绕主要任务目标，找准短板弱项，制定对标工作实施方案，全面开展对标找差工作，建立生产技术和设备能环指标10项，全年对标指标进步率达80%。树立危机意识，练就"过冬"本领，坚定不移贯彻落实"三降两增"工作任务，深度对标挖潜降本，通过提高焦炭产量、吨焦发电量、降低动力介质消耗等措施，合理管控备件、材料、检修等费用，构建全员参与的对标降本管理体系；每月将责任成本下达到职能部室，把考核成本落实到各分厂，着力推进对标挖潜、系统经济运行工作的开展；每旬对成本进行跟踪、分析，每月对降本指标开展科学预测，保证降本奋斗目标的实现。

【基建技改】　认真落实马钢集团"十四五"基建技改工程规划，全力推进重点项目开花结果。北区焦炉系统工程连续克服疫情及异常高温天气对项目工期的影响，以"一年当作三年干"的奋进姿态，日夜奋战，于9月27日10号焦炉顺利装煤投产，并于9月28日凌晨煤气净化系统风机开启，实现全流程开工，开工至投产历时15月，刷新行业纪录。经过各方奋力拼搏，实干快干，9号焦炉于12月3日装煤投产，标志着马钢北区焦炉系统工程项目全面完成，项目建成后将助力马钢实现北区高炉自产焦保供平衡。同时，3套煤气精脱硫项目于10月24—27日顺利投产。

【技术创新】　2022年度申报多项科研及技术攻关项目，申报马钢科技进步奖两项、宝武重大科技进步奖和安徽省科技进步奖各一项。其中，"煤炭粒度优化对焦炭性质影响的研究"获中国宝武重大奖三等奖，"7.63米焦炉机车及生产无人化智能化系统研发与应用"通过省科学家企业家协会组织的科技成果鉴定。全年上交并通过审查专利20项，其中发明专利10项，已经超额完成全年任务；获授权专利12项，其中发明专利3项。

【企业管理】　深刻领会马钢集团公司管理理念、管理体系和管理要求，做好煤焦化公司内部管理变革后续工作，加强细化内务管理工作，压实责任。持续完善制度体系、管理文件的修订发布。持续对外对标、对内优化，持续缩小与标杆企业之间差距。积极推进人力资源优化，统筹实施政策性离岗、专业化整合、员工价值创造等转型方式，全年人事效率提升10.71%。加强岗位体系建设，强化薪酬分配管理，完成管理、技术业务、操作维护三个层级薪酬切换，完善职业发展通道，激励员工提高个人能力，提升工作绩效和效率。深入推进协作管理变革，加快推进辅助业务"管用养修"一体化外包，全面提升人力资源配置效率。疫情防控常抓不懈，因时因势优化调整防控措施，有效应对困难时刻，平稳过渡到疫情防控新阶段。

【精益管理】　聚焦精益运营管理工作要点、节点，建立精益运营管理工作周例会通报、月度综合评价机制，及时公布评价结果、兑现奖励；广泛宣传，组织培训，员工"精益通"平台 2022 年随手拍提报 3794 条，提报人数 409 人，精益组 183 条，提报人数 43 人，微改善 2787 条，提报人数 597 人。对包干区域重新划分，力求消除管理死角；同时加强三车管理工作，设定"三车"停放点标牌。以"整理、整顿、清扫"及环境改善提升为重要举措，结合"马钢南区厂容整治'8·19'实施方案"的总体部署，实现厂容环境的美化、靓化和标准的逐步提升，不断提升现场竞争力和精益管理水平。

【党群工作】　深入学习贯彻党的二十大精神，聚焦"紧跟核心、围绕中心、凝聚人心"党建工作主题，以联创联建为抓手，依托党员责任区示范岗，推动党建工作与生产建设"双融双促"。坚持加强和改进思想政治工作，加强意识形态阵地管理，有效防范和化解重大舆情风险。成立"1+9"创 A"亮剑"党员突击队，分层次、分区域、分批次累计开展 400 多场次、3000 人次参与的现场整治活动，集中处理杂物约 200 吨。持续深化"三基建设"、党员教育管理、主题党日等工作常态化、制度化、规范化。大力弘扬劳模精神、劳动精神、工匠精神，聚焦一线典型人物，开展各种劳动竞赛，积极发挥工匠基地和创新工作室技术优势和传帮带作用；落实党建带团建，充分发挥团员青年的生力军作用。

（唐　方）

资源分公司

【主要经济技术指标】　2022 年，资源分公司共回收处理水渣、钢渣、尘泥等固废 1100 万吨，销售冶金固废产品 740 万吨（含高炉水渣），实现销售收入 14 亿元。全年设备开动率大于 95%；重大人身伤害事故、重大生产事故、重大火灾事故、爆炸事故、重大交通事故、重大设备事故为零。

【钢渣处理保产】　南区钢渣处理基地坚持边生产、边改造，克服地下渗水、设备劣化等突出困难，通过精心组织，2022 年共处理南区各钢厂钢渣 72 万吨，特别是在马钢 B 号高炉大修期间，超设计能力满负荷保产，最高日热闷钢渣 150 罐。北区钢渣处理基地克服原选址设计先天缺陷、四钢轧总厂大包破碎率低等突出困难，2022 年共处理脱硫渣、大中包铸余渣等钢渣 110 万吨，返四钢轧总厂各类重废 17 万吨。

【转底炉生产】　与宝武环科加强技术协同，会同制造部、能环部、炼铁总厂，优化物料方案，全力为高炉生产保产。因转底炉实施超低排、大修和适应性技术改造，2022 年生产时间仅 7 个月，生产期间，共处理铁前各类污泥 4.39 万吨，生产金属化球团 2.76 万吨、粗锌粉 635 吨。

【固废回收加工保产】　积极配合相关部门及各生产厂，主动做好日常性生产保产回收和各项大中修、技术改造及临时性保产项目中的固废回收工作。2022 年回收马钢股份公司工业垃圾、铁前干渣、瓦斯泥、污泥水、废旧耐火材料、大中修固废等各类物料 70 万吨。发挥固废综合利用产业园一期项目作用，抓好固废加工再利用，2022 年回收生产 PC（含铁质的混合料）铁质校正料 1.62 万吨、OG（炼钢转炉煤气湿法回收系统产出的污泥）粗颗粒压球 4900 吨、压滤泥饼 7680 吨。针对四钢轧富余 OG 泥污泥水，积极开展压滤试验，保障四钢轧总厂 OG 系统平稳运行。全年回收加工增效 1 亿元以上。

【危废处置保产】　全力协助股份公司能环部及各生产厂，完成嵌入式危废管理方案，推进危废内部处置再利用，严格落实危废依法合规转移和低成本外委处置。2022 年共外委处置电炉灰、废油泥、废脱硫剂、六汾河淤泥等危废 25 个品种，总处理量 2.23 万吨。同时，配合能环部、制造部等部门，充分利用马钢烧结机、炉窑等装备，积极推进酸碱污泥、电炉灰等危废在内部消化处置。

【固废产品销售】　以保产为前提，统筹优化固废产品销售出库和保价增效工作。通过长协、招标、议价等灵活方式，利用宝武国际、欧冶电商等平台，优化销售策略，推进线上线下竞价销售，促进股份公司固废产品增效。2022年共销售固废产品740万吨，实现销售收入14亿元。

【自循环废钢加工】　全力配合各钢厂和冶服公司，充分发挥自循环废钢一期、二期加工基地作用，加大马钢各生产厂自产废钢回收加工力度。2022年实现自循环废钢回收加工49.4万吨，返钢厂各类重废31.1万吨。与此同时，按照股份公司意见，积极推进自循环废钢业务向冶服公司平稳交接。

【安全生产】　全面落实安全生产责任制，强化安全责任、安全管理、安全投入、安全培训、应急救援"五到位"，领导带头履行"一岗双责"。完善安全风险分级管控和隐患排查双重预防机制，排查和整改各类隐患390项。整合安全员队伍，全面提升安全员履职能力。面向全体安全员开展安全绩效提升劳动竞赛，面向各类人员实施安全培训118场次。突出全员、全过程、全方位、全领域安全管理，创造性地推出"12345"工作法。"冬兵创新工作室""五步倒渣法"被评为中国宝武安全管理优秀案例并在"安全大讲堂"推广。

【生态环保】　深入落实习近平生态文明思想，大力推进节能减排、减污降碳，持续推进"三治四化"，全年环境污染事件为零。加大环保投入，高质量推进超低排改造和精益现场创建，转底炉区域超低排改造顺利完成，四条冷轧酸再生生产线一次性通过马钢创A验收。积极落实"固废不出厂"行动方案，编制完成6项固废产品化企业标准，顺利通过大宗工业固废产品化认证。加大清洁能源使用，启动光伏发电项目，成功实施生物质燃料替代煤炭项目，水渣运输车辆全部更换为新能源汽车，主要产线能耗超额完成管控目标。

【工程建设】　积极落实马钢"固废不出厂"计划，加快推进固废综合利用产业园、危废储存加工生产线建设。马钢固废综合利用产业园PC铁质校正料、OG粗颗粒压球、固废分拣中心项目完成评估验收并投入生产；钢渣综合利用二期项目6月18日开工，年底完成建安施工，两条生产线竣工；大危废（大型危险废物）贮存库及废铁质桶利用项目建成并试生产。积极配合马钢集团打造"新特钢精品基地"，加快推进新特钢渣处理配套工程。

【技术创新】　建立"统一策划、归口管理、分级实施、协同共享"的技术创新体制机制，与技术中心联合开展科研开发和技术攻关，2022年科技投入7100万元，开展攻关项目51项，申请专利11件，参与1项行业技术标准修订，大宗固废基地建设项目申请科技奖补资金1050万元，高新产品实现销售收入5亿元，科研直接增效500多万元。

【智慧制造】　经营管理系统二期项目及产销子系统成功上线运行，实现营销全过程信息化管控。推进3D岗位智能化改造，转底炉中控室完成安全移位，马钢嘉华热风炉实现远程化操作，钢渣一分厂热闷行车无人化改造正在实施。马钢嘉华加快智慧工厂建设，完成4条生产线数据上云、一键制粉全覆盖、数据在线对标、矿粉自动发货等工作。

【管理体系建设】　大力推进贯标工作，全面开展质量、职业健康安全、环境管理体系审核，对240余项改进建议进行整改，40名员工取得内审员资格，企业顺利通过北京国金衡信外审认证。全面对接宝武环科制度体系，完善制度上平台工作，确立74个所属制度、252个直接引用制度、56个转版引用制度，建立5大类140多项的制度树。

【深化改革】　有序推进专业化整合，按照马钢与环科专业化整合方案，完成马钢股份3.2亿元固废资产收购，9月1日，实现所有资源分公司固废业务平稳有序切换到环科马鞍山公司。大力推进组织变革，按照区域"一体化"管理原则，对组织机构进行全面改革，设立5个管理部门、4个分厂、2个直管作业区。加快推进人资一体化。按照岗位体系、薪酬模式、绩效规则、人才管理、选拔任用、执行监督"六个统一"要求，实现区域人力资源管理一体化。

【和谐企业建设】　制定并严格落实疫情防控专项方案,加强流动人员管理,确保生产经营和员工队伍稳定。深化员工民主管理,通过职代会、"我为企业献一计"等,收集民意、集中民策。大力开展对标找差劳动竞赛,推动员工岗位创新创效,"冬兵创新工作室"在解决现场难题中发挥了重要作用。构建和谐劳动关系,持续推进"我为群众办实事",深化员工帮困救助,企业凝聚力不断增强。

【党建工作】　深入学习贯彻党的二十大精神和习近平总书记重要讲话指示批示精神,开展学习贯彻党的二十大精神大调研,党委会第一议题学习27次,领导下基层宣讲3次,发布大调研成果3项。扎实开展"专精特新"党建引领保障计划和"情暖六大工程、添彩公司蓝图"专项行动,举办"十个一"主题活动。加强党组织建设,按照"四同步、四对接"要求,撤销2个党支部,调整2个党支部,成立3个党支部,各支部开展品牌活动5项。全面落实管党治党主体责任,扎实做好党风廉政建设和以案示警工作,开展3次专题警示教育座谈会。

(周功烈)

· 股份公司全资、控股子公司 ·

宝武集团马钢轨交材料科技有限公司

【概况】　宝武集团马钢轨交材料科技有限公司(以下简称"马钢交材")为马钢股份的全资子公司。主要从事轨道交通用车轮、轮箍、车轴、轮对、环件等产品制造以及轮对维修服务等业务。2022年4月首次完成两列车120件"复兴号"高速车轮生产和装车,成为国内首家进入扩大装车运用阶段的轮轴制造企业;9月通过中国海关高级认证企业;10月成为中国宝武首个制造业"专精特新"单项冠军示范企业;11月拟定整体混合所有制企业改革框架方案。截至2022年底,马钢交材共有在册职工1028人,在岗职工990人。

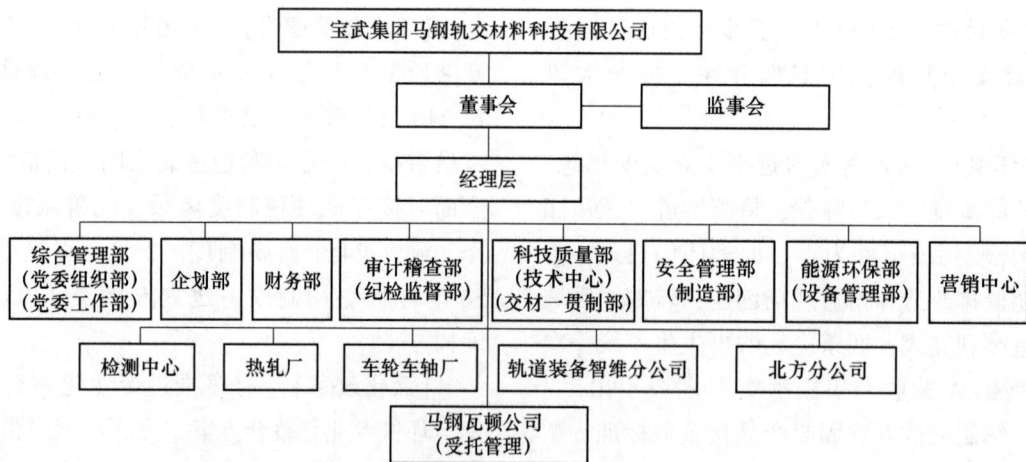

注: 1. 马钢交材系马鞍山钢铁股份有限公司全资子公司,不设股东会。
2. 部　　门: 企划部、综合管理部、审计稽查部、财务部、科技质量部、安全管理部、能源环保部、设备管理部、制造部、营销中心、技术中心。
3. 生产单元: 检测中心、车轮车轴厂、热轧厂。
4. 分 公 司: 北方分公司、轨道装备智维分公司。
5. 子 公 司: 马钢瓦顿公司(受马钢股份委托管理)。
6. 合署机构: 综合管理部与党委工作部、党委组织部合署办公;审计稽查部与纪检监督部合署办公;科技质量部与技术中心、股份交材一贯制部合署办公;安全管理部与制造部合署办公;能源环保部与设备管理部合署办公。

图3　宝武集团马钢轨交材料科技有限公司组织机构图

【经营指标】 全年实现营收 30.33 亿元，利润总额 2.51 亿元；人力资源优化 9.4%，综合人事效率提升 47%。

【对标找差】 聚焦"三高两化"核心要素，拉高标杆，全面升级对标体系。向内深挖潜力，聚焦高效生产、提质增效、节能减费，开展"三降两增"专项行动，组织小团队、利用小切口，协同开展提产增效攻关 15 项，收集推动解决急难愁盼问题 48 项，同时积极争取政策支持。对外正视差距，瞄准行业标杆企业，策划 6 个对标项目，实现对标措施和成果的转化固化。26 个重点指标进步率 84.7%，各主要产线班产、日产和月产大面积破纪录、大幅度超纪录，车轮轧制量同比提升 31%，车轮精加工产量提升 26%；综合盈利指标和资产周转效率指标进步明显，接近行业优秀水平。

【管理变革】 推进专业化管理，全面提升轮轴制造体系能力。完成采购业务和行车业务专业化整合。根据组织机构规划调整要求，推进业务部门技术人员向制造单元下沉，强化现场支撑，完成技术管理体系和设备管理体系管理变革，实现扁平化管理。以问题为导向，针对各生产工序之间用工供需矛盾，对订单不饱和的产线人员进行动态调整和柔性配置，补充到其他产线，缓解用工不足压力。推进完善工资总额管理机制，加大经营业绩考核结果与薪酬激励、岗位退出的刚性挂钩力度。重建岗位体系，拓宽员工职业发展晋升通道。

【对外经营】 践行"国内国际双循环"发展战略，加快打造全球行业先锋步伐，布局全球市场，尤其是"一带一路"沿线国家铁路市场。海外市场方面全年实现出口 11.1 亿元，同比增长 39.3%。首次获得西屋 GE-P27、GE-P3 无限配额许可、机车轴认证；获得印度市场 1.7 万套轮对订单，刷新历史纪录；出口俄罗斯车轮订单再创新高，销量达 7.2 万件，连续 3 年实现大幅度增长；与瓦顿、阿尔斯通合作拓展南非、加拿大市场。国内市场方面全年国内车轮产品销售 35.24 万件，比 2021 年增长 19.1%。货车用大功率机车轮国内市场占有率首次超过 50%，实现 6 种车型首次装车替代进口；城轨地铁车轮国内市场占有率 67.38%，完成 4 个市域城际项目首家装车试制，抢占市场先机；完成深圳地铁 20 号线项目最快交付并通过试运行功能考核；7 月，时速 120 公里中国标准地铁列车用车轮交付装车，实现国内首发；9 月，全球首发自行研发的 B 型地铁车辆绿色环保整装弹性车轮，并在合肥地铁投入商业运营。

【技术创新】 通过新产品研发、科研攻关及技术改造引领效益增长，"数字化高速轮轴制造检测能力升级"成功申报国家发改委中央预算内资金资助项目；与马钢股份共同主导完成国家标准《铁路用辗钢车轮》修订工作；"基于工程自主集成的高速重载车轴产品开发应用"获中国钢铁工业协会冶金科学技术三等奖；"40—45 吨轴重高性能轮轴研发及产业化"获 2022 年中国宝武技术创新重大成果一等奖；冷速可调控铁路车轮淬火系统自主设计及工艺创新获"2021 年中国宝武重大奖二等奖"以及"第十七届'振兴杯'全国青年职业技能大赛银奖"；高速重载车轴产品研发及关键制备技术创新获安徽省科学技术进步一等奖；"高寒地区铁路货车车轮"获 2021 年度"安徽工业精品"认定；智慧生产管理平台获批马鞍山市工业互联网平台；获评第五批安徽省级服务型制造示范企业；安徽省博士后工作站获批建设。获 1 项国际专利、39 项国内专利授权，其中发明专利授权 22 项。

【智慧制造】 智能协同作业、产品数字化研发与设计两个场景获中华人民共和国工业和信息化部"2022 年度智能制造优秀场景"；车轮三线冷床落垛机器人首次代表马钢获中国宝武"金宝罗"称号；完成南区产销系统改造，财务大数据、工序成本、高级排程等智慧应用项目有序推进；物流和设备管理系统成功上线；在马钢股份公司内率先签约宝罗机器人框架协议；完成 PHM+机车轮故障预测与健康管理系统上线，车轮全寿命周期管理信息化系统向用户延伸走出了第一步。

【精益改善】 积极推动产线三星级达标建设，

深化全面自主改善，结合"百日创 A"行动和红牌整改，坚持"精益·现场日"活动，实现生产现场逐步改善提升。全面梳理管控马钢精益通内各项指标，纳入常态化管理；完成马钢集团公司 6 轮红牌督办所有整改项的按期整改。新建"同心园"绿化园区、二号生产参观线，实施参观通道亮化工程改造提升厂区颜值，改善工作环境，成为马钢集团首批创建环境绩效 A 级企业达标单位。

【绿色发展】 坚持以绿色作为高质量发展的底色，坚持生态优先，把环境保护作为重要政治责任高位推动。建立能源管理体系、完善环境管理体系，实现能源环保工作的规范化、标准化、系统化，积极促进节能增效，全年综合能耗 226 千克标煤/吨，比 2021 年下降 6.9%，实现固危废 100% 安全处置。扎实推进中国宝武环保大检查反馈问题整改，开展无组织排放专项治理，新增二线、三线轧机烟尘收集设施，安装烟气在线监测设备、有机挥发物处理监测设备共 12 套。完成南区屋顶光伏发电项目，实现"自发自用，余电上网"，年度可发电 450 万千瓦时，减碳 3165 吨。

【党群工作】 认真贯彻习近平新时代中国特色社会主义思想，学习宣传贯彻党的二十大精神，坚决落实习近平总书记视察马钢集团的重要讲话精神，深入落实"紧跟核心、围绕中心、凝聚人心"的党建工作主题，聚焦"专精特新"和"产业经营平台"的新定位，持续推进党建工作与生产经营的深度融合，创建马钢交材特色党建品牌，以高质量党建引领马钢交材改革发展提质增效。《为"高原绿巨人"穿上"国产跑鞋"》入选第五届中央企业优秀故事征集集中展示，组织参加全国品牌故事大赛获优秀故事创作三等奖。持之以恒开展品牌创建，参加世界制造业大会、第二届国际新材料产业大会，有力提升马钢轮轴品牌形象。大力倡导劳模精神、劳动精神、工匠精神，涌现出以全国五一劳动奖章获得者沈飞、安徽省劳动模范徐小平和中国宝武金牛奖陈志遥为代表的先

进模范，进一步推进人才队伍建设和员工素质提升。职工创新创效水平不断提升，陈志遥获安徽省机械冶金行业数控车技能竞赛三等奖，朱云峰获全国工业和信息化技术技能大赛工业机器人技术应用赛项集体三等奖。

（马　昊）

马钢瓦顿公司

【主要经营指标】 2022 年，实现销售收入 6845 万欧元，比 2021 年提高 567 万欧元，其中全年销售本部轮轴产品比 2021 年高 1150 万欧元。全年经营性亏损 1252 万欧元，较 2021 年实际经营少亏 92 万欧元，完成股份公司下达的年度经营目标。受全球新冠疫情余波及俄乌冲突影响，高额海运费和能源成本造成亏损额仍然较高。

【生产经营】 全年合同签约量为 1.0325 亿欧元，同比上升 246%，2022 年疫情影响较 2021 年有明显好转，客户需求大幅增加，采购计划量较 2021 年有明显增长。同时，受俄乌冲突影响，马钢瓦顿销售环境有明显改善，促使全年签约量较 2021 年明显提高。

2022 年，马钢瓦顿公司继续开展降库存工作，年底库存为 3069 万欧元，同比下降 870 万欧元。全年马钢瓦顿生产情况见表 1。

马钢瓦顿 2022 年生产情况

表1

指标	生产情况/件数
车轮加工	25791
车轴加工	1816
轮对压装	2875

2022 年瓦顿与本部的贸易额达到约 1.8 亿元人民币，约占轮轴出口销售收入的 15%。2023 年计划协同销售车轮 8 万件，车轴 1 万根。

至 2022 年底，马钢瓦顿资产情况见表 2。

马钢瓦顿 2022 年底资产情况

表 2

项目	金额/万欧元
总资产	7802
净资产	2733
固定资产	881
现金	922
存货	3069
应收	2626

2022 年瓦顿公司持续开展组织机构调整和人力资源优化工作，通过岗位变更、部门精简、解除全部临时工合同等措施，将等效完全工作时间人数从 2020 年底的 371 人减少到 2022 年 12 月底的 347 人，基本完成预定目标。

（徐　康）

马钢（合肥）钢铁有限责任公司

【概况】　马钢（合肥）钢铁有限责任公司（以下简称"合肥公司"）位于合肥市肥东县合肥循环经济示范园内。2022 年，合肥公司拥有 1 条酸轧生产线、2 条连退生产线和 1 条连续镀锌生产线，设制造管理室、设备管理室、能源环保管理室（安全管理室）和综合管理室四个部门，部门直管作业区。2022 年末，固定资产原值 34.32 亿元，资产负债率 17.48%，在岗职工 572 人。

【主要经营指标】　2022 年，合肥公司成品材产量 93.88 万吨，比 2021 年下降 24.1%；营业收入 47.88 亿元，比 2021 年下降 33.24%；实现利润总额 1.62 亿元，去除土地收益后，与 2021 年基本持平。全年推进极致高效生产，将两条连退线生产调整为 1 号连退线单线生产。4 月，1 号连退单线产量达 8.28 万吨，实现品种规格对 2 号连退线的全覆盖。聚焦低负荷下的集中高效组产，全面梳理并解决制约因素，各产线累计 44 次破日产纪录，1 次破月产纪录。酸轧线已具备年产 160 万吨能力，1 号连退线具备月产量 8 万吨且覆盖 2 号线全规格品种的能力。

【降本增效】　2022 年成品材提高、废次降发生率改善减损 1285.38 万元；吨钢综合能耗下降，节能减碳降本 650.34 万元；电池壳钢、涂层板、焊管钢、DP 双相钢等差异化精品合计销量 30.92 万吨，占比 31.57%，比 2021 年提高 7.62%，累计增效 1414.45 万元；通过提高备件使用寿命、修旧利废、进口备品备件国产化等措施，降低设备费用 2806.53 万元；此外，辅材降本 485.69 万元，费用降本 619.26 万元，降本增效合计 7261.63 万元，完成率 103.74%。

年末应收账款和存货余额 2.97 亿元，较年初下降 4.55 亿元，完成控制目标。马钢股份跟踪的 22 项管控指标中，16 项完成目标值，达标率 72.72%；17 项同比进步，进步率 77.27%。

【企业管理】　围绕极致高效生产，设备系统全面推进 EQMS 过程管理，实现全流程数据监控。设备可开动率 99.85%，设备故障率平均 0.046%，均优于目标值，镀锌线连续 8 个月实现设备零故障。通过对 1 号连退线设备难点和故障点的改造，为单线极致高效生产打下坚实基础；通过对激光焊机进行改进，重焊率由 5%—8% 降至 1% 以下，为酸轧线多次破日产纪录提供保障。拓展产品市场，涂层板热成形钢产品通过吉利、奇瑞、长安汽车厂家认证。规范采购，网上采购率 100%。持续推进人力资源优化，全年人效提升 8%。适应产线智能化需要，推进 1 号连退"一线一岗"，将产线属性相同工序加以整合，实现岗位优化。完成《一总部多基地管理手册》管理过程和制度文件的识别与承接。组织开展质量管理等体系内审、管理评审和外审，完成 3 家供应商二方审核。强化政策跟踪，落实留抵退税、各类政策奖励资金共 8731 万元；积极协调合肥市产投集团，解决改制政策遗留问题，为马钢股份合并报表再增利 1.5 亿元。

【安全与环保】　2022 年实现工伤事故、消防事故、环保事故为零，继续保持安全生产良好势头。推动安全一贯制管理模式，建立全员安全生产责任制，严格落实各级领导安全生产责任。开展全员安全隐患排查并上报安全管理信息化系统，累计排查隐患 1068 项，按期整改率达 99.9%。深入开展安全教育培训、协力安全管理，完成职业卫生操作规程修订，全部危险源点安全受控，消防设施完好有效。强化环保管理，实施冷轧北路雨污水等改造项目，实现固危废全部合规合法处置，废水、废气、噪声无超标现象。全年吨钢综合能耗 72.87 千克标煤，比 2021 年下降 2.12 千克标煤。

【技术进步】 实施 5 号镀锌机组智能装备（黑灯工厂）、1 号连退智能装备（机器人）示范线以及原料库智能库区项目，至 2022 年底先后投入运行。集中化指数由 2021 年的 72.2% 提升至 77.8%，无人化指数由 2021 年的 74.7% 提升至 2022 年底的 75.9%。全年立项技术攻关课题 23 个，其中股份公司级课题 1 个，至年底结题 11 个。立项 QC 课题 10 项，两项成果分获合肥市二等和三等技术成果奖。全年共授权专利 17 件，其中发明专利 2 件，实用新型 15 件。技能竞赛成果突出，在中国宝武第三届职工技能竞赛马钢选拔赛中获一、二、三名好成绩；在安徽省机械冶金系统工业机器人技术应用技能竞赛中，获团体二等奖和个人三等奖；代表中国宝武参加 "2022 年全国行业职业技能竞赛"，获机器人项目三等奖；代表马钢集团以及马鞍山市参加 "第六届安徽省工业机器人技术应用技能大赛"，获二等奖。

【党群工作】 全面落实民主管理，职代会表决通过涉及职工切实利益的离岗方案、年金方案。不断提高职工福利待遇，2022 年发放 "送清凉" 慰问品 4 万元，发放职工生日蛋糕券、职工慰问券总计 108.85 万元，发放 "开心过大年" 活动物品 25 万元。彰显企业社会责任，落实消费扶贫资金 31.29 万元。全年举办各类培训 48 项，培训人员 2584 人次。完成 4 项职工 "三最" 实事项目和 14 件 "我为群众办实事" 项目。修订完善厂务公开、作业区及班组管理办法，开展 "奋勇争先"、成本削减、安全生产共 8 个专项劳动竞赛。庆 "五一" 献一计共收到职工献计 401 条，"质量月" 献一计共收到职工献计 368 条，全部进行评审。围绕厂区环境提升、设备见本色、库房管理提升等内容，成立 16 支党员创 A 突击队。各支部与协力单位开展的联创联建活动，进一步扩大安全管理覆盖面。疫情期间成立 13 支抗疫突击队，730 名干部职工（含外协）连续吃住在厂 20 天。

【荣誉】 获安徽省安全生产协会 "安全生产标准化二级企业（冶金轧钢）"，中国宝武集团 "先进基层党组织"，合肥市政府首届 "合肥市市长质量奖银奖"，合肥市 2021 年度智能工厂，合肥市发改委、国网合肥供电公司 "合肥市 2022 年迎峰度夏电力保供特殊贡献单位"，合肥市质量和技术创新协会 "2021 年度质量管理先进单位"。"降低成品包装受损-成品库行车夹钳定位装置" 项目获中国宝武优秀岗位创新成果三等奖。

（王本静）

安徽长江钢铁股份有限公司

【生产经营】 2022 年，安徽长江钢铁股份有限公司（以下简称 "长江钢铁"）生产铁 347.49 万吨，钢 433.69 万吨，材 407.25 万吨，实现销售收入 175.59 亿元，亏损 2.03 亿元。

【对标找差】 选取铁水成本、吨钢利润等 23 项关键指标，进一步拉高标杆，与永锋钢铁、方大九江深度对标。通过精准对标，多项技术经济指标进步明显，在马钢 "奋勇争先奖" 评比中，三次夺得 "小红旗"，同时，在中国宝武 "全工序对标创一流劳动竞赛" 中，1 号、2 号高炉同时获 "极致能效高炉进步冠军炉"，3 号高炉获 "低碳低耗 2000 级以下冠军炉"，炼钢厂获 "连铸坯热送率亚军厂"，轧钢厂二车间南线棒材获 "棒材热装进步率亚军线"。

【三降两增】 围绕 "三降两增" 目标，聚焦关键指标，成立铁前经济配料、精益炼钢、铁水罐周转率等 8 个攻关小组，通过实施铁前经济配料、提升铁水罐周转率、加强铁水温降攻关、推进精益炼钢、提升热装热送率、降低合金含量等措施，全年实现降本 2.3 亿元，其中增产降本 0.19 亿元，经济炉料降本 1.05 亿元，节能减碳降本 0.60 亿元，差异化精品增效 0.46 亿元，年化完成率 135.70%。此外，针对外售坯添加微氮合金线、高线掉队坯等问题进行攻关，进一步实现经济高效组产。

【安全管理】 牢固树立 "生命至上、安全第一" 理念，从严从实抓好过程管控。率先在集团内开展安全宣誓，修订发布 28 项安全管理制度、90 个岗位安全操作规程，实施安全风险奖，强化正向激励。深入推进隐患排查整改，持续开展 "身边隐患随手拍活动"，共排查隐患 377 条，兑现奖励 22750 元。全面加强协力安全，将协力安全纳入公司整体安全管理体系，实行 "穿透式" 管理，严抓 "三个现场"，严厉打击违章；建立 "天眼" 监控，高危作业实行 "保姆式监管、旁站式监护"。

加强教育培训及应急救援体系建设，开展各类事故应急演练 30 余场，职工应对突发事故能力进一步提升。

【节能环保】 2022 年，长江钢铁瞄准自身能耗指标，对标鄂城钢铁等企业，推进节能技术改造，做好重点工序能效提升。吨钢综合能耗504.33 千克标准煤，较 2021 年下降 10.67 千克标准煤；吨钢新水消耗 1.49 立方米；能耗总量225.77 万吨标准煤，比 2021 年下降 8.66 万吨标准煤；煤炭消耗 59.64 万吨，比 2021 年下降3.16 万吨。完善环保管理制度，全年实现环境污染事故为零，环保"三同时"（环保设施与主体工程同时设计、同时施工、同时投产使用）执行率 100%。推进创建环境绩效 A 级企业工作，强化现场环境的整治与管理。投资 14 亿元，实施68 项重点项目，建成全厂分布式控制系统，实现环保与生产的系统监控，清洁运输比例达 80% 以上。完成绿色钢厂环境改造二期项目，全年绿色指数得分 77 分。

【智慧制造】 6 月 30 日，整体信息化成功上线运行，运行管控中心正式投运；9 月 30 日，决策支持系统上线运行，通过 18 套系统建设，实现"产销一体、管控一体、业财一体"，达到流程规范、服务延伸、数据不落地；10 月 18 日，钢轧智能集控中心正式投运，并建设完成铁区智能装备及软件升级，实现产线自动化填平补齐。智慧制造项目通过升级智能装备水平，消除 3D 岗位，"四个一律"指数整体提升。其中，操作室一律集中指数由 2021 年的 59.29% 提升为 2022 年底的77.14%，操作岗位一律机器人指数由 2021 年的42.72% 提升为 2022 年底的 45.86%，远程一律运维指数由 2021 年的 25.39% 提升为 2022 年底的42.10%，服务一律上线指数由 2021 年的 20.33%提升为 2022 年底的 66.76%，超额完成马钢股份年度考核目标。

【科技创新】 加快科技创新，全年研发费用投入 5.88 亿元，占比 3.35%。"低成本高品质钢冶炼关键工艺技术研发""2 号高炉铁水罐液面检测技术开发"等新技术成功上线并测试。全年共申报专利 156 项，较 2021 年同期增加 93 项。获授权 87项，成功获批"省级企业技术中心"和"螺纹钢锻造工程技术研究中心"。

（韩　远）

埃斯科特钢有限公司

【主要生产经营指标】 2022 年，埃斯科特钢有限公司销量 72456 吨，完成年度目标的116.86%；实现营业收入 39635.71 万元，完成年度目标的 110.10%；利润总额 606.25 万元，超利润目标值 226.25 万元，完成年度目标的159.54%。2022 年 12 月底，两金（应收账款和存货）总额 10367 万元，比年初的 9521 万元增加846 万元，增长率 8.8%。全年棒材产品合格率99.97%，线材产品合格率 99.63%；棒材成材率ICB 84.33%，后区 92.76%，磨床 96.27%，线材产品成材率 98.72%。

【安全环保】 树牢"违章就是犯罪"理念，积极推动"安全 1000"活动，强化安全环保管理。2022 年开展各类安全培训、相关事故学习合计 79次，参加人员共计 2300 余人次；组织安全检查 28次，查出各类问题发现并整改安全隐患 79 项，考核违章人员合计 199 人次，考核金额 85850 元。针对 8 处排气设施按照排污许可证要求开展有组织气体检测 4 次，均达标排放，各项体系运行正常。严格落实新环保法律法规相关举措，做好环境监测、排口的规范化管理，加大问题整改和责任落实。严格落实项目"三同时"工作，对到期排污许可证换证工作。

【市场开拓】 按照生产经营发展战略，大力拓展销售渠道，积极开发中高端客户，抢抓市场订单。全年拜访客户 21 家，供样客户 12 家，批量供货 9 家。其中，开发新能源汽车稳定杆银亮材客户 1 家，并实现批量供货；拜访轴承钢精线新客户 7 家（马钢原材料），供样客户 5 家，批量供货 3 家；继续开发中、高端冷镦钢精线用户，中高端冷镦钢客户 13 家，供样客户 7 家，批量供货 5 家。其中，经过两年不懈努力，不断加速高端弹簧钢（54SiCrV6-H）产品的自主创新和研发，力推马钢股份特钢公司生产的弹簧钢，产品各项验证和试验均已完成并满足辽阳蒂森和德国蒂森总部要求，国产替代进口项目认证已完成，同时，德国蒂森和中国奥迪同意将 2024 年初投产的新款奥迪 A4L 车型弹簧钢（54SiCrV6-H）原料供应商由德国萨斯特钢厂变更为马钢特钢,2022年12月底,辽阳蒂森向埃斯科特钢发布认证通过提名信,标志着马钢高端弹簧钢产品将正式进入国际高端品牌汽车市场。

【新品开发】 以创新促发展,积极推进产研销工作,提高产品竞争力。全年新开发共计21个钢种,127个新规格。棒材产品4个新钢种,87个新规格;线材产品17个钢种,40个新规格。其中,非调钢产品多点开花,台州五标的MFT8Eφ9.7毫米、11.7毫米、12.6毫米规格精丝,苏州施必牢MFT8的2个规格产品以及上海海德信9.15毫米等高强度精丝产品已通过客户认证,非调钢产品月产量稳定地达到300吨以上。

【技术攻关】 以提升产品质量为目标,聚焦关键指标,发掘产线潜力,加大"卡脖子"难题攻关。全年累计开展技术攻关2项及QC活动1项,共授权实用新型专利5项。棒材成材率提升技术攻关,通过优化加工余量,减少加工过程剔废,将棒材成材率提升0.72%。C型钩防滴液锈蚀技术攻关,对原有破损C型钩进行包胶及结构改造,减少酸液载带,降低锈蚀发生率90%以上。针对锯切工序出现的偶发短尺问题,进行降低锯切线产品短尺率的QC活动,避免短尺现象的发生及短尺产品流出。

【对标找差】 紧紧围绕中国宝武"全面对标找差,创建世界一流"的管理主题,全方位开展与自身历史最好水平、标杆企业、行业领先企业对标找差活动,弥补短板和不足。主动对南京宝日等行业标杆,从"高科技、高市占、高效率"三个维度全面组织对标14项,部分指标优于对标目标,也找出营业收入差距较大、销售利润率偏低、技术指标偏低等问题,针对存在的问题,分析原因并制定整改措施。

【体系建设】 围绕2022年初质量工作计划和内审计划开展体系运行工作,完成内审、过程审核、产品审核工作。2022年11月顺利完成IATF16949体系监督审核,完成双动、永安轴承、辽阳蒂森、广州华德、海亚特等的二方审核并按照要求完成整改,完成芜湖中瑞、中航标、鲜一瑞科的自审和整改工作。2022年全年累计接受重要审核9次,其中内部审核及专项审核3次,二方审核5次,三方审核1次,整改完成率100%。

【生产组织】 聚焦精益高效,聚力奋勇争先,精心组织、争分夺秒追求极致高效。全年计划产量64348.3吨,实际生产总量62287.721吨,生产计划兑现率96.8%,较2021年提高1.83%。主要产品银亮材、拉拔材2022年计划产量54939.3吨,实际生产总量51537.822吨,生产计划兑现率93.81%,较2021年提高2.6%。银亮材自7月开始连续4个月产量突破纪录,最高达到2185.959吨,较2021年最高纪录提高42.71%;拉拔材3月月产3428.57吨,创历史新高。

【设备运行】 落实设备系统高效保产与过程管控,强化设备状态管理,聚集设备稳定运行。全年设备总体运行状况呈现良好态势,设备运行指标OEE(设备综合效率)约为68.05%,同比提高3%。重点解决酸洗线C型钩滴液、酸洗小车弹簧板的国产化、L5矫直辊辊型优化、ICB定径机主轴技改、ICB剥皮机前后导的自主大修、L35/50主机自主大修、酸洗线高压水和上料区域轨道梁的更换、磨床辅助辊道台架增设调整极限保护限位等问题,确保设备稳定运行。

【精益管理】 秉承绿色发展理念,按照创建环保绩效A级企业的要求,针对厂容环境、生产现场、道路车辆、设备设施、各类房所等范围,聚焦厂区内"脏、乱、差"和其他各类环境问题,开展全区域、全方位、全要素的综合整治工作。全年共开展创建环境绩效A级企业专项整治活动101次,发现问题项限期整改479项,考核相关责任人172人/次,考核金额44750元;全员持续使用"马钢精益通"软件,上报"随手拍""微改善"活动合计2109项,实现厂区环境质量的全面提升。

【项目建设】 组织精干力量,克服疫情及生产、调试、建设同步的困难,全力推进项目建设。完成剥皮、矫直工序的调试,已试生产4654.397吨。新银亮线的上线解决埃斯科特钢精棒作业区工序、规格不配套的矛盾。

【管理变革】 积极响应马钢股份公司管理变革,加速单位人才引进、培养和选拔任用。2022年全年组织新聘4人,其中3名应届大学生。积极推行"赛马"机制,采用末位淘汰的竞争机制,对无法胜任岗位的员工进行优化。2022年底实际在册在岗人数121人,对照2022年初实际完成减员6人,全年人力资源优化率4.72%。其中,全年人力成本效率平均值为33.28,较2021年同期

29.29 提高 13.62%；人力成本利润效率平均值为 0.5，较 2021 年同期 0.32 提高 56.25%；全员劳动生产率平均值为 26.07 万元/人，较 2021 年同期 23.56 万元/人提高 10.65%。

【荣誉】 2022 年，获马钢集团公司"奋勇争先奖""小红旗"，获 2022 年安徽省数字化车间（项目名称：线材深加工数字化车间），获马钢集团公司 2021 年度、2022 年度"安全生产优胜单位"，获马鞍山市 2021 年度单位能耗产出效益综合评价双 A 企业，获马钢特钢公司党委"2021 年度党员安全两无活动先进党支部"奖牌、马钢集团公司党委"2021 年度马钢党员安全两无活动先进基层党支部"奖牌。

（姚蔓莉）

马鞍山马钢慈湖钢材加工配售有限公司

【概况】 2022 年，马鞍山马钢慈湖钢材加工配售有限公司（以下简称"慈湖公司"）销售各类钢材 116 万吨；加工钢材 22 万吨；销售收入 47.42 亿元；实现利润总额 1430 万元。

【市场开拓】 2022 年，持续调整产品结构和客户结构，快速响应，把握市场阶段性行情带来的盈利机遇。营销渠道不断转型发展，开发金峰水泥、皖东建安等一批终端用户，客户群结构持续优化。承接马钢股份公司特钢前移用户，大力开发特钢、型钢市场，开疆拓土，积累一批优特长材客户群，全年 H 型钢、中型材、特钢、工业线材总销售量 3.2 万吨，为 2023 年新特钢投产后市场开拓奠定良好开端。优化内部生产组织，加强配套服务能力，承接内外部加工订单，形成稳定的供应链，全年客户满意度 96.7%。

【经营管理】 规范各项业务流程，强化过程管控和督察，根据业务流程的变化，于 2022 年 11 月对 95 个管理制度及内控手册进行统一修订和完善。2022 年，根据慈湖加工中心实际，在马钢股份营销中心安全技术室指导下，继续紧跟马钢集团公司安全工作步伐推进安全文化建设，先后完成安全指唱确认（员工在上岗前，指认工作岗位，唱出岗位作业内容）、安全宣传视频发布、文化长廊建设以及党员两无安全六方联创活动等。第四季度，加强推进安全文化建设和安全展板类工作，同时，针对实际需要，形成安全劳动知识竞赛、安全技能大比武等竞赛氛围，有效提高员工"我要安全"积极性，切实有效地开展各类安全生产活动。

【党群工作】 积极开展"党员责任区""党员示范岗""党员突击队"活动、扎实推进党员安全"两无"活动、开展与慈湖高新区应急管理局党支部及周边加工中心党支部的联创联建项目、"党建+精益运营"项目、建立健全意识形态工作责任制以及实施支部品牌创建，推进"我为群众办实事"14 项。看望慰问烈士遗属、退伍军人及困难职工。开展支部安全座谈活动，通过"请进来"座谈、参观产线方式，搭建起家企沟通交流的桥梁，让家属了解生产情况，切实发挥家属作用，为职工送安全办实事，切实增强职工获得感、幸福感。进一步提高职工安全意识，形成齐抓共管、紧密协同的良好氛围，筑牢安全第二道防线。利用"三会一课"形式持续深入学习贯彻习近平总书记关于安全生产重要指示精神、李克强总理的重要批示、刘鹤副总理的"十五条"硬措施，坚决扛起防范化解重大安全风险、遏制重大事故的政治责任，确保慈湖加工中心安全形势持续稳定。实现全年工亡事故为零、重轻伤事故为零、重大设备事故为零、火灾及爆炸事故为零、职业病为零、环境污染事故为零的安全生产目标。积极发展新党员，增添组织新活力，讨论发展预备党员 2 名。

【荣誉】 获慈湖高新区 2022 年度"工业经济三十强企业""纳税大户"、工会先进集体称号；马钢股份营销中心 2022 年度安全生产金牌奖、先进党组织称号。

（薛向龙）

马钢（合肥）钢材加工有限公司

【概况】 2022 年，钢材销售总量 88.2 万吨，销售收入 38.43 亿元，实现利润总额 946.81 万元。

【市场开拓】 承接马钢股份营销中心发展战

略，立足于区域汽车、家电两大用钢行业，一方面努力开拓新渠道、新用户，另一方面充分挖潜现有客户。汽车板渠道，注重对合肥长安 S311 保产备货工作的实施和新车型 EVI 工作的介入，同时加大南京长安 C673 车型跟进力度，确保份额。加大对周边汽车板渠道的梳理，加强与惠而浦（中国）股份有限公司、海尔集团、TCL 科技集团股份有限公司等家电巨头的联系；中小终端方面，继续加大对周边市场的开拓与走访工作，中小终端客户月度订货规模达 1 万吨以上；加快转型，在优特长材上下功夫，加大对安徽鸿路钢构（集团）股份有限公司、安徽水泥设计研究院、安徽力胜精密锻造有限公司、安徽金星钛白（集团）有限公司预应力的开发力度，随着安徽鸿路钢构、水泥设计院的加盟，合肥公司优特长材也上升到新高度。同时，根据要求，做好品牌运营工作，2022 年全年品牌运营销售 20.6 万吨，实现 2022 年各项经营指标跑赢大盘的良好局面。

【经营管理】 1. 强化风控管理，重点加强对资金、资源、价格、合同执行、物流、采购、薪酬分配的检查监督，着力防范风险，堵塞漏洞。2. 强化安全管理，积极贯彻"安全第一，预防为主"工作方针，严守标准化作业，使安全生产工作"事事有人管，层层有专责"。3. 完善内部管理制度，推进"目标值管理"，建立相关制度和标准进行激励考核；并根据市场变化不断完善考核制度，激励员工努力实现各项经营目标。4. 优化人力资源配置，加快人才队伍建设。

（张　霞）

马钢（合肥）材料科技有限公司

【概况】 2022 年，马钢（合肥）材料科技有限公司（以下简称"合肥材料公司"）钢材销售总量 45 万吨，销售收入 20.17 亿元，实现利润总额 1376 万元。

【市场开拓】 2022 年，面对钢价不断走低的市场形势和新冠疫情复杂、汽车需求量减少的不利影响，汽车厂产量一降再降，作为汽车零部件加工服务企业，合肥材料公司年度经营指标的完成面临着严峻的考验。汽车主机厂受疫情及芯片的双重影响产量下滑，全体营销人员积极联系客户，了解客户生产及库存情况，抢订单、保份额，重点拓展鸿路钢构热轧和品牌运营螺纹钢销售。钢材价格一路下降，存在潜亏风险，后续形势依然严峻，合肥材料公司经营面临机遇和挑战，需要全体人员了解下游终端主机厂以及配套企业的真实需求，把握市场带来的机会，为正常运营及各项经营指标的完成贡献营销力量。

合肥长安汽车有限公司：合肥长安 S311 车型为马钢股份独家自制件供货车型，该车型共计 23 个（含左右件），单台重量 253.83 千克，其中落料与拼焊总计 18 个零件单台用量 239.38 千克，该车型为合肥材料公司主要车型，2022 年度累计供货 35.87 万片（17.94 万台）。

奇瑞汽车股份有限公司：2022 年合肥材料公司再次独家承接奇瑞商用车捷途 X70 车型前后门拼焊件订单，一季度结算模式为合肥科技公司向芜湖材料公司授信发货，芜湖材料公司向奇瑞汽车股份有限公司再开票结算；二季度开始合肥材料公司直接与奇瑞公司进行结算（授信发货），2022 年度累计供货 24.48 万片（12.24 万台）。

大众汽车（安徽）有限公司：大众汽车（安徽）有限公司成立于 2017 年 12 月 22 日，注册资金人民币 735561.528 万元，位于安徽省合肥市经济技术开发区珠江路 176 号。首款新能源车型 ID.5（SUV）将于 2023 年进行市场销售。上海屹丰汽车模具制造有限公司中标大众安徽冲压外包业务，上海屹丰汽车模具制造有限公司投资在合肥新建合肥屹丰汽车部件有限公司，该公司 2022 年 12 月已经开始调试生产。2022 年 8 月模具进场并开始料片调试，该车型共 15 个零件，9 个模具件，6 个摆剪件，实际模具 8 副，截至 10 月底，该 8 副模具已经完成二轮调试工作，2022 年 12 月调试生产 120 吨左右；后期批量生产预计每月 5000 台左右（1000 吨），相关进展营销部将继续跟踪。

H 型钢销售：2022 年在公司领导的带领下，营销部大力开发 H 型钢市场，并与型材部积极配合，开发长江精工钢结构（集团）股份有限公司安徽分公司新客户，1—12 月累计销量 3354.174 吨。

品牌运营：2022年度，根据总部要求，由马钢（合肥）材料科技有限公司与晋南钢铁以及安徽金安钢铁签订定做产品协议，并配合线棒部进行品牌运营的销售。在公司领导高度重视下，及时制定《品牌运营管理办法》对品牌运营工作流程予以规范，并成立品牌运营小组，专项对接品牌运营相关业务工作，定价方式有旬定价和日定价两种模式；截至2022年12月，与合肥材料公司合作并签订协议用户共计3家，钢晨实业及亳州通润采取询定价模式进行结算，安徽好运来采取日定价（参考我的钢铁网，合肥市场建筑材料马钢股份规格螺纹相应价格减协议相应优惠进行结算）。1—12月品牌运营共计销售74783.263吨。

【经营管理】　继续贯彻落实马钢整体部署，持续推进整合融合，深入开展对标找差，大力实施基层管理变革。重新拟定绩效管理制度，着重梳理出关注的"目标值"，分解指标，设立激励考核标准；突出"两个现场"的作用：一个制造现场，一个客户现场，强化营销人员现场服务意识，不断提升产品质量；强化从物流、仓储到加工、配送整个过程中有系统的质量控制；完善、健全安全管理体系，认真落实安全管理制度，提高员工的安全意识，开展安全标准化企业的创建及实施工作。

【荣誉】　2022年度安徽江淮汽车股份有限公司对表现优异的供应商进行表彰，马钢股份公司获得合作共赢奖。马钢的给力表现赢得客户的赞许，双方合作又迈向新的台阶。

（张　霞）

马钢（芜湖）加工配售有限公司

【概况】　2022年底在职员工104人，设置制造部、技术品质部、营销部、财务部、综合部、安环部6个部门。2022年销售钢材25.74万吨，销售收入13.91亿元，完成利润总额1483万元，净利润1102万元。

【市场开拓】　针对芜湖周边所的主机厂、配套企业加大保供服务力度，提升服务水平，持续全方位扩大汽车终端需求客户的配套服务，有效确保汽车板销量的增长。

抓大不放小，采取"确保稳住大客户，努力转变小客户，发展零售转期货的客户，积极拓展新客户"实现主业的经营内涵向商品供应链管理转型的战略调整，大大提高在周边市场的影响力，通过加大对战略直供用户促销及周到的服务，为马钢产品的市场开发拓展空间。

积极探索优特长产品的市场，采取地毯式的客户走访，芜湖公司区域内所有涉及工程、特种材料加工企业累计走访75家，针对优特长产品区域市场进行充分的分析研究，实现短期订单1.37万吨，为公司未来的产品销售转型奠定坚实的基础扩大销售区域。

以高度的工作准确性、及时性、规划性、执行力，为客户提供全方位增值服务，实现主业的经营内涵向商品供应链管理转型的战略调整，大大提高在周边市场的影响力，通过加大对战略直供用户促销及周到的服务，为马钢产品的市场开发拓展空间。

成立长材销售组，积极探索优特长产品的市场，虽然受库存考核及马钢产品销售政策的变化、钢厂直面客户及线上交易的影响，依然积极开发优特长产品客户，为公司未来的转型奠定坚实的基础。

【经营管理】　1. 结合主机厂供货需求，2022年，新建、投产一条落料线，扩大产能，以期增强市场竞争力，满足客户需求。

2. 持续强化营销管理室职能，对资源、价格、物流业务的监督审核；对销售合同（协议）规范性、合规性的监督审核；对营销部内部数据分析管理，并结合"工贸一体化"的流程进行不相容岗位权限分配。充分建立监督与日常监控机制，清理系统在网客户，两公司全面清理6个月以上未在公司发生业务的客户，精简清退此类客户，严格按宝武禁入的相关规定进行客户的日常管理工作。

3. 精简人员编制，鼓励一岗多能，提高人事效率，全年人力资源优化14人，人员优化率8.3%，大幅减少人力资源成本。

4. 为更好地服务汽车主机厂，合理配置主机厂保供库存，定期清理滞销库存，全年库存始终处于低位运行，既规避经营风险，又提高库存周转率，全年库存周转率较2021年有大幅提升。通过种种变革，各项经营指标超预期完成。

5. 强化风险管控，开展风险识别，2022 年 6 月根据经营变化及新系统上线使用情况，对《内控手册》进行完善、修订，确保风险防控体系运行有效。

【荣誉】　获奇瑞汽车股份有限公司公司颁发的"优秀供应商"荣誉。

（秦郑凡）

马钢（芜湖）材料技术 有限公司

【概况】　2022 年底马钢（芜湖）材料技术有限公司（以下简称"芜湖公司"）在职员工 155 人，设置制造部、技术品质部、营销部、财务部、综合部、安环部 6 个部门。全年销售钢材 53.4 万吨，同比完成 97%，累计销售收入 25.79 亿元，同比完成 79%，利润总额 673.4 万元，净利润 493.3 万元。

【市场开拓】　2022 年积极开发新用户 7 家，冲压业务转型基本实现预定目标，供应商及客户由 32 家（17 家供应商、15 家客户）压减至 3 家，应收账款由 2420 万元减少至 1.37 万元，盘活运营资金，充分降低经营风险，彻底扭转运营资金不足的局面。同时，对两头在外的业务全面清理。在承接新业务上，精简结算流程，改变结算模式，缩短回款周期，加快资金周转率，规避应收账款风险。

以高度的工作准确性、及时性、规划性、执行力，为客户提供全方位增值服务，实现主业的经营内涵向商品供应链管理转型的战略调整，大大提高在周边市场的影响力，通过加大对战略直供用户促销及周到的服务，为马钢股份产品的市场开发拓展空间。

【经营管理】　1. 强化风险管控，提升管理效能。将现货、废次材全面推向欧冶供应链进行网上交易。物流运输由马钢集团物流公司进行总包管理，物流（运输、仓储）业务的日常操作与管理由制造部物资管理室进行管控。

2. 调整与修订激励政策，将考核目标（KPI）进行分解，与各级人员奖金挂钩；重视营销团队建设，增强团队合作意识。结合工贸一体化系统，整理修订营销部管理制度，健全管理及操作规范。根据风险控制、16949 体系要求，全面修订或新增管理制度，完善合同、资源、价格审批流程。弱化人为管理，深入强化制度管理。推进整合融合力度，减少线下审批的资源浪费，全部上线进行网上审批，缩短审批时间，提高办公效率。

3. 持续强化营销管理室职能，对资源、价格、物流业务的监督审核；对销售合同（协议）规范性、合规性的监督审核；对营销部内部数据分析管理。并结合"工贸一体化"的流程进行不相容岗位权限分配。充分建立监督与日常监控机制。清理系统在网客户，全面清理 6 个月以上未发生业务客户，精简清退此类客户，严格按照中国宝武关于禁入管理的相关规定进行客户的日常管理工作。

4. 结合中国宝武对风险防控的要求，全年对冲压寄售业务进行清退，除少量奇瑞主机厂直供零件外，所有配套企业的寄售业务全部清退，寄售库存从年初的 500 万件降至年末的 10 万件左右，寄售库存资金占用由 4000 万元降至 80 万元，将寄售库存风险降至最低。同时，对两头在外的冲压业务全面清理。在承接新业务上，精简结算流程，改变结算模式，缩短回款周期，加快资金周转率，规避应收账款风险。

5. 精简人员编制，鼓励一岗多能，提高人事效率，全年人力资源优化 40 人，人员优化率 15.8%，大幅减少人力资源成本。

【荣誉】　获鸠江区政府颁发的"2022 年度税收贡献突出企业"。

（秦郑凡）

马钢（金华）钢材加工 有限公司

【概况】　马钢（金华）钢材加工有限公司（简称金华公司）下设市场营销部、生产安环部、综合管理部、计划财务部、品质管理部五大部门，2022 年底在职员工 43 人。2022 年钢材销售总量 20.74 万吨，销售收入 9.88 亿元，实现利润总额 720.95 万元。

【市场开拓】　2022 年，受国际形势复杂严峻、国内疫情散点多发、产业链供应链运行不畅等因素影响，钢材市场呈现"供给减量、需求偏弱、库存上升、价格下跌、成本上涨、收入减少、利润下滑"的运行态势,企业生产经营面临较大挑战。金华公司采取"采购围绕生产转,生产围绕营销转,营销围绕市场转,一切围绕效益转"这一营销工作的新思路,提振企业风貌,将有限的资源遵循"价格优先、确保直供"的原则,在"安全第一,万无一失,有效输出"的前提下,"低库存、高效率、稳中求进"地推进各项工作。专注市场动态,敏锐抓住有利时机,在了解到竞争对手冷成型产品出现产能缩减情况下,快速反应抢占市场份额。在金华区域市场 1.8—2.0 毫米厚度区间的冷成型产品,全年累计销售 3.86 万吨,稳固占领这一区间的市场头部份额,为企业优化营销渠道打下良好的基础。立足源头理顺整条供应链,坚持有效输出。利用铁路物流的高效快捷,降低物流成本,加快资金周转,增强市场抗风险能力。

【经营管理】　2022 年,申报金华市开发区 2021 年度大企业大集团奖补并通过审核,奖补金额 190 万元。盘活闲置资产,实现开源再增效。2022 年对闲置土地按公司要求和流程实现续租,开源措施为企业每年增效约 40 万元。生产过程坚持简单事情重复做,重复的事情好好做,全流程坚持"不接受、不制造、不传递不合格品",金华公司作为加工型企业,在落实总公司各项经济指标时,抓牢核心重点提升加工效率,增加加工有效输出量。

【荣誉】　获金华市开发区年度"工业大集团大企业"荣誉称号。

(王卫霖)

马钢(扬州)钢材加工有限公司

【概况】　2022 年,销售各类钢材 57.93 万吨,较 2021 年上升 15.7%;销售收入 28.56 亿元,较 2021 年上升 1.06%;实现利润总额 1035.57 万元,较 2021 年下降 58.57%;实现净资产收益率 3.97%。

【市场开拓】　进一步优化品种、渠道、客户,增强对市场及竞争对手的研判能力,采取效益优先的方式,快速响应提高产品销售毛利率及吨材盈利能力。以冷轧产品营销为基础,进一步提高优特长

材系列产品销售份额及品种占比,借助中国宝武平台优势和地理位置,努力开拓周边特钢产品市场。加强加工配套服务,通过全流程将服务延伸到终端,形成稳定的供应链。

【经营管理】　1. 按照马钢股份公司统一部署优化人员配置,全年人员优化 2 人,完成全年优化指标。2. 顺利通过 IATF 16949 的质量体系复审、安全生产标准化二级企业复审,规范各项业务流程,强化过程管控和督察,使各项制度得到落实,实现管理的优化和制度、安全风险的防控。3. 完成职业病危害现状评价报告,对工作场所存在的职业病危害因素起到较好改善作用,更好地保护员工的健康。

【党群工作】　1. 认真贯彻中国宝武、马钢集团各级党委各项文件精神和要求,组织群众座谈会召开组织生活会、开展民主评议党员工作。培养 2 名发展对象,在生产一线发展 1 名入党积极分子,吸收 2 名入党申请人。2. 扎实推进"我为群众办实事"实践活动,切实解决职工急难愁盼的问题,把好事办好办实。持续改善作业现场环境,维护职工利益,保障员工合法权益。3. 健全帮扶关爱机制,开展困难党员、退伍军人及困难员工慰问活动;邀请高校专业老师对员工进行技能和业务培训。

【荣誉】　获扬州市开发区 2022 年度工业开票销售 10 强企业、扬州市八里镇 2022 年度突出贡献企业、扬州市总工会 2022 年度扬州市安全生产先进班组、马钢股份营销中心党委 2022 年度宣传工作先进单位、2022 年马钢股份营销中心我为群众办实事先进支部。

(苏爱民)

马钢(广州)钢材加工有限公司

【概况】　2022 年,马钢(广州)钢材加工有限公司钢材销售总量 30.94 万吨,销售收入 16.03 亿元,实现利润总额 58.8 万元。

【市场开拓】　2022 年受全球经济衰退、美联储加息等因素影响,华南地区出口制造型企业订单大幅缩减。在原有客户的维护上,为避免客户流失

的情况，面对来自各大钢厂的价格、交货速度等优势的冲击，增加终端的备货以保供。聚焦长材直供服务模式，提高建筑用钢工程直供比例，深入工程施工现场一线，梳理工程保供的各个环节，培养一批综合性销售人才。在香港工程类订单上取得突破，承接5个工程共计9000余吨欧标H型钢订单，其中重型独有规格5000余吨。在马钢股份营销中心品牌运营方案指导下，5月，品牌运营网络钢厂正式开始运作，全年实现销售量约7万吨。

【经营管理】 1. 持续深化组织结构改革，成立安全管理部。2. 全面贯彻落实全员安全生产责任制，全员签订年度安全生产责任书，使安全生产工作"事事有人管，层层有专责"。3. 结合公司风险控制、内部管理要求，继续完善资金、物资风险防控体系。4. 持续优化人效，提升人均吨钢销量、产量。5. 完善员工培训体系，修订《经营绩效管理文件》，激发员工的工作积极性。全体员工齐心协力，保质保量完成公司的目标。

（叶春跃）

马钢（重庆）材料技术有限公司

【概况】 2022年，实现钢材销售31.14万吨（其中汽车板21.30万吨），加工17.41万吨，实现销售收入18.55亿元，净利润328.51万元。2022年，马钢（重庆）材料技术有限公司（以下简称"重庆公司"）机构设置有市场营销部、计划财务部、技术品质部、生产安环部、设备保障部和综合管理部。马钢股份派驻6人，中铁派驻1人，合同制员工78人，合计85人。

【市场开拓】 截至12月底，重庆公司批量在供重庆长安16个上市车型、142个批量供货零件（以坯料数量区分，不含左右件），重庆公司在长安各车型自制零件供货占比达67%。稳定供货车型包含C211、C211-MCA、S111、S202、S203、CD569、B316、F202、C281、B316、C385等畅销乘用车，月需求量共计7.5万—8万台，重庆公司稳定月供货9500—11000吨。2022年上汽红岩实际生产驾驶室13845台套（不包含外购驾驶室），销量为13107辆，产量较2021年下降71%，销量较

2021年下降78%，配送量较2021年下降84%。

【经营管理】 1. 2022年度无生产计划原因影响主机厂保供，全年生产计划完成情况良好，达到目标值99%。认真落实公司安全工作部署，严格落实"一岗双责"，以零事故为目标开展安全生产工作。2. 资金管理方面严控审批程序，合理有效调度订货资金，统筹管理和运作资金并对其进行有效的风险控制。3. 全年5人离职，离职率为7%。较2021年持平，员工队伍相对稳定。部分岗位采用劳务外包方式。4. 受新冠病毒疫情影响，2022年疫情防控及职业健康等工作有序开展，全员立足本职，兢兢业业，共同努力顺利地完成2022年各项生产经营和管理工作。

（张茂潇）

马钢（武汉）材料技术有限公司

【概况】 2022年，马钢（武汉）材料技术有限公司正式投产。公司设董事会、监事会，董事会下设总经理及分管副总，下设4个部门，分别为市场营销部、计划财务部、生产安环部、综合管理部，年底在册职工21人。

2022年，武汉公司紧跟市场步伐，采取细化销售政策、调整产品结构、提高库存周转率、紧抓主营渠道、拓展外围市场、重修绩效考核方案、优化人力资源、加强供应商管理等。钢材销售总量33.47万吨，销售收入16.21亿元，利润总额519.2万元，加工量4万吨。

【党务建设】 旗帜鲜明讲政治：严格执行"第一议题"制度，持续提高党支部和党员群众的政治判断力、政治领悟力、政治执行力。凝心聚力强引领：围绕"紧跟核心把方向，围绕中心管大局，凝聚人心保落实"党建工作主题，以高质量党建引领公司高质量发展；始终坚持两个"一以贯之"，修订完善"三重一大"决策制度，明确党支部讨论决定事项清单和重大经营管理事项，切实把党的主张和决策转化为公司发展的实效，进一步发挥党建引领作用。落实落细抓党务：通过认真组织开展"三会一课""党建+项目""我为群众办实事"，支部联创联建，党员责任区，先锋岗，突击

队等一系列活动，树立"一个支部，一座堡垒，一名党员，一面旗帜"的良好形象。多措并举造氛围：坚持做好意识形态工作，并坚持让"江南一枝花"的文化自信更基础，更深厚，更持久。利剑高悬强保障：开展《纪律在身边》读书活动，违规经商办企业专项治理等工作，配合宝武做好双公经费的监督检查工作，持续营造风清气正的从业环境。

【市场开拓】　承接马钢沿江发展战略，依托长江水运优势，立足华中区域汽车、家电两大用钢行业。全力开拓型材、特钢市场，全年完成销售量33.5万吨，其中直供28万吨，东风系主机厂供货2万吨，新增销售品种特钢，全年实现销售2000余吨。新增东风日产、东风本田、凌达、富士康主机厂4家，新增终端客户20家，其中家电4家，汽车板4家，型材、特钢类12家。

【生产加工】　2022年武汉公司共生产加工40486吨，进出库合计251800吨，超额完成年度加工任务。秉承"安全第一、预防为主、综合治理"的方针，严格按照上级文件精神，在提高生产产量和提升产品品质的同时，建立健全安全管理工作，树立安全理念，营造安全氛围，强化各机组质量意识，加强员工技能培训，积极推动现场6S管理，优化各项措施严格到位。全年安全事故为零，生产面貌和生产作业现场也取得较大的改变和提升。

【经营管理】　根据战略定位及年度经营目标，2022继续以制度建设为根本，以商业计划书为考核导向，细化内部管理流程，持续提升员工综合业务素养和公司合规管理和风险机制。1. 制订月度经营计划，分解任务指标，优化品种结构，健全考评机制；2. 定期组织员工参与学习培训，宣贯上级公司及本公司各项制度文件，强化合规风险管理，按专项检查清单对各部门、各版块进行检查整改，加强风险管控能力和合规经营意识；3. 不断完善安全生产管理流程，优化并规范安全生产管理方式方法和执行手段，打造高效的安全管理工作机制；4. 按照计划推进安全体系建设，落实安全风险分级管控与隐患排查治理双重预防体系；5. 全员落实"四个到位"，即防控机制到位、员工排查到位、设施物资到位、内部管理到位；6. 强化供应商管理，消除低、小、散供应商，将供应商准入、审核、监管落到实处；7. 按计划推进质量体系 IATF 16949:2016 认证工作，不断推进质量体系

建设。2022年，在克服疫情常态化和市场行情大幅下跌的重重困难下，顺利完成公司的年度经营目标。

【荣誉】　获神龙汽车有限公司2022年度"杰出供应商"荣誉称号。

（赵　彬）

南京马钢钢材销售有限公司

【概况】　2022年，钢材销售总量72.45万吨，销售收入32.38亿元，实现利润总额612万元。

【市场开拓】　现有渠道方面，充分利用资源及渠道优势，销售实现逆势增长，全年实现47.1万吨的销售量，较2021年，实现8.32%的增幅。新增渠道方面，全年实现新增渠道76家，既有像中信博、宏鑫源这样的行业巨头，也有像大经、宏晟、宏特、浙江双动、北仑鑫江、祥源、皖晓、鑫韩运、铸然、景阔、神王等这样的优质特钢型材客户，尤其特钢型材方面，全年共计实现7.12万吨的销售量，其中特钢4.69万吨，型材2.43万吨；品牌运营方面，先后对接徐州金虹、闽东钢铁、镔鑫钢铁、池州贵航、扬州华航等贴牌厂家，在充分论证物流方案、定价策略、销售模式等商务政策后，最终实现与镔鑫钢铁、池州贵航、扬州华航的合作，全年实现9.6万吨的品牌运营量。

【经营管理】　2022年，内部在经营管理方面做如下工作：1. 结合工贸系统，重修修订公司章程，换版《营销管理办法》《合同管理办法》《库存及发货管理办法》等；2. 新增《产品销售政策》《培训管理制度》；3. 按照内控管理要求，重新修订《内控手册》。

【党群工作】　南京公司以党的二十大胜利召开为契机，加强党史学习教育，强化党对企业的领导地位，贯彻党建在企业发展中的重要作用，不仅保障党对企业的绝对掌控，同时也为党在企业经营过程中提供引领作用。2022年，针对重要的人事任免、企业重大经营决策，南京公司党支部通过支部会议或支部扩大会议的形式，进行表决和讨论，避免个人决策上的偏颇和失误。具体事项如下：1. 人事任免1人次；2. 重温入党誓词1次；3. 党史及相关文件学习36次；4. 重大经营决策讨论会2

次；5. 内部民主生活会 12 次。

（殷红玉）

马鞍山钢铁无锡销售有限公司

【概况】 2022 年，钢材销售总量 40.01 万吨，销售收入 18.27 亿元，实现利润总额 1054.9 万元。

【市场开拓】 承接公司发展战略，立足于苏锡常区域，一方面努力调整销售产品结构，从板带产品热轧、酸洗、冷成型、冷轧、镀锌、硅钢、彩涂等向优特长材产品如工业线材、特钢棒材、型材等均衡发展；另一方面积极开拓终端客户和品种钢市场，大力提升直供比及品种钢占比；在热轧耐候钢、细晶粒钢、花纹卷；冷轧电池壳钢、耐候钢、搪瓷钢、锌铝镁；以及 H 型钢等领域不断取得突破。

【经营管理】 1. 加快产品结构调整，强化考核机制，积极拓展市场空间，提升营销业绩。同时优化营销渠道，终端客户逐步取代经销商；品种钢销量提升，普材销量逐步减少。2. 改革员工收入分配，奖金向重点岗位倾斜，提高员工工作积极性。3. 不断完善内控手册及系统文件，强化风险管理。及时有效识别各类潜在风险，防患于未然，确保各项经营活动安全稳健，不断提高自身的经营管理水平和经营风险防范能力。4. 贯彻和落实安全管理工作，提高员工的安全意识，开展"安全月"等相关活动，营造到人人关注安全、重视安全的氛围。

【党群工作】 马鞍山钢铁无锡销售有限公司党支部积极强化党建引领作用，开展党的二十大精神学习活动，每月组织党员上党课，组织学习党的最新理论，提高党员素养，发挥党员先锋带头作用，提升企业管理水平。

（王小芳）

马钢（杭州）钢材销售有限公司

【经营情况】 2022 年，销售钢材 70.8 万吨，同比增加 17.33 万吨，增幅 33%；销售收入 33.42 亿元，同比增加 3.96 亿元，转账 13%，利润总额 2355 万元，同比减少 321 万元，"两金"总额 9892.5 万元，同比下降 1144.5 万元。

【市场开拓】 2022 年以来，杭州公司加快品种结构调整，并加强客户分级管理，优中选优，实现战略合作。通过"向存量要结构，向增量要效益"，在稳定战略客户的基础上，开发优质终端客户，提质增效，从而实现"跑赢大盘"。杭州公司响应马钢优特长材精品基地发展战略规划，凭借"借船出海，强强联合"的理念，依托浙江央企、国企，积极走访设计院、重大工程项目部、行业龙头及标杆企业，着重推广马钢特钢、工业线材及 H 型钢产品。2022 年，虽然整体需求低迷，但是杭州公司通过成立"党建+"、党员突击队、党员先锋岗、党员示范区，着重拓展"优特长"钢材市场渠道，尤其对马钢独有的重型 H 型钢产品，成立"党建+"专项组，进行重点攻坚。2022 年，"优特长"市场开拓全部完成年度任务，全年开发"优特长"产品销售渠道 6 家，工业线材、中型材和重型 H 型钢产品实现销售 16.45 万吨，占比达到 23%。

【经营管理】 将系统学习优化和提高工作效率作为工作重点，狠抓管理落实风险管控。日常工作中查缺补漏，根据市场不断变化以及实际工作需要不断完善改进基础业务管理制度文件。按标准化作业要求及管理办法，规范系统操作及岗位操作规程；结合实际情况，制订和完善相关操作规范、规程的风险控制要求；设立专（兼）职系统管理员，负责本系统日常运行、维护协调、自主管理的本账套系统数据新增、变更等工作的审核及维护；严格按照相关管理办法，对进、销、存各个节点设置 AB 角，实施责任到人。不定期对实物库存进行盘查，做到账物相符。资金上优化资源配置，严控应收账款周期；缩短库存周期，提高资金利用率。安全上定期对员工进行相关安全知识培训，提高员工人身安全保护意识。

【党群工作】 杭州公司党支部坚持规定工作不走样、自选动作有特色，结合自身实际和营销工作特点，坚持问题导向，推动党建工作和自身业务工作深度融合、相互促进，特别是党的二十大精神学习领悟走深走实，引导党员和全体职工把牢政治方向、发展方向、行动方向，自觉在思想上、政治上、行动上同以习近平同志为核心的党中央保持高度一致。以高质量党建引领经营工作高质量发展，使二者在融合发展中相互促进，为推动高质量发展凝聚起磅礴的力量。

【荣誉】　获西奥电梯年度"创新奖"、吉利汽车长兴基地"优秀供应商"、浙江铭博汽车部件有限公司"优秀合作供应商"。

（胡玉龙）

马鞍山马钢慈湖钢材加工配售有限公司常州分公司

【概况】　2022 年，钢材销售总量 29.26 万吨，销售收入 13.17 亿元，实现利润总额 932.7 万元。

【市场开拓】　在公司的大力支持下，努力开拓新品种和大型终端客户，常州是潜力巨大的特钢、型材市场，协同特钢公司、型材部对特钢客户和型材客户进行探查走访并做好相关品种的开发工作，现已开拓如溧阳市金泰锻造有限公司、常州润运鑫供应链管理有限公司等稳定终端客户。

【客户服务】　尊重客户，理解客户，为客户创造价值；全心全力、尽心尽责，为客户排忧解难。态度和蔼，服务热情，真诚对待每一个客户，优质高效完成业务处理。

【经营管理】　1. 梳理现有管理文件，确保完成"写所需，做所写，记所做"要求，强化风险管理，强化员工风险意识，消除安全隐患。2. 按照营销中心下发销售目标值进行分解，主动出击寻找客户，努力完成营销中心下达目标值。

（梁　鸿）

马钢（上海）钢材销售有限公司

【概况】　2022 年，钢材销售总量 74.73 万吨，销售收入 36.98 亿元，利润总额 2607.29 万元。

【市场开拓】　马钢（上海）钢材销售有限公司立足华东市场，主要以营销高强汽车板、镀铝硅家电板、特色彩涂板为代表的全系列板材产品

（如热轧、酸洗、冷轧、镀锌、镀铝硅、彩涂等）以及特钢、H 型钢、工业线材等；经营模式以直供、专业经销商为主。2022 年，上海公司开局良好，但随后 3 月开始遭受疫情严重冲击，全体员工克服上海两个多月封城的不利影响以及解封后市场暴跌带来的种种困难，销售量比 2021 年小幅增长，完成全年预定销售量目标，但销售额及利润总额有所下降。汽车板：销售约 29.5 万吨，同比增长 19%，汽车板品种钢占比达到 95% 以上。汽车用 420 以上强度酸洗比例、HC420/780DPD、CP800 高强酸洗等品种钢也取得历史性突破。高端家电镀锌：家电镀铝硅材料相较于 2020 年稳步上涨，随着华硕电脑等对马钢镀锌的认可，耐指纹镀锌材料、高表面质量 05 级家电板销售量也在稳步提升。

【经营管理】　2022 年，上海公司依据总部"极致高效""品种结构调整"的原则和精益运营、持续创新、"集中一贯制"的经营理念，在现有高强汽车钢、高端家电镀锌、彩涂等板带产品三箭齐发的前提下，积极推进特钢棒材、工业线材和 H 型钢等长材客户开发。坚持"一贯制"管理，从用户端来，到用户端去，努力提高客户满意度、信赖度，推动马钢品牌形象提升。2022 年，上海公司建立和完善各类制度，6 月上海公司各项制度、管理办法共八大类，59 份具体文件，包括《内控手册》、风控管理、财务管理、销售管理、综合管理、人力资源管理、采购管理等。特别是按照中国宝武新系统修编《内控手册》，完善内控制度，让风险得到可控，让行为有所依。

（王　刚）

安徽马钢和菱实业有限公司

【概况】　2022 年，营业收入 5.635 亿元，利润总额 6180 万元。荣获马鞍山经济技术开发区 2022 年度纳税突出贡献二十强优秀企业。

【生产经营】　按照"四个统一"的要求，从组织机构着手，商业计划书、精益运营、安全生产、设备管理、固定资产投资、人效提升、岗位体系、薪酬体系等主动融入股份，全面承接股份管理要求。2022 年实现营业收入 5.635 亿元，利润总额

6180 万元，销售收入增加 3338 万元，比 2021 年增长 6.3%，全面完成商业计划书。

贴近主线，协同保产，在不增加人员的情况下，包装量和行车吊运量屡创新高，多次刷新单日和月度历史纪录。2022 年 3 月，冷轧日包装量 10 次刷新纪录，日发货量 4 次刷新纪录，并荣获马钢 6 月份"小红旗"。

【安全管理】 2022 年安全生产形势总体可控并保持平稳，未发生重伤、工亡人身伤害、火灾等各类生产安全事故。企业安全生产隐患整改率、新员工三级安全教育合格率、三证人员持证上岗率均达 100%。企业安全生产总体可控。自行车业务接管以来，组织开展《岗位安全操作规程》等培训、学习及考试共计 45 场，开展各类安全专项检查 48 次。和菱实业公司 17 台行车、10 台叉车均办理使用证，30 人次特种作业人员、特种设备操作人员的证件均通过复审审核。按照宝武要求并依照股份公司提出的"四同"原则，对协作单位新进人员全部进行三级安全教育。

协作新员工入职安全教育培训率 100%，协作单位生产服务投诉为零；安全生产平稳，未发生重伤、工亡人身伤害事故、火灾事故，未发生职业病危害事故，未发生质量事故。

【科技创新】 聚焦绿色发展、智能制造目标，开展"四新"科技创新工作，依靠科技进步，提高产品价值。2022 年共获得授权发明专利 1 项，实用新型专利 5 项。行车创新工作室累计研发申报行车类专利 8 项。1 项成果获得 2022 年全国机械冶金建材行业职工技术创新成果三等奖；陈爱民创新工作室申报的 3 项创新成果分别获得"中国宝武优秀岗位创新成果"二等奖、"马钢岗位创新创效成果"一等奖等多个奖项。"行车业务专业化整合的探索与实践"获"马钢管理现代化创新成果"三等奖。

2022 年，环境风险总体受控，环保合规性管理水平平稳提升。各类污染物的排放均符合排污许可的管理要求。固体废物、危险废物合规处置。未发生环境投诉或环境污染事故。

【行车业务专业化整合】 按照打造钢铁包装和行车运维专业化公司新的发展定位，推进行车业务专业化整合工作，并组建设备管理室、行车一分厂、行车二分厂、行车三分厂、行车四分厂和智维分厂，持续强化设备安全管理、检修管理和大中修

管理，做好行车运维保产服务，实现年度检修项目兑现率、检修质量完好率 100% 的目标。承接马钢（合肥）公司冷轧产品包装业务，第一次走出马钢股份本部。

【企业管理】 围绕商业计划书，落实经营管理工作全覆盖。根据组织架构调整、战略定位、战略举措及 2022 年的战略目标分解，编制《和菱实业公司 2022 年度商业计划书》，并结合马钢股份下达的 KPI 指标，编制发布《2022 年度和菱实业经营绩效管理方案》和《一体化部门经营目标责任书》，商业计划书和全年战略规划目标任务顺利完成。

【党建工作】 党委持续深入学习贯彻党的二十大精神、习近平总书记重要讲话精神。2022 年，党委理论学习中心组开展理论学习和专题研讨共 13 次。

和菱实业公司党委巩固"三基建设"，增强党支部政治功能。根据组织机构变革，及时调整基层党组织设置，9 个党员空白班组全部见底清零。2022 年 12 月 8 日，召开党员大会。2022 年新发展党员 3 名，4 名职工分获中国宝武银牛奖和铜牛奖。

"七一"期间公司党委开展"喜迎二十大、永远跟党走、奋进新征程"主题教育实践活动，分两批组织全体党员、积极分子、青年骨干赴博望横山革命烈士陵园开展学习教育，对评选的 21 名党内各类先进进行表彰。

和菱实业公司党委围绕"管用养修"业务，以解决现场实际问题为导向，与生产单位开展支部联创联建，推动党建与中心工作"双融双促"。8 月已有 3 个党支部与马钢 4 家主线单位相关支部签订联创联建协议。

2022 年，各党支部重新梳理党员责任区 15 个、创建党员示范岗 5 个，积极创建"创 A 百日攻坚"党员突击队 6 支，全力为相关主线单位生产做好保产服务。

和菱实业公司党委落实党管意识形态原则，按照中国宝武党委和马钢集团公司党委统一部署和要求，加强对各类意识形态阵地的管理，保证意识形态工作责任落实到位、意识形态工作机制健全有效、意识形态阵地管理严格受控。按照《和菱实业公司党委意识形态工作责任制实施细则》安排，编制学习计划，明确学习内容，深入学习习近平总书

记关于意识形态的论述。公司领导班子成员结合党史学习教育，深入基层讲党课，全年开展宝武、马钢企业文化宣讲 4 次，廉洁教育 2 次。

2022 年，在各类新闻媒体上共计用稿 152 篇次。多角度宣传报道生产经营、宣贯党的二十大精神、党的建设、创 A、党支部联创联建、降本增效、疫情防控、精益运营管理和工会工作特色成果，以及宣扬先进典型和先锋人物事迹，为实现高质量发展提供精神动力和舆论支持。

和菱实业公司党委根据中央八项规定精神，严抓作风建设不动摇。2022 年，共组织 119 名党员（包括 4 名领导人员）和 49 名重要岗位人员集中学习案例以及警示教育片《扭曲的人生》。2022 年以来，无人因廉洁问题受到党纪处分。坚持党建带工建、党建带团建，持续开展为群众办实事活动，扎实推进职工"三最"实施项目计划，采取多种举措精准服务职工，为全体职工购买意外商业、重大疾病和家财保险并发放节日福利。2022 年，确立 9 项"我为群众办实事"项目，并已全部完成，改善职工现场工作环境和生活条件。全年慰问困难职工 48 人次，为全体职工购买意外商业、重大疾病和家财保险并发放节日福利。

2022 年，档案、保密、公文、信访、调研、信息、武装、女工、计划生育等工作也按照股份公司的要求得到落实。全年未发生重大治安事故和安全生产事故，确保一方平安。

（张维忠）

马钢宏飞电力能源有限公司

【概况】 马钢宏飞电力能源有限公司从事售电、配电、综合能源、电力运维等业务。2022 年，实现营业收入 1510 万元，利润 217 万元，实现售电履约合同电量 15.7 亿千瓦时，基本完成年度任务目标。

【业务拓展】 2022 年以来，在煤炭价格持续高涨，面对严峻的电力市场政策波动，公司按照"明确目标、经营开发"的工作思路，不断尝试新的经营路径，形成经营特色。2022 年，在绿电交易中实现新突破，成为安徽省首批代理绿电的售电公司，并成功交易 240 万千瓦时，为马钢股份提供 4810 万千瓦时绿电服务，并全部交易和校核。同时在中国宝武各基地开展绿电交易的服务工作。

（孙浏刘）

马钢（香港）有限公司

【主要经营指标】 2022 年，实现营业收入 75.07 亿港元，同比增长 17.44%；利润总额 4825.88 万港元；原燃料采购量约 603 万吨，开证金额 7.91 亿美元，开证金额和采购量均大幅超过 2021 年，原燃料跨境贸易融资平台满足股份公司的需求；钢材出口签约量约 22 万吨。

【生产经营】 1. 夯实国际化融资平台，提供专业化服务。2022 年马钢香港公司持续夯实进口原燃料贸易平台，利用"国际化融资平台"优势，为股份公司提供专业化的优质高效服务；与股份经营财务部紧密协同，不断降低跨境人民币融资利率。2022 年实现跨境融资人民币 27 亿元，跨境融资平均利率同比下降 0.64 个百分点，跨境原燃料贸易融资平台稳居中国宝武第一方阵。马钢香港公司原燃料供应链稳定，平台转口贸易的资金流和单据流平稳。2022 年，不断扩大原燃料转口贸易体量，以求提升经营国际化指数。全年原燃料贸易量约 603 万吨，同比增长 51%。2. 在钢材出口销售方面，2022 年钢材销售量超 22 万吨，出口占马钢出口 30% 以上，其中马钢 H 型钢在香港的市占率高达 60% 以上，钢材产品销售覆盖香港地区、东南亚及日韩，自营出口跑赢大盘。马钢香港公司坚持效益为销售优先原则，兼顾开发新客户、新产品。依靠新产品的开发，技术上的领先，在香港市场除继续保持马钢 H 型钢占有率第一，还积极开发新产品，打破国外厚翼缘高强度热轧 H 型钢对市场的垄断。

（张　勇）

德国 MG 贸易发展有限公司

【主要经营指标】 2022 年，实现营业收入 1109.26 万欧元（超过 2021 年的 6 倍），营业利润

12.17 万欧元，净利润 5.02 万欧元，全部完成年度任务目标。

【**钢材销售**】　2022 年以来，在备品备件采购量继续大幅度降低情况下，坚持以特钢长材、H 型钢市场开拓为目标，做好维护老终端客户工作，在营销中心的大力支持下，累计钢材销售签约量为 45376 吨，累计签约金额 2734.13 万美元，累计发货量为 17349.475 吨。特别是完成马钢特钢棒材的出口业务突破，出口韩国特钢棒材 300 吨。此外与欧冶链金合作完成首次从德国进口废不锈钢的业务。

【**备品备件采购**】　在外部经营环境发生重大不利变化的情况下，坚持"高效保供、大力降本"的原则，克服各种困难，2021 年累计签订销售合同 23 个，合同金额 125.71 万欧元；累计发货及实现销售 38 批，实现销售金额 206.88 万欧元。

【**其他**】　新的委派人员配合公司外办以及律师的要求按程序积极完成工作签证的申请工作。完成与原先派驻人员的工作交接，维持公司稳定正常运行。

2022 年，根据实际实况对公司第一部《内部控制手册》进行修改并出台若干专门管理制度，为公司的规范管理打下坚实的基础。

（华　震）

马钢（澳大利亚）有限公司

【**经营管理及主要经营指标**】　2022 年，马钢（澳大利亚）有限公司延续由马钢股份公司营销中心远程托管的模式。协议矿履约正常，全年实现总收入 1964 万澳元。

【**其他**】　根据马钢股份公司指示，在完成全部已审计未分配利润向母公司分红的手续后，马钢澳洲公司在 2022 年 6 月向马钢股份公司分红 1700 万澳元。应澳大利亚政府对所有在澳企业任董事的人员需要获取董事身份证（即董事 ID）的要求，2022 年澳洲公司为所有董事成功申请取得董事 ID。

（朱德娟）

集团公司其他子公司

马钢集团投资有限公司

【主要经营指标】 2022年，马钢集团投资有限公司围绕业务主线，适时在资本市场整体低迷的情况下，兑现投资收益，抓住煤炭行业股票一波上涨行情，先后出售投资公司持有585万股、马钢集团公司持有1100万股淮北矿业股票，分别兑现收益3970万元和7000万元。同时，投资公司全面完成2022年的法人和参股公司压减目标并超额完成，为马钢瘦身健体、盘活资产、减少经营风险作出积极贡献。

【资本运作】 稳妥做好金融资产处置工作，根据马钢集团公司吸收合并投资公司的决定，提出投资公司持有的金融资产处置建议，认真按照要求推进相关资产的处置工作。因吸收合并，共赎回（兑付）金融产品14只，收回资金约8亿元，获得投资收益约5000万元，同时推进持有的3只股票和18只金融产品过户至马钢集团公司工作。

【股权管理】 马钢法人和参股公司压减。2022年推进完中东公司、美洲公司、江北质检公司、康城建安、裕泰物业5户法人的压减，完成国泰君安、淮北矿业、中联钢电子3户参股公司的压减，超额完成中国宝武下达的"5+2"任务目标。

马钢专业化整合。2022年推进完成马钢股份相关资产增资宝武水务、宝武重工增资及专业化整合、马钢集团相关股权增资宝武环科、马钢物流以中联海运股权增资宝航、马钢矿业以桃冲矿股权增资安徽皖宝、马钢设计院部分股权无偿划转至马钢集团、马钢长燃股权转让至宝武资源上海公司7个项目。推进完成宝钢财务吸并马钢财务决策程序，以及冶金服务公司以所持利民星火和冶金固废公司股权增资宝武环科马鞍山公司的前置研究程序等。

马钢合资公司议案办理。牵头审核马钢集团一级公司（含被托管单位）的股东会、董事会议案，组织办理17户企业共100余次股东会、董事会议案。

马钢股权投资制度建设。制定马钢集团《长期股权投资管理办法》，履行内部决策程序后发布。

【风险管理】 严防发生重大投资风险。受全球地缘局势和国内外疫情等因素影响，2022年国内经济增长低于预期，资本市场产生较大波动，投资公司的金融投资业务也受到波及，整体投资收益出现一定程度账面浮亏。投资公司积极加强与中介机构、产品管理人沟通交流，及时跟踪掌握产品运作情况，根据市场行情优化调整产品结构，防止发生重大风险。

【党建工作】 策划党支部与基层单位开展联创联建活动，紧扣"紧跟核心、围绕中心、凝聚人心"党建工作主线，搭建联创联建平台，开展"四送一促"活动，推动基层党建与中心工作"双融双促"，做到"五保三突出"，切实为基层单位办实事、解难题。

（刘 轩）

马钢集团康泰置地发展有限公司

【主要经济安全指标】 2022年，马钢集团康泰置地发展有限公司实现主营业务收入18048万元，利润总额为1304万元，上缴各项税费1875万元；重大安全、伤亡、火灾事故为零。

【企业改革】 持续完善公司治理体系。修订《党委会议事规则》，制发《董事会授权管理制度》，研究形成《"三重一大"决策制度实施办法》（征求意见稿）和《重大事项决策全责清单》（征求意见稿），进一步规范党委、董事会、经理层决策行为，加强党在公司治理过程中的领导。依法合规推进法人压减工作。根据马钢集团法人压减工作安排，成立康泰置地发展有限公司法人压减工作领导小组，研究制定吸收合并方案，积极稳妥推进康诚建安公司和裕泰物业公司法人压减工作。积极开展制度体系建设。根据马钢集团要求，主动融入中国宝武"制度树"体系，制发《管理文件控制程序》，对管理文件进行规范、统一管理。

【企业管理】 认真落实马钢集团党委巡察整改工作。及时制定整改方案，列出问题清单，细化整改措施，落实责任到人。截至2022年底，已基本完成39项问题中的34项，制定整改措施78条，制定修订制度24项。大力开展党风廉政建设。组织党委书记、纪检委员、党支部书记分别上廉政专题党课，组织经营管理人员和关键岗位人员集体参观马鞍山市廉政教育基地，不断提高党员干部拒腐防变意识。开展"靠企吃企"、违规经商办企业专项治理工作，促进党员干部廉洁从业。持之以恒纠治"四风"，修订《业务招待费管理办法》，进一步规范招待费使用与管理。完善财务内控体系。引入固定资产模块管理，使资产的出入、折旧与使用更加明晰。开展"两金"管控等 15 项专项检查，有效降低财务风险。加强资金监管，降低应收账款周转率，全公司应收账款由年初的 1.3 亿元降为0.6 亿元。提升采购管理体系能力。贯彻落实马钢集团"集中一贯制"原则，制定《采购管理办法》，发挥集中采购降本优势。进一步规范差旅费使用。拟定《交通费报销管理细则》（征求意见稿），进一步推广使用差旅小秘书 App，实现"事前申请，事后统结"的出差报销方式，加强交通费支出管理。

【风险防范】　切实履行安全生产主体责任。全面承接宝武安全管理模式，与各分（子）公司签订 2022 年《安全生产责任书》，压实全员安全生产责任制。健全完善安全制度和安全责任体系，严格对照马钢集团安全管理要求，仔细梳理并及时修订包括《全员安全生产责任制》《领导管理人员安全履职清单》《危险源辨识和评价清单》在内的 29项公司内部安全管理制度。组织策划第 21 个全国"安全生产月"活动，组织开展经营性用房、中转楼、楼宇物业项目、棚改建设项目等重点区域的安全消防演练、全员安全教育培训、安全知识试卷问答以及安全典型案例征集评比活动。强化安全隐患整改和风险排查。按季度开展安全生产大检查，着力加强重点区域的隐患排查整治，组织开展马钢自建房安全隐患专项治理排查、经营性用房泡沫夹芯板和安全用电用气专项排查、高层住宅电动车上楼及私拉乱接等安全专项排查整治工作，共发现各类安全消防隐患 471 处，已完成整改 423 处，杜绝各类事故的发生。抓好专业协作管理变革。认真落实《马钢集团协力管理变革三年行动方案》，建立协力人员准入标准，组织对现有不符合要求的协力人员进行清理，并加强协力人员培训教育。

【业务发展】　有序推进棚户区改造工作。加快推进马钢棚改安置房建设，通过抓关键节点、优化场地布置、合理调配资源等措施，适时调整工程进度计划，在保质量保安全前提下，抢抓施工进度，年度完成投资 8745 万元。积极推动南山棚改项目实施，与南山矿业公司就南山棚改项目进行对接，研究讨论并完成 2 轮南山棚改相关方案的调整，对平南村新区进行规划和经济指标测算，规划户数由 836 户增加至 1110 户，总投资由 3.7 亿元增至 5.4 亿元。房产经营管理业务在疫情和经济下行双重压力下，在为 550 余户租赁户办理房租减免手续的同时，积极推行提租调价和第三方价格评估试点工作，并及时通过招租告示、网上发帖、全员推销等方式做好空置房的招租工作。物业服务业务坚持以宝武生态圈内部市场为中心，兼顾外部市场，以对公项目为中心，选取优质住宅项目，较2021 年新增南山矿道路保洁、马钢交材、马钢检测中心、科技服务公司食堂、南京销售公司、马钢棚改区 6 个项目，预计新增服务收入 1000 余万元。建安业务主要是完成 2021 年延续补充项目合同，签订承揽合同加补充协议 15 份，合同金额 1021.6万元。物资贸易业务在努力防范化解风险的同时全力保障马钢棚户区改造项目钢材供应，同时加强应收账款管理，共回笼资金 1519 万元。

【现场管理】　扎实开展"三降两增"专项工作。在全公司范围内凝聚共识、深入挖潜，通过开展"立足岗位做贡献、降本增效谋发展"大讨论、"对标创优"劳动竞赛等活动，让全体员工把想节约、懂节约、会节约的理念运用到日常工作中。大力开展创 A 现场环境整治活动。组织开展"创 A百日专项行动"和创 A 办公环境整治活动，针对物业小区、中转楼、单身楼、经营性门面房、施工现场等管辖范围，聚焦现场"脏、乱、差"和其他各类环境问题，开展现场集中整治，共完成公司辖区所有固定资产、设施设备等各类应急抢修 346项，环境整治 52 项，进一步改善客户居住环境，提升马钢及康泰公司整体形象。圆满完成多项拆迁任务。基本完成马钢棚户区改造 55000 平方米、690 户的拆迁工作，按时将七里甸、孟塘、长江路、矿内、北塘路 5 个项目场地移交市政府，同时，完成 220 号中转楼 3525 平方米、约 80 户及 13间商用房、濮塘盆山以及港务料厂的拆迁任务。

【党群工作】　加强党的政治建设。精心组织开展迎接党的二十大召开系列宣传教育活动，组织全体党员干部职工认真学习领会党的二十大精神。持续完善"三基建设"，严格按照《宝武党支部建设工作手册》及马钢相关文件要求，完成 4 个党支部换届选举工作。重新梳理确定 4 个党员模范责任区和 6 个党员示范岗，与冶金服务公司党委开展党组织结对共建活动，发挥好基层党组织的战斗堡垒作用和广大党员的先锋模范作用。切实做好员工权益保障工作。积极做好疫情防控工作，坚持把职工生命安全和身体健康放在第一位。制定公司党委"我为群众办实事"实践活动方案，拟定公司级"我为群众办实事"项目 3 项。修订《员工日常慰问的相关规定》，将互助帮困资金审批使用标准与马钢集团工会全面对接，为员工统一购买商业保险，组织开展年度员工及其家属体检、夏送清凉、金秋助学、冬送温暖等活动，全年开展各类慰问34 人次，增强员工安全感、获得感。

（徐若非）

安徽马钢冶金工业技术服务有限责任公司

【主要经济指标】 2022 年，安徽马钢冶金工业技术服务有限责任公司共签订工序（工作量）委托总包合同 55 份，实现主营收入 52798 万元；利润总额 2436 万元。

【党建工作】 严格落实"第一议题"制度，坚持把学习贯彻党的十九大和十九届历次全会精神、党的二十大精神、习近平总书记重要讲话和重要指示批示精神作为首要政治任务。以喜迎党的二十大胜利召开为主线，组织党员干部、职工集中收听收看党的二十大开幕会，围绕学习宣传贯彻党的二十大精神，开展专题学习、专题研讨、专题调研、专题宣讲。高标准完成基层党支部换届工作，总结提炼"1731"换届工作法，打造党支部换届示范样板。贯彻落实创 A 百日攻坚部署，积极配合主线厂开展创 A 攻坚。深化支部品牌创建和联创联建活动，与长材事业部共同打造具有马钢特色的"金色炉台"，与炼铁总厂联创联建，打造"绿色"通廊，实现清洁输送，并以精益案例发布，持续推动党建与生产经营深度融合。健全完善党风廉政和纪检监督体系，形成"1+2+9"模式，实现党风廉政和纪检机构体系全覆盖。认真落实巡察整改，纵深推进全面从严治党。根据巡察组在巡察过程中提出的 10 个方面26 项问题，制定 47 条具体整改措施。

【安全管理】 针对"10·21"属地工亡事故，在认真汲取事故教训的同时，加强和落实协作单位安全管控工作。11 月，举办冶服公司区域管理员培训班，经教培中心培训合格的 45 名区域管理员派驻到各协作班组，实施穿透式、全覆盖管理。初期区域管理员的主要职责是熟悉所负责班组人员和现场作业状况，做到"管好人、开好会、宣好誓"，以"小切口"、网格化管理模式，推动协力管理大变革。

【协力变革】 深入贯彻落实习近平总书记考察调研中国宝武马钢集团重要讲话精神，积极探索新形势下协作供应商合作新模式，加速由"主从关系"向"伙伴关系"过渡，加快推动马钢协力管理变革落实落地，与马钢教培中心共同主办的"专业化 共赢"首届协作供应商会议成功召开，为推进生态化协同、专业化协作凝聚思想共识。在马钢集团的统筹下，通过源头切断、合并同类项等方式，持续整合优化"低、小、散"协作供应商，协作供应商队伍由 2021 年初的 117 家压减至 2022年底的 41 家，压减率为 65%，协力变革取得新成效。

【基础管理】 2022 年，全面对接马钢集团管理体系，初步建立与马钢集团相适应的管控模式，对子公司组织架构重新进行设置，建立子公司董事会授权管理制度，持续完善子公司法人治理结构。进一步优化组织机构，大力推广直管作业区模式，制定薪酬切换和层级管理对接方案，为推进薪酬体系切换，实施岗位层级管理奠定基础。立足岗位优化，推进对标定员，深化协商解合工作，完善离岗政策，全年人效提升率 11%。

（汤 莉）

深圳市粤海马钢实业有限公司

【经营情况】 深圳市粤海马钢实业有限公司（以下简称"粤海马钢"）经营范围为国内商业、物资供销业，经济信息咨询，房屋租赁等。2022年，粤海马钢处于停业存续状态。

【资产状况】 截至 2022 年 12 月 31 日，粤海马钢资产总额 1309 万元，负债总额 729 万元，净资产 580 万元。资产主要是南山区临海路半岛花园

28 套商品房，建筑面积共 2221.80 平方米，账面价值为 916.58 万元（在"存货"中核算，未提折旧）。该 28 套房产于 1992 年 9 月由马钢公司出资购置，因外地单位不能在深圳直接购房，因此以粤海马钢名义购置，房屋产权证上房产权利人为粤海马钢。

【解散清算情况】　2022 年 3 月，完成马钢集团所持粤海马钢 75% 股权托管给诚通国合资产管理有限公司管理（托管费用为含税 20 万元/年）。4 月 14 日，清算工作组召开第一次视频会议，与南山粤海股东代持方深汇通公司建立清算组工作机制。4 月 20 日，办理股东方马钢集团登记信息变更，完成粤海马钢清算备案登记及债权债务公告工作。4 月 22 日，委托清算审计中介机构--立信中联会计师事务所进场开展审计工作，已编制完成专项审计报告。

【诉讼情况】　2022 年 12 月 19 日，马钢集团向深圳市中级人民法院再次提交房产权益诉讼的立案申请。

（高　亮）

集团公司关联企业

马鞍山力生生态集团
有限公司

【主要经营指标】 2022 年，马鞍山力生生态集团有限公司实现服务经营收入新突破，全年收入51689 万元，其中团餐主业收入 29335 万元，完成年度服务经营目标，实现工亡、重伤、食物中毒等重大事故为零。

【主体服务】 餐饮服务抓住马钢优化食堂布局的契机，引入美食广场等新的经营管理模式，不断提质升级，打造一批网红食堂；积极开展节日食品展销、品鉴会以及"新徽菜名徽厨"等多样化的主题活动，提升职工就餐体验感。绿化环卫服务与马钢相关部门形成"联查联动"运行机制，及时发现、处置现场问题，全面提升现场应急管理水平；通过细化优化现场作业模式、提升机械化作业程度，进一步提升专业服务能力和工作效率，全力巩固马钢近年来景观品质提升建设成果，也为马钢各项参观、检查等重要活动提供保障；积极响应马钢创 A 行动，通过制订专项方案以及定期检查、突击抽查和随机复查相结合的方式，推动助力创 A 行动有效开展；规范推进浴室（综合楼）6S 及标准化管理，以规范服务质量和标准为抓手，全面提升服务质量。福利品服务主动对接马钢相关单位，按要求及时优质地做好防暑降温物品的采购发放工作，并积极配合马钢做好扶贫商品的采购发放工作。同时，抓住马钢职工福利中心平台正式上线运营的契机，全面推进送货上门、网上购物等新型服务模式，广受职工的欢迎和肯定。

【市场经营】 各食堂、餐厅强化集成协同，积极推进团餐主业和多元板块市场协同发展。团餐主业进一步细分市场，依靠自身产业、专业、资源等优势，加快马钢以外市场拓展步伐，全年新拓展外部食堂 7 家，当前马钢以外托管食堂已增至 58座。福利品业务借助福利中心和小马惠淘电商平台，发挥后勤集成协同的优势，先后拓展十七冶、市中级法院等十多家机关和企事业单位市场业务。园林建设业务发挥自身专业设计和专业队伍优势，精心组织，精细施工，承揽完成马钢 2022 年厂容整治"两园五点"项目及道路绿化工程 EPC 总承包项目景观绿化工程等。暖通工程在筑牢维保服务品牌、稳固维保服务市场的基础上，精心组织，相继中标马钢研发中心中央空调项目和飞马智科大数据园等项目；积极开拓马钢空调及备件市场，在股份公司业务实现新突破。酒店业务积极疏通营销渠道，开拓市场，永丰河大酒店取得较好经营效果，黄山太白山庄实现减亏。

【品牌建设】 紧紧围绕打造区域领先的公共服务品牌的目标，持续加强服务标准化建设，强化服务标准落地；不断推出新产品，提高消费者认可度和忠诚度；围绕生产、服务、经营各项工作积极开展宣传，优质服务多次获得中国冶金报、安徽工人日报、中国宝武微信号等国内主流报刊、新媒体报道。一年来，先后荣获中烹协"2021 年度中国百强餐饮企业""2021 年度中国团餐企业百强及细分领域代表品牌""2021 年度顾客满意的全国营养健康食堂"（智园食堂），中饭协"2022 年度品质食堂"（特钢轧钢食堂），团餐谋"2022 年度中国团餐优秀企业 TOP100"，安徽省市场质量信用评价 AAA 级企业——"餐饮（食堂）经营托管服务企业服务标杆"等荣誉；以安徽省餐饮行业最高分通过"食安安徽"品牌认证现场评审，在马鞍山市餐饮行业引起良好反响；获得市首批 A 级"守合同重信用"企业称号；马钢职工福利中心平台荣获 2022 年互联网+工会普惠服务创新性平台荣誉称号。力生品牌形象进一步展现，品牌美誉度持续提升。

【内部管理】 全面落实食品安全主体责任，强化全员食品安全意识，严格检查与考核，食品安全保障能力进一步提升。强化制度建设，完善授权管理体系，规范审批流程，组建对外投资管理委员会，保证各项管理有法可依、有章可循。全面推进信息化建设，高效完成信息化二期任务，实现业财全覆盖，规范管理，提升效率。完善组织绩效管理体系，以关键绩效指标、重点工作为核心，完善经济责任制考核分配办法，充分体现凭绩享薪、凭效享薪、凭功享薪的原则，合理拉开薪酬档次。持续推进标准化工作，对标准化体系文件进行修订、完善，进一步拓宽标准化覆盖面。开展人力资源管理咨询，进行岗位梳理和岗位价值评估，制定岗位岗职说明书，确定岗职层级和各岗位序列发展通道，完善岗位薪酬管理体系。持续推进人力资源优化工作，全年实现优化7%的总体目标，进一步提高劳动效率。健全和完善采供管理制度，梳理和规范采购流程，建立供应商评价体系，健全供应商准入认证和退出机制，推进源头采购，提升供应链增值能力和安全水平，降低成本。大力提升专业技术水平，围绕菜肴研发与创新，通过研学转化、新菜试制、技术交流转化等方式，不断改进制作工艺，建立操作规范和技术标准，努力形成自主知识产权。严格干部选拔任用，合理推动岗位交流，干部队伍年龄、知识结构进一步优化。

【党建引领】 全面加强意识形态工作，牢牢把握意识形态工作主动权、话语权。强化监督执纪，修订完善相关制度，建立常态化开展纪律检查、内部审计、党委巡察、专项督察的工作机制。全年审计覆盖率达93%，对基层规范运营管理形成较强威慑。首次开展党委巡察工作，突出"三个聚焦"，提高党委巡察监督质量和效果，党员干部职工遵纪守法、廉洁从业的自觉性进一步增强。开展采购供应链专项督查，为合规高效的采购供应链体系建设提供有力支撑。严格责任追究，坚持零容忍、全覆盖、无禁区，做到违规违纪案件发现一起，查处一起，不留情面，运用"四种形态"启动调查，推动党风廉政建设再上新台阶。

【和谐企业】 紧紧围绕党的二十大召开和建党101周年认真组织开展党的二十大精神学习贯彻落实、"党员勇争先，献礼二十大"主题实践、"七一"表彰、党风廉政和警示教育等系列活动，充分发挥党支部堡垒和广大党员先锋模范作用，进一步增强党组织的凝聚力和战斗力。注重三支队伍培养，坚持招聘引进和自主培养相结合，教培与实操相结合，全年招聘引进专业人才25名，开展系列专业培训1800人次，培训覆盖率达到82%，不断满足业务发展对人才的需求。深入开展"转作风、提质量、见实效"质量月主题实践活动，团餐系统举办月度"奋勇争先奖"劳动竞赛活动，聚焦各项运营指标提升，有效激发全体员工立高标杆、奋勇争先工作积极性。关心职工，组织开展送温暖活动和专项慰问活动，对困难员工进行帮扶救助，为员工购买大病和意外商业保险，组织参加全国总工会互助保障计划，开展员工生日慰问品发放，提升员工体检标准和体检内容。员工平均收入比2021年增长7.5%，进一步提高广大员工的获得感、幸福感。围绕服务经营工作开展宣传，全年刊登宣传稿件140余篇，在中国冶金报、安徽工人日报、马钢日报等外部媒体发布新闻稿、短视频20余篇，营造积极向上的企业氛围。

(考纪宁)

马鞍山钢铁建设集团有限公司

【经济技术指标】 2022年，马鞍山钢铁建设集团有限公司（以下简称"马建公司"）按照市政府、马钢驻马建改革联合工作组要求，集中精力推进股权改革，重点开展已完工项目的结算清欠工作。在保生存、保稳定、促改革的重压之下，全体职工积极应对严峻挑战，坚定改革信心、服从工作安排，努力推动施工生产及改革任务、抓紧落实已完项目结算清欠、深入开展宣传思想教育，确保企业大局稳定。2022年完成总产值49.36亿元，其中施工产值2.25亿元（含建筑辅业）、矿业贸易产值47.11亿元。

【深化改革工作】 2022年3月，在马鞍山市委市政府〔2022〕7号《关于商请支持马建公司深化改革维护稳定的函》及批示意见指导下，现场工作组进驻并会同马建公司将改革工作划分为方案调研制定、历史遗留问题解决、股权回购、引进战投四个阶段。一是深入开展改革宣贯、做好历史遗留问题处置，马建公司两级班子建立两轮下沉、两轮汇报制度，深入基层收集情况，并对相关诉求展开"一对一"的细致工作，于6月中旬完成职工身份置换金、一次性伤残就业补助金、住房公积金等历史遗留款项的支付工作。二是稳妥实施股权回购。7—8月，在各项准备工作及决策流程完成后，马建公司党委及改革领导小组发挥引领作用，全体成员分工负责、尽锐出战，摸排员工特别是退休员工的股权处置意愿，组成27个网格化工作小组，仅用时4天完成1024名自然人股东（其中24名已故股东完成继承公证）的股权转让意向确认，《股权转让协议书》全部签署完毕，9月26日，全部自然人股东的退股金款项全部到位。三是积极推进引进战略投资工作。联合工作组制定四家战略投资意向方"平推"的引进方式，安徽建工、中铁八局、中铁二十三局于9月初陆续进驻马建公司开展资产审计评估和尽调工作。10月11日，马建公司

69.91%股权在安徽长江产权交易所进行转让预告挂牌；11月21日，马建公司完成党委会、董事会、工会委员会、股东会的股权转让相关决策流程；11月28日，在安徽长江产权交易所发布正式公告，12月21日正式公告结束；12月24日，马钢集团、中铁二十三局、市江东控股集团、中铁两江公司正式签署四方合资合作协议。

【市场开发管理】　受历史遗留及市场限制等因素影响，市场开发工作处于前所未有之困局，马建结合实际制定"暂缓主营业务开发、落实辅线业务拓展"的开发策略。经过艰难努力，2022年签订施工合同58份、合同额6573万元，承接的项目多为百万元的小项目，点多量小、人员消耗多、管理幅度大。根据年度市场开发策略调整实际，物流吊装修理等辅线业务承接势头强劲，全年签订合同额5500万元，创下历史新高。

【施工项目管理】　2022年，企业面临基本无项目可干的困境，为确保改革工作顺利推进，马建克服资金短缺、劳务矛盾突出的问题，尽最大努力推动在手项目的施工，满足业主要求，南山矿环保项目、马钢南区2号、3号、4号、9号停车场、废钢自循环加工基地二期等工程按期完工。2022年获得授权实用新型专利4项，发明专利1项。

【经营资金管理】　由于无项目承接，马建资金流极度缩窄，相关合作银行全面缩减融资额度，无法转贷续贷，信用崩盘一触即发。面对严峻局面，马建两级班子在现场工作组指导下，于第三季度深入开展"冲刺百日攻坚、挂帅出征行动"结算清欠竞赛，积极深化工作措施，明确资金结算清欠责任主体，全面梳理资金清欠计划、界定责任、严格考核，通过活动推动，2022年累计完成工程结算18项，结算金额6.832亿元；建设主体应收账款回款2.82亿元，企业得以维持基本运营，为后续推进改革赢得宝贵时间。

【精神文明建设】　一是强化党建工作机制。坚持每季度党支部书记例会制度以及季度检查考核制度，按照《马建集团公司党支部标准化建设考核办法》规定，书面通报检查考核情况；严格执行"三会一课"制度，不断提高"三会一课"质量，将"三会一课"活动记录作为每季度党建工作检查考核的重点，增强党内生活制度的刚性和严肃性；扎实推动集中学习常态化，利用党委中心组理论学习、"三会一课"、支部书记例会、安徽先锋微讯和小马先锋公众号党史学习教育网上答题等形式，不断营造学习氛围。二是深化教育汇聚力量。认真组织学习贯彻党的二十大精神，深入开展深化改革过程中的宣传思想和党建组织保障工作，不断深化形势任务教育，提振信心、凝聚士气，工会结合不同工作重点、有的放矢地开展劳动竞赛等活动，为职工立足岗位建功创效搭建平台。三是切实保障职工权益。畅通民主管理渠道，及时化解职工不稳定因素，在企业困难的情况下，努力将保障职工权益放在首位，确保节日慰问品的正常发放，实施一年一次的职工年度健康体检制度，开展冬送温暖、夏送清凉活动，通过互助帮困基金平台加大帮扶力度，帮助困难职工度过生活难关，2022年共走访、慰问生病和家庭困难职工121人次，发放慰问金4.88万元；实施大病救助14人，救助金额6.635万元。四是努力维护改革稳定大局。由于历史遗留问题多年未解，职工思想复杂多变、队伍暗流涌动，两级党组织围绕改革管理中存在的突出问题和员工的思想状况，有针对性地抓好党员干部和员工的教育疏导工作，加强信访维稳，妥善化解各类矛盾纠纷，确保企业经营管理、改革各项措施的平稳实施。

（王秀勤）

集团公司委托管理单位

安徽马钢矿业资源集团公司

【概况】 2022年，安徽马钢矿业资源集团公司（以下简称"马钢矿业"）坚持以习近平新时代中国特色社会主义思想为指导，以迎接和深入学习贯彻党的二十大精神为推动，紧扣"践行新发展理念，构建新发展格局，奋力推动马钢矿业高质量发展行稳致远"的工作主题，全面推进管理变革、"三降两增""基石计划"等经营发展重点工作，2022年实现营业收入84.72亿元、利润总额23.33亿元。

【生产经营】 立足现有产线产能释放，科学组织生产，优化作业工序，强化采选、产销联动，主要产线实现持续稳产高产。着力发挥选厂富余能力，强化非主流矿采购寻源、优化物流运输组织，2022年加工非主流矿101.76万吨，比2021年增长220.15%，其中南山矿20.78万吨，姑山矿80.98万吨。2022年自产矿产量、非主流矿加工量均创造历史最好水平。2022年完成各类产品2782万吨，其中含铁产品828.6万吨，综合利用产品1850万吨。铁精矿综合品位达到65.58%，其中南山精、白象精、张庄精综合品位达到65%以上；罗河精综合品位继续高位稳定，达到67.33%。

坚持"成本管控战略化、成本管理精细化"的理念，强化"五大计划"项目管理，加强业财联动，强化月度经营活动分析和成本巡查工作机制，逐步完善各单位、基层产线的成本分析制度。2022年铁精矿平均制造成本383.58元/吨，比2021年下降57.29元/吨，制造成本削减金额3.95亿元，完成10%的成本削减目标。

营销体系建设方面，把强化宝武系钢铁基地铁精矿保供作为第一任务，加强与马钢股份关于保供量、保供价格的沟通协调，2022年宝武体系内部保供量比2021年上升10.24%。加强营销系统信息化建设，马钢矿业作为宝武资源试点单位，资源GO系统上线实现全覆盖，2022年线上销售量1785.1万吨，完成年度目标的105%，占宝武资源线上成交量的59.4%。销售发运平台实现区域公司与各单位的数据连通。创新营销模式，"马钢精粉"成功上线大连商品交易所，成为马钢矿业首个

在交易所上线的铁矿石期货可交割品种，进一步拓宽销售渠道，提升区域定价影响力。

【技术创新】 创新体系不断完善。着力推进国家企业技术中心实体化运作，成立技术委员会和专家委员会。聘请中国工程院院士王运敏合作共建院士工作站，1名博士后成功进入博士后工作站工作。与北京科技大学签订《大宗固废资源高效利用产业发展研究院共建协议》，成立产业发展研究院并成功举行揭牌仪式。

创新成果不断涌现。围绕制约指标、品种、质量等突出难题，开展科研及技术开发课题170项，其中公司管控科研项目39项。2022年研发费用达到3.91亿元，占销售收入4.54%。南山矿、姑山矿、矿山服务公司获得国家高新技术企业认定，建材科技公司获批安徽省企业技术中心；2022年获得授权专利192项，其中发明专利27项；参与编制国家标准《金属非金属矿山充填工程技术标准》（GB/T 51450—2022）。"中细粒级湿尾矿脱水干排技术"入选2022年自然资源部先进适用技术目录（2022版）。公司获得2022年冶金科学技术进步奖三等奖1项，冶金矿山科学技术进步奖一等奖1项、二等奖4项、三等奖1项，宝武集团重大科技创新成果二等奖2项。成功主办第十五届全国尾矿库安全运行及综合利用高峰论坛暨设备展示会。

【智慧制造】 管理信息系统加速推进，通过信息系统覆盖固化业务体系，生产计划执行系统（MES）、采购供应链系统（PSCS）全面上线运行。4家矿山全部上线成本管控系统。推进智慧化项目建设，实施南山矿和尚桥选厂"自动冲洗高频细筛系统"、姑山矿"井下5G通信及人员定位系统"、罗河矿"选矿专家系统"、张庄矿精矿智能抓斗等项目，整体智慧化水平不断提升。2022年平均集中化指数49.6%，比2021年提升14.9%；平均无人化指数54.3%，比2021年提升15.2%。

【可持续发展】 全面承接中国宝武、宝武资源相关规划，结合公司现状、发展需求及产能规划，编制《马钢矿业2022—2027战略规划》《宝武资源境内矿山板块能力提升规划（2023—2025年）》。编制罗河二期1000万吨/年扩能项目预可行性研究报告。跟踪推动省内资源整合，积极开展南山区域、姑山区域、庐枞地区、霍邱地区的铁矿资源整合前期工作，罗河铁矿深部探矿权办理工作取

得突破性进展。

紧抓国家启动"基石计划"政策机遇，主动加强与省、市政府以及行业协会沟通对接，高村三期技改、罗河二期 1000 万吨/年扩能等 8 个项目列入国家、省、市重点铁矿项目。完成白象山铁矿安全生产许可证延续、采矿权变更；完成高村三期技改项目环评审批工作。

南山矿凹选大型化改造项目加快推进；姑山矿露转井项目、罗河一期 500 万吨/年扩能技改工程实现重负荷联动试车；姑山矿钟九项目建设进展基本顺利；罗河红矿高效回收技改工程、高村铁矿存量围岩高效循环利用骨料线 B 模块工程建成投用；张庄矿超级铁精粉生产线正式开工。

【管理效能】　完善运营管控架构。落实宝武资源关于境内矿山板块按照纺锤体模型构建"总部-区域公司-矿山生产单元"三层管理架构，做实区域公司运营管理功能的要求，对各单位运营架构进行调整，"精干、高效、专业化、扁平化"要求有效落实。总部及各单位部门、车间、工段、班组分别精简 26.7%、26.9%、39.5%、32.7%，管理人员职数精简 13.4%。推行采购集中管理，优化采购流程、提高效率、降低成本。实施营销集中管理，实现区域内资源共享、市场协同，提高市场应变能力。

推进治理能力建设。全面推进国企改革三年行动方案落实，建立董事会向经营层授权的管理制度，制定《董事会授权管理制度》以及《董事会授权决策方案（试行）》，努力构建权责法定、权责透明、协调运转、有效制衡的公司治理机制；完善经理层成员任期管理，经理层经营管理作用有效发挥；结合马钢矿业下属子分公司机构设置、资产规模及行权能力等要素，"一企一策"开展子分公司授权放权工作，提高决策效率和质量。

不断深化专项管理。健全对标找差机制，发布对标指标体系，推进实施 10 项专业族群 26 项对标提升任务，推动公司对标世界一流管理提升。深入推进"五星矿山"建设，南山矿、张庄矿获得宝武资源首批"五星矿山"称号。不断完善全面风险管理体系，落实党委防范化解重大风险政治责任，强化重大重要风险管控，全面发挥党的领导在防范化解重大风险中的重要作用。全年各项重大风险总体可控，未发生重大风险事件。

【人力资源管理】　制定实施员工与企业协商一致解除劳动合同离岗休息和自主创业等离岗政策，通过政策性离岗、自然减员、业务整合与回归等方式，在岗人员优化 8.59%，协力人员优化 17.46%。统筹推进管理、技术、技能人才队伍建设，大力开展干部交流任职，强化干部契约化理念，全面推行任期制管理。实施岗位体系优化，完成各单位管理类、技术业务类、操作维护类人员的岗位聘用优化工作，畅通员工职业发展通道。实施薪酬体系改革，推进薪酬体系一体化、薪酬激励科学化、薪酬标准市场化和薪酬发放规范化，构建以体现岗位价值为核心的统一薪酬体系并全面切换。深化协力管理变革。落实中国宝武、宝武资源关于加速推进协力管理变革工作总体要求，制定协力"一图一表两清单"，发布《协力管理办法》《协力人员准入标准》等 5 项管理制度，全年"两度一指数"指标分别达到 90.5%、96.05%、97.18%。加快推进罗河矿"无协力矿山"试点、张庄矿井下"无人采矿"试点工作，制定工作方案并启动实施。

【安全环保】　安全形势基本稳定。牢固树立"以人为本、生命至上""安全 1000"等安全理念，完善安全管理体系基础，构建安全管理"制度、责任、标准、教培、防控、评价、文化"七大体系；落实"三管三必须"要求，修订发布《全员安全生产责任制》，建立全员安全责任清单。加强安全制度建设，修订发布 21 项安全生产管理制度。强化双重预防机制有效运行，建立危险源动态分级管控清单和主要领导包保责任清单，公司一级以上危险源（点）全部处于受控状态。落实"四同"理念，协力供应商安全管理整体水平不断提升。推进"3D"智慧制造，扎实推进"机械化换人、自动化减人"，操作远程集控化、现场无人化或少人化取得新成效。加大安全投入，全年安排安措项目 178 项，投入资金 1.97 亿元治理安全隐患、提高本质安全。

环保责任有效落实。矿山服务公司、材料科技公司能源环保体系通过第三方认证审核。积极主动推进长江大保护，制定长江大保护项目清单，8 个项目加快推进。深度融入向山地区综合治理，推动生态环境治理项目与资源保障产业有效融合，结合向山生态修复 EOD 项目实施矿区绿化美化、生产工艺提升等七大类 49 个项目，尤其是高标准建成凹山地质文化公园，取得良好的环境效益、社会效益。推动环保问题整改，针对中国宝武、宝武资源等各级环保督察检查发现问题清单，持续开展环保风险整改，确保环保风险受控。2022 年环境污染事故为零、环保行政处罚事件为零。

能源双碳管理扎实推进。能源绩效持续改善。全年万元产值能耗 0.191 吨标准煤，较年度目标值下降 24.8%。落实双碳管理，助力节能降碳，实施凹山选矿厂低碳环保高产降耗技术研究与应用、罗河矿淘汰落后机电设备、张庄矿智慧节能照明系统改造等项目；推进清洁能源开发，完成张庄矿生活区分布式光伏发电并网运行及尾矿池 40 兆瓦光伏项目建议书编制。南山矿城门峒尾矿库闭库工程全面完成并完成清洁能源开发项目建议书编制工作。

【群团组织】　组队参加中国宝武第三届职工技能竞赛并取得良好成绩，并成功承办铁矿石磨选操维智控技能竞赛。聚焦安全生产、增产增效、运营改善、极致低碳，组织开展 5 个专项劳动竞赛。全面推进职工岗位创新和价值创造，常态化开展我为企业"献一计"活动，共收到职工献计 5229 条。

扎实开展庆祝建团 100 周年"六个一"系列活动，引导团员青年坚定理想信念跟党走深化青年"双五小"活动品牌，组织实施 118 项"双五小"项目，助力安全生产、重点工程、成本管理、精益工厂创建。以"青年岗位建功行动""青安杯"竞赛活动为载体，有效发挥了青年生力军作用。

充分发挥文体协会作用，举办马钢矿业首届职工健身运动会。关心关爱职工，2022 年完成"三最"项目 108 项，慰问困难职工 2047 人次，帮困慰问金额总计 119.81 万元。

（戴　虹）

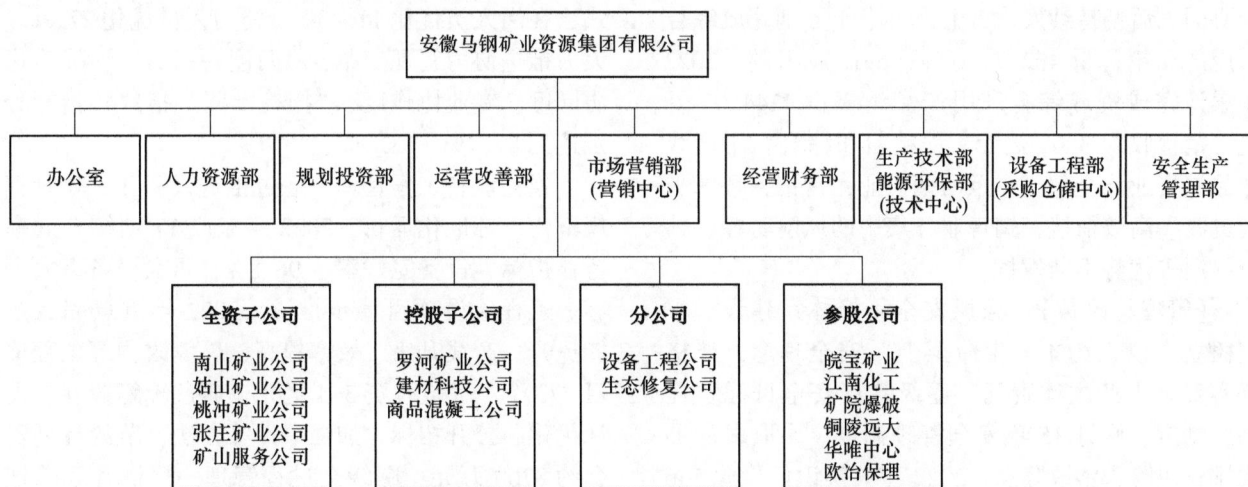

图 4　安徽马钢矿业资源集团有限公司组织机构图

·安徽马钢矿业资源集团公司子公司·

南山矿业公司

【主要经济技术指标】　2022 年，南山矿业公司全年生产铁精矿产量累计 320.13 万吨，创建矿以来的历史新高；铁精矿销售量 320.58 万吨，实现产销平衡；营业收入 31.65 亿元，实现利润总额 7.93 亿元。凹选、和选和东选综合尾矿品位从 9.15% 下降至 8.03%，回收率从 64.16% 提升至 68.15%，实现增产 19.69 万吨。

【生产经营】　有效管控降本增效。牢固树立"一切成本皆可降"的理念，构建精细化成本管理体系，从"三个维度""四个步骤"抓好预算的有效落实。全年围绕月度预算目标和生产经营实际，以"三降两增"为指引，以月度成本削减专题分析为抓手，强化"五大计划"项目管理，从源头治理，有效发挥对财务预算的支撑作用和成本费用的管控作用。推进成本削减项目化，2022 年策划削减项目 22 项，完成成本削减 1.96 亿元。建立赛马机制，量化成本削减考核兑现，极大调动基层的降本积极性，2022 年自产铁精矿制造成本 370.93 元/吨，较 2021 年同期下降 94.3 元/吨，下降幅度达 20.3%。首次开展东选产线处理不同类型的加工矿，摸索确定不同混矿加工的合理配比，建立不同市场下加工矿的边际效益测算模型，为后续业务开展积累经验。

市场拓展助力绩效。铁精粉产品全年在保供马钢股份的前提下，以及马钢股份上下半年需求量严重不平衡的情况下，积极开拓外部市场，在与多家长协客户保持战略合作的同时，陆续开发十余家优质客户。铁精粉产品销售通过公开招标、市场化运作的模式，2022 年实现销售量 320.58 万吨，实现产销平衡。资源综合利用产品销售在受到新冠病毒疫情、强降雨天气、物流道路、高温限电等不利因素影响下，通过开发和采围岩销售新模式和加强产销协同，后期持续发力，上、下半年分别完成综合利用产品销售量 452.73 万吨、691.34 万吨，2022 年累计完成资源综合利用产品销售量 1144.07 万吨，销售收入 3.61 亿元。铁精粉和综合利用产线产品销售业务全部集中至马钢矿业，营销各环节平稳过渡、高效衔接，销售业务集中的风险防控、共同寻源等优势不断发挥。

【管理与改革】　强抓安全管控体系建设。牢固树立"以人为本、生命至上"安全理念，严格落实安全生产主体责任，逐级签订安全目标责任书，制定、修订 15 项安全管理制度。采取多种形式排查风险、整改隐患，2022 年共辨识危险源 546 项、各类隐患与问题 1093 项，整改率 100%。创建全国安全示范班组累计达 12 个，增强最基层细胞的安全能力和活力。以安全标准化为主线，强化双重预防机制有效运行，全年安全生产态势平稳，安全绩效达到预期目标。

坚持环保治理绿色发展。以马鞍山市向山地区生态环境综合治理 EOD 项目为契机，南山矿完成以凹山地质文化公园为标志的生态提升项目 30 余项。针对"扬尘、拥堵、安全"三类突出矛盾，组织专业管理队伍进行道路综合治理行动，持续改善矿区出行条件。实施南山区域物流改善计划，狠抓"源头治超"，实现物流与居民生活区分离，矿区面貌焕然一新。

落实组织管理变革。南山矿公司管理组织架构 2.0 版本平稳运行，部室数量全年减少 40%，车间数量减少 36.4%，工段数量减少 35.5%，进一步提升管理水平和协同效率。深入推进"五星矿山"建设，构建具有南山特色的"五星矿山"创建模式并取得明显成效。建立定期协调和专题协调机制，积极发挥南山区域内各公司的协同效应。全面提升合规治企能力，建立健全公司制度树，确保公司运营的安全高效，全年各项重大风险总体可控。

人力资源管理不断深化。完成定岗定编及岗位职级切换与聘用工作，构建以体现岗位价值为核心的统一薪酬体系并全面切换。强化职工培训工作，466 人参加 19 个工种的技能等级提升培训，42 人外出参加中国宝武"一线员工全员培训"，开展"八工种"技术比武，以赛促训，强化技能，共培训 88 次，理论强化培训 3192 人次。完成为期三年的"青匠工程"，200 余名青年参与。推进人力资源优化，通过政策性离岗、业务整合与回归等方式，在岗人员优化 11.43%，协力人员优化 27.8%。大力推进协力管理变革，"两度一指数"（战略化协同度、专业协作度、"操检维调"指数）指标分别达到 87.1%、91.9%、93.7%。

强化设备工程管理。通过推进设备 TnPM 管理规范化、标准化运行，2022 年完成 17 项综合效率考核指标，设备完好率达 96.8%，重大设备事故为零。工程建设项目稳步推进，2022 年重点完成产能提升、产线升级、效率提高、环境改善等工程项目 273 个，完成投资 3.4 亿元，通过统筹兼并、设计优化、公开招标、加强审计等方法，节约计划资金约 8700 万元；围绕全过程管理，严格各环节把关，实现规范和效率并重，超投资、超工期情况大幅减少。物资保供坚持阳光采购，控制合理库存，全年上网采购率达到 100%，采购成本进一步降低。

【可持续发展】　后备资源开发项目积极推进。围绕"基石计划"重点难点攻关，主动加强与省、市政府以及行业协会沟通对接，高村铁矿三期技改建设工程项目取得突破性进展并列入国家、省、市重点铁矿项目，完成高村三期技改项目环评审批工作，目前项目核准已获批复，正着手进行相关土地报批工作。和尚桥铁矿初步设计境界变更项目积极推进，已完成项目生产爆破安全影响论证、可行性研究报告、终了境界边坡稳定性研究及安全预评价编制及专家评审。生产技术中心顺利投入使用。和尚桥铁矿围岩综合利用干选技改工程、城门峒尾矿库闭库工程、海冲尾矿库销号工程、新特钢场平项目等工程完成。同时，凹山选矿厂一、二系列球磨高效节能更新改造、精矿大棚改造项目、南山矿区物流畅通工程等项目正按照计划稳步推进。

智慧创新不断完善。制定并下发《职工岗位创新活动管理办法》，建立覆盖全员的职工岗位创新平台激励体系。深入推进智慧制造。生产计划执行系统（MES）、采购供应链系统（PSCS）、成本管控系统全面上线运行。启动智慧管控中心建设，成立信息化（智慧制造）办公室，全面牵头开展各类智慧项目。不断完善采选工艺的自动化系统，实施"和尚桥选矿厂物料小车无人化"项目、变电所电力集控、18所水泵房集控、设备状态监测应用等项目，2022年无人化指数提升至62.9%，集中化指数提升至65.2%，智慧矿山建设取得新成效。

创新创效广泛开展。围绕重点工作和突出难题，开展"和尚桥铁矿生产一体化管控研究"等34项研发项目并结题验收。2022年获得授权专利62项，国际授权专利4项，6篇论文在第十一届冶金行业论文评选活动中获奖。充分发挥矿山工匠基地和8个创新工作室作用，深化岗位创新创效和价值创造，"贫铁矿石资源高效分选技术研究及应用"获得中国宝武技术创新重大成果二等奖，4名职工创新创效成果分获中国宝武二等奖和三等奖。常态化开展我为企业"献一计"活动，共收到献计2087条，其中15条职工献计获得中国宝武、宝武资源、马钢矿业金、银、好点子。

【党群工作】　党建引领不断强化。夯实党建基础，建立党建工作责任清单，明确关于党委、党支部、党员三个层面党建工作责任和相关要求；根据公司变革对4家基层单位分支部进行优化设置，指导3家基层单位开展换届工作；深入推进党支部"党建+"特色品牌创建工作，召开"党建+"创建成果发布会，10家优秀成果在"七一"表彰座谈会上进行颁奖；推进党员登高计划在全体党员中全覆盖；常态化开展党员主题活动，持续深入开展党员安全"两无"活动。

宣传思想工作扎实有效。重点学习贯彻习近平新时代中国特色社会主义思想和党的二十大精神，开展"学习二十大 奋进新征程"主题感悟大家谈，发放《习近平谈治国理政》第四卷等学习材料200余本。关闭南山宣网平台，进一步强化意识形态工作的责任落实。对高村、和选、凹选、铁运、南山大道等区域50多处企业文化标识牌不规范的内容

落实整改。对生产经营、重点工程建设、"最美南山人"、凹山地质文化公园、降本增效、职工健身运动会、职工技能竞赛等加以系列宣传，外发稿件120余篇，2022年累计发送各类新闻500余篇。协助市委宣传部完成对凹山大会战亲历者陈本圣人物专访，配合市文联开展向山地区生态修复《向山向美》报告文学集采访工作，对生态修复公司职工张先昂一家"祖孙三代矿工接续奋斗"进行主题访谈，扎根矿山、接力奉献的"矿三代"被评为"马鞍山好人"。

群团组织作用积极发挥。围绕全年生产目标，组织开展铁精矿合规增产等5项专项劳动竞赛，极大地调动职工的积极性、主动性。加强青年人才培养，深化"青安杯""双五小"活动品牌，组织实施45项"双五小"项目，助力安全生产、重点工程、成本管理、"五星矿山"创建。

"三有生活"水平不断提升。开展南山矿第三届职工健身运动会，组织并参加马钢矿业第一届职工健身运动会，在取得优异成绩的同时，展现南山职工良好的精神风貌。开展"我为职工群众办实事"活动，完成职工食堂改造、区域环境整治等58项办实事项目，完善代塘体育场、南山大道景观带等环境提升项目，为向山EOD项目增光添彩，矿镇共建共享的良好局面赢得社会面广泛赞誉，职工幸福感、获得感不断增强。

（李先发）

姑山矿业公司

【主要经济技术指标】　2022年，生产成品矿186.24万吨，综合利用产品53.04万吨，营业收入16.77亿元，利润1.65亿元（含和睦山铁矿资产减值0.73亿元），净资产收益率4.56%，上缴税费1.15亿元。

【安全管理】　完善"13223"安全管理体系，落实安全生产责任。完善双重预防体系，夯实安全管理基础。开展危险源辨识与风险评价工作，共辨识危险源（点）2206条，各级危险源都处在可控受管状态。开展各项安全检查工作，查出隐患3332条，各类安全考核共计89.64万元，约谈3个项目部，通报13人，禁入7人，定期开展隐患整

改分析会，从根本上减少隐患数量。

落实应急管理和安全投入，提高应急处置能力。实施安措项目 49 项，累计投入资金 3082.6 万元，有效改善现场作业环境，促进本质安全；组织青山尾矿库防汛抢险、钟九项目部冒顶片帮、白象山井下火灾等各类综合、专项、现场处置演练 41 场次，完成尾矿库"一库一策"安全风险管控方案。持续推进白象山铁矿突水事故情景构建，完成情景构建总体构架、方案编制及岗位情景构建标准编订工作。

强化属地管理，确保协力安全。依据协力管理"18 项举措 56 个要素"要求，坚持"四同"理念，将属地相关方纳入本单位安全管理体系中。全年协力单位骨干人员流动率控制在 10% 以内，全员流动率控制在 15% 以内，有效地保证协力区域体系有效运作，提升协力安全管理水平。

加大安全监管力度，优化安全管理模式。为严格落实"三管三必须"，建立《安全履职评价管理办法》，有效地提高全员安全履职质量。安监站全年查找隐患违章总计 2878 余条，开展培训超过 3321 人次，促进各单位和相关方的安全管理成效。优化现行安全管理模式，将 30 名成熟安全监管人员调配到生产一线，全力保障安全生产。

【环保管理】 按照中国宝武"三治四化"要求，积极落实长江流域环境保护总体规划，严格执行排污许可制度管理，做到"持证排污、按证排污、自证守法"，加强环保合规性管理，严控各类环境风险。落实《姑山矿业有限公司环保三年整治行动计划》，实施龙山选厂雨污分流改造工作，开展矿区水平衡调研工作，为后续提高水资源循环利用率打下基础。

【生产管理】 在和睦山产线方面，加强生产勘探，保障可采矿量。针对不同原料，实施柔性组产。对闲置的红矿磨矿及选别工艺流程进行改造，改造后生产加工南非 PMC 粉矿台时能力达到 35 吨，红矿磨选系统的闲置产能实现拉满。在白象山产线方面，针对矿体复杂多变情况，加强矿体、矿岩边界探查，为采掘设计提供精确指导，保障采掘计划有序落实，做到精准回采。

【新矿山建设】 姑山铁矿露转井项目稳步推进。井巷工程方面积极应对极其复杂的水文地质条件，完成 29 个掘进段的帷幕注浆探治水处理和 5 个工程水文地质条件复杂段止浆墙抢险应急处置，

实现安全掘进 1332.8 米。地表工程方面完成副井井筒装备总工程的收尾工作；完成主副井工业场地道路及硬化、绿化、总图防洪堤工程、智慧指挥中心工程现场大临及试验桩基施工。电气设备安装方面完成副井提升系统、空压机站、智能供配电和井下 5G 基站的安装及调试工作；完成井下振动放矿机及 -350 米主运输线路安装调试，11 月完成溜井放矿至地表碎矿系统的带负荷联动试车工作。

钟九铁矿项目安全有序建设。钟九铁矿合理组织、科学施工，克服复杂水文地质条件，顺利完成主副井贯通、风井井筒掘砌到底标志性节点工程。开展技术研究工作，克服交岔点、大断面硐室的支护难题，安全高效完成中央变电所、水泵房、水仓等井巷工程掘支 3172 米。地表工程方面完成地表沉淀池工程勘察，总图规划及选厂工艺、总体布置论证，有力推动钟九铁矿地表工程建设。完成主副井提升机、筛分破碎机、井下中央变电所和水泵房相关设备的选型采购，为提升系统、排水系统、供电系统的智慧化建设提供设备支撑。

【精益管理】 1. 管理变革。通过协商一致解除劳动合同政策、退休减员、新项目人员转移、推进智慧矿山建设、井下机械化换人、协力业务回归、业务整合等举措的实施，在岗人员优化 10.02%，同口径协力人员优化 11.52%，完成上级公司下达的目标。通过工序承包，岗位优化调整，协力业务界面更加清晰，彻底解决涉及 11 个工序、219 人的"插入式"混岗问题；开展岗位体系优化，完成 3 个序列的岗位聘用工作；完成薪酬体系的平稳切换；落实中国宝武、宝武资源、马钢矿业关于加速推进协力管理变革工作要求，发布《协力管理办法》，2022 年"两度一指数"指标分别达到 81.53%、90.47%、90.47%，完成年度任务目标。

2. 科技创新。"宁芜式铁矿高效分选与绿色球团技术开发与应用"分获冶金行业、冶金矿山科技进步二等奖、三等奖，"金属矿井尘源产尘规律研究与粉尘危害防治技术开发"获中国安全生产协会第三届安全科技进步三等奖；授权专利 29 项，其中发明专利 4 项；申报论文 23 篇，发表 10 篇；成功申报国家高新技术企业和马鞍山市企业技术中心。

3. 设备管理。以抓主体设备安全运行、建设及检修施工安全为主线，以各项检查、评比、整改、考核为管控手段，为生产顺行提供强有力的保

障。主体设备（生产线）重大及以上设备事故为零，12台A类设备综合效率超过目标；主体设备甲级维护率达到99.60%，故障停机率0.80%，计划检修兑现率100%。库存由年初813.76万元降至年末410.97万元，机旁备件由最高7月2264.35万元降至年末1405.77万元。通过开展红旗设备评比活动，持续改善主体设备维护保养质量。全面加强工程质量管理，做好隐蔽工程验收，全年工程质量合格率100%。

4. 智慧制造。白象山铁矿主副井集控优化研究项目，其中副井信号系统跟罐设备的安装与主副井集控系统完善，实现集中控制，副井信号跟罐操作目标，减少操控点；和睦山产线自动化升级技术研究项目，中控室、磁矿磨选系统自动控制的应用，实现系统远程集控。2022年完成13个智慧制造项目，投资3167万元，减少37个操控点，减少95人。公司无人化指数41.9%，提升13.1个百分点；集中化指数40.0%，提升19.6个百分点。

【精神文明建设】 1. "三基"建设。深入开展党的二十大精神学习宣贯工作，2022年共召开党委理论学习中心组学习会8次，开展领导联系基层调研讲党课16次，开展各类主题党日活动90余次。深入开展"党建+"特色品牌创建活动，党支部结对共建活动有序开展，共有8个党总支、支部参加品牌创建，12个基层党支部参加结对共建。

2. 青工活动。组织实施52项"双五小"项目，增强青工创新创效能力，助力安全生产、重点工程、成本管理、精益工厂创建。以"青年岗位建功行动""青安杯"竞赛活动为载体，有效发挥青年生力军作用。

3. 劳动竞赛和技能竞赛。成功承办中国宝武第三届职工技能竞赛铁矿石磨选操维智控竞赛，取得了第二名、第五名好成绩。参加马钢矿业首届职工健身运动会，取得了3金、1银、2铜，总积分第二的好成绩；积极组织拔河、徒步等多种形式职工文体活动，丰富职工业余生活。扎实开展送温暖献爱心活动，落实职工"三最"实事23项。

4. 综治管理。在矿区周边疫情形势较为复杂的情况下，组织42次全员核酸检测，实现全员100%疫苗接种，圆满地完成新冠病毒疫情防控工作。强化矿区禁毒、消防、门禁及重点部位的管理，妥善处置各类矛盾纠纷，确保矿区和谐稳定。

（张红莲）

张庄矿业公司

【主要经济技术指标】 2022年，完成矿岩总量610.94万吨，生产成品矿191.1万吨，其中铁精矿167.35万吨（回购铁精矿4.02万吨）、块矿23.77万吨，建材211.13万吨，加气块11.18万立方米，加气混凝土板材3770立方米，实现营业收入16.89亿元，利润总额8.17亿元，各项税费3.24亿元，全面完成年度生产经营目标任务。

【生产经营】 围绕全年生产任务目标，科学编制生产计划，坚持避峰就谷，努力克服疫情反复及高温"双控"限电，柔性组产，保障采充平衡，促进采选、产销双联动，确保年度生产任务顺利完成。设备系统高效运行。严格落实《设备三重预防机制办法》，不断深入推进TnPM管理。全面加强设备预防性维护和隐患排查治理，建立设备全生命周期管理台账，实现主体设备零事故，保障全系统"安、稳、长、满、优"高效运转，为生产稳定顺行提供设备保障。全力保障产销平衡。面对疫情反复及淮河枯水期等不利因素影响，积极加强与马钢物流对接沟通，及时启动应急预案，确保张庄精保供顺行；主动对接周边客户，深挖市场潜力，拓展并维护4家新客户，确保建材产品销售平稳有序；材料科技公司在巩固现行经销商现金购销合作方式的基础上，积极参与大型建设项目招投标，主动对接终端市场。

【安全环保】 严格落实全员安全生产责任制。牢固树立"以人为本、生命至上""安全1000"等安全理念，切实按照"党政同责、一岗双责、齐抓共管、失职追责"的总要求，明确全员安全生产工作责任，规范班组建设，明确班组会"三讲"、现场"三问"、落实"三互"，重点强化管理人员进班组、岗位日巡检、领导安全课堂等措施落地实施，强化员工安全意识，落实安全管理主体责任。加强风险管控，隐患排查治理。完善风险分级管控体系建设，落实风险分级管控全覆盖；做好重点隐患排查治理，挂牌督办，坚决落实上级检查隐患整改，持续开展全员参与隐患排查与治理活动；2022年累计开展、迎接各类安全检查93次，并严格按照整改计划和要求，强化安全风险自主管控、隐患排查治理和日常自查自纠，落实隐患整改工作，确保全年安全"零"事故。落实主体责任，打造本质环保。始终按照"二于一人""三治四化"的环保工作原则和要求，严格落实环保主体责任，定期开展污染源及环境质量监测；全面加强危险废物产生、收集、运输、贮存、转移全过程的规范化管理；加大环保检查力度，积极推进环保检查隐患整改，消除环保隐患；重点关注技改和新建项目的环保前置条件，严格执行建设项目能源环保"三同时"制度，全年环保"零"事件。

【技术创新】 技术创新成果突出。强化技术研发攻关，实施6项技术研发攻关项目，高阶段矿房连续装药爆破工艺研究，提高爆破装药自动化程度的同时降低了安全风险；高梯段溜井工艺技术优化研究，延长溜井使用寿命的同时保障了矿石高效回采；尾矿综合利用处理研究，提高磁性铁回收率的同时显著降低湿尾矿磁性铁含量；球磨机钢球配比优化研究与应用，提高球磨机有效容积，实现球磨机运行负荷降低，技术研究创新进一步提振公司发展动能。智慧制造进展迅速。一键充填系统升级改造，实现絮凝剂制备无人化、智能化视频联动，减少现场作业人员；引进掘进面装药台车，实现掘进面装药机械化，大幅减少掘进面装药时间，降低安全风险和劳动强度；精矿智能抓斗一键操控系统研究与应用，改善员工作业环境，降低劳动强度，实现人力资源优化，取缔部分"3D"岗位。2022年张庄矿无人化指数提高至64.49%，集中化指数提高至70.48%，智慧制造水平进一步提升。知识产权收获颇丰。组织开展知识产权贯标，并成功通过知识产权管理体系认证；鼓励专业技术人员主动参与知识产权建设，积极推动科研项目成果转化，加大公司知识产权申报工作力度，2022年成功受理专利16项，其中发明专利8项，实用新型8项；授权专利16项，其中发明专利9项，实用新型7项；参与1项国家标准《金属非金属矿山充填工程技术标准》（GB/T 51450—2022）起草发布；共发表科技论文6篇；顺利获批安徽省铁矿绿色安全高效智能采选工程研究中心。

【企业管理】 成本管控持续高效。以强化"五大计划项目"管理为主要抓手，实行成本费用项目化管控，强化项目核销、费用归集，做好成本预警及分析管控工作；围绕成本削减10%的年度目标，制定7项具体成本削减支撑项目，明确责任主体，细化保障措施；加强预算过程管理，强化跟踪分析，狠抓成本费用指标分解，确保预算保障措施落实；积极参加中国宝武、宝武资源专项劳动竞赛，上半年度获评宝武资源"降本优秀实践单位"，年度获评中国宝武"成本削减竞赛优胜单位"、专项劳动竞赛"综合优胜单位"。管理变革初见成效。实行大部制统一管控，解决管理机构多、管理链条长等问题，综合管理效率和协同保障能力得到大幅提升；优化产线、合并工种，践行操检合一、工序协同管理要求，实现产线流程再造、生产指挥扁平化，运营管理效率显著提升；销售、采购集中管控，充分发挥区域协同效应，助推客户资源共享与采购合规化管理；协力管理变革有序推进，以协力方"四率"测评体系为抓手，完善协力管理和评价体系，不断提升协力队伍素质和管理水平。体系建设进一步完善。修订完善"三重一大"管理办法和决策事项清单，严格执行"三重一大"事项党委会前置研究程序，防范决策风险；以推进制度树建设为契机，积极稳妥推进制度建设和制度创新；顺利推进并完成质量、安全、环境、能源等管理体系贯标，保障体系良好运行，助推企业治理能力快速提升；做好全面风险管理工作，制定行之有效的工作措施，应对风险，有效助力公司持续、健康、稳定发展。积极争取国家政策。主动争取政策性奖补资金，实现各类政策奖励、税费返还补助资金总计1.42亿元，其中各类奖补资金256.7万元，循环化改造奖补资金1309.5万元，享受高新技术企业税收优惠1.24亿元，研发费用加计扣除261.7万元。

【党群工作】 扎实开展思想理论学习。深入学习贯彻习近平新时代中国特色社会主义思想和党的二十大精神、习近平总书记考察调研中国宝武的重要讲话精神，全年共组织中心组理论学习9次。推进党建工作深度融入中心工作、服务改革发展大局，助推党组织全面进步、全面过硬。人才队伍建设不断加强。坚持德才兼备、以德为先，树立正确选人用人导向，突出政治标准，健全科学选人用人机制，全年累计提拔管理人员7人，交流专业技术人员15人次，新进应届大学毕业生10人，其中4人为硕士研究生，材料科技公司新进正式员工64名，初步缓解了人力资源配置不足的矛盾，人才队伍质量和结构不断优化，人力资源储备更加充实。全面加强人力资源管理。顺利实施岗位层级体系切换，完成管理类、技术业务类、操作维护类人员的岗位聘用优化工作，畅通员工职业发展通道。推进薪酬体系切换，统一张庄矿薪酬体系，推动了公司薪酬体系一体化。员工教育培训扎实开展。按计划组织实施教育培训工作，以"职工大讲堂"为载体，实施特色培训。一年来，积极参加上级培训项目 34 项，自主组织培训项目 376 项。网络培训实现全员覆盖，管理岗和技术业务岗人员完成率177.33%，操作维护岗人员完成率 172.12%，网络培训达 27269.5 学时。全员共建共享深入推进。结合区域内政策，推动张庄矿全员实施企业年金计划，并完成职工企业年金缴费基数、比例调整和补缴工作；完成职工之家创建，职工健身房、儿童娱乐区、瑜伽室等多样化功能区陆续投用，进一步提升员工幸福感、获得感，坚持将发展成果惠及职工，公司的凝聚力和向心力不断增强。

【荣誉】　2022 年，积极参加中国宝武、宝武资源专项劳动竞赛，上半年度获评宝武资源"降本优秀实践单位"，年度获评中国宝武"成本削减竞赛优胜单位"、专项劳动竞赛"综合优胜单位"；积极推进"五星矿山"创建，张庄矿获得宝武资源首批"五星矿山"称号；材料科技公司顺利取得安徽省新型墙体材料证书。张庄矿 2 人荣获中国宝武"铜牛奖"，1 人荣获马钢矿业"金牛奖"，2人荣获马钢矿业"银牛奖"；6 人荣获马钢矿业"铜牛奖"；张庄矿荣获马钢矿业 2022 年度先进单位荣誉称号。

（梁　炜）

矿山科技服务公司

【概况】　2022 年，矿山科技服务公司坚持以习近平新时代中国特色社会主义思想、党的十九大和十九届历次全会精神、党的二十大精神为指导，深入学习贯彻习近平总书记考察调研中国宝武的重要讲话精神，全面整合融合、强化精益运行，加快转型发展，为矿山科技服务公司高质量发展交出一份满意答卷。

【重点经营情况】　2022 年生产铁精粉 16 万吨，硫精砂 11 万吨，综合利用产品产量 120 万吨；实现营业收入 3.25 亿元，利润总额 3845 万元，EVA 全年完成 1612 万元。实现年度下达商业计划书的各项任务要求，为完成三年任期目标奠定坚实基础。

【党群工作】　成立党委、党委办公室和党委组织部，完成 7 家党支部设立，成功召开矿山服务公司第一次党代会；做好宝武资源巡察办、马钢矿业党委联合专项巡察与内控审计工作；建立健全决策管理体系，制定发布《"三重一大"决策实施办法》《党委会会议管理办法（试行）》《总经理办公会议事规则》。

加强"三基建设"，规范党内组织生活，巩固深化主题教育成果，使党的组织生活从"有形"走向"有效"。参加中国宝武第三届职工技能竞赛并取得良好成绩；开展"安康杯"竞赛、绿色节能减碳百人签名和绿色低碳征文活动；广泛开展技术攻关、岗位创新创效以及职工技术培训，筹建创新工作室，常态化开展我为企业"献一计"活动；开展夏送清凉冬送温暖慰问工作和以做好党的二十大信访安全保障工作为主线的信访维稳专题培训。

【技术创新】　获得安徽省高新技术企业认证；能源环境管理体系通过第三方认证审核；智慧销售服务平台新功能上线。

【重点工程】　原料货场环保提升项目提前完工；圆筒仓建设项目，已全面投产；选硫工段环保及产品质量整体提升项目稳步推进；干选一工段货场环保升级技改工程，年底前完工并投入使用。

【安全环保】　生产安全零事故，环境污染零事件。宝武资源、马钢矿业环保督察发现问题 31项，全部按计划整改完成，持续开展环保风险排查整改。

对接中国宝武安全管理体系规范，制定能源管理制度 4 项，修订完善能源环保责任书、安全管理制度 7 项，建立健全能源环保组织机构，聘请环保管家，持续完善能源环保管理体系。全力推进安全标准化建设、双重预防机制建设，建立健全职业健康各项管理制度、重大重要风险管控机制，将风险分级管控和隐患排查治理，纳入年度绩效考核。扎实开展安全生产专项整治、危险化学品使用等专项行动，围绕"安全月"主题，积极营造知法守法浓厚氛围，筑牢安全生产底线。在岗职工接受安全教育合格率 100%，班组安全标准化建设、精益现场管理稳步推进。被评为马钢矿业 2022 年度安全生产先进单位，干选三工段铲车班被评为中国宝武

"安全1000"班组。

【智慧制造】 全面推进传统生产管理和操作方式革新，实施各产线基础自动化升级改造、生产系统集中操控等项目。

【绿色发展】 聚焦"双碳"战略和南山规划部署，强化工序节能减耗力度，对铁精粉产线三段磁选、干选一工段二系、选矿工段和干选一工段配电房工艺进行改造升级。

以资源回收、节能减排与环境保护并重为硬性指标，对闲置废旧捞砂设备进行修复再利用，积极推进选硫工段环保及产量整体提升、原料货场环境整体提升、现场作业区域环境改善等项目。

【深化改革】 落实宝武资源管控模式2.0版，完成运营管理架构调整及评估工作。完成制度树建设，共修订发布管理制度51项。

人事效率提升成果显著，正式员工由2021年末867人优化为2022年末646人；协力人员由2021年末259人优化为2022年末143人，均完成马钢矿业年初下达的商业计划书任务目标。

协力变革成果持续推进，"两度一指数"实现目标要求。2022年"两度一指数"分别达到战略协同度87.02%、专业协同度90.47%、操检维调指数87.02%。公司被评为马钢矿业2022年度协力管理优秀单位。

（于　腾）

· 安徽马钢矿业资源集团公司控股子公司 ·

罗河矿业有限责任公司

【概况】 2022年，罗河矿业有限责任公司在中国宝武、宝武资源、马钢矿业的正确领导下，围绕亿吨宝武大资源保障体系建设，沉着应对错综复杂的疫情形势、高温限电等多重考验，上下同欲、沉着应对，圆满完成了铁精矿和块矿挑战目标，实现经营绩效和发展质量双提升。

【主要经济技术指标】 2022年入磨原矿318.89万吨，生产成品矿163.27万吨，超计划6.6万吨（其中铁精矿109.99万吨，硫精矿30.72万吨）。实现营业收入13.43亿元，利润总额5.20亿元，净利润4.44亿元。

【生产经营】 2022年，生产组织均衡高效，产品质量持续受控。在生产管理上，修订完善《块矿生产运营管理办法》等制度，进一步规范组织协调，强化动态管理，智慧指挥中心运行更加高效。重新规划二、三系列组产模式，实现两个系列与三个系列生产的高效衔接。在春节、高温限电、党的二十大会议等特殊时期，科学编制组产、保产方案，灵活应变，配合开展设备检修，确保生产均衡稳定，减小对生产任务的影响。在生产组织上，精细部署、高效协同，不断追求极致的生产效率。罗河铁矿应用挤压爆破、预留护壁矿柱等创新技术，加强生产工序精细化管理，开展溜破系统技改攻关，不断提高采矿产线效率。2022年主井提升量完成计划105.09%，主井提升综合效率达到90.42%，优于目标值7.42个百分点。罗河选矿厂持续开展主体设备技术攻关，深入推进智慧制造项目应用，球磨机台时能力再度提升，铁精矿产量同比增加4.08万吨，中碎机处理能力830.20吨/小时，同比提高19.88%，一段球磨机综合效率86.00%，同比上升7.38个百分点。在产品质量管控上，强化全流程指标控制，紧盯关键工序，实行采场出矿计划兑现率"日报告"制度，减少出笼原矿品位波动；严肃选矿工艺纪律，强化工序指标检查与考核，不断稳定产品质量，提高资源回收率。2022年铁精矿品位67.33%，班次合格率同比提高10.95个百分点；硫精矿品位41.74%、铜精矿品位17.48%。在经营绩效上，铁精矿单位制造成本为337.38元/吨，同比下降30.25元/吨，降幅8.23%，营业收入超预算值2.03亿元，超幅17.79%，利润总额超预算值0.50亿元，超幅10.68%。

【安全生产】 认真贯彻"安全1000""违章就是犯罪"理念，牢牢守住安全底线。按照"党政同责，一岗双责，全员履责"的要求，制定发布《安全生产责任制》《安全管理履职清单》，扎实开展协力单位安全生产"包保"责任制工作，领导班子成员深入产线调研，直面一线安全生产难点，全面掌握安全动态。持续强化风险管控和隐患排查治理，扎实推进全员风险辨识工作，辨识各类危险源1643项；累计开展各类检查152次，落实隐患整改1263项；迎接国家矿山安全监察局、国资委、中国宝武等政府部门和上级单位检查、视察45次，完成各类问题和建议整改83项，双重预防体系有效运行。持续开展职工安全教育培训，累计开展安全教育培训75场，共计763人次，"三项岗位"人员取证和复训培训率100%。

严守"特殊时间段"安全生产底线红线，重大节假日、党的二十大以及计划检修期间，制定专项安全管控方案。持续推进应急处置机制有效运行，制定下发《罗河矿应急管理专项提升方案》，外聘专家开展培训，组织各项应急演练55次。持续推进安全标准化建设，罗河铁矿无轨维修班获评"全国安全管理标准化班组"，罗河铁矿电机车班班长、江南化工爆破班班长荣获"全国安全管理标准化班组长"。与此同时，2022年8月安全文化主题公园开园，VR安全教育体验场馆同期开馆，员工安全警示教育形式持续创新。

【绿色发展】　以习近平总书记生态文明思想为指导，坚决落实长江大保护战略，按照建设项目"三同时"管理要求，完成一期扩能工程变更水保、水资源重新论证、红矿项目变动环境影响分析论证等报告的编制及专家评审，取得项目批复和备案手续。投入资金1635万元，实施雨污分流、中水回用以及南北塘调蓄水等八大类18个环保项目，常态化开展环保排查治理，做好中国宝武、宝武资源环保督察检查问题整改，确保各类环境风险受控。强化除尘自主运维管理，巩固超低排放改造成果；实行"废水零排放"管理，水循环利用率96.69%；不断挖掘企业节水潜力，单位产品新水消耗量0.47立方米/吨，达到行业先进水平；规范处置固（危）废，未发生环境保护事件。坚持整体布局、统一规划，逐步实施厂区环境整治和亮化工程，其中，栽植灌木绿化8732平方米，沥青道路7910平方米，混凝土道路9760平方米，完成主副井、高压辊厂房等亮化改造，矿区生态环境全面提升，顺利通过绿色矿山现场复核，年度环保综合评分96分，在马钢矿业名列前茅。

围绕中国宝武"碳达峰、碳中和"的行动目标，落实"避峰就谷，错时用电"、推进"油改电"项目、开展设备节能改造，采掘能耗1.28千克标煤/吨，选矿能耗3.17千克标煤/吨，均优于计划值。深入开展清洁能源低碳转型、循环经济助力降碳、绿色低碳科技创新等工作，年度能源综合评分93.5分，处于马钢矿业领先位置。

【智慧制造】　按照《宝武资源智慧矿山规划指南》要求，高度践行智慧驱动战略。变革原有两级调度模式，取消采、选产线智慧控制中心，将电机车无人驾驶、溜破操控、井下三大系统监测、选矿DCS控制等操作与指挥调度功能一律集中于罗河矿智慧指挥中心；井下溜井远程控制、过滤浓缩系统一键化操作全面实现，斜坡道智慧交通系统、选矿专家系统落地生效，宝罗机器人上岗、智能抓斗启用，独具罗河特色的智慧矿山越发全面。集中化、无人化指数分别提升至70.37%、71.28%，领跑宝武资源矿山板块。

坚持科技创新在企业发展中的引领作用，深入实施创新驱动发展战略。2022年研发投入总计9772万元，投入强度同比增长2.09个百分点。开展科研与技术开发课题45项，其中"小管径嵌套式"技术成功修复充填钻孔，开创了国内首例钻孔修复技术；磨矿介质优化研究项目圆满成功，并推广使用，二段磨矿能耗降低52.79%。2022年，罗河矿科学技术协会正式成立，并荣获庐江县"基层科普行动计划"先进单位；高新技术企业认定顺利通过，正在申报合肥市科技创新中心；2022年累计授权专利15项，其中发明专利2项；受理专利22项，其中发明专利4项。另外，"极低品位铜资源综合利用"完成宝武资源技术创新重大成果奖申报；"共伴生复杂难选高硫铁矿高效综合利用关键技术研究及应用"成功申报安徽省科学技术进步奖。

【精益运营】　按照宝武资源战略发展新定位、《宝武资源改革三年行动方案》任务清单以及管控模式2.0版的要求，全面开展"流程再造，管理变革"，完成管理组织架构的重新调整。针对各类体系、管理文件进行梳理、修订和编制，累计修编166项管理制度，顺利完成年度制度树的修编工作，管理体系持续完善。

市场营销方面：强化科学研判、细化管控环节，铁精矿出厂合同均价高于普指价14.68元/吨，实现销售增收1500万元，2022年运输途耗0.29%，同比下降13.95%。精益现场管理方面：按照马钢矿业关于"精益工厂"创建方案要求，采取样板先行策略，统筹推进精益现场管理工作，建成井下中央变电所、质量检测中心等7个精益现场管理样板区域。成本管控方面：有序推进业财融合，以"预算分解""五大计划管控""成本削减规划"为抓手，实行全成本考核，不断提高全员降本意识，通过13个成本削减支撑项目，完成制造成本削减3222万元，完成全年目标的119.52%。

设备管理方面：大力推广智慧运维点检、设备预测性维护系统的应用，强调计划检修，切实提升设备保障能力；开展井下有轨运输架空线、选矿双进料旋流器、供电系统综保升级等改造项目，不断提升设备运行效率。颚式破碎机、主井提升机、中细碎、球磨机等主体设备综合效率，均超额完成马钢矿业下发的 OEE 指标，同比增长 2.89—7.38 个百分点。人力资源管理方面：完成三个序列共 575 人的岗位体系优化工作，编制一期 500 万吨/年扩能定岗定编方案。公司同口径优化 42 人，人事效率提升 8.11%；协力单位效率口径优化 56 人，人事效率提升 11.07%，超额完成年度人力资源优化目标。在协力管理变革方面：编制《罗河矿 2022 年协力管理变革工作计划》，发布 2022 年度效率口径协力供应商定员通知，制定《协力人员准入标准》，严格协力人员准入审核。大力推进无协力矿山试点工作，高起点谋划"无协力矿山"方案和"操检维"合一方案，致力打造极具竞争力的示范矿山。

【可持续发展】　在重点工程项目建设上，4 月 25 日，铜硫分离技改项目投产运行，为公司提产增效提供有力支持；9 月 26 日，辅助斜坡道精准贯通；12 月 15 日，红矿高效回收技改项目建成试车，进入工艺调试阶段；12 月 18 日，一期 500 万吨/年扩能工程圆满完成重负荷联动试车。

在资源综合利用研究上，铁精矿提钒项目研究有序推进；完成选磷探索性试验，为选磷后续研究确定了方向；红矿回收中间产品分类提取粗粒尾砂和浮铁尾矿的应用，已进入项目实施阶段；选矿全尾综合利用研究持续深入。

在"基石计划"推进上，"罗河铁矿二期 1000 万吨/年扩建工程预可行性研究报告"通过专家评审；完成剩余矿产资源有偿处置矿权评估；重新申报了深部探矿权，已获得县、市自然资源主管部门同意，为公司后续发展提供坚实的基础。

【党群工作】　公司党委坚持将促进生产经营作为党建工作的出发点和落脚点，以"党建促活力携手新征程"系列活动为抓手，开展"党员亮身份""红旗支部创建""七一表彰"等 10 项活动；坚持做好党员安全"两无"，持续推进支部品牌建设，将党建工作融入安全生产、成本管控、工程建设等各个方面。推动职工技能等级体系与中国宝武并轨融合，2022 年通过高级工、中级工鉴定人数，较往年分别上浮 32.89% 和 20.23%。积极讲好罗河

故事、弘扬爱岗敬业精神，采写报道安徽省劳模许成满，宝武资源紫荆花奖获得者田甜、刘康，银牛奖、铜牛奖获得者王忠强、王小玉等先进事迹；开展安全、节能、增产、降本等专项劳动竞赛，上报我为企业"献一计"550 条，激发职工创新活力。紧盯职工"三最"问题，陆续完成自来水进厂房、食堂硬件升级、自助洗车等 22 个"我为群众办实事"项目；企业年金落地实施，罗河矿正式迈入五险两金时代；文体协会成立，业余生活丰富多彩，"三有"生活水平不断提高。关心关爱职工，2022 年慰问困难职工 75 人次，发放慰问金 10.8 万元。履行社会责任，累计向罗河镇困难群众捐赠 30 万元；定点帮扶采购农产品；助力矿区周边农户抗旱保收；出动治安消防联队 10 余次，配合罗河镇处置山林火灾等，以暖心之举，彰显国企担当。

（吴　江）

嘉华商品混凝土公司

【主要经营指标】　2022 年，嘉华商品混凝土公司全年实现产值 3.1 亿元，其中混凝土主业销售收入 3.04 亿元，其他营业收入 667 万元；实现利润总额 2384 万元；上缴税费 1327 万元。

【质量管理】　2022 年，公司以《2022 年质量科技工作计划》为指导，加强混凝土质量控制工作；以《不合格品控制管理办法》等管理文件，紧抓质量，实现从原材料进场检测、混凝土生产、运输、浇筑的全过程质量控制；以跟踪现场混凝土的施工养护、做好技术服务支撑，保证混凝土工艺的全流程控制，实现全年混凝土质量 100% 合格。公司通过质量大检查、试验员业务知识考试、员工全面质量管理知识竞赛、QC 小组活动等载体，紧紧围绕"推动质量变革创新，促进质量强国建设"的主题开展质量月活动，提升了全员的质量意识、管理水平和产品质量的稳定性。

【安全环保】　2022 年，公司深入贯彻习近平总书记关于安全生产重要论述，认真贯彻中国宝武"两于一人""三治四化"环保理念以及马钢矿业"精益工厂"创建要求，积极推进年度安全、环保、能源管理工作，确保员工生命健康和安全生产形势持续稳定，实现全公司安全生产责任事故为

零、消防安全事故为零、环境污染事故为零，重大生产安全事故隐患按期整改率100%，生产安全事故防范和整改措施100%落实。各分公司及相关部门按照《协力管理办法》落实责任，实施对口管理，安全能环部同步实施插入式管理。经过共同努力，协力单位安全管理意识有明显提升，安全效果得到保障。

【风险管控】 2022年度，公司全面风险管理年报、季报均上会，年度重大、重要、一般风险管控情况基本处于绿色可控状态，风险（合规）事件、合规智控平台关键业务信息按要求按时间节点及时报送，深度融入马钢矿业和宝武资源风控体系。月度跟踪授信执行情况，在现金流及合同管理群、现金流会议上对重点项目予以重点提醒，多组织系统上线后，将对公司风险管理工作动态管理、全程监控，各项审批流程进一步优化，保证管理高质量高效率。

【对标挖潜】 为认真贯彻落实"全面对标找差，创建世界一流"的管理主题，根据《马钢矿业对标世界一流管理提升行动实施方案》要求，公司综合管理部牵头各责任部门按照矿业发布的实施方案认真分析，公司在各单位配合下拟定好对标工作清单，经报备马钢矿业后下发执行。公司按月度、季度开展成本分析，内部对标找差、制度完善正常开展。根据马钢矿业2021年各项检查要求，完善编写环保设施管理制度、特种设备安全管理办法、设备检维修安全管理办法、建设工程项目施工安全管理办法等，建立并下发《协力供应商管理办法》，规范协力供应商准入标准和评价机制，公司管理制度体系得到进一步完善。

【减员增效】 2022年，根据马钢矿业年度人员优化指标，结合铜陵分公司关停等实际，公司在人事效率提升上自我加压，持续强化内部管理，合理精简在职员工，进一步深化管理变革，有序推进人力资源管理工作。2022年公司持续推进混凝土运输和操作工序分包，压减低端技术技能人员，协商解除外聘的操维岗职工8名。6月铜陵分公司关停，公司提前制定人员安置方案，进行社会稳定风险评估，经现场调研和有效沟通，最终顺利地协商解除14名当地聘用员工。公司2021期末在岗人数101人，2022年12月底在岗人数70人，人员优化29.7%，完成年度10%的目标。

【架构调整】 根据宝武资源2.0版管理架构调整方案和马钢矿业公司《关于调整商品混凝土公司运营管理架构的意见》文件精神，公司机关由原"一室四部"，调整为"五部"后，经过近一年的运行，职能部门工作内容和责权范围更明确，管理条线更专业更细化，与上级管理部门对接更高效，提升公司管理水平，保证公司管理效果。

【协力管理】 根据宝武资源《关于加速推进协力管理变革的指导意见》要求，商品混凝土公司以"专业化、规模化、市场化"为目标，开展协力管理变革专项行动。在协力管理方面积极探索、实践，不断培育复合型的战略协作供应商，持续构建有序竞争、合作共赢的高质量协作生态圈。《2022年协力管理变革工作计划》设定2022年协力主要工作目标，设定人员优化目标、"两度一指数"目标，加强对协力人员管理、安全管理、供应商管理。制定并下发《商品混凝土公司协力管理办法》《协力供应商管理办法》等管理文件，对各部门的协力管理职责及业务管理分工进行划分。加强过程控制，确保协力管理变革各项举措落实落地见成效。公司在2022年上半年已经清退4家供应商。2022年10月起新增报送协力供应商推进目标报表工作，提前筹划，确保2023年协力管理目标的全面实现。

【党建工作】 组织全体党员深入学习贯彻习近平新时代中国特色社会主义思想、党的十九大精神、党的二十大精神、习近平总书记在庆祝中国共产主义青年团成立100周年大会上的重要讲话精神，开展"七一"赴濮塘革命烈士陵园红色教育活动及参观"南山矿凹山采场环境修复成果"的主题党日活动，以"唱红歌""重温入党誓词"等实际行动庆祝建党101周年，并以感受"马钢矿业资源集团生态修复成果"的形式迎接党的二十大胜利召开。同时，严格落实"三会一课"制度；利用微信群、公众号、宣传栏等各种媒介传播正能量，凝聚人心，形成合力，为公司"做强主业，转型发展"提供了强有力的政治保障。

（钟雨薇）

建材科技公司

【主要经济技术指标】 2022年，产销建材骨料 262.23 万吨，实现营收 15102 万元，创造利润 5252 万元。

【高质量运行】　工艺调整拓宽处理能力。面对 200 万吨原材料缺口，公司转变思想，积极调整生产组织工艺，通过电机车转运、水电十局倒运、设备适配改等手段，攻克多频次清筛作业难题，利用和尚桥围岩补充生产原料，拓宽了产线处理不同原料的能力。2022 年，综合利用和尚桥围岩 30 余万吨，节约南山排土场空间，开辟和尚桥围岩综合利用新通道。设备物资保障坚强有力。通过推进设备 TnPM 管理，全年设备完好率达到 90.5%，重大设备事故为零，设备管理体系进一步优化。物资保供严格按照管理制度执行，细化采购寻源，坚持阳光采购，采购成本进一步降低，库存符合矿业要求。通过对设备工程科技分公司现有检修能力的评估，将皮带维修和物流称重系统维保进行项目化外委。进一步细化点巡检和维保界面，对每台设备点检重点、周期、范围进行重新核对、编制，做到点巡检及维检有计划、有标准、有检查，实现标准化作业，提高设备管理能力。技术革新助力智慧工厂。一年来，通过智能化的能源分析实现流程图监控、流程图回放和数据 DIY 分析与展示以及数据查询，为生产调整和能源管控提供数据支持；"产线自动化管控平台研发项目"通过对智慧化 supOS 工业操作系统的改造，利用视觉分析模块替代人眼功能实现了大块和铁件自动识别；完成"除尘设备改造升级"，有效提升除尘效果，改善员工的现场作业环境；完成宝武资源节能减排项目"低压谐波治理及无功补偿技术改造"，解决高压缺相报警，避免信号干扰，提高设备运行稳定性，达到节能降耗和用电安全目标；完成 8000 中碎给料皮带头轮电机"变频可调速"改进，有效保护破碎机的稳定运行，延长设备使用寿命；"智能永磁电动滚筒"技术革新取得突破，单体设备年累计节约能耗 23%，为公司绿色节能降耗提供了宝贵的经验；完成"产线铁物资回收技术"研究，并通过项目立项，进入建设阶段，精细管理实现降本增效。围绕月度预算目标和生产经营实际，以"三降两增"为指引，确定"四步棋""三维度"成本管理思想，以月度成本削减会为抓手，全方位采取降本增效举措，构建建材精细化成本管理体系，并取得良好实绩。2022 年公司生产建材骨料 262.23 万吨，单位制造成本

36.23 元/吨。

【安全环保】　安全管理体系逐步完善。牢固树立安全"1000"文化理念，深入开展"1+5+N"隐患排查治理专项行动和职业健康、消防宣教培训活动，持续构建双重预防体系，保证公司安全生产平稳运行。进一步完善《公司 2022 年职业健康安全管理和环境保护工作计划》《公司 2022 年安全教育培训工作计划》，建立"四不伤害"防护卡；完成领导人员、部门负责人履责清单重新修订工作；建立完善安全生产长效机制；认真汲取"8·6"事件教训，以"保姆式"管理，委托第三方专业机构开展全产线消防专业化维保管理，对消防系统进行全面升级改造，完善消防安全管理体系。

特色活动提升本质安全。2022 年，累计投入 515 万元安措经费，通过开展系列特色活动，保证职工身心健康和产线安全运行。全年组织开展 5 次 89 人次安全、职业健康和消防宣教培训活动；组织干部职工观看习近平总书记关于安全生产重要论述的专题片《生命重于泰山》；组织开展全员健康检查和包括协力人员在内的 58 名操作岗位职工参加的"岗位和作业"危险源辨识活动；组织开展"安全生产月"、警示教育、应急预案演练、安全知识竞赛、班组特色安全、岗位安全风险描述、全员（含协力）安全考试等特色活动。2022 年，公司有 19 名从业人员参加职业卫生继续教育培训，1 名高压电工参加取证培训，3 人取得《安全生产管理人员资格证》。智慧指挥中心班组参加全国安全管理标准化班组创建活动，并荣获中国安全生产协会颁发的"全国安全管理标准化示范班组"称号。

环保工作促进绿色发展。2022 年，公司全面落实环境保护主体责任，加大环境项目投入，推进"绿色工厂"创建。与矿业公司签订《节能环保目标责任书》并将环保目标与重点任务分解至各部门，定期对各部门指标完成情况开展评价。严格落实"指导、检查、整改、考核"八字方针，推进日常环保工作，不断提升环境保护绩效。结合公司实际，建立健全各项环境保护制度，修订 5 项、新编 4 项环保管理制度，环境管理体系持续有效运行。积极推进除尘设备升级，提升厂区绿化质量，扩大太阳能、智能永磁等新技术应用，助力"绿色工厂"建设。

【管理变革】　2022 年，按照托管要求，全面

整合公司职能与南山矿合署办公。按照宝武资源运营管理架构 2.0 调整和马钢矿业管控架构要求，运营架构逐步精简优化，职能部门由原来的 7 个精简为 4 个，优化率高达 43%。积极推进人力资源整合融合，扎实推进岗位切换、员工定编定岗和薪酬切换工作，人力资源管理进一步规范。协力变革稳步推进，全年优化协力人员 17 名，协力单位优化 33.33%，协力费用由 1100 万元/年，削减至 930 万元/年，提前完成 2023 年协力变革目标。按照"公司化运营"要求，"四体系"管理进一步完善。2022 年，修订和新增各类管理办法 23 部，建成包括《公司章程》在内的综合管理体系；组织架构、业务模式更加匹配，确保业务流程革新和内控管理制度"废、改、立"调整的及时性，制度体系实现了上下贯通、全面覆盖，公司治理体系基本形成。

【科技进步】　着力提升源头治理能力，彰显央企担当。作为马鞍山市重点货运源头企业，严格落实政府各项整治措施，开展运输车辆治超治限专项行动，将"源头治超"与宝武"三治四化""四个一律""两于一人"同步落实、同步推进，强化源头管控，着力综合治理，推进科技治超。同时，主动把源头治超链接"云端"，率先对接省市治超平台，发挥央企示范引领作用，得到省市领导的肯定。

【党群工作】　坚持党政协同、工团联动，始终把"服务员工成长，服务企业发展"作为公司党群工作的根本遵循，坚持以人为本，加强民主管理，丰富职工生活，提升员工素养，聚焦岗位创新创造，公司内生动力不断增强。响应群众呼声办实事。加强民主管理，拓宽员工诉求渠道，建立响应机制，回应职工呼声，把"以职工为中心"转化为"为群众办实事"的具体行动。一年来，"建设盥洗室，解决检修和值班职工洗澡难""提高工作餐补贴标准"等职工提案得到落实，增加了员工的幸福感、获得感。丰富文体活动。积极组队参加南山矿第二届和马钢矿业首届职工健身运动会，展现建材人的风采。组织开展"书香建材，阅见未来"读书日活动和"我与建材共成长"座谈会以及跳绳、飞镖、套圈、掼蛋等大众娱乐活动，极大地丰富了职工业余生活，健强了职工体魄，增添了企业活力。提升员工素质抓竞赛。积极组织参加中国宝武"全面对标找差，创建世界一流"、马钢矿业

"极致低碳、环保提升"劳动竞赛和南山矿"安康杯"竞赛活动，公司工会还联合安全能环部联合开展"安全隐患排查能力"知识竞赛，营造了浓厚的"学技术、长本领"氛围，激发了员工立足岗位创新创效潜能，提高了员工专业技术水平。2022 年，公司员工申报专利 20 余项，其中"骨料分离铁物质的收集再处理装置、砂石输送带清扫装置"等 15 项实用新型专利获得授权；在南山矿第一片区"安康杯"竞赛活动中，公司有 2 个安全微视频分别获得二等奖和优秀奖，2 人分别被评为优秀安康代表和"安康杯"竞赛优秀推进者，1 个班组被评为安全"1000"标准化优胜班组。凝聚员工智慧促发展。积极开展"献一计"活动，鼓励员工献计献策助力企业改革发展。一年来，公司员工有 2 条"计策"被评为宝资源"银点子"和"好点子"，3 条"计策"被评为马钢矿业"金点子""银点子"和"好点子"，4 条"计策"被评为南山矿"金点子""银点子"和"好点子"，1 个"双五小"项目被评为南山矿二等奖，2 个单点课被评为马钢矿业优秀单点课。

（邢　敏）

・安徽马钢矿业资源集团公司分公司・

设备工程科技分公司

【主要指标任务】　2022 年，实现营业收入 8818 万元，利润总额 109 万元，取得了公司生产经营最好成绩。全年实现姑山、南山保产服务计划检修兑现率 100%，产线基本实现"零故障"目标，为南山、姑山产量创新高贡献积极力量。

【生产经营】　2022 年度，完成 CH870、HP500 破碎机、高压辊磨机等矿山主体设备检修。完成姑山振动筛改造高压辊磨机大修、白象山浮船泵自动化改造等重点工作，全年共计完成检修项目 17000 余项，其中停产检修 77 次，各类抢修达 100 余次。全力贯彻落实马钢矿业协力变革总体部署，积极响应南山矿检修业务回归总体要求，承接和尚桥铁矿采选、和尚桥选矿厂碎矿、细碎筛分产线保障业务，实现从辅线到主线转型，协同南山矿降低协力成本约 610 万元。积极承接内外部安装项目，组织承接能力得到提升，通过青阳 200 万吨扩建安

装工程，凹选自动化项目不停产安装、张庄矿球磨机电机更换等项目，历练了团队，积累了经验，切实提升了公司大型项目的承接能力。

【企业管理】　积极推进运营架构评估。根据宝武资源对矿山运营板块构建"总部-区域公司-矿山生产单元"三层管理架构的要求，按照新的组织架构明确各部门职能职责，并加强部门沟通及协作能力建设，协调公司内部发展，夯实设备检修管理等工作，总体运营效果较变革前有所提升。完善能源管理、采购管理等职能，实施党群的大部制协同，既实现承接马钢矿业管理延伸，又能覆盖生产车间的现场管理。完善制度树建设。完善公司制度修订、评审与发布工作，共修订完善 62 项管理办法。完善公司全面风险管理体系。严格落实年度重点风险识别和季度风险报告，定期开展年度重大风险进行跟踪巡查工作，对公司涉及的重大重要风险进行跟踪、披露和报告。不断加强公司内部控制体系运行情况的监督。完成协力供应商清零目标。根据协力管理变革推进总体要求，加强公司协力供应商管理，与公司人力资源职能梳理协力综合管理部门、业务归口管理部门、专业支撑部门、协力使用部门之间的管理、使用责任分工，完善各自职责，加强协同、制约和监督，强化体系作用发挥。2022年度，公司生产、检修、仓储协力供应商已清零。

【人才队伍建设】　根据公司业务转型发展需要，全面加强职工队伍建设，强化技能转型，共组织 108 名员工参加技能等级提升，安排 11 名员工参加技师培训；依托创新工作室，根据公司检修特殊性质，定制职工技能培训方案，开展技能提升培训，共计培训 50 余人次，700 余学时；为加大一专多能技能人才培养，打造大工种作业模式，提高作业效率，公司举办焊工职业技能竞赛，共 41 名专职、兼职焊工参加，通过技能竞赛形式全面提升公司员工焊接技能水平，公司钳工、电工、焊工三大工种中兼会两项以上人员达到 20 余名；为提升公司员工技能提升的积极性，完成 4 名技师评聘工作。根据管理人员选拔任用管理办法，2022 年完成提拔 2 名副科级管理人员，1 名副科级转正工作，为公司高质量发展提供人员保证。

【安全环保】　一年来，设备工程科技分公司安全生产形势总体平稳。深入学习习近平总书记关于安全生产重要论述，树立"人民至上，生命至上"安全工作理念。开展安全管理履职，落实主体责任。公司制定下发《设备工程科技分公司 2022

年职业健康安全、能源环保管理工作计划》《设备工程科技分公司 2022 年安全生产检查计划》等相关制度。认真组织开展安全履职"六个一"活动，明确各级人员安全责任，增强主动履责意识。强化风险防控和隐患排查治理，开展专项整治与检查。重点组织开展"安全隐患大排查大整治工作""开展百日安全攻坚行动工作""安全生产大检查""消防大检查"等安全专项检查，对重点部位、检修现场开展查管理、查隐患、查措施、抓整改、反三违活动，做好自查自纠工作；每月开展各项安全检查，坚持"月督察、周巡查、日检查"，持续全员隐患排查工作，有效减少工作环境、物体、人的行为等方面可能发生的隐患。为确保安全生产，根据《安全生产法》和国家有关安全生产的法律、法规，全面落实中国宝武"安全 1000"理念，按照中国宝武安全管理体系要求，依据马钢矿业安全管理制度结合公司实际情况，建立健全安全责任、安全标准、安全教培、安全防控、安全评价等五方面，逐步修订下发安全机构设置与人员任命管理办法、安全生产管理办法、全员安全生产责任制等 31 项等相关管理办法，形成了横向到边、纵向到底、上下配套联动的安全生产管理网络。

【现场管理】　以加强职工自主管理为重点，注重将"精益"理念融入到实际工作中，在工作群线上开设每天一讲的精益微课堂，每周固定开展一次班组集中学习。通过搭建工作群分享平台，鼓励员工互动，分享创建经验和工作信息，对员工提出的建议及时采纳。每月开展提案改善征集活动，共征集 80 余项。开展流动红旗精益班组评比，进一步调动广大职工的劳动热情、创新活力和创造潜能。经过一年的改善，公司逐步形成了 4 个精益创建示范班组带动其他班组共同提高的良好面貌，使得公司精益运营效果得到有效提升。

【党群工作】　深入开展党员登高计划、团员青年登高计划活动。完成公司党员、35 岁以下青年登高计划全覆盖。同时对登高计划进行辅导、跟踪、实施评估并在公司"七一"表彰座谈会上开展交流活动，各小组通过"亮一亮、晒一晒、评一评、比一比"四个一的方式，使"党员登高计划"活动成为党内带动党外、党员带动群众的有效实践平台。严格党员发展管理，2022 年共计发展 3 名党员，5 名预备党员按期转正，党员队伍结构逐步优化，整体素质不断提高。扎实开展党员安全"两无"活动，建立 6 个党员责任区。以"创造新业绩献礼二十大"主题活动为契机,公司党总支策划"思想转型、能力转型、服务转型"三大类别19项活动,紧紧围绕公司转型发展,打造核心竞争力,进一步团结动员公司全体党员和职工群众解放思想、直面挑战,真抓实干、争创一流。

组织召开公司一届二次职工代表大会,建立安康代表职业病防护、劳动防护、劳动安全等民主管理和监督体系,解决职工诉求13次。深入开展劳动竞赛、岗位创新工作。组织2名职工参加"安全与应急技能项目"技能竞赛;全年献计307条,做到献计全覆盖;丰富业余文化生活。策划开展亲子蛋糕DIY活动、端午节包粽子趣味活动、三八节手工制作活动、成功承办马钢矿业第一届职工健身运动会三人篮球赛,举办"迎国庆 喜迎二十大"职工跳绳、钓鱼比赛,不断提升职工"三有"生活水平,增强职工的获得感、幸福感和自豪感。

【荣誉】 2022年,设备工程公司2人分别荣获中国宝武、宝武资源"银牛奖""铜牛奖";2人荣获宝武资源"优秀共产党员"、1人获宝武资源"优秀党务工作者"称号。

(汪　冬)

生态修复科技分公司

【主要经济技术指标】 2022年,生态修复科技分公司努力开拓内外部市场,克服诸多困难,全面推进管理变革,坚持以"两于一入""三降两增"统筹生产经营发展重点工作,全年实现营业收入6670万元,利润155万元,圆满完成了公司各项目标任务。

【生产经营】 城门岽尾矿库闭库土方及绿化工程为安徽省环保厅重点关注项目,在施工过程中,公司积极开展技术攻关,克服交叉作业管理复杂、排水难度大、滩面承载力不足等问题,发明一套"反铲串联+钢板铺路+推土机推排"作业法,1区施工工期比计划缩短了45天。先后完成库内滩面1区至9区开挖、回填21.6万立方米,沉积滩面造坡、滩面修整约10万平方米,头顶库外运废渣回填约50万立方米。经过300多个日夜的努力拼搏,该项目顺利通过省专家组验收。

东山坑环境应急治理项目时间紧、任务重,公司组织骨干力量坚决打好这场突击战,前后共用时21天,完成果岭草草坪铺设14813平方米,波斯菊草籽播种2703平方米,聚乙烯防尘网铺设22857平方米,道路碎石硬化3479平方米,得到了上级公司的赞誉和肯定。高效完成头顶库排岩覆土绿化、南山区域绿化维保、和尚桥采场周围复垦复绿和凹山排土场中115米排土线修整、南106米边坡覆土复绿以及东侧临时道路维修等项目。积极开拓外部市场,努力克服异地施工物资匮乏、施工场地复杂分散、劳务队伍不协调等困难,完成张庄矿一期、二期绿化施工,罗河矿环境提升、矿山科技绿化升级等项目,为实现"生态树,矿业绿"做出了贡献。

优化生产组织,努力降本增效。1—5月酸水处理期间,密切跟踪石灰质量,积极调整石灰用量,在保证酸水中和液pH值合格外排的同时,酸水处理石灰单耗从前期的7.8千克/立方米降低到5.5千克/立方米。6—9月酸水停产期间,组织职工对设备、管道进行全面维护,对现场环境进行整治提升,自营疏通中和液管道约4千米,节约管道维修费用21万元。从10月开始,密切监视酸水库水位变化,在保证坝体安全的前提下,合理组织酸水处理产线生产,全年处理酸水152万立方米。

优化花山基地生产组织,对苗圃基地上近3万株各类苗木进行修剪、治虫、除草、施肥,精心养护。紧跟市场需要,谋求栽植创新,合理调整苗木种植结构,科学设计苗木种植规格、品种和数量,栽植香泡、茶梅球、海棠、紫薇等经济价值较高、市场需求紧俏类苗木近4000株,实现了苗木品种多样化、品质化。同时,花山苗圃基地发挥自身优势,积极对接矿山绿化维保项目,苗木移售额近20万元。

【精益管理】 坚持以中国宝武及矿业财务管理规定为原则,加强财务精细管理,不断完善标财系统、全员报支平台、PSCS系统业务流程的规范应用,顺利推动宝武资源多组织经营系统上线运行。

定期开展内控自查工作,按季度编制风险管理报告。修订公司《合同管理制度》,规范合同审批流程,及时完成合同档案归档工作。加强公司制度树建设,制定各项管理制度近20项。按照上级公司要求,完成花山留守处工商、税务注销等工作。

深入推进精益现场管理,把精益现场6S管理和设备 TNPM 管理有机结合，制定精益管理标准，认真落实推进计划，完成问题点自查整改 100 余条，提高精益管理工作的标准化和规范化。

加强工程项目全过程管理，从项目立项、设计、招投标、合同签订、开工准入、施工过程、完工验收、结算支付、资料归档等方面加强管控，规范工程管理流程。联合马钢集团设计研究院，推进项目审计、控制价编制、概预算、结算材料编制等驻点服务工作，最大限度降低企业经营管理风险。2022 年签订工程合同 15 项，结转合同 3 项，共计金额 5184 万元。

【安全环保】 公司始终把安全环保工作放在突出位置，牢固树立"以人为本、生命至上""安全 1000"安全理念，构建安全管理"制度、责任、标准、教培、防控、评价、文化"七大体系，完善安全管理体系基础，制订发布公司《安全技术操作规程》和《全员安全生产责任制》，建立全员安全责任清单。以安全生产月、安全宣誓、安全培训考试、"学背用"操作规程等活动为抓手，巩固提升安全基础管理水平。严格落实安全责任考核制，形成"公司统一领导、职工广泛参与"的良好氛围。严格落实属地管理安全责任。以"属地管理、分级负责、无缝对接、全面覆盖、责任到人"为原则，强化外委工程项目管理，落实工程项目安全协议和安全交底制度，实现安全事故为零、环保事件为零。落实环保责任，推进绿色矿山建设。将"发展绿色矿业、建设绿色矿山"作为保障矿业健康可持续发展的重要抓手，加快建设"高于标准、优于周边、融入景区"的绿色生态矿山，积极融入南山区域及兄弟矿山工程项目建设，引导全体职工在生态修复事业中贡献才智。

【人力资源管理】 实施岗位体系优化，完成公司技术业务类、操作维护类人员的岗位聘用优化工作，畅通员工职业发展通道。有 3 名职工由技术业务协理升级为区域师，2 名职工由操作维护岗转为技术业务岗。定期维护 BWHR 系统，提高职工信息的准确率和完整率。

（王汉强）

宝武重工有限公司

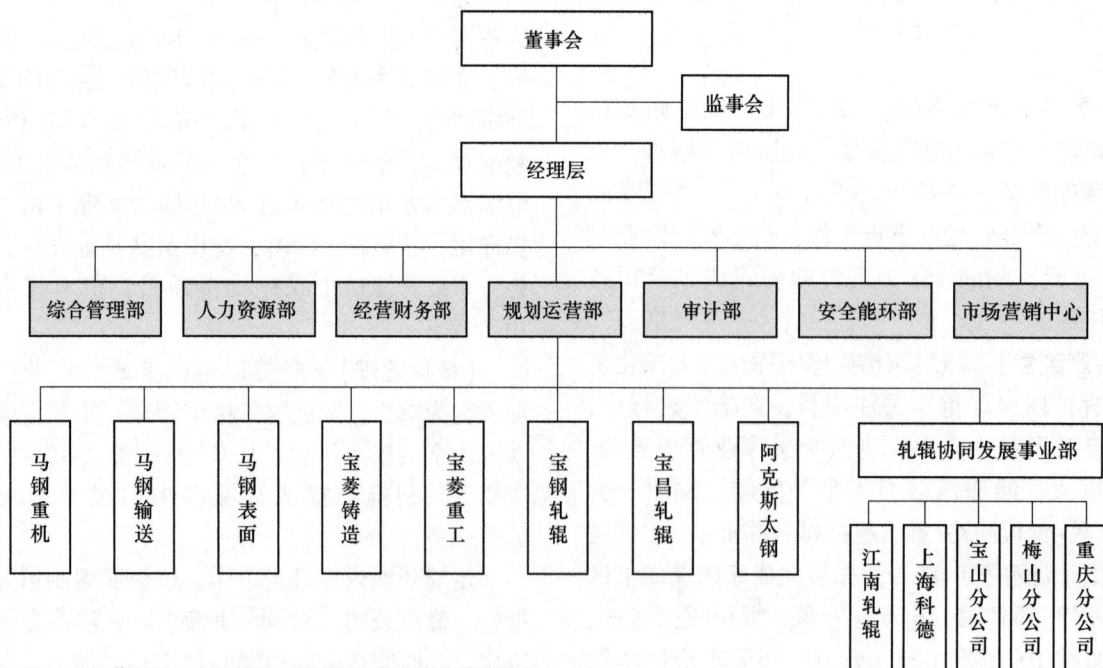

注：1. 宝菱重工、宝昌轧辊、阿克斯太钢为参股管理单位；
2. 宝昌轧辊与山西阿克斯太钢轧辊由宝武重工委托宝钢轧辊管理。

图 5 宝武重工有限公司组织机构图

（吴 宇）

· 宝武重工有限公司控股子公司 ·

安徽马钢重型机械制造有限公司

【主要经营指标】 2022 年，安徽马钢重型机械制造有限公司（简称马钢重机）实现营业收入 21.99 亿元，同比增长 1.9 亿元。2022 年新增订单同比增长 27.4%。其中，马钢市场增长 9.8%，马钢以外市场增长 44.7%。装备（备件）业务订单完成 6.26 亿元，同比增幅达 55%。

【市场开拓】 以协议制总包模式巩固马钢备件市场，实现长材、特钢、炼铁等多产线备件总包，开始从产品向产品+服务模式的转变。借助宝武重工大区营销，在湛江、梅钢、韶钢、太钢、德盛、八钢等多区域取得订单突破，锻件市场在宝武市场实现增量。以专业产品为引领，以工程设备为主导，以产业链协同为手段，与中冶系和奥蒙德、中重院等优质设计院合作取得成效。承接宝武重工战略，推广"二四六"产品，连铸设备在马钢外市场取得突破，提升连铸产品和技术服务的品牌影响力，锻钢辊轴在中钢邢机、宝钢轧辊市场中取得明显成效，混铁车加盖机器人在宝钢、八钢等市场取得突破性进展，产品全年营收和新增订单同比分别增长 21.1% 和 63.5%。钢结构板块海外市场成功拓展，签约塞内加尔高速立交桥钢梁、伊拉克粮油加工装置钢结构制作等项目。

【生产经营】 初步建立"预警、计划、成本"运行管理模式，2022 年完成重点项目生产约 28310 吨，其中冶金成套项目 13810 吨，涉及马钢基建技改项目约 11150 吨，创下公司项目生产纪录。2022 年，马钢重机机械产品产量同比增长 34.57%；钢结构制作产量同比增长 17.05%；技术服务产值同比增长 33.98%。专业化生产初见成效，混铁车加盖机器人装配基地已具备年产 150 台总装能力；短应力轧机修复基地实现月修复 15 台的稳定生产；重异离检基地建设助力长材重异连铸上半年产量创新纪录，增幅达 36%。设备结构制造厂 1 号基地改造增加生产作业面积 1000 平方米，大型结构件制造能力提升 30% 以上。

【运营改善】 规范化做好体系修编和外审工作，通过公司三体系年度监督审核和扩大认证范围审核，实现专业化整合后公司所有业务范围认证全覆盖。科学制定具有针对性的三级对标体系，编制《马钢重机 2022 年全面对标找差行动方案》，每月进行数据收集、汇总、分析并反馈，自主对标行业大盘（金属制品分类）。围绕年度精益管理建设目标开展精益管理推进工作，加强对生产单元的精益工作及专题改善项目、TnPM、焦点课题的辅导与检查，共开展月度辅导 12 次，专项检查 20 余次。推动建设数智化信息化系统，积极推进信息化二期 MES 系统建设，完成网络改造与安全生产监控系统调研工作。

【科技创新】 持续加强科技品牌建设，9 月被认定为"省级工程研究中心"，12 月获省、市专精特新企业及安徽省创新型企业公示。积极争取科技政策，年度申报 60 项专利，其中发明专利 19 项，累计获得各项政府科技奖补 502.62 万元。深入推进绿色智慧制造，"混铁车加盖机器人推广项目"获集团"三降两增"优秀项目，成功入选钢铁工业协会智慧制造绿色产品名录。"智能重载高精度工业机器人研发"获宝武优秀岗位创新成果奖二等奖。充分发挥技术助力作用，应用"六师引领""技术助力""科技讲坛"等载体，明确名师带徒、高管首技挂题上岗，技术人员联动现场解决问题等工作机制。

【党群工作】 党委通过"第一议题"、党委理论学习中心组学习等形式认真进行党的二十大精神学习，在全公司掀起学习党的二十大热潮；各党（总）支部通过"三会一课"、主题党日等形式，深刻理解党的二十大提出的一系列重大理论观点、重大工作部署。认真组织策划中国共产党成立 101 周年系列庆祝活动，以"喜迎二十大·奋进新征程"为主题，开展"两优一先"评选表彰、"七一"慰问困难党员、"红心颂党恩 永远跟党走"电影党课、红色基地教育、廉政党课等系列活动。1 名优秀共产党员、1 名党务工作者荣获中国宝武党委"两优一先"荣誉表彰。工会坚持四大职能，塑造五彩工程，培育独具特色的马钢重机工会文化体系。聚焦公司重点领域和项目，深入推进劳动竞赛，常态化开展"献一计"活动，2022 年职工献计 1098 条，采纳实施率达 82.3%，获评中国宝武银牛奖 1 名、银点子 4 个、智多星 2 名。"混铁车自动加盖"劳动竞赛项目入选中国宝武办实事优秀案例。"钢结构焊接机器人"项目成为中国宝武首批"宝罗之星"。持续加强关心关爱工作，2022 年慰问困难职工 292 人次，发放慰问金 23.68 万元。团委落实青年素养提升工程，获得宝武重工及以上个人荣誉 5 项，团体荣誉 2 项，1 人荣获马鞍山市优秀共青团干。

（计长慧）

安徽马钢输送设备制造有限公司

【主要经济技术指标】 2022 年，安徽马钢输送设备制造有限公司（简称马钢输送）销售收入 3.0 亿元，完成计划 100%，比 2021 年增长 0.4 亿元；利润总额 608.2 万元；内部产量 18319 吨；托辊产量 17.8 万支，滚筒产量 2291 支，自制铆焊件 2796 吨。

【生产经营】 2022 年，马钢输送认真贯彻执行中国宝武集团、宝武重工各项决定和部署，在新冠疫情频发、钢铁行业形势整体下滑的困境下，明确全年奋斗目标，紧扣"苦练内功强化管理，抢抓机遇共谋发展，凝心聚力勇开新局"的工作主题，爬坡过坎、滚石上山，全年经营业绩再攀新高。

1. 牢固树立"插红旗，守阵地"和"以备件撬项目、以项目带备件"的市场意识，全面抢占输送市场先机、输送设备订单放量增长、产品结构不断丰富，马钢市场输送设备项目应拿尽拿、一个不丢，2022 年实现宝武外部销售 12736 万元，宝武内部销售 17264 万元。长距离、大管径管状输送机，大倾角输送机，环保导料槽，静音环保托辊等新技术新产品接连取得任务承接突破，首单业绩突破。

2. 在守住马钢市场的基础上，勇拓宝武内外部市场，加强与宝武重工各大区营销团队合作，重点走访重庆钢铁、梅山钢铁等，深入推进 EVI 先期介入模式，深入了解客户需求，力拓外部客户。2022 年，营销业务承接共计 29847 万元，其中马钢内部 10166 万元、宝武内部市场 8911 万元、宝武外部市场 10770 万元，形成"马钢内部、宝武生态圈、集团外部"三分天下的业务新格局。

3. 进一步强化部门联动能力和体系，围绕重点生产项目，系统策划、同步推进，明确节点责任单位，确保项目按时兑现。完成重点工程项目宝钢德盛项目皮带机、重机太钢项目成套设备、广州特瑞特克皮带机等共计皮带机 162 条、8978 吨。

【技术研发】 2022 年，研发投入 903.9 万元，申报技术专利 9 项，发明 3 项，已授权实用新型专利共 5 项；首台套研发项目"露天矿用多自由度自行式输送机"获得省科技政策奖励 59.7 万元；获马鞍山市"专精特新"中小企业、省支持企业加大研发投入等政策资金奖励，共 80.218 万元。

安徽省重点研发项目"连续破碎站后智能皮带桥"通过马鞍山市科技局组织的项目结题验收，并收录于安徽省科技报告共享系统（收录证书编号：AHSTR-2022-00356），形成"安徽省科技成果登记证书"（登记号：2022F063Y014856）；通过 2022 年度安徽省经济和信息化厅省级企业技术中心认定；通过安徽省"专精特新"中小企业认定。

【专业管理及基础管理】 1. 围绕年度"两金"管理目标，多措并举深入推进"三降两增"工作，2022 年累计降本 2574.2 万元，财务费用降本 293.9 万元、外协费用降本 209.2 万元、制造费用降本 1180.9 万元、管理费用降本 890.2 万元；召开月度资金平衡会，"量入为出，压实责任"，加大历史应收账款催收力度。

2. 优化组织机构，职能部门调整至 5 个（增设安全环保部、设计研发部），成立制造分厂、协作项目事业部；完成协作项目事业部组织架构梳理设置，明确管理职责，清晰管理界面，做好项目承接的维稳、宣传、人员划转、薪酬体系切换等基础管理工作。

【安全环保】 1. 牢固树立"生命至上，安全第一"的安全发展理念，落实"四不伤害"原则，全面营造安全"1000"（安全第一、隐患为零、违章为零、事故为零）的文化氛围。建立完善安全管理制度体系，编制下发安全类管理文件14份，其中事故专项应急预案5份、事故综合应急预案1项；开展面向全体职工及相关方人员的综合培训5次；开展应急预案培训和演练4次；联合工会全面开展"安康杯"竞赛活动，通过安全隐患排查、危险源辨识等，进一步提升本质化安全水平。

2. 持续加强环保管理工作，不断落实环保主体责任。组织学习《中华人民共和国固体废物污染环境防治法》和《中华人民共和国大气污染防治法》等法律法规；整改环保检查存在的问题项，收集固废共3.632吨，收集危废共17.503吨；制定2022年碳达峰行动实施项目共四项，一项已完成，三项推进实施中。

【党群工作】 1. 贯彻落实习近平总书记重要讲话和指示批示精神，全面加强党的建设，围绕新时代党的建设总要求和党的组织路线，制定《马钢输送党总支2021年工作总结及2022年工作要点》，制发《马钢输送2021年贯彻落实习近平总书记重要讲话和指示批示精神的工作情况和2022年贯彻落实工作计划》。

2. 充分发挥基层党组织战斗堡垒作用，组织召开党总支委会17次，开展"第一议题"5次，研究"三重一大"事项60项，其中前置把关审议17项，审定47项。其中，研究审议党建群团工作25项，涉及员工切身利益事项11项，生产经营重大事项14项，专项整改工作5项，各类专项工作报告9项。

3. 持续抓好基层党支部"三基建设"。督促党支部认真履行发展党员规范化流程，2022年预备党员转正1名，发展预备党员2名；落实领导人员双重组织生活制度。建立领导人员基层联系点，落实领导人员讲党课安排。领导班子成员落实双重组织生活32次；严格按照基层党支部换届选举要求完成基层2家党支部换届选举工作。

4. 强化政治监督，做深做实日常监督。开展元旦春节期间纠"四风"工作验证及"四费"专项检查要求，重点围绕费用管理、履职待遇业务支出、公车管理等方面开展专项检查；针对"五一端午""中秋国庆"等节假日持续开展纠"四风"活动，针对检查出的问题，要求相关部门加强履职待遇及业务支出制度学习，规范开展相关工作；积极配合上级纪委开展好合同管理、贯彻习近平总书记重要讲话精神、选人用人和三基建设、疫情防控等专项检查。

5. 持续推进职工岗位创新和价值创造，不断提升职工"三有"水平和三感。深化常态化献一计，以"六大主题献计月"为献计主线，共收到各类型献计共123条，人均1.13条，推选宝武重工年度金点子1条并获推中国宝武金点子、银点子1条；围绕关键核心技术攻关，促进重大科技成果的转化，开展2022年度"揭榜攻关"工作，立项"揭榜攻关"项目5项，其中马钢输送级4项已完成验收工作、落地实施，宝武重工级1项正稳步推进中；深入推进对标找差劳动竞赛，夯实基层基础。岗位创新项目"滚筒一体化焊接平台"获中国宝武优秀岗位创新成果奖三等奖、数控铣床高级技师朱宜强获中国宝武"铜牛奖"；持续推进"五有"班组建设，在宝武重工年度评比中，托辊班组获"五有班组"荣誉，机加班组获"创新型班组"荣誉，奚长桥获"最佳班组长"称号；建立健全关爱机制。持续做好"四季送"品牌建设和困难职工常态化关心关爱工作；落实健康计划，丰富文体活动。组织开展2022年全员健康体检和职业健康体检计划；推动落实职工"急难愁盼"事项，配合党总支开展"我为职工办实事"项目5项；利用重大传统节假日，开展形式丰富的文体活动；积极践行社会责任，助力乡村振兴。响应宝武重工爱心捐资助学倡议，以结对的形式为广南民职中献出一份爱心，共完成爱心结对15对、捐资12000元；积极参与央企消费帮扶兴农周直播等消费帮扶活动。

6. 团支部利用团员大会、团课、主题团日等方式，组织开展党史学习教育专题组织生活会、"清明祭英烈"主题团日、建团100周年大会精神学习、党的二十大精神专题学习等，加强对团员的培训，提高团员的自身素质；积极推进"献一计"活动，团员青年献计6条；关心单身团员青年个人婚恋交友情况，组织报名"四季恋歌"青年职工交友联谊等活动。

（李帅帅）

安徽马钢表面技术股份有限公司

【主要经济技术指标】 2022年，安徽马钢表面技术股份有限公司（简称马钢表面）作为钢铁行业装备制造服务供应商，在上级领导的指导下，深耕马钢内部市场，积极拓展外部市场。实现销售总额18141万元，实现利润总额33.9万元。

【生产经营】 2022年钢铁主业下行情况严重，对马钢表面的销售工作造成极大压力，全年马钢内、集团内、集团外销售业务占比分别为89.58%、3.99%、6.43%。随着钢铁市场行情变化，主要客户对备件和协议制订单等采取降价、限制计划申报和费用总额控制等措施，马钢表面克服市场环境，抓重点、稳业务，确保业务不流失，承接马钢炼铁总厂单辊破碎辊327万元、合钢沉没辊/稳定辊修复协议制327万元、炼铁总厂C号烧结机新建项目破碎系统、A号烧结机大修项目破碎系统订单约400万元。在保证核心业务稳定的同时，持续拓展新客户，承揽昆钢结晶器铜管总成业务100万元、大连华锐扇形段辊子装配及支架327万元。聚焦连铸结晶器、冷轧设备产品及服务，充分发挥宝武生态圈协同优势，以核心表面类产品全生命周期管理为基础，在连退线、镀锌线等对表面类产品具有严格要求的产线推行总包服务模式，为用户提供最可靠最可信赖的综合解决方案。

2022年完成产量15000吨，产值1.48亿元，其中主要产品电镀辊产值1400万元，结晶器铜板产值2700万元，喷涂辊产值1500万元，喷堆焊辊产值3150万元，锌臂子裙边修复完成43套，在1号镀锌线成功上线使用两套自主研发的轴瓦轴套，运行效果良好；重点完成锌鼻子专业化基地建成并投产使用，产能在原有的基础上提升100%。

【技术创新】 积极推进科研成果申报，与安徽工业大学等高校共同研发的"抗磨耐蚀高温涂层材料关键技术及产业化应用"项目，获得安徽省科学技术一等奖。"智能重载高精度工业机器人产品研发"项目获得"中国宝武优秀岗位创新成果奖"二等奖，该项目入选中国钢铁工业协会"2022年钢铁行业智能制造优秀解决方案"，"重型H型钢结晶器总成标准化装配"项目获得"中国宝武优秀岗位创新成果奖"三等奖。2022年授权专利13件，申报专利10件，其中发明专利4件。申报并落实国家省市区高新技术企业认定奖励、专利奖酬、省博士后科研工作站、科技创新等奖励共计100余万元，圆满完成计划指标。

【企业管理】 推进"产学研"平台建设，走访西安交通大学、宁波大学、安徽工业大学、宝钢中央研究院等先进科研院所，初步明确合作意向，并与安徽工业大学联合招收一名博士后科研人员。充分发挥表面技术应用优势，为客户打造高品质、高附加值表面技术产品，按照表面技术发展方向，设置"喷涂、电镀、特种焊接、智慧制造、品质管理"五个专业组；建立"结晶器"和"锌锅设备"产品明星制，公司领导担任明星，专业带头人担任产品经理。重点拓展冶金行业"连铸结晶器全生命周期管理服务""冷轧锌锅设备综合服务解决方案"，实现"产品服务化"转型。严格按照公司《通用产品企业内部执行标准》和《高端产品内部质量控制计划》对产品制造过程进行质量控制，确保公司所有产品质量符合出厂要求。公司牢固树立发展决不能以牺牲安全为代价的红线意识，强化安全风险管控和隐患排查治理工作，2022年生产安全事故、火灾事故为零；交通事故为零；无新增职业病；安全隐患按期整改率、消防设施检测实施率、特种设备检验计划实施率均为100%；在岗员工接受安全教育率100%。2022年未发生环保事件；污染物排放达标率及排污申报率完成100%；危险废物安全处置率100%；环保设施同步运行率、完好率完成100%。

【改制改革】 结合马钢表面管理关系调整，对组织机构进行优化，设置安全能环部、技术研发中心、市场营销中心、生产运行中心，撤销技术质量部、生产安全部、市场营销部、物资供应部、设备管理部、金属结构厂、机械设备制造厂、表面修复厂、特种电镀厂（结晶器厂），将综合管理部（党委工作部）调整为综合管理部、财务部调整为经营财务部。按照宝武重工协力管理变革要求，对现有协力单位进行重新评估，明确清退现有协力供应商，以业务外包模式重新招标，强化协力管理能力提升。持续开展在岗员工教育培训，2022年三大岗位人员在线培训2823人次，5113学时；脱产培训693人次，2138学时。编制内提拔年轻干部2名，申报工程师3人，高级工程师1人。

（赵慧颖）

马鞍山博力建设监理
有限责任公司

【主要指标】　2022年，监理公司实现营业收入2441万元，较2021年增幅10.4%；实现利润总额401万元，较2021年增幅17.6%；财务费用持续减少，实现年度计划的121.8%；EVA持续改进，实现年度计划的111.34%。2022年监理工程项目242项，工程监理质量合格率100%，监理合同履约率100%，工程监理顾客满意度达95%以上。

【经营工作】　一是抓手持订单不放松。2022年，由于受新冠病毒疫情持续影响，钢铁行业经济效益出现较大幅度下滑，尤其是马钢下半年以来，工程建设项目大幅削减，给监理公司生产经营带来非常大的困难，面对严峻、复杂的形势，监理公司紧盯手持订单目标任务，新增手持订单2715万元，完成年度计划指标的104%。二是重视应收账款及资金回笼工作。2022年，宝武生态圈单位支付部分通宝和承兑汇票，致使应收账款积压越来越多，为保证2022年度应收账款指标任务完成，成立由公司领导为组长的应收账款清欠领导小组，确保应收账款清欠工作扎实、有效开展。三是及时办理项目结算。成立项目结算工作小组，提前谋划月度项目结算报量工作，对重点项目，采取人盯人战术进行跟踪。同时，加强外部市场已完结项目尾款的清理、结算工作。2022年办理工程结算85项，结算金额1518万元。四是全面加强合同管理。为降低合同履约过程中的风险，减少纠纷，防范经营风险，监理公司重新修订合同管理办法，规范合同签订、履行程序。在合同签订前，注重主要条款的评审把关，在合同履约时，积极做好合同交底，注重

合同履约。同时，及时完善合同登记、借阅等方面台账，全面加强合同管理。五是监理项目索赔成效明显。在工程建设过程中，重点要求，部门主动作为，对增加监理工作量和超工期项目，按照合同约定，及时和业主单位沟通，收取相应的监理费。2022年，监理项目索赔70多万元。

【工程监理】　工程监理是公司技术服务的重心，对工程项目的有效管控是提升公司技术服务质量和水平重要手段。一是项目监理管控有效。合理组建项目监理部，根据项目特点和实际需求，合理配置各类资源，满足项目监理需要。认真落实上级主管部门各项检查工作，积极开展"质量月"和"安全月"活动。同时，认真落实上级主管部门年度监理企业安全目标考核、监理企业信用考核评比及宝武集团马鞍山区域安全督察等工作。坚持季度总监例会制，2022年，公司常规化开展公司层面月度、季度质量安全检查，在总监例会上，宣贯上级主管部门管理要求及公司面临的形势任务、重大事项管理要求等，重点对项目检查发现问题进行通报，要求全面整改落实，实现闭环。二是技术质量管理不断提升。技术质量管理是工程监理的核心，结合公司资质范围内管理要求，收集最新相关规范标准（包括电子文档），常态化修订公司《相关法律法规标准规范目录汇编》（F版），为技术管理提供规范标准。对监理内业文件实行审批制，全面掌控在建重点项目技术质量管理工作状况。编制技术标达8项，同时，为落实马钢业主方监理项目工作要求，公司共组织对外业务讲座、工程技术交流10多次。三是安全生产管理全面加强。安全生产是公司监理工作的生命线，公司以深入推进安全隐患排查和治理整顿为主线。认真贯彻宝武集团、宝钢工程及属地上级主管部门管理要求。坚持"违章就是犯罪""隐患就是事故"的理念，按照"一岗双责、党政同责"的要求落实单位领导带班检查要求，推进"清单式"安全管理。

【企业管理】　一是围绕中国宝武"全面对标找差，创建世界一流"管理主题开展对标找差，通过持续借鉴标杆企业的先进理念和成功经验，补短板、强弱项，坚持在营业收入和利润总额上持续发力。二是完成质量、环境、职业健康安全QEO管理体系内部审核和外部三年再认证审核工作。三是

常态化开展制度树建设，在全面梳理管理文件的基础上，形成本单位"立改废"修编计划，明确责任部门和责任人，确定完成时间。四是财务管理持续加强，全面落实宝钢工程财务管理要求，增加通宝模块。资金管理由原马钢集团公司九恒星系统转换到宝信研发的新系统。开展全面预算编制工作，认真编制商业计划书和"十四五"发展规划。同时，拟定工会经费预算决策方案，严格控制工会经费的管理使用。顺利完成资产由宝武重工划拨到宝钢工程，8月初完成工商登记。监理公司无不良资产和不良债务。五是做好人员规划与人员配置，2022年招聘应届毕业生1名。同时，做好员工专业技术资格职称的申报和评定工作，优化专业技术人才队伍的数量及质量。做好员工培训工作，全年工作共组织各类培训约530人次。2022年，新增国家注册监理工程师取证1人、监理工程师取证1人、安全取证上岗18人。六是新冠病毒疫情防控有序有力。全面落实上级主管部门和属地管理要求，组织保障有力有效，物资采购发放及时，信息报送准确。

【企业党建】 一是贯彻落实习近平总书记重要讲话和指示批示精神。监理公司党支部始终把持续推进习近平新时代中国特色社会主义思想的学习作为长期首要政治任务，通过各种形式集中学习习近平总书记重要讲话和指示批示及考察调研中国宝武重要讲话精神，严格落实第一议题制度要求。二是推进党支部政治建设、思想建设情况。坚持"三会一课"制度，发挥党的政治建设的统领作用。2022年召开支委会12次以上，党小组会24次，党员大会5次，上党课4次，按要求落实党员登高计划，结合实际开展"党旗飘扬、诚信监理"创建活动等。三是扎实推进组织建设、制度建设情况。认真落实《中国共产党国有企业基层组织工作条例（试行）》及《宝钢工程落实党建工作责任制基础工作指引（党支部）》，强化工作落实，推动党建工作质量不断提升。四是扎实推进作风建设、纪律建设情况。认真落实上级常规巡察"回头看"、审计监督发现问题整改工作。进一步梳理领导人员和管理者、关键岗位人员及其亲属、特定关系人经办的企业情况。同时，认真开展年度自行监督检查工作。五是推进落实"乐同宇案"

反思整改举一反三等专项工作。紧盯元旦、春节、五一、端午、中秋、国庆期间"四风"建设，组织学习违反中央八项规定精神问题的通报、上级纪委有关通报，组织3次监督检查。公司领导班子签订2022年党风廉政建设和反腐败工作责任书。六是开展"心手相连零违纪"党员责任区建设专项行动。

【工会工作】 一是唱响主旋律，传递正能量。组织职工收看2022年"中国梦·劳动美"庆祝"五一"国际劳动节特别节目、2022年"最美职工"发布仪式以及2022年"网聚职工正能量争做中国好网名"主题活动启动仪式直播。春节前，组织全体职工参加公司"迎新春　抽大奖"活动。二是围绕管理主题，融入中心工作。通过线上、线下培训，提升职工能力与素质提升。鼓励全体职工立足岗位多层次、多角度常态化开展献一计活动。组织开展"落实全员安全生产责任制"劳动竞赛活动。三是健全关爱机制，提升企业凝聚力。2022年，慰问大病住院职工及家属5人次。完成职工健康体检工作，为全体职工购买职工商业保险。做好疫情下关心关爱工作，及时为全体职工发放消毒湿巾、口罩、消毒水（液）等疫情防控物资等。落实年度"三最项目"，为职工统一更换宝武集团标准款式工作服。组织开展"送清凉"活动，分批次慰问奋斗在高温下一线职工，向全体职工发放高温慰问品，共计2.7万元。四是加强工会品牌建设。2022年，监理公司工会联合公司各部门致力增强员工安全防范意识，培养员工安全行为习惯，保障员工生命财产安全，逐步打造安全、安心、幸福的"平安之家"工会品牌。五是规范落实职工大会制度，组织职工参与审议通过涉及职工切身利益的制度和有关事项，组织职工代表参加宝钢工程直管人员和公司直管人员民主评议工作。

【荣誉】 监理公司获得2021年度安徽省、马鞍山市优秀监理企业称号。在建监理项目中获马鞍山市"翠螺杯"优质工程奖1项、监理示范工程1项。同时，3名同志获马鞍山市优秀总监理工程师称号，1名同志获安徽省、马鞍山市优秀监理工程师称号。

（檀言来）

安徽宝昌联合轧辊有限公司

【主要经济技术指标】 2022 年，完成产品销售总量 8116.17 吨，其中支撑辊销量 1705.01 吨，来料加工销量 6411.16 吨；实现销售收入 3887.77 万元；比 2021 年减少 1568.37 万元；全年工序一次合格率 91% 以上。

【企业管理】 1. 为落实中国宝武加强参股管理的要求，马钢共昌联合轧辊有限公司于 2022 年 5 月 19 日正式更名为安徽宝昌联合轧辊有限公司。作为宝武重工托管下的合资企业，严格贯彻宝武重工专业化整合方针，顺应大局，积极求变，并借助宝钢轧辊的先进行业经验，推进管理变革，全面梳理对标，力求脱虚向实迎接新征程。2. 重发展，强培训。为全面提高员工专业素养，以培训得市场、促服务、提产能，公司 2022 年共培训 130 人次，其中煤气工、焊工等特种作业人员取证培训 5 人，复审 1 人。安全管理人员取证培训 9 人。3. 积极开展人员岗位调整和优化工作，以确保业务交接平稳、生产运营顺畅为前提，对各部门人员进行优化组合，2022 年实际完成人效提升指标 23 人，人效提升率高达 29.5%。较大程度地提升公司整体效能。4. 因受全球疫情形势影响，海外市场及运输受到较大冲击，市场转变成以内需为主，以外为辅的模式。5. 在进一步巩固原有核心客户的同时，把开发市场的目光主要放在国内各大钢铁企业及有色金属行业。借助设备技术优势，为马钢重型 H 型钢产线、宝钢轧辊、江苏共昌等大型轧辊使用企业提供磨辊间保产及轧辊协同服务，共完成轧辊产品 8116.17 吨，销售额 4233 万元。2022 年，共新增合同 8394 吨，合同总额 4407 万元。

【生产经营】 2022 年，宝昌联合轧辊有限公司在与宝钢轧辊一体化运营过程中，对标吸收宝钢轧辊的优秀管理经验和先进技术，成功试验宝钢轧辊 Cr5A 材质支撑辊的差温热处理，为 2023 年与宝武重工协同化生产打下坚实基础。

【安全环保】 1. 公司认真落实"安全第一、预防为主"的方针，强化管理、落实制度，务实际、求实效。2022 年初逐级、逐人签订安全岗位责任书，促使安全工作责任到人。每月召开一次公司安全例会，分析总结本月安全生产情况并对次月安全工作进行计划安排，及时发现安全工作的薄弱点，采取措施完善工作。宝昌轧辊公司重新启动安全标准化达标建设工作，公司利用建设安全生产标准化达标的契机，梳理现有的安全管理制度，查遗补缺。2. 2022 年 10 月，宝武重工对公司安全责任落实情况和生产现场运行情况进行专业的安全诊断，在宝钢轧辊安环设备部的专业指导与悉心协助下，公司按照上级部门要求的时间节点，保质保量地完成包括煤气区域存在人员密集场所、气体报警装置缺失、有限空间管理缺失，共 3 类重大安全隐患问题的整改，进一步地完善安全风险与事故隐患双重预防机制的建设。3. 通过签订安全协议，安管人员现场巡察，施工现场安全宣贯等手段，不断加强供应商安全意识，为安全生产保驾护航。4. 紧跟安管新形势，升级改造不放松。近年来国家对安全生产的要求不断提升，宝昌轧辊公司结合现场实际情况，与马钢重机公司、马钢能环部等多部门经过多次协调及技术交流后，最终将两台回火炉进行整体搬迁和改造升级，消除重大安全隐患。5. 综合考量，整体布局。重新设计生产现场警报装置的分布，从严监管、防泄漏、早预警三个角度出发，共新增 34 处警报装置，实现管道沿线警报装置全覆盖，筑牢管道气体的最后一道安全保护屏障。6. 聚焦降本增效，着力国产替代。宝昌轧辊公司通过修旧利废、优化供应链、逐步提升国产刀具及备件使用量等手段，有效控制生产成本。7. 持续做好"三废"管控工作，全面梳理固危废物的种类、数量，反复确认贮存、处置、转移等各环节的合规性，规范固危废处置，确保固、危废处置风险受控，处置过程合法合规。8. 根据上级单位和地方政府下达的管理要求，积极推进危化品管理、排污许可管理、废气口改造项目建设等工作，落实环保风险自查自纠相关问题整改。

（孙　炜）

马钢集团物流有限公司

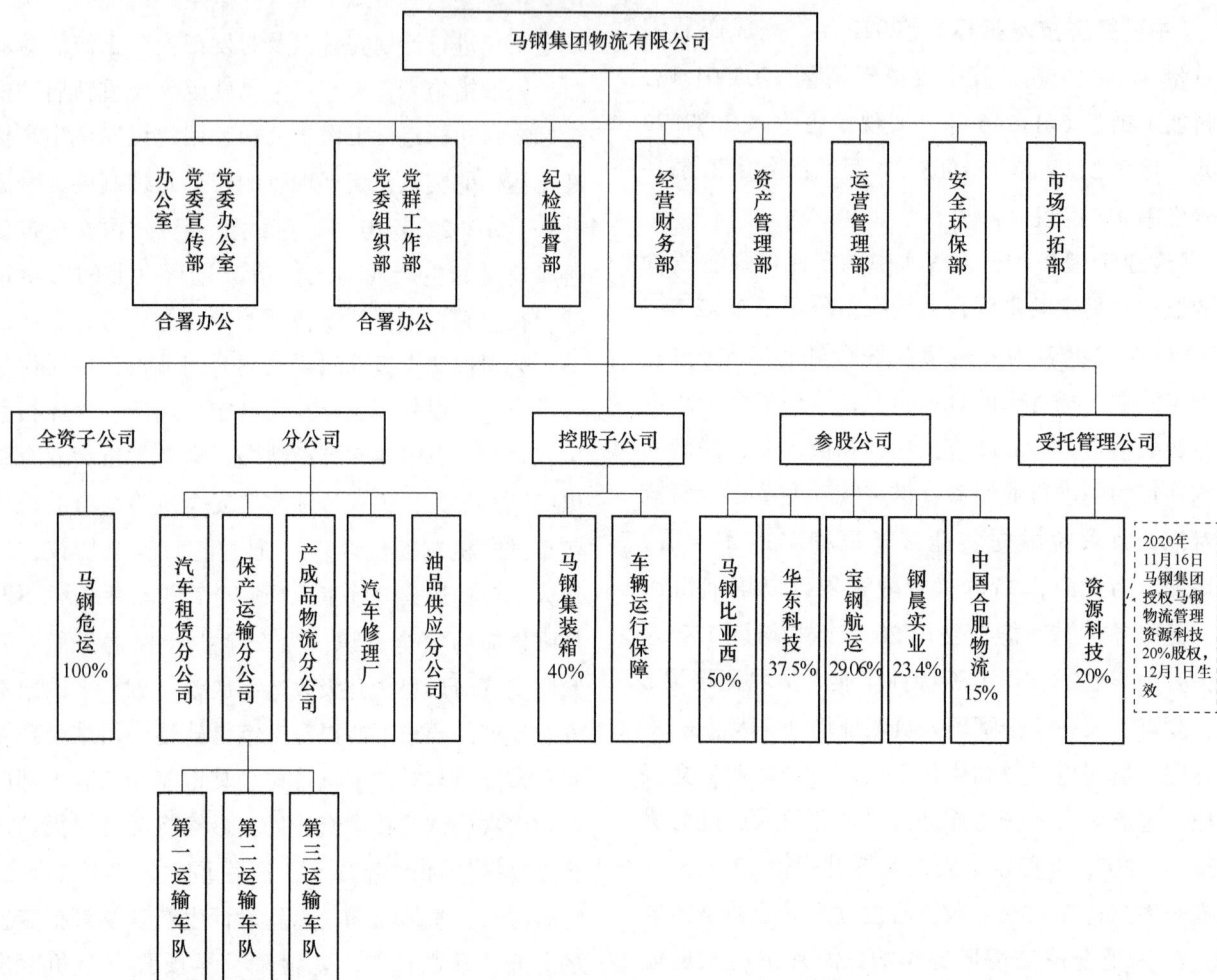

注：数字为持股比例。

图 6　马钢集团物流有限公司组织机构图

【主要经济技术指标】　2022 年，马钢集团物流有限公司（简称马钢物流）全年完成物流总量 6870 万吨；实现营业收入（管理口径）23.48 亿元，利润总额 1.04 亿元，外部收入 6.56 亿元，全员劳动生产率 487 万元/人。马钢物流各项经营指标完成云商要求，营业收入、外部收入创历史最好水平。

【保产保供】　2022 年，钢铁行业形势严峻，马钢物流积极响应股份降本要求，树立"一切成本皆可降"理念，努力节能降耗、严控费用开支、提升效率，加大降本增效工作推进力度，同时采取优化内部运力、提高运输效率、降低运输成本和持续提升特种车辆业务收入占比等措施，全力协同降本。产成品物流分公司克服了疫情及极端恶劣天气的不利影响，通过加强汽车运力组织、灵活调配、强化储运能力，锁定船舶运力、以船代库、保障码头中转能力，做好仓储码头库存库容的动态跟踪，寻备周边仓库，增强仓储接卸货能力等一系列措施，有力保障钢铁主业产成品物流的畅通。保产运输分公司全年运输生产工作平稳，应急保障有力有效。年初启动了雨雪冰冻恶劣天气Ⅲ级应急响应和节日期间的保产预案，做到了保产运输和道路除雪双保障。坚定"专精特"发展方向，全力推广吸排式罐车的应用范围，顺利完成框架车的采购交付并快速进入试运行阶段。2022年新增特种车辆34辆，特种车辆业务收入占比提升到50.82%，完成收入2.56亿元。

【企业管理】 马钢物流和马钢汽运专业化整合后，按照欧冶云商管理要求，结合公司整合过程中存在的问题，不断优化管理流程，完善管理体系，制修订发布管理文件112项，运输作业标准50项。在制度运行过程中，公司不断提升质量、环境、职业健康安全管理水平，扎实稳步推进三标体系建设，顺利通过外部审核，取得三体系认证证书。根据风险防控"强内控、促合规、防风险"的要求，完善内控机制体系、加强体系运行的管控，全力推进风险控制专项工作，其中马钢物流油品供应分公司的"风控三讲"获得云商一等奖。在相关单位和部门共同努力下，克服时间紧迫、任务繁重、涉及面广、流程繁杂、存在政策障碍等重重困难，按期注销马钢汽运与马钢利民成品油两个法人主体，圆满完成宝武集团下达的法人压减任务，得到集团退资办与欧冶云商的高度评价。

【产业项目】 10月17日开通马钢物流淮上库（自营库），保障欧冶马鞍山统购分销业务的开展；以协同欧冶马鞍山直联业务顺利开展为目标，开通运营马钢物流雨山库，标志着公司正式开启仓储运营业务。完成集装箱集疏运一期北延技改项目可研评审、立项决策，改造完成后，集装箱公司堆场面积将达到约16500平方米，铁路货位数量、龙门吊数量增加一倍，装卸线的有效长度达到460米，场站可实施分区作业，作业能力将得到极大提升。配合宝武资源，完成中联海运和宝钢航运股权整合，整合完成后，马钢物流不再持有中联海运股权，马钢物流成为宝钢航运股东，持股比例为29.05%；完成派河物流园项目云商二次投审会审查；车辆运行保障公司项目已完成云商所有决策程序，待宝武集团两规审查通过后，注册成立合资公司；区域多式联运资源整合项目通过欧冶云商总裁专题会审议，可研编制已完成。

【市场开拓】 持续稳步推进生态圈协同引流、供应链业务，重点维护宝武集团内部张庄矿物流总包、姑山矿物流总包方面、进口矿水运等全程物流业务。承接欧冶物流马钢卷板产能预售的物流业务，2022年物流量2万吨，营收67万元。向武钢物流引流凹精-鄂球综合物流项目。全年引流65万吨，营收1560万元。2022年，马钢物流实现外部收入6.56亿元，同比增长35%，物流产业链业务、集装箱业务、仓储业务等方面都取得突破。油品供应分公司抓住厂区工程项目燃油临时配送需求契机，对厂区燃油配送业务做到"应接尽接"，全年工程项目柴油配送业务创收577万元。租赁分公司裸车租赁项目全年实现外部创收319万元。集装箱公司积极拓展集装箱外部市场等业务，成功开行中欧班列11列，全年完成外部收入9737万元。

【安全环保】 按照"夯基础、增意识、强协同、促规范、严考核、保目标"的安全工作主题，建立以"四同"（同体系、同标准、同要求、同对待）管理为核心的物流承运商安全管理体系，制定落实11项具体措施，经过3个月的安全整治，承运商安全管理水平得到显著提高。严格落实"三管三必须"，建立健全全员安全生产责任制度，发布《全员安全生产责任制履职清单》，将安全管理落实到每一个人。为进一步提升安全管理体系能力，消除人的不安全行为、物的不安全状态，公司开展"百日攻坚 除患铸安"专项整治行动，取得较好的效果。通过一年的努力，全体员工及相关协作人员安全意识得到明显提升。

推进车辆本质化及技防安全措施。为防范卷钢掉落风险，统一要求卷钢运输使用专业凹板车，12月底已更换及新购153台。对业务所需的自卸车一律强制安装举升互锁安全装置，12月自有车辆共新增安装243台，协作承运商车辆共安装自卸车自锁567台，随车吊10台。逐步推进既有车辆360环视系统安装，新购置车辆将全部配置360环视系统。

【绿色智慧】 为配合马钢股份申报超低排及A类环境绩效企业，马钢物流全力组织推进车辆置换，2022年共完成560台纯电、国六等车辆的更新置换工作。产成品物流三条主要线路实现全电车运营，为马钢股份清洁运输比例不低于80%提供有力支撑。构建换电设施信息平台以及纯电车辆充换电、维保、应急处置、泊车服务一体化运营中心，已建成5座换电站全部投入运营，为303台纯电车辆提供充换电和电池租赁等服务，并对纯电车辆运行进行跟踪和分析，不断提升新能源车辆及换电站运营效率。6 月 30 日，马钢厂区安全管控系统成功上线。为马钢厂区道路整治提供信息平台的管控支撑，提升厂区交通安全管理水平，该系统内注册有 801 家承运商、5915 台车辆和 5780 驾驶员。6 月 21 日，长钢物流管控系统顺利实现与欧冶智慧物流服务平台的对接，开创欧冶智慧物流服务平台"6 个首次"（首次实现平台与门禁的深度对接、首次实现单车配货、首次实现手机 App 应用、首次实现铁路运输线上结算、首次实现水运的全流程闭环管理、首次实现客户收货码交付）。9 月 30 日，历时 5 个月，智慧物流服务平台在马钢交材成功上线，实现厂内厂外无纸化提货，提高运输效率，完成厂外库存线下到线上的系统管理，强化物流全过程的跟踪管理。持续完善 ERP 一期客商、合同管理等相关功能，并梳理二期相关问题，4 月 28 日汽运业务模块上线，5 月 9 日汽运业务业财一体化及非主营业务上线，完成随身行 ERP 移动端功能开发工作。

（隗满意）

· 物流公司合资公司 ·

比亚西钢筋焊网有限公司

【主要经营指标】 2022 年，实现销售收入 4.6 亿元，销量合计 10.75 万吨，实现净利润 1059 万元。

【市场营销】 2022 年，公司持续推进"攻就地加工服务模式、攻重点大客户、攻钢筋焊网代理商、补应收账款短板"的"三攻一补"营销策略，坚持围绕业主单位开展就地加工服务，同时围绕国有重点客户开展一系列战略合作，同中交、各省交投公司等信誉良好客户建立合作关系，代理商数量及质量均得到明显提升。有效建立应收账款跟踪督察机制，加强资金风险管理的同时，强化全过程管控，2022 年度在销售量同比大幅增长的前提下，应收账款同比略有下降。积极探索新兴战略市场，稳步扩大业务版图。

【生产组织】 2022 年，固定资产总投入 280 万元。克服市场需求量波动大、人员补充不及时、新员工流动性大的困难，合理组织生产，提高反应速度。构建公司一体化管理的制造平台，通过总部订单排产、生产人员调拨，实现订单排程的效率和效益最大化，杜绝违规制造的潜在风险。坚持每周设备保养和检修工作，提高设备维护水平和故障处置能力，全年无重大设备事故和故障，为生产提供了有力保障。

【技术创新】 理顺内部管理流程，清晰责任，设立质量控制标准，实现质量一体化管控落地，四个加工中心统一质量管控标准，配齐质量检验设备和人员，并加强质量检验培训工作，质量同销售环节实现无缝对接、强力支撑；对外从技术质量角度树立公司质量品牌，在多个项目中树立公司的质量信誉。2022 年申报专利 5 项，其中发明专利 1 项，获得授权专利 3 项。新产品开发方面，公司申报的新产品"全自动切焊一体化中空型钢筋焊接网"被省经信厅认定为 2022 年度第一批"省级新产品"，两项产品被授予"省高新技术产品"。

【采购管理】 以市场为导向，把握采购时机，快速响应精准采购。采购性价比合适的原材料，公差基准控制，持续研究原料市场，多频次多范围加大供应商询比价，为公司最大化创造采购效益。

【财务体系】 金融机构及融资业务稳步开展，开拓并筹划超短贷资金，开辟灵活短贷业务，极大地降低了融资成本，充分调动资金的使用率，同时为降本增效取得较大收益，同时以经营思想、审计思维做好内部财务风险管控。

【企业管理】 坚持问题导向，强化依法治企和合规管理。董事会领导下的职业经理人团队市场化公开选聘、契约化管理落地，优化管控模式，建立"一总部、多基地"条线式、一体化内控风险管控模式；组织编制定员定编套表，梳理职能、明确职责、修订流程，建立综合管理体系，编制、评审、修订和下发 73 项制度，形成 766 页汇编文件，建立三级会议管理和事项督办体系；落实中国宝武党建规范化，支部政治功能与党群作用发挥有效回归；加大员工培训力度、提升员工能力，改革薪酬绩效制度，搭建人力资源管理体系，形成与企业管理相适应的团队；规范会议和计划体系，提高工作效率和执行力；启动厂容厂貌升级工程，初步完成公司统一视觉识别体系的建立；加强员工关系管理，构建和谐企业，通过合理的薪酬保障体系，合理的员工发展通道，配套的增值关爱福利和活动，提高员工的获得感、幸福感。

（吴　娴）

马鞍山钢晨实业有限公司

【主要经营指标】　2022年，受疫情反复、经济放缓等影响，公司始终坚持"夯实基础，弥补短板，提升运行质量；管控风险，抢抓机遇，完善运营模式"的工作思路，收入、利润基本完成预算目标，取得相对较好的经营效果。

【市场开拓与项目开发】　2022年，公司积极开拓新市场、开辟新渠道、开发新品种、开创新模式，取得显著效果。在项目研究方面，先后完成储能电站、氢气充装外销、氢气回收利用、银亮钢加工、法拍房等项目可行性研究报告；开展光伏新能源发电、电炉灰综合利用、生物质供热等项目的研究工作。

【企业管理】　在人力资源管理方面，确定分子公司组织架构，梳理机关部门职责；加强4个序列人才发展通道建设，修订内部职称聘任管理办法；梳理公司考核体系，完成考核制度汇编工作；遴选主管人才队伍，制定高级人才、主管级任职评价管理办法、绩效管理办法，初步建立绩效管理体系；多渠道、针对性加强培训工作；继续拓展招聘渠道，提升招聘效果。在运营管理方面，开展运营监控和分析，在形势发生重大变化时及时提示，指导生产经营；加强合同和授权管理，坚持重大合同评审制度，开展合同检查和培训工作，完善年度法人授权；高度重视风险管理工作，下发重大项目管控方案、合同违约风险处理等制度；强化安全管理，实行安全风险分级管控，定期进行安全检查、巡查，并督促整改落实；修订5S管理手册、合资企业管理办法，推进三标一体化取证工作；积极组织政策申报，绿能、氢业获得高新技术企业称号，物流园获得省创新型中小企业、市专精特新企业称号。在财务管理方面，与各商业银行、财务公司、保理公司保持合作，增加授信规模，缓解资金压力，保障业务正常开展；充分利用循环贷品种，降低存量资金规模；加强税务政策研究与纳税筹划，推进落实税收优惠政策；加强财务分析，推进业财融合；优化内部分工，提高工作质量和效率。

【精神文明建设】　一年来，公司坚持以习近平新时代中国特色社会主义思想为指引，扎实开展党建工作，全年发展党员1名，预备党员3名；组织党员干部学习党的二十大精神，不断加强党性修养；遵守党规党纪，遵守公司"红黄线"制度，开展专项审计和效能监察工作；深入推进企业民主管理，广泛征集合理化建议，获得马鞍山市厂务公开民主管理先进单位称号；积极开展节日文体活动，员工团建活动，主题徒步、观影等活动；切实关心关爱员工，安排员工年度健康体检、大病理赔及慰问等工作。

【钢材公司】　年销量超过79万吨，连续6年保持增长，巩固了本地区行业龙头地位；积极利用电商平台、分销、产能预售等方式，拓展销售渠道，降低经营风险；新成立合肥子公司；板材业务多方开拓订货渠道，开发冷轧、酸洗类产品；工程业务提升服务意识，打响钢晨品牌，加速货款回笼，取得较好的经营效果。

【物流园公司】　持续打造仓储、钢贸两个平台，吞吐、配送、保产均创历史最好纪录；配送实现了运力自动分配；积极开拓喷煤、球团、矿粉等运输业务；通过省服务业标准化试点验收，获得"皖美"品牌示范企业称号。

【神马公司】　密切关注市场走势，加强与六钢合作，矿粉、煤炭业务创历史新高；调整废钢结构，新增长钢、梅钢、马钢利华废钢业务；开拓六钢铁合金、鞍山供热煤炭等业务；充分利用优惠政策，开拓融资渠道，新成立芜湖子公司；2022年销量164万吨，创历史纪录。

【报业公司】　针对设备老化、维修厂家少等困难，加强定检定修等设备管理；加强与客户联系沟通，提升服务水平，2022年印量超过4000万对开张，完成预算目标；加大市场开拓力度，新增报纸客户3家、数码客户24家，保障生产经营稳定运行。

【润滑油公司】　稳定既有业务，努力寻求业务转型，积极开拓固废产业园项目，全面参与产业园建设，促成PC、OG线的正常投产运营；持续推进环保管家业务，强化危废管理，协助重机公司、马钢交材危废库建设；加强与安徽超越、珍昊环保等危废处置企业合作，努力开拓马钢外部市场。

【绿能公司】　新增客户 32 家，与上海宝冶等大型建筑单位建立合作关系；积极开发丙烷终端用户，丙烷销量近 14 万瓶，创历史新高；新增 3 台国六车辆，提高配送能力；制定 5 项内部管理制度，加强基础管理；完成安全管理双重预防机制建设。

【氢业公司】　加强工贸一体化推进，积极开拓周边地区的氢气供销市场，2022 年氢气销量创历史新高；钢瓶气全年销售 5.7 万瓶，取得较好的经营效果；与南京宝瀛气体签订互供协议，拓展供气渠道；项目建设提速，模压机投入生产，加氢站技改项目前置手续基本完成。

【铜陵远大公司】　积极协调政府及村民关系，加强安全生产管理，有效保障了生产时间；克服疫情及市场价格下滑影响，灵活运用销售策略，紧抓市场客户，经济效益再创历史最好纪录；加强与政府有关部门沟通，三、四矿矿权合并取得阶段性进展。

（吴学成）

欧冶链金再生资源有限公司

【企业概述】　2022 年，欧冶链金再生资源有限公司（以下简称"欧冶链金"）下设 10 个部门、2 个中心，其中包括办公室（党委办公室）、人力资源部（党委组织部、党委统战部）、党委宣传部（工会、团委）、经营财务部、投资管理部、运营改善部、纪检监督部、审计部（党委巡察办）、安全环保部、市场管理部（基地管理部）、数字智慧中心、科技研发中心（质量管理部）；北方分公司、西部分公司、华中分公司、华东分公司、南方分公司、华北分公司、西北分公司、上海分公司 8 家分公司；拥有马钢诚兴金属资源有限公司（简称马钢诚兴）等 28 家子公司。2022 年，经营规模达 3500 万吨，营业收入 1120 亿元，利润总额 6.5 亿元。年底，在册员工 1164 人，在岗员工 1161 人。

【企业负责人简介】　陈昭启，1973 年 12 月生，贵州盘县人，中共党员，注册会计师，欧冶链金党委书记、董事长。

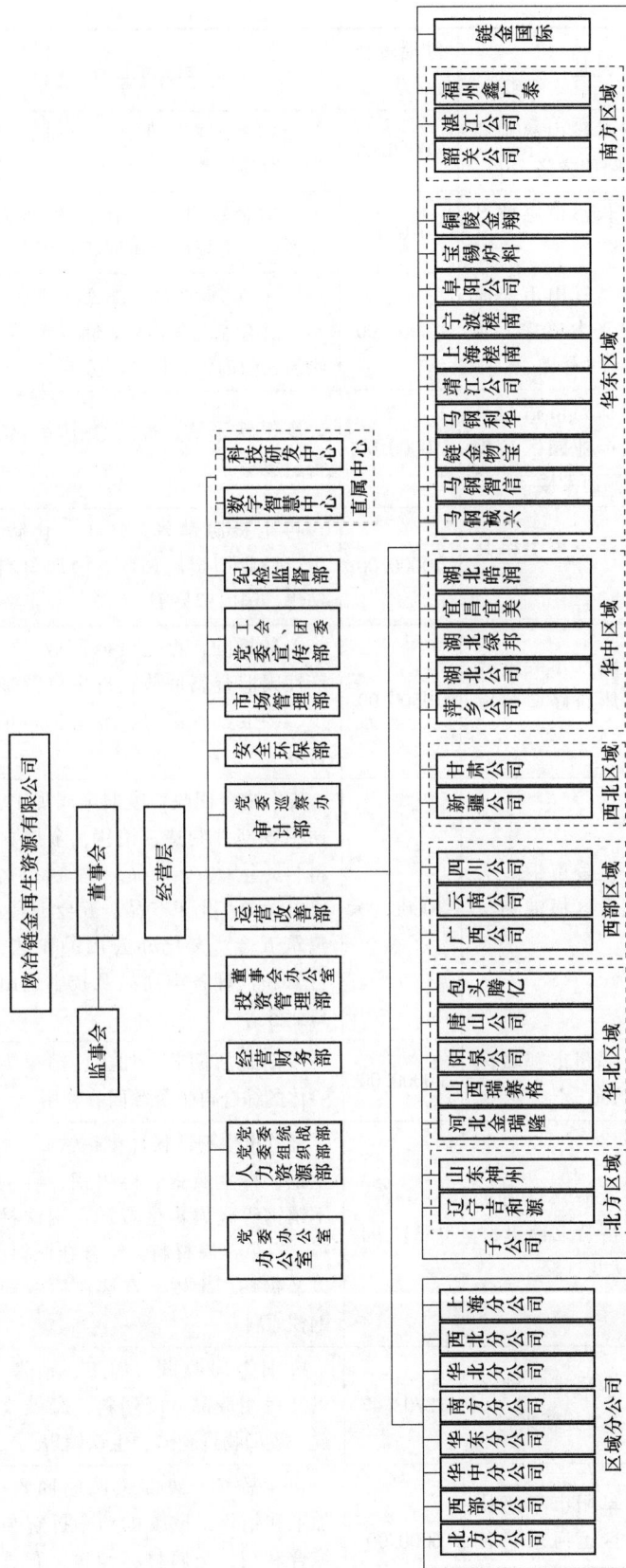

图 7　欧冶链金再生资源有限公司组织机构图

欧冶链金下属子公司（含托管单位）一览表

表3

公司名称	地址	注册资金/万元	主要经营范围	持股比例/%	在岗员工/人
马钢诚兴金属资源有限公司	安徽省马鞍山慈湖高新区水厂路四联路	40000.00	废钢铁采购、加工、仓储、销售、贸易等	51	106
山西瑞赛格废弃资源综合利用有限公司	山西省长治市屯留区康庄工业园	20408.16	废旧金属回收、加工、销售为一体的综合再生资源回收利用	51	54
欧冶链金物宝再生资源有限公司	安徽省马鞍山市郑蒲港新区中飞大道277号产业孵化园7号楼	10000.00	废旧金属回收、加工、仓储、销售，生铁、钢材仓储、销售，物流、国内贸易代理服务等	51	34
马钢智信资源科技有限公司	安徽省宿州市宿州马鞍山现代产业园区马钢机械产业园研发楼	10000.00	废钢铁采购、加工、仓储、销售、贸易等	51	36
欧冶链金（萍乡）再生资源有限公司	江西省萍乡市上栗县彭高镇	10000.00	再生资源销售、加工、仓储、生产性废旧金属回收、金属材料销售、国内贸易等	51	40
欧冶链金（靖江）再生资源有限公司	江苏省靖江市经济技术开发区康桥路2号港城大厦	19500.00	船舶拆除、再生资源回收、生产性废旧金属回收、再生资源加工、再生资源销售、金属材料销售等	51	42
铜陵有色金翔物资有限责任公司	安徽省铜陵市铜陵大桥经济开发区横港物流园内	10000.00	废旧物资回收，废旧金属加工，通用零部件制造、销售，金属材料、贵金属、矿产品、建筑材料、机电设备、化工产品、五金工具、建筑五金、文化办公用品销售，自营和代理各类商品及技术进出口业务等	51	38
欧冶链金湖北再生资源有限公司	湖北省鄂州市鄂城区武昌大道180号	20000.00	废旧金属回收、加工、销售为一体的综合再生资源回收利用	81.25	28
上海欧冶链金国际贸易有限公司	中国（上海）自由贸易试验区富特北路8号晓富金融大厦3楼	15331.94	经营再生钢铁料（废钢铁）、再生铜、再生黄铜、再生铝、再生不锈钢等金属再生资源，钢铁材料，有色金属材料，铁合金原料，以及钢坯、生铁、直接还原铁等钢铁原料	67.38834	19
辽宁吉和源再生资源有限公司	辽宁省本溪市溪湖区东风街道办事处新兴村	12703.47	废旧金属收购、加工、销售，以及民用废品、废塑料、废纸收购、废旧物资仓储、生铁销售	51	43
欧冶链金（阜阳）再生资源有限公司	安徽省阜阳市阜南县经济开发区运河东路名邦栖街S13栋	6000.00	再生资源、废旧金属的回收、加工和销售，报废机动车拆解与综合利用，金属材料销售，有色金属及制品等冶金炉料购销	51	25

续表 3

公司名称	地址	注册资金 /万元	主要经营范围	持股比例 /%	在岗员工 /人
马钢利华金属资源有限公司	安徽省宣城经济技术开发区宝城路 299 号	20000.00	废旧金属采购、回收，加工、仓储、销售；生铁采购、仓储、销售；物流服务、国内贸易代理服务	49	21
上海槎南再生资源有限公司	上海市嘉定区曹丰路 319 号 7 幢	10612.2449	废旧金属回收、加工、销售为一体的综合再生资源回收利用	51	35
宜昌宜美再生资源有限公司	湖北省宜昌高新区白洋工业园田家河大道	5000.00	废旧金属回收、加工、销售为一体的综合再生资源回收利用	66	35
欧冶链金（韶关）再生资源有限公司	广东省韶关市曲江区东韶大道 22 号 17 栋	10000.00	再生资源销售、加工、仓储、生产性废旧金属回收、金属材料销售、国内外贸易等	51	20
湖北绿邦再生资源有限公司	湖北省黄石市下陆区大广连接线 1 号长乐社区办公楼	14183.6735	建筑物拆除作业、船舶拆除、报废机动车回收、报废机动车拆解、货物进出口、技术进出口、进出口代理、道路货物运输，再生资源加工、再生资源销售、装卸搬运、普通货物仓储服务	51	8
宝锡炉料加工有限公司	江苏省无锡市锡山区锡北镇工业园泾瑞路 3 号	10200.00	废旧金属回收、加工、销售为一体的综合再生资源回收利用	100	0
欧冶链金（唐山）再生资源有限公司	河北省唐山市路北区金融中心 B 座 15 层	5000.00	经营范围包括再生资源加工、再生资源回收（除生产性废旧金属）、生产性废旧金属回收、再生资源销售、金属材料销售、国内贸易代理；技术服务、技术开发、技术咨询、技术交流、技术转让、技术推广；国内货物运输代理、普通货物仓储（不含危险化学品等需许可审批的项目）、报废机动车回收、报废机动车拆解、建筑物拆除作业（爆破作业除外）、货物进出口、技术进出口、进出口代理	51	12
欧冶链金（湛江）再生资源有限公司	广东省湛江市麻章区东简镇宝信实业综合楼二楼	12000.00	再生资源回收（除生产性废旧金属）、再生资源加工、再生资源销售、生产性废旧金属回收、报废机动车回收、报废机动车拆解、金属材料销售、国内贸易代理；技术服务、技术开发、技术咨询、技术交流、技术转让、技术推广；货物进出口、技术进出口、进出口代理、国内货物运输代理、普通货物仓储服务（不含危险化学品等需许可审批的项目）	51	12

续表 3

公司名称	地址	注册资金/万元	主要经营范围	持股比例/%	在岗员工/人
欧冶链金（广西）再生资源有限公司	广西防城港市港口区马正开路 72 号三生国贸中心广场二期写字楼一16 层 1602 房	10000.00	再生资源（不含危险化学品）、废旧金属的回收、加工和销售；生铁销售、仓储；国内贸易代理服务	51	7
欧冶链金（新疆）再生资源有限公司	新疆巴音郭楞蒙古自治州库尔勒市建设街道辖区圣果名苑别墅 A-8	15000.00	金属废料和碎屑加工处理、再生资源回收（除生产性废旧金属）、再生资源加工、再生资源销售、生产性废旧金属回收、金属材料销售、国内贸易代理；技术服务、技术开发、技术咨询、技术交流、技术转让、技术推广；货物进出口、技术进出口、进出口代理、国内货物运输代理、非居住房地产租赁、普通货物仓储服务。报废机动车回收、报废机动车拆解	51	5
欧冶链金（四川）再生资源有限公司	四川省宜宾市珙县巡场镇经济开发区余箐小区 12 号楼	10000.00	再生资源回收（除生产性废旧金属）、再生资源加工、再生资源销售、生产性废旧金属回收、报废农业机械拆解、报废农业机械回收、金属材料销售、国内贸易代理；技术服务、技术开发、技术咨询、技术交流、技术转让、技术推广；货物进出口、技术进出口、进出口代理、国内货物运输代理、普通货物仓储服务	51	8
欧冶链金（云南）再生资源有限公司	云南省昆明市安宁市昆钢采购中心 欧冶链金（云南）再生资源有限公司	10000.00	再生资源加工、再生资源回收（除生产性废旧金属）、生产性废旧金属回收、非金属废料和碎屑加工处理、再生资源销售、有色金属合金销售、金属废料和碎屑加工处理、资源再生利用技术研发	51	11
湖北皓润新材料科技有限公司	湖北省孝感市大悟县城管镇绕城南路	21086.5102	再生铜、再生铝的回收、加工和销售	51	27
河北金瑞隆金属制品有限公司	河北省唐山市迁安市经济开发区经十三路东侧、经十四路西侧、纬十四街北侧西部工业园区河北金瑞隆金属制品有限公司	12244.90	报废机动车回收，报废机动车拆解。再生资源回收（除生产性废旧金属），再生资源加工、再生资源销售、生产性废旧金属回收、报废农业机被拆解、货物进出口。技术进出口、进出口代理报废农业机械回收、金属材料销售、国内贸易代理；技术服务、技术开发技术咨询、技术交流、技术转让、技术推广，普通货物仓储服务	51	27

续表3

公司名称	地址	注册资金/万元	主要经营范围	持股比例/%	在岗员工/人
山东神州再生资源有限公司	山东省济南市钢城区艾山街道办事处周家坡社区	16503.0627	生产性废旧金属回收、普通货物仓储服务（不含危险化学品等需许可审批的项目）、技术进出口、货物进出口、再生资源加工、再生资源销售、再生资源回收（除生产性废旧金属）、金属材料销售、国内贸易代理	51	21
欧冶链金（阳泉）再生资源有限公司	山西省阳泉市盂县秀水镇秦村	10000.00	报废电动汽车回收拆解；道路货物运输（不含危险货物）；输电、供电、受电电力设施的安装、维修和试验；报废机动车拆解	100	0
宁波樘南再生资源有限公司	浙江省宁波市杭州湾新区滨海四路北侧众创园	1000.00	废旧金属回收、加工、销售为一体的综合再生资源回收利用	100	0

（梁　玉）

集团公司其他委托管理单位

马钢国际经济贸易
有限公司

【经营成果】 2022年，马钢国际经济贸易有限公司（简称马钢国贸）克服诸多不利因素，在平台服务与贸易事业部的正确领导下，以获取利润和规模为核心，着力于服务钢铁主业，着力于严控商业风险，通过全体员工上下共同努力，全年各类贸易业务稳中有进，按进度较好地完成各项目标。马钢国贸全年营业收入、利润总额均超额完成预算进度，其中实现营收70亿元，完成利润总额4523万元。业务量累计完成约720万吨。实现ROE（净资产收益率）5.32%，均超过预算目标；集团外市场占比70%；"两金周转效率"提升5%。通过票据贴现、催促客户来款提货及延迟付款等举措，确保经营实得现金流为正，且经营实得占经营应得现金流之比为113%。

【党建工作】 2022年，马钢国贸党支部以党的十九大精神为指导，学习领会习近平新时代中国特色社会主义思想和党的二十大精神。策划开展12次集中学习，内容涵盖党的建设、整合融合、转型发展等工作。组织党员集中学习中国宝武党委一届六次全委（扩大）会暨2022年干部大会精神，定期安排党课和培训。加强企业文化建设与文化融合工作，安排党员参加宝武司歌活力操活动。开展主题党日活动，与马钢采购中心党总支围绕党建引领，优势互补，助力采购降本开展系列交流活动。

【模式创新】 发挥区域公司作用，强化区域钢厂服务协同。铁矿石方面，7月开始随着马钢股份和长江钢铁停产检修高炉，马钢国贸公司克服市场下行和长协矿负溢价的困难，主动处理生产多余资源约160万吨，有效降低了工厂库存，助力钢厂经济组产。同时充分使用SOTC平台积极参与生态圈钢厂现货采购招标，帮助工厂降低成本，担当了马钢股份和长江钢铁原料蓄水池和调节阀的作用。煤焦方面，9月成功取得马钢股份燃料供应商资质后，累计协助马钢股份采购中心完成煤炭保产保供任务4.6万余吨，降本增效400余万元。10月在市场资源十分紧缺的情况下，积极帮助采购中心协调

1万吨俄罗斯艾尔加煤。长江钢铁上半年准一级干熄焦紧缺，国贸公司按照长江钢铁的要求，在原有供应商之外，成功开拓新的供应商。截至10月底，实现保供销售26万吨，贸易额8.7亿元，有力地保证了长江钢铁的稳定生产。贸易品种取得多方突破。年初开发的动力煤新业务初具规模，与陕西省煤炭运销（集团）有限责任公司签订年度长协合同，国贸公司还开展红土镍矿、南非铬铁和印尼镍铁的新品种代理进口业务，截至10月底签约执行红土镍矿六船共33.2万吨，南非铬铁一船0.5万吨，印尼镍铁两船0.78万吨，积极融入德龙钢铁供应链。在新品种合金业务中，对外商开具跨境人民币信用证，以实际行动践行国家人民币国际化发展战略。在稳定大宗合金品种硅锰、硅铁、铬铁等品种外，努力扩大钼铁、钨铁、钒氮等小合金品种的业务渠道，开辟钨铁业务新版块，为后续钢厂供货打下基础。

【风险防控】 按资源总部要求梳理风险点，归纳风险因素，根据风险因素评估表按一般风险、重要风险、重大风险对马钢国贸的经营风险等级进行评定。针对风险点进行月度、季度、年度监控，并按资源总部要求形成季度、年度风险管理报告，上报资源总部。根据资源总部下发的制度树，马钢国贸根据自身情况及管理需要，对现有制度进行梳理，完成马钢国贸2021年制定制度修编计划，初步搭建马钢国贸的制度树1.0版。根据业务实际更新发布《马钢国际经济贸易有限公司"三重一大"决策实施办法》。组织开展国贸公司首次质量管理体系贯标活动，编制并发布《马钢国贸公司质量手册》，建立了质量管理体系。

【工会工作】 根据宝武资源统一安排，参加对口扶贫工作。组织员工参加宝武对口扶贫自购贫困地区物品约5600元。开展对标先进指标、我为企业"献一计"活动。完善民主管理，召开职工大会讨论通过年金调整方案和选举职工董事。做好员工年度体检安排。组织开展送清凉活动，公司领导专程慰问一线员工。

【青年工作】 围绕中国宝武"三降两增"工作部署，响应资源公司团委"同一个资源、同一个梦想"青年岗位建功行动的号召，成立"马钢国贸青年工作组"，充分调动青年员工的积极性、主动性和创造性，推动工作重心下移到一线、各项举措下沉到基层，全力以赴使"三降两增"工作落

实落地。协助开拓红土镍矿这一新贸易品种，建立马钢国贸分品种库存台账，优化入库放货流程，规范库存管理，提合理化建议，设计公司 VR 标志，提升企业形象，改善员工办公环境；增进青年员工之间的了解，相互学习、促进交流、共同成长。锲而不舍纠"四风"树新风，全体党员和员工分别签订马钢国贸 2022 年度廉洁从业承诺书和马钢国贸党员廉洁自律承诺书，同时积极推动与合作单位互签廉洁协议。

（王挺松）

安徽马钢化工能源科技有限公司

【主要经济技术指标】 2022 年，是安徽马钢化工能源科技有限公司（简称马钢化工）完成净化业务划转实现新模式之年。2022 年累计加工轻苯 7.67 万吨，实现营业收入 22.93 亿元，利润总额 2.76 亿元。

【生产经营】 公司以向马钢股份提供优质保产服务为宗旨，在确保安全环保的前提下，加强生产精细管理，强化生产秩序稳定，发挥宝武碳业一体化采购销售优势，拓宽市场与 13 家新客户建立良好的合作关系。以利润最大化为原则，加强市场研判，抓住两头市场，合理安排产销计划，保持合理的原料和产品库存。2022 年共计采购轻苯 3.62 万吨，销量化产品 32.23 万吨（其中加氢苯 6.229 万吨、焦油 20.21 万吨）、化产品外销收入 15.45 亿元，分别较 2021 年增长 9.37%、47.99%。2022 年 6 月 30 日，按计划顺利完成煤精资产划转、项目结算、人员劳动合同换签、工资总额切分等工作。马钢化工净资产价值由 1776877.46 万元下降为 92415.72 万元，其中注册资本由 133333 万元下降为 69664.59 万元。

【安全工作】 强化全员履职，落实安全责任。组织职工学习习近平总书记关于安全生产的重要论述和批示指示精神及安全相关法律法规标准；完成 8 项特殊作业管理制度的修订发布；推动苯加氢设备网格化管理；严格考核，2022 年考核内部员工 13400 元、协力单位 42400 元。夯实基础管理，组织开展危险源辨识和风险评价工作；深化安全风险分级管控；完成公司危险化学品经营许可证的重新取证工作、两个重大危险源的评估和备案工作、危险化学品经营许可证、安全生产许可证主要负责人变更工作及生产安全事故应急预案修订和备案工作，提升风险管控能力；2022 年共开展各级动火、盲板抽堵等特殊作业 146 次。推广智慧安全的应用，完成投用苯加氢"二道门"整改项目；组织实施危化品综合信息系统二期建设；全力建设双重预防机制系统。提升安全素养，组织安全培训 1601 人次，取证培训 10 人次，为职工以及协力维保单位开通"化危为安"学习平台账号。以查促改，以查促学，开展自查、接受各类检查 17 次，查处隐患 174 项，完成整改 157 项。强化应急管理，全年组织开展各类应急演练 20 次。强化职业卫生过程管控。加强重大危险源和危化品安全管理，对公司重大危险源安全包保责任人进行调整，每周对危化品运输情况进行专项检查并发布检查通报共 25 期；接受马鞍山市公安局楚江公安分局易制毒化学品检查 2 次。规范厂区道路交通安全管理，配合马钢完成马钢南区厂区封闭管理工作。2022 年，公司安全绩效良好，安全费用投入 658 万元。

【环保管控】 定期召开环保例会、环委会，开展习近平生态文明思想和习近平总书记重要指示批示精神、环保法律法规、环保事故案例、环保国家新政策等教育、培训 13 次，提升各级人员履责意识和能力。制定并下发 2022 年能源环保重点工作计划，通过环境运行体系内审及线上、现场外审，完成 2022 年马钢化工自行监测方案网上备案、企业环保网上评价、排污许可证的重新申领等工作，按照要求开展定期检测。加强突发环境事件风险管控，重新修编应急预案并开展演练 3 次。配合马钢创 A 工作。加快落实集团和马钢化工长江大保护总体规划，推进环保重点项目，苯加氢加热油炉低氮燃烧器改造、油库区域 VOCs 治理、装卸车区域 VOCs 治理系统状态正常；厂界 VOCs 在线监测试运行；长江大保护涉及项目均已建成投用。持续开展用水和废水减排工作，修复更换泄露管线，建成并投用厂区内雨污分流系统。严格固危废规范管理，制定公司年度管理计划，优化危废暂存库，2022 年合规处置危险废物 6.24 吨。报省市、宝武集团、宝武碳业及各类检查及马钢化工自查自纠等问题 46 项、完成整改 40 项，其余均按节点推进。2022 年未发生 A、B、C 类环保事件，集团环保检查无扣分，环保费用投入 3335.12 万元。马钢化工获评环保诚信企业。

【设备管理】　抓设备状态管理，完善设备基础数据，全年苯加氢生产线设备故障停机 0 次，故障时间 0 小时，氢压机、高速泵等重点设备运行平稳可靠。抓设备管理降本，全面推进碳业本部维修费用三级成本管理模式，2022 年维修费用较年初计划下降 6.8%；导热油循环泵及轻苯 B 槽、纯苯 A 槽、非芳槽保温改造两个项目降本增效约 16.27 万元，完成年度目标值 101.69%。抓设备检修管理，2022 年计划完成日修 1337 项，实际完成 1326 项，检修兑现率 99.18%，设备备用率 100%，未发生因检修质量造成的设备故障。抓备件管理，减低库存资金占有率，4 项零固计划均已到货；完成物料计划申请 323 条。抓特种设备管理，2022 年共检验压力管道 16553 米，完成承压类特种设备年度检查。抓计量管理，按计划完成计量器具检定/校准 405 台/次、气体报警器校准 176 台、计划完成率 100%、合格率 100%；完成防雷接地测试。抓联锁系统管理，完成联锁台账的修订与发布，利用苯加氢定修时间，测试联锁系统并形成记录，每月进行联锁系统综合检查，保证联锁系统的有效性。

【项目建设】　维修工程方面，苯加氢装车逸散气治理改造项目现针对运行过程中发现的问题进行整改调试；苯加氢油水分离系统优化改造项目已施工完成并投入使用；苯加氢增设消防柴油机泵、汽车装卸车形式改造、马钢化工设备状态监测及智能运维、化验室搬迁等通过评审正在推进中；苯加氢智慧制造提升项目、环水加药装置及循环水过滤器改造项目已完成立项手续。单项工程方面，纯苯储槽 A、非芳储槽防腐保温项目已完成；苯加氢周界 VOCs 环境在线监测、二道门改造项目使用正常；物流门安防系统提升改造项目已进入施工阶段。信息化项目方面，马钢化工网络核心架构升级改造项目按总部进度统一安排实施；MES、LIMS 系统项目基本模块已完成，系统已上线。山西福马项目公辅、焦油系统已具备投产条件，针状焦系统预计 2023 年 3 月具备投产条件。

【智慧制造】　按照四个一律的要求在范围和深度上加大智慧制造项目调研、策划和实质性实施。继续对系统控制进行优化，苯加氢自适应率提升至 98%。积极推进 2022 年 9 项智慧制造项目、4 项 3D 岗位项目的实施工作。提升智慧化水平，引进 2 台看火机器人，马钢化工操作一律机器人化水平提升至 77.78%。

【科研攻关】　宣贯宝武碳业科研管理制度，督促推进。策划各类科研项目费用归集，2022 年研发投入率达 3.01%，完成年度碳业指标。按照管理制度要求做好 5 个科研项目的年终结题工作，提升科研项目管理规范性。完成专利代理合同签订。知识产权、专利申报、论文撰写全力完成碳业目标。完成科研政策加计扣除目标，积极开展政府补贴申领工作。

【三降两增】　坚持生产经营以财务为中心、财务以利润为中心、利润以预算为基础，打开结构对标对表，常态化开展一周财务分析，算着干、干着算。制定马钢化工三降两增工作方案，积极发动广大职工参与。充分利用一总部多基地平台，开展同工序对标，提升产能利用率。2022 年实现内部降本 1172.88 万元，降本增效项目开工率 100%，完成率 149.22%。充分利用国家相关政策和税务减免规定，实现企业所得税减免 7271.45 万元。

【全面风险管理】　辨识马钢化工 2022 年主要风险因素，重点关注安全环保、盈利能力不足、山西福马项目合规性等方面的风险，制定重要指标参数及防控措施，每季度跟踪工作开展情况。开展"四费"专项检查、化工宝平台竞价采购检查、疫情防控监督检查、安全环保监督检查、经营业务合规与内控建设自查等 10 余项自查工作。扎实开展内控管理工作，提升防范化解风险的整体效能。严控财务风险。根据宝武集团安排，进行每周库存汇报，严格开展"两金"管控，持续推进"两金"压降工作。截至 2022 年 12 月末，两金（应收账款及存货）总金额为 3929 万元，较年初减少 1660 万元，降幅达 29.69%，有效提高存货变现的速度，降低存货资金占用和市场风险。初步确定关联交易和定价模式。在 2022 年 6 月确定马钢股份净化系统化产品定向销售给马钢化工后，公司立足实际多次与马钢股份经营财务部、运营改善部、煤焦化公司等职能部门和单位积极沟通，基本确定关联交易定价方案。规范合资公司及对外投资管理。积极支持山西福马融资、增加资本金等工作，加快工程建设，尽快建成投产。监督马钢 OCI，提高马钢化工投资回报率；开展区域焦油加工整合控股工作。按照马钢对晨马氢能源项目建设的决策，配合做好相关工作。建立依法合规的法人治理结构。完善股东会、董事会、监事会建设，召开股东会 2 次、董事会 3 次，通过股东会决议 11 项、董事会决议 22 份；完成马钢化工董事会、监事会换届选举工作；按程序向山西福马、马钢 OCI 推荐董事、监事。落实任期制责任书签订，制定经理层成员绩效管理办法、薪酬管理办法。修订公司章程，完成工商注册变更、营业执照和组织机构代码证年检、国家企业信用信息公示系统年报等工作。修订公司"三重一大"管理办法，每季度对决策事项进展情况进行跟踪了解，全年抄告事项全部完成，对"三重一大"决策系统中相关信息进行补充。根据人员变动，及时调整对外经济业务授权权限。加大合同管理力度，举办专项培训，组织专项检查，整改合同运作不规范项。各种资质证书及印章的管理有序到位。

【队伍建设】 多渠道推进人事效率提升，截至 12 月共减员 13 人，较好地完成 2022 年 8% 的人事效率提升指标。策划马钢化工层级管理模式及薪酬模式。加强领导班子及员工队伍建设，完善领导班子分工调整；以提升技能人才队伍能力素质为目标，加大员工培养力度，截至 12 月，网络培训登录用户总学时数 12713 学时，人均培训 174 学时；内部自主集中实施培训总学时数 5377 学时，人均培训 74 学时。根据宝武碳业"千百十计划"，安排 2 人参加中国宝武一线员工轮训、6 人参加操检维调培训、2 人参加机电仪复合班培训、3 人参加工业机器人培训。根据宝武碳业技能人才"翻番减半"要求，完成 17 人蒸馏工取证工作。解决马钢 OCI 三方协议到期人员相关事宜。

【党群工作】 坚持和加强党的全面领导。认真学习习近平新时代中国特色社会主义思想、党的二十大精神，贯彻党中央重要决策部署，召开党史学习教育总结会，组织集中观看党的二十大开幕会、举办党的二十大精神专题读书班、开展专题党课周、征集学习党的二十大心得体会，进一步强化思想政治建设，全年共召开党员大会 10 次、党总支委会 19 次。落实党建责任制，制定责任制清单，建立领导人员定点联系机制。扎实推进宝武碳业党委对马钢化工常规巡察发现问题的整改，迎接宝武碳业党委巡察"回头看"及对山西福马常规巡察，并对发现问题落实整改。坚持党管干部原则，1 名干部转任重要岗位，2 名干部提拔任用。落实三基建设要求，推进党建工作标准化。严格开展"三会一课"、组织生活会、民主评议党员工作；完成马

钢化工党总支及本部党支部委员会换届选举；2 名预备党员按期转正，3 名积极分子有序发展；转出 19 名党员，调入 15 名党员；针对三基建设专项检查发现问题组织 1 期党建大讲堂。丰富党员教育手段，先后开展"冬季扫雪""七一安全宣誓"、喜迎党的二十大观影、健步走等主题党日活动。围绕疫情防控成立物流运输保产"党员突击队"；开展"排查隐患、化解风险、保障平安"主题活动；发动党员职工积极参与"三降两增"，完成全年目标，1 名职工的项目被作为优秀案例进行推广；党员职工主动担当，顺利完成净化业务划转工作；与苯加氢维保单位开展党支部结对共建，为公司生产经营提供党建支撑；推进公司班组建设，1 个班组被评为宝武"五有"班组；党建工作与生产经营得到进一步融合。推动全面从严治党。坚持严的基调，公司整体政治生态良好。严守政治监督，强化日常监督。深化党风廉政责任制落实，召开党风廉政建设和反腐败工作年度会议及落实党风廉政建设责任制领导小组会议。抓源头管理，抓实阳光采购、敏感岗位人员管理、倾向性问题整改、经商办企业专项申报工作等工作。落实中央八项规定精神和狠抓作风建设，开展重大节假日教育检查，常态化开展廉洁教育，组织签订《廉洁承诺书》，落实谈话制度。2022 年累计开展责任制集体谈话、廉洁集体谈话、任职谈话、外派前谈话等 13 次，诫勉谈话、提醒谈话 21 人次；发送节前廉洁提醒 29 条、专项检查 10 余次。抓实意识形态工作。坚持党管意识形态原则，抓紧抓牢理论学习，进一步提高政治站位。加强企业文化建设，开展宝武文化宣贯、执行。落实意识形态工作责任制，组织签订《意识形态工作责任承诺书》5 份、《意识形态阵地运营管理承诺书》56 份。守住意识形态阵地，清理整顿 30 余个微信群至宝武聊天。制定迎接党的二十大、强化意识形态与网络舆情管理的工作方案。关注职工思想动态，特别是业务划转期间、党的二十大期间职工思想稳定情况，时刻关注"小马网"、马鞍山 OK 论坛等本地论坛。同时做好网站、大屏维护，及时按要求更换宣传内容。落实信访维稳、保密、统战、武装、档案等工作。多举措开展《信访工作条例》学习宣贯；落实月度报表、党的二十大期间每日零报告等制度；落实重大决策社会稳定风险评估工作要求，围绕离岗政策实施、共享用工政策实施、继续参加马钢集团年金方案、煤气

业务划转等开展风险评估；严格落实党的二十大前后信访维稳工作要求。开展民兵整组工作、防汛等工作，"八一"期间对退伍军人进行慰问。发挥工会职能，参加全国总工会的职工意外伤害互助计划；完成 2022 年宝武碳业定点帮扶专项劳动竞赛指标；切实解决职工"三最"问题 5 项；围绕公司重点工作开展献一计活动；发挥基层力量，全员开展三降两增及隐患排查；筹备召开 2022 年职代会、职代会联席会议、职工大会；完成工会换届选举；积极开展"喜迎二十大·奋进新征程"系列活动、春节文体活动。发挥共青团作用，开展做"最优秀的共青团员"座谈会、庆祝中国共青团建团 100 周年暨纪念"五四运动"系列活动及"喜迎二十大·奋进新征程"等活动，为公司高质量发展贡献青年力量。

【荣誉】 1 名职工获得"2022 年宝武集团优秀班组长"称号，1 名职工获评宝武碳业"银牛奖"、1 名职工获评宝武碳业"铜牛奖"，6 名职工分别荣获"宝武碳业最佳实践者""宝武碳业三降两增最佳实践者"称号，1 名女工荣获宝武碳业女职工"巾帼建功优胜个人"称号，苯加氢作业区丁班荣获"宝武集团五有班组""宝武碳业特级班组"称号。

（丁 玲 盛 敏）

· 化工能源合资公司 ·

安徽马钢嘉华新型建材有限公司

【主要经营业绩指标】 2022 年，安徽马钢嘉华新型建材有限公司（简称马钢嘉华）累计完成营业收入 9.36 亿元，利润总额 43 万元，矿粉产销量 420 万吨。

【疫情防控】 针对新冠病毒疫情的长期性和复杂性，公司一方面加强教育提醒，引导职工干部充分认识新冠病毒疫情常态化防控工作的重要性，另一方面通过成立相关领导小组，定期跟踪职工健康状况，办公区域定期消毒，入厂人员体温检测等措施加强疫情防控，同时根据县区相关部门及马钢行政事务中心要求，定期上报员工核酸检测及外出情况，确保疫情可控。

【安全工作】 2022 年，马钢嘉华紧紧围绕安全生产工作，持续控制重点，通过强化安全监管职责、落实各项安全管控措施、明确"安全即是效益"观念、狠抓安全隐患整改、大力推行安全生产责任制等措施，不断完善安全管理工作机制，并在当年无重大及以上安全责任事故，同时未发生群伤、群亡事故和重大设备事故，取得了生产性死亡、重伤为零的工作成绩。

【绿色发展】 依据"长江大保护""三治四化""固废不出厂"为目标，大气污染物颗粒物、氮氧化物、二氧化硫均做到达标排放。截至 2022 年底，大气污染物颗粒物排放量为 11.11 吨，二氧化硫排放量 3.94 吨，氮氧化物排放量 113.04 吨，新水消耗量 40330 吨，固废合规处置率 100%，并依托省级绿色工厂荣誉，完成国家级绿色工厂申报。

【生产能力】 应宝武环科应磨尽磨相关要求，确保主业全年水渣资源有效循环，公司通过新增外委加工基地（铜陵石金），提高矿粉年产能 40 万吨，实现年产能 450 万吨规模，在疫情影响导致需求大幅下降的前提下，确保 2022 年产品产量计划顺利完成。

【市场协同】 充分维护宁马市场、江浙沪市场稳定。并通过开拓上峰水泥、华新水泥、海螺、中建材南方水泥等直供客户、大力发展本地汽运市场、深耕合肥市场等措施，进一步缩小矿粉与水泥差价，在 γ 值稳定保持在 72% 的前提下，完成矿粉销量 420 万吨。

【产品质量】 进一步加强生产过程质量管理、及时调整各类生产工艺参数，提高 KPI 指标质量考核权重，将矿粉过程控制比表面积由 400 平方米/千克提升至 420 平方米/千克，取得客户的认可，成功取得矿粉"优等品"认证的同时，荣获省级高新技术企业称号。

【内部管理】 加强内控管理，防范经营风险。进一步梳理完善管理制度，截至 12 月 31 日，公司新增管理制度、操作规程 16 项，当涂马嘉新增管理制度、操作规程 64 项（合计公司管理文件 94 项，当涂马嘉 64 项），为管理水平持续提升夯实了基础。同时结合本年度内控审计相关管理提升意见，通过施行风险管理季度跟踪工作制度、合同月度自查、给予违规人员相应处罚等相关内部控制手段，持续提升合规化运营管理水平。

【改革创新】　1. 智慧制造。（1）产线数据上"宝之云"。为进一步加强生产能耗对标找差，通过网络直通上海宝武，将4条自有产线生产数据全部上传至上海"宝之云"平台，实时与环科兄弟单位进行能耗对比，并通过设备技改、工艺流程优化、精细化操作等方式持续压降生产成本。（2）一键制粉。为持续压降人力资源成本、提高集控化操作水平、降低生产成本，马钢嘉华建材以一键制粉系统为蓝图，逐步开展工艺流程改造，马钢嘉华、当涂马嘉热风炉已完成集控操作，后续将继续优化人员。（3）当涂马嘉一卡通项目。根据智慧制造不断推行的总体步伐，结合马钢嘉华总部前期完成的全自动发货流程，当涂马嘉生产区域持续推进智慧工厂改造工作，产线及码头发货流程已完成自动化改造，为进一步压降协力成本提供了基础。

2. 人力资源管理。通过开辟正式职工协解渠道、压缩协力员工人数、岗位职能兼并的方式，在新业务不断拓展的前提下，人员数量持续压缩，截至2022年底，优化正式职工3人、协力员工11人，持续提升人力资源管理水平。坚持以绩效为导向的总体工作原则，通过年度绩效评价充分运用（与薪酬挂钩）、月度KPI考核、销售激励政策等相关手段，激励员工不断提高自身工作水平的同时，依托《培训管理办法》，打通职工能力提升通道，进一步扩充公司后续经营发展所需人才储备。

【三降两增】　1. 运营成本压降。结合运营实际，公司领导从水渣精益堆存、生产降本为切入点，通过节能降耗、压缩供应商、协力费用压降、委托加工费用压降、管理费用控制、码头装卸优化等措施，运营成本同比预算降本3858.9万元，同比2021年降本4837万元。同时从码头业务拓展、协助马鞍山公司拓展矿山充填固结剂业务、外购水渣等方面，拟定聚焦外向业务拓展计划4项，全年完成营收5636万元。2. 光伏发电改造。持续推进光伏发电改造项目。通过由承包单位负责该项目投资建设与运营维护，2022年成功在马钢嘉华安装光伏发电板，安装面积约4600平方米，电价优惠0.2元/度，进一步压降了生产能耗成本。3. 销售市场开拓。在疫情影响及行业市场持续低迷的前提下，董事长及经营管理人员为确保产销平衡，通过划分片区、打破分工界限的方式，深入下沉宁马、江浙沪终端市场，与客户面对面交流，带头开展全员营销工作。

【党群工作】　1. 扎实开展宝武环科"专精特新"党建引领保障计划行动。结合年度公司生产经营重点工作，进一步发挥党支部战斗堡垒作用，探索"共建共赢共发展"的支部品牌，分别与市场监管局机关党支部、市公安局花山分局党支部、炼铁总厂高炉二分厂党支部以及利民星火党支部开展共建活动8次，在产品质量、安全建设、特种设备维护、食品安全以及委托加工方面得到显著提升。2. 提升经营能力，全面对标找差，深入开展劳动竞赛活动。2022年印发推进落实劳动竞赛方案通知共6份，督导收集各部门专项劳动竞赛共6项，其中年度"岗位创新"劳动竞赛献计409条，人均献计4.6条，采纳387条，实施385条，献计率460%，采纳率95%，实施率99%，完成年度总目标。3. 发挥头雁引领作用，坚持"周例会+α"新模式，全力突破经营困境。施行周例会制度，通过从财务、销售、项目工程、聚焦向外等方向多维度深入分析，及时把握市场变化、快速反应，2022年连续召开经营绩效提升例会38次为经营绩效提升改善打下坚实的基础。4. 积极推树典型，重视示范引领效果。推树宝武环科优秀共产党员1名、马鞍山公司优秀共产党员2名、中国宝武好点子1个、银点子1个，宝武环科金点子3个、银点子1个、好点子3个，智多星1名，先进工作者2名。

（朱中辉）

安徽马钢粉末冶金有限公司

【主要经营指标】　2022年，生产还原铁粉32506吨，销售还原铁粉34223吨，营业收入24688万元，实现税前利润361万元（未经审计）。

【生产经营】　由于受外部市场因素的影响，客户需求大幅下降，产品库存急剧增加，组产模式被迫调整，由三窑六炉调整为一窑三炉，产量和销量均大幅下降；积极主动与同行沟通市场情况，协调销售策略，共同应对市场的变化，维护还原铁粉价格基本稳定，保证公司具有一定的收益。

【新品开发】　随着国家政策和汽车市场需求的变化，电动汽车异军突起，产销量突飞猛进，下游制品企业对电动汽车零部件用粉的需求也在大幅增加。公司适应这一趋势的发展，购置铁精矿粉

521.76 吨，已研制生产电池用粉 121.95 吨，截至 2022 年 12 月末，已有 12 家客户正在试用。下一步计划与相关企业合作采取代加工的方式进一步摸索电池用粉的生产工艺，逐步打入电池用粉市场，推广自产电池用粉，打出自己的品牌。

【强化服务】　面对急剧变化的市场情况，加强走访客户的力度，深入掌握客户的生产、需求情况，及时反馈公司进行决策，每月召开两次分析会，对问题进行研判，及时拿出解决方案。深入贯彻"客户需求就是我们追求"的服务理念，不断推进"定制化、差异化"生产；技术人员主动上门与客户沟通还原铁粉使用过程中出现的问题，为客户解决问题出谋划策；购置全氧仪满足客户个性化指标需求，不断提升服务意识和服务质量，得到客户的赞许，稳定了客户群。

【安全环保】　严格落实全员安全生产责任制，以履职清单为抓手夯实责任。大力开展安全教育，不断提升安全意识，组织进行涉爆粉尘演练、有限空间专项学习与演练、现场处置方案等共演练 14 次。坚持将隐患消灭在萌芽状态，注重隐患排查，安全消防等各类专业检查 14 次，共查处各类安全隐患 73 条，整改完成 70 条，整改完成率 95.9%。全年无轻伤以上事故发生。

重点关注环保设施的正常运行，保证达标排放，全年未发生环保事件。陆续投入 102 万元用于除尘器、厂房、水渠和运输皮带机等 12 项改造整改项目，对厂区污水进行收集，并建设一个收集池；收集池投用后，并入马钢股份北区污水处理站，完成雨污分流工作。

【三降两增】　面对严峻的经营形势，公司积极响应宝武集团的号召，组织开展"三降两增"工作。经过多方收集，谋划研究，确定"三降两增"具体项目，制定具体措施，明确责任单位、责任人。2022 年降本增效 820 万元，完成新材料事业部进度指标 154%。

从大处着眼小处入手，组织员工开展形式多样的降本增效工作。员工积极参加"献一计"活动，献计总数 69 条，采纳 64 条，实施 64 条；生产分厂结合组产方式，调整装备的作业时间，充分利用谷时电进行生产，每月可降低电费 2 万余元；严控费用支出，下半年停止了非生产性维修；及时掌握政府在特定情况下的减免政策，延迟缴纳税收，办理稳岗补贴和科技企业税收优惠。

【党建工作】　马鞍山作业部党支部现有党员 13 名，下设 2 个党小组。2022 年 7 月，隶属关系由马鞍山公司党委转到环科新材料事业部党委。马鞍山作业部党支部采取多种形式开展学习贯彻习近平新时代中国特色社会主义思想，2022 年学习 12 次，参加 141 人次。坚持支委会集体讨论审议涉及公司生产经营建设、改革发展和员工切身利益的事项。共召开支委会 25 次。"三会一课"正常有序开展。2022 年党小组活动 26 次，召开支委会 25 次，召开党员大会 7 次，党课 4 次。认真组织开展年度支部组织生活会和民主评议工作。2022 年 5 月，开展支部换届工作。严格履行换届程序，充分准备各项工作，换届工作有序规范圆满完成，选举出新一届党支部委员会，书记 1 名，委员 2 名。

（刘建强）

马钢奥瑟亚化工有限公司

【主要经济技术指标】　2022 年，奥瑟亚化工有限公司实现营业收入 10.4 亿元，同比增长约 31%，净利润 3022 万元，同比增长约 36%。

【生产情况】　围绕"精益生产、诚信经营、合作共赢"的生产经营方针，全体员工共同努力克服疫情影响、焦油原料质量波动大等困难，2022 年共计处理焦油 20.5 万吨，月平均处理量约 1.7 万吨，日均处理量 622 吨。产品总收率 97.94%，生产计划完成率 100%。主要产品产量指标为沥青 9.7 万吨、炭黑油 0.67 万吨、蒽油 5.7 万吨、轻油 0.18 万吨、酚油 0.4 万吨、工业萘 2.4 万吨、洗油 1.2 万吨、粗酚 0.12 万吨。

【设备状况】　生产设备运行情况总体平稳，全年设备无重大事故，特种设备、监视测量设备年检率 100%，日常计划检修 440 项，设备停产检修 2 次，检修项目共 371 项。一方面，工务部门严格按照《设备维护分工管理规定》内容，明确各方责任，强化设备维护人员定期点检，及时发现并维修设备缺陷隐患，使设备保持完好运行状况。另一方面，通过充分发挥职工创造性，组织技术研发团队，针对现有设备的缺陷进行改造，以达到降低能源消耗、检修频次、备件消耗的目的；积极使用一批新设备、新装置、新备件对现有老旧及缺陷设备进行替换，消除安全和环保风险；运用 DCS、PLC 等控制系统和现有的电气保护装置的功能，提升设备的自动化水平，有效降低设备故障率。

【安全管理】 2022 年，奥瑟亚化工有限公司 ISO 18001 职业健康安全体系和化工生产企业三级安全标准化体系运行正常。主要完成了员工职业健康体检、职业危害因素检测，特种设备安全检测，安全设计诊断，消防技能培训等工作。除每日 2 小时一次安全巡检外，2022 年共组织综合安全检查 12 次，季节性安全检查 2 次，专项安全检查 4 次，节假日安全检查 2 次。组织安全应急演练 11 次，参加 128 人次，含公司级演习 1 次，现场处置演习 10 次。

【市场营销】 面对迅速变化的市场行情，公司市场部一方面准确把握市场脉搏适时调整原料采购计划；一方面瞄准最佳出货时机快速出货，在兼顾客户利益的同时，追求公司收益最大化。2022 年采购焦油总量 19.7 万吨；主要产品销售：沥青 9.3 万吨（其中出口沥青 4.9 万吨，同比增加 7.7%），炭黑油 0.6 万吨，蒽油 5.2 万吨，工业萘 2.3 万吨，洗油 0.7 万吨。主要产品（改质沥青、工业萘、蒽油、炭黑油、洗油）出厂合格率 100%，全年未发生一起质量异议。

【荣誉】 2022 年，奥瑟亚化工有限公司获"雨山区工业十强"称号，成功申报"安徽省高新技术企业"，公司主导产品——"改质沥青"获"安徽省高新技术产品"称号。

【企业管理】 企业研发实力进一步增强，开展技术研发项目 39 项，科技成果转化 31 项，拥有发明专利 2 项，实用新型专利 29 项，有效地保护了企业的核心技术，使得企业核心竞争力得以大幅提升。人力资源进一步缩减及优化，一方面采取"共享用工"的方式从马钢化工能源引入专业技术管理人才，另一方面开展全方位的培训，努力提高员工技能，通过精简组织架构和人员来提升工作饱和度和工作效率，进而提升团队整体效能。此外，奥瑟亚化工有限公司 ISO（质量、环境、职业健康与安全）管理体系稳定运行，获外审专家组的一致认可。

（钟小庆）

马钢集团财务有限公司

【经营概况】 2022 年，马钢集团财务有限公司紧紧围绕"稳健运营、融合发展"的经营理念，灵活应对市场变化，充分利用各种投融资手段，持续拓宽信贷服务渠道，全面提速整合融合，取得较好的经营业绩和管理成效。2022 年实现营业总收入 5.48 亿元、利润总额 3.85 亿元。公司继续保持优良监管评级（2A 级）。

【信贷业务】 进一步加大客户营销力度，多措并举拓展信贷客户数量，2022 年新增信贷客户 90 户，客户总数达 175 户。加快信贷业务创新，协同成员单位推进下属全资区域销售公司商票贴现业务、办理买方付息财票、商票及通宝保贴、短期限流动资金贷款等业务，满足客户多样化金融服务需求。2022 年，完成生态圈发生规模 231 亿元，绿色信贷业务发生额 85.9 亿元，超额完成年度目标。累计办理流动资金贷款 60.6 亿元，票据贴现 128 亿元，下游买方信贷 0.78 亿元，通宝融资 10.51 亿元，票据承兑 26.9 亿元。

【资金与投资业务】 2022 年，日均管理投资及流动性资金 149.18 亿元，包含存放同业、准备金、买入返售、同业存单及投资业务，实现收入 3.63 亿元，全口径收益率 2.44%。同时通过银行间市场、同业拆借及再贴现等积极进行资金的融通，日均融资额 23.05 亿元，综合成本率 1.81%。

【资金集中】 按照中国宝武集团账户管理要求，完成 355 个账户的可视化工作，持续推进动态 100% 应连尽连。跟进欧冶链金板块业务扩张，提供优质结算服务，协调属地商业银行帮助客户解决异地开户困难，为 19 家欧冶链金异地公司开立结算账户，打通结算通道。满足客户结算时效性要求，做到周末及节假日全时段结算服务，2022 年累计结算规模 41 万笔，现款结算量 10270 亿元，票据结算量 1721 亿元。持续做好大额资金监控、归集，努力做到资金应归尽归，累计非工作时间归集资金 145 亿元，提升资金效益约 90 万元。

【风险管理和内部控制】 开展"基础管理夯实年"行动，强化制度梳理与修订，按照自查整改计划全面完成 19 个整改项目，修订新增内控管理制度 116 个，完成新业务系统培训，全面排查梳理会计、业务、客户档案和交易资料，发现问题立查立改。强化公司治理、信贷及投资专委会管理工作，2022 年，完成表内授信审查报告 56 篇，审核信贷业务 1200 多笔。序时推进反洗钱各项工作，2021 年度马鞍山市法人机构反洗钱评级继续保持 3B 级。

【人力资源管理】 实行强绩效管理，推行"以岗位、能力、业绩付薪"的按效激励理念和按劳分配原则，依据业绩完成情况、职级要求落实符合度等维度对员工进行年度绩效评价，不断提升全员工作效率。组织开展全员教育培训，针对性开展党建理论、金融业务专项培训，2022 年开展各类线下培训 81 次，参加培训 692 人次，持续提升全员思想政治和技术业务水平，为公司整合融合、经营发展提供支撑。

【企业文化建设】 深入开展中国宝武和宝武财务公司总部企业文化理念宣传，秉持"深化产业金融服务，协同共建钢铁生态圈"的经营理念，积极推进"宝财之道"企业文化创建，组织全员参与融入宝武财务公司成立 30 周年系列庆祝活动，精心打造"用户至上"的智慧金融服务模式、"清晰透明"的市场化激励约束机制，努力把公司金融产品、服务打造成知名品牌。关心关爱员工，加强青年员工的职业生涯规划引导和素质提升，促其成长成才。及时解决员工工作生活难题，改善办公环境，积聚干事创业合力。

【党建工作】 深入学习宣传贯彻党的二十大精神，不断强化思想建设引领。组织全体党员收看党的二十大开幕会，参加党的二十大报告原文读书班、集中宣讲等学习培训，同时发放党的二十大学习辅导资料开展自学。深入开展形势任务教育，稳定员工队伍，推动整合融合。开展"我为群众办实事"实践活动，2022 年共完成员工休息室、更衣室设置等 9 项为群众办实事项目；进一步强化三基建设，持续增强党支部凝聚力、战斗力。严格执行"三会一课"，规范开展组织生活，抓牢抓实党员干部学习教育。一年来组织召开党员大会 12 次、支委会 23 次、党课 14 次，持续推动党支部建设标准化、规范化。加强支部班子自身建设，7 月按期进行换届选举。组织全体党员参加结对登高、党员率先百分百、党员抗疫先锋队等活动，在各方面发挥表率作用。与马钢集团经营财务部开展党支部共建，建立定期联络机制，推进"马财整合融合"项目联创联建；强化廉洁自律意识，切实加强支部领导班子廉洁从业和反腐败工作，将"两个责任"真正落到实处，自觉接受组织和群众监督。加强巡察整改跟踪落实，对巡察反馈的 7 项问题已全部整改完成。开展节日期间纠"四风"树新风全员廉洁警示教育，强化廉洁从业意识，积极营造风清气正的工作氛围。

（姜　勇）

马钢集团设计研究院

【主要经营指标】 2022 年，完成营业收入 17 亿元，人均营收超过 658 万元，处于行业较高水平；完成利润总额 3100 万元，较上年度实现大幅提升。全年共签订订单金额 15.23 亿元。

【党建工作】 坚持以习近平新时代中国特色社会主义思想为指导，学习宣传贯彻党的二十大精神，各级组织开展逐字逐句读党的二十大报告原文，领导班子带头讲党课，广大党员干部员工热议党的二十大精神。党委听取并研究意识形态、信访维稳、统战、群团等党的建设工作，切实维护设计院各项工作的稳定顺行。按要求完成组织绩效，基层党组织绩效评价。加强党风廉政建设责任制落实，班子成员报告履职情况，召开党风廉政小组会议，听取基层组织履职情况，全体系保障设计院清风气正环境。

【市场开拓】 贴身服务马钢区域市场，年内承接了马钢研发中心大楼、新特钢公辅、A 号烧结机大修、B 号高炉渣处理及各类景观提升、环境整治项目等一系列重点项目，助力马钢重点项目的推进实施，同时积极投身马钢环保提升及新一轮规划发展项目，保质保量地完成各类规划和可研任务，持续发挥好总图协调职能。通过加强与宝武各基地的沟通交流，做好营销协同和技术支持，各业务部门直面市场，传导市场压力，矿山、钢铁等板块外部市场业务均取得突破，马钢基地以外订单占比接近 40%。

【重点工程项目】 不断提高在马鞍山区域及钢铁生态圈的技术服务水平，加强项目安全、环保、廉政、质量、费控、进度的过程管理，确保重点工程顺利推进及按期建成，年内有港料总厂2号C型棚、北区厂容整治、C号烧结机、鄂钢大棚等一批重点工程基本建成或热试成功。马钢研发中心大楼按期封顶并在年内基本建成。全年在线运行项目497个，实际完成332个，其中施工图186项，高阶段设计115项，工程总承包31项；2022年实际发图32390.375张A1，其中新图27033.25张A1；施工图图纸量较2021年同期增长21%，其中新图增长约18%。

【技术研发】　2022年度科研开发项目新立7项，组织实施16项，完成结题8项。业务建设项目新立并实施13项，完成结题10项。2022年完成研发投入超过3%，直接研发投入达到270万元。获各类科技成果奖13项（省、行业级以上优秀科技成果7项，宝钢工程技术创新重大成果二等奖1项、入围奖4项，宝武集团技术创新重大成果二等奖1项）。2022年共完成专利申报22件，其中发明专利10件；获专利授权23件，其中发明专利7件。年内获得科技类税收优惠约390万元。通过国家高新技术企业复评，获安徽省创新型科技中小企业、安徽省专精特新企业认定。

【数智化成果】　积极推进典型工程项目的BIM技术应用，完成5个重点项目数字化设计工作，数字化出图率达到15.62%；首次启动数字化交付项目——马钢南区型钢改造项目2号连铸机工程；基本完成"马钢厂区总图数字化设计空间管理平台开发及关键技术研究"项目结题。完成全院设计人员雾计算设计协同平台建设工作。年内获数字化设计大奖4项。大力推动工艺+智能化融合工作，6项机器人应用项目参加宝钢工程2022年"万台机器人"劳动竞赛。开展输送总线智能控制系统和智能一体化管控平台、智慧物流系统、矿产资源综合监管系统（智慧矿管系统）等学习和技术交流。

【基础管理】　编制设计院2022—2027年战略发展规划，动态调整对标找差工作，不断提升关键指标。夯实制度建设基础，2022年共修订或新发布各类管理制度84项，制度树建设初具规模。"三标"管理体系运行控制有效，无重大质量事故，无重大顾客投诉，工程项目总体满意度达到95%以上。深入推进全员、全方位、全过程降本增效，加快推进打包结算进度，重点加大对一年以内应收账款的催收力度，确保现金流指标和应收账款指标不

断改善。通过优化设计和精心设计，切实推进技术降本；严格执行"以收定支"的原则，向管理和资源要效率，多措并举保证"三降两增"工作取得实际成效。

【人才队伍建设】　积极争取人才引进政策支持，畅通引进高层次、紧缺人才"绿色通道"，2022年成功引进1名料场工程项目的技术、商务复合型专家，1名电气专业专家和2名紧缺专业成熟人才，落实外部用工规范化、精细化管理，全面完成劳务派遣用工优化管理工作。完善员工奖惩管理办法等系列管理规章制度，持续完善岗位任职资格管理体系，修编职业津贴管理规定、经营绩效考核方案等管理文件；多层次多岗位加快培养年轻干部和后备人才，人事效率指标较上年提升30%以上。

（甘富媛）

安徽马钢设备检修
有限公司

【生产经营业绩】　2022年，公司实现营业收入10.16亿元（含马钢电修），较2021年增加8071万元；完成利润资产负债率72.52%；新增手持订单12.3亿元（含马钢电修），同比增长14.5%；累计完成马鞍山基地设备接入45000台，完成三年接入目标的75%。

【维检服务】　完成各类年修53次，定修1546次，抢修259次，高效完成电炉炉盖回转轴承故障、K907胶带等重大抢修任务，有效降低主业产线损失；设备故障停机率、目标产线OEE指标、主重产线故障时间均优于年度管控目标；保产特护成绩显著，四钢轧2250热轧年产突破600万吨；客户满意度大幅提升，公司两度荣获"宝武马鞍山区域生态圈协作伙伴奋勇争先奖"。

【市场拓展】　市场信息跟踪不断强化，建立销售信息常态化跟踪机制，对重点项目实施全过程跟踪，动态更新项目信息，及时调整营销策略，最大限度获取业务订单；业务协同项目高效落地，有效发挥宝武智维内部单位资质、资源、区位的差异化优势，瞄准宝武智维市占率提升目标，同韶钢工程、宝钢机械厂、宁波分公司等开展内部协同，年度协同订单达到6700万元；生态圈协作不断延伸，

与宝武水务、宝武环科等单位合作不断加深，区域内维检和工程市场进一步稳固；总包项目合作持续深化，与马钢设计院、十七冶等设计或总包单位业务合作逐年增加，工程项目订单形成有效突破，承接长钢3号转炉项目、4号热风炉脱硫项目、新特钢渣处理等项目，各类工程项目订单累计完成1.94亿元；外部客户黏性不断增强，山西安泰、芜湖新兴铸管、南京钢铁等外部市场业务不断提升，2022年签订社会订单超过1.1亿元，有效助推公司总体业务增量提升。

【安全能环】　全员安全生产责任制有效落实，全面对接宝武安全制度体系标准，深化风险分级管控与隐患排查治理双重预防机制，刚性落实安全检查、违章记分与绩效评价，2022年共检查各类违章记分1308分，落实考核46.96万元；高危作业管控不断加强，有效运用"智维小安"智慧平台信息管理，2022年共有2747项高危项目纳入平台监控，推进作业过程移动视频监控，有效遏制作业过程中违章行为；有效开展能耗辨识，2022年共淘汰环保不达标和高耗能落后资产设备40余台；依法开展环保合规性管理，全面完成设备再制造北区的环境评价工作，严格开展危废处置，2022年共处置各类危险废物92吨，无环保事件发生。

【人事改革】　全面完成岗位体系切换，系统对接宝武岗位体系要求，制定岗位体系方案和聘用方案，并有序推进实施，实现岗位"体系一体化、价值市场化、管理标准化、聘用规范化"；系统筹划人事效率提升，制定实施解合政策，加速低效人员退出，合理调配新特钢运维中心人力资源，效率效能充分释放；深入推进协作管理变革，规范协作人员管理，2022年共压减劳务派遣人员65名。

【队伍建设】　全面推进人才队伍能力建设，2022年共组织实施各类培训213项，累计参培84688人次，人均达110学时。针对新特钢"操检维调"和"管用养修"转型业务，公司对配置人员实施了内外部全员定向培训，其中，公司以外培训18项，内部实施作业区和特钢公司产线全员岗位实习，人均培训周期超过3个月。以赛促练加快技能提升，成功举办公司第五届职工技能竞赛，员工技能得到有效锤炼；安全培训力度持续加大，2022年共开展各类安全知识技能培训班106期，参加培训5923人次，开展特种作业取证12期，参培总人数740人次。

【企业治理】　建立健全重大事项决策体系，优化"三重一大"决策制度，制定重大事项决策权责清单，明确党委会、执行董事、总经理职权事项和决策程序，公司治理机制进一步规范；滚动更新马钢检修制度树，覆盖党政文件201份，公司制度体系进一步完善；系统开展体系运行评价，完成年度管理体系内审、管评和外部监督审核，顺利通过"AAA级信用企业"认定，管理有效性进一步提升；重大风险防控能力明显提升，全面风险管理体系有效运行，严格落实关键业务信息全层级登记备案机制，定期开展风险项目监控和检查评估，重大风险项目全面受控；内控体系不断加强，内控体系建设实现业务领域和关键环节全覆盖，严格落实内控自查管理要求，围绕重点领域开展自评与闭环，管控效能切实提升；合规管理持续强化，重大合同法务评审、备案，重大决策社会稳定风险评估等工作常态化开展。

【精细管理】　全口径提升经营质量，追求极致成本与极致效率，制定经营质量提升20项重点工作任务，建立月度推进机制，大力开展"三降两增"，2022年完成1084万元；多举措强化资金管理，严格资金的统一管理、统一调度、统一平衡，以压减应收账款为重点，大力开展资金清欠，2022年累计压减长账龄欠款3000万元；内部协同提质增效，自立项目和溢出项目内部协作持续提高，完成协同产值2645万元，生产效率大幅提高，外委支出有效降低，降本增效成果显著。基础管理成果突出，以"创建金牛级作业区"为抓手，提升基层基础管理水平，创建金牛级作业区4个、银牛级作业区12个。

【技术创新】　强化技术研发组织保障，在公司技术中心下设工装产品研发部（虚拟），并制发运营实施方案，有序推进公司技术研发工作，激励技术研发人员创新动能，助推技术产品化进程；大力推进研发成果输出，引导鼓励技术经验总结提炼，完成连铸大包台回转轴承更换等8项工装研发项目，并投入现场应用，极大推动作业效率提升，完成各类专利申报39项（其中发明专利19项），为专业检修转型提供强力技术支撑；持续深化智慧罐关联产品研发，开发混铁车自动接电、自动开盖、一键翻罐和在线罐口清理等装置，并以此研发项目为经验积累，启动钢坯红送保温装置等研发工作。

【党群工作】 持续深化理论武装，深入学习贯彻习近平新时代中国特色社会主义思想和党的二十大精神，发动党员和广大职工深入学习新精神、汲取新力量；胜利召开公司第三次党代会，系统总结过去五年重点工作，全面擘画未来五年发展方向；扎实推进"三基"建设，加大党建业务培训力度，常态化开展专题培训和以会代培，策划开展党建特色工作竞赛活动，不断深化"一支部一品牌"创建，积极开展"钢铁生态圈"的党组织结对共建，从不同的切入点助推企业中心工作；持续加强纪检监督，坚持全面从严治党，强化廉洁风险防控机制运行和监督执纪问责，2022 年共追责问责 36 人次；有序推进党委综合巡察，完成对 4 家基层单位的党委综合巡察，形成工作底稿 40 份，发现问题点 84 项，全部落实闭环整改；高效开展群众性活动，以创建产业工人队伍为重点，大力推进创建创新工作室联盟，群众性技术创新活动广泛开展，常态化开展"献一计"活动，人均献计 1.11 条，抓好急难愁盼解决"三最"问题，2022 年累计发放帮困慰问资金 66.9 万元，解决各类职工需求 102 项，和谐企业建设落地落实。

（张　峰）

运营共享中心
马鞍山区域分中心

【学习贯彻党的二十大精神】 认真组织集中观看党的二十大开幕会盛况，开展"第一议题"学习，并通过原原本本读党的二十大报告读书班、撰写学习体会、支部书记上专题党课等形式持续跟进学习贯彻党的二十大精神，迅速掀起学习宣传热潮。分中心党支部带领全体党员干部群众紧紧围绕党的二十大精神，统一思想、凝聚力量，积极谋划、部署和推进分中心各项工作。

【共享业务覆盖】 根据宝武〔2020〕53 号文"横向到边、纵向到底"原则，分中心持续推进共享覆盖工作。2022 年，新增马钢集团、欧冶链金、宝武重工各级分子公司共享覆盖账套共 20 家，累计承接共享覆盖账套 117 个；对原存量部分账套梳理推进总账、报表业务承接，全年完成欣创环保、马钢物流等 12 个账套的全流程承接。

【人事效率提升】 分中心不断自我加压，自我突破，通过岗位贯标、优化人员结构，充分调动员工积极性，人事效率大幅提升。2022 年，月均处理凭证量约 10 万张，报支单据约 1.8 万笔，开具发票约 1.7 万张，承接银行账户约超 500 个，完成单体报表 101 套、合并报表 19 套。较 2020 年整合初期，分中心单体及合并报表数量增加了 11 倍，银行账户数量增加了 2 倍，凭证量及报支量增加了 1 倍左右。

【业务系统评估】 对马钢股份一体化销售、科技管理系统、设备系统以及和菱实业金蝶 K3 系统进行评估，从系统不相容岗位控制、客商主数据管理、合同签订及执行、结算数据控制等方面逐条沟通，对于存在潜在风险点进行记录，推动业务系统风控点优化、完善及改造。

【智慧档案系统】 全力推进智慧档案管理系统上线工作，于 2022 年 10 月完成马钢集团账套 2021 年度财务电子档案移交工作，并在智慧档案管理系统中实现线上全流程档案整理、跟踪、审核及移交，马钢档案馆实现线上档案接收、排序、生成档号及虚拟库房装盒上架，持续加速推进马钢股份公司会计档案移交马钢档案馆的相关工作。

【合同备案平台】 分中心成立专门项目团队配合马钢相关部门积极推进马钢集团、马钢股份及下属所有覆盖单位合同平台手工备案合同的切换，同时梳理过渡合同清单，推进合同信息管理平台系统集成上线，做好上线前的数据整理、专项培训及上线初期业务保驾，实现所有合同备案平台系统及业务顺利上线。

【系统协同结算】 分中心牵头推进并实现马钢产销一体化、工贸一体化及标财系统协同结算。与马钢股份营销中心及子公司充分调研、明确需求、讨论方案、技术开发，历经半年多的项目攻关，于 2022 年 6 月成功上线，彻底解决营销中心月底集中开票及区域子公司当月无法及时入账的难题，减少冗余的线下单据流转环节，提升内部结算质量及效率。

【系统功能上线】 推进运营中心众鑫工作台系统及数据测试；新增薪酬直连发薪主体 20 家，累计上线使用 90 家；新增差旅小秘书功能上线使用 16 家，累计上线 86 家；完成马钢集团等属地共享单元票据通宝自动化签收、埃斯科特钢及冶金服务公司原料收发存库存模块功能上线、PLMS 系统进行流程系统优化等项目。

【增值税专票电子化】　按照税务总局要求及属地共享单元业务实际需要，对百望税务系统实施版本升级，于 2022 年 5 月成功开具增值税电子专用发票并实现一键开票及直联抛账功能，实现了"业务流、数据流、信息流、票据流"一体化贯通，为中国宝武生态圈马鞍山区域财务、税务专业化服务领域中增值税专票电子化专项工作填补一项技术空白。

【"三维一体"流程再造】　根据运营中心业务处理全面自动化及运营模式转型升级的整体安排，全力推动"三维一体"流程再造 84 项改造点上线使用，完成再造讨论及系统功能测试，所有功能对应的账套已完成"应上尽上"，各业务室人事效率均有显著提升。

【凭证电子化】　2022 年，持续开展标财凭证电子化工作，推进符合电子凭证的业务纳入电子凭证分类核算，增加各账套电子凭证的业务应用范围，完成各项电子凭证抛账点配置及推广，2022 年共制作凭证 118 万张，其中电子凭证 64 万张，电子凭证率为 53.96%，有效提升运营效率和工作秩序。

【推进日事日毕】　全面推进"日事日毕"专项工作机制，要求采购、报支、收款等专业流程按工作日 24 小时内完成线上审核及账务处理，为属地各共享单位提供更加高效、优质的财务共享服务。结合推进情况实行"日事日毕"执行情况阶段分析机制，通过日常监控与事后分析等手段，逐单分析超时原因，合理安排、分配岗位，调整日常工作流程。截至 2022 年末，分中心单证扫描业务完成率 100%，费用报支、采购报支及收款业务完成率超过 99%，联络函业务完成率超过 95%，合同商务检核完成率达 100%。

【提升服务质量】　推行"请进来、走出去"客服工作机制，提高服务意识，提升服务能力。全年共组织开展了 11 次客服走访交流工作，将日常核算及业务流程中常见问题梳理分析，与业务及财务人员面对面详细交流，对属地单位提出的问题进行一一解答。通过现场加视频方式在马钢教培中心组织开展 11 场标财及相关系统专项培训，培训范围涉及业务及财务人员达 700 余人次，制作全员报支专题培训视频上传马钢教培网站供马钢员工自主链接学习。

【党风廉政建设】　分中心 2022 年开展学习研讨暨警示案例教育 13 次，支部书记上党风廉政建设专题党课 1 次，组织党员干部集中组织观看"乐同宇"案警示教育片，参观市党风廉政教育展，组织全员签订《廉洁从业承诺书》，开展"正风肃纪强自律　风清气正过廉节"主题党日，组织各业务室开展廉洁风险排查防控暨"廉洁三讲"活动，通过以案促教、以教促廉，时刻保持清醒，切实增强拒腐防变能力。

【党建业务融合】　成立"对标找差、夯基提效""质量、风控""'三维一体'流程优化"三个党员立项攻关组，跨业务室搭建以年轻党员为主要成员的项目团队，在分中心党支部的带领下牵头推进 2022 年重点工作，实现共享覆盖、系统优化、基层党建、核算质量、绩效考评、流程再造、功能推进七大业务全覆盖，并为分中心人才梯队建设奠定了坚实的基础。围绕分中心年度重点工作及目标任务开展党员责任区创建工作，以"矩阵式+网格化"推进思路，建立党员立项攻关组纵向带动、业务室横向布局、岗位全覆盖的创建模式，设立 26 个党员责任区，确保每一个责任区都有党员示范引领。

（金　花）

统计资料

2022 年马钢高质量发展十件大事

特载

专文

企业大事记

概述

集团公司机关部门

集团公司直属分 / 支机构

集团公司子公司

集团公司其他子公司

集团公司关联企业

集团公司委托管理单位

集团公司其他委托管理单位

- 统计资料

人物

附录

2022 年马钢集团统计资料

马钢股份主要装备（生产线）一览表

表4

区　域	装备	规　格	数量
马钢股份炼铁总厂	烧结机	300 平方米	2 台
马钢股份炼铁总厂	烧结机	360 平方米	3 台
马钢股份长江钢铁	烧结机	192 平方米	3 台
马钢股份长江钢铁	竖炉	14 平方米	1 座
马钢股份炼铁总厂	带式焙烧机	504 平方米	1 座
马钢股份炼铁总厂	高炉	1000 立方米（2022 年 8 月 1 日停炉）	1 座
马钢股份炼铁总厂	高炉	2500 立方米	2 座
马钢股份炼铁总厂	高炉	3200 立方米	1 座
马钢股份炼铁总厂	高炉	4000 立方米	2 座
马钢股份长江钢铁	高炉	1080 立方米	2 座
马钢股份长江钢铁	高炉	1250 立方米	1 座
马钢股份长材事业部	转炉	60 吨	4 座
马钢股份长材事业部	转炉	120 吨	5 座
马钢股份四钢轧总厂	转炉	300 吨	3 座
马钢股份特钢公司	电炉	110 吨	1 座
马钢股份长江钢铁	电炉	140 吨	1 座
马钢股份长材事业部	连铸机	150 毫米方坯连铸机	2 套
马钢股份长材事业部	连铸机	160 毫米方坯连铸机	1 套
马钢股份特钢公司	连铸机	380 毫米方坯连铸机	1 套
马钢股份长江钢铁	连铸机	165 毫米方坯连铸机	3 套
马钢股份四钢轧总厂	连铸机	2 套 2150 毫米、1 套 1600 毫米板坯连铸机	3 套
马钢股份特钢公司	连铸机	直流 700 毫米圆坯连铸机	1 套
马钢股份长材事业部	连铸机	2 流、3 流、4 流异型坯连铸机各 1 套	3 套
马钢股份长材事业部	连铸连轧	1600 毫米薄板连铸连轧	2 套
马钢股份长材事业部	H 型钢轧机	950—1200 毫米、980—1400 毫米、550—980 毫米各 1 套	3 套

续表4

区　域	装备	规　格	数量
马钢股份长材事业部	中型型钢轧机	750—900毫米	1套
马钢股份长材事业部	棒材轧机	500毫米、600毫米	1套
马钢股份长材事业部	小棒轧机	600毫米、420毫米	1套
马钢股份特钢公司	优棒轧机	850毫米、750毫米	1套
马钢股份长江钢铁	棒材轧机	550毫米	1套
马钢股份长江钢铁	双棒材轧机	650毫米、550毫米	2套
马钢股份长材事业部	高速线材轧机	600毫米、560毫米、420毫米	1套
马钢股份特钢公司	高速线材轧机	650毫米、550毫米、450毫米	1套
马钢股份长江钢铁	高速线材轧机	570毫米、450毫米	1套
马钢股份长材事业部	薄板坯连铸连轧机组轧机	2000毫米	1套
马钢股份四钢轧总厂	热轧机组	2250毫米、1580毫米各1套	2套
马钢股份冷轧总厂	冷轧机组	1720毫米、2130毫米、1430毫米、1550毫米各1套	4套
马钢股份冷轧总厂	硅钢机组	1420毫米	3套
马钢股份交材公司	轮箍轧机	卧式	1套
马钢股份交材公司	车轮轧机	立式	2套
马钢股份交材公司	大环件轧机	卧式	1套
马钢股份特钢公司	开坯机组	1150毫米	1套
马钢股份特钢公司	钢坯连轧机组	770毫米、850毫米	1套
马钢股份冷轧总厂	镀锌机组	1575毫米2套、1650毫米、2000毫米各1套	4套
马钢股份合肥公司	镀锌机组	1430毫米	1套
马钢股份冷轧总厂	涂层加工机组	1250毫米、1575毫米各1套	2套
马钢股份交材公司	高速车轴生产线（快锻机）	1250吨	1条
马钢股份交材公司	轮对生产线		2条
马钢股份炼焦总厂	焦炉	65孔（2022年12月关停）	2座

续表 4

区　域	装备	规　格	数量
马钢股份炼焦总厂	焦炉	50 孔	6 座
马钢股份炼焦总厂	焦炉	70 孔	2 座
马钢股份能环部	汽轮发电机组	1 台 50000 千瓦时，3 台 60000 千瓦时， 1 台 135000 千瓦时，1 台 153000 千瓦时， 1 台 183000 千瓦时	7 台

（夏其祥）

主要产品生产能力

表 5

| 指标名称 | 单位 | 年初生产能力 | 本年新增能力 | | | | | 本年减少能力 | 年末生产能力 |
			本年新增能力合计	新建增加	改造增加	并购新增	其他增加		
黑色金属矿采选									
铁矿石开采能力	万吨/年	1960.00	0.00	0.00	0.00	0.00	0.00	0.00	1960.00
铁矿石选矿处理原矿能力	万吨/年	2610.00	0.00	0.00	0.00	0.00	0.00	0.00	2610.00
人造块矿									
烧结铁矿	万吨/年	2651.00	385.00	385.00	0.00	0.00	0.00	0.00	3036.00
球团铁矿	万吨/年	749.00	0.00	0.00	0.00	0.00	0.00	259.00	490.00
炼铁产品									
生铁	万吨/年	1775.00	0.00	0.00	0.00	0.00	0.00	0.00	1775.00
粗钢	万吨/年	2140.00	0.00	0.00	0.00	0.00	0.00	0.00	2140.00
转炉钢	万吨/年	1947.00	0.00	0.00	0.00	0.00	0.00	0.00	1947.00
电炉钢	万吨/年	193.00	0.00	0.00	0.00	0.00	0.00	0.00	193.00
连铸坯	万吨/年	2241.50	0.00	0.00	0.00	0.00	0.00	0.00	2241.50
方坯	万吨/年	761.00	0.00	0.00	0.00	0.00	0.00	0.00	761.00
板坯	万吨/年	1114.50	0.00	0.00	0.00	0.00	0.00	0.00	1114.50
圆坯	万吨/年	80.00	0.00	0.00	0.00	0.00	0.00	0.00	80.00

续表 5

指标名称	单位	年初生产能力	本年新增能力					本年减少能力	年末生产能力
			本年新增能力合计	新建增加	改造增加	并购新增	其他增加		
异型坯	万吨/年	286.00	0.00	0.00	0.00	0.00	0.00	0.00	286.00
钢材生产能力	万吨/年	2050.00	0.00	0.00	0.00	0.00	0.00	0.00	2050.00
热轧钢材	万吨/年	1490.00	0.00	0.00	0.00	0.00	0.00	0.00	1490.00
铁道用钢材	万吨/年	32.00	0.00	0.00	0.00	0.00	0.00	0.00	32.00
热轧大型型钢	万吨/年	327.00	0.00	0.00	0.00	0.00	0.00	0.00	327.00
其中：H 型钢	万吨/年	267.00	0.00	0.00	0.00	0.00	0.00	0.00	267.00
热轧棒材	万吨/年	78.00	0.00	0.00	0.00	0.00	0.00	0.00	78.00
热轧钢筋	万吨/年	611.00	0.00	0.00	0.00	0.00	0.00	0.00	611.00
线材（盘条）	万吨/年	121.00	0.00	0.00	0.00	0.00	0.00	0.00	121.00
其中：高速线材	万吨/年	121.00	0.00	0.00	0.00	0.00	0.00	0.00	121.00
热轧中厚宽钢带	万吨/年	321.00	0.00	0.00	0.00	0.00	0.00	0.00	321.00
冷轧（拔）钢材	万吨/年	370.00	0.00	0.00	0.00	0.00	0.00	0.00	370.00
冷轧薄宽钢带	万吨/年	308.00	0.00	0.00	0.00	0.00	0.00	0.00	308.00
冷轧电工钢板（带）	万吨/年	62.00	0.00	0.00	0.00	0.00	0.00	0.00	62.00
镀涂层板（带）	万吨/年	190.00	0.00	0.00	0.00	0.00	0.00	0.00	190.00
镀层板（带）	万吨/年	160.00	0.00	0.00	0.00	0.00	0.00	0.00	160.00
其中：镀锌板（带）	万吨/年	160.00	0.00	0.00	0.00	0.00	0.00	0.00	160.00
热镀锌板（带）	万吨/年	160.00	0.00	0.00	0.00	0.00	0.00	0.00	160.00
涂层板（带）	万吨/年	30.00	0.00	0.00	0.00	0.00	0.00	0.00	30.00
焦炭	万吨/年	530.00	100.00	100.00	0.00	0.00	0.00	100.00	530.00
机焦	万吨/年	530.00	100.00	100.00	0.00	0.00	0.00	100.00	530.00

（朱　宁）

固定资产投资完成情况

表6

单位：万元

项目名称	计划总投资	自开始建设累计完成投资	本年完成投资合计	建筑工程	安装工程	设备购置	其他费用	铁矿采选	烧结	球团	炼铁	炼钢合计	电炉	转炉	连铸	轧材	焦化	其他	增加产能	增加新产品	改进工艺	节约能源	提高产品质量	保护环境	其他	本年固定资产投资实际到位资金全部为2022年内自筹资金
2021年同期	2658874	1593402	722401	356690	6998	307510	51203	11163	51753	72575	121692	73718	21558	52160	16939	56179	150713	167669	11163	34700	244034	47097	64786	217947	102674	718190
合计	4732599	2499566	1227489	525059	55	659515	42860	16722	91915	17519	241460	192818	19370	173448	173609	113031	137829	242586	257221	3164	141776	2021	307788	204192	293107	1232870
50万—5000万元项目小计	615119	295878	171914	61388	0	106884	3642	0	16732	6217	26181	23762	4363	19399	1856	27196	6289	63681	451	0	18873	2550	1660	65845	82535	175500
姑山矿"钟九铁矿"200万吨/年采选建设工程	100943	54436	16722	12535	55	4132	0	16722	0	0	0	0	0	0	0	0	0	0	16722	0	0	0	0	0	0	17000
马钢研发中心建设	25848	19095	19095	16002	0	1834	1259	0	0	0	0	0	0	0	0	0	0	19095	0	0	0	0	0	0	19095	19200
马钢220kV输变电-CCPP公辅电力配套工程项目	37360	28324	0	0	0	0	0	0	0	0	0	0	0	0	0	0	0	0	0	0	0	0	0	0	0	0
炼焦总厂南区1号、2号焦炉烟气脱硫脱硝工程	9385	3756	0	0	0	0	0	0	0	0	0	0	0	0	0	0	0	0	0	0	0	0	0	0	0	0
炼铁总厂（南区）1号烧结机烟气脱硫脱硝超低排放改造工程	14000	8076	0	0	0	0	0	0	0	0	0	0	0	0	0	0	0	0	0	0	0	0	0	0	0	0
炼铁总厂（南区）2号烧结机烟气脱硫脱硝超低排放改造工程	8000	5675	1346	378	0	761	207	0	1346	0	0	0	0	0	0	0	0	0	0	0	0	0	0	1346	0	1350
炼铁总厂（南区）1号、2号烧结机机尾及成品电除尘器改造工程	7000	3568	144	62	0	32	50	0	144	0	0	0	0	0	0	0	0	0	0	0	0	0	0	144	0	150
炼铁总厂（北区）A号、B号烧结机烟气脱硫脱硝超低排放改造工程	33000	22360	13	0	0	0	13	0	13	0	0	0	0	0	0	0	0	0	0	0	0	0	0	13	0	20
能控中心4号高炉备用风机技改项目	13000	6948	687	0	0	636	51	0	0	0	687	0	0	0	0	0	0	0	0	0	687	0	0	0	0	700

续表6

单位：万元

项目名称	计划总投资	自开始建设累计完成投资	本年完成投资合计	建筑工程	安装工程	设备购置	其他费用	铁矿采选	烧结	球团	炼铁	炼钢合计	电炉	转炉	连铸	轧材	焦化	其他	增加产能	增加新产品	改进工艺	节约能源	提高产品质量	环境保护	其他	本年固定资产投资实际到位资金全部为2022年内自筹资金
四钢轧总厂1580热轧新建铁路外发线（正式计划）	6300	4422	192	181	0	11	0	0	0	0	0	0	0	0	0	192	0	0	0	0	0	0	0	0	192	200
炼铁总厂南区带式烧结机工程（正式计划）	99240	69767	11302	9849	0	-255	1708	0	0	11302	0	0	0	0	0	0	0	0	0	0	11302	0	0	0	0	11500
冷轧总厂南区新建重卷检查线工程	9000	4689	543	20	0	523	0	0	0	0	0	0	0	0	0	543	0	0	0	0	543	0	0	0	0	550
2号E型焦煤仓工程	75000	51395	651	611	0	15	25	0	0	0	0	0	0	0	0	0	651	0	0	0	0	0	651	0	0	680
重型H型钢轧钢生产线项目	165000	69141	410	0	0	388	22	0	0	0	0	0	0	0	0	410	0	0	410	0	0	0	0	0	0	420
重型H型钢生产线异形坯连铸机工程	33230	9080	76	68	0	0	8	0	0	0	0	0	0	0	76	0	0	0	76	0	0	0	0	0	0	80
马钢合肥公司环保搬迁项目——焦化系统工程	125980	100196	10680	3788	0	6476	416	0	0	0	0	0	0	0	0	0	10680	0	0	0	0	0	0	10680	0	10700
马钢原料场环保升级及智能化改造工程	150000	108143	33518	18861	0	11217	3440	0	0	0	0	0	0	0	0	0	0	33518	0	0	0	0	0	33518	0	33600
炼焦总厂南区新建仓工程	42000	16293	669	0	0	630	39	0	0	0	0	0	0	0	0	0	669	0	0	0	0	0	669	0	0	680
节能减排CCPP综合利用发电工程	102520	83809	8168	3280	0	4740	148	0	0	0	0	0	0	0	0	0	0	8168	0	0	0	8168	0	0	0	8180
马钢南区新建CCPP公辅燃气、热力配套工程	29138	19843	644	268	0	81	295	0	0	0	0	0	0	0	0	0	0	644	0	0	0	644	0	0	0	650
长材事业部型材升级改造项目	45000	2274	0	0	0	0	0	0	0	0	0	0	0	0	0	0	0	0	0	0	0	0	0	0	0	0
马钢高端汽车零部件用特殊钢棒线材深加工项目——优棒生产线工程（调整计划）	60950	8433	2906	2906	0	0	0	0	0	0	0	0	0	0	0	2906	0	0	0	2906	0	0	0	0	0	3000

续表6

单位：万元

项目名称	计划总投资	自开始建设累计完成投资	本年完成投资 本年完成投资合计	按构成分 建筑工程	安装工程	设备购置	其他费用	按投资方向分 铁矿采选	烧结	球团	炼铁	炼钢 炼钢合计	电炉	转炉	连铸	轧材	焦化	其他	其中 增加产能	增加新产品	改进工艺	节约能源	提高产品质量	保护环境	其他	本年固定资产投资实际到位资金全部为2022年内自筹资金
马钢长材系列升级改造工程公辅配套项目	52000	9714	629	570	0	59	0	0	0	0	0	0	0	0	0	629	0	0	0	0	629	0	0	0	0	630
煤焦化公司（南区）净化系统合并项目	38000	7311	3357	3341	0	0	16	0	0	0	0	0	0	0	0	0	3357	0	0	0	0	0	0	3357	0	3360
马钢一体化计划系统和质量管理信息系统项目	8500	2705	0	0	0	0	0	0	0	0	0	0	0	0	0	0	0	0	0	0	0	0	0	0	0	0
特钢公司新建大方坯连铸机及配套改造工程	43500	10977	423	329	0	0	94	0	0	0	0	0	0	0	423	0	0	0	0	0	423	0	0	0	0	430
冷轧总厂1720酸轧线设备能力提升改造工程	42900	30767	1842	274	0	1568	0	0	0	0	0	0	0	0	0	1842	0	0	0	0	1842	0	0	0	0	1850
冷轧总厂1号镀锌线设备能力提升改造工程	28600	18362	684	275	0	409	0	0	0	0	0	0	0	0	0	684	0	0	0	0	684	0	0	0	0	690
马钢高端汽车和机道交通零部件线棒材深加工项目（线材二期、棒材一期工程）	26800	8342	258	182	0	76	0	0	0	0	0	0	0	0	0	258	0	0	0	258	0	0	0	0	0	260
炼焦总厂7号、8号焦炉烟气脱硫脱硝工程	15000	7866	410	405	0	0	5	0	0	0	0	0	0	0	0	0	410	0	0	0	0	0	0	410	0	410
炼铁总厂南区3号烧结机烟气脱硝及超低排放工程	10000	8745	453	449	0	0	4	0	453	0	0	0	0	0	0	0	0	0	0	0	0	0	0	453	0	460
炼焦总厂集装箱运装智能化环保改造工程	6900	2043	104	104	0	0	0	0	0	0	0	0	0	0	0	0	104	0	0	0	0	0	0	104	0	110
港务原料总厂二铁原料通廊安全和环保综合治理技术改造工程	11000	7915	0	0	0	0	0	0	0	0	0	0	0	0	0	0	0	0	0	0	0	0	0	0	0	0

续表6

单位：万元

项目名称	计划总投资	自开始建设累计完成投资	本年完成投资合计	按构成成分				本年完成投资 按投资方向分											其中							本年固定资产投资实际到位资金全部为2022年内自筹资金
				建筑工程	安装工程	设备购置	其他费用	铁矿采选	烧结	球团	炼铁	炼钢合计	电炉	转炉	连铸	轧材	焦化	其他	增加产能	增加新产品	改进工艺	节约能源	提高产品质量	环境保护	其他	
炼铁总厂（南区）015料场环保升级改造工程	21677	16384	7581	1960	0	5080	541	0	7581	0	0	0	0	0	0	0	0	0	0	0	0	0	0	7581	0	7600
炼铁总厂（南区）落地堆场环保升级改造工程	18470	11931	917	-782	0	1656	43	0	917	0	0	0	0	0	0	0	0	0	0	0	0	0	0	917	0	920
炼铁总厂A号高炉大修工程项目	120881	100722	37518	11786	0	25711	21	0	0	0	37518	0	0	0	0	0	0	0	0	0	0	0	37518	0	0	37550
炼铁总厂C号烧结机工程	66046	53910	53884	30383	0	22863	638	0	53884	0	0	0	0	0	0	0	0	0	0	0	53884	0	0	0	0	53900
炼焦总厂焦炉大修改造项目（正式计划）	185000	144990	102055	31741	0	67645	2669	0	0	0	0	0	0	0	0	0	102055	0	0	0	0	0	102055	0	0	102100
炼铁总厂B号高炉大修工程	124836	107402	107402	59626	0	46057	1719	0	0	0	107402	0	0	0	0	0	0	0	0	0	0	0	107402	0	0	107500
马钢北区填平补齐项目公辅配套工程	26134	10048	7277	2095	0	4995	187	0	0	0	0	0	0	0	0	0	0	7277	0	0	0	0	0	0	7277	7300
港务原料总厂码头工艺系统及配套设施改造工程	19730	4053	4053	3232	0	705	116	0	0	0	0	0	0	0	0	0	0	4053	0	0	0	0	0	0	4053	4070
北区填平补齐铁路改造工程项目	6388	3572	2229	1382	0	845	2	0	0	0	0	0	0	0	0	0	0	2229	0	0	0	0	0	0	2229	2250
马钢长材产品产线规划——新特钢项目炼钢及精炼工程	248600	100681	92351	53165	0	36301	2885	0	0	0	0	92351	0	92351	0	0	0	0	92351	0	0	0	0	0	0	92360
马钢长材产品产线规划——新特钢项目连铸及轧钢工程	420703	155422	147211	71440	0	71863	3908	0	0	0	0	0	0	0	147211	0	0	0	147211	0	0	0	0	0	0	147300
马钢长材产品产线规划——新特钢项目能介系统配套改造与能力扩建项目	68059	38604	38604	15862	0	21393	1349	0	0	0	0	38604	0	38604	0	0	0	0	0	0	0	0	0	38604	0	38650
一钢轧总厂1号LF+VD改造项目	5853	4399	551	522	0	-21	50	0	0	0	0	551	0	551	0	0	0	0	0	0	551	0	0	0	0	560

续表6

单位：万元

项目名称	计划总投资	自开始建设累计完成投资	本年完成投资合计	按构成成分				本年完成投资 按投资方向分				炼钢							其中							本年固定资产投资实际到位资金全部为2022年内自筹资金
				建筑工程	安装工程	设备购置	其他费用	铁矿采选	烧结	球团	炼铁	炼钢合计	电炉	转炉	连铸	轧材	焦化	其他	增加产能	增加新产品	改进工艺	节约能源	提高产品质量	环境保护	其他	
马钢南区型钢改造项目——2号连铸机工程	56905	23736	23736	8406	0	15255	75	0	0	0	0	0	0	0	23736	0	0	0	0	0	23736	0	0	0	0	23750
马钢北区雨污分流及排口优化工程	12805	9255	3253	476	0	2041	736	0	0	0	0	0	0	0	0	0	0	3253	0	0	0	0	0	3253	0	3260
马钢长材产品产线规划——新特钢项目外部运输系统配套改造项目	7266	2482	2482	2479	0	0	3	0	0	0	0	0	0	0	0	2482	0	0	0	0	0	0	0	0	2482	2500
马钢长材产品产线规划——新特钢全厂场内公辅	39872	12582	12582	11230	0	1352	0	0	0	0	0	0	0	0	0	12582	0	0	0	0	0	0	0	0	12582	12600
马钢长材产品产线规划——新特钢项目场坪及零星拆除工程	14496	3145	1499	457	0	-54	1096	0	0	0	0	0	0	0	0	1499	0	0	0	0	0	0	0	0	1499	1500
炼铁总厂（南区）——铁焦炭库搬迁还建工程	11000	1733	66	0	0	0	66	0	0	0	66	0	0	0	0	0	0	0	0	0	0	0	0	0	66	70
新炼钢系统公辅还建项目——南北区连通管改造	5573	4168	2996	2492	0	322	182	0	0	0	0	2996	0	2996	0	0	0	0	0	0	0	0	0	0	2996	3000
长材事业部轧钢区无组织排放改造	5200	3563	3563	197	0	3295	71	0	0	0	0	0	0	0	0	3563	0	0	0	0	0	0	0	3563	0	3600
马钢固废资源综合利用产业园项目（马钢南区钢渣综合利用二期）	12694	7181	7181	3277	0	3713	191	0	0	0	0	0	0	0	0	0	0	7181	0	0	0	0	0	7181	0	7200
炼铁总厂B号高炉本体配套除尘及附属区域环境改造项目	5017	3405	3405	1078	0	2327	0	0	0	0	3405	0	0	0	0	0	0	0	0	0	0	0	0	3405	0	3450
炼铁总厂无组织排放改造工程（一期）	8915	4119	4119	1790	0	2329	0	0	0	0	4119	0	0	0	0	0	0	0	0	0	0	0	0	4119	0	4150

续表6

单位：万元

项目名称	计划总投资	自开始建设累计完成投资	本年完成投资合计	建筑工程	安装工程	设备购置	其他费用	铁矿采选	烧结	球团	炼铁	炼钢合计	电炉	转炉	连铸	轧材	焦化	其他	增加产能	增加新产品	改进工艺	节约能源	提高产品质量	环境保护	其他	本年固定资产投资实际到位资金全部为2022年内自筹资金
马钢南区焦炉煤气精脱硫项目	7298	2523	2523	1225	0	1126	172	0	0	0	0	0	0	0	0	0	2523	0	0	0	0	0	2523	0	0	2550
马钢北区焦炉煤气精脱硫项目	9635	3766	3766	1684	0	1857	225	0	0	0	0	0	0	0	0	0	3766	0	0	0	0	0	3766	0	0	3780
特钢公司无组织排放改造工程（炼钢区域）项目	6850	6128	6128	2571	0	3476	81	0	0	0	0	6128	6128	0	0	0	0	0	0	0	0	0	0	6128	0	6150
四钢轧总厂炉渣间环境改造	11649	7776	7776	1900	0	5646	230	0	0	0	0	0	0	0	0	7776	0	0	0	0	0	0	0	7776	0	7780
型钢长材智控一期项目	18668	9956	9956	836	0	8756	364	0	0	0	0	0	0	0	0	9956	0	0	0	0	9956	0	0	0	0	10000
马钢长材产品产线规划——高线改造项目	14949	9863	8777	2003	0	6552	222	0	0	0	0	0	0	0	0	8777	0	0	0	0	8777	0	0	0	0	8800
马钢长材产品产线规划配套改造——特钢公司精整修磨能力配套改造项目	34392	10	10	0	0	0	10	0	0	0	0	0	0	0	0	10	0	0	0	0	0	0	10	0	0	10
冷轧总厂智控中心二期建设项目	10062	3865	2467	456	0	3202	-1191	0	0	0	0	0	0	0	0	2467	0	0	0	0	0	0	0	0	2467	2470
马钢智慧制造——基础网络升级改造项目	10020	7424	3435	478	0	2904	53	0	0	0	0	0	0	0	0	0	0	3435	0	0	0	0	0	0	3435	3450
马钢"绿色发展·智慧制造"——景观品质提升	23314	17179	605	594	0	0	11	0	0	0	0	0	0	0	0	0	0	605	0	0	0	0	0	0	605	610
资源分公司石灰系统环境综合整治改造工程	7340	3255	660	111	0	476	73	0	0	0	0	0	0	0	0	0	0	660	0	0	0	0	0	660	0	660
资源分公司危险废物贮存库及废铁磁翻利用项目	6000	3115	1026	36	0	906	84	0	0	0	0	0	0	0	0	0	0	1026	0	0	0	0	0	0	1026	1030
马钢智慧制造——铁前集控中心项目	34960	31774	6853	-4726	0	12105	-526	0	0	0	6853	0	0	0	0	0	0	0	0	0	0	0	0	0	6853	6560

续表6

单位：万元

项目名称	计划总投资	自开始建设累计完成投资	本年完成投资合计	按构成分				按投资方向分				炼钢							其中							本年固定资产投资实际到位资金全部为2022年内自筹资金
				建筑工程	安装工程	设备购置	其他费用	铁矿采选	烧结	球团	炼铁	合计	电炉	转炉	连铸	轧材	焦化	其他	增加产能	增加新产品	改进工艺	节约能源	提高产品质量	环境保护	其他	
马钢炼铁总厂北区小料场改造工程	18300	10831	351	180	0	167	4	0	0	0	351	0	0	0	0	0	0	0	0	0	0	0	0	0	351	360
炼铁总厂A号、B号烧结机成品及机尾电除尘提标改造	7700	4132	432	153	0	250	29	0	432	0	0	0	0	0	0	0	0	0	0	0	0	0	0	432	0	440
马钢智慧制造——四钢轧热轧集控项目（正式计划）	25500	19645	3716	395	0	1666	1655	0	0	0	0	0	0	0	0	3716	0	0	0	0	0	0	0	0	3716	3720
马钢智慧制造——四钢轧炼钢连铸集整项目（正式计划）	20400	13771	307	31	0	238	38	0	0	0	0	0	0	0	307	0	0	0	0	0	0	0	0	0	307	310
四钢轧总厂热轧2250机组L112升级改造	11100	8995	2909	-1231	0	4222	-82	0	0	0	0	0	0	0	0	2909	0	0	0	0	2909	0	0	0	0	2910
四钢轧总厂炼钢效能提升技术改造工程	9800	7716	2360	-172	0	2532	0	0	0	0	0	2360	0	2360	0	0	0	0	0	0	2360	0	0	0	0	2360
马钢智慧制造——冷轧集控项目	16784	12560	33	0	0	33	0	0	0	0	0	0	0	0	0	33	0	0	0	0	0	0	0	0	33	40
炼焦总厂5号焦炉烟气脱硫脱硝工程	5800	776	377	0	0	0	377	0	0	0	0	0	0	0	0	0	377	0	0	0	0	0	377	0	0	380
炼焦总厂焦线皮带通廊封闭环保改造项目	7500	2610	105	0	0	0	105	0	0	0	0	0	0	0	0	0	105	0	0	0	0	0	105	0	0	110
马钢南区雨污分流及排口优化工程	15900	2518	0	0	0	0	0	0	0	0	0	0	0	0	0	0	0	0	0	0	0	0	0	0	0	0
1—3号烧结机烟气脱硫脱硝及新建400万吨带焙机公辅配套工程	13000	9819	5042	783	0	4083	176	0	5042	0	0	0	0	0	0	0	0	0	0	0	0	0	0	5042	0	5050
电炉厂合金棒材精整生产线工程（大精整）	22480	15	0	0	0	0	0	0	0	0	0	0	0	0	0	0	0	0	0	0	0	0	0	0	0	0

续表6

单位:万元

项目名称	计划总投资	自开始建设累计完成投资	本年完成投资合计	按构成分				按投资方向分											其中							本年固定资产投资实际到位资金全部为2022年内自筹资金
				建筑工程	安装工程	设备购置	其他费用	铁矿采选	烧结	球团	炼铁	炼钢合计	电炉	转炉	连铸	轧材	焦化	其他	增加产能	增加新产品	改进工艺	节约能源	提高产品质量	保护环境	其他	
马钢高端汽车零部件用特殊钢棒线材深加工项目—厂房公辅配套建设工程	6000	76	0	0	0	0	0	0	0	0	0	0	0	0	0	0	0	0	0	0	0	0	0	0	0	0
马钢轮轴系统创新能力建设工程(正式计划)	5590	417	176	12	0	164	0	0	0	0	0	0	0	0	0	176	0	0	0	0	176	0	0	0	0	180
二铁总厂1号高炉大修工程	52000	729	0	0	0	0	0	0	0	0	0	0	0	0	0	0	0	0	0	0	0	0	0	0	0	0
新特钢项目配套检化验中心项目	12384	2422	2422	1503	0	908	11	0	0	0	0	0	0	0	0	2422	0	0	0	0	0	0	0	0	2422	2430
马钢南区厂区整治项目	24326	21205	2175	688	0	772	715	0	0	0	0	0	0	0	0	0	0	2175	0	0	0	0	0	0	2175	2180
马钢新区后期结构调整—四钢轧总厂转炉及精炼工程	101880	38	0	0	0	0	0	0	0	0	0	0	0	0	0	0	0	0	0	0	0	0	0	0	0	0
资源分公司南区钢渣处理工程	8100	239	0	0	0	0	0	0	0	0	0	0	0	0	0	0	0	0	0	0	0	0	0	0	0	0
资源分公司北区钢渣处理综合利用工程	5653	203	0	0	0	0	0	0	0	0	0	0	0	0	0	0	0	0	0	0	0	0	0	0	0	0
冷轧总厂硅钢高牌号改造项目二硅钢新增常化机组工程	12800	99	0	0	0	0	0	0	0	0	0	0	0	0	0	0	0	0	0	0	0	0	0	0	0	0
港务原料总厂新料场功能置换固废处理系统工程	6000	323	128	128	0	0	0	0	0	0	0	0	0	0	0	0	0	128	0	0	0	0	0	0	128	130
港务原料总厂混匀系统与外供料系统改造工程	14950	9333	9333	3901	0	5345	87	0	0	0	0	0	0	0	0	0	0	9333	0	0	0	0	0	0	9333	9350

续表6

单位：万元

项目名称	计划总投资	自开始建设累计完成投资	本年完成投资合计	按构成分 建筑工程	安装工程	设备购置	其他费用	按投资方向分 铁矿采选	烧结	球团	炼铁	炼钢合计	电炉	转炉	连铸	轧材	焦化	其他	其中 增加产能	增加新产品	改进工艺	节约能源	提高产品质量	保护环境	其他	本年固定资产投资实际到位资金全部为2022年内自筹资金
马钢冷轧产品结构调整项目新建连退机组项目	55220	38	38	0	0	0	38	0	0	0	0	0	0	0	0	38	0	0	0	0	38	0	0	0	0	40
马钢硅钢产品成材率提升技术改造	6253	478	478	366	0	49	63	0	0	0	0	0	0	0	0	478	0	0	0	0	0	0	478	0	0	480
马钢冷轧彩涂原板质量提升项目	32640	39	39	0	0	0	39	0	0	0	0	0	0	0	0	39	0	0	0	0	0	0	39	0	0	40
长材事业部超低排放改造工程	5928	3677	3677	960	0	2717	0	0	0	0	0	0	0	0	0	3677	0	0	0	0	0	0	0	3677	0	3680
四钢轧总厂环保适应性改造	5483	2651	2651	138	0	2513	0	0	0	0	0	0	0	0	0	2651	0	0	0	0	0	0	0	2651	0	2660
四钢轧总厂炼钢区域环保系统治理改造项目	22499	17187	17187	6037	0	10798	352	0	0	0	0	17187	0	17187	0	0	0	0	0	0	0	0	0	17187	0	17200
煤焦化公司无组织排放整改项目	13499	6843	6843	1373	0	5470	0	0	0	0	0	0	0	0	0	0	6843	0	0	0	0	0	0	0	6843	6850
炼铁总厂南区4号高炉热风炉、北区A号高炉热风炉超低排放改造工程	8500	4343	4343	1840	0	2503	0	0	0	0	4343	0	0	0	0	0	0	0	0	0	4343	0	0	0	0	4350
港务原料总厂无组织排放综合治理工程	11299	7885	7885	2660	0	5222	3	0	0	0	0	0	0	0	0	0	0	7885	0	0	0	0	0	0	7885	7900
港务原料总厂通廊、转运站、料棚环境综合治理工程	9687	6006	6006	5265	0	737	4	0	0	0	0	0	0	0	0	0	0	6006	0	0	0	0	0	0	6006	6050
马钢2022年厂容整治项目	19998	2610	2610	1306	0	1304	0	0	0	0	0	0	0	0	0	0	0	2610	0	0	0	0	0	0	2610	2610
冷轧硅钢2号机异地升级改造	31789	18	18	0	0	0	18	0	0	0	0	0	0	0	0	18	0	0	0	0	18	0	0	0	0	20

续表 6

单位：万元

项目名称	计划总投资	自开始建设累计完成投资	本年完成投资合计	建筑工程	安装工程	设备购置	其他费用	铁矿采选	烧结	球团	炼铁	炼钢合计	电炉	转炉	连铸	轧材	焦化	其他	增加产能	增加新产品	改进工艺	节约能源	提高产品质量	环境保护	其他	本年固定资产投资实际到位资金全部为2022年内自筹资金
零固新增和更新 2022	5642	5310	5310	0	0	5310	0	0	0	0	0	0	0	0	0	0	0	5310	0	0	0	0	0	0	5310	5310
智慧制造一期	7551	7443	1344	0	0	1344	0	0	0	0	0	0	0	0	0	1344	0	0	0	0	0	0	0	0	1344	1350
经营管控系统（信息化建设）	6038	6421	1203	0	0	1203	0	0	0	0	0	0	0	0	0	0	0	1203	0	0	0	0	0	0	1203	1220
循环系统技术改造项目	5981	3913	45	0	0	15	30	0	0	0	0	0	0	0	0	45	0	0	0	0	45	0	0	0	0	50
新增两台数控机床工程	5666	3356	62	0	0	62	0	0	0	0	0	0	0	0	0	62	0	0	0	0	0	0	0	0	62	70
智慧制造及经营管控信息系统二期	10300	2728	670	670	0	0	0	0	0	0	0	0	0	0	0	670	0	0	0	0	0	0	0	0	670	670
60 万吨钢渣有压热闷项目	15800	7718	0	0	0	0	0	0	0	0	0	0	0	0	0	0	0	0	0	0	0	0	0	0	0	0
综合料场环保提升改造项目	88759	53202	5371	477	0	4894	0	0	5371	0	0	0	0	0	0	0	0	0	0	0	0	0	0	0	5371	5380
2 号高炉中修	9635	8580	8402	0	0	8079	323	0	0	0	8402	0	0	0	0	0	0	0	0	0	0	0	8402	0	0	8410
3 号高炉中修	51302	42133	42133	18619	0	22071	1443	0	0	0	42133	0	0	0	0	0	0	0	0	0	0	0	42133	0	0	42150
雨污分流及水系统升级改造项目	14277	9296	9241	4016	0	5134	91	0	0	0	0	0	0	0	0	0	0	9241	0	0	0	0	0	9241	0	9250
智慧制造及信息化项目	40206	39381	38361	7398	0	24405	6558	0	0	0	0	0	0	0	0	0	0	38361	0	0	0	0	0	0	38361	38400
钢轧系统集控中心及智能装备和软件升级建设项目	11000	10981	10981	1042	0	7766	2173	0	0	0	0	0	0	0	0	10981	0	0	0	0	0	0	0	0	10981	11000
绿色钢厂环境改造项目	5600	5509	5509	5192	0	13	304	0	0	0	0	0	0	0	0	0	0	5509	0	0	0	0	0	5509	0	5550
电炉余热回收及饱和蒸汽综合利用工程	10630	8879	8879	3741	0	4630	508	0	0	0	0	8879	8879	0	0	0	0	0	0	0	0	8879	0	0	0	8880

（朱　宁）

表 7

2022 年底保有的地质储量及三级矿量

矿山或矿区名称	矿石种类	露天或坑下	储量 矿量/万吨	储量 金属量/万吨	储量 品位/%	1.证实储量 矿量/万吨	1.证实储量 金属量/万吨	1.证实储量 品位/%	2.可信储量 矿量/万吨	2.可信储量 金属量/万吨	2.可信储量 品位/%	资源量 矿量/万吨	资源量 金属量/万吨	资源量 品位/%	1.探明资源量 矿量/万吨	1.探明资源量 金属量/万吨	1.探明资源量 品位/%	2.控制资源量 矿量/万吨	2.控制资源量 金属量/万吨	2.控制资源量 品位/%	3.推断资源量 矿量/万吨	3.推断资源量 金属量/万吨	3.推断资源量 品位/%
铁矿合计			53043.39	19607.16	36.96	14596.98	5239.69	35.90	38446.41	14367.46	37.37	113902.42	38852.94	34.11	23510.92	7726.99	32.87	52048.92	18621.32	35.78	38342.58	12504.63	32.61
高村铁矿	铁矿	露天	2759.78	594.50	21.54	2190.19	480.75	21.95	569.59	113.75	19.97	22075.60	4591.89	20.80	7926.33	1749.78	22.08	6603.07	1335.14	20.22	7546.20	1506.98	19.97
和尚桥铁矿	铁矿	露天	967.13	248.41	25.69	437.71	120.50	27.53	529.42	127.91	24.16	5608.51	1414.99	25.23	306.93	87.57	28.53	1114.93	284.53	25.52	4186.65	1042.89	24.91
姑山铁矿	铁矿	坑下	1603.01	660.92	41.23				1603.01	660.92	41.23	8436.23	3471.76	41.15	420.58	198.72	47.25	3079.55	1294.64	42.04	4936.10	1978.39	40.08
和睦山铁矿	铁矿	坑下	87.41	34.96	40.00	27.28	10.80	39.58	60.13	24.17	40.19	1816.53	710.73	39.13	32.29	12.78	39.58	1207.82	485.42	40.19	576.42	212.53	36.87
白象山铁矿	铁矿	坑下	7204.51	2831.85	39.31	1030.30	407.17	39.52	6174.21	2424.67	39.27	14509.79	5729.05	39.48	1206.29	477.61	39.59	8511.90	3365.47	39.54	4791.60	1885.97	39.36
钟九铁矿	铁矿	坑下	4620.37	1623.85	35.15	1289.33	443.66	34.41	3331.04	1180.19	35.43	6453.68	2263.73	35.08	1438.05	496.13	34.50	4194.15	1478.86	35.26	821.48	288.75	35.15
罗河铁矿	铁矿	坑下	22616.69	9267.54	40.98	6164.38	2653.71	43.05	16452.31	6613.83	40.20	35531.44	14275.78	40.18	7115.16	3059.41	43.00	18653.41	7498.67	40.20	9762.87	3717.70	38.08
张庄铁矿	铁矿	坑下	13120.33	4317.83	32.91	3442.90	1116.53	32.43	9677.43	3201.29	33.08	19360.19	6347.38	32.79	5046.68	1636.78	32.43	8622.50	2852.67	33.08	5691.01	1857.93	32.65
长龙山铁矿	铁矿	坑下	64.16	27.30	42.55	14.89	6.57	44.12	49.27	20.73	42.08	110.45	47.62	43.11	18.61	8.21	44.12	61.59	25.92	42.08	30.25	13.49	44.60

矿山或矿区名称	开拓矿量 矿量/万吨	开拓矿量 金属量/万吨	开拓矿量 品位/%	开拓矿量 保有月数	采准矿量 矿量/万吨	采准矿量 金属量/万吨	采准矿量 品位/%	采准矿量 保有月数	备采矿量 矿量/万吨	备采矿量 金属量/万吨	备采矿量 品位/%	备采矿量 保有月数	质量情况
铁矿合计	7098.10	2135.42	30.08	225.02	1032.90	361.55	35.00	40.53	934.60	274.38	29.36	27.22	
高村铁矿	1143.00	233.74	20.45	19.59	250.00	95.90	38.36	15.00	173.00	35.62	20.59	2.97	V_2O_5: 0.08%，P: 0.14%，S: 0.351%
和尚桥铁矿	1448.00	322.32	22.26	25.18					195.00	44.95	23.05	3.39	V_2O_5: 0.069%，P: 0.09%，S: 2.35%
姑山铁矿													V_2O_5: 0.08%，P: 0.517%，S: 0.05%
和睦山铁矿													V_2O_5: 0.14%，P: 0.339%，S: 1.269%，Co: 0.008%
白象山铁矿	1300.00	498.55	38.35	78.00					123.00	47.15	38.33	7.38	V_2O_5: 0.224%，P: 0.646%，S: 0.535%，Co: 0.0049%
钟九铁矿					420.90	151.94	36.10	16.84					P: 0.537%，S: 1.074%
罗河铁矿	1580.10	570.42	36.10	63.20					178.60	62.15	34.80	7.12	V_2O_5: 0.20%，P: 0.51%，S: 4.48%
张庄铁矿	1627.00	510.39	31.37	39.05	362.00	113.70	31.41	8.69	265.00	84.51	31.89	6.36	P: 0.112%，S: 0.04%
长龙山铁矿													S: 0.32%

（米　宁）

科技活动情况

表 8

指标名称	单位	2022 年实际	2021 年同期
一、研发人员情况			
研发人员合计	人	1477	1538
其中：管理和服务人员	人	172	328
其中：女性	人	147	157
其中：全职人员	人	269	287
其中：本科毕业及以上人员	人	1433	1486
其中：外聘人员	人		
二、研究开发费用情况			
研究开发费用合计	万元	315403	363239
1. 人员人工费用	万元	19969	23493
2. 直接投入费用	万元	262312	271927
3. 折旧费用与长期待摊费用	万元	28294	48153
4. 无形资产摊销费用	万元		
5. 设计费用	万元		
6. 装备调试费用与试验费用	万元	482	7496
7. 委托外部研究开发费用	万元	1512	225
（1）委托境内研究机构	万元	284	121
（2）委托境内高等学校	万元	762	104
（3）委托境内企业	万元	466	
（4）委托境外机构	万元		
8. 其他费用	万元	2834	11945
三、研究开发资产情况			
当年形成用于研究开发的固定资产	万元	2162	7223
四、政府经费及相关政策落实情况			
加计扣除减免税金额	万元	24280	49970
高新技术企业减免税金额	万元		

续表 8

指标名称	单位	2022 年实际	2021 年同期
五、企业办研究开发机构（境内）情况			
期末机构数	个	1	1
机构研究开发人员	人	281	287
其中：博士毕业	人	16	15
硕士毕业	人	141	143
机构研究开发费用	万元	157280	245628
期末仪器和设备原价	万元	19685	19007
六、研究开发产出及相关情况			
（一）专利情况			
当年专利申请数	件	448	431
其中：发明专利	件	339	301
期末有效发明专利数	件	1115	861
其中：已被实施	件	588	516
专利所有权转让及许可数	件		
专利所有权转让及许可收入	万元		
（二）新产品情况			
新产品销售收入	万元	5356877	4520776
其中：出口	万元	306576	67152
（三）其他情况			
期末拥有注册商标	件	33	20
发表科技论文	篇	48	
形成国家或行业标准	项	5	14
七、其他相关情况			
（一）技术改造和技术获取情况			
技术改造经费支出	万元	690014	627872
购买境内技术经费支出	万元		
引进境外技术经费支出	万元		
引进境外技术的消化吸收经费支出	万元		
（二）企业办研究开发机构（境外）情况			
期末企业在境外设立的研究开发机构	个		

（朱　宁）

劳动工资统计

表9

指　标	单位	集团公司	
			其中：股份公司
在册年末职工人数	人	23821	20822
其中：在岗职工	人	22743	20639
在册职工年平均人数	人	24595	21432
其中：在岗职工	人	23470	21262
在册职工工资总额	万元	321641	286798
其中：在册年平均工资	万元	13.1	13.4
在岗职工工资总额	万元	316482	286084
其中：在岗年平均工资	万元	13.5	13.5
不在岗职工工资总额	万元	5159.34	714.11
其中：不在岗年平均工资	万元	4.6	4.2

（张晓莉）

专业技术职称构成情况

表10

项　目	专业比例	总计/人	高级职称/人	中级职称/人	初级职称/人
工程	21777.87	2848	749	1076	1023
教育	734.09	96	34	43	19
财会	1995.80	261	35	111	115
经济	1407.00	184	13	128	43
政工	3112.22	407	93	182	132
其他	550.56	72	6	41	25
合计	29577.53	3868	930	1581	1357

（洪　瑾）

人　物

2022 年马钢先进人物

全国"五一"劳动奖章

沈　飞　马钢交材车轮车轴厂生产协调

安徽省劳动模范

王光亚　马钢股份总经理助理，长材事业部党委书记、总经理，长江钢铁董事长

陈立君　冷轧总厂电气设备首席工程师

徐小平　马钢交材热轧厂车轮轧机主操

单永刚　四钢轧总厂炼钢分厂炉外精炼首席
操作

安徽省"五一"劳动奖章

张　超　特钢公司棒材分厂优棒作业区热轧精
整一般操作

宝武工匠

圣立芜　长材事业部轧机调整操作技能大师
单永刚　四钢轧总厂炼钢分厂炉外精炼首席操作
陈爱民　和菱实业公司行车二分厂（长材事业部）
作业长

宝武工匠提名奖

王　飞　煤焦化公司炼焦一分厂干熄焦作业长
郑　君　长材事业部机械点检技能大师

中国宝武"金牛奖"

陈志遥　马钢交材车轮车轴厂车轮精加工
韩　宝　四钢轧总厂炼钢工艺首席工程师

中国宝武"银牛奖"

王建军　炼铁总厂高炉二分厂 A 号 B 号高炉运转
　　　　作业区作业长

苗　斌　冷轧总厂设备管理室二冷三点检作业区作
　　　　业长

付万云　技术中心检验技术研究所化学分析高级
　　　　操作

姚　辉　运营改善部运行管理室高级经理

陈爱民　和菱实业公司行车二分厂（长材事业部）
　　　　作业长

马晓标　长材事业部电气点检高级点检

李小虎　特钢公司新特钢项目部炼钢工艺主任工
　　　　程师

吴芳敏　精益推进办公室主任

中国宝武"铜牛奖"

高广静　炼铁总厂高炉一分厂炼铁工艺主任工程师

鲍亚涛　炼铁总厂高炉二分厂炼铁点检二作业区作
　　　　业长

赵海东　炼铁总厂烧结一分厂原料作业区作业长

胡小扣　炼铁总厂烧结二分厂烧结控制高级操作

戴　滨　炼铁总厂集控分厂高炉运行首席操作

吕永林　四钢轧总厂炼钢分厂精炼操作高级操作

钱　伟　四钢轧总厂热轧分厂 1580 轧钢甲作业区
　　　　作业长

李海山　四钢轧总厂设备管理室电气点检高级点检

鲍海兵　四钢轧总厂物流分厂安全一般操作

张小红　冷轧总厂冷轧一分厂 1720 精整作业区作
　　　　业长

郎　珺　冷轧总厂冷轧二分厂 2130 镀锌作业区作
　　　　业长

唐　军　冷轧总厂冷轧二分厂厂长

武　俊　冷轧总厂冷轧三分厂硅钢一期连退重卷作
　　　　业区作业长

王　强　能源环保部副部长

殷光华　港务原料总厂党委书记、厂长

洪学文　港务原料总厂供料二分厂烧结运转二作业
　　　　区作业长

叶　辉　港务原料总厂设备管理室（能源环保室）
　　　　副主任

凤小进　能源环保部供电分厂电巡检作业区作业长

王慧宇　能源环保部燃气分厂厂长、燃气防护站站
　　　　长、党支部书记

张　亮　设备管理部检修管理室高级经理

王庆高　采购中心矿石资源部高级经理

樊道伟　马钢交材热轧厂热处理作业区作业长

李　伟　马钢交材热轧厂班组长

徐金辉　马钢交材营销中心副总经理

江予凤　营销中心合同物流部物流管理主任管理师

鲁文涛　运输部（铁运公司）机务段内燃机司机
　　　　一般操作

滕　晖　运输部设备管理室副主任

黄　斌　运输部生产技术室运行管控作业区作业长

孙社生　制造管理部配矿技术首席工程师

饶　磊　技术中心固危废资源化利用技术首席研
　　　　究员

陈　军　检测中心主任助理

吕义国　煤焦化公司机后作业长

汪　桂　煤焦化公司炼焦一分厂点检作业区作业长

安旭彩　煤焦化公司设备管理室主任

冯庆林　特钢公司棒材分厂大棒轧钢作业区作业长

鲁方志　特钢公司电炉分厂炼钢操作高级操作

高　明　特钢公司物流分厂公辅介质作业区作业长

张卫斌　长材事业部副总经理、总工程师、安全
　　　　总监

田友朋　长材事业部炼钢一分厂厂长、党支部书记

董春辉　长材事业部炼钢二分厂炼钢作业区作业长

邰胜军　长材事业部连铸二分厂连铸操作主要操作

肖克勇　长材事业部 H 型钢分厂大 H 轧钢乙作业
　　　　区作业长

魏海波　长材事业部中型材分厂轧钢丁作业区作
　　　　业长

夏金霖　合肥公司设备室主任、党支部书记

江　欢　合肥公司生技室作业长

范雷震　和菱实业公司电气点检高级操作

尹德民　和菱实业公司包装分厂作业长

赵金龙　长江股份炼铁厂作业长

许　亮　长钢股份炼钢厂作业长

崔海涛　办公室调研室主任

肖　勇　人力资源部薪酬福利室高级经理

黄德峰　保卫部消防灭火高级操作

汪少云　工会宣教民管室主任

季　源　纪委（纪检监督部）纪检监督员（高级主任管理师）

苑　智　技术改造部工程质量管理室高级经理

李丽娟　经营财务部对外投资管理首席管理师

崔家冀　精益办精益管理室高级经理

刘宗斌　马钢集团冶金技术服务公司二分厂安全员

马钢"金牛奖"

崔海涛　办公室调研室主任

姚　辉　运营改善部运行管理室高级经理

吴芳敏　精益管理推进办公室主任

李丽娟　经营财务部对外投资首席师

王慧宇　能源环保部燃气分厂党支部书记、厂长

范满仓　技术改造部副部长

孙社生　制造管理部配矿首席师

黄德峰　保卫部消防大队特勤中队中队长

付万云　技术中心检验技术研究所高级操作

殷光华　港务原料总厂党委书记、厂长

王建军　炼铁总厂高炉二分厂运转作业区作业长

高广静　炼铁总厂高炉一分厂 3 号、4 号高炉炉长

马晓标　长材事业部物流二分厂高级电气点检

田友朋　长材事业部炼钢一分厂厂长、党支部书记

李海山　四钢轧总厂设备管理室电气高级点检

韩　宝　四钢轧总厂炼钢工艺首席师、党支部书记

苗　斌　冷轧总厂设备管理室二冷三作业区作业长

唐　军　冷轧总厂冷轧二分厂厂长

鲁方志　特钢公司电炉分厂炼钢作业区高级操作

李小虎　特钢公司新特钢项目部设计管理组组长

安旭彩　煤焦化公司设备管理室主任

陈志遥　马钢交材车轮车轴厂精品作业区机床操作工

陈爱民　和菱实业公司行车二分厂行车一作业区作业长

马钢"银牛奖"

季　源　纪委（纪检监督部）纪检监督员、高级主任管理师

汪少云　工会宣教民管室主任

崔家冀　精益办精益管理室高级经理

肖　勇　人力资源部薪酬福利室高级经理

凤小进　能源环保部 51 号电力巡检作业区作业长

王　强　能源环保部副部长

苑　智　技术改造部工程质量管理室高级经理

张　亮　设备管理部检修管理室高级经理

王　银　教培中心后勤综合业务高级主任管理师

江予凤　营销中心合同物流部物流管理主任管理师

贾幼庆　营销中心特钢技术经理室副经理

王庆高　采购中心矿石资源部高级经理

饶　磊　技术中心首席研究员

鲁文涛　运输部（铁运公司）机务段一作业区班组长

黄　斌　运输部（铁运公司）运行管控作业区作业长

滕　晖　运输部（铁运公司）设备管理室副主任

刘宗斌　冶金服务公司二分厂安全员

陈　军　检测中心主任助理

洪学文　港务原料总厂供料二分厂烧结运转二作业区作业长

叶　辉　港务原料总厂设备管理室（能源环保室）副主任

赵海东　炼铁总厂烧结一分厂烧结原料作业长

戴　滨　炼铁总厂集控中心高炉运行首席操作

郇胜军　长材事业部连铸二分厂连铸操作主要操作

肖克勇　长材事业部 H 型钢分厂大 H 轧钢乙作业区作业长

董春辉　长材事业部炼钢二分厂炼钢作业区作业长

刘雪刚　长材事业部设备管理室电气设备主任工

　　　　　程师

张卫斌　长材事业部副总经理、总工程师、安全
　　　　总监

鲍海兵　四钢轧总厂物流分厂安全一般操作

钱　伟　四钢轧总厂热轧分厂1580轧钢甲作业区
　　　　作业长

郎　珺　冷轧总厂冷轧二分厂2130镀锌作业区日
　　　　班作业长

武　俊　冷轧总厂冷轧三分厂一期连重作业区作
　　　　业长

冯庆林　特钢公司棒材分厂大棒轧钢作业区作业长

樊道伟　马钢交材热轧厂热处理作业区作业长

徐金辉　马钢交材营销中心副总经理

江　欢　马钢（合肥）公司生产技术室连退作业
　　　　区作业长

夏金霖　马钢（合肥）公司设备室主任、党支部
　　　　书记

赵金龙　长江钢铁炼铁厂一车间炉长（作业长）

许　亮　长江钢铁炼钢厂技术主办

顾思荣　长江钢铁营销中心蚌埠营销点副主任

王治春　运营共享马鞍山分中心综合室负责人

　　　　　　　　　　　　　（曾　刚　臧延芳）

2022年马钢名录

马钢(集团)控股有限公司直接管理及以上领导人员名录

公司领导

党委书记	丁　毅
党委副书记	刘国旺(7月离任)
	毛展宏(7月任职)
	高　铁(4月任职)
	何柏林(4月离任)
党委常委	丁　毅
	刘国旺(7月离任)
	毛展宏
	高　铁(4月任职)
	唐琪明
	任天宝
	何柏林(4月离任)
	伏　明
	章茂晗(12月离任)
	陈国荣(12月任职)
纪委书记	高　铁(4月任职)
	何柏林(4月离任)
工会主席	邓宋高
董事长	丁　毅
董事	刘国旺(7月离任)
	毛展宏(7月任职)
	唐琪明
	何柏林(6月离任)
总经理	刘国旺(7月离任)
	毛展宏(7月任职)
副总经理	唐琪明
	陈国荣(12月任职)
监事会主席	马道局
总法律顾问	杨兴亮(6月任职)
总经理助理	邓宋高(10月离任)
副总会计师	张乾春(2月退休)

办公室(党委办公室、区域总部办公室、董事会秘书处、信访办公室、外事办公室、保密办公室、机关党委)

主任	杨子江(6月提任)
副主任	杨子江(主持工作,6月离任)
	黄全福
	严晓燕(女)
	康　伟
董事会秘书	杨子江
信访办公室主任	康　伟(6月任职)
外事办主任	杨子江(6月提任)
外事办副主任	杨子江(6月离任)
机关党委书记	邓宋高(6月离任)
	杨子江(6月任职)
机关党委副书记	严晓燕(女)
机关工会主席	严晓燕(女)

党委工作部(党委组织部、党委宣传部、人力资源部、企业文化部、统战部、团委)

部长	王东海
副部长	徐乃文(6月离任)
	金　翔
团委书记	蓝仁雷

纪委

副书记	徐　军
第一纪检组组长	张　纲(7月离任)
第二纪检组组长	杨智勇(7月离任)
第三纪检组组长	徐小苗(2月离任)
	江　勇(4月提任,7月离任)

纪检监督部(7月成立,与纪委合署办公)

部长	徐　军(8月任职)
第一纪检监督组组长	张　纲(7月任职,11月离任)
第二纪检监督组组长	杨智勇(7月任职)
第三纪检监督组组长	江　勇(7月任职,10月离任)

审计部、集团监事会秘书处

部长	许继康（1 月由经营财务部提任）
副部长	徐小苗（2 月离任）
	徐　权
	秦学志

党委巡察办（与纪委合署办公，10 月与审计部合署办公）

主任	徐　军（1 月任职，10 月离任）
	许继康（10 月任职）
副主任	江　勇（10 月任职）
第一巡察组组长	张　纲（11 月任职）
第二巡察组组长	秦学志（11 月任职）
巡察员	方金荣（2 月到龄退出）
副巡察员	刘家彪（5 月到龄退出）
	唐胜卫（10 月到龄退出）

工会

副主席	胡晓梅（女）
经济工作部部长	王卫东（8 月离任）

运营改善部

部长	杨兴亮

精益管理推进办公室

主任	吴芳敏

规划与科技部

部长	崔银会（8 月提任）
副部长	吴　坚（主持工作，8 月离任）
	崔银会（8 月离任）
碳中和办公室副主任	汪为民（9 月到龄退出）
	丁　晖（5 月由制造管理部调任）

法律事务部

副部长	何红云（女，主持工作）
	陈　全

能源环保部

党委书记	罗武龙
党委副书记	章连生
纪委书记	章连生（11 月任职）

工会主席	章连生
部长	罗武龙
副部长	曹曲泉
	吴正球（7 月到龄退出）
	张　健
	翁海胜
	黄　浩
	王　强
总工程师	吴正球（7 月到龄退出）
安全总监	张　健（4 月离任）
	翁海胜（4 月任职）

安全生产管理部

部长	王仲明
副部长	洪　伟（11 月离任）
	杨必祥

技术改造部

部长	李　通
副部长	朱广宏
	连　炜
	范满仓
	杭　挺

行政事务中心（马钢公积金中心、档案馆）

主任	王占庆（3 月由马钢交材调任）
副主任	查满林
档案馆馆长	查满林

人力资源服务中心

主任	何　军

离退休职工服务中心

党委书记	刘希贤（1 月到龄退出）
	徐小苗（2 月由审计部调任）
党委副书记	陈伟革
工会主席	陈伟革
主任	刘希贤（1 月到龄退出）
	徐小苗（2 月由审计部调任）
副主任	于　颖（9 月到龄退出）

教育培训中心

党委书记	王　谦（7 月任职）

党委副书记	陶青平(主持工作,7月离任)
	王　谦(7月离任)
	王卫东(8月由工会提任)
主任	王　谦(7月离任)
	王卫东(8月由工会提任)
副主任	王　谦(7月任职)
	陶青平(7月离任)
	端　强(3月提任)

马钢党校

校长	何柏林(兼,5月离任)
	高　铁(兼,5月任职)
常务副校长	王　谦(6月任职)

安徽冶金科技职业学院

书记	王　谦(7月任职)
副书记	王卫东(8月由工会提任)
院长	王　谦(7月离任)
	王卫东(8月由工会提任)
副院长	王　谦(7月任职)
	陶青平(7月离任)
	端　强(3月提任)

马钢高级技师学院(马钢高级技校)

书记	王　谦(7月任职)
副书记	王卫东(8月由工会提任)
院长(校长)	王　谦(7月离任)
	王卫东(8月由工会提任)
副院长(副校长)	王　谦(7月任职)
	陶青平(7月离任)
	端　强(3月提任)

新闻中心

主任	金　翔(7月任职)
副主任	赵建勋(7月到龄退出)
	王七水
《马钢日报》社总编	赵建勋(7月到龄退出)
	金　翔(7月任职)

保卫部(武装部)

党委书记	杨效东(1月提任)
党委副书记	杨效东(主持工作,1月离任)
工会主席	王　艳(女)
部长	杨效东(1月提任)

副部长	杨效东(主持工作,1月离任)
	宋　晔

马钢集团投资有限公司

董事长	丁　毅(兼)
董事	王文忠(10月到龄退出)
总经理	王文忠(10月到龄退出)
副总经理	周浩锋(7月到龄退出)
	戴修明

资产经营管理公司

副总经理	余方超(主持工作)
	李怀迁(7月到龄退出)

马钢集团康泰置地发展有限公司

党委书记	林　俊
党委副书记	杨　骏
工会主席	杨　骏
董事长	张晓峰(兼,5月退休)
总经理	林　俊

安徽马钢冶金工业技术服务有限责任公司

党委书记	艾红兵
党委副书记	尹绍慷
工会主席	尹绍慷
执行董事	艾红兵
总经理	艾红兵
副总经理	盛　钢
	熊丽华(6月提任)

马钢利民企业公司

党委副书记	尹绍慷
纪委书记	尹绍慷
工会主席	尹绍慷

财务公司(委托管理)

董事长	丁　毅(兼,5月离任)
监事长	汪冬妹(女,9月任职)
风险总监	汪冬妹(女,9月离任)

马鞍山力生生态集团有限公司

党委书记	郭　斐
纪委书记	杨　辉
董事长	郭　斐

马鞍山钢铁建设集团有限公司

董事	王德川

(王　森)

马鞍山钢铁股份有限公司直接管理及以上管理人员名录

公司领导

党委书记	丁　毅
党委副书记	刘国旺(7月离任)
	毛展宏(7月任职)
	高　铁(4月任职)
	何柏林(4月离任)
党委委员	丁　毅(12月离任)
	刘国旺(7月离任)
	毛展宏(12月离任)
	高　铁(4月任职,12月离任)
	唐琪明(12月离任)
	任天宝(12月离任)
	何柏林(4月离任)
	伏　明(12月离任)
	章茂晗(12月离任)
党委常委	丁　毅(12月任职)
	毛展宏(12月任职)
	高　铁(12月任职)
	唐琪明(12月任职)
	任天宝(12月任职)
	伏　明(12月任职)
	陈国荣(12月任职)
纪委书记	高　铁(4月任职)
	何柏林(4月离任)
工会主席	邓宋高
董事长	丁　毅
副董事长	毛展宏(7月任职)
董事	任天宝
监事会主席	张晓峰(5月退休)
	马道局(10月任职)
总经理	任天宝(7月任职)
副总经理	毛展宏(7月离任)
	任天宝(7月离任)
	伏　明
	章茂晗
总经理助理	王光亚
	罗武龙
	杨兴亮
首席质量官	毛展宏

办公室

主任	杨子江(6月提任)
副主任	杨子江(主持工作,6月离任)
	黄全福
	严晓燕(女)
	康　伟

党委工作部(企业文化部、团委)

部长	王东海
副部长	金　翔
团委书记	蓝仁雷

纪委

副书记	徐　军
第一纪检组组长	张　纲(7月离任)
第二纪检组组长	杨智勇(7月离任)
第三纪检组组长	徐小苗(2月离任)
	江　勇(4月提任,7月离任)

纪检监督部(7月成立,与纪委合署办公)

部长	徐　军(8月任职)
第一纪检监督组组长	张　纲(7月任职,11月离任)
第二纪检监督组组长	杨智勇(7月任职)
第三纪检监督组组长	江　勇(7月任职,10月离任)

审计部、集团监事会秘书处

部长	许继康(1月由经营财务部提任)
副部长	徐小苗(2月离任)
	徐　权
	秦学志

党委巡察办(与纪委合署办公,10月与审计部合署办公)

主任	徐　军(1月任职,10月离任)
	许继康(10月任职)
副主任	江　勇(10月任职)
第一巡察组组长	张　纲(11月任职)

第二巡察组组长　　　　秦学志(11月任职)

巡察员　　　　　　　　方金荣(2月到龄退出)

副巡察员　　　　　　　刘家彪(5月到龄退出)

　　　　　　　　　　　唐胜卫(10月到龄退出)

工会

　副主席　　　　　　　胡晓梅(女)

　经济工作部部长　　　王卫东(8月离任)

运营改善部

　部长　　　　　　　　杨兴亮

精益管理推进办公室

　主任　　　　　　　　吴芳敏

人力资源部

　部长　　　　　　　　许洲

经营财务部

　部长　　　　　　　　邢群力

　副部长　　　　　　　许继康(1月离任)

　　　　　　　　　　　江鹏(1月离任)

　　　　　　　　　　　胡军(4月提任)

　股份主任会计师　　　许继康(1月离任)

规划与科技部

　部长　　　　　　　　崔银会(8月提任)

　副部长　　　　　　　吴坚(主持工作,8月离任)

　　　　　　　　　　　崔银会(8月离任)

法律事务部

　副部长　　　　　　　何红云(女,主持工作)

　　　　　　　　　　　陈全

能源环保部

　党委书记　　　　　　罗武龙

　党委副书记　　　　　章连生

　纪委书记　　　　　　章连生(11月任职)

　工会主席　　　　　　章连生

　部长　　　　　　　　罗武龙

　副部长　　　　　　　曹曲泉

　　　　　　　　　　　吴正球(7月到龄退出)

　　　　　　　　　　　张健

　　　　　　　　　　　翁海胜

　　　　　　　　　　　黄浩

　　　　　　　　　　　王强

总工程师　　　　　　　吴正球(7月到龄退出)

安全总监　　　　　　　张健(4月离任)

　　　　　　　　　　　翁海胜(4月任职)

安全生产管理部

　部长　　　　　　　　王仲明

　副部长　　　　　　　洪伟(11月离任)

　　　　　　　　　　　杨必祥

技术改造部

　部长　　　　　　　　李通

　副部长　　　　　　　朱广宏

　　　　　　　　　　　连炜

　　　　　　　　　　　范满仓

　　　　　　　　　　　杭挺

　冶金质量监督站站长　李通

制造管理部

　党总支书记　　　　　丁晖(6月离任)

　部长　　　　　　　　刘国平(4月离任)

　　　　　　　　　　　陈斌(4月提任)

　副部长　　　　　　　丁晖(6月离任)

　　　　　　　　　　　杜轶峰

　　　　　　　　　　　周全

　　　　　　　　　　　陈斌(4月离任)

　　　　　　　　　　　毛鸣

　　　　　　　　　　　徐宏伟(宝钢股份支撑项目挂职人员)

设备管理部

　部长　　　　　　　　熊佑发(2月离任)

　　　　　　　　　　　徐兆春(3月提任)

　副部长　　　　　　　徐兆春(3月离任)

　　　　　　　　　　　杨凡(5月调入)

　　　　　　　　　　　夏会明

　　　　　　　　　　　成印明

营销中心

　党委书记　　　　　　张永翔

　党委副书记　　　　　赵勇

　纪委书记　　　　　　赵志强

　工会主席　　　　　　赵志强

　总经理　　　　　　　赵勇

　副总经理　　　　　　张永翔

　　　　　　　　　　　张卫明(6月由美洲公司调任)

　　　　　　　　　　　余周松

	赵云龙	安全总监	陆智刚
	王民章	**检测中心**	
香港公司		党委书记	陈　钰
副总经理	张　勇(主持工作)	党委副书记	杨德佳
美洲公司		工会主席	杨德佳
总经理	张卫明(6月离任)	主任	陈　钰
采购中心		副主任	方啸震(8月到龄退出)
党总支书记	江　鹏(1月由经营财务部提任)		陈玉宝
			陶青平(7月由教育培训中心调任)
经理	徐葆春	**港务原料总厂**	
副经理	江　鹏(1月由经营财务部提任)	党委书记	殷光华
		党委副书记	朱　晨
	朱付林	纪委书记	朱　晨(9月离任)
	陈　昱(9月提任)	工会主席	朱　晨
技术中心、新产品开发中心		厂长	殷光华
党委书记	张　建(8月离任)	副厂长	朱梦伟
	吴　坚(8月由规划与科技部提任)		程从山
		总工程师	朱梦伟
党委副书记	张　建(8月任职)	安全总监	朱梦伟
主任	张　建	**炼铁总厂**	
副主任	吴　坚(8月由规划与科技部提任)	党委书记	郝　军
		党委副书记	聂长果
	邱全山	纪委书记	刘　畅
	朱　涛	工会主席	刘　畅
	李帮平	厂长	聂长果(12月离任)
	刘永刚	副厂长	聂长果(12月任职)
总工程师	朱　涛		刘晓超
安全总监	李帮平		吴宏亮(12月离任)
新产品开发中心主任	张　建		陈生根
技术研究院(筹)院长	张　建		程朝晖(12月提任)
运输部		总工程师	吴宏亮(12月离任)
部长	钱　曦	安全总监	吴宏亮(12月离任)
副部长	刘世刚	**长材事业部**	
	陆智刚	党委书记	王光亚
	鞠亚华(10月提任)	党委副书记	赵广化(5月到龄退出)
铁路运输公司		纪委书记	赵广化(5月到龄退出)
党委书记	钱　曦	工会主席	赵广化(5月到龄退出)
经理	钱　曦	总经理	王光亚
副经理	刘世刚	副总经理	周庆升(8月到龄退出)
	陆智刚		张卫斌
	鞠亚华(10月提任)		邓南阳
总工程师	刘世刚		

	吴立超		支撑委派挂职)
	赵海山	**炼焦总厂(2月撤销)**	
总工程师	张卫斌	党委书记	汪开保(2月离任)
安全总监	张卫斌	党委副书记	朱光明(2月离任)
第四钢轧总厂		工会主席	朱光明(2月离任)
党委书记	毛学庆(5月到龄退出)	厂长	汪开保(2月离任)
	胡玉畅(5月提任)	副厂长	夏鹏飞(2月离任)
党委副书记	邓 勇(5月提任)		汪 强(2月离任)
	姜 宁	总工程师	汪开保(2月离任)
工会主席	姜 宁	安全总监	夏鹏飞(2月离任)
厂长	毛学庆(5月到龄退出)	**煤焦化公司(2月成立)**	
	邓 勇(5月提任)	党委书记	汪开保(2月任职)
副厂长	司小明(5月离任)	党委副书记	朱光明(2月任职)
	胡玉畅	工会主席	朱光明(2月任职)
	邓 勇(5月离任)	经理	汪开保(2月任职)
	兰 宇(10月提任)	副经理	夏鹏飞(2月任职)
总工程师	司小明(5月离任)		汪 强(2月任职)
安全总监	邓 勇	总工程师	汪开保(2月任职)
冷轧总厂		安全总监	夏鹏飞(2月任职)
党委书记	严开龙	**行政事务中心(马钢公积金中心、档案馆)**	
厂长	严开龙	主任	王占庆(3月由马钢交材调任)
副厂长	张四方		
	姚 鑫	副主任	查满林
	杜克飞	档案馆馆长	查满林
总工程师	姚 鑫	**人力资源服务中心**	
安全总监	张四方	主任	何 军
特钢公司		**离退休职工服务中心**	
党委书记	曹天明(8月离任)	党委书记	刘希贤(1月到龄退出)
	钱晓斌(8月提任)		徐小苗(2月由审计部调任)
党委副书记	曹天明(8月任职)		
	汤怡啸	党委副书记	陈伟革
纪委书记	汤怡啸(11月任职)	工会主席	陈伟革
工会主席	汤怡啸	主任	刘希贤(1月到龄退出)
经理	曹天明		徐小苗(2月由审计部调任)
副经理	钱晓斌		
	苏 炜	副主任	于 颖(9月到龄退出)
	龚志翔	**教育培训中心**	
	石 玮	党委书记	王 谦(7月任职)
	施国优(宝钢股份技术支撑委派挂职)	党委副书记	陶青平(主持工作,7月离任)
总工程师	龚志翔		王 谦(7月离任)
安全总监	石 玮		王卫东(8月由工会提任)
新特钢项目副经理	施国优(宝钢股份技术	主任	王 谦(7月离任)

	王卫东(8月由工会提任)	党委副书记	安　涛(5月离任)
副主任	王　谦(7月任职)		司小明(5月由四钢轧总厂提任)
	陶青平(7月离任)		
	端　强(3月提任)		徐乃文
新闻中心		工会主席	徐乃文
主任	金　翔(7月任职)	董事长	任天宝(兼,5月离任)
副主任	赵建勋(7月到龄退出)		安　涛(5月任职)
	王七水	总裁	安　涛(5月离任)
保卫部(武装部)		高级副总裁	司小明(主持工作,5月由四钢轧总厂提任)
党委书记	杨效东(1月提任)		
党委副书记	杨效东(主持工作,1月离任)		
			李　翔
工会主席	王　艳(女)		杨文武
部长	杨效东(1月提任)	安全总监	李　翔(5月任职)
副部长	杨效东(主持工作,1月离任)	**马钢(合肥)钢铁有限责任公司**	
		党委书记	王文宝(1月提任)
	宋　晔	党委副书记	王文宝(主持工作,1月离任)
资产整合推进工作办公室			
主任	邢群力		沈新玉
副主任	王文忠(10月到龄退出)	纪委书记	王文宝(1月离任)
成员	周浩锋(7月到龄退出)	工会主席	王文宝
	戴修明	总经理	沈新玉(1月提任)
	何红云	副总经理	沈新玉(主持工作,1月离任)
	余方超		
协作管理变革推进工作小组			闫　敏
组长	许　洲		利小民
副组长	熊佑发	总工程师	闫　敏
成员	邢群力	**安徽长江钢铁股份有限公司**	
	王仲明	党委书记	张　峰
	钱　曦	纪委书记	聂庆文
	黄　浩	董事长	王光亚(兼)
	查满林	副董事长	张　峰
	艾红兵	副总经理	马春风
	尹绍慷		喻盛建(6月提任)
	盛　钢	监事会主席	聂庆文
	林　俊	财务总监	乐志海
	杨　骏	安全总监	喻盛建(7月任职)
	王德川	**安徽马钢和菱实业有限公司**	
	郭　斐	党委书记	谷　源(8月提任)
	杨　辉	党委副书记	谷　源(主持工作,1月任职,8月离任)
宝武集团马钢轨交材料科技有限公司			
党委书记	任天宝(兼,5月离任)		张福成
	安　涛(5月任职)	工会主席	张福成

董事长	谷　源(8月提任)	副总经理	王　强(主持工作,1月
总经理	谷　源(8月提任)		离任)
副总经理	谷　源(主持工作,1月		高　峰
	任职,8月离任)	**马钢宏飞电力能源有限公司**	
	李传艳	董事长	陆　强
	刘　辉	**滕州盛隆煤焦化公司**	
埃斯科特钢公司		总经理	赵业明
董事长	曹天明		
总经理	王　强(1月提任)		（王　森）

退休中层以上管理人员名录

姓　名	原单位	退休前职务	退休前职级	退休月份
黄　鹏	营销中心	党委书记	正处级	2022年1月
张乾春	马钢集团	副总会计师	公司级	2022年2月
杜松林	马钢股份	总经理助理、马钢交材总裁	公司级	2022年2月
琚泽龙	欧冶链金	高级副总裁	副处级	2022年3月
黎　兵	离退休中心	党委书记	正处级	2022年3月
张晓峰	马钢集团	集团公司党委常委,工会主席	公司级	2022年5月
冯志刚	马钢矿业	副经理	副处级	2022年5月
叶景好	长材事业部	党委副书记	副处级	2022年6月
朱伦才	技术中心	副经理	副处级	2022年6月
常　明	马钢物流	副总经理	副处级	2022年7月
孙铭章	特钢公司	党委副书记、纪委书记、工会主席	副处级	2022年8月
毕振清	化工能源公司	副经理	副处级	2022年8月
李生玉	南山矿	党委书记、副经理	副处级	2022年8月
杨国平	马钢离退休中心	副主任	副处级	2022年8月

续表

姓　名	原单位	退休前职务	退休前职级	退休月份
胡夏雨	采购中心	经理	正处级	2022 年 8 月
张永涛	教育培训中心	教培中心主任,安冶学院(技师学院)院长,高级技校校长、党委书记,党校常务副校长	正处级	2022 年 9 月
童旭霞	汽运公司	党委副书记、工会主席	副处级	2022 年 9 月
潘廷刚	马钢表面	副总经理	副处级	2022 年 9 月
黄朝武	设计院	党委副书记、工会主席	副处级	2022 年 9 月
何大顺	制造部	副部长、党总支书记	正处级	2022 年 10 月
宁光岩	设备检修公司	副经理、高级技术总监	副处级	2022 年 10 月
张吾胜	运营改善部	部长	正处级	2022 年 10 月
张林平	检测中心	主任、党委副书记	正处级	2022 年 11 月
李　寅	保卫部	党委书记、纪委书记、工会主席、副部长	正处级	2022 年 11 月
朱瑞琨	冷轧总厂	纪委书记	副处级	2022 年 11 月
朱开桂	材料科技	董事长	正处级	2022 年 12 月
张秀龙	博力监理	副经理、总工程师	副处级	2022 年 12 月
茅建新	检测中心	副主任	副处级	2022 年 12 月

(王宝驹)

2022 年取得高级职称任职资格人员名录

高级政工师:

孙维维　祁　玲　杨卫东　俞　洁　高先酬　　王金坤　石　雷　张文英　张文静　张　涛
卫　俊　李　强　吴　刚　朱光明　刘桂花　　曲义振　汤晓东　孙　敏　周红兵　赵丽丽
汤　莉　晋元仙　张良冰　吴　雄　　　　　　赵博识　何　佳　付尚红　夏　励　汪建威
　　　　　　　　　　　　　　　　　　　　　王占业　汤亨强　郭俊波　郑笑芳　陈　忠
高级工程师:　　　　　　　　　　　　　　周世龙　何　博　夏　勐　杨志强　桂满城
李忠良　曹先中　安吉南　刘　洋　高广静　　张耀辉　彭进明　宫　辉　易守安　张小宝
王　松　滕　晖　胡晓光　熊华报　夏海亮　　李雄杰　杜小燕　杨晓刚　程　磊　陈　扬
尹天平　刘　勇　孙　健　彭令叁　黄　敏　　吴长进　孙又权
李平义　张　静　杨　凡　张宇光　孙　波　　　　　　　　　　　　　　　　　　(徐　震)

2022 年马钢逝世人物名录

逝世的县处级以上(含享受)离休干部名录

姓　名	出生年月	参加工作时间	离休时间	原工作单位及职务	享受待遇
吴纯武	1927 年 5 月	1949 年 7 月	1982 年 7 月	马钢教委教师	县处级
陈同德	1927 年 7 月	1949 年 1 月	1988 年 1 月	马钢运输部干部	县处级
李东法	1928 年 8 月	1948 年 1 月	1988 年 10 月	马钢教委党支部书记	县处级
林凤才	1932 年 11 月	1949 年 1 月	1992 年 12 月	马钢钢研所副所长	县处级
赵淑芝	1929 年 1 月	1949 年 2 月	1988 年 2 月	马钢医院检验员	县处级
于福荣	1933 年 12 月	1948 年 2 月	1988 年 12 月	马钢初轧厂干部	县处级
李　冰	1927 年 5 月	1949 年 2 月	1983 年 4 月	马钢技校干部	县处级
孙志刚	1932 年 11 月	1945 年 8 月	1992 年 12 月	马钢卫生处副处长	县处级
吴英君	1932 年 5 月	1949 年 3 月	1992 年 6 月	马钢港务原料厂干部	县处级
刘正奎	1924 年 1 月	1944 年 3 月	1985 年 6 月	马钢党校副校长	副地市级
郭济夫	1929 年 3 月	1947 年 10 月	1989 年 12 月	马钢南山铁矿党委副书记	县处级
刘洪化	1931 年 10 月	1949 年 9 月	1991 年 10 月	马钢房产处干部	县处级
张子盛	1929 年 1 月	1948 年 8 月	1983 年 7 月	马钢矿山工程公司干部	县处级
王　杰	1934 年 2 月	1949 年 5 月	1994 年 4 月	马钢机动处干部	县处级
凌泽民	1933 年 10 月	1949 年 3 月	1992 年 12 月	马钢医院干部	县处级
王福祥	1929 年 12 月	1945 年 8 月	1989 年 11 月	马钢中板厂党委书记	县处级
王德干	1926 年 7 月	1944 年 10 月	1982 年 12 月	马钢炉料公司干部	县处级

（申　艳）

附 录

2022 年马钢获集体荣誉名录

中国工业大奖表彰奖
马钢（集团）控股有限公司

第十二届全国优秀设备管理单位
马鞍山钢铁股份有限公司

双碳最佳实践能效标杆示范厂培育企业
马鞍山钢铁股份有限公司

国家高新技术企业
马鞍山钢铁股份有限公司

第一批高新技术企业
马鞍山钢铁股份有限公司

央企 ESG·先锋 50 指数
马鞍山钢铁股份有限公司

安徽省科技创新示范企业
马鞍山钢铁股份有限公司

安徽省先进集体
马鞍山钢铁股份有限公司营销中心汽车板部

（周　俊　臧延芳　曾　刚）

2022 年马钢部分文件目录

字　号	文　件　标　题
马钢集〔2022〕1 号	关于印发《2022 年马钢（集团）控股有限公司安全生产工作计划》的通知
马钢集〔2022〕2 号	关于马钢集团炼钢产能出让宝钢股份的请示
马钢集〔2022〕3 号	关于马钢化工减资重组的请示
马钢集〔2022〕4 号	关于成立马钢创建国家 3A 级旅游景区筹备工作领导小组的通知
马钢集〔2022〕5 号	关于马钢集团将马钢粉末冶金公司股权增资入股宝武环科项目评估报告备案的请示
马钢集〔2022〕6 号	关于印发《高铁车轮扩大装车运用行动方案》的通知
马钢集〔2022〕7 号	关于发布马钢集团审计整改工作联络员名单的通知
马钢集〔2022〕8 号	关于马钢美洲公司解散清算的请示
马钢集〔2022〕9 号	关于马钢中东公司解散清算的请示
马钢集〔2022〕10 号	关于表彰"2021 年马钢技术创新成果奖"获奖成果的通报
马钢集〔2022〕11 号	关于报送 2021 年度工程系列高级专业技术职务任职资格评审结果的函（报省人社厅）
马钢集〔2022〕12 号	关于表彰马钢第十届职工技能竞赛获奖单位和个人的决定
马钢集〔2022〕13 号	关于印发《深入推进卓越绩效管理模式及质量奖申报工作计划》的通知
马钢集〔2022〕14 号	关于马钢集团部分土地及地上资产被马鞍山市雨山区人民政府征收项目评估结果申请备案的请示
马钢集〔2022〕15 号	关于马钢集团张勇同志在香港工作任期延长的请示
马钢集〔2022〕16 号	关于下达马钢集团 2022 年度经营计划的通知
马钢集〔2022〕17 号	关于印发《〈ERP 数据归档和管理规范〉行业标准制订》启动会议纪要的通知
马钢集〔2022〕18 号	关于马钢集团吴坚等七同志赴巴基斯坦进行实地调研的请示
马钢集〔2022〕19 号	关于下达马钢集团法人和参股公司压减工作计划的通知

马钢集〔2022〕20 号	关于宝武重工向马钢重机转移部分资质事项的决定
马钢集〔2022〕21 号	关于下发《马钢集团 2022 年能源环保重点工作计划》的通知
马钢集〔2022〕22 号	关于马钢集团投资公司转让国泰君安投资管理股份有限公司股权项目评估报告备案的请示
马钢集〔2022〕23 号	关于马钢集团将马钢嘉华建材公司股权增资入股宝武环科项目评估报告备案的请示
马钢集〔2022〕24 号	关于马钢集团投资公司转让安徽马钢智能立体停车设备有限公司股权项目评估报告备案的请示
马钢集〔2022〕25 号	关于下发《马钢集团 2022 年教育培训工作计划》的通知
马钢集〔2022〕26 号	马钢集团关于尽快启动人头矶场平工作的请示
马钢集〔2022〕27 号	关于开展中国宝武第三届职工技能竞赛马钢选拔赛的通知
马钢集〔2022〕28 号	关于提请召开马钢（集团）控股有限公司第二届董事会第十次会议的请示
马钢集〔2022〕29 号	关于成立马钢集团专业协作管理变革领导小组的通知
马钢集〔2022〕30 号	关于同意深圳市粤海马钢实业有限公司股权托管的批复
马钢集〔2022〕31 号	关于报送马钢集团衍生品 2021 年度总结及 2022 年度计划的报告
马钢集〔2022〕32 号	关于对“2·19”严重险肇事故相关责任单位及人员处理决定的通报
马钢集〔2022〕33 号	关于成立马钢集团型材抗疫供应保障小组的通知
马钢集〔2022〕34 号	关于印发《马钢集团新一轮严防严控新冠肺炎疫情工作方案》的通知
马钢集〔2022〕35 号	关于提请召开马钢（集团）控股有限公司第二届董事会第十一次会议的请示
马钢集〔2022〕36 号	关于印发《2022 年马钢厂区道路运输安全生产工作计划》的通知
马钢集〔2022〕37 号	关于安徽马钢化工能源科技有限公司拟减资重组项目评估结果申请备案的请示
马钢集〔2022〕38 号	关于成立马钢集团人头矶场地平整事务项目管理机构的通知
马钢集〔2022〕39 号	关于印发《马钢集团“一总部多基地”管理体系建设实施方案》的通知
马钢集〔2022〕40 号	关于对“3·05”工亡事故相关责任单位中层管理人员问责的决定
马钢集〔2022〕41 号	关于表彰 2021 年度马钢管理创新成果奖的通报
马钢集〔2022〕42 号	关于印发《2022 年马钢集团全面风险和内部控制管理工作推进计划》的通知
马钢集〔2022〕43 号	关于印发《马钢集团安全生产提升年行动实施方案》的通知
马钢集〔2022〕44 号	关于开展马钢综合治理专项工作的通知
马钢集〔2022〕45 号	关于下发员工与企业协商一致解除劳动合同、离岗休息和自主创业等离岗政策的通知
马钢集〔2022〕46 号	马钢集团关于 2021 年度利润分配方案的请示
马钢集〔2022〕47 号	关于马钢“2·6”属地工亡事故有关情况的报告
马钢集〔2022〕48 号	关于协调支持马钢 9 号高炉异地迁移保护新选址方案的请示
马钢集〔2022〕49 号	关于支持马钢实施源网荷储项目和绿电交易的请示
马钢集〔2022〕50 号	关于支持马钢新建清洁环保型全能量热回收焦炉余能发电项目的请示
马钢集〔2022〕51 号	马钢集团关于支持大功率机车车轮替代进口全面提升供应链安全能力的请示
马钢集〔2022〕52 号	关于上报马钢（集团）控股有限公司董事会 监事会 2021 年度工作报告的报告
马钢集〔2022〕53 号	关于提请召开马钢（集团）控股有限公司第二届董事会第十二次会议的请示
马钢集〔2022〕54 号	关于协调马钢 1000m³ 高炉低碳冶金工艺研究新增绿色产能并列入省科技创新“攻尖”项目相关事项的请示
马钢集〔2022〕55 号	关于印发《生产安全过程管理问责规定（试行）》的通知
马钢集〔2022〕56 号	关于组织开展 2022 年“拉高标杆 奋勇争先 精益高效 争创一流”系列劳动竞赛的通知

马钢集〔2022〕92 号　　　关于继续推进高铁车轮国产化进程的请示

马钢集〔2022〕93 号　　　关于印发《马钢（集团）控股有限公司董事会议事规则》的通知

马钢集〔2022〕94 号　　　关于印发《马钢集团领导人员开展重点联系单位安全包保工作实施方案》的通知

马钢集〔2022〕95 号　　　关于印发《马钢创建环境绩效 A 级企业百日攻坚行动具体实施方案》的通知

马钢集〔2022〕96 号　　　关于开展马钢集团安全用电、用气专项排查整治的通知

马钢集〔2022〕97 号　　　马钢集团关于华震同志申请回国的请示

马钢集〔2022〕98 号　　　关于印发《马钢集团法治央企建设"十四五"规划贯彻实施意见》的通知

马钢集〔2022〕99 号　　　关于印发《马钢集团碳达峰碳中和行动方案》的通知

马钢集〔2022〕100 号　　　关于开展高层建筑重大火灾风险专项整治的通知

马钢集〔2022〕101 号　　　马钢集团关于张枭同志赴比利时和捷克进行访问的请示

马钢集〔2022〕102 号　　　关于印发《马钢（集团）控股有限公司经理层选聘管理办法》的通知

马钢集〔2022〕103 号　　　关于印发《马钢（集团）控股有限公司经理层成员绩效评价暂行办法》的通知

马钢集〔2022〕104 号　　　关于成立马钢集团境外佣金管理专项整治工作组的通知

马钢集〔2022〕105 号　　　关于审议批准 2022 年度第一次临时股东会暨马钢集团第二届董事会十五次会议有关议案的请示

马钢集〔2022〕106 号　　　关于马钢集团 2021 年计提改革成本相关情况的报告

马钢集〔2022〕107 号　　　关于妥善安置马钢公积金分中心归并人员的请示

马钢集〔2022〕108 号　　　关于印发《马钢集团子公司经理层成员任期制与契约化管理绩效评价办法》的通知

马钢集〔2022〕109 号　　　关于印发《马钢集团能效提升行动方案》的通知

马钢集〔2022〕110 号　　　关于开展 2022 年马钢"岗位创新创效成果奖""先进操作法"评选推荐工作的通知

马钢集〔2022〕111 号　　　关于承办中国宝武第三届职工技能竞赛热轧操检维调智控项目的通知

马钢集〔2022〕112 号　　　关于马钢股份拟转让欧冶链金股权项目评估报告备案的请示

马钢集〔2022〕113 号　　　关于成立马钢集团"2022 年中国宝武环保大检查"问题专项整改推进工作领导小组的通知

马钢集〔2022〕114 号　　　关于调整公司在职因病非因工死亡职工遗属抚恤金标准的通知

马钢集〔2022〕115 号　　　关于同意马钢集团康泰置地发展有限公司吸收合并安徽裕泰物业管理有限责任公司的批复

马钢集〔2022〕116 号　　　关于第三次公开挂牌转让立体停车公司股权的批复

马钢集〔2022〕117 号　　　关于推进马钢公积金管理分中心属地化管理的情况报告

马钢集〔2022〕118 号　　　关于对"8·9"严重险肇事故责任单位及相关责任人员问责的决定

马钢集〔2022〕119 号　　　关于调整马钢集团法治企业建设及合规管理领导小组的通知

马钢集〔2022〕120 号　　　关于刻制并使用"马钢（集团）控股有限公司职称评审工作业务专用章"的请示

马钢集〔2022〕121 号　　　关于提请召开马钢集团第二届董事会第十六次会议的请示

马钢集〔2022〕122 号　　　马钢集团关于马鞍山市征收马钢股份 2 块土地及其地面资产的请示

马钢集〔2022〕123 号　　　关于马钢集团长投项目计划外增列的请示

马钢集〔2022〕124 号　　　关于马钢集团刘智同志赴法国进行培训的请示

马钢集〔2022〕125 号　　　关于马钢集团吴坚等六同志赴马来西亚进行实地调研的请示

马钢集〔2022〕126 号　　　关于马钢"6·19"属地工亡事故有关直管人员处理情况的报告

2022年省级以上报纸有关马钢报道

报　摘

转型马钢　从长江之滨到五湖四海

"2020年8月19日,习近平总书记亲临中国宝武马钢集团考察调研并发表重要讲话,肯定马钢、勉励马钢、期许马钢,令全体马钢人备受鼓舞、豪情满怀,进一步增强了钢铁报国的信心。"8月3日,马钢集团党委书记、董事长丁毅在接受《中国冶金报》记者采访时,回忆起两年前总书记视察时的情景依旧心潮澎湃,"马钢将时刻牢记习近平总书记的殷切嘱托,在中国宝武的坚强领导下,精益高效、奋勇争先,走好新阶段的钢铁长征路。"

"马钢进入宝武后的发展,就是在融入宝武、融入长三角的发展中壮大自己,概括地说就是'一体化、高质量'。"丁毅说。

2021年,马钢集团产钢2097万吨,实现营业收入2093亿元,利润总额113亿元,而2022年发布的《财富》世界500强的营业收入门槛约为1848亿元。

马钢,从长江之滨到五湖四海,正向着高质量发展的目标奔跑。

定位之变:打造"优特长材专业化平台公司"

"马钢的发展历史上有4个里程碑:一是1958年成立到20世纪60年代初,毛主席两次到马钢,邓小平同志定下火车车轮项目,'江南一枝花'享誉大江南北;二是20世纪90年代前后,马钢上市成为中国钢铁第一股,建设2500立方米高炉,从中型企业成为大型企业;三是通过'十五'时期结构调整,平炉改转炉,上马板材,2005年效益行业第二;四是2019年9月19日加入中国宝武集团,拉开宝武开疆拓土的序幕,也是落实长三角一体化国家战略的具体体现。"8月3日,马钢集团党委书记、董事长丁毅向《中国冶金报》记者讲述了马钢转型发展的4个不同阶段。

加入中国宝武后,马钢开启第四次转型。但是,马钢的定位是什么? 到底该如何发展呢?

"联合不能是简单的'1+1>2',联合以后的专业化整合才是发挥联合协同效应的最佳路径和方式。只有通过专业化整合,形成极致专业化基础上的规模效应,我们才能够把联合的协同效应发挥出来。"中国宝武党委书记、董事长陈德荣饱含希冀、振奋人心的话语,为加快推进马钢有关业务聚焦整合工作指明了方向、明确了路径。

马钢按照中国宝武"做强、做优、做大"的总体思路,有了新的战略定位——中国宝武优特长材专业化平台公司和优特钢精品基地。

"在进入宝武之前,马钢什么都有。这从单一企业看,是对的;但是从整个社会层面上看,未必合理。因此,宝武统筹规划,将马钢定位为'全球钢铁业优特长材引领者',那么对于整个社会来说,钢铁的发展就实现了有序化。"丁毅补充道。

"根据新的战略定位,马钢从实际出发对规划进行了调整,对内填平补齐,对外开疆拓土。为此,马钢进行了一系列新的投资。"丁毅接着说。

立足这一新定位,马钢通过建立生产、技术、成本等全方位对标体系,快速推进与中国宝武协同支撑项目。当然,为之支撑的转型升级项目也在紧锣密鼓地进行中。据现场工作人员介绍,绝大部分填平补齐项目都要在年底前完成。

从大的方面来看,马钢的填平补齐项目主要包括南区500万吨特钢+500万吨型材、北区1000万吨板材基地等一些补短板项目。

"北区主要是结构调整,南区是长材产品线项目。"马钢规划与科技部副部长崔银会介绍。

北区结构调整项目主要包括A号、B号高炉大修改造,焦炉大修改造,C号烧结机工程,四钢轧炼钢效能提升技术改造项目等。其中，C 号烧结机工程项目为马钢"十四五"规划北区结构调整项目之一。根据马钢炼铁总厂南北区高炉炉料平衡需求，通过淘汰链箅机回转窑等落后产能，改建为一台 360 平方米烧结机。该项目已获得政府的备案批复。该项目总投资 7.3 亿元，主要建设内容为建设原料处理系统、配料混合系统、烧结冷却系统、成品整粒系统、脱硫脱硝系统、配套公辅系统等，占地面积约为 81200 平方米。目前该项目正按网络计划工期推进，处于土建施工和设备制作安装阶段，预计于 2022 年底建成投运。北区结构调整项目主要包括 A 号、B 号高炉大修改造，焦炉大修改造，C 号烧结机工程，四钢轧炼钢效能提升技术改造项目等。其中，C 号烧结机工程项目为马钢"十四五"规划北区结构调整项目之一。根据马钢炼铁总厂南北区高炉炉料平衡需求，通过淘汰链箅机回转窑等落后产能，改建为一台 360 平方米烧结机。该项目已获得政府的备案批复。该项目总投资 7.3 亿元，主要建设内容为建设原料处理系统、配料混合系统、烧结冷却系统、成品整粒系统、脱硫脱硝系统、配套公辅系统等，占地面积约为 81200 平方米。目前该项目正按网络计划工期推进，处于土建施工和设备制作安装阶段，预计于 2022 年底建成投运。

四钢轧炼钢效能提升技术改造项目也是马钢"十四五"规划北区结构调整项目之一。该项目主要通过对四钢轧炼钢连铸系统效能提升技术改造，充分释放炼钢连铸效能，平衡炼钢—轧钢上下游工序，充分挖掘公司的效益潜能。该项目投资 9800 万元，目前已经建成投运。

"改造后的马钢北区，将按照极致效能模式组织生产，停产一座高炉，但是产量不降反增，效率提升不是一星半点儿。"丁毅说。

南区是领军型优特长材的战略定位。

"南区主要包括长材产品产线规划新特钢项目和型钢连铸项目。"技术改造部副部长朱广宏介绍说。

长材产品产线规划新特钢项目是宝武定位马钢为"优特钢精品基地"的关键重点规划项目，也是马钢抢抓长三角区域加快打造改革开放新高地机遇所采取的重要举措之一。该项目总投资 92.7 亿元，主要建设内容为：建设 2 座 150 吨转炉、1 台 4 机 4 流大圆坯连铸机、1 台 7 机 7 流大方坯连铸机、1 台 8 机 8 流小方坯连铸机；新建 1 条高速线材和大盘卷

复合生产线、1 条合金钢中规格棒材生产线；相关配套设施同步建设。该项目总占地 1028.5 亩，产品方案瞄准轴承钢、齿轮钢、弹簧钢、非调质钢、合金冷镦钢等中高端产品市场。

"这一项目的实施，有助于提升我国产业链供应链安全水平，有助于攻克关键核心材料'卡脖子'难题；有助于推动我国特钢产业高质量发展；有助于实现中国宝武行业引领的目标；有助于促进马钢集团的转型升级，快速实现优特钢规模生产基地的愿景；有助于提高马钢整体竞争力。"朱广宏认为。

南区型钢连铸项目为马钢"十四五"规划南区长材产品产线规划项目之一，主要是新特钢转炉陆续建成投产后，现有大小 H 型钢、中型材及大棒供坯的长材事业部一区的炼钢连铸设施将关停，需解决上述轧钢生产线的坯料来源问题。

"在型钢方面，通过整合和填平补齐，最终成为重、大、中、小无缝衔接的产品系列齐全的马钢。"朱广宏说。

可以预见，一个引领全球钢铁业的优特长材专业化平台公司和优特钢精品基地即将呈现在世人面前。

布局之变：跳出马鞍山发展马钢

加入中国宝武大家庭，马钢的站位、所拥有的发展平台，以及使命与愿景都有了崭新的内涵。马钢以更宽广的视野、更远大的理想和更有效的举措，创造出更多更新的商业模式，从而谱写合作发展新篇章。

"2020 年马钢产量首次突破 2000 万吨大关，力争'十四五'末规模翻一番，产量达到 4000 万吨。"丁毅说，"那么，如何实现 4000 万吨？要靠资本运作和联合重组来不断开疆拓土。马钢要'跳出马钢看马钢，跳出马鞍山发展马钢'。"

国务院印发的《关于推进钢铁产业兼并重组处置僵尸企业的指导意见》指出，到 2025 年，中国钢铁产业 60%—70% 的钢产能要集中在 10 家左右的大钢铁集团中。可见，单体企业再扩大规模很难，只有整合之路行得通。

马钢如何重新布局？

根据中国宝武安徽区域马鞍山总部的定位，马钢积极构建协同化发展格局和加快推进一体化发展进程；同时，加强区域资源优化配置与协同发展能力，努力在更大范围、更广领域配置资源，探索"一总部多基地"管理模式，共建高质量钢铁生态圈。

打破所有制形式的束缚发展马钢,推进国有企业和民营企业多种形式的合作,是马钢优化资源配置,探索"一总部多基地"管理模式的新尝试。

网络钢厂,是马钢实现对普通类相关钢材品种钢厂整合的一种有效形式。

7月5日,马钢举行"基地管理+品牌运营"网络钢厂合作圆桌会,邀请22家品牌运营合作方、潜在合作方、用户和贸易商汇聚一堂,共商合作共谋发展。当天,马钢与5家企业签约。5家企业,如果按一家保守500万吨年产能计算,一年就是2500万吨产能。

6月9日,"马钢晋南生产制造基地"揭牌暨"晋南钢铁H型钢生产线委托管理框架协议"签订仪式举行。

"此举对促进钢铁及相关产业聚集发展,推动区域产业结构升级具有重要作用。"晋南钢铁集团党委书记、董事长郑家平认为,双方将共同打造央企、民企的合作样板。

"销售+管理+技术支持"网络钢厂模式,让晋南钢铁集团900万吨钢材进入马钢品牌序列。

与晋南钢铁网络钢厂模式不同,马钢与安徽长江钢铁股份有限公司(下称长江钢铁)的合作则是实质性重组。

长江钢铁是安徽省重要的建筑用钢材生产基地,主要产品为螺纹钢、高速线材等。2011年4月,其与马钢股份联合重组,马钢实现对长江钢铁的控股,从而将长江钢铁纳入马钢总体发展战略,马钢将其规划建设为精品建材生产基地。

跳出马鞍山发展马钢,同样意味着要走出国门发展马钢。"法国的瓦顿已经成为马钢在欧洲最大的车轮制造基地,与德国、捷克的两家交通材料企业也已经进入实质性合作。"朱广宏介绍,现在瓦顿的车轮母材都来自马钢,通过不断增加交通材料生产商的合作数量,进一步扩大市场份额,有利于全球车轮市场的稳定、有序发展。

钢铁生产能力走向"一带一路",主要是在东南亚地区发展马钢。"目前,马钢正在东南亚寻求建设300万吨/年的优特钢生产基地项目。"丁毅介绍。

跳出马钢、跳出马鞍山,甚至走出国门发展马钢,关键在于如何发展得更好。阿基米德说:"给我一个支点,我就能撬起整个地球。"有效、科学的管理就是这个支点。

目前,马钢集团按照"覆盖管理、延伸管理、自主管理"3种模式,确保组织运行有序、业务流程高效。比如对"投资、科技、财务、人力资源、采购、销售、研发"等专业、业务职能管理,马钢以"延伸管理"模式实施管控,以体系策划职责为主,侧重于管理过程的顶层策划、过程监控、结果评价等要素,而基地以操作执行职责为主,侧重于管理过程的组织实施、结果控制。

对"安全消防、能源环保、生产制造、质量控制、设备运维"等专业、业务职能管理,马钢明确基地"自主管理"管控模式,侧重于统筹协调、监督指导等职责,督促基地守住"底线",不破"红线"。

对生产厂部、分(子)公司的职能管理,已构建"一体化管理体系",马钢以"覆盖管理"模式,实施全过程管理。

"对于品牌运营+基地管理的网络钢厂,主要是质量管控和营销管控。"马钢运营改善部首席师张良城说,质量管控就是输出马钢技术、标准,对网络钢厂进行质量提升、标准提升,确保符合马钢产品的品质要求;营销管控主要是管理网络钢厂的订单系统。

"以H型钢为例,用户需要马钢的重型H型钢、中小型H型钢等一揽子服务,如果都从马钢本部采购,中小型H型钢就会由于运费因素,没有效益或者效益不多。因此,就需要在西南当地寻找合作钢厂,配套马钢的H型钢。这样,用户既用上了品牌产品,又降低了成本,还避免了恶性竞争。"张良城说。

什么产品适合以网络钢厂形式建立合作?

"同质化产品,如线材、螺纹钢、H型钢等。"张良城说。

未来,马钢将形成全球布局合理、品牌卓越的品牌运营+基地管理平台体系。可以预见,这是一个非常宏伟又极具战略意义、历史意义的大事件。

品种之变:打造"专精特新"产品体系

习近平总书记指出,一代人有一代人的长征,一代人有一代人的担当。

中国钢铁经历了从"有没有"到"够不够",再到"好不好"的不同发展阶段,目前,正处于从"太多了"到"更好了"的发展阶段,这是中国钢铁高质量发展的必然要求。反映到产品上,就是实现"从中国产品到中国品牌"的转变。

过去,马钢作为当地省属企业,在60多年的滚动式发展中,形成了"大而全"的产品结构和产业链条,稳固了作为国内头部大钢企的行业地位,创造了中国钢铁行业诸多第一，如我国第一个车轮轮箍厂、第一套高速线材轧机、"中国钢铁第一股"、第一条热轧大 H 型钢和重型 H 型钢生产线。

"加入宝武后，借助宝武管理、技术、人才和品牌等优势，马钢强基础、练内功、提能力，立足新的发展方位，在深化国有企业改革和推动长三角一体化发展中把握机遇、顺势而上，打造发展新优势。"丁毅说。

马钢牢记习近平总书记嘱托，深化改革创新，不断转型突破，瞄准科技前沿和"卡脖子"技术难题，扎实推进自主创新和原始创新，全力打造后劲十足大而强的新马钢。其中，产品不断升级和持续创新是关键一环。

走进马钢展览馆，一系列车轮和型钢占据产品展示的中心。其中一个多环结构的车轮引起了《中国冶金报》记者的注意，据介绍，这是无噪声车轮。

"我们通过对车轮的结构进行重新设计，加入降噪材料，大幅降低了车轮与轨道因震动产生的噪声，为城市轨道交通发展和人民美好生活体验做了一份贡献。"马钢技术中心副主任朱涛介绍。

2022 年 3 月，马钢自主研发制造的两列 120 片时速 350 公里复兴号高铁车轮发往客户。这标志着马钢率先在高铁车轮国产化批量应用上实现"零的突破"。

H 型钢是马钢的传统优势产品，而今更是强势品牌产品、系列最全产品。

在马钢长材事业部重型 H 型钢产线，一根根产品接连下线，成为支撑国内外大型标志性建筑的"钢筋铁骨"。"马钢是目前国内唯一能生产重型 H 型钢的企业，打破了国外产品垄断。"该事业部型钢首席师张文满表示，目前该产品畅销国内外，月产量屡创新高。

"不仅如此，马钢通过为产品附加更多功能，进一步推进产品绿色化。我们的目标是既要实现绿色制造，又要制造绿色。"丁毅表示。

2022 年 7 月 29 日，马钢热轧大 H 型钢环境产品声明在中国钢铁行业 EPD（环境产品声明）平台发布。目前，马钢正持续"改善环境决策、量化环境绩效、满足用户需求、推动绿色消费"，推进马钢其他重点产品的碳足迹评价，通过不断进行技术攻关和系统创新，推进极致能效，实现"绿色制造"和"制造绿色"并举，全面推进马钢碳达峰、碳中和战略实施和目标如期实现。

让强势产品更强、让特钢更特、让产品更绿色并具有更多功能，马钢不仅做到了，而且做成了响亮的品牌。

如今的马钢，已经跨上大国重器、中流砥柱的崭新平台，正在转型升级的全新赛道上，奋勇争先、一路向前。

"不断加大新产品开发力度，围绕'研发一代、应用一代、储备一代'的理念，推进新产品开发工作。根据市场需求，开发高附加值产品；瞄准新行业、新领域、新用户需求，做好产品推广应用，抢占市场高地。"朱涛介绍。

"当前，面对严峻复杂的钢铁市场形势，马钢上下将牢记习近平总书记嘱托，忠诚尽职、奋勇争先，把工作当事业，把挑战当考验，努力把各项工作干成一流、做到极致，力争'十四五'末全面实现'5 个翻番'（钢铁规模、营业收入、利润总额、人均产钢、职工收入）的战略目标，坚定不移打造后劲十足大而强的新马钢，为中国宝武成为世界一流伟大企业做出积极贡献，以优异成绩迎接党的二十大胜利召开。"丁毅强调。

（刘家军）

2022 年 8 月 19 日《中国冶金报》

智慧马钢　从繁星点点到艳阳一片

"推进智慧制造是中国宝武全集团的整体战略，不是点状的。我们提出，要从繁星点点变成艳阳一片，不能闪光点很多，没形成一片光。智慧之光必须照耀到每一个角落、每一个基地、每一个工序、每一个岗位。"正如中国宝武党委书记、董事长陈德荣所期待的，如今的"江南一枝花"正沐浴在智慧之光里。

自 2019 年 9 月 19 日加入中国宝武以来，马钢集团围绕"四个一律"（现场操控室一律集中、操作岗位一律采用机器人、运维监测一律远程、服务环节一律上线）打造智慧制造1.0版，以数字化、网络化、智能化为手段，深入推进智能化改造提质扩面，深挖管理效率、劳动效率等方面的潜力，加快打造以"三跨融合"（跨产业、跨空间、跨界面）为特征的智慧制造2.0版，不断提升核心竞争力，持续打造后劲十足大而强的新马钢。

"'十四五'，我们提出'5个翻番'（钢铁规模、营业收入、利润总额、人均产钢、职工收入）的战略目标。实现这个目标是有支撑的，就是极致高效、智慧制造。"8月3日，中国宝武马钢集团党委书记、董事长丁毅在接受《中国冶金报》记者采访时，这样"定义"智慧制造。

"1+8"——业务、产能"智慧全覆盖"

2021年首个工作日，中国宝武绿色发展与智慧制造现场会如期在马钢举行。绿色、智能，一个崭新的马钢展现在来宾眼前。"那天听到最多的评价就是变化之大超乎想象。"马钢运营改善部资深专员张吾胜笑着向《中国冶金报》记者"透露"，"但其实我们压力很大"。

在2019年12月31日召开的马钢专业化整合融合启动会上，陈德荣向他们布置了承办两年后现场会的任务。据介绍，中国宝武有举办现场会的传统，各子公司通过举办某一专业领域的现场会，互看、互学、互比，共同进步。"现场会好比'赛马'。马钢现场会怎么办？实际上是马钢智慧制造怎么搞的问题。"张吾胜说，马钢作为宝武一级子公司，以成为全球钢铁业优特长材引领者为愿景，实施智能制造既是企业提升运行水平的内在要求，也是愿景落地的抓手。马钢智慧制造以实现极致效率为目标，就是要发挥牵引作用，把企业的竞争力提起来，尤其是国际竞争力，助力马钢实现引领。

在加入宝武之前，马钢的信息化、自动化工作已经开展了二三十年，具备了一定的基础，但也存在着基础设施落后，系统更新迭代不够等问题。"加入宝武之后，我们智慧制造的推进明显提速。特别是2020年8月19日，习近平总书记考察调研马钢后，我们的信心更足了、步伐更快了。"炼铁总厂高炉工艺首席工程师、智慧制造项目部经理高鹏对《中国冶金报》记者说。

马钢智园，是马钢高质量发展的"发动机"，是马钢按照宝武整体规划构建的智慧高效总部。这里形成了"1个智慧中枢（运营管控中心，涵盖制造部、设备部、能环部、安管部、运输部）+8个智控中心（炼铁、炼钢、热轧、冷轧、长材、交材、长江钢铁、合肥公司）"的马钢工业大脑，实现了对现有业务领域和产能的智慧管控全覆盖。

"'8'就是按一厂一中心原则，对厂区内物流、信息流、能源流进行集中管控。在此基础上形成的'1'的作用是把所有智控中心的信息再次集中，实现对公司总体的生产运营调度和决策。"马钢党委工作部副部长金翔告诉《中国冶金报》记者。

走进马钢运营管控中心，宽敞的大厅里，寥寥数人对着一张巨大的屏幕操作着眼前的电脑。屏幕上显示着马钢当前的生产、质量、物流、设备、能环、安保等业务信息。这里实现了从原燃料进厂、生产制造到成品出厂的全流程管控，同时与8个智控中心上下联动，实现了一体化操控和智能化决策。

"全流程一体化管控带来的是'数字说话、数据分析、数据决策、用数据进行管理'的数字经营。"金翔介绍说，一是加强了协同性，提升了整个公司的研发、生产效率。二是实现了数据的可视化，改变了过去靠经验来判断、指挥生产运营的局面，实现了数据决策。三是有利于对产品全生命周期的管控，如果发现问题，马上就可以追溯到具体环节，及时做出调整。

插上智慧的"翅膀"，马钢发展也步入了快车道。2020年，马钢钢产量首次突破2000万吨，营业收入首次突破1000亿元；人均产钢首次突破1000吨；关键指标取得突破，主要技术经济指标进步率达到73.76%、刷新率达到25.83%。2021年，马钢产钢2097万吨，实现营业收入2093亿元，利润总额达113亿元，在产量基本不变的情况下，营业收入实现翻番。

"今年上半年，马钢炼铁总厂的铁水成本指标在宝武内部排第3位，去年是第7位，前年是第6位。"高鹏告诉《中国冶金报》记者，"从整个行业看，我们以前排到中等偏上，而今年上半年基本能进前10名。"

"作为一个企业，我们做任何事情都要带来运行效率和效益的提升。"说起这样的成绩，马钢冷轧总厂电气首席师陈立君深有感触，"马钢在智慧制造推进过程中产生的变化，让公司上下形成一种共识，哪怕短期效果不明显，也要坚定地推动智慧制造建设快速顺利向前"。

"All In One"——从流程再造到组织变革

"今天的马钢，绿色、智能，给大家很大的视觉冲击，随之而来的，企业内部效率的提升，比如流程再造、组织变革，不容易看出来，实际上最大的改变是这些。"丁毅对《中国冶金报》记者说。

在马钢，这样的改变被具象为"All In One"（一体化）。基于宝武工业互联网平台，马钢全面构建的"一厂一中心"智控新模式就属于这一概念，其目的是实现设备接入 In One、全要素数据 In One、功能开发 In One、知识沉淀 In One、主（重）要作业线操控 In One，最终实现智慧工厂的管控"All In One"。

如今，"All In One"在马钢随处可见。

马钢炼铁智控中心是目前业内集控操作距离最远、工序产线最齐全、覆盖产能规模较大的炼铁智控中心。据介绍，马钢铁前已形成了年产超 1500 万吨铁水的炼铁规模，到 2022 年底，随着部分高炉、焦炉、烧结产线大修和新建项目结束，年产能将达到 1600 万吨。届时，炼铁智控中心将实现对主要工艺配置包括原料场（码头、料场、供料、烘干、固废等）、8 座焦炉、1 台带式焙烧机、6 台烧结机、6 座高炉的全流程、远程化、集中化、信息化操控。

炼铁智控中心以流程再造为抓手，在行业内首次建立起铁区一体化流程管控体系，打造了 I-DEEP（深度智能化炼铁，即 Intelligent 智能、Distance 远程、Extent 全流程、Efficiency 效率、Person 人才）智控炼铁新模式。该模式结合工业互联网、5G+、大数据、云计算等先进技术手段，实现 10 公里以上的远距离生产操控，200+智能模型的过程管控，汇聚 60 万+数据点、2000+视频信号，建立了覆盖铁、烧、焦、球、料、能、环的铁前全流程生产系统。

高鹏告诉《中国冶金报》记者，炼铁智控中心具有以下 3 个特点：一是化整为零，集技术集成中心、决策支持中心、生产指挥中心和运行管理中心于一体，打破了组织边界、提升了人事效率，组织架构扁平化、高效化。二是数字化生产，可在系统中直观看到反映高炉内部状态的三维画面，实时掌握高炉生产状况，通过建模、数字仿真等技术，实现智能监控分析。三是人文生产，提升一线职工获得感、幸福感。远距离大规模的集控，使 46 个控制室 346 人撤离现场，实现本质化安全。同时，在智能应用的支撑下，员工每天可缩短低效重复劳动工作时长 2 小时。

"All In One"在马钢冷轧总厂的实践，则催生了全球最大的冷轧智控中心和"一线一岗"的新型生产作业模式。

该总厂选取 17 条典型产线分两期入驻冷轧智控中心，形成冷轧、涂镀、硅钢三大集中操控制造单元，产品覆盖冷轧、镀锌、硅钢、酸洗、彩涂五大品种。两年间，两期项目完成了 51 个操作室跨越 5 地超 10 公里、同处一室的集控建设，实现多线一室操作，全面提升了冷轧生产过程的智能化水平，人均劳动生产率较之前提升了 68%。整个项目集成了"数字钢卷""精细化能源""智慧安全、消防、环保""移动操检""设备远程运维""一键式轧钢""大数据分析"等复合技术，实现了区域化、工序化的无边界协同操作，以及生产现场与智控中心的无缝衔接。这一实践所形成的"基于工业互联网的冷轧'All In One'智控创新应用"成果获批为工信部 2021 年国家级工业互联网平台创新领航应用案例。

"构建冷轧'All In One'智慧工厂，17 条产线操控 In One 是关键。"陈立君告诉《中国冶金报》记者，冷轧总厂由此首创了"一线一岗"作业模式。冷轧大型机组作业一般由分布在全线的 3—4 个操作室的若干作业人员共同完成。"一线一岗"则是整条生产线由一名人员操控完成。

据介绍，马钢冷轧 17 条产线中部分已实现"一线一岗"，目前他们正通过不断提高机组自动化率，加速推进全部产线实现"一线一岗"。在"一线一岗"的带动下，冷轧总厂的基层单位已由原来的 19 个整合为 8 个，作业区由 81 个优化为 42 个，实现纵向到底、横向到边的岗位融合，为接下来打造"黑灯工厂"奠定了坚实基础。

"这种作业模式促进机构变革，追寻流程再造，探求极致效率。"陈立君介绍，"一线一岗"对岗位人员要求很高，比如全面掌握整条生产线所有岗位操作技能，熟悉生产现场从入口到出口所有设备功能、作业环境、操作要领和安全要点等。为此，冷轧总厂同步开展了"一线一岗"理论培训，并通过导师带徒、轮岗实操帮助员工尽快掌握技能。

马钢制造管理部制造体系信息技术首席工程师刘强认为，从"一线一岗"带来的组织变革可以看出，智慧制造打破了地域边界、行政边界、层级边界，岗位边界也在逐步模糊，人的角色和职责已被重新定义。

"从职业角度看，以前，搞 IT 是搞 IT 的、搞工艺是搞工艺的，而钢铁智慧制造则是信息技术与钢铁工艺的深层次结合，因此就需要既懂工艺又懂计算机程序和算法的复合型人才。"张吾胜解释道。目前，马钢除了对外招聘复合型人才，还在岗位上进行重点培养，比如让 IT 人才到岗位学习工艺，让工艺人才学习编程等。另外，宝武内部也经常举行职工技能大赛，其中就有仅面向工艺技术人员的编程大赛。

"工业大脑"——协同发展带来无限想象

"马钢取得的成绩，既有我们自身努力的成分，又有加入宝武以后平台化运作的推动。"丁毅说。

走进马钢长材智控中心，智慧操作岛台错落有致，铁水、精炼、炼钢……一道道工序清晰呈现。放眼望去，"藏"在一隅的智慧运维岛台吸引了《中国冶金报》记者的注意。

"智慧运维岛台能够监测我们设备的状态，由宝武智维公司远程提供设备维护技术支撑。他们有工作组进驻这里。"不等《中国冶金报》记者详问，金翔就介绍起来。

"宝武智维是马钢加入了宝武以后才成立的，整合了马钢原有的检修公司。"金翔告诉《中国冶金报》记者，除了宝武智维，加入宝武重工的马钢重机公司也在为马钢提供智慧制造解决方案。

"在宝武大家庭，我们得到了很多支撑，冷轧智控中心项目就是基于宝信软件 iPlat 平台建设的。"陈立君说，"前期我们着力实现了跨界面、跨产业融合，因为平台相通，数据能够共享，接下来将重点与合肥公司板材开展跨空间融合。"

2022 年 6 月 20 日，宝武发出了万名宝罗（BaoRobot）上岗实施动员令。张吾胜告诉《中国冶金报》记者，马钢正在对"3D"（危险性高、劳动环境差、简单重复劳动）等岗位进行梳理，未来将实现宝罗替代，在降低安全生产风险的同时，大幅提高劳动效率。

宝罗上岗对马钢乃至整个宝武都提出了更高的要求。"人走了现场有问题怎么办？宝罗坏了怎么办？"张吾胜解释道，这一方面要求产线的故障率非常低，另一方面要求远程运维能够支撑解决现场的一切问题。据介绍，顺利的话，预计到 2024 年将有1200 个宝罗在马钢上岗。

在 2019 年的马钢专业化整合融合启动会上，陈德荣这样谈宝武的融合发展："尽管每一个钢铁基地都处在不同的历史方位，但是他们拥有一个共同的未来，这就是'成为全球钢铁及先进材料业引领者'的亿吨宝武，这是我们共同的事业。"协同发展、共建

共享，就是对"共同事业"最好的诠释。

2021 年 11 月 1 日，中国宝武工业大脑战略计划正式启动。据介绍，工业大脑是产业智能化的形象描述，是中国宝武"三跨融合"的组成部分。该计划分为智能制造产线、智能化全流程、智能设备运维、智能软硬件技术等四大攻关领域，14 个重点攻关项目共同推进，各"一基五元"公司分头攻关实施。马钢承接了其中的"钢铁工业大脑——宝武智能炼钢项目"。该项目以现有装备水平、现行工艺理论、现实管理思想为基础，创新突破炼钢前沿关键技术，将提升炼钢工序模型群自感知、自决策、自执行能力，数据、信息驱动的工序界面联通能力，以及平台化数据挖掘运用能力，构建智能炼钢工业大脑。

2022 年 6 月 18 日，马钢四钢轧总厂成功利用智能 RH 技术同时操控 2 座 RH 炉，完成了硅钢与汽车板的生产。这意味着，马钢不仅实现了 RH 炉全钢种"智能精炼"这一历史性突破，而且实现了一名主操同时操控两座 RH 炉。

据了解，这套智能 RH 控制系统已经具备脱碳模型、温度控制模型、合金最小成本模型、增氮模型、脱硫模型、低碳钢模式智能选择模型等全套功能模型，适用汽车板、无取向硅钢、取向硅钢、管线钢、工业纯铁等高端品种，钢种覆盖率达到 100%，截至目前投用率达到 99% 以上。

"工业大脑"项目最终会给我们带来什么？在马钢人看来，这将是足以改变整个行业的成果，当下留给钢铁人太多的想象。

"我们做很多事情往往基于经验。但是未来我们肯定会走到一个依靠系统、依靠 AI（人工智能）、依靠算法解决问题的阶段。毕竟人是会犯错的。机器不一样，一旦调整到位，它就会有非常稳定的产出。即便是系统出现错误，我们也可以通过复盘调整优化，实现正向迭代。"刘强告诉《中国冶金报》记者，"我们整个行业的智慧制造最终都会走到这个阶段，基于科学的方法、数学的方法以及人类经验，实现知识、技能的不断迭代。"

高鹏也有同感。"炼铁是一件非常辛苦的工作。大家常说高炉是'黑匣子'，有事全靠老师傅'把脉'。但我觉得快乐炼铁是可以实现的。"高鹏解释说，"智慧高炉会发展到什么程度？到最后一定是计算机通过数据自学习发出控制指令，把人给解放出来，让人能够充分挖掘自己的智慧潜力，不断推动企业创新，自己实现有钱、有闲、有趣的'三有'生活。"

……

谈话间，仰望智造"苍穹"的马钢人不忘脚踏实地。

"现在宝武内部每个季度都要评智慧制造指数，就是看'四个一律''三跨融合'做得怎么样，各个基地都在力争上游。虽然我们目前排第二，但其他基地进步都特别快，真是前有标兵，后有追兵，一点不能松懈。"陈立君感慨道，"'昨天'的智慧制造1.0、'今天'的2.0、'明天'的3.0、4.0，智慧制造这条路真的是任重道远，我们还是要不断学习、不断追赶、不断向前。"

（米　飒）

2022年9月7日《中国冶金报》

创新马钢　从生产基地到科技先锋

2020年8月19日上午，正在安徽考察调研的习近平总书记走进中国宝武马钢集团优质合金棒材车间，冒着高温察看生产运行情况，并同劳动模范、工人代表亲切交流。习近平总书记说："新冠肺炎疫情肆虐的这一段时间，社会经济都受到了影响，但是马钢比较早的复工复产，实现了产量和营销收入的同比双升，这也能看出我们的国有企业强大的韧性。你们创造了很多辉煌，现在把握自己的优势，顺应当前企业现代化发展的潮流，在现代企业改革发展中，特别是在长三角一体化发展中，把握机遇、顺势而上，为长三角一体化发展做出自己的贡献。"

"长三角一体化是国家战略，马钢加入中国宝武实际上是落实国家战略的一个切入点，而长三角一体化的关键在于'一体化、高质量'6个字。"2022年8月3日，马钢集团党委书记、董事长丁毅对《中国冶金报》记者说。

2022年4月，马钢生产的120件时速350公里复兴号用高铁车轮完成发货，马钢成为国内首批进入高铁轮轴扩大装车运用阶段的轮轴生产企业，这是马钢技术创新的里程碑式事件。回首马钢过去几十年技术创新积累，放眼马钢技术创新体系的成长，与中国宝武重组之后的创新成果突破，马钢用"厚积薄发"诠释了其创新历程。

厚积薄发　马钢创新战略定位大转变

"加入中国宝武以后，马钢的战略定位发生了重大变化。根据中国宝武的战略定位，马钢要成为全球钢铁业优特长材引领者，我们正在按照这个目标推进。"丁毅说。

据了解，马钢加入中国宝武之后，以宝武"一基五元"战略为牵引，聚焦"中国宝武优特长材专业化平台公司和优特钢精品基地"新定位，聚力建设"后劲十足大而强的新马钢"，实施中国宝武"三高两化"（高科技、高市场占有率、高效率和生态化、国际化）的创新路径，加快新技术、新材料、新产品研发与应用。

"中国宝武集团党委书记、董事长陈德荣提出，要面向市场、面向用户、面向未来，这也是我们马钢技术创新的核心指导思想。为此，我们的主要工作目标是聚焦精品制造，提高新产品盈利能力。"马钢技术中心副主任朱涛说。

对于长三角一体化的"重大机遇"，马钢人理解得很透彻。马钢规划与科技部副部长崔银会说："马钢板材、长材、特钢的主要用户集中在长三角，产业链下游集中在江浙沪，具有巨大的成本优势和区位优势。而且，长三角的高端制造业用户对钢厂的要求特点是规格多、批次多、用量小、品种全，对这些要求，马钢全品种规格的产品特点具有天然的适配优势。"

在新的创新战略下，马钢抓住机遇，重点推进以下创新。

首先，产品持续升级，巩固传统技术优势。H型钢、车轮是马钢传统优势产品。近年来，马钢持续组织这几类品种的技术创新。

在H型钢方面，马钢攻克了厚壁重型热轧H型钢细晶高强韧化、抗层状撕裂、轧后QST控冷工艺等多项关键技术，开发了高低温韧性热轧H型钢、高寒地区油气结构用型钢、抗层状撕裂重型热轧H型钢等新产品，牵头制定了12项国家、行业标准，确立了马钢H型钢产品的国际品牌地位。

"2020年，马钢建成国内首条年产80万吨重型H型钢生产线，填补国内空白；自主开发超厚、超大规格等独有品种40个，实现3个重型热轧H型钢产品的国内首发。"朱涛介绍。马钢超大规格高强钢也首次在海外港口工程竞标中击败世界顶尖企业、超厚超宽Z向性能抗震钢首次实现在大型公共建筑核心构件里的批量应用、大规格耐低温钢首次实现在高速公路高架主梁中的批量应用。

另外，马钢实现了高速车轮、大功率机车车轮等高端产品的自主化。马钢复兴号动车组D2高速车轮在实现国内首发并获得国内首张高铁车轮CRCC（中铁检验认证中心）证书之后，又获得了世界制造业大会创新产品类金奖；2022年实现了于部分高铁全车列装。马钢人自豪地宣称："中国高铁穿上了马钢的跑鞋。"

此外，马钢还开发了全球最大轴重（45吨）重载车轮、全球最大牵引功率（28800千瓦）机车车轮，中国标准地铁列车用车轮实现全球首发；马钢重载车轮在重载铁路发达的澳大利亚的市场占有率超过60%，马钢机车车轮在全球知名机车制造商的占有率也超过70%，开发出具有自主知识产权的多项关键冶金技术及系列高速重载列车用车轴钢产品，打破了国外垄断，达到国际领先水平。高速车轴通过法国法铁认证，出口欧洲等。

针对板材等重点用户如汽车厂商，马钢推行EVI（供应商前期介入）技术服务。从2020年起，马钢累计实施EVI项目55项，新增销售量达38万吨，创销售利润1.8亿元。

其次，加速创新，拓展特钢市场空间。

马钢特钢板块原本服务于车轮深加工，由于炼钢产能的富裕，马钢开始对特钢市场进行尝试性开发。加入中国宝武以来，马钢全面进军齿轮钢、轴承钢、风电能源用钢市场，在特钢领域实施全品种开发。依托强大的技术实力，马钢攻克了连铸大圆坯心部质量控制、超高纯净度控制等一系列关键技术，开发的超超临界高压锅炉管用钢达到国际先进技术水平，迅速推开市场。在此基础上，马钢计划完成南区500万吨年产能的特钢业务布局。

"我们今年已经开发了近80家特钢用户，明年计划开发新客户100家。"丁毅介绍。

据介绍，两年来，马钢组织实施各类科研项目409项，其中承担政府重大科技项目14项，开展基础研究和应用项目68项；获授权专利505件，其中发明专利187件、PCT（专利合作协定）国际专利4件；制定、修订国家及行业标准23项；获国家、省部级科技进步奖19项。2020年以来，马钢累计开发

新产品216万吨，其中2021年实现新产品开发139.6万吨，创历史新高。

勤于磨砺　创新利器历久弥坚

从2000年到2021年，马钢拓展了诸多产品领域，如特钢、硅钢、冷轧板、汽车板等从无到有，型钢、车轮、高强钢筋等从有到强；年产能从400万吨增长到2000多万吨，产品从以长型材、车轮为主，逐渐调整为板带、长材、特钢、轮轴四大系列产品。20多年间，马钢技术创新工作强势助力开发新产品2000余个品种，新产品在研期间销售量达1798万吨，近200项新产品项目得到安徽省、马鞍山市以及行业认定。

多年来，马钢技术创新的核心部门一直是马钢技术中心。由于马钢产品长期以来的全品种规格特点，马钢技术中心几乎拥有所有流程技术和产品品种的专业人才，科研团队多达300余人，其规模在业内各大钢铁企业中排到了前5位。早在2001年，马钢技术中心就已经是国家级企业技术中心，处于冶金行业前列，高于产能排名；车轮、型钢领域技术均为国内引领，板材、线材、特钢均处于国内第一梯队。

2020年6月，马钢技术中心融入宝武中央研究院，确立了"成为全球钢铁业优特长材引领者"的目标。近年来，为支撑新产品开发和技术创新工作的推进，在中国宝武的支持下，马钢不断加大创新投入，完善科研开发和设计手段，持续开展技术中心实验能力建设，马钢技术创新进入加速期。

"2020年，马钢研发投入率达2.22%，2021年达3.99%，为国内同行业领先水平，2017年这一指标为1%。2020年，马钢研发人员占比达10.98%，2021年则提高到11.52%。"中国宝武工程科学家、马钢技术中心党委书记、主任张建告诉《中国冶金报》记者。为提升马钢轮轴系统创新能力，改善轮轴产品研发条件，马钢投资5590万元进行轮轴创新能力平台建设，新建的轮轴创新平台包括设计与数值计算研究室、中试研究室、工艺材料研究室、检测研究室、应用技术与评价研究室、声学研究室。

为了提高高端电工钢、新能源汽车驱动电机用硅钢、汽车板以及精品线棒材产品研发能力，马钢先后购置了高低温高频磁测仪、电机性能测试仪、高磁感取向硅钢（HiB）脱碳和高温退火炉、硅钢专用剪板机、场发射扫描电镜、能谱仪（EDS）、EBSD（背散射电子衍射技术）、100千牛蠕变试验机、电感耦合等离子体质谱仪、红外碳硫仪、1200千牛材料试验机等实验设备。通过不断建设与完善，马钢技术中

心已形成了集检验、仿真、焊接、腐蚀、产品开发以及中试实验为一体的各类实验平台19个,包含了烧结杯实验室、球团实验室、冶金性能实验室、数值模拟实验室、精炼物理模拟实验室、综合利用工艺实验室、腐蚀实验室、涂装模拟实验室、热处理工艺实验室等30余个实验室。

马钢技术创新注重实效。无论是2004年启动硅钢开发,还是2009年启动特钢开发,再到近两年的车轮和H型钢的品种升级,马钢都是基于自身的能力基础,锚定市场需求后果断出手。马钢也因此获得丰厚回报,2021年新产品销售占比达9.02%,同比增长43%;销售毛利总额约12.2亿元,同比增长102%。同时,传统产品的附加值大幅提高。2021年,马钢集团实现营业收入2093亿元,利润总额为113亿元,实现营收千亿元、利润破百亿元的历史突破。

机制创新　三层体系锻造核心队伍

丁毅一直强调:"马钢要坚定不移实施创新驱动发展战略。"

如果说马钢技术中心是一支特种部队,这支部队发挥作用离不开其背后的主力部队、协同保障部队和指挥员的组织指挥能力。马钢强大的创新体系,一直是"一把手"工程。而马钢三层技术创新工作网络,是马钢技术创新的核心动力。

2001年,以技术中心为核心,马钢成立了技术管理推进委员会,建立了"技术创新决策层、科研机构核心层、制造单元工作层"的三层技术创新工作网络,以及"政、产、学、研、用"开放协同的技术创新体系。

技术创新决策层由最高管理者(公司领导)、技术管理推进委员会组成,负责对公司中长期科技发展规划、技术创新规划和重大科研项目的立项开展专项技术研讨、论证,对各专业领域前沿技术跟踪、前瞻性和共性技术研究、应用技术研究和现场转化,负责各专业领域技术对标、技术进步和制造能力提升等工作。

科研机构核心层主要由规划与科技部、技术中心、制造管理部、营销中心等组成,负责马钢科技创新工作的具体实施。其中,技术中心承担了公司重大、前沿、基础性项目和新产品、新技术、新工艺、新材料的研究与开发,科研成果的应用与转化支撑,生产过程技术难题(品种、质量、成本、工艺等)攻关与解决,重大技术的合作研究和用户使用技术研究,支撑公司重大工程开展自主集成技术创新研究及冶金产品的检验技术研究任务。

制造单元工作层主要由炼铁总厂、炼焦总厂、长材事业部、特钢公司、冷轧总厂、四钢轧总厂等组成,主要负责现场技术攻关、科技创新成果转化落地,并与科研机构核心层共同完成各项科研工作。

在这种框架之下,马钢形成了分工明确的技术创新联合发展协同机制,即以公司领导为决策中心,确定马钢的战略产品技术定位和发展方向;以技术中心为主体进行基础研究和产品研发;各总厂进行应用和转化,推动岗位创新创效。

在此基础上,马钢植入了赛马机制。"我们要拉高标杆,奋勇争先,精益运营,争创一流,不仅要跟过去比,而且还要在安徽省内比,要在宝武集团内横向比,并以此推动绩效提升。"丁毅说。

与中国宝武重组后,马钢融入宝武技术创新体系,借助宝武在板带材的共性成熟技术,巩固了原有的板材、长材生产技术,更多地参与到行业前沿技术的更新研发、宝武集团内兄弟单位的协同创新、宝武内部成熟技术成果的推广应用,推进了宝武集团内部的技术交流、对标挖潜,以及行业内的技术交流和技术贸易,大大提升了技术创新的平台高度和创新效率。

值得一提的是,在这一创新体系中,马钢设置了一个特殊的岗位——首席工程师。全公司有50名左右的首席工程师,他们既不属于技术中心,又不属于生产厂,而是由该公司领导和人力资源部直接管辖,主要负责技术中心和应用单位的衔接,负责新技术落地的过程设计和应用问题解决,大大提升了新技术落地的效率。此外,通过这些首席工程师对接的各总厂的1000多名技术人员。在这种技术体制下,马钢把分散在技术中心、各分厂的技术人员,组织成为一个拥有1800多人的研发转化应用生产一体化的核心队伍。在这个团队的通力合作之下,马钢技术创新研发和生产落地应用实现了效率最大化。

更值得称道的是,在这1800多人中,技术研发、技术管理、各厂技术人员分工合作,职责明确,而且都有明确的上升通道,确保了整个科研团队的高效运作。

近几年,马钢加大科技创新投入和人才激励力度,通过公司和技术中心的"揭榜挂帅""五小"(小发明、小创造、小革新、小设计、小建议)等攻坚机制,通过"企业科学家、首席工程师、科研工匠"等技术带头人层级建设，通过"团队长竞聘"等多措并举，实施实战化选拔、成熟人才靶向引进，体系化推进人才队伍建设和人才培养，构建起关键核心领域技术团队，使科技创新加快推进。

延伸发展　打造"政产学研用"创新平台

马钢建立以市场为导向、以企业为主体、"政产学研用"开放、协同、高效的技术创新体系。

马钢积极承担政府科技项目，尤其是实施"十四五"重点研发技术专项，推进共性技术研究。截至目前，马钢已建成各类省部级科技创新平台10个，其中包括轨道交通关键零部件先进制造技术国地联合工程研究中心、工业（车轮、H型钢）产品质量控制和技术评价实验室2个国家级创新平台，轨道交通关键零部件安徽省技术创新中心等5个省级创新平台，高性能建筑用钢产业技术创新战略联盟等3个技术创新战略联盟。2021年，马钢轨道交通关键零部件安徽省技术创新中心、轨道交通关键零部件先进制造技术国家地方联合工程研究中心分别获国家发展改革委、安徽省批准建设。

在产学研合作方面，马钢以项目为牵引，与高校和科研院所建立了开放型、高层次、多元化的产学研联合体，形成联合开发、委托开发、共建联合实验基地、人才培训等模式。

马钢与北京科技大学、燕山大学、钢铁研究总院、东北大学、安徽工业大学等单位合作，在热轧超高强复相钢的组织性能、低碳炼铁工艺、高强韧厚重热轧H型钢组织控制、超高强韧弹簧钢等领域，高磁感硅钢研发、高强度耐酸性腐蚀钢板开发、重型热轧H型钢控冷工艺、高成型性1000兆帕超高强钢开发等领域，以及贝氏体车轮钢研究方面开展合作，突破了车轮、汽车板、家电板、硅钢、型钢产品等一系列技术。

在此基础上，马钢强化技术创新供应链思维，与高校、科研院所合作推行"基地+原创技术"模式。高校教师的科研成果可为攻关项目提供理论支撑，企业的先进技术装备和行业经验可为科研项目提供验证平台，降低技术难题的验证难度，缩短研发和成果商品化周期。

近3年，马钢和高校、科研院所共签订技术合同101项，成交额达4800万元，同时从各大高校引进人才10人，共同培养博士3人。此外，马钢对板带、长材、特钢、轮轴四大类产品进行专利导航，根据各类产品在世界各国的知识产权特点和发展趋势，在轨道交通、高性能建筑钢材、汽车板、电工钢和环保型焦炉技术等技术领域展开专利布局，构建若干专利池，并优先在轮轴和H型钢领域申请海外专利，加强海外布局，提升国际竞争力。截至2021年底，马钢累计申请专利3947件，其中发明专利2283件；累计获得授权专利2509件，其中发明专利919件；累计获得中国专利奖、安徽省专利奖11项。

2020年以来，借助中国宝武的技术优势，马钢进一步调整战术，充分利用宝武和马钢原有的板带、长材的成熟技术，把技术创新的主要精力转向优势产品如H型钢、车轮车轴新品种的研发，向新能源领域进军，集中研发力量主攻新材料、新技术、新工艺，打造优特钢和优特长材新优势，为取得新的市场胜利打下基础。

面向未来，马钢设定了新的目标——科技综合实力稳居全国同行业前列：优特钢技术创新能力国内先进、全球引领，综合竞争力进入国内前列；轮轴技术创新能力全球第一；H型钢技术创新和综合竞争力保持国内第一、全球一流；板带产品向中高端升级发展，综合竞争力进入国内第一梯队。这些，将支撑马钢成为全球钢铁业优特长材引领者。

（吕　兵）

2022年9月16日《中国冶金报》

党建马钢　从强根铸魂到引领发展

从2020年8月19日习近平总书记到中国宝武马钢集团（简称马钢）考察调研至今，两年来，马钢在转型升级、智慧制造、科技创新等诸多方面都实现了大踏步的发展。"这一切都离不开党建工作的引领。"2022年8月3日，马钢集团党委书记、董事长丁毅在接受《中国冶金报》记者采访时表示。

"要深入学习领会习近平总书记考察调研马钢集团重要讲话精神，深刻认识新时代国有企业和钢铁行业的使命担当。"中国宝武集团党委书记、董事长陈德荣曾在学习时指出,中国宝武要不折不扣落实习近平总书记的谆谆教导和使命要求,主动融入长三角一体化发展,加快建设高质量钢铁生态圈。

在中国宝武党委的领导下,作为素有"江南一枝花"美誉的国有钢铁企业的马钢,党建工作将如何实践和创新,从强根铸魂到引领企业高质量发展?《中国冶金报》记者从一些侧面带来了观察。

紧跟核心　创新打造马钢特色

2018 年 4 月 23 日,为贯彻落实国家推进供给侧结构性改革、坚定不移化解过剩产能的要求,推动马钢实现高质量发展,安全运行 60 年的马钢 9 号高炉被永久关停,并作为爱国主义教育基地和工业遗址进行保存。一个甲子的转变,毛主席曾亲临视察的功勋高炉变身红色教育资源,这是马钢不忘初心、牢记使命的传承。

目前,马钢集团公司党委下属基层党委 23 个,直属总支 2 个,基层党(总)支部共 227 个,拥有 8000 多名党员。习近平总书记考察调研马钢集团两年来,马钢集团党委在中国宝武党委领导下,主动拉高标杆,站在新的起点思考和谋划党建工作,各单位始终坚持常态化学习习近平总书记系列重要讲话和指示批示精神,深入学习贯彻习近平总书记考察调研马钢集团重要讲话精神,常学深思践悟,学懂弄通做实,并在机制创新、形式创新、活动创新等方面努力打造马钢特色。

"9 号高炉变身红色教育资源正是我们开展'三个课堂'的生动体现。"马钢集团党委工作部相关同志向《中国冶金报》记者介绍,2021 年,马钢结合党史学习教育,在深入学习习近平总书记系列重要讲话精神方面开展了"三个课堂"的特色活动。

一是开办理论课堂。马钢把党史学习教育和业务培训相结合,针对党委领导干部开展重点专题培训,2021 年共举办专题培训班 17 次、基层专业培训班 600 多次。

二是依托马钢各类教育阵地举办群众课堂。一方面,通过马钢网上教学平台组织学习,2021 年共开发 49 门课程,学习人次超过 37000 次;另一方面,开展党史微宣传视频征集活动,鼓励各单位结合自己的实际制作微视频,通过讲故事的方式推动党史学习教育。同时,马钢围绕着新时代"江南一枝花"精神的新内涵,开展了一系列文化实践活动,推动宝武精神和价值观同马钢的"江南一枝花"优良传统相结合,起到以文化育人的效果。

三是依托红色资源开办初心课堂。习近平总书记考察调研的马钢展厅(特钢)被评为中国宝武首批爱国主义教育基地,已被打造成红色教育基地;而 9 号高炉也正作为工业遗址进行开发保护,将成为新的爱国主义教育基地。另外,2021 年,马钢还组织 21 名党委书记、6000 余名基层职工到红色教育基地进行了现场教学。在学习中,马钢重点发挥基层党委创造力和战斗力,努力挖掘基层党建工作创新案例并向全公司推广,推动党建与生产经营深度融合。

马钢长材事业部历史悠久。近年来,随着改革的推进,长材事业部历经多次调整,形成了现有 20 个党支部,分散在多个产线和点位,基层党支部书记也大多随之调整,很多新任党支部书记缺乏党建工作的实际经验,怎么办?长材事业部原党委副书记赵广化向《中国冶金报》记者娓娓道来。

"那是 2021 年 1 月,长材事业部党委研究决定,成立事业部党建发展指导组,成员由事业部党委在经验丰富的党务工作人员或退居二线的党支部书记中遴选,隶属事业部党群工作部管理,代表事业部党委对基层党支部党建工作进行督查指导。我们选定了 3 名同志组成党建发展指导组,要求他们动态参加各支部的'三会一课',对各支部党建工作进行监督,及时纠偏。"赵广化高兴地说,"一年多来,党建发展指导组的设立有效提升了基层党支部书记的工作水平,在推动上级党委各项部署要求在基层落实落地方面取得了实效。"

此外,长材事业部还推行了党员作业长担任党小组组长的制度,形成党小组组长、作业长"两长"合一,"两组"同管的工作格局。"作业长是一条产线的负责人,把产线的负责人和党建的负责人'糅'在一起,有助于推动党委各项部署的落实,也能提高工作效率。"赵广化介绍,2021 年 2 月,长材事业部依据产线班次的特点和党员分布变化的实际,将党小组由之前的 95 个优化为 79 个,其中 67 名党小组长由作业长担任,从管理方式、工作机制上解决了"两张皮"的问题。"制度实行以后,作业长的干劲更足了,党建工作水平也上去了,工作也更具针对性、更有实效性,党建和生产经营工作的效率都得到了很大提升。"赵广化表示。

围绕中心　联创联建必求实效

马钢南区,新特钢项目正在如火如荼地建设。

两年前,习近平总书记考察调研马钢特钢公司时,对马钢的发展提出了殷切希冀。2021 年 11 月,响应习近平总书记号召的新特钢项目开工建设,面对疫情等各种风险挑战,项目建设实现了安全、环保、质量、投资可控,这都离不开联创联建机制。

在马钢 2022 年第二季度党建工作例会上,丁毅指出,要围绕中心,围绕党组织联创联建、党员互学互促两个维度,努力探索构建具有马钢特色的基层党组织"双 543"联创联建新模式,在组织维度上,注重"五联四有三做到"(五联,即组织联建、资源联享、活动联办、阵地联动、难题联解;四有,即有目标、有清单、有机制、有效果;三做,即做到紧跟核心、围绕中心、凝聚人心),体现组织力;在党员维度上,注重"五保四促三突出"(五保,即保安全、保生产、保设备、保士气、保奉献;四促,即促指标提升、促难题解决、促精益改善、促造物育人;三突出,即突出责任担当、突出无私奉献、突出联系群众),体现战斗力。目前,马钢集团正在开展 6 项公司级、80 余项基层单位级联创联建活动,推动基层党建与中心工作"双融双促"。

"马钢这种联创联建的模式与以往有很大不同。"马钢集团党委工作部相关同志表示。一方面是小切口,每一对联创联建的单位都要签订包含项目的协议书,而这些项目都以生产经营上的重点、难点问题作为切入口,并且每一个项目都有具体的指标。"这个指标和我们以往的指标也不一样,我们现在提出的指标是要力争达到宝武系前三名。"另一方面是制度建设。联创联建协议实行一年一签的制度,并对项目进行管理。"比如某个项目原定 12 个月完成,联创联建单位用 10 个月的时间就完成了,便可以立即滚动到下一个项目,这样就形成一个良性循环的鼓励机制。"

对于联创联建的作用,马钢特钢公司有话要说。"新特钢项目是公司近年来最大的项目之一,项目建设进场人员多,包括安全、环保、廉政等各方面风险都比较大。"特钢公司党委副书记、工会主席汤怡啸向《中国冶金报》记者介绍,面对项目工期紧等问题,特钢公司以新特钢临时党支部等"党建+"为载体,与中国十七冶等施工单位党支部开展了"4+1+N"联创联建工作。

"4"即新特钢项目将要建立的 4 个分厂,在建设过程中同时建立党支部,"1"即新特钢临时党支部,"N"即所有参与建设的单位。"我们与参建单位全部签署了联创联建协议,在协议中把安全、质量等具体的目标、责任明晰化。"汤怡啸说,"我们在项目现场设立了宣传板,把协议双方党员的名字列上去,包括支部书记的联系方式,让大家形成'这个区域我负责'的理念。一旦出现各种风险,现场人员可以直接联系两边的支部书记或党员,及时报告并解决问题。借助联创联建,我们把属于不同管理体系的多个公司的职工结合到一起,这就拓宽了管理范围,有效防范了各类风险。"

马钢新特钢项目启动建设以来,面对新冠疫情考验,项目建设施工参建人员共 1200 余人,未出现 1 个病例。"尤其是面对疫情,联创联建机制发挥了很大的作用。"汤怡啸表示,"我们借助联创联建成立了党员志愿者队伍,在对工地进行封闭管理的同时,发挥党员志愿者的管理作用,严格进场管理,实行'一人一档案',并协调核酸检测机构进场检测,便利职工。另外,党支部班子成员轮流在建设工地蹲点,现场督战,确保了项目建设不受疫情影响,保证了施工进度。"

此外,特钢公司还积极开展了内部联创联建。"最典型的例子就是我们与公司审计部门的联创联建。"汤怡啸介绍,新特钢项目建设过程中,特钢公司与马钢审计部门签订了联创联建协议,借助党建工作的互动,让审计部门更早地介入工程建设,有效防范化解了工程建设中廉洁等方面的各类风险。

马钢品牌车轮产品是特钢公司的"拳头"产品,作为高铁列车的"跑鞋",质量问题容不得半点马虎。为此,特钢公司与马钢交材等上下游工序单位签订协议,就质量、降本等设立目标,发动各分厂的党员与技术人员一同解决问题。"以前上下游各单位可能是各自为政,做好自己本职工作即可。现在,大家进行了联创联建,目标是一致的,劲往一处使,确保了产品质量,也贯彻了马钢提出的'质量一贯制'的理念。"汤怡啸表示。

"我们的联创联建模式还延伸到乡村振兴的范畴,即公司内部的党组织和扶贫对象党组织也进行这类联创联建,更好地推动乡村振兴措施的落地。"马钢集团党委工作部相关同志表示,下一步,马钢还将把这种模式推广到旗下的"网络钢厂",通过国有企业和民营企业党组织的联创联建来构建和完善多机制管控模式,推动党建一贯到底。

凝聚人心　汇聚干事创业合力

走进马钢特钢公司优质合金棒材生产线,一个

"上有老,下有小,出了事故不得了"的灯箱标语引人注目。两年前,习近平总书记在考察调研马钢时特意停下脚步,询问了标语的来源。原来,这是特钢公司对各党支部征集的职工百条安全警句进行了梳理筛选,在生产线显著位置用灯箱的形式广而告之。这是特钢公司党委安全文化宣传的一部分,也是马钢集团党委通过党建工作凝聚人心的一个缩影。

"要凝聚人心,强引领汇合力。"丁毅在马钢2022年第二季度党建工作例会上指出,各级党员领导干部要持之以恒改进作风,巩固深化"我为群众办实事"实践活动,宣传部门要主动发声,营造正能量充盈、精气神充足、人人奋勇争先、处处精益高效的良好氛围。

2021年,结合"我为群众办实事"活动,马钢开展了职工"三最"(最关心、最直接、最现实)实事项目征集工作。"我们以此为抓手,在集团党委层面分两批推出了15件大事,基层单位层面分3批推出了446项实事,在《马钢日报》等平台公示,接受群众监督,办实事项目的扎实开展,得到了广大职工的认可。"马钢集团党委工作部相关同志表示。

马钢长材事业部是一个人数众多的基层单位,职工诉求相应也较多。"公司提出的'四室两堂一所',也就是操作室、休息室、更衣室、盥洗室、公共食堂、公共澡堂、公共厕所,也是长材事业部职工诉求较为集中的地方。"赵广化介绍,长材事业部党委积极开展"我为群众办实事"实践活动,多次开展职工座谈会,征集意见和建议。"一年来,我们围绕改善职工工作环境,实施完成了钢区炉台环境整治;围绕提升本质化安全,实施完成了巡检通道优化;围绕改善饮水品质,配套完成了饮用水管道改造;围绕职工所盼,修缮了92间职工'四室',改造12处公厕,翻新北区、线棒职工食堂,升级棒材、型钢浴室……目前,'四室两堂一所'环境得到大幅度改善,职工的幸福感也大幅提升。"赵广化表示。

说到凝聚人心,赵广化回忆起了一年前的一次机构整合。马钢加入中国宝武后,以深度融入为契机,在股份公司开展了一系列改革,于2020年11月开启的基层管理变革就是其中的重要一步。2021年初,马钢长材事业部与一钢轧总厂机构整合(后整合为新的马钢长材事业部)拉开帷幕,同时天车工、磨辊间员工、非在岗人员的划转作为另一项重要工作也正式启动。面对机构调整和人员岗位变动,部分职工出现情绪变化和心理波动。如何快速平稳完成整合融合,尽快发挥合力效应?

"各党支部积极开展职工思想状况调研、风险隐患排查,广泛征求职工代表意见,及时反映职工合理诉求。"赵广化讲述,事业部党委领导和各党支部党员骨干以维护和保障职工切身利益为出发点,对存在转岗思想疑虑的少数职工开展了一对一、多对一、多场次、多层面的谈心谈话,积极疏导劝导,缓释职工情绪。

张敏,原成品分厂党员,是首批调动的天车工,他结合自己的安置及收入情况,主动向分厂职工现身说法,帮助职工消除顾虑,积极投身全新岗位;中型材分厂党支部书记,"追"到公司人力资源共享中心,对4名职工动之以情、晓之以理,帮他们渡过思想难关,4人欣然签署了同意书;线棒材分厂党支部书记、支部委员在相关岗位人员转岗截止日的前一天,与2名涉及转岗的职工及其家属交谈至深夜,终于做通其思想工作……

在长材事业部党委的努力下,整个改革过程平稳有序,未产生舆情事件,也确保了232名天车工、20名天车点检员、188名磨辊间员工、114名非在岗人员的平稳有序划转、移交,保障了职工利益。"这次整合让很多职工真切体会到了党组织在凝聚人心方面的作用,也让我们更有信心推进今后的党建工作。"赵广化表示。

马钢特钢公司展厅外,一批特殊的游客即将进入参观,这是埃斯科特钢党支部组织的职工子女参观活动。"特钢公司有一个说法叫职工来自马钢的'五湖四海',因为特钢公司的职工大多是从马钢其他公司或单位调任过来的。这种情况下,我们讲'造物育人',党建与文化相结合,用文化浸润人心就显得尤为重要。"汤怡啸说。

近水楼台先得月。近年来,特钢公司充分利用优棒产线、特钢展厅等自有的红色资源,组织职工、家属、市民等到这些教育基地参观学习,2021年,共有2000余人次到特钢公司的红色教育基地参观。"这些参观让大家能了解钢铁生产的过程,感知劳动创造的价值,也让公司的人文关怀向家庭、社会延伸。"汤怡啸表示,"公司党委还通过展板、报道等多种方式,积极宣传公司的道德模范、'安徽好人'等,形成示范效应。通过这些文化建设,职工的自豪感和凝聚力都显著增强了,人心也就更齐了,干事创业的动力也就更足了。"

紧跟核心,围绕中心,凝聚人心,这一个个案例正是马钢在中国宝武党委领导下开展高质量党建工作的生动实践。

从强根铸魂到引领发展,如今的马钢正着力推进"党建创一流"创新实践,努力在中国宝武集团内形成具有马钢特色的党建品牌,以高质量党建引领保障高质量发展,向后劲十足大而强的新马钢阔步前进,以优异成绩迎接党的二十大胜利召开。

（刘经纬）

2022 年 9 月 28 日《中国冶金报》

马钢:驰骋市场的一匹骏马

今日的宝武马钢似一匹骏马驰骋市场,屡创辉煌——全球最大功率的 45 吨轴重运矿列车用车轮成为四大矿石供应商首选;国内第一条生产线制造的重型 H 型钢撑起美国夏威夷场馆和中国洛阳科技馆;冷轧高强钢和高速车轮伴随"复兴号"动车组飞驰雪域高原拉(拉萨)林(林芝)线;X80 管线钢铺设在中哈、中俄、中缅、中乌、中东和西气东输石油天然气管线上……

党的十八大以来,马钢以习近平新时代中国特色社会主义思想为指引,在中国宝武的坚强领导下,勇于自主创新,勇于自我变革,勇于应对挑战,在绿色制造、智慧制造、科技创新等方面都取得了骄人的业绩,发生了翻天覆地的变化,为助力宝武成为全球钢铁及先进材料业引领者做出了应有的贡献。

自主创新　H 型钢市场竞争力国内第一、全球一流

为响应国家"一带一路"倡议,马钢积极抢抓市场机遇,与中国中车联合开展铁路车辆用钢设计、研发。

2015 年,马钢技术中心型钢团队围绕耐候热轧 H 型钢力学性能、焊接性能、加工性能开展了攻关实验,几经努力,在满足上述性能需求的同时,使产品的耐候性能提高了 40%,顺利通过铁科院验收和相关资质审核,全面替代了以往的低合金产品,使马钢国内铁路平板车大梁用耐候热轧 H 型钢市场占比达到 90%。依托产品优越的性能和品牌优势,马钢还在中国中车的大力支持下,为非洲国家量身定制了时速 120 公里、80 公里铁路客车、铁路货车新车型用耐候热轧 H 型钢。

2017 年 5 月 31 日,马钢铁路用钢托起了被誉为"世纪之路"的肯尼亚蒙内铁路。蒙内铁路全长约 480 公里,年设计运力 2500 万吨,是第一条采用中国标准、中国装备、中国设计、中国技术的海外项目。同时,与之配套的车辆也是中国生产、制造、组装的。为了确保蒙内铁路安全、高效、优质建成,马钢技术中心型钢团队积极参与工程建设,与设计、施工等各单位通力合作,开展铁路车厢、支架和平板车用耐候热轧 H 型钢等多项技术创新与科研攻关,先后攻克了铸坯表面裂纹、轧钢易产生翘皮等难关,最终牵手马钢长材事业部完成蒙内铁路 150 辆重载铁路平板车交付任务。

近年来,通过自主创新,马钢 H 型钢性能获得全面大幅提升,负 20 摄氏度横向低温韧性满足美国石油协会 APIRP2A11 类钢材需求,耐低温热轧 H 型钢满足俄罗斯亚马尔北极天然气项目和纳伯斯石油钻井项目对用材负 45 摄氏度低温韧性要求。同时,马钢 H 型钢产品在国内高层建筑、桥梁、隧道、堤坝、电力等用钢领域始终保持高市场占有率,并占据我国海洋石油平台用钢市场超过六成份额。

此外,马钢研发的 H 型钢还在一次强台风袭击下有力支撑住厦门会展中心,并以抗震、抗风、抗弯的优越性能托起北京奥运场馆、中华世纪坛、国家大剧院、港珠澳大桥等雄伟建筑。

不断进取　争做全球轨道交通轮轴的引领者

马钢是我国最早生产车轮的企业。经过 60 多年的发展,马钢形成了以铁路运输、轨道交通用钢和客、货全系列车轮轮箍为主,以工程机械、石化等为辅的产品体系。马钢轮轴系列产品广泛应用于铁路运输、港口机械、轻轨列车、工程机械、石油化工、船舶制造、能源开发、航空运输、国防建设等领域。尽管这些成就可圈可点,但马钢人心中始终有一个遗憾,这就是在时速250公里、350公里的中国高铁市场领域,马钢车轮一直处于替补状态,无法全面入围。

在工信部、安徽省委、省政府的大力支持下,马钢于2013年9月建成了第一条可实现年产12500套轮轴的生产线。依托工艺创新和先进技术消化、吸收,马钢轮轴打开了澳大利亚、坦桑尼亚、印度尼西亚市场,掌握了EN、URC和俄罗斯标准的轮对生产,取得了IRIS(国际铁路行业标准)、ISO9001认证、AAR(北美铁路协会)产品认证证书和欧盟铁路认证。

2014年6月,马钢在国家发改委、安徽省等的支持下,收购世界轮轴四大企业之一的法国瓦顿公司。该公司有着100多年设计、生产铁路用车轮、轮轴、轮对及车轴产品的经验,可根据客户不同需求提供高性能、高质量的产品,如高速、重载、低噪声、低应力等产品,每年在市场上至少能获得7万—8万吨的轮轴、轮对订单。同时,该公司拥有超过40年高速铁路轮轴产品研发、生产和运用的成熟经验,是高速列车TGV轮轴产品的先驱,其研发的动车组车轮曾创下时速574.8公里的最高纪录。

2014年7月15日,中国高铁技术发展研讨会在马钢召开。会上,来自轨道交通、机车车辆、科研院所、有关铁路局等单位的150余名专家为马钢研发高铁车辆建言献策、支招把脉,为马钢尽快开发高速车轮提供了一条路径。

在国家发改委、科技部、安徽省的大力支持下,在科研院所专家的积极指导下,在中国铁路总公司、铁科院、中国中车的大力帮助下,马钢高速车轮研发驶上了快车道。2017年6月20日,搭载马钢高速车轮的两列“复兴号”中国标准动车组在京沪高铁正式双向首发,标志着我国铁路技术装备水平进入一个崭新时代;同年7月,作为德国铁路公司在亚洲DDP(点对点直接供货)采购的第一单,马钢轮对正式供货德国铁路公司。2017年,马钢量产时速350公里的动车组车轮4800片,占据全国市场50%左右的份额。

近3年,马钢时速350公里“复兴号”车轮服役运用超过140万公里,并荣获2019年世界制造业大会创新产品金奖;高速车轴获得法铁准入资质;时速200公里准高速车轴、城轨地铁车轴通过韩国认证;

英标A3T材质车轴填补国内空白。2022年3月,马钢自主研发的2列120片时速350公里“复兴号”高速车轮发往客户,由此标志着马钢率先在高铁国产化应用方面实现零的突破,中国高铁真正穿上了国产“跑鞋”。

智慧制造　把更多钢铁产线送上“云”端

2017年,在马钢和上海万鸿国际公司共同主办的“精彩有你,2017年彩涂用户产品交流会”上,由马钢自主研发的机器人在9秒钟的时间里,就将90斤重的套筒灵活自如地安装到卷取机上,直接替代过去2名工人需要手工搬运完成的繁重劳动。参会的全国85家企业、近200名代表观看后都赞不绝口。这仅仅是马钢提高产线智能水平,降低工人劳动强度,推动工业机器人集成运用的一个缩影。

近两年来,马钢积极应用大数据、互联网、信息化、智能化等先进技术手段,推进科学现代化管理水平,建成了国内全流程高集中度的钢铁企业铁前集控中心。

马钢运营管控中心,集制造、物流、设备、能源、环保、应急、安保综合信息及现场视频为一体,是多专业信息集成、多业务协同管理的综合平台,实现了五部合一、合署办公、统一调度,全面提升了管控效率。同时,马钢在宝武体系内首次采用视频云的方式,实现资源共享、运行高效、统一标准的视频服务,实现从原料进厂、生产制造,到成品出厂的全业务链贯通可视化。马钢炼铁智控中心,运用多项行业首创技术,建设了覆盖铁前原料、焦化、烧结、球团、高炉各工序的集中操作和一体化决策平台,能够促进铁前技术整合,打破组织边界,加强工序协同,提升本质安全,为铁前系统运营效率的提升提供坚强支撑。

随后,马钢热轧智控中心、冷轧智控中心、交材智控中心、长材智控中心、特钢智控中心相继披上“云”彩。随着5G迈向商业、工业应用,万物互联正在从愿景变成现实。敏锐的马钢人捕捉先机,顺势而为,把更多的钢铁产线送上了“云”端。

2022年8月31日,马钢践行宝武“拟人化”方式,实现首批40名“宝罗”员工正式上岗,行业首创“RaaS”(Robot as a Service,保罗即服务)服务模式上线运行。

目前,马钢上下牢记习近平总书记的嘱托,以深化供给侧结构性改革为主线,着力提升治理体系能力、业务竞争能力、持续改进能力、现代管理能力、改革创新能力,借助央企大平台和超亿吨宝武钢铁生态圈资源,依托马钢现有优势,以更大力度全面融入长三角一体化以及宝武"一基五元"战略,打造后劲十足大而强的新马钢,为把马鞍山打造成安徽的"杭嘉湖"、长三角的"白菜心",为建设经济强、百姓富、生态美的新阶段现代化美好安徽贡献智慧力量。

(章利军)

2022 年 10 月 16 日《中国冶金报》

报道目录

报刊名称	标 题	日 期	作 者
人民日报	马钢生产线一片火热	1月6日	罗继胜
人民日报海外版	马钢生产线一片火热	1月11日	罗继胜
人民日报	建设特钢项目　助力智能制造	6月16日	罗继胜
人民日报海外版	宝武马钢提升能源利用效率保生产稳定	8月26日	陈 亮
人民日报海外版	马钢环保升级及改造项目加紧施工	11月23日	罗继胜
人民日报海外版	风景如画的中国宝武马钢厂区	11月30日	陈 亮
光明日报	"匠心"孕育"创新"	5月2日	马荣瑞等
经济日报	马钢特钢公司坚持创新驱动	7月31日	罗继胜
经济日报	宝武马钢提升能源利用效率保生产稳定	8月23日	陈 亮
工人日报	检查防暑降温药品发放	6月23日	罗继胜
工人日报	年终赶订单忙生产	12月20日	罗继胜
安徽日报	用料不见料　智慧又环保	8月5日	陈 亮
安徽工人报	冶金作家郭启林《银杏树》出版	1月4日	章利军
中国冶金报	中钢矿院检测中心荣获能力验证质量奖	1月19日	章利军
中国冶金报	送福到社区　情暖居民心	1月21日	章利军
现代物流报	马钢运输部年完成铁路运输计划100.79%	1月24日	章利军
现代物流报	智慧项目助力产线效率大幅提升	1月26日	章利军
现代物流报	马钢保卫部实施上岗前安全宣誓	2月21日	章利军
中国冶金报	漫山遍野花如海	3月2日	章利军
现代物流报	国内首个废钢智能工厂在欧冶链金开花结果	3月16日	章利军
安徽工人报	马钢高密度高标准狠抓疫情防控	3月25日	章利军
安徽工人报	"红马甲"印红特别的春天	3月29日	章利军
中国冶金报	抗疫保产　我们在行动	3月31日	章利军
安徽工人报	中钢矿院一项节能技术达国际领先水平	4月22日	章利军
中国冶金报	在这个特别的春天里	4月22日	章利军
中国冶金报	精心打造中国高铁、地铁名牌跑鞋	5月1日	章利军
中国冶金报	马钢建成独具冶金行业特色的5G智慧电厂	5月12日	章利军
中国冶金报	马钢保卫部党委全力筑牢安全生产防线	5月24日	章利军
安徽工人报	一切只为山更清水更绿景更美	5月30日	章利军
中国冶金报	风华正茂青山绿水	6月1日	章利军
中国冶金报	马钢一日双喜临门	7月8日	章利军
中国冶金报	马钢亮出冷轧产品新名片	7月4日	章利军
中国冶金报	锚定三个一	7月13日	章利军
中国冶金报	兵头将尾生虎威　保供线上建功勋	7月29日	章利军
中国冶金报	中国宝武马钢食堂斩获全国大奖	8月24日	章利军
安徽工人报	马钢食堂中秋情系舌尖上的盛宴	8月30日	章利军
中国冶金报	去马钢食堂品味皖美味道	9月7日	章利军
中国冶金报	百年矿山展新姿	9月14日	章利军
中国冶金报	马钢:驰骋市场的一匹骏马	10月16日	章利军
中国冶金报	走,上共享食堂吃饭去	10月26日	章利军

中国冶金报	立足岗位树新风　建功立业促发展	10 月 28 日	章利军
中国冶金报	勇毅前行,实现改革创新再突破	12 月 23 日	章利军
中国冶金报	转型马钢,从长江之滨到五湖四海	8 月 19 日	《中国冶金报》高质量发展的宝武实践报道组　本篇执笔　刘家军
中国冶金报	智慧马钢,从繁星点点到艳阳一片	9 月 7 日	《中国冶金报》高质量发展的宝武实践报道组　本篇执笔　米飒
中国冶金报	创新马钢,从生产基地到科技先锋	9 月 16 日	《中国冶金报》高质量发展的宝武实践报道组　本篇执笔　吕兵
中国冶金报	党建马钢,从强根铸魂到引领发展	9 月 28 日	《中国冶金报》高质量发展的宝武实践报道组　本篇执笔　刘经纬

（江　霞　张　泓　章利军）

2022年马钢编辑出版的部分书刊目录

《冶金动力》总目录

《安徽冶金科技职业学院学报》总目录

冶金科学技术

马鞍山钢铁股份有限公司
2022 年年度报告（摘编）

一、公司简介

1. 公司信息

公司的中文名称	马鞍山钢铁股份有限公司
公司的中文简称	马钢股份
公司的外文名称	MAANSHAN IRON & STEEL COMPANY LIMITED
公司的外文名称缩写	MAS C. L.
公司的法定代表人	丁毅

2. 联系人和联系方式

职务	董事会秘书	联席公司秘书	
姓名	任天宝	何红云	赵凯珊
联系地址	中国安徽省马鞍山市九华西路 8 号	中国安徽省马鞍山市九华西路 8 号	中国香港中环德辅道中 61 号华人银行大厦 12 楼 1204-06 室
电话	86-555-2888158/2875251	86-555-2888158/2875251	(852)21552649
传真	86-555-2887284	86-555-2887284	(852)21559568
电子信箱	mggf@ baowugroup. com	mggf@ baowugroup. com	rebeccachiu@ chiuandco. com

3. 基本情况简介

公司注册地址	中国安徽省马鞍山市九华西路 8 号
公司注册地址的历史变更情况	1993 年 1 月至 2009 年 6 月,安徽省马鞍山市红旗中路 8 号; 2009 年 6 月至今,安徽省马鞍山市九华西路 8 号
公司办公地址	中国安徽省马鞍山市九华西路 8 号
公司办公地址的邮政编码	243003
公司网址	http://www. magang. com. cn(A 股);http://www. magang. com. hk(H 股)
电子信箱	mggf@ baowugroup. com

4. 信息披露及备置地点

公司选定的信息披露报纸名称	上海证券报
登载年度报告的中国证监会指定网站的网址	www. sse. com. cn;www. hkex. com. hk
公司年度报告备置地点	马鞍山钢铁股份有限公司董事会秘书室

5. 公司股票简况

公司股票简况			
股票种类	股票上市交易所	股票简称	股票代码
A 股	上海证券交易所	马钢股份	600808
H 股	香港联合交易所有限公司	马鞍山钢铁	00323

公司 A 股过户登记处及其地址:中国证券登记结算有限责任公司上海分公司,中国上海市浦东新区杨高南路 188 号。

公司 H 股过户登记处及其地址:香港证券登记有限公司,香港湾仔皇后大道东 183 号合和中心 17 楼1712-1716 室。

6. 其他有关资料

公司聘请的会计师事务所	名称	安永华明会计师事务所(特殊普通合伙)
	办公地址	中国北京市东城区东长安街 1 号东方广场安永大楼 16 层
	签字会计师姓名	郭晶、巩伟

二、发行及上市

1993 年 9 月 1 日,本公司正式成立,并被国家列为首批在境外上市的九家股份制规范化试点企业之一。公司 1993 年 10 月 20 日—10 月 26 日在境外发行了 H 股,同年 11 月 3 日在香港联交所挂牌上市;1993 年 11月 6 日—12 月 25 日在境内发行了人民币普通股,次年 1 月 6 日、4 月 4 日及 9 月 6 日分三批在上海证券交易所挂牌上市。

三、会计数据和财务指标摘要

1. 主要会计数据

单位:千元   币种:人民币

项目名称	2022 年	2021 年	本期比上年同期增减/%	2020 年
总资产	96887310	91207743	6.23	80711142
营业收入	102153602	113851189	-10.27	81614151
归属于上市公司股东的净利润	-858225	5332253	-116.09	1982639
归属于上市公司股东的扣除非经常性损益的净利润	-1111079	5413290	-120.53	1485651
归属于上市公司股东的净资产	29194825	32752859	-10.86	28386125
经营活动产生的现金流量净额	6641702	16774476	-60.41	2770515
期末总股本	7775731	7700681	0.97	7700681

2. 主要财务指标

主要财务指标	2022 年	2021 年	本期比上年同期增减/%	2020 年
基本每股收益/元	-0.115	0.692	-116.62	0.258
稀释每股收益/元	-0.115	0.692	-116.62	0.258
扣除非经常性损益后的基本每股收益/元	-0.144	0.703	-120.48	0.193
加权平均净资产收益率/%	-2.77	17.44	减少 20.21 个百分点	7.17
扣除非经常性损益后的加权平均净资产收益率/%	-3.59	17.71	减少 21.30 个百分点	5.37

3. 非经常性损益项目和金额

单位:千元　币种:人民币

非经常性损益项目	2022 年金额	2021 年金额	2020 年金额
非流动资产处置损益	355690	−143400	417244
计入当期损益的政府补助,但与公司正常经营业务密切相关,符合国家政策规定、按照一定标准定额或定量持续享受的政府补助除外	167123	139218	468082
员工辞退补偿	−370843	−338969	−177756
除同公司正常经营业务相关的有效套期保值业务外,持有交易性金融资产、交易性金融负债产生的公允价值变动损益,以及处置交易性金融资产、交易性金融负债和以公允价值计量且其变动计入其他综合收益的金融资产取得的投资收益	187359	121325	27841
处置子公司股权的投资收益	159743	24143	—
处置子公司成本法转权益法投资收益	47970	83780	—
处置联营公司取得的投资收益	99	—	19109
除上述各项之外的其他营业外收入和支出	7197	484	4141
少数股东权益影响额	−179892	33449	−89576
所得税影响额	−121593	−1065	−172097
合计	252854	−81037	496988

4. 采用公允价值计量的项目

单位:百万元　币种:人民币

项目名称	期初余额	期末余额	当期变动	对当期利润的影响金额
交易性金融资产	5732.47	626.00	−5106.47	157.89
交易性金融负债	31.66	—	−31.66	29.47
应收款项融资	4795.91	2659.68	−2136.23	—
其他权益工具投资	641.94	541.41	−100.53	25.87
合计	11201.98	3827.09	−7374.89	213.23

四、2022 年经营情况及 2023 年工作措施

　　2022 年是公司发展极具考验、极不平凡的一年。面对严峻复杂的国内外形势和多重超预期因素冲击,积极探索符合公司实际、推动公司高质量发展的实践路径,坚持把握大势、顺势而上,遵循发展规律、落实战略重点;坚持问题导向、系统观念,全面贯彻新发展理念,抓主抓重、快速推进重点工作,努力强身健体、提质增效。但是,受长三角粗钢产能环保压减、钢材价格震荡下行、原料成本高企等因素影响,经营绩效未达预期。

　　报告期,本集团生产生铁 1778 万吨、粗钢 2000 万吨、钢材 1989 万吨,同比分别减少 2.48%、4.59% 和 2.69%(其中本公司生产生铁 1431 万吨、粗钢 1567 万吨、钢材 1561 万吨,同比减少 0.12%、4.57%、0.74%)。

按中国企业会计准则计算,报告期本集团营业收入为人民币 102154 百万元,同比减少 10.27%;归属于上市公司股东的净亏损为人民币 858 百万元,同比减少 116.09%;基本每股收益为人民币 -0.115 元,同比减少 116.62%。报告期末,本集团总资产为人民币 96887 百万元,同比增加 6.23%;归属于上市公司股东的净资产为人民币 29195 百万元,同比减少 10.86%。

2022 年主要工作如下。

1. 全力以赴稳增长。公司强化"安全、均衡、稳定、高效"经营策略,全面对标找差,追求极致效率,精益运营质量不断提升。一是"三降两增"深入推进。迅速贯彻落实"三降本两增效"工作部署,统筹谋划了 21 项工作措施;积极应对急剧变化的市场挑战,建立日分析、周调度机制,制定落实 8—12 月经营改善任务八个方面 35 项措施。二是产线运行极致高效。强化制造系统"一贯制"管理,进一步提高关键产线效率,全年各产线累计打破日产纪录 156 次,月产纪录 46 次;四钢轧总厂 3 座转炉日均稳定在 90 炉以上,2250 产线产量突破 600 万吨,创行业同类型装备最好水平。三是对标找差持续深入。287 项对标指标累计进步率 71.8%、达标率 63.1%。铁水温降 134.3℃,同比下降 20.7℃;综合热装率 72.9%,比上年提高 14.6 个百分点。四是两头市场经营创效。采购端积极拓宽资源渠道、深化精益采购、推进生态圈协同降本,实现经济安全保供。营销端坚持以产品毛利为导向,强化产品经营,推动优势产品放量,全年彩涂板销量突破 27 万吨,创投产以来最高纪录;镀锌汽车外板首次突破 10 万吨,同比增长 30%;H 型钢出口 46.5 万吨,出口量居全国第一;车轮出口 18.3 万件,同比增长 21.9%。五是公辅联动经济运行。围绕"运行有效、保障有力、系统优化、节能降耗",强化设备稳定运行,设备综合效率 OEE 达到 76.3%,被评为全国设备管理优秀单位;深入推进系统能源经济运行,自发电比例提高至 74.9%,A 号烧结机、2 号 300 吨转炉荣获全国重点大型耗能钢铁生产设备节能降耗对标竞赛"冠军炉"称号。

2. 快干实干促转型。公司以新特钢项目为主要载体、努力打造最具竞争力的优特钢精品基地;以马钢交材获评国家制造业"专精特新"单项冠军示范企业为契机,加强轨道交通轮轴创新平台建设,加快创建全球轮轴产业领军企业;在做强做优做大长材基地的同时,实现优特长材的专业化管理、平台化运作和规模化发展;坚持差异化发展战略,努力做强做优板材产品,主导产品向中高端升级发展。报告期,公司凝神聚力,加快推进北区填平补齐和南区产线升级,"二次创业、转型升级"取得突破性进展。一是规划项目快速落地。北区填平补齐项目全面收官,B 号高炉大修 84 天完成,9 号、10 号焦炉异地大修、C 号烧结机等项目按期建成投产;南区产线升级项目新特钢一期工程基本建成。二是品牌运营合作钢厂快速布局。创新"基地管理+品牌运营"商业合作模式,与晋南钢铁等 6 家单位签订协议,全年品牌运营突破 60 万吨。

3. 创新驱动强技术。坚持把创新作为第一动力,加快实施创新驱动发展战略,推动高水平科技自立自强。一是创新平台持续优化。71 项公司级"揭榜挂帅"项目有序实施,公司被认定为国家高新技术企业,马钢交材获评国家制造业"专精特新"单项冠军示范企业。二是"卡脖子"难题聚力突破。高铁车轮国产化批量供应 2 列 120 件;9 项新产品实现国内首发,其中 B 型地铁低噪声车轮、基于连铸工艺的时速 350 公里高铁用 DZ2 合金车轴钢 2 项产品全球首发。三是创新成果不断涌现。7 项成果获冶金科学技术奖,其中一等奖 2 项;5 项成果获安徽省科技进步奖,其中一等奖 3 项;牵头制定 5 项国家、行业标准。

4. 绿智赋能增后劲。坚持把绿色智慧作为企业核心竞争力,持续推进、稳扎稳打。一是绿色低碳深入践行。全面启动环境绩效 A 级企业创建,开展创 A 百日攻坚,本部清洁运输已上网公示,有组织和无组织排放完成现场审核;本部固废返生产利用率 27.2%;光伏绿色发电量 3500 万千瓦时,绿电交易量超过 2 亿千瓦时,完成首单带绿证跨省绿电交易;热轧大 H 型钢等 3 个产品完成全生命周期（LCA）碳足迹量化评价,并在 EPD 平台发布环境产品声明;公司入选中国钢铁工业协会第一批"双碳最佳实践能效标杆示范厂培育企业"。持续推进厂区环境改善,实施北区环境综合整治,新建绿地 34.3 万平方米,改造绿地 8 万平方米,绿化覆盖率提高至 36.5%,马钢工业旅游景区被评为国家 AAA 级旅游景区。二是智慧制造纵深推进。检测智控中心、特钢智控中心建成投运,"一厂一中心"智控模式基本形成;高炉远程技术支撑平台成功投用,实现了本部和长江钢铁 9 座高炉生产数据的互联互通;"钢铁工业大脑"智能炼钢项目有序推进;马钢交材"产品数字化研发与设计""智能协同作业"两项成果入选工信部 2022 年度智能制造优秀场景。

5. 敢为善为抓改革。坚持顶层设计、系统推进,推动重点改革工作走深走实。一是国企改革三年行动圆满收官。89 项任务全面完成,案例"立足战略重组　深度融合释放改革红利"入选国务院国资委《改革攻坚:国企改革三年行动案例集》。二是"一总部多基地"管控模式基本构建。明确总部与基地的管理职责与权责界面,"一企一策"形成"标准+α"管控模式,制定了 15 个方面 107 项过程管控清单。"一贯制"管理延伸推行。在强化铁前系统"一贯制"管理的基础上,加快"一贯制"管理向分子公司和安全、能环、设备、人力资源等业务领域延伸,助推体系能力有效提升。三是安全管理严抓严管。强化"一贯制"管理和"三管三必须",以安全生产专项整治三年行动为抓手,压紧压实安全生产责任,强化安全教育培训和安全宣誓,深化安全生产大检查和"百日清零行动"等专项整治活动,构建正向激励和安全计分机制,加大事故分析和问责力度,下大气力稳定安全生产态势。四是人事效率不断提升。通过流程再造、智慧制造、专业协作、岗位优化等途径,公司本部人均产钢 1336 吨。五是协作管理变革深入推进。实施 23 项"管用养修"一体化协作项目;严格供应商准入,加速清理"低小散"供应商,协作供应商数降至 55 家。六是法治企业建设稳步推进。建立并完善法治与合规管理体系,深入开展经营业务合规及内控风险自查整改,有效防范合规风险。

6. 团结奋斗聚合力。坚持发展依靠职工,发展成果由职工共享,团结职工共创"三有"美好生活。一是"三最"实事项目深入推进。16 项公司级、219 项厂级"三最"实事项目全面完成,薪酬体系切换平稳有序,"普惠+精准"服务不断深化,职工获得感幸福感进一步增强。二是岗位创新创效比学赶超。开展公司级各类劳动竞赛 13 项,扎实开展各类技能竞赛。三是典型引路大张旗鼓。持续优化奋勇争先激励机制,全年颁发"大红旗"22 面、"小红旗"101 面,发布精益案例 30 个;1 人荣获全国"五一劳动奖章",4 人荣获安徽省劳动模范。四是积极履行社会责任。高度重视企业社会责任,切实推进环境、社会及公司管治等相关工作。公司入选"央企ESG·先锋 50",并上榜"央企 ESG·治理先锋 50 指数""央企 ESG·风险管理先锋 50 指数";获 2022 年"ESG 金牛奖·治理先锋企业"称号;申报并入选中上协 ESG 优秀案例、新浪财经"中国碳公司行业标兵"。

2023 年主要目标如下。

生产经营:生铁、粗钢、钢材产量分别为 1919 万吨、2097 万吨和 2069 万吨。

能源环保:本公司环境绩效 A 级企业创建成功,废水排放量同比下降 500 万吨,固废不出厂率 100%。

1. 聚力价值创造,全面深化对标找差。一是坚持"绩效为王"。坚持"超跑追领、价值创造"绩效导向,以绩效论英雄,驱动全员争创一流业绩;学习借鉴优秀同行经验,积极探索突破,形成具有马钢特色的绩效责任体系。二是深化对标找差。强化顶层设计,制定对标找差行动方案。完善对标找差体系,强化系统对标、精准对标、分类对标,进一步提高对标针对性、有效性;聚焦关键指标,以吨钢利润和吨钢 EBITDA 为核心,梳理全价值链各项成本指标,围绕工序对标、产线效率、产品质量,不断提升制造能力与产品经营能力,努力优化吨钢利润、净资产收益率、营业现金比率等指标。三是优化激励机制。坚持激励与约束并重,充分发挥正负激励考核导向作用,通过奖优罚劣,激励全员担当作为;坚持分类设计,推进部门与部门、二级单位与二级单位同台竞"绩",引导各单位通过绩效"赛马"赢得尊重、取得回报;坚持案例分享,选树岗位创新创效的先进典型,实现经验分享、知识流动,营造"比学赶帮超"的浓厚氛围。

2. 聚力效率效益,提升精益运营水平。一是从严从实抓安全。坚定不移把安全作为推动高质量发展的基石,坚持安全第一、预防为主,强化红线意识、底线思维,健全体系、增强能力、提升水平,推动安全绩效创历史最好水平。以目标为引领,以结果为第一衡量,坚持全面从严管理,压紧压实安全责任,强化"一贯制"管理和"三管三必须",主体责任与属地责任一体落实。二是纵深推进降本增效。坚持把"三降两增"作为应对行业严峻形势的重要举措,强化经营思维,推动财务管理从"核算型"向"经营型""管理型"转变,以业财融合驱动经营绩效改善,强化产品经营;划小经营单元,开展作业区"精打细算"活动,引导员工"会算账、算好账、算清账",充分激发作业区降本增效新动能。三是大力优化结构渠道。坚持效益优先,动态评估边际贡献,锚定盈利能力和结构渠道,创新推行产销研一体化模式,协同推进 36 个产品结构调整支撑项目,设置"必达""挑战"两级目标,优化结构、拓展渠道、增收创效,确保全年结构调整增量超过 118 万吨。四是持续提升产线效率。坚持"安全、均衡、稳定、高效"原则,充分发挥北区填平补齐新投产项目工艺装备优势,支撑极致高效组产;坚持以高炉为中心,全面推进铁前"一贯制"管理,优化"一炉一策"操作和高炉体检制度,保持高炉在高冶强水平线上的稳定顺行;优化配煤配矿结构,提升非主流矿比例,进一步提高煤比,降低高炉燃料消耗。五是强化安全稳定保供。坚持把资源、能源安全保障放在更加突出位置,拓展资源渠道,优化进口矿、国内矿使用比例,扩大经济废钢占比,优化电力网架结构,提高战略资源和能源保供能力。

3. 聚力战略定位,持续优化产业布局。一是抓好新特钢投产达产工作。坚持把新特钢项目作为打造中国宝武优特钢精品基地的重要抓手,坚定"特钢必胜"信心,成立特钢生产准备工作团队,生产早策划、营销抢市场、成本先设计,全力推进新特钢项目一期工程快速达产、创效,力争实现首月日达产、次月月达产、单月经营现金流为正。二是接续做好重点工程项目建设。加快南区型钢 2 号连铸机改造项目建设,全力推进实施新特钢二期炼钢和连铸系统工程、长材二区 3 号和 4 号连铸机改造项目、合肥公司新建彩涂板生产线项目。

4. 聚力"三化"发展,打造高科技创新型企业。一是锚定高端化,增强技术创新能力。强化技术创新支撑经营创效,加快新特钢新产品研发和投产放量,建立健全快速研发和 1+1 项目机制;落实重点新产品开发新机制,按照"一贯制"和"小切口"理念,强化产销研一体化协同,助推产品结构调整,力争全年重点新产品销量 50 万吨以上;围绕高强度、耐腐蚀加快产品创新步伐,立足差异化持续提升精品指数,持续推进近终型产品落地创效;持续开展高铁轮轴产品研发和推广应用。二是锚定绿色化,厚植低碳发展底色。加快环境绩效 A 级企业创建,稳步推进 1 号高炉煤气精脱硫等"三治"项目落地;实施南区浓盐水提盐项目,进一步完善雨污分流运行,拓展固危废内部处置途径;积极组织低碳冶金技术项目攻关和成熟技术移植应用,支持"双碳"战略稳步推进;严格控制能源消耗强度和总量,持续优化用能结构,加强绿色能源获取;制定重点低碳、零碳产品路线图,加强产品碳足迹认证,与用户合作开展低碳产品试制工作与批量供应。三是锚定智能化,夯实数智转型后劲。抢抓传统产业数字化转型机遇,通过智慧制造、智能管控、数字转型,加快产业数字化步伐。全面深化"三跨融合",通过网络化平台整合各类资源,拓展边界,推进跨部门、跨层级业务互联与分工协作,实现专业协同与区域协同有机结合,促进资源共享,提升运营效率;建设公司大数据中心,积极应用人工智能、物联网等新技术,充分发挥海量数据和先进算法的融合优势,提升精益制造和智慧决策水平。

5. 聚力改革管理,推动治理能力现代化。一是强化"一贯制"管理。优化职责界面,深入推进"一贯制"管理,推动业务管理部门纵向上增强主动意识和责任意识,业务管理穿透、覆盖、到位;横向上强化全局意识,跨部门跨专业系统联动、高效协同,提高效率效果。二是优化"一总部多基地"管控模式。强化标准执行,优化 α 设置,推动各基地业务协同、管理协同、资源共享,促进整体利益最大化。借助智能化手段,全面深化"一总部多基地"体系能力建设,通过全面感知、实时互联、数据贯通、智能应用,再造业务流程、提升管理效能。三是深化混合所有制改革。为完善马钢交材的法人治理结构,建立长期激励约束机制,激发可持续发展活力,推进马钢交材混合所有制改革。四是持续提升人事效率。对标优秀同行,分层分类精准对标,从岗位优化、智慧制造、机构精简、专业化整合等多维度挖掘人力资源优化潜力,强化绩效结果运用和能力评价,探索作业区末位淘汰机制,加强常态化岗位待聘、转岗培训;深化专业协作管理变革,打造市场化、专业化、规模化优质伙伴式战略供应商队伍,逐步提升人事效率。

6. 聚力风险防控,防范化解重大风险。一是强化经营风险管控。紧跟市场变化及时调整优化经营策略,完善经营风险防控预警体系,坚决守住不发生系统性风险底线。加强业财融合,提高经营分析能力,支撑公司科学高效决策;严控"两金"总额,强化库存管理,加强应收账款管理,推动存货周转效率提升 10%;持续提高经营现金流,提升流动比率、偿债能力,增强融资实力,促进资产负债率稳步下降和经营现金流良性循环。二是提升合规体系能力。建立健全合规管理体系,强化决策合法合规性审查,形成事前审核把关、事中跟踪控制、事后监督评估的管理闭环,提升合规经营能力。三是完善内控制度体系。强化内控全覆盖,形成"业务+管理"网格化风控格局,完善风险研判、决策风险评估、风险防控责任、风险防控协同四个机制,全面提升内控管理水平。

7. 聚力责任管理,扎实推进共建共享。一是全面推进岗位创新和价值创造。深耕"1+2+4"科技领军人才团队培养工程,在关键技术核心领域集聚一批以宝武科学家、马钢专家为引领、首席师为代表的科技领军人才和创新团队;广泛开展技能竞赛和岗位练兵,依托工匠基地、创新工作室,全面提升职工技能素质。二是着力提升职工"三有"生活水平。持续开展"我为群众办实事"活动,体系化、常态化地解决职工最关心最直接最现实的利益问题,进一步增强职工的获得感、幸福感和安全感。三是积极履行社会责任。健全 ESG 责任管理顶层架构,践行责任理念,强化履责实践;深入贯彻"四个不摘"要求,以"授渔"计划为牵引,持续加大产业帮扶、教育帮扶、消费帮扶、基础设施改善等帮扶工作力度,促进帮扶点产业、人才、文化、生态、组织振兴。

五、研发投入

研发投入情况表

本期费用化研发投入/亿元	39.80
本期资本化研发投入/亿元	—
研发投入合计/亿元	39.80
研发投入总额占营业收入比例/%	3.90
公司研发人员的数量/人	2082
研发人员数量占公司总人数的比例/%	11
研发投入资本化的比重/%	—

六、投资项目进展

重大的非股权投资

项目名称	预算总投资额/百万元	报告期新增投资额/百万元	工程进度/%
品种质量类项目	28268	4627	30
节能环保项目	12006	4494	69
技改项目	7758	3762	72
其他工程	不适用	733	不适用
合计	—	13616	—

报告期末,主要在建工程项目的具体情况如下:

单位:百万元　币种:人民币

项目名称	预算总投资	工程进度
新特钢项目	8457	一期基本建成
焦炉大修改造项目	1687	已投产
炼铁总厂B号高炉大修工程	1325	已投产
炼铁总厂C号烧结机工程	660	已投产
马钢南区型钢改造项目——2号连铸机工程	569	设备调试阶段
马钢长材产品产线规划配套改造-特钢公司精整修磨能力配套改造项目	344	土建施工阶段
合计	13042	—

七、重要事项

公司、股东、实际控制人、收购人、董事、监事、高级管理人员或其他关联方在报告期内或持续到报告期内的承诺事项。

中国宝武于 2019 年向中国证监会申请豁免要约收购本公司股份(A 股)期间,作出以下三项承诺:

1. 为避免同业竞争事项,出具《关于避免同业竞争的承诺函》;

2. 为规范和减少中国宝武与本公司发生关联交易,出具《关于规范和减少关联交易的承诺函》;

3. 为持续保持本公司的独立性,出具《关于保证上市公司独立性的承诺函》。

该等承诺详见公司刊载于上交所网站的 2019 年及 2020 年年度报告或中国宝武关于《中国证监会行政许可项目审查一次反馈意见通知书》之反馈意见回复。报告期,中国宝武未违反该等承诺。

八、股份变动及股东情况

1. 股份变动情况

报告期内,公司股份总数及股本结构未发生变化。

2. 股东总数

截至报告期末普通股股东总数/户	165408
年度报告披露日前上一月末的普通股股东总数/户	161250

3. 截至报告期末前十名股东、前十名流通股东持股情况表

前十名股东持股情况							
股东名称(全称)	报告期内增减/股	期末持股数量/股	比例/%	持有有限售条件股份数量	质押、标记或冻结情况		股东性质
					股份状态	数量	
马钢(集团)控股有限公司	—	3506467456	45.10	—	无	—	国有法人
香港中央结算(代理人)有限公司	-1684030	1716644520	22.08	—	未知	未知	未知
马钢集团投资有限公司	—	158282159	2.04	—	无	—	国有法人
中央汇金资产管理有限责任公司	—	139172300	1.79	—	未知	未知	国有法人
香港中央结算有限公司	-58167886	119307546	1.53	—	未知	未知	未知
招商银行股份有限公司-上证红利交易型开放式指数证券投资基金	未知	93493727	1.20	—	未知	未知	未知

续表

<table>
<tr><td colspan="7" align="center">前十名股东持股情况</td></tr>
<tr>
<td rowspan="2">股东名称(全称)</td>
<td rowspan="2">报告期内增减/股</td>
<td rowspan="2">期末持股数量/股</td>
<td rowspan="2">比例/%</td>
<td rowspan="2">持有有限售条件股份数量</td>
<td colspan="2">质押、标记或冻结情况</td>
<td rowspan="2">股东性质</td>
</tr>
<tr>
<td>股份状态</td>
<td>数量</td>
</tr>
<tr>
<td>国寿养老策略4号股票型养老金产品-中国工商银行股份有限公司</td>
<td>未知</td>
<td>34531120</td>
<td>0.44</td>
<td>—</td>
<td>未知</td>
<td>未知</td>
<td>未知</td>
</tr>
<tr>
<td>北京国星物业管理有限责任公司</td>
<td>12395793</td>
<td>32463300</td>
<td>0.42</td>
<td>—</td>
<td>未知</td>
<td>未知</td>
<td>未知</td>
</tr>
<tr>
<td>张武</td>
<td>3300000</td>
<td>26300000</td>
<td>0.34</td>
<td>—</td>
<td>未知</td>
<td>未知</td>
<td>未知</td>
</tr>
<tr>
<td>中国农业银行股份有限公司-中证500交易型开放式指数证券投资基金</td>
<td>未知</td>
<td>20776496</td>
<td>0.27</td>
<td>—</td>
<td>未知</td>
<td>未知</td>
<td>未知</td>
</tr>
<tr>
<td>上述股东关联关系或一致行动的说明</td>
<td colspan="7">报告期末,马钢(集团)控股有限公司是马钢集团投资有限公司的控股股东,属一致行动人。除此之外,马钢(集团)控股有限公司与前述其他股东之间不存在关联关系,亦不属一致行动人,但本公司并不知晓前述其他股东之间是否存在关联关系及是否属一致行动人</td>
</tr>
</table>

注:报告期末,香港中央结算(代理人)有限公司持有本公司 H 股 1716644520 股乃代表其多个客户所持有,其中包括代表宝钢香港投资有限公司持有本公司 H 股 358950000 股。于本报告发出之日,宝港投持有 H 股 597500000 股。

报告期内,马钢(集团)控股有限公司、马钢集团投资有限公司及宝港投所持股份不存在被质押、冻结或托管的情况,但本公司并不知晓其他持有本公司股份 5%以上(含 5%)的股东报告期内所持股份有无被质押、冻结或托管的情况。

于 2022 年 12 月 31 日,尽本公司所知,根据《证券及期货条例》之规定,以下人士持有本公司股份及相关股份之权益或淡仓而记入本公司备存的登记册中:

<table>
<tr>
<td>股东名称</td>
<td>持有或被视作持有权益的身份</td>
<td>持有或被视作持有权益的股份数量/股</td>
<td>占公司已发行 H 股之大致百分比/%</td>
</tr>
<tr>
<td>宝钢香港投资有限公司</td>
<td>实益持有人</td>
<td>358950000(好仓)</td>
<td>20.71</td>
</tr>
</table>

董事、高级管理人员报告期内被授予的股权激励情况如下：

姓名	职务	年初持有限制性股票数量/万股	报告期新授予限制性股票数量/万股	限制性股票的授予价格/元	已解锁股份/万股	未解锁股份/万股	期末持有限制性股票数量/万股	报告期末市价/元
丁 毅	董事长	—	85	2.29	—	85	85	2.81
毛展宏	副董事长	—	60	2.29	—	60	60	2.81
任天宝	董事、总经理、董事会秘书	—	60	2.29	—	60	60	2.81
伏 明	高管	—	60	2.29	—	60	60	2.81
章茂晗	高管	—	60	2.29	—	60	60	2.81
合 计	—	—	325	—	—	325	325	—

于 2022 年 12 月 31 日,除上表外,公司副董事长毛展宏先生另持有公司 A 股 100 股。此外,公司董事、监事及其他高级管理人员均未在本公司或本公司相联法团(定义见《证券及期货条例》)的股份、相关股份及债券中拥有权益或淡仓。

除上述披露外,于 2022 年 12 月 31 日,本公司并未知悉任何根据《证券及期货条例》而备存的登记册所记录之权益或淡仓。

4. 公司与实际控制人之间的产权及控制关系的方框图

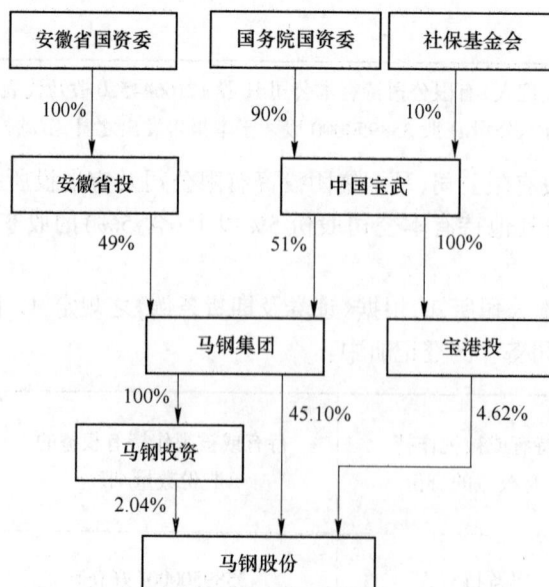

九、董事、监事、高级管理人员情况

现任及报告期内离任董事、监事和高级管理人员持股变动及报酬情况。

姓名	职务（注）	性别	年龄	任期起始日期	任期终止日期	报告期内从公司获得的税前报酬总额/万元
丁　毅	董事长	男	59	2013-8-9	2025-12-1	—
毛展宏	副董事长	男	53	2022-12-1	2025-12-1	—
	副总经理（离任）			2021-3-16	2022-8-18	—
任天宝	董事	男	58	2011-8-31	2025-12-1	131.28
	总经理			2022-8-18	2025-12-1	
	董事会秘书			2022-12-1	2025-12-1	
	副总经理（离任）			2021-8-10	2022-8-18	
张春霞	独立董事	女	60	2017-11-30	2023-11-30	10.42
朱少芳	独立董事	女	59	2017-11-30	2023-11-30	10.42
管炳春	独立董事	男	59	2022-12-1	2025-12-1	1.25
何安瑞	独立董事	男	51	2022-12-1	2025-12-1	1.25
马道局	监事会主席	男	57	2022-12-1	2025-12-1	—
耿景艳	监事	女	48	2020-6-29	2025-12-1	26.99
洪功翔	独立监事	男	60	2022-12-1	2025-12-1	0.83
王先柱	独立董事（离任）	男	43	2017-11-30	2022-12-1	9.17
张晓峰	监事会主席（离任）	男	61	2008-8-31	2022-12-1	76.14
张乾春	监事（离任）	男	61	2017-11-30	2022-12-1	—
杨亚达	独立监事（离任）	女	67	2017-11-30	2022-12-1	6.75
秦同洲	独立监事（离任）	男	53	2017-11-30	2022-12-1	6.75
伏　明	副总经理	男	56	2017-10-11	2025-12-1	120.86
章茂晗	副总经理	男	53	2020-12-18	2025-12-1	114.70
何红云	董事会秘书（离任）	女	51	2018-4-19	2022-12-1	56.52
合　计	—	—	—	—	—	573.33

十、内部控制

公司第十届董事会第六次会议于 2023 年 3 月 30 日审议通过《公司 2022 年度内部控制评价报告》，确认本公司 2022 年度内部控制有效。

安永华明会计师事务所(特殊普通合伙)对公司 2022 年度与财务报告相关的内部控制进行了审计,并出具标准意见的《内部控制审计报告》。

十一、A 股及 H 股市场表现

2022 年 12 月 31 日,本公司 A 股收盘价为人民币 2.81 元,市值人民币 169.80 亿元;H 股收盘价为港币 1.82 元,市值港币 31.54 亿元。总市值折合人民币约 197.97 亿元。

(李　伟)

图书在版编目（CIP）数据

宝武年鉴 . 2023. 马钢卷／马钢（集团）控股有限公司年鉴编纂委员会编 . —北京：冶金工业出版社，2023. 12

ISBN 978-7-5024-9692-0

Ⅰ. ①宝… Ⅱ. ①马… Ⅲ. ①马鞍山钢铁公司—2023—年鉴 Ⅳ. ①F426. 31-54

中国国家版本馆 CIP 数据核字（2023）第 233127 号

宝武年鉴 2023（马钢卷）

出版发行	冶金工业出版社	电　话	（010）64027926
地　址	北京市东城区嵩祝院北巷 39 号	邮　编	100009
网　址	www. mip1953. com	电子信箱	service@ mip1953. com

责任编辑　杜婷婷　马媛馨　美术编辑　彭子赫　版式设计　郑小利

责任校对　王永欣　责任印制　禹　蕊

北京捷迅佳彩印刷有限公司印刷

2023 年 12 月第 1 版，2023 年 12 月第 1 次印刷

889mm×1194mm　1/16；23.75 印张；8 彩页；746 千字；358 页

定价 228. 00 元

投稿电话　（010）64027932　投稿信箱　tougao@ cnmip. com. cn

营销中心电话　（010）64044283

冶金工业出版社天猫旗舰店　yjgycbs. tmall. com

（本书如有印装质量问题，本社营销中心负责退换）